国家出版基金项目
NATIONAL PUBLICATION FOUNDATION

"十三五"国家重点图书出版规划项目

《中国兽医诊疗图鉴》丛书

丛书主编　李金祥　陈焕春　沈建忠

猫病图鉴

林德贵　主编

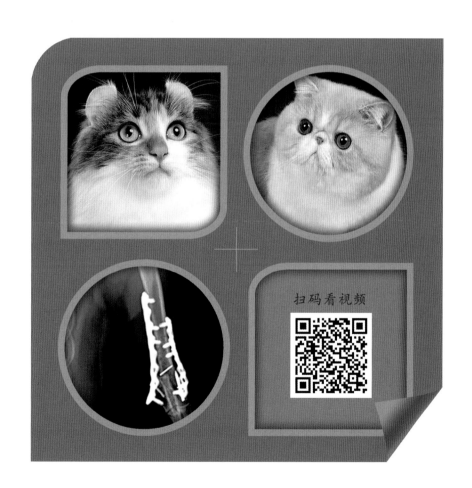

扫码看视频

中国农业科学技术出版社

图书在版编目 (CIP) 数据

猫病图鉴 / 林德贵主编 . -- 北京 : 中国农业科学
技术出版社 , 2023.12
（中国兽医诊疗图鉴 / 李金祥 , 陈焕春 , 沈建忠主
编 ）
ISBN 978-7-5116-6593-5

Ⅰ . ①猫… Ⅱ . ①林… Ⅲ . ①猫病－诊疗－图解
Ⅳ . ① S858.293-64

中国国家版本馆 CIP 数据核字 (2023) 第 250124 号

责任编辑 闫庆健
责任校对 贾若妍　李向荣
责任印制 姜义伟　王思文

出 版 者 中国农业科学技术出版社
　　　　　　北京市中关村南大街 12 号　邮编：100081
电　　话 (010) 82106632（编辑室）　　(010) 82106624（发行部）
　　　　　　(010) 82109703（读者服务部）
网　　址 http://castp.caas.cn
经 销 者 各地新华书店
印 刷 者 北京科信印刷有限公司
开　　本 210mm×297mm　　1/16
印　　张 32.5
字　　数 900 千字
版　　次 2023 年 12 月第 1 版　　2023 年 12 月第 1 次印刷
定　　价 500.00 元

《中国兽医诊疗图鉴》丛书

编委会

《猫病图鉴》
编者名单

主　编　林德贵

副主编　姚　华　蒋　宏　乔　桥

参编人员　（按姓氏拼音排序）

包　磊	陈宏武	丛恒飞	丛培松	董佳音	杜宏超
范志嘉	方开慧	冯一平	高　健	郭魏彬	郭宇萌
郭志胜	何　叶	胡振东	黄　奇	黄智敏	金艺鹏
李汪洋	李晓坤	李彦林	林金洲	林毓晗	刘萌萌
刘玉秀	刘志江	柳智浩	楼凌森	罗倩怡	马超贤
马梦田	马燕斌	马云峰	毛军福	庞海东	彭广能
彭鹏云	彭书沛	齐景溪	佘源武	施　尧	史超颖
苏丽雪	苏永康	孙春艳	孙丽婷	孙　鸥	汤永豪
唐　静	田克恭	王　帆	魏仁生	谢启运	谢倩茹
胥辉豪	徐晓林	闫中山	杨丽辉	杨晓毅	杨玉文
叶　楠	展宇飞	张　迪	张　润	张淑娟	张欣珂
张兴旺	张志红	张志鹏	赵　龙	郑栋强	周　彬
周天红	朱　国				

序

目前，我国养殖业正由千家万户的分散粗放型经营向高科技、规模化、现代化、商品化生产转变，生产水平获得了空前的提高，出现了许多优质、高产的生产企业。畜禽集约化养殖规模大、密度高，这就为动物疫病的发生和流行创造了有利条件。因此，降低动物疫病的发病率和死亡率，使一些普遍发生、危害性大的疫病得到有效控制，是养殖业持续稳步发展、再上新台阶的重要保证。

"十二五"时期，我国兽医卫生事业取得了良好的成绩，但动物疫病防控形势并不乐观。重大动物疫病在部分地区呈点状散发态势，一些人兽共患病仍呈地方性流行特点。为贯彻落实原农业部发布的《全国兽医卫生事业发展规划（2016—2020年）》，做好"十三五"时期兽医卫生工作，更好地保障养殖业生产安全、动物产品质量安全、公共卫生安全和生态安全，提高全国兽医工作者业务水平，编撰《中国兽医诊疗图鉴》丛书恰逢其时。

"权""新""全""易"是该套丛书的主要特色。

"权"即权威性，该套丛书由我国兽医界教学、科研和技术推广领域最具代表性的作者团队编写。作者团队业界知名度高，专业知识精深，行业地位权威，工作经历丰富，工作业绩突出。同时，邀请了5位兽医界的院士作为出版顾问，从专业角度精准保驾护航。

"新"即新颖性，该套丛书从内容和形式上做了大量创新，其中类症鉴别是兽医行业图书首见，填补市场空白，既能增加兽医疾病诊断准确率，又能降低疾病鉴别难度；书中采用富媒体形式，不仅图文并茂，同时制作了常见疾病、重要知识与技术的视频和动漫，与文字和图片形成良好的互补。让读者通过扫码看视频的方式，轻而易举地理解技术重点和难点，同时增强了可读性和趣味性。

"全"即全面性，该套丛书涵盖了猪、牛、羊、鸡、鸭、鹅、犬、猫、兔等我国主要畜种及各畜种主要疾病内容，疾病诊疗专业知识介绍全面、系统。

"易"即通俗易懂，该套丛书图文并茂，并采用融合出版形式，制作了大量视频和动漫，能大大降低读者对内容理解与掌握的难度。

该套丛书汇集了一大批国内一流专家团队，经过 5 年时间，针砭时弊，厚积薄发，采集相关彩色图片 20 000 多张，其中包括较为重要的市面未见的图片，且针对个别拍摄实在有困难的和未拍摄到的典型症状图片，制作了视频和动漫 2 500 分钟。其内容深度和富媒体出版模式已超越国内外现有兽医类出版物水准，代表了我国兽医行业高端水平，具有专著水准和实用读物效果。

《中国兽医诊疗图鉴》丛书的出版，有利于提高动物疫病防控水平，降低公共卫生安全风险，保障人民群众生命财产安全；也有利于兽医科学知识的积累与传播，留存高质量文献资料，推动兽医学科科技创新。相信该套丛书必将为推动畜牧产业健康发展、提高我国养殖业的国际竞争力提供有力支撑。

值此丛书出版之际，郑重推荐给广大读者！

中 国 工 程 院 院 士
军事科学院军事医学研究院　研究员　夏咸柱

2018 年 12 月

前　言

纵观世界进化史，家猫早在4000万年前便已开始物种进化，并在9000年前进入到人类生活圈。自2016年开始，我国家猫的数量显著增加，到2020年，我国首次报道家猫的数量已经超过宠物犬，成为数量最多的宠物类型。家猫越来越受到大众的关注，就与人的关系来说，"宠物犬不是儿童，家猫也不是小型犬"。为保障猫的身心健康以及与人类的和谐共生，不仅要关注猫的生理结构、行为特点，还要关注猫的心理状况以及对周围环境产生的反应。在我国，与目前较为成熟的犬病诊疗行业相比，猫病诊疗行业发展迅速，猫专科医院、猫友好医院逐渐成为猫主人优先考虑的猫病诊疗专业场所，从而推动了猫病典型病例的集中就诊，实践中也培养、锻炼、涌现出一批各有专长的猫病专家。为推动整个宠物医疗行业的发展，需要对猫的临床常见病和多发病进行总结凝练，汇集成一本专业的图谱著作，以供更多的临床医生借鉴和学习。为此，我们组织了一批多年从事临床教学和科研的教师、临床一线医生编写了《猫病图鉴》一书，期待该书的出版能够为猫的健康以及猫病诊疗从业人员提供更多的支持与帮助。

本书收集了国内外猫病诊疗的最新资料，在总结教学、科研和经典病例的基础上，全面系统介绍了猫病概论、建设猫友好医院、传染性疾病、呼吸系统疾病、泌尿系统疾病、消化系统疾病、内分泌疾病、皮肤病、眼科疾病、肿瘤、软组织外科、心血管疾病、血液学疾病、骨科疾病、神经系统疾病、牙科疾病、急诊、麻醉与疼痛管理及常见并发症处理、住院动物管理等十九章内容，涉及猫的内科、外科、传染病、麻醉、急诊等多种临床类型。每类疾病基本按照发病原因、发病特点、临床症状、诊断和防治的体例进行编写，加以大量图片资料，力求做到图文并茂、简洁直观、通俗生动，成为一本指导猫病临床诊疗的全面、专业、实用的工具书。

本书编写过程中，我们多次以线上或线下的形式组织召开了编委会，70余位编者积极参与，研究确定编写大纲、目录、体例和模板，并对书稿进行校对和修订，以求以较高的质量和形式呈现最新、最实用的猫病诊疗技术。

本书文字编写分工如下：

第一章：彭鹏云、董佳音编撰第一节，蒋宏编撰第二节，杨玉文编撰第三节，苏永康编撰第四节；苏永康、蒋宏、姚华共同审校。

第二章：罗倩怡编撰第一节，孙鸥编撰第二节，包磊编撰第三节；罗倩怡审校。

第三章：刘玉秀编撰第一节，汤永豪编撰第二节，罗倩怡编撰第三节，郭志胜编撰第四节；魏仁生审校。

第四章：孙春艳编撰第一节，范志嘉编撰第二节和第四节，朱国编撰第三节；朱国审校。

第五章：郭志胜与冯一平编撰特发性膀胱炎，郭志胜与李汪洋编撰猫尿道梗阻和第二节，蒋宏编撰细菌性膀胱炎，彭广能与何叶编撰膀胱肿瘤，郭志胜与孙丽婷编撰第三节。

第六章：毛军福编撰第一节，罗倩怡编撰第二节，谢倩茹编撰第三节，朱国编撰第四节，张润编撰第五节，方开慧编撰第六节，庞海东编撰第七节。

第七章：谢倩茹与李叶编撰第一节，朱国编撰第二节，毛军福编撰第三节，汤永豪编撰第四节，马云峰与毛军福编撰第五节，毛军福编撰第六节。

第八章：施尧编撰第一节和第四节，张迪编撰第二节、第三节和第五节，乔桥编撰第六节和第七节，王帆编撰第八节；张迪审校。

第九章：昝辉豪编撰概述、坏死性角膜炎、角膜穿孔和第七节，唐静编撰第一节、眼睑内翻、眼睑外伤和视网膜脱离，杨丽辉编撰第二节、第九节和视网膜变性，林金洲编撰第三节、猫衣原体性结膜炎、疱疹病毒性结膜炎、大疱性角膜病变、嗜酸性角膜炎和晶状体脱位，张志鹏编撰眼睑缺损、角膜溃疡、白内障和视神经炎，杨洋编撰视网膜变性。

第十章：杜宏超编撰第一、第三和第四节，姚华编撰第二节。

第十一章：丛恒飞编撰第一至第八节、第十一节和第十四节，徐晓林编撰第九、十、十二和十三节。

第十二章：刘萌萌编撰第一节和第二节概述，张淑娟编撰室间隔缺损、三尖瓣发育不良、二尖瓣发育不良和致心律失常性右心室心肌病，郭魏彬编撰房间隔缺损和肺动脉狭窄，马燕斌编撰心肌病概述和限制型心肌病，罗倩怡编撰肥厚型心肌病，马超贤编撰第四节，张志红编撰第五节，范志嘉编撰第六节；刘萌萌审校。

第十三章：方开慧编撰溶血性贫血，胡振东编撰失血性贫血，周天红编撰第二节和第三节；方开慧审校。

第十四章：丛恒飞编撰第一节，陈宏武编撰第二节，郭宇萌编撰第三节；郭宇萌审校。

第十五章：高健编撰猫感染性脑膜炎、脑膜瘤和淋巴瘤，刘志江编撰传染性腹膜炎引起的脑病，闫中山编撰缺血性脑梗塞、脑囊性畸形、后荐椎发育不全和重症肌无力，林毓暐编撰小脑营养性发育不良，柳智浩编撰小脑发育不良，张兴旺编撰猫前庭综合征、脊椎骨折与脱位、第六节和感觉过敏，李彦林编撰颅脑撞击伤，楼凌森编撰肝性脑病和维生素A过多症，史超颖编撰硫胺素缺乏症，谢启运编撰水脑、低钾血症和霍纳氏症候群，李晓坤编撰椎间盘突出；丛培松编撰皮样窦、腰间椎管狭窄和第九节；林毓暐审校。

第十六章：郑栋强编撰第一节，赵龙编撰第二节，周彬编撰第三节，张欣珂编撰第四节，郭宇萌编撰第五节；张欣珂和金艺鹏审校。

第十七章：范志嘉编撰第一节、第二节、第四节、第五节、第七和第八节，乔桥编撰第三节，姚华与齐景溪编撰第六节；范志嘉审校。

第十八章：叶楠、苏丽雪与展宇飞共同编撰。

第十九章：张润与马梦田编撰第一节，杨晓毅编撰第二节，彭书沛编撰第三节，黄智敏编撰第四节；张润审校。

全书统稿和审校：林德贵、姚华。

特别感谢冯小兰做的大量协调工作，感谢陈彦泽对格式的基础修订，感谢蒋宏、乔桥提供的各种专业建议。

由于我们水平有限，书中疏漏和错误在所难免，恳请广大读者批评指正，以备再版时修订完善。

林德贵、姚华
2023 年 7 月

目 录

第一章

概 论

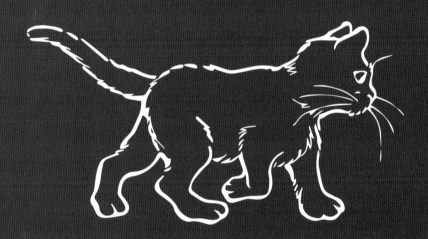

第一节　关于猫

一、关于猫

《猫病图鉴》中的猫（英文文献或学术中常用Feline，而口语或科普文章中常用cat），除非特别注明，均指家猫。

猫是经驯化、逐渐适应人类生活方式、承担着伴侣动物或工作动物角色的一种小型猫科动物。猫与犬是人类宠物中两个主要的动物物种。

二、家猫与野猫

1. 猫的生物学特征

猫既是猎食动物也是被猎食的动物，是具有特定社交需求的独居动物。猫是食物趋于多样化的纯肉食动物，也是半驯化/半野生动物。猫对气味极其敏感。由于纯种猫标准的制定，猫人为地被分为纯种猫和本地猫。

2. 家猫与野猫的区别

经过长期的驯化，尤其是纯种猫的繁育，猫在外观、习性、行为和生活方式等方面已经与其祖先有了明显差异。

（1）猫的身体结构发生了显著的变化。不仅身体外观（头型、被毛、骨骼等）发生了改变，而且内部结构（如肠道长度的增加）和免疫力也出现了变化。大多数纯种猫呈现品种性遗传病。

（2）猫的生活习惯更加适应人类的生活方式。例如，尽管早晨和黄昏仍然是猫最活跃的时间段，但室内猫已经习惯了夜晚睡觉。

（3）家猫的社交行为或方式发生了重要的改变。如一些品种的猫喜欢与人或其他动物进行社交。

（4）猫已经不再适应纯肉食的饮食结构。

三、猫的进化史

1. 猫的起源和进化概况

猫有着4000万年的物种进化史。野生猫科动物是纯肉食动物，而且是所有动物中最善于捕猎的物种。野生猫科动物有3个分支，分别是猎猫科（已绝迹）、猎豹亚科（包括猎豹）和猫科动物。其中，猫科动物包括2个大类：大型猫（豹类）和小型猫（猫类）。而小型猫进一步演化成为今天的家猫。

关于家猫，最早的考古证据来自9000年前的塞浦路斯。野猫并不是塞浦路斯本土物种。如图1-1-1所示，塞浦路斯Shillourokambos墓葬中的猫，显示的是这只猫与人类合葬的情景，说明猫与人可能一起坐船来到塞浦路斯。据此分析，这是最早与人类一起生活的猫。经检测，这只猫的DNA与非洲野猫一致，因此，推测其为现代家猫的祖先。

到5000年前，古埃及已经将猫制成木乃伊并置入法老的墓冢之中（图1-1-2，古埃及法老墓中的木乃伊猫图片），猫被赋予了宗教意义。在大约2500年前的古典时期，猫跟随人类到达世界的更多地方。公元前300年左右，腓尼基商人将猫带上了英格兰的土地，猫在那里捕鼠，并逐渐成为人类生活中的宠物。

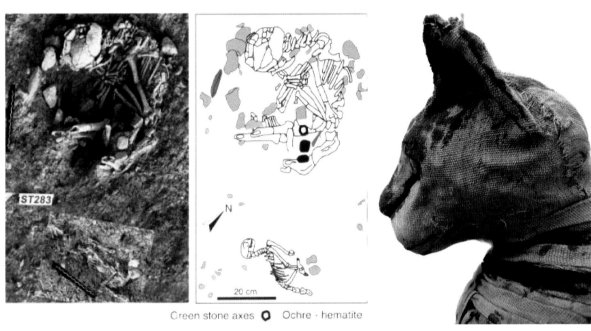

图1-1-1 （左）照片和（右）平面图显示为塞浦路斯Shillourokambos墓葬中的猫（图片下侧的骨架）（图片引自Driscoll C A, et al., 2007. Early Taming of the Cat in Cyprus, SCIENCE, 304: 259）

图1-1-2 一具陈列在大英博物馆中的木乃伊猫（蒋宏 供图）

尽管猫与人类共同生活由来已久，但直到19世纪末真正论及血统的猫才出现。现在的猫已经很好地适应了人类的生活方式，不再通过捕食来谋生，且随着育种、动物保健/医疗和猫食品科技的进步，猫的品种与其祖先相比呈现明显的多样化，其寿命也在不断增加。

如今，越来越多的猫和犬一样，已经融入人类生活并成为人类家庭的一员。尤其自2016年以来，我国宠物猫的数量出现爆发式增长，猫已经替代犬成为数量最多的宠物。

2. 纯种猫和本地猫

由于刻意选育，人类已经繁育出一些在外观、习性和行为上有着显著特点的猫品种，通俗地称为纯种猫。与之相对，未纳入纯种猫谱系的则归类为本地猫，民间称为"土猫"。

繁育界更多地以血统来区分纯种猫，其血统可作为追根溯源的标志，也用于定义某个品种。因此，纯种更偏向于"血统纯正"。繁育者发现了某只猫的特点，取其长处，再经过有序繁殖，繁育出健康且性格和样貌稳定的品种，并形成独立的特征。这些特征经过几十年甚至上百年的稳定遗传，最终成为一个独立品种的标志（图1-1-3）。

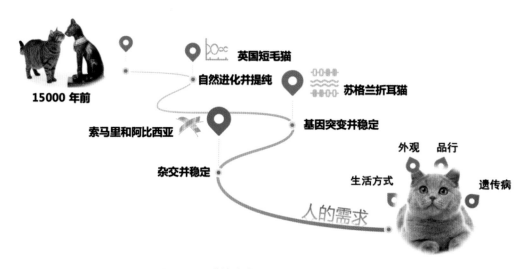

图1-1-3 猫的纯种化过程（冯琦璞 供图）

繁育者将有这些独立特征的猫品种向国际爱猫者协会（Cat Fanciers' Association，CFA）、国际猫协会（TICA，The International Cat Association）或者其他协会提出申请，经过专业人士的投票来决定是否将其注册为血统猫。这是一个漫长而又艰辛的过程。截至2021年，如业已成立百余年的CFA承认的大冠军头衔品种猫只有46种（图1-1-4至图1-1-49）：

阿比西尼亚猫 ABYSSINIAN

美国球尾猫 AMERICAN BOBTAIL

美国卷耳猫 AMERICAN CURL

美国短毛猫 AMERICAN SHORTHAIR

美国刚毛猫 AMERICAN WIREHAIR

巴厘猫 BALINESE

豹猫 BENGAL

伯曼猫 BIRMAN

孟买猫 BOMBAY

英国短毛猫 BRITISH SHORTHAIR

缅甸猫 BURMESE

波米拉猫 BURMILLA

夏特尔猫 CHARTREUX

重点色短毛猫 COLORPOINT SHORTHAIR

柯尼斯卷毛猫 CORNISH REX

德文卷毛猫 DEVON REX

埃及猫 EGYPTIAN MAU

欧洲缅甸猫 EUROPEAN BURMESE

异国短毛猫 EXOTIC

哈瓦那棕猫 HAVANA BROWN

日本球尾猫 JAPANESE BOBTAIL

爪哇猫 JAVANESE

泰国御猫 KHAO MANEE

科拉特猫 KORAT

拉邦猫 LAPERM

狼猫 LYKOI

缅因库恩猫 MAINE COON

曼岛猫 MANX

挪威森林猫 NORWEGIAN FOREST CAT

奥西豹猫 OCICAT

东方短毛猫 ORIENTAL

波斯猫（包括喜马拉雅猫）PERSIAN（including HIMALAYAN）

褴褛猫 RAGAMUFFIN

布偶猫 RAGDOLL

俄罗斯蓝猫 RUSSIAN BLUE

苏格兰折耳猫 SCOTTISH FOLD

塞尔凯克卷毛猫 SELKIRK REX

暹罗猫 SIAMESE

西伯利亚森林猫 SIBERIAN

新加坡猫 SINGAPURA

索马里猫 SOMALI

斯芬克斯猫（加拿大无毛猫）SPHYNX

东奇尼猫 TONKINESE

玩具鲍勃猫 TOYBOB

土耳其安哥拉猫 TURKISH ANGORA

图 1-1-4 阿比西亚猫（周勇强 供图）

图 1-1-5 美国球尾猫（彭鹏云 供图）

图 1-1-6 美国卷耳猫（户佳琪 供图）

图 1-1-7 美国短毛猫（王月婷 供图）

图 1-1-8 美国刚毛猫（彭鹏云 供图）

图 1-1-9 巴厘猫（彭鹏云 供图）

图 1-1-10 豹猫（彭鹏云 供图）

图 1-1-11 伯曼猫（彭鹏云 供图）

图 1-1-12　孟买猫（彭鹏云 供图）

图 1-1-13　英国短毛猫（谢剑伟 供图）

图 1-1-14　缅甸猫（彭鹏云 供图）

图 1-1-15　波米拉猫（彭鹏云 供图）

图 1-1-16　夏特尔猫（彭鹏云 供图）

图 1-1-17　重点色短毛猫（彭鹏云 供图）

图 1-1-18　柯尼斯卷毛猫（彭鹏云 供图）

图 1-1-19　德文卷毛猫
（杨璐伊 供图）

图 1-1-20　埃及猫
（彭鹏云 供图）

图 1-1-21　欧洲缅甸猫
（彭鹏云 供图）

图 1-1-22　异国短毛猫（郑龙 供图）

图 1-1-23　哈瓦那棕猫（彭鹏云 供图）

图 1-1-24　日本球尾猫（彭鹏云 供图）

图 1-1-25　爪哇猫（彭鹏云 供图）

图 1-1-26　泰国御猫（彭鹏云 供图）

图 1-1-27　科拉特猫（彭鹏云 供图）

图 1-1-28　拉邦猫（彭鹏云 供图）

图 1-1-29　狼猫　　　　图 1-1-30　缅因库恩猫　　　图 1-1-31　曼岛猫
（彭鹏云 供图）　　　　（周勇强 供图）　　　　（彭鹏云 供图）

图 1-1-32　挪威森林猫（彭鹏云 供图）　　　　图 1-1-33　奥西豹猫（洋少 供图）

图 1-1-34　东方短毛猫（CHICA Lee 供图）　　　图 1-1-35　波斯猫　　图 1-1-36　褴褛猫
　　　　　　　　　　　　　　　　　　　　　　　（包括喜马拉雅猫）　（彭鹏云 供图）
　　　　　　　　　　　　　　　　　　　　　　　　（彭鹏云 供图）

图 1-1-37　布偶猫（周勇强 供图）　　　图 1-1-38　俄罗斯蓝猫　　图 1-1-39　苏格兰折耳猫
　　　　　　　　　　　　　　　　　　　　　（彭鹏云 供图）　　　（彭鹏云 供图）

图 1-1-40 塞尔凯克卷毛猫
（彭鹏云 供图）

图 1-1-41 暹罗猫
（彭鹏云 供图）

图 1-1-42 西伯利亚森林猫
（周勇强 供图）

图 1-1-43 新加坡猫（彭鹏云 供图）

图 1-1-44 索马里猫（周勇强 供图）

图 1-1-45 斯芬克斯猫
（加拿大无毛猫）

图 1-1-46 东奇尼猫
（彭鹏云 供图）

图 1-1-47 玩具鲍勃猫
（彭鹏云 供图）

图 1-1-48　土耳其安哥拉猫　　　　　图 1-1-49　土耳其梵猫
（彭鹏云 供图）　　　　　　　　　　（彭鹏云 供图）

第二节　猫的行为学基础

一、猫的感官和感觉

1. 猫的感官

与人类一样，猫利用眼睛、耳朵、鼻子、口腔和皮肤等感觉器官，通过视觉、听觉、嗅觉、味觉和触觉感知外部环境。此外，猫还通过犁鼻器（Vomeronasal organ, VNO）来感知化学信息（信息素）。环境中的信息素与猫的社交密切相关。

2. 猫的感觉

（1）视觉。视觉由视野、敏感度、颜色、锐度、亮度等组成。猫几乎看不到颜色，仅有人类10%的颜色受体，无法辨别颜色的差异。但是，猫的眼睛有其他灵长类动物都缺乏的绒毯层，绒毯层有助于猫在暗弱光线下观察事物。猫的视觉敏锐度仅为人类的1/10~1/5，但对于运动和对比度更为敏感。因此，颜色与背景相似、对比度高的物品更容易引起猫的注意。临床中，通过抛食或将食物放在深色的垫子或毛巾上，来引起猫的关注。

（2）听觉。听力的灵敏度或强度取决于动物可以听到的频率，而动物听到的频率主要基于其耳朵的解剖结构。随着动物年龄增长，耳朵内的纤毛会逐渐变硬，耳蜗中的含水组织会逐渐失去部分水分，对高频率的辨识能力会减弱。

猫能听到的声音频率为55~79000Hz，比犬和人类能听到的声音频率范围大很多。猫虽然无法听到大象低沉呼唤的声音（21Hz），但能洞悉动物医院内发生的一切（表1-2-2）。如电动剃毛器开机时，突然的噪声对于猫来说犹如晴天霹雳。老龄猫因年龄增长导致其听觉逐渐迟钝。

表1-2-1 人、犬和猫的视觉特点对比

种属	分辨细节能力	颜色分辨力	视野	感受光的能力
人	20/20	三原色	双眼视觉重叠120°	低
犬	20/80	双色（蓝色－黄色）	240° 双眼视觉重叠120°	中
猫	20/100~20/200	人类的10%	200°~295° 双眼视觉重叠130°	高

译自 Alicea Howell，Monique Feyrecilde 的 *Cooperative Veterinary Care*。

表1-2-2 人类、犬和猫的听觉特点

种属	听觉频率	对应的声音
人	20~20000Hz	管风琴的最低音符：20Hz 讲话：1000~5000Hz
犬	67~45000Hz	提琴的最低音符：68Hz 超声波洁牙机：18000~45000Hz
猫	55~79000Hz	钢琴的低音 A 音符：55Hz 蝙蝠回声定位：50000~100000Hz

译自 Alicea Howell，Monique Feyrecilde 的 *Cooperative Veterinary Care*。

（3）触觉。触觉包括对压力、接触、振动、毛发运动、热、冷、痛、空间位置等的感知。猫的体表覆盖着丰富的神经末梢，这些神经末梢能够收集触碰的信息。当触觉感受器受到刺激时，会向大脑发送一系列信号，大脑对信号进行解读后产生对触觉的感知。身体某个部位神经末梢的密集程度以及大脑中有多少专门用于解读这些数据的组织结构，决定了该部位触摸的"敏感度"。

猫触觉感受器的分布与人类相似，嘴唇、脸、足和生殖器都非常敏感（图1-2-1）。此外，猫位于面部和前足周围的胡须或触须极其敏感，触碰会触发强烈反应。兽医在对猫进行保定或检查时，突然的触碰会惊吓到猫，因此，从触碰较不敏感的部位开始，逐渐过渡到较敏感的部位，可以较好地帮助猫适应触诊。

（4）嗅觉。嗅觉是动物对气味的感觉，即感知环境中气味的能力。气味到达动物嗅觉受体后，化学信号传递给大脑中的嗅球，从而感知到气味。猫对气味极其敏感，猫生活的空间中需要不断积累并充斥着猫熟悉的气味，否则猫就会感到不安。动物医院中消毒剂（包括局部消毒剂如酒精和环境消毒剂如季铵盐）、血液和排泄物的气味对猫都具有强烈的刺激（图1-2-2），应纳入管理并尽量消除。

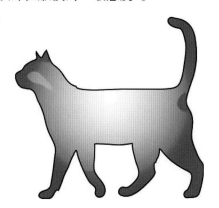

图1-2-1 猫身体敏感区域的分布：触碰较敏感的区域颜色较深，神经末梢密度较低的部位颜色较浅（引自 Alicea Howell，Monique Feyrecilde 的 *Cooperative Veterinary Care*）

（5）味觉。猫的味蕾比人类少很多。其神经处理味觉的方式也与人类有很大差异。猫对酸味最为敏感；苦味受体位于舌体后端，大量摄入或咀嚼苦味物质时才能感受到。猫感受不到甜味，对咸味物质反应迟钝。

含脂肪和肉的食物，对猫更有吸引力。猫对食物的判断首先是安全，然后是风味。通过加热提高食物风味，可以改善猫的食物的适口性；通过掩盖药物的苦味（如将药物装入胶囊中，如图1-2-3），可以更顺利地给猫喂药。

图 1-2-2　左图为动物医院常见的各类消毒液，右图为血渍
（蓝色星辰动物医院 供图）

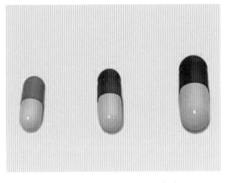

图 1-2-3　将药片分装在胶囊中，
大小不同的胶囊可满足不同的用药需求
（蓝色星辰动物医院 供图）

（6）犁鼻器。犁鼻器（VNO）是一种化学感受器，是开口于口腔顶壁的一对盲囊。猫通过裂唇（Flehmen）提取信息素，收缩上唇提肌抬起上唇并活动舌头，牵引附着在切齿乳头上的提唇肌的头端，打开与犁鼻管连通的切齿管并连接到犁鼻器。犁鼻器壁血管收缩时抽吸信息素，信息素与疏水分子组成的黏质进行混合，信息素的成分与信息素结合蛋白（PBPs）结合，刺激位于感觉细胞膜上的受体。信息素吸入结束后，血压升高，犁鼻器的管径缩小，黏质和信息素–信息素结合蛋白的复合物经犁鼻器进入切齿通道，最终排入口腔。

图 1-2-4　猫犁鼻器的位置
（译自 Alicea Howell，Monique Feyrecilde 的
Cooperative Veterinary Care）

根据生物学效应的不同，可将猫的信息素分为两类：引导信息素和释放信息素。引导信息素（Primer）诱导接受信息素的猫在生理学上发生改变；释放信息素（Releaser）诱导接收信息素的猫做出相应的行为。猫有6个可分泌信息素的腺体、组织或部位，包括面部、足垫、生殖器、肛周、乳房和粪尿。

3. 压力的产生和猫的压力应对模式

猫是领地性动物，对环境的变化极为敏感，并时刻保持着高度警惕。能够给猫带来压力的各种因素称压力源（图 1-2-5），压力源所具有的客观属性即压力。猫面对客观压力产生的心理上的变化称为压力反应，而其结果就是（心理上的）压力。同样地，疾病（尤其是疼痛）或生理变化（如怀孕）也会给猫带来压力。

图 1-2-5　猫常见的压力源（冯琦璞 供图）

进入陌生环境或环境中出现陌生动物（包括陌生人）和物品（如从未见过的猫包），猫都会警觉。如果威胁减轻或消除（如闯入领地的另一只猫转身离开），猫恢复正常。如果威胁持续存在或变得更为严重（如闯进领地的猫逐渐靠近），猫会产生强烈的应对性反应，即应激反应。这样看来，应激反应是超过一定压力后的结果。而压力本身有一个由低到高的过程，且存在一个阈值。对于个体的猫而言，如果感知到的压力低于阈值的最小值，猫不会引起警觉，处于舒适状态。而超过一定程度，猫就会产生所谓的应激反应，即猫的行为、生理指标、血液学指标（典型的包括血糖、乳酸、高血糖素、去甲肾上腺素等）发生显著改变。严重或长时间的应激状态，猫会通过肾上腺素–神经轴影响到中枢神经，引起中枢外周皮质层结构性的改变（图1-2-6）。

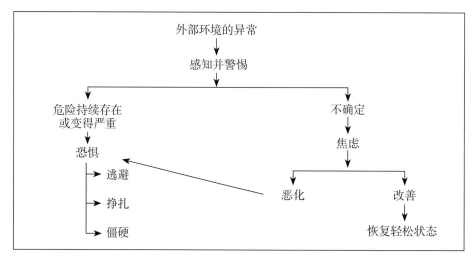

图 1-2-6　猫的压力应对模式（改编自 BSAWA *Manual of Feline Practice*）

通常，面对威胁猫会首先表现出焦虑的状态，会选择逃避或藏匿的方式来保护自己。如果无法逃避，猫则通过攻击来捍卫领地或寻求逃脱的机会。而面对更为强大的威胁且无法逃脱时（如在动物医院里被主人或医护人员紧紧地保定住），猫会表现出僵硬状态。

4. 疼痛和疼痛分级

疼痛是感觉的一个组成部分。我们对猫的疼痛已有较深入认识（表1-2-3），疼痛会引起猫的压力，而猫的慢性疼痛也已成为动物福利关注的一个重要内容。

表 1-2-3　猫的疼痛表现和疼痛分级表

疼痛评分	心理和行为表现	对触诊的反应	紧张程度
0	・无人时，表现安静； ・休息时，表现舒适； ・保持对外界感兴趣或好奇	・触诊伤口、手术部位、身体或其他部位均无疼痛表现	极小
1	・更容易在家被主人观察到，躲避、行为改变； ・在医院时不易观察到，轻度不安； ・对环境不那么感兴趣，会环顾四周	・对伤口或手术部位触诊，可能会/不会有反应	轻度
2~3	・反应下降，寻求独处； ・安静，眼睛失去光泽； ・蜷缩躺着或坐着（四只脚收在身体下方、耸肩、头比肩膀稍低、尾巴紧贴身体），眼睛全部或部分闭着； ・毛发粗糙或蓬松； ・可能频繁梳理疼痛或有刺激感部位的被毛； ・食欲下降	・触诊或靠近疼痛部位时，可能会逃跑或有攻击行为； ・允许抚摸不疼痛的部位	轻度至中度 需重新评估镇痛方案

续表

疼痛评分	心理和行为表现	对触诊的反应	紧张程度
4	·无人看管时，嚎叫、咆哮、发出嘶嘶声； ·可能啃咬伤口，独处时几乎不动	·无触诊时会发出低吼或嘶嘶声； ·触诊时可能会逃离以避免接触，也可能会有攻击性	中度 需重新评估镇痛方案
>4	·俯卧； ·对周围环境没有反应或没有意识，难以从疼痛中转移注意力； ·会接受照顾和护理（即使是脾气差的家猫或野猫）	·对触诊可能没有反应； ·身体僵硬以避免移动造成疼痛	中度至重度 需重新评估镇痛方案

改编自科罗拉多州立大学兽医中心制定的猫急性疼痛量化表。

猫疼痛的常见原因包括：口炎、压力性面部神经疼痛、出血性胃肠炎、胰腺炎、椎体病变（椎间盘突出）、退行性关节炎、肿瘤等。

对于疼痛的准确评估，有助于对疼痛的控制，改善猫的福利。猫面部疼痛评估系统见图1-2-7至图1-2-9（引自《猫病学》第3版）。

二、猫在诊疗过程中的应激和压力性疾病

对于猫来说，动物医院是一个陌生的环境。在这个环境中，陌生的人（兽医及其团队成员或其他宠物的主人）、其他的宠物（犬）、陌生的设施/设备/仪器，以及医院内的气味（如血液、粪、尿和消毒剂等）、声音（如犬的叫声、设备噪声、警报声等）、味道（如住院动物不熟悉的食物）、信息素

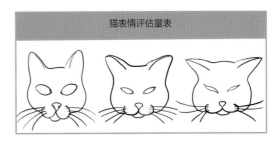

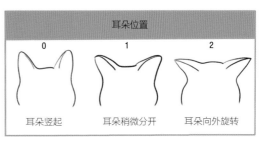

图 1-2-7　猫的面部表情和耳朵位置评估（蒋宏 供图）

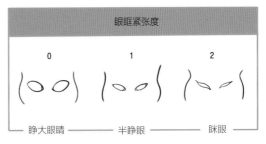

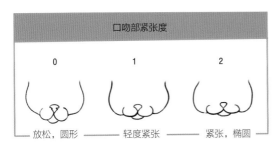

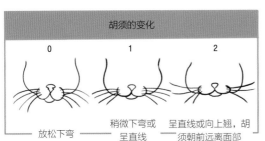

图 1-2-8　猫的口吻部紧张度和胡须的变化评估（蒋宏 供图）

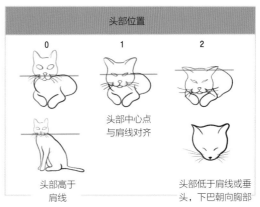

图 1-2-9　猫的眼眶紧张度和头部位置的评估（蒋宏 供图）

（如其他猫留下的警告性信息素）等都会给猫带来压力。

压力引发行为、生理、血液（包括血细胞、血清生化、内分泌激素）等多方面的改变将干扰兽医的诊断。而压力也会导致猫产生负面情绪（如焦虑、恐惧、抑郁和痛苦），影响兽医的接近和保定等工作的开展。

慢性或长期的压力会导致猫身心健康受到损害（表1-2-4）。动物医院有义务创造让猫在就诊过程中保持最低压力的医疗环境和医疗条件。

表1-2-4　猫在应激状态下容易引发的疾病

疾　病	说　明
猫特发性膀胱炎（FIC）	在应激状况下，属于易感体质的猫会导致尿液渗入膀胱肌层而引起疼痛反应，并导致促炎症因子的释放而引起膀胱的炎症反应
猫疱疹病毒-1（FHV-1）	许多猫感染FHV-1后会表现终身潜伏感染状态。一旦处于应激状况下，猫的免疫力下降，使得病毒活化并开始增殖进而导致临床症状，此时，就会从唾液和大小便排出大量病毒，使得共同生活的猫感染FHV-1
猫白血病病毒（FeLV）	猫白血病病毒的原病毒（Provirus）可能借助逆转录嵌入感染猫细胞的DNA中而形成退行性感染。之后，猫并不会表现出临床症状和排出病毒。一旦处于应激状况下，就可能因为免疫抑制而再活化，导致发病和病毒的排出
猫免疫缺陷病毒（FIV）	很多FIV的急性感染仅会表现出短暂、轻微发烧及食欲下降，一般经过1~3个月后进入无症状期。许多猫无明显的临床症状，但仍会持续排出病毒。一旦应激导致免疫抑制，就可能会进入临床期并导致免疫缺陷，增加感染、免疫介导性疾病和肿瘤的风险
猫胃肠道疾病	应激状况会影响猫胃肠道蠕动功能、肠道菌群数量及种类的改变、同时损伤胃肠道的免疫屏障，进而引发胃肠道疾病相应的临床症状，如呕吐、腹泻、食欲减退、体重下降等
猫传染性腹膜炎（FIP）	肠道冠状病毒是很多猫体内的共生病毒，并不会引起明显的临床症状。但当应激导致免疫抑制时，肠道冠状病毒就会大量增殖，容易发生病毒DNA的突变。致命性的FIP病毒就是从肠道冠状病毒突变而来的

本表由林政毅提供。

第三节　猫的生命周期

一、猫的生命周期包括5个阶段（表1-3-1）

表1-3-1　猫的生命周期

生命阶段	周期	与年龄相关性
第一阶段	幼年期	出生~1岁
第二阶段	青年期	1~6岁
第三阶段	成年期	7~10岁
第四阶段	老年期	10岁以上
第五阶段	临终阶段	与年龄不相关

本表改编自2021AAHA/AAFP Feline Life Stage Guidelines。

二、猫各生命周期的健康管理

1. 幼猫学堂（猫的社会化训练）

3~8周龄是猫社交学习的敏感期。幼猫开始进行社交活动，学习社交的技巧并稳步提升。随年龄增长，猫逐渐开始有目的玩耍，开始攀爬和奔跑，出现抓挠和捕食行为；身体上，其眼睛颜色改变、所有乳齿萌出、能够调节体温并开始自我理毛。

在这个阶段，良好的社交经历将形成猫终身的社交模式。主人应鼓励幼猫适度社交，如通过经常性轻柔地抚摸，让猫与男女老少不同的人玩耍，在确保安全的同时与其他猫或其他物种接触，也可以参加幼猫社交课程（图1-3-1）。幼猫与任何其他动物适当的友好行为都可以得到奖励。

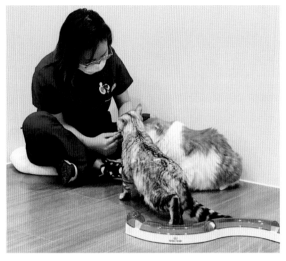

图1-3-1 幼猫学堂：社交学习
（蓝色星辰动物医院 供图）

9~16周龄是社会化的后期，需要继续学习社交技能。在这个阶段，社交游戏达到巅峰，可能出现与地位相关的社交冲突，需要继续进行社交训练。如果早期缺乏社交经验，幼猫的社交能力较差，则需要付出更多努力才能获得良好的社交技能。

2. 环境资源（表1-3-2）

表1-3-2 猫的五大环境资源

项 目	需 求
猫砂盆 （图1-3-2 至图1-3-4）	1. 猫砂盆最小长度为猫体长的1.5倍； 2. 多猫环境的猫砂盆数量应视猫的数量适量放置。如果有与猫砂盆相关的攻击行为，应将猫砂盆安置在不同区域，以避免可能的攻击行为； 3. 每天至少清理2次猫砂盆
猫窝（图1-3-5）	安置在安静处，温暖而舒适
食盆、水盆（图1-3-6）	1. 保持水的新鲜度、味道和活动性（如由喷泉、滴水的水龙头或使用水族馆泵将气泡注入碗中）； 2. 容器的形状适当：有些猫不喜欢胡须触碰碗壁； 3. 水盆的位置：不要放在食盆或猫砂盆旁边，不要放置在嘈杂或出入频繁的位置或过道边，或者难以到达的地方。活动空间内多摆放几个，设置在不同高度。多猫家庭建议设置n+1个水盆。老龄猫可能因为退行性关节病而难以低头饮水，因此，将水盆放在一个台阶上会方便老龄猫饮水； 4. 定期清洁水盆和食盆
猫抓板（图1-3-7、图1-3-8）	1. 抓挠可以打磨前爪，也可留下视觉和可能的嗅觉标记，并舒展其肌肉； 2. 大多数猫喜欢抓挠木质材料、剑麻绳和粗糙的织物； 3. 有些猫喜欢水平放置的猫抓板，但更多的猫喜欢垂直的猫抓板
休息处（图1-3-9）	提供高层空间（如攀爬架）

本表改编自 *2021AAHA/AAFP Feline Life Stage Guidelines*。

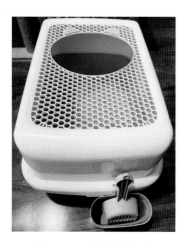

图 1-3-2　封闭式猫砂盆
（李雨聪 供图）

图 1-3-3　开放式猫砂盆
（李雨聪 供图）

图 1-3-4　半封闭式猫砂盆
（李雨聪 供图）

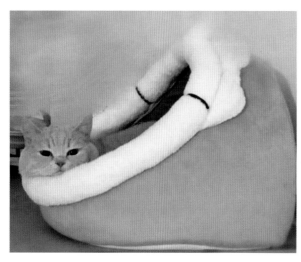

图 1-3-5　猫窝（包圆立、李雨聪 供图）

图 1-3-6　食盆和饮水点
（李雨聪 供图）

图 1-3-7　立式猫抓板
（李雨聪 供图）

图 1-3-8　横式猫抓板　　　　　　　　　　　图 1-3-9　猫爬架
（袁梦秋 供图）　　　　　　　　　　　　　（李雨聪 供图）

3. 营养管理

需要根据猫的体重、品种、年龄、生活方式、是否绝育以及健康状况等，制订个性化的饮食计划，来满足猫特定的营养需求（表1-3-3）。住院动物的热量需求可参照静息能量需求的计算值，需要摄食的食物可在此基础上进行折算。通常需要监控猫的摄食量。如果食欲不振，需要进行干预。干预措施主要包括食欲刺激和安装饲管。

表1-3-3　猫的营养需求

年龄	营养需求
3~5周龄	母乳
10周龄	每天每千克体重200kcal[①]
10月龄	每天每千克体重80kcal
成年猫	静息能量需求（RER）=30×[体重（千克）]+70kcal

本表改编自 *2021AAHA/AAFP Feline Life Stage Guidelines*。

4. 驱虫管理

目前，国内猫常见的寄生虫包括体外寄生虫、体内蠕虫和原虫。体外寄生虫常见的有跳蚤、蜱、虱子、螨虫（包括耳螨）、蝇等；体内蠕虫包括肠道蠕虫（典型代表是蛔虫、绦虫和钩虫）、血液寄生虫（如犬恶心丝虫等）、肺丝虫、眼线虫等；原虫包括胎儿三毛滴虫、贾第鞭毛虫、弓形虫等。

体外寄生虫除自身感染带来的危害，如跳蚤引起猫过敏性皮炎、贫血等；也能作为中间宿主传播多种虫媒性病原体，如绦虫、支原体等。蛔虫等体内寄生虫在生活史上除正常幼虫的肝-气管移行通路外，还可能经皮下移行，造成皮下移行综合征；严重时造成猫出现致盲（幼虫进入眼睛）、瘫痪（幼虫钻入中枢神经）等不可逆损伤。

无论生活方式如何，广谱驱虫对大多数宠物猫均有益。户外生活、特定的地理位置以及猫外出（如旅行、寄宿、美容）等可能会增加感染寄生虫的风险。另外，城市的宠物猫虽然绝大部分为室

---

① 1kcal 约为 4.19kJ，全书同。

内猫，不与户外环境接触，但是由于跳蚤会主动寻找寄生的宿主，所以猫仍处于被感染的风险中。为此，有必要针对每只猫制订寄生虫的预防/控制计划。

通常，粪便检查可诊断某种特定的寄生虫感染并为驱虫与否提供依据，但阴性结果并不能完全排除感染的可能性。

多猫家庭寄生虫传播的风险更大，且通常一只动物感染几乎会传播给所有的动物（包括犬和猫）。因此，多猫家庭全部宠物要同步驱虫。同时，对于环境需要进行彻底的清洁和必要的消杀。减少猫进入户外花园和游乐园的机会，结合定期驱虫，可减少钩虫等人兽共患寄生虫的发生以及对环境的污染。

弓形虫等原虫尚无有效驱虫药，其疫苗效果尚存争议，但可以通过合理的喂养管理和排泄物的清洁措施来控制。猫的体外驱虫见图1-3-10。

5. 疫苗的接种管理

猫的疫苗可分为核心疫苗和非核心疫苗。核心疫苗包括预防狂犬病病毒、猫疱疹病毒1型（FHV-1）、猫杯状病毒（FCV）和猫泛白细胞减少症病毒（FPV）等疫苗；非核心疫苗包括预防猫白血病病毒（FeLV）、猫免疫缺陷病毒（FIV）、支气管败血波氏杆菌（BB）等疫苗。非核心疫苗的接种需根据暴露风险和易感

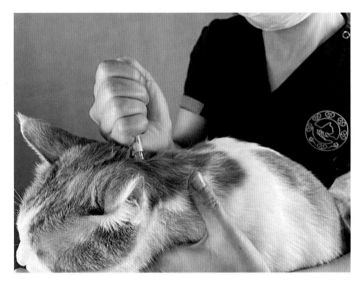

图1-3-10 给猫使用体外驱虫药（邓琴 供图）

性（患猫的生命阶段、生活方式、来源地以及环境和流行病学因素）来决定。

目前，国内FHV-1、FCV和FPV等造成的传染病仍处于高发阶段，而狂犬病仍然在部分地区流行。针对核心疫苗，推荐的免疫程序如下：

（1）幼龄猫的疫苗接种程序。幼龄猫初次免疫共接种三剂联苗和一剂狂犬病苗（表1-3-4、表1-3-5）。其中三联苗包括猫杯状病毒（FCV）、猫疱疹病毒（FHV-1）和猫泛白细胞减少症病毒（FPV）疫苗。

表1-3-4 幼龄猫核心疫苗初次接种的程序（推荐）

时间	8周龄	12周龄	16周龄	18周龄	10月龄
疫苗种类	联苗	联苗	联苗	狂犬病疫苗	抗体滴度不足时，可加强免疫一剂联苗

幼龄猫非核心疫苗的选择取决于暴露风险和易感性，室内猫在注射前应进行抗体检测。

（2）成年猫的免疫接种程序。初次免疫完成的成年猫（表1-3-6），按照国家狂犬病防治规定需终身注射狂犬病疫苗。每年加强三联苗接种一次至8岁。8岁以后，可在例行体检时监测血清抗体水平，根据抗体水平决定是否加强接种。

对于免疫史不清楚的猫或流浪猫，通常建议先检测血清抗体，然后根据抗体水平决定是否纳入初次免疫程序。

表 1-3-5　幼龄猫非核心疫苗初次接种的程序（推荐）

预防疾病类型	首次注射时间（周龄）	加强注射时间（周龄）	注意事项
FeLV	8	12	注射前测血清抗体，仅阴性可接种
FIV	8	11 和 14	首次接种不超过 8 周龄
BB	4		多猫环境或发病时可紧急接种，鼻内滴剂
猫衣原体	8	11	多猫环境（包括猫繁殖场）
FPV	仅供猫冠状病毒为阴性时接种，但不纳入常规疫苗接种		

表 1-3-6　成年猫核心疫苗初次接种的程序（推荐）

时间	首次注射	间隔 4 周	间隔 3 周	备注
疫苗种类	联苗	联苗	狂犬病	首次注射前须测血清抗体

成年猫非核心疫苗的接种取决于感染风险和利弊分析（表 1-3-7）。

表 1-3-7　成年猫非核心疫苗初次接种的程序（推荐）

预防疾病类型	首次接种	间隔时间（周）	注意事项
FeLV	√	3~4	注射前测血清抗体，仅阴性可接种
FIV	√	2~3	供注射 3 剂
BB	多猫环境或发病时可紧急接种，鼻内滴剂		
猫衣原体	√	2~4	多猫环境（包括猫繁殖场）
FPV	仅供猫冠状病毒为阴性时接种，但不纳入常规疫苗接种		

　　免疫接种选择皮下或肌内注射方式。尽管风险很低，也要考虑猫注射部位发生肉瘤的风险。因此，所有疫苗的接种部位通常选择四肢或尾部（图 1-3-11、图 1-3-12）。远侧肢的注射应位于肘部或膝关节的远端；尾部应在其远端的 1/3 处。通常建议轮流在四肢和尾部注射。强烈建议兽医保留完整、准确的疫苗注射部位和疫苗注射方式的记录。

● 建议

✖ 不建议

图 1-3-11　猫疫苗接种的推荐注射部位：黄色为推荐注射部位，红色标记部位不推荐（图片引自《猫病学》第 3 版）

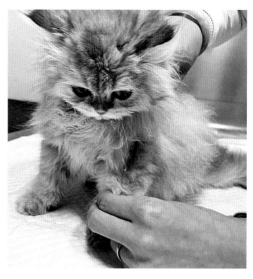

图 1-3-12　猫前肢远端注射疫苗示例（杨玉文 供图）

6. 口腔管理

积极的口腔护理（图1-3-13）能改善猫的健康和福利。可通过视频、印刷品以及口头宣讲，鼓励猫主人进行猫口腔的护理。推荐定期进行全面的牙科检查，包括口腔X射线检查。全面检查包括逐个牙齿视觉评估、探诊、活动性评估、放射检查。推荐针对严重牙垢或牙结石进行定期洁牙。不推荐无麻醉的牙科治疗，这是因为无麻醉洁牙仅能清洁牙齿的可见表面。

图 1-3-13　给猫刷牙示范（邓琴 供图）

7. 皮肤／被毛和外耳道管理

猫的皮肤管理涉及两个方面：一方面，少数猫主人对猫毛（主要是猫的唾液）敏感，而猫有理毛的习性，被舔舐的被毛会成为过敏源；另一方面，长毛猫的浮毛需要定期清除，而一些罹患皮肤病（包括真菌感染）的猫需要治疗。猫的皮肤真菌感染是由犬小孢子菌、石膏样小孢子菌和须毛癣菌引起的浅表皮肤病，为人兽共患病，传染性很强，通常见于小于1岁、年迈或发生免疫抑制的猫。治疗需要剃掉感染的被毛、药浴（图1-3-14）以及口服抗真菌药物，或可通过改变饮食营养不均衡来提高猫对于真菌感染的抵抗力。

要控制传染，重点是管控好环境。进行环境消毒是很困难的，但这是缩短治疗时间和控制传染最有效的方法。使用吸尘器尽可能吸除毛发，进行环境表面的清洁和消毒。Karen（2016）针对犬小孢子菌污染的衣物去污相关研究发现，使用洗衣机冷水清洗被污染衣物即可有效地去污。建议采用长时间的洗涤模式（超过14min），并连续清洗2次，以有效去除感染源。地面可用漂白剂产品进行充分清洗，次氯酸钠非常有效，浓度控制在1∶100～1∶10。恩康唑也可抗真菌，建议浓度为20μL/L；

图 1-3-14　猫药浴（李雨聪 供图）

高浓度的过氧化氢也能够有效杀死环境中的犬小孢子菌和须毛癣菌。

猫的耳道常见马拉色菌和耳螨感染，尤其是幼龄猫。偶见继发的细菌感染。耳道护理可采用耳道清洗剂进行清洗，然后滴入耳药（通常为复合制剂，能够杀灭螨虫、马拉色菌和常见细菌）。耳道禁止用棉签等掏或挖。

8. 体检管理（表1-3-8）

表 1-3-8　不同年龄阶段猫的体检项目管理

检查项目	幼龄猫（出生至1岁）	青年猫（1~6岁）	成年猫（7~10岁）	高龄猫（>10岁）
全血细胞计数：血细胞比容、红细胞、白细胞、分类计数、细胞学、血小板		+	++	+++

续表

检查项目	幼龄猫（出生至1岁）	青年猫（1~6岁）	成年猫（7~10岁）	高龄猫（＞10岁）
血清生化套餐： 至少包括总蛋白、白蛋白、球蛋白、碱性磷酸酶、丙氨酸氨基转移酶、葡萄糖、血尿素氮、肌酐、钾、磷、钠、钙等离子浓度		+	++	+++
尿液分析： 尿比重、尿沉渣、葡萄糖、酮、胆红素、蛋白质		+	++	+++
T4		+	++	+++
对二甲基精氨酸 SDMA 和其他肾脏指标		+	++	+++
血压		+	++	+++
逆转录病毒	+++	+	+	+
粪便检查	+++	+	+	+
体检的频次	至少1次，然后根据需要	至少1次，然后根据需要	每1~2年1次	至少每年1次（推荐每6个月1次）

1. 美国心丝虫协会指南中提供了有关心丝虫检测的详细信息；
2. 诊断应针对每只猫并根据病史/体格检查量身定制。多数情况下，建议使用这些测试来建立基线数据并检测不明显的临床疾病；
3. 这些测试可以作为单个基线评估进行，也可以根据个别猫的具体需求重复进行；
4. + 表示根据个别患猫考虑；++ 表示推荐；+++ 表示强烈推荐。

第四节　猫常见遗传和外发疾病

随机繁育的品种猫或人为纯化的品种猫，在进化过程中都可能发生基因性疾病，某些品种特定疾病的发病率较高。根据猫的临床表现，猫的遗传缺陷性疾病可分为致死、致残和外貌损伤三大类；还可分为与品种基因有关的基因性疾病、先天性疾病和易感体质。

临床中常见的遗传疾病可作为慢性疾病进行管理，其发病和进展是可以预测的，通过影像学检查和基因检测等先进技术能够准确地诊断、治疗和控制。

本节列举常见猫品种的遗传性疾病和常见的家猫基因性疾病（表1-4-1、表1-4-2）。

表1-4-1　常见猫品种的遗传性疾病

品　种	疾病名称
阿比西尼亚猫	先天性甲状腺功能减退、角膜坏死、家族性淀粉样变、猫感觉过敏综合征、溶酶体储积病、重症肌无力、进行性视网膜萎缩、神经性脱毛、丙酮酸激酶缺乏症、反应性全身性淀粉样变、视网膜营养障碍
美国短毛猫	肥厚型心肌病、多囊肾
巴厘猫	猫末端黑化症
孟加拉猫	腭裂、眼睑内翻、扁平胸、漏斗胸、神经性脱毛、视网膜萎缩、并趾、脐疝

品　种	疾病名称
伯曼猫	腭裂、先天性白内障、先天性毛发稀疏、先天性门静脉短路、角膜坏死、远端轴突病、脑脊髓炎、裂腹畸形、血友病 B（凝血因子 IX 缺乏）、中性粒细胞颗粒异常症、眼睛皮样囊肿、肾功能不全、肾结石、海绵样变性、并趾、先天性胸腺萎缩、脐疝
英国短毛猫	血友病 B（凝血因子 IX 缺乏）、进行性视网膜萎缩
缅甸猫	鼻孔发育不全、先天性耳聋、先天性毛发稀疏、先天性前庭疾病、角膜坏死、脆皮症、心内膜纤维弹性组织增生、猫肢端部黑化症、扁平胸、原发性狭角青光眼、感觉过敏综合征、高草酸盐尿病、低血钾肌病、干性角膜结膜炎、致死性面中部畸形、脑膜膨出、眼睛皮样囊肿、漏斗胸、持久性心房停顿
德文卷毛猫	腭裂、被毛卷曲、扁平胸、维生素 K 依赖性多因子凝血病、髌骨脱位
喜马拉雅猫	基底细胞瘤、先天性青光眼、先天性门静脉分流、脆皮症、猫肢端部黑化症、扁平胸、先天性面部皮炎、泪小点发育不全、多发性皮上层囊肿、多囊肾病/肝病
缅因库恩猫	肥厚型心肌病、髋关节发育不良、GM2 和 GM3 型神经节苷脂沉积病、膝盖骨脱位、漏斗胸、多囊肾
曼基康猫	腭裂、脊柱前弯症、仔猫扁平胸、脐疝
挪威森林猫	腭裂、扁平胸、IV 型糖原贮积病
东方猫	淀粉样变、神经性脱毛
波斯猫	短头畸形综合征、蓝烟波斯切－东综合征、慢性退行性角膜炎、先天性睑缘粘连、眼组织缺损、先天性白内障、先天性心脏畸形（包括动脉导管未闭、主动脉狭窄、房室瓣发育不全、肺动脉狭窄等）、先天性门静脉分流、肥厚型心肌病、多囊肾病/肝病、溶酶体贮积病、神经节苷脂沉积病、青光眼、眼睑内翻、进行性视网膜萎缩、皮脂溢
布偶猫	肥厚型心肌病、眼睑缺损、腭裂
苏格兰折耳猫	软骨发育不良、骨营养不良、变形性关节病、多囊肾病、下颌前突及脊柱异常
暹罗猫	卷曲综合征、哮喘、蜡样质灰褐质沉积、先天性毛发稀疏、扩张型心肌病、心内膜纤维弹性组织增生症、家族性高血脂、猫肢端部黑化症、GM1 和 GM2 神经节苷脂沉积症、半椎畸形脊柱侧凸症、血友病 B（IX 因子缺乏）、I 型和 VI 型黏多糖贮积病、动脉导管未闭、进行性视网膜萎缩、鞘髓磷脂沉积症
索马里猫	进行性视网膜萎缩、丙酮酸激酶缺乏症
斯芬克斯猫	全身性脱毛症、重症肌无力

引自 Gary D，Norsworthy，Lisa M. et al., *The Feline Patient* 5th Edition。

表 1-4-2　家猫常见的基因性疾病

疾病名称	疾病特点
猫下泌尿道综合征（FLUTD）	病因复杂、尚不确切，部分家猫品种或群体易感
糖尿病	随机繁育的家猫易得，缅甸猫、挪威森林猫、暹罗猫和阿比西尼亚猫的发病率较高
淋巴细胞或浆细胞性炎症	复杂的免疫反应性疾病，也是家猫常见的一种易感疾病。临床表现为牙龈口炎和炎性肠病（IBD），目前暹罗猫和一些亚洲品种被发现易感，但确切病因及致病机理尚不明确
短头品种综合征	主要见于头面部畸形的猫，症状与面部畸形相关，如软腭过长、眼球突出（易发生慢性角膜损伤、角膜溃疡等）、鼻泪管塌陷堵塞、呼吸窘迫、咬合不正、牙周炎等，重症患猫需要通过手术矫正，如施行鼻翼扩张术、软腭切除术、角膜遮盖术等
多囊肾病（PKD）	一种常染色体显性遗传病，常见于波斯血统的猫，患有基因缺陷的猫会受影响。随身体发育，肾脏会出现囊肿，发病症状与慢性肾病类似。可通过繁育前基因检测和超声检查筛查携带患病基因的育种猫
肥厚型心肌病（HCM）	目前发现布偶猫、缅因库恩猫等几个品种及随机繁殖的猫中可见，在患有 HCM 的布偶猫和缅因库恩猫上发现肌球蛋白结合蛋白 C 基因（*MYBPC3*）突变，导致常染色体显性 HCM 出现。但其他患有 HCM 的猫品种（如挪威森林猫、波斯猫、伯曼猫等）并未能检测出 *MYBPC3* 突变，说明可能存在多重病因致 HCM 基因突变
多指畸形症	一种常见的常染色体显性遗传病，具有高外显性和可变表达的特征，采用外科手术切除多指即可

疾病名称	疾病特点
异位性皮炎	猫病例中约 1.8% 的发生率，主要见于随机繁育的猫，阿比西尼亚猫和德文卷毛猫的发病率较高。患猫发病时表现粟粒性皮炎、非季节性间歇性瘙痒、脱毛、皮肤损伤及溃疡
尿石症	草酸钙结石在东奇尼猫、缅甸猫、德文卷毛猫、喜马拉雅猫、波斯猫、暹罗猫和随机饲养的猫中发病率增高，也与特发性高血钙相关；尿酸盐结石在埃及猫、伯曼猫、奥西猫和暹罗猫中发病率较高。有报道称，缅因猫和斯芬克斯猫的 *SLC7A9* 基因突变可导致胱氨酸结石
短尾猫脊柱裂	短尾是一种常染色体显性遗传特征，见于美国短尾猫、马岛猫、千岛短尾猫、日本短尾猫和随机繁育的猫。短尾猫短尾和尾椎骨缺失的表现具有差异性。脊柱裂是一种无尾表型表达的极端变异，尤其是在无尾之间的配对中出现。由于短尾基因蛋白的过早终止和羧基末端的截短，导致短尾基因型的表达
蓝眼失聪	KIT 基因中的一个等位基因引起常染色体显性可导致白色猫失聪，该基因表现为不完全外显，其中 25%~30% 的纯合子猫是聋的。并非所有的蓝眼白猫都由 KIT 等位基因引起，因此，部分白猫听力正常

第二章

建设猫友好医院

建设猫友好动物医院的目的是减轻猫在诊疗过程中的压力，改善猫的健康和福利，让主人放心地把猫交给兽医团队进行诊疗。

第一节　猫友好理念

国际猫科医学会（ISFM）关于临床中猫友好的原则，包括：

（1）尊重猫。尊重猫这个物种的特殊性，进而了解作为个体的猫。

（2）保障猫的健康。包括猫的身体健康和心理健康。

（3）不得伤害猫。确保不会因为人类及其活动让猫的境况变得更加糟糕。

（4）为猫提供解决方案。为猫找到基于证据、务实且可持续的解决方案。

（5）为了猫进行沟通。为了猫，仔细地沟通信息、慷慨地分享知识。

（6）为了猫而合作。在本地、在国际上为了猫而开展合作，与来自不同背景的人们一起工作，并始终相互支持和相互尊重。

（7）为了猫而不断进步。保持创新、保持好奇心，为了猫而不懈地学习。

从发展过程来看，这些原则大体上可以分三个部分。首先，尊重猫、不伤害猫是猫友好的基本理念，这既是猫友好的出发点，也是猫友好的归结点。其次，为了保障猫的身体和精神健康提供解决方案，是猫友好的技术保障。这里的保障建立在循证医学的基础上，要有实用性和可持续性。最后，为猫进行沟通、合作和不断地进步，则是群策群力，以开放、合作和不断进步的态度来工作。

因此，在动物医院，从压力的产生和发展上来讲，猫友好的本质是为减少诊疗给猫带来的刺激。换句话来说，猫科诊疗需要创造猫友好的环境、制订猫友好的工作流程以及培训员工采用猫友好的方式与猫互动或进行操作。

创建猫友好动物医院，至少包括以下三个方面：

（1）整个兽医团队形成共识。对猫及其主人采取积极主动的态度和"尽量减少对猫刺激"的方法，营造"以猫的需求为中心"的文化。

（2）猫科团队成员在专业上不断精进，掌握先进的医疗与护理技术，积极探索提升猫科诊疗品质的管理方法。

（3）按照猫友好的原则，对医院进行合理规划，配置适合于猫优质的设备、仪器和药品，以保障高品质的猫科诊疗。

第二节　猫友好的工作流程和临床操作

猫在诊疗过程中的压力主要来自三个方面：一是猫过往的经历；二是外出就诊，包括从家庭到动物医院的行程中以及医院环境带来的压力；三是工作流程和临床操作中产生的压力。

一、幼猫学堂——旨在让猫更加适应诊疗环境的方法

猫在出生后一段时间内的经历将形成这只猫的个性，决定着这只猫与包括兽医在内的人的互动模式。猫这种通过自身经历塑造个性的过程称为猫的社会化。猫社会化的这段时期，称为猫社会化的窗口期。猫社会化的窗口期至猫2月龄时达到高峰，随后，窗口期逐渐关闭。猫的社交成熟期是2~4岁。猫在最初生命阶段所经历的一切将决定猫一生中可承受何种的压力。

在猫社会化的窗口期，母猫、猫的兄弟姊妹、其他猫（或犬）等动物、主人（繁育人）和兽医等人与猫正面和积极地互动，将从很大程度上消除猫的"白大褂效应"，减轻猫在动物医院的压力，并教会猫配合诊疗工作（图2-2-1）。

兽医工作者可以通过体检、免疫/驱虫等幼猫保健的机会，主动让幼猫积累有益的经验，进而培养出善于社交的猫。

图 2-2-1　幼猫学堂，让幼猫在轻松的环境和友好的互动中与人类和其他动物建立良好的社交关系（孙鸥 供图）

二、猫外出的压力管理

暴露于陌生环境的猫会因为压力处于焦虑的状态，进而恐惧或抑郁。猫外出将面临很多压力源，包括：

- 陌生的转运笼（航空箱、猫包）；
- 让猫晕头转向的旅程；
- 旅途中以及动物医院奇怪的气味、声音和画面；
- 完全陌生的人或者动物；
- 在陌生环境中，接受陌生人的保定和检查；
- 可能的住院等。

采取正面强化的方法能够最大程度地让猫适应转运笼、乘坐交通工具并愿意到动物医院。

1. 猫出门前的准备

让猫熟悉转运笼，建立积极的体验，并最好让猫自己进入转运笼。有以下建议：

- 将转运笼放在猫经常待的房间里，让笼子成为猫熟悉的物件；
- 将猫熟悉的毛巾（垫子）/带有主人气味的衣服等放入笼子里；
- 将猫喜欢的零食、猫薄荷或玩具放进笼子，吸引猫进去；
- 猫可能需要几天甚至几周时间来建立对笼子的信任；
- 可在外出前30min在转运笼内喷上合成面部信息素。

2. 猫外出的旅程管理

旅途过程中，应注意以下几点：

- 将转运笼固定在车内（推荐儿童车载座椅的固定方式），行驶尽量平稳，减少颠簸；
- 尽量不要按喇叭；
- 旅途中可用一张毯子或毛巾遮盖转运笼（当然，如果猫喜欢看外面可以不遮盖）；
- 保持用平稳的语气跟猫说话；
- 如果猫有晕车史，可以口服马罗匹坦；
- 如果猫过度紧张，可口服加巴喷丁。

3. 猫的转运笼（图2-2-2、图2-2-3）

- 最好是硬质转运笼，可通风；
- 笼顶可以拆卸，也可打开笼子前后两侧的笼门，让猫自己走出来；
- 笼子足够大，能够让猫轻松趴下和转身，并能放入垫子/毯子/毛巾和玩具。

4. 猫就诊的预约

预约就诊的目的有两个：一是让兽医团队准备好猫的相关资料；二是尽量缩短猫在动物医院停留的时间。

三、猫友好的诊疗环境和如何接近一只猫就诊操作

如何跟一只猫打招呼呢？

诊室的基本要求包括密闭、无噪声、温度/湿度舒适，人员尽量地少，无其他动物，最好配备

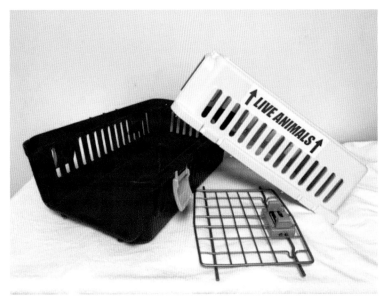

图 2-2-2　推荐的猫转运笼（孙鸥 供图）
转运笼上层笼体可卸下，前方笼门可打开。整个笼子由硬质塑料制成，空间较大、坚固，整个转运笼通过栅栏式孔洞通风，同时，这种栅栏式结构可供猫隐匿。通常，笼体底部可垫上毛巾或垫子，增加猫的舒适感

图 2-2-3　不推荐的猫包（孙鸥 供图）
全透明的猫包不能为猫提供隐匿的条件，软质材料易塌陷，放在桌面上不稳定，且空间狭窄、通风不良

信息素。诊台台面物品尽量少（必要的物品可置于抽屉中），台面上可准备防滑、柔软的垫子（特别是冬天天气寒冷时），垫子上铺设一次性尿垫或猫自己的毛巾。而一个新奇的玩具或一支逗猫棒，以及高品质的猫零食可能起到意想不到的转移猫压力的效果。幼龄猫诊室见图 2-2-4。

接诊是兽医与猫互动的最重要的环节。在这个过程中，兽医将接近和触摸猫，这也是猫常常感到恐惧的部分。兽医应了解猫的特性，读懂猫的行为和表情，在猫接受的前提下完成临床检查。图 2-2-5 归纳了整个接诊的过程：

图 2-2-4　幼龄猫诊室（孙鸥 供图）
打开笼门，让幼猫自己出来，兽医使用猫零食吸引幼猫，并开始建立良好的社交关系

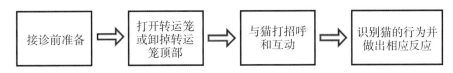

图 2-2-5　临床接诊猫的基本程序（姚华 制图）

（1）接诊前准备。在猫走出转运笼（更多的时候是让猫坐在转运笼的底座内）之前应准备好一切检查工具和器械耗材。如将检耳镜从抽屉中拿出、注射器拆封备用，避免多余的动作和噪声。诊室内使用静音推子或剪子，诊室内相关人员的动作尽量缓慢又不拖泥带水。

（2）打开转运笼或卸掉转运笼顶部。在与主人沟通、收集病史时打开转运笼，试探猫是否愿意自行走出来。如果猫主动走出来，可以将转运笼移走、远离猫的视线，检查结束后应立即让猫回到转运笼中。猫从转运笼出来后，可允许它在诊室内随意走动并嗅闻。如果在与主人沟通完毕后，猫依然没有出来，可将转运笼的顶部卸掉。多数猫能够待在转运笼底座上接受兽医大部分的检查（图2-2-6）。如果猫非常害怕，可在底座上盖上一块毛巾，隔着毛巾对猫进行检查。需要注意的是，禁止强行将猫拖出来或将猫从转运笼中倒出来。

（3）与猫打招呼和互动。接触时应避免直视猫的眼睛，直接盯着猫的眼睛对猫而言是一种威胁（如果需要检查猫的眼睛，可通过缓慢眨眼以传达友善）。所有动作尽量放缓、幅度减小；让猫和兽医保持在同一水平，并尽量从侧面接近（图2-2-7），而避免从正面和上面接近；说话的声音尽量轻柔，夸张的谈话方式会让猫感到害怕。如果猫非常焦虑，就在转运笼里检查。需要注意的是，接诊时，主人和兽医的情绪都可能影响到猫。

（4）识别猫的行为并做出相应反应。根据猫的行为决定下一步的行动。将时间长的操作分成简短的步骤。如果猫已经表现出恐惧反应，应暂停临床操作，避免加重猫的压力。使用零食、玩具、

图 2-2-6　在转运笼底座上做检查（孙鸥 供图）

图 2-2-7　从侧面或背后靠近猫（孙鸥 供图）

信息素等缓解猫的压力。为适应不同的猫的压力水平，应随时做好取消检查项目或调整检查方法的准备。对于高度紧张的猫，可考虑化学保定或适应一段时间后再尝试，甚至重新预约。

四、体格检查

医护人员需要学习并掌握各种体格检查的技术和方法以满足候检猫的需求。如让猫坐在兽医的大腿上，腿和猫之间垫上垫子或毛巾，用身体和手臂扶住猫，让猫面向主人进行检查（图2-2-8、图2-2-9）。如果猫自己选择了一个姿势，可配合这个姿势进行检查。头部和颈部是猫比较喜欢被触摸的部位（图2-2-10），用手扶住头部，抚摸头顶两耳之间的部位可缓解猫的压力（有些猫的胸前被扶住时会保持不动）。用毛巾裹住猫的身体或用毯子盖住猫的头部会让猫感到安全。所有检查都应该在诊室内进行，大部分情况下主人可以在旁陪伴（图2-2-11）。如果主人的焦虑影响到猫，应请主人回避。

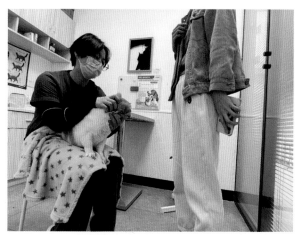

图 2-2-8　让猫坐在兽医的大腿上，面向主人，可减少猫的焦虑（孙鸥 供图）

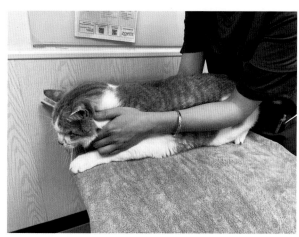

图 2-2-9　检查者用身体和手臂保定猫，猫面向主人（孙鸥 供图）

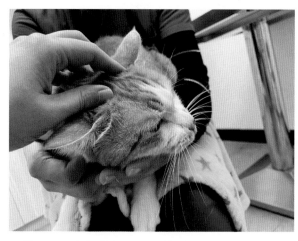

图 2-2-10　轻抚猫头顶两耳间的区域，以缓解猫的压力（孙鸥 供图）

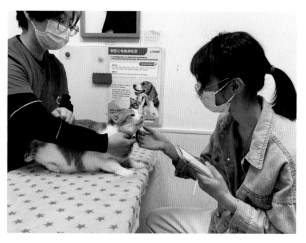

图 2-2-11　主人在旁陪伴（孙鸥 供图）

五、猫的保定

在检查和治疗区域，猫需要接受采血、影像学检查、安置留置针等侵入性的操作。采样或进行影像学检查时应温柔地保定猫，如果猫处于高度疼痛、激动、狂躁状态，无法保证猫和检查人员的安全，甚至难以完成检查，应合理使用镇静和止痛药物。任何时候都不应强制保定猫，也不应采用惩罚的方式压制猫的抵抗行为。对于轻微焦虑、烦躁的猫，应保持谨慎、继续检查往往能够获得比较好的结果。安置留置针等操作时可采用毛巾包裹的方式保定猫。皮下补液等操作可以让猫在自己的转运笼里进行。如果需要安置在医院的住院笼中，可以铺上猫自己的毯子或毛巾，里面放置一个供猫藏匿的纸箱，笼门挂上遮光的帘子。如果要对猫进行多个检查和操作，应从压力最低、侵入性最小的步骤开始。

（1）选择合理的药物剂型，采用猫接受的给药途径。如教会主人使用喂药的工具或零食；在不影响药效的前提下，适当加热注射的针剂；使用常规针头抽取疫苗，更换一个更小号的新针头进行注射（图2-2-12）。

图 2-2-12　更换针头后进行疫苗注射（孙鸥 供图）

（2）在进行颈静脉或头静脉穿刺、膀胱穿刺等操作时，尽量让猫保持在一个自然的姿势，可将对猫的强制性保定降到最低（图2-2-13至图2-2-15）。

（3）兽医可能经常需要处置流浪猫或性情非常狂躁的猫。猫可能通过各种不同的行为表现焦虑、恐惧以及攻击性。在动物医院，恐惧是引起猫攻击行为的最常见原因。学习识别恐惧的早期信号并避免恐惧的进一步加剧是避免猫攻击事件的关键。

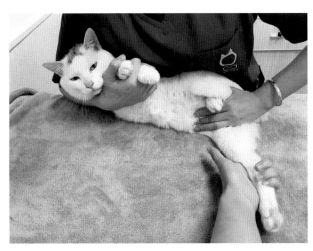

图 2-2-13　让猫侧躺，一手保定双前肢（注意，在猫两个前肢之间隔上保定人员的一根指头），一手保定后肢，以方便另一位操作人员抽血（孙鸥 供图）

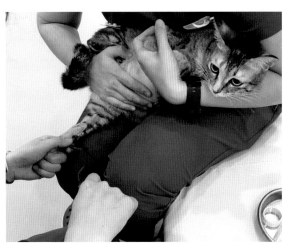

图 2-2-14　抽血时可让猫躺在大腿上，让猫保持自然的姿势（孙鸥 供图）

（4）预约时，询问猫上次出门的反应，并讨论降低猫压力的方法。如果主人认为出门前给猫一些口服的药物是有效的，可以尝试这种做法。如使用具有控制恶心的药物（如马罗匹坦）以减少猫晕车；或具有抗焦虑作用的加巴喷丁。要避免使用乙酰丙嗪，因为它是一个镇静药，而非抗焦虑药，它会让猫对噪声更敏感，甚至攻击性增强。医院得知到访者是一只暴躁的猫时，应做好充分准备，并在到达后尽快安排就诊。

（5）常用的保定猫的方法

①毛巾和面罩。用于包裹猫及罩住猫的眼睛减少视觉刺激（图2-2-16）。

②手套。用于保护操作人员，但手套可能携带引起猫紧张的气味/信息素。

③化学保定。可以增加操作的安全性，同时减少猫的压力。对于性格敏感的猫，可提前在家使用抗焦虑药物（加巴喷丁）、抗晕车药物（马罗匹坦），减少出门的压力。

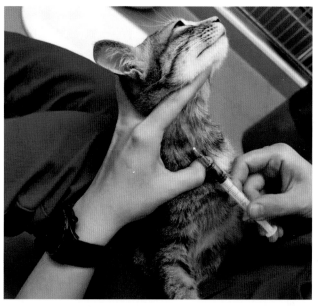

图 2-2-15　在猫放松的情况下，一个人也可以进行颈静脉穿刺
（孙鸥 供图）

图 2-2-16　用"毛巾卷"的方式保定猫
（孙鸥 供图）

第三节　猫友好医院的建设

一、猫友好医院团队建设

1. 猫友好的共识

猫友好理念是创建猫友好医院的核心，对所有的员工都同等重要！实现"猫友好"，首先，要在动物医院内形成共识，打造一种以"猫的需求"为核心的文化。简单地说，就是用正确的态度和方式对待猫。其次，对猫要有正确的认识，并且站在猫的角度审视我们的工作。最后，体谅猫主人所面对的挑战与困难。践行"猫友好"的关键在于员工的培训，以友好的方式与猫互动、轻柔缓慢地进行各种检查和操作，本着同理心与猫主人交流沟通。

以"渴望为猫做到最好"的态度来布置医院和进行医院运营，传达强烈的对猫友好的信息。猫友好的共识要贯彻给医院内每一位员工，无论是医疗团队还是前台人员。兽医在接诊时的言谈举止固然重要，但猫主人带猫就诊首先接触到的是前台接待人员或者助理，所以，确保所有员工都保持正确的猫友好态度及处事方式将增进猫与主人跟动物医院的关系。

2. "猫友好"团队成员要求

（1）欢迎猫，态度积极、行为规范。

（2）了解猫，明确猫在医院内及医院外的需求。

（3）理解并体谅猫主人，明白他们把猫带来医院时面对的挑战与困难。

（4）知道如何与猫接触、与猫相处，并愿意与猫适当地互动。

（5）能够根据具体的情况恰当地调整猫的保定方式并达到预期的效果。

（6）具有良好的猫行为学基础，掌握减少刺激猫的各种技能。在临床过程中，坚持"如非必要，避免对猫进行强制保定"的原则。

（7）不仅在医疗上帮助猫主人，同时将"猫友好"的观念和方法分享给猫主人，鼓励他们善待猫。

（8）坚持最好的治疗是预防的观念，愿意并能够为猫提供终身的预防保健。

3. 接近猫的一些技巧

（1）接近猫和与猫相处的知识和技巧。

①猫对气味极其敏感。浓烈的香水、过量的空气清新剂，甚至动物医院内正常的气味都可能让猫感到惊恐，房间应保持通风/换气，并对消毒剂进行彻底地冲洗或使用气味不强烈的消毒剂。

②猫对声音的敏感性。猫的听觉比人类甚至犬都要灵敏得多，工作人员需要形成轻声细语/轻手轻脚的习惯，包括保持工作环境的安静，掩门时不要发出碰击声响，避免激动的或猛烈的动作等，同时也要告诉猫主人请保持安静或者交谈时使用轻柔而冷静的语气，避免激动的或过高的音调。

③猫的领地意识非常强烈。离开了自己的领地会感到十分恐惧，可能会出现僵住或者攻击等反应。兽医和兽医助理应耐心地给予足够的时间让猫适应陌生环境、气味等，操作时要更加轻柔，认识猫的肢体语言，了解猫的内心想法，想猫之所想，适时改变对应的措施。

④有条件的话可以考虑在候诊区和诊室使用合成猫面部信息素扩散器或喷雾剂。这可以在某种程度上缓解猫的压力，但不能取代猫友好环境与行为准则。

（2）让猫配合诊疗的技巧。

①猫接触陌生的人和环境就会恐惧。这是一种独居动物的保护机制，而这种机制立刻带来心理和生理上的改变。如果猫感知环境和陌生人对它的威胁在不断加剧，猫在这个时刻会依据自己的性格瞬间做出决断——"拼了还是逃了"（Fight or Flight）。兽医要深谙此道，猫的天性就是"离远点，别碰我"。猫用表情、姿态和动作表达着内心活动，兽医要仔细观察，及时调整接近和保定的方式。跟猫打交道，遵循"少即是多"的策略。如对猫进行最低程度的限制，甚至通过安抚和转移注意力的方式代替保定动作。

②在接近猫的时候始终都要保持平静。切忌慌乱和不自信，初次接触时不要直视猫的眼睛——直视，对猫来说这是一种威胁。如果做眼睛（科）检查，一定要观察猫的眼睛，那么可以缓慢眨眼，表示友好。在伸手触碰猫身体前，应先与猫打招呼，轻声呼唤，让猫先闻闻你的手，判断一下它的反应。如果猫接受的话，可以先用手摸摸猫的鼻梁上方和耳前区域（猫的信息素中心），

这时猫友善的反应是用头蹭你的手，这会给猫主人留下非常深刻的印象！

③光滑而冰冷的检查桌面会让猫完全没有安全感。推荐垫上橡胶垫或毛巾，更简单的做法是让猫坐在自己的猫转运笼/包的底座上、面朝主人接受兽医的检查。有些猫习惯对环境进行一番探索后，才会安心。在安全的前提下，不妨让猫在诊室内巡视一番。当然，必要时可以准备厚毛巾以备保定时使用。冬天静电较多，建议医护人员穿棉质工作服，减少静电效应。

④"白大褂效应"。猫跟儿童一样，会出现典型的惧怕穿白褂的人，推荐素面、素手、常服接诊。

（3）住院猫的管理和护理。

①减少猫的压力是猫科住院部永远的话题：许多猫与人互动反应良好，工作人员需要多花时间与猫玩耍、给它们梳毛、多抚摸它们（特别是头部），可以大大减少住院猫的压力，让其尽快适应环境。当然，有些喜欢独处的猫则需要给予适当的空间，不要过多打扰它们。很多猫对其他猫充满敌意，因此，应避免猫与猫面对面，减轻猫住院的压力。

②尽量减少在住院部工作的人员数量：从猫的角度去思考，工作的过程中，轻声细语，轻手轻脚，在住院部内播放轻柔的音乐以舒缓猫情绪。对于住院时间比较长的猫，可以考虑放置猫抓板，或者其他猫玩具，让猫释放压力。如果零食不影响治疗的话，而且猫喜欢，可以使用零食来建立良好的互动关系，让猫感觉到住院是安全的，工作人员是友善的。进行任何临床操作如测血压或者抽血前后，都要与猫进行沟通并抚摸它。操作时应避免遭遇其他猫。

4.临床知识和技能培训

猫科医生需要终身学习，不断更新知识，做到学以致用。兽医与兽医助理每年继续教育的内容中应保证猫科医疗内容占有一定比例，动物医院应对所有医疗团队成员的年度学习进行登记和考核。

继续教育的方式很多，主要包括：

（1）学习、分析病例。

（2）专业会议或专题研讨会。

（3）网络读书会。

（4）证书课程学习。

（5）参与临床科研项目。

（6）阅读文献/期刊/书籍等。

5.体谅猫的主人

猫友好的践行除了对猫的"正念、正知和正确应对"，还需要体谅猫主人。对于很多猫主人来说，带猫就诊即会经历一个非常痛苦的过程。"带猫出门真是恼火"是这种过程的真实反映。倾听主人带猫就诊时面对的困难，用专业的知识帮助他们。

猫友好早在猫主人通过电话或者微信咨询/预约时就开始了。在这个阶段，有很多做法可以帮助猫主人减轻带猫就诊的压力，如工作人员介绍行之有效的带猫出门的方法。

每一位猫主人都深爱着自己的猫。但是未必所有的猫主人都能正确地表达对猫的爱，作为猫友好医院的员工，有义务给猫主人提供正确的指导——让猫主人"站在猫的角度去思考"。无论是在家中的环境布置、家庭护理，还是带猫就诊进行预防医学保健，都有值得广大兽医同行去努力的方向。

让主人做好带猫出门的功课，有助于在遇到困难时合理应对。

（1）选择适合的转运笼/包。

（2）如何让猫自己进入转运笼/包。

（3）如何让猫适应乘车旅程。

（4）候诊时，应注意什么。

（5）面对陌生的人、动物和环境，如何最大程度地减少猫的压力。

（6）就诊的流程和时间管理。

（7）手术/住院的注意事项。

6. 与主人的沟通

与主人有效的沟通是为猫提供高质量医疗护理的重要环节。以理解和体谅的态度进行沟通，倾听他们的问题、与主人一起讨论，这不仅适用于诊疗的各个环节，同样适用于预约或者咨询。如接到主人的咨询时，向他们解释相关的诊疗流程以及猫到动物医院可能面对的问题等，会增加他们对兽医的信任。当然，留出时间给主人提问以确定他们是否理解你给出的解释与建议，可以确保双方的信息对等。增加有效沟通的方法主要包括：

（1）通过不同的方式与主人沟通，包括当面沟通、电话、网络等形式，因人而异。需要注意的是，医疗术语需要用通俗易懂的方式（画图或列表等方式）进行沟通，确保猫主人能够准确理解。提醒疫苗接种等方面的预防医疗，可以通过电话或网络等方式主动沟通。

（2）沟通检查项目与治疗的时候，推荐提供不同的选择项，并保持开放性。

（3）让主人清楚每项的费用，必要时（或客户要求时）以书面形式告知。当实际费用超过预估时，应提前告知客户并做出解释，得到同意后再执行相关操作，并提供每天的消费明细。

（4）强烈建议向客户提供相关信息的文字说明（包括纸质、电子文件），以补充咨询期间或就诊期间的口头信息。此外，推荐在前台、候诊区、诊室等区域提供纸质版手册，包括养护知识、预防医学资料、常见疾病护理等，方便主人阅读并获取相关资讯。

（5）在院内指定一名或多名"为猫代言的人"。为猫代言的目的是更好地践行猫友好原则。"为猫代言的人"不一定是兽医，可以是兽医助理或是前台接待员，他们爱猫、懂猫，并从猫的角度思考愿意为猫的福利跟医院所有的人沟通。当主人对诊疗有任何担忧时，"为猫代言的人"可先行沟通。

（6）客户应当知晓是谁在接待和照顾他们的猫。建议在候诊区展示院内工作人员列表，标明每位人员的职务（如兽医、兽医助理、前台接待等），并附上照片，方便客户认识。如果院内任命有"为猫代言的人"也请告知客户。

（7）应主动向客户征求反馈意见，接收正面与负面的意见，提升服务质量。

7. 为猫代言的人

在动物医院内指定一位或多位"为猫代言的人"，推动院内对猫的友好教育，会使医院和猫主人都受益匪浅。代言人所传达的内容包括：如何解读猫的行为，引进适合猫的临床技术，监督猫友好的践行，与猫主人互动，让整个医院对猫友好充满信心。"为猫代言的人"不一定是兽医或者兽医助理，其他工作人员也可以非常成功地承担这一角色。

二、就诊前的准备

1. 猫及其主人就诊前的准备

猫是领地性动物，离开领地意味着冒险。另外，对于很多猫主人来说，带猫出门更是充满了挑战。为了减轻猫主人的紧张与猫的压力，也为了让兽医能够轻松有效地工作，一些带猫出门的准备工作需要事先跟猫主人沟通，确保这些准备工作做到位。

猫的早期经历铸造了猫的性格。若能在幼年时期学会与人类愉快相处，多数猫会喜欢人类的陪伴。幼猫出生后2个月内对周围环境和社交关系特别敏感，可塑性极强。这个阶段称为猫社会化的"敏感阶段"。抓住这个时机，让猫更多地接触不同的环境和不同的人与动物（包括其他的幼猫/只）或参加幼猫课堂，都能深刻地影响其性格的形成。

同时，猫主人在家可以通过良性的条件反射来培养猫习惯人类的触摸。推荐模仿动物医院就诊时的各种临床操作，如尝试缓慢接触猫的嘴巴，进而打开口腔；尝试触摸猫的爪部，让猫习惯爪部的检查。得到猫的配合，并在完成后立即给予零食和口头的表扬。

2. 动物医院的预约制度

猫的就诊提倡预约制度。

首先，预约制度顺应了猫在陌生环境中紧张的天性。兽医与猫主人需要做就诊前的沟通，为每一只猫提供有针对性的服务准备（包括病历），同时竭尽所能地减少候诊时间。其次，预约制度促进了动物医院合理的工作安排，工作流程会更加顺畅。同时，一些面积狭小的动物医院也可以借此避开有犬预约的时间段，甚至可以建立犬、猫分时间段就诊的制度。

预约制度的建立很大程度上取决于猫主人预约的习惯。猫主人可以通过电话或者网络等方式联系医院或兽医，预约具体的就诊时间。

预约登记的内容包括：

（1）基本信息，如猫主人的姓名、电话等。

（2）猫的基本情况，如昵称、品种、年龄、生活方式、多猫家庭与否、绝育/驱虫情况等。

（3）主诉或临床症状。

（4）预估就诊日期、时间。

（5）转诊或会诊病例需要携带相关病历和检查报告。

（6）兽医的建议。如择期手术的需要提前告知禁食、禁水，同时准备好给猫保温的毯子等。

（7）询问猫的性格以及主人带猫出门是否存在焦虑。猫以前是否出过门、是否有应激反应史，并告知通过使用猫面部信息素或抗焦虑药等可能减轻猫压力等。如果主人十分焦虑，应进行安慰，并帮助主人应对可能出现的情况。

（8）主人应携猫准时就诊，并告知前台工作人员预约情况。前台工作人员应帮助登记详细信息。

三、猫友好医院各科室概况

（一）前台和候诊区

前台的设计可采用高低台面（图2-3-1）或下沉式台面（图2-3-2），较低的台面可让宠主放置转运笼/包，避免将其直接放在地上，也可以增加专门安置转运笼的架子。前台应保持干净整洁和安静。

这里的候诊区特指猫科候诊。如果动物医院既接诊猫也接诊犬，那么最佳的规划是犬科和猫科有各自单独的进出口、通道和候诊区（图2-3-3）。大多数动物医院难以达到这样的规划，但具备

图 2-3-1　前台采用高低台面（包磊 供图）

图 2-3-2　前台采用下沉式台面（夏楠 供图）

猫单独的候诊区仍是猫友好的基本要求。

候诊区通常紧邻前台，是猫和主人候诊和休息的场所，会给猫和主人留下第一印象和最终印象。为猫设计的候诊区能够营造出轻松的就诊氛围（图2-3-4）。

图 2-3-3　前台进行犬猫分流，猫从左侧粉色通道进入候诊区，犬从右侧蓝色通道进入候诊区（包磊 供图）

图 2-3-4　猫专用候诊区，中间的书架遮挡了两个候诊家庭（包磊 供图）

1. 为何设置候诊区？

（1）打造让猫舒适的候诊环境，达到安静和消除所有可能的威胁的要求，缓解猫可能的紧张情绪并逐步让猫适应。

（2）营造一种氛围，让主人确信所有的工作人员对他（们）和他（们）的猫都充满关爱。

（3）即使医院空间狭小，不能将犬和猫完全分开，仍需要设置一个相对独立的空间。

2. 候诊区如何设置？

（1）如果无法创建独立的候诊室，可将候诊区进行空间上的隔离，分成两个不同区域分别供犬、猫使用。即使一道屏风也能够避免犬、猫发生视觉上的直接接触；同时，采取积极的措施避免犬只吵闹，如让吵闹的犬只在医院外等候。

（2）如果无法对候诊室进行空间上的分隔，那么，可采用分时段分别接诊犬和猫。如每天固定一个时间段作为猫专属的就诊时间。当猫在使用候诊区时，如有犬只进出，同样应避免其直接视觉接触。

（3）完善猫科病例进出的通道。如果猫必须穿过一个嘈杂的区域，甚至必须经过吵闹的犬只才能进出诊疗室，那么猫专属候诊区的价值就荡然无存了。需要在猫进出时，争取通道安静且消除了所有可能出现的威胁。

3. 注意事项

（1）尽量远离前台，避免各种干扰。

（2）为主人配置足够的座椅，同时为每一只猫准备一个安置转运笼/包的小台子或架子。

（3）张贴醒目的"静音"提示（图2-3-5）。

（4）张贴不要过分接近候诊的转运笼/包的醒目提示。

（5）施行预约制，尽量不让猫和主人等候太长时间。

（6）若诊室已处于待用状态，可请主人直接带猫到诊室，而无需在候诊室等候。

（7）若猫笼/包为透明材质，请用毯子或毛巾进行遮盖（图2-3-6）。

（8）为避免候诊猫与猫之间的视觉接触或其他相互干扰，可采用以下方法：

①在座位之间用小隔断将猫分隔开。

②准备干净的毯子或毛巾，毛巾可用于遮盖猫笼，还可用于保定猫。

③鼓励猫主人带上自己的毯子或毛巾。

④避免直接将猫笼/包放到地上。推荐安放猫笼/包的台架高度应离地面约1m，并设置隔板。

4. 增加主人好感的措施

（1）前台接待人员和兽医助手应了解猫，具备一般猫保健常识，为主人提供良好的基础建议，并能为猫主人提供可靠的最新的相关资讯。

（2）获得猫科专业组织（如ISFM）认证和兽医猫科继续教育结业的证明。

图 2-3-5　候诊区有"静音"提示（包磊 供图）　　图 2-3-6　用毛巾遮盖候诊区的转运笼（包磊 供图）

（3）展示猫品种、客户的猫、客户感言、医院介绍、推广活动、猫领养信息、猫知识讲座资讯等图片。

（4）提供养猫杂志和资料供浏览，并借机进行宠物主人教育，如怎样带猫往返医院以及如何给猫喂药等。

（二）猫友好医院的诊室

1. 猫科专用诊室

（1）整洁卫生、光线充足、通风良好（图2-3-7至图2-3-9）。

（2）空间足够容纳兽医、猫主人和一名兽医助手一起工作。

（3）房门可上锁，接诊期间严禁打扰；空间可完全关闭，以保证隐私、保持安静并防止猫逃窜或藏匿。

（4）地板和诊台选用可彻底清洁和消毒的材质。推荐在不锈钢诊台的台面覆盖橡胶垫来解决材质的冰冷、反光和光滑。加热型桌面会让猫感到舒服。

（5）洗手和消毒设施，在接诊每位猫病患前后洗手并进行表面消毒。

（6）接待下一个病例之前，应清洁消毒诊台并通过通风换气清除之前的气味。

（7）诊室包括橱柜中不应放置易碎或有害物品。

（8）诊室切忌留有猫可轻易进入但难以抱出来的狭小空间或孔洞。

（9）诊室内应配备可以直接查看影像检查结果的电脑和软件，方便向主人解读，同时可避免反复进出诊室而产生的噪声。尽可能在诊室完成实验室样本的采集，以减少将猫带入新环境而增加的压力。

（10）使用合成猫面部信息素喷雾和扩散器来营造让猫舒适的环境。

（11）医院中应至少有一间可完全调暗，适合做眼科或皮肤科检查的房间。

2. 诊室常用设备

（1）适合猫用的听诊器，如婴儿用听诊器（图2-3-10）。

（2）检耳镜。

图 2-3-7　不同风格的猫科专用诊室 1（包磊 供图）

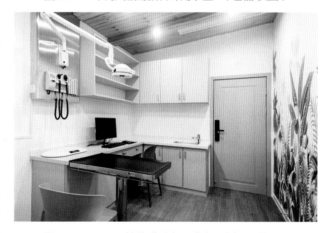

图 2-3-8　不同风格的猫科专用诊室 2（包磊 供图）

图 2-3-9　不同风格的猫科专用诊室 3（包磊 供图）

（3）检眼镜。

（4）笔灯和手持放大镜。

（5）静音电推剪。

（6）体温计。对猫而言，不推荐测量肛温；耳温计能够满足大多数临床病例。

（7）血压计（最好选用多普勒或HDO）并配置合适的袖带（图2-3-11、图2-3-12）。

（8）X射线片观片灯或数码X射线显示屏。

（9）电子秤，可日常校准以确保精度。

（10）静脉采血盒。

（11）毛巾。

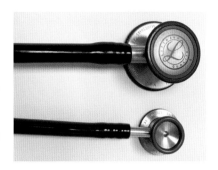

图 2-3-10　上面的听诊器为双面心脏科款，较小的一面适用于猫的听诊；下面的听诊器为新生儿款（包磊 供图）

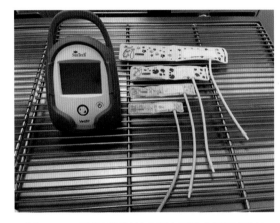

图 2-3-11　动物用示波法电子血压计（包磊 供图）

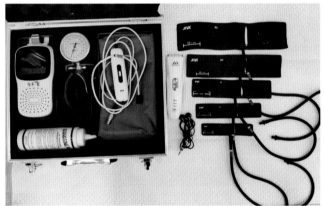

图 2-3-12　多普勒血压计（包磊 供图）

3. 病历记录

应以书面或电子文件形式详细记载所有与临床相关的信息，并妥善保存，便于兽医查阅。

诊室内常见的工作流程和技术操作均应遵循"猫友好"临床操作原则，尽最大努力不触发猫的压力反应。通常，猫需要足够的时间来适应陌生环境。一般建议在开展任何诊室内工作的流程之前，都应有与猫互动的环节。

4. 病史采集

（1）尽可能以标准格式采集并记录病史，可采用临床病史表格采集并记录所有病患的信息（图2-3-13）。

（2）尽可能引导主人在就诊前或在候诊期间完成临床病史和/或健康问卷的填写。"关爱猫的生命"计划（Cat Care For Life）提供了许多实用信息，包括健康、环境或活动性问卷等。

（3）完整地采集病史，包括猫的营养评估（猫的食物类型、每日进食量及其变化、采食方式等）、生活方式（是否允许到户外活动、旅行史、寄养史、与其他动物的接触史等）、日常保健等。

（4）全面了解猫的健康状况，尤其不能忽略猫的行为和生活环境的改变。这有利于及早发现问题。事实上，很多猫的行为问题与医学问题直接相关，如不当排泄与退行性关节疾病有关。

（5）不同年龄阶段的猫有不同类别疾病倾向性，其病史采集的侧重点有所不同。如年龄大于7岁的猫，罹患退行性关节炎的风险明显增加。但猫骨关节病的早期症状并不明显，一位能在家里仔

基本资料表（Registration Form） 日期（Date）：

主人信息（Owner Information）

主人姓名(Name)：_____ 电话(Telephone)：_____

病历号(Patient Number)：_____ 邮箱（E-mail)：_____

猫咪信息（Cat Information）

动物姓名（Cat's name)：_____ 年龄（Age)：_____

动物品种（Breed)：_____ 颜色(Color)：_____

性别（Gender)：□ 公（Male) □ 母（Female) 是否已绝育（Spayed/Neutered)：□是（Yes) □ 否（No)

开始饲养时间（Owned Since)：_____

猫咪来源（Origin From)：□ 繁育者（Breeder) □ 猫舍（Cattery) □ 流浪动物救助中心（Shelter)

　　　　　　　　　　　 □ 其他（Other)：_____

多猫环境（Multi-cat Environment)：□ 是（Yes)饲养数量（Number of cats)：_____ □ 否（No)

生活环境（Living Environment）

居住环境（Living Environment)：□室内（Indoor) □室外 （Outdoor) □室内&室外（Indoor & Outdoor)

　　　　　　　　　　　　　 □有限的户外活动（Outdoor Limited) □夜间外出（Outdoor At Night)

猫厕所排泄（Cat Litter)：□ 是（Yes) 使用猫砂类型（Type)：_____ □ 否（No)

猫间斗争（Fight)：　　　 □ 是（Yes) 备注（Detail)：_____ □ 否（No)

狩猎行为（Hunting)：　　 □ 是（Yes) □ 否（No)

营养（Nutrition）

日常食物（Food)：□ 干猫粮（Dry Food) □ 湿猫粮（Wet Food) □ 两个都有（Both) □ 其他（Other)

食物类型/品牌及日常进食量（Type / Brand / Daily Intake)：_____

常规预防保健（Prevention）

疫苗接种（Vaccination)：□ 是（Yes) 疫苗的品牌（Brand)：_____ □ 否（No)

上次免疫时间（Last Vaccination Time)：□≤12 月 □<24 月 □<36 月 □ 从未（Never) □ 未知（Unknown)

体内驱虫（Endoparasite)：□ 是（Yes) 驱虫时间（Time)：_____品牌（Brand)：_____ □ 否（No)

体外驱虫（Ectoparasite)：□ 是（Yes) 驱虫时间（Time)：_____品牌（Brand)：_____ □ 否（No)

逆转录病毒状态（Retrovirus)：□ FeLV + □ FeLV - □ FIV + □ FIV - 检测时间（Time Of Test)：_____

抗体水平（Antibody Level)：FPV：_____FHV：_____ FCV：_____

病史（Medical History）_____

图 2-3-13 记录病患猫基本信息的表格样式（包磊 供图）

细观察的猫主人往往比兽医更清楚猫的行为变化。

（6）急诊（紧急情况），须遵循"先行处置，随后补充病史、体格检查和处置（包括用药）等病历记录"的原则做病史采集。

5.体格检查

在检查过程中，应遵循"最大的耐心、最少的约束、轻柔的触碰"的原则。事实上，即使兽医做到温柔体贴，仍有一些猫会感到紧张甚至焦虑。在这种情况下，兽医没法检测到正常的生理数据，甚至完全无法进行相关检查。对此，一般建议准备多一些时间或安排再次就诊。对于经验不够丰富的兽医，建议采用体格检查标准化表格（图2-3-14），包括牙科和神经系统检查专用表格。

常规体格检查内容包括体重测量、评估各器官（心、肺、口腔、牙齿、耳、眼、皮肤、肾脏、肝脏、脾脏、膀胱），并记录体格分数（BCS）和肌肉分数（MCS）。对于7岁以上的成年猫，可增加全面的肌肉、骨骼检查和全面的神经学检查。

6.进行体格检查的建议

（1）推荐让猫坐在顶部能够打开的猫转运笼/包的底座上、面朝主人接受检查。

（2）如果猫表现出紧张，请给猫多一点的适应时间，要有足够的耐心，要知道"欲速则不达"。

（3）打开猫转运笼/包前，请确保诊室不会受到干扰，可在门外悬挂"请勿打扰"的提示牌并锁上诊室的通道门。

（4）尽量让猫自己从转运笼/包内出来。具体的做法是将猫转运笼/包轻轻放在桌子或地板上、打开，然后兽医一边采集病史信息，一边观察猫的动静。

（5）当猫从猫转运笼/包出来时，兽医用温柔的语调与猫打招呼，让猫先闻闻手背，判断它的接受程度。如果猫接受，则一边抚摸猫的头颈部一边跟它说话。推荐用手指轻轻摩擦猫的信息素中心（鼻梁上方和耳前区域）。需要注意的是，非眼科检查，切忌直视猫的眼睛。

（6）对于胆小的猫，可由主人轻柔地将其从猫转运笼/包里抱出来。对于那些非常敏感且具有攻击性的猫，可在猫转运笼的底座或打开的猫包中检查。

（7）检查的过程中，找到让猫感到更为放松的姿势或形式。如有的猫喜欢靠在主人的臂弯里；有的则喜欢四处溜达；有的喜欢四处张望；而有的就喜欢蹲坐在自己的笼子里，甚至还得躲到毯子下面。尽量去适应每只猫的喜好，让猫以为只是在游戏或抚摸的情况下完成大部分体格检查。

（8）可将检查分为几个较短的部分。一旦猫变得焦躁不安，就先让它休息一小会儿，抚摸它，跟它说话，或让它在房间里走一走。

（9）当需要进行眼科（睛）检查时，兽医放松的眼神和缓慢地眨眼会有所帮助。

（10）避免突然的刺激，包括巨大或突然的噪声、突然变化的灯光、突兀的动作等。同时，要注意你所发出的声音，比如"嘘"雷同于猫的嘶嘶声，应予以避免。

（11）不同年龄猫的检查各有侧重，如年龄较大的猫易患骨关节病，这可能会让它们在接受处置时产生不适或疼痛。

（12）不同病史（主诉）的猫需要采取不同的应对方式。如高血压或甲亢的猫可能更敏感，也更容易产生压力，需要更谨慎地对待。

（13）将侵入性的检查放到最后进行。如测量体温、打开口腔等。

（14）如果主人警告猫可能会咬人或抓人，兽医应高度重视。不要依靠或期待主人能够安全地

体格检查

体温：＿＿＿＿＿ 脉搏：＿＿＿＿＿ 呼吸频率：＿＿＿＿＿

1. 体重

本次体重：＿＿＿＿＿ 上次体重（注明日期）：＿＿＿＿＿

变化%（重量差）＿＿＿＿＿

2. 身体状况评分（BCS 评分）

□1 非常差 □2 体重不足 □3 理想 □4 超重 □5 肥胖

3. 情绪状态

□活泼而警觉 □安静且警觉 □嗜睡 □迟钝 □过度活跃

□其他：

4. 面部

□正常

□头部倾斜

□异常（如伤口，肿胀，不对称）：＿＿＿＿＿

5. 眼部

□完全张开、明亮、无分泌物、肿胀和发红

□瞳孔大小正常，对称，瞳孔对光反射正常

结膜和巩膜：□正常 □苍白 □充血 □黄疸

异常（角膜、虹膜、晶状体）：＿＿＿＿＿

视网膜检查：□不需要 □需要 检查结果：＿＿＿＿＿

6. 耳部

□正常 □异常（气味、分泌物、油蜡样、螨类）：＿＿＿＿＿

耳镜检查：□不需要 □需要 检查结果：＿＿＿＿＿

7. 鼻部

□正常 □异常（肿胀、不对称、单个或两个鼻孔分泌物流出、化脓/浆膜/出血）：＿＿＿＿＿

检查结果：＿＿＿＿＿

8. 水合状态/脱水评估

皮肤拉起：□正常 □异常

可视黏膜：□正常 □干/湿 □脱水%：＿＿＿＿＿

9. 口腔

齿列：　　　□乳齿 □恒齿 异常生长：□是 □否

牙石/牙垢：　□轻度 □中度 □重度

齿龈炎：　　□轻度 □中度 □重度

口炎：　　　□轻度 □中度 □重度

舌头（舌/上下）：□正常 □异常（溃疡、肿块、包扎异物）

上颚：　　　□正常 □异常（溃疡、肿块、异物）

咽部和扁桃体：□正常 □异常（炎症、异物、肿块）

10. 黏膜

□粉红色 □苍白 □充血 □黄疸

毛细血管再充盈时间：□正常 □异常：＿＿＿＿＿

11. 浅表淋巴结

下颌淋巴结：□不可触及 □可触及 □扩大

肩胛前淋巴结：□不可触及 □可触及 □扩大

腘窝淋巴结：□不可触及 □可触及 □扩大

12. 颈部

触及甲状腺肿大 □是 □否→□单侧 □双侧

尺寸和位置：＿＿＿＿＿

13. 呼吸

呼吸频率和力度，呼吸杂音：□正常 □异常：＿＿＿＿＿

前肋弹性：　□正常 □减少

叩诊：□正常 □浊音 □叩响增强

听诊：□正常 □异常（喘息、啰音、肺呼吸音改变）

14. 心血管系统

心率：＿＿＿＿＿

心尖搏动：□正常 □异常（异常：移位？震颤？）

心动节律：□心动过缓 □心动过速 □奔马律 □心律失常

心脏杂音：□有 □没有→分级：＿＿＿＿＿/Ⅵ 收缩/舒张

心杂音最强点：　L/R　心基部/心尖部

脉搏：□正常 □虚弱 □脉跳跃 □缺如

L 动脉和 R 动脉之间的差异：□有 □没有

15. 腹部

按压：　□正常 □异常（肿块、疼痛）

肝脏：　□正常 □异常（肿大、肿块、硬/软、不规则、疼痛）

肾脏：　□正常 □异常（INC/DEC 大小、不规则、不等大小、坚固、疼痛）

肠胃：　□正常 □异常（内容异常、肿块、疼痛）

膀胱：　□正常 □异常（收缩无力、非常坚硬、膨胀、增厚、疼痛）

□其他发现（如肿块、疼痛）＿＿＿＿＿

16. 皮毛和皮肤（请在图上标记异常）

□毛发正常

□异常（脱毛、跳蚤、皮屑）：＿＿＿＿＿

□皮肤正常

□异常（结节、肿胀、肿块）：＿＿＿＿＿

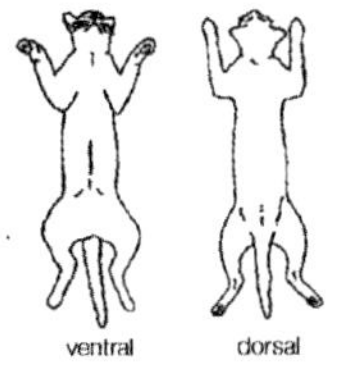

ventral　　dorsal

17. 肌肉骨骼系统

□无相关异常

□其他（虚弱、僵硬、跛行）：＿＿＿＿＿

□需要进一步评估 □否 □是＿＿＿＿＿

18. 中枢和周围神经系统

□无相关异常 □其他＿＿＿＿＿

□需要进一步评估 □否 □是＿＿＿＿＿

> **其他发现/建议**
>
>
> **总结（发现问题、与主人沟通简述）**

图 2-3-14　体格检查记录表样式（包磊 供图）

将猫保定住。要知道，保障猫主人在动物医院的安全是动物医院的责任。

（15）极少数的猫完全不配合检查。这种情况虽少见，但粗暴的保定只会增加猫的压力，并导致习惯性的抵触或反抗。对此，建议采取化学保定，或者建议先把猫带回家。兽医给予猫主人行为学方面的指导或请猫主人带回抗焦虑药物，并另行预约就诊。

（16）在对猫进行体格检查时，应始终确定猫主人清楚并理解你在进行什么检查、检查的结果是什么，以减少他们的焦虑情绪，并为后续拟定治疗方案打下基础。

7. 猫体重测量小贴士

（1）猫的诊室应配备婴儿秤（图2-3-15）或猫科动物专用的精确电子秤。如果把猫从转运笼/包抱出来单独称重有困难，则推荐连猫转运笼/包一起称重的体重秤，之后再减去猫转运笼/包的重量。

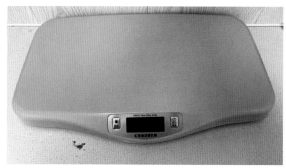

图 2-3-15　婴儿秤（包磊 供图）

（2）不要估测猫的体重。成年猫正常体重参考范围很广，中等体型成年猫的体重一般在3~6kg，而年轻或年老猫的体重可能会轻很多。

（3）对患有可能与体重减轻或食欲不振相关疾病的猫、体重过重、正在减重的猫，都需进行定期复查。

（4）住院猫须每天监测体重。尤其是某些需要精确给药剂量的猫，如使用镇静剂、麻醉剂等之前的称重可以确保用药量的准确。

（5）年龄在11岁以前的健康猫每次就诊时称重并记入病历。除称重外，还推荐应计算出体重变化百分比。如一只3kg的猫体重减少了0.3kg，其体重变化为10%。主人能更直观地理解到变化的幅度。

（6）年龄较大的猫（12岁以上）应至少每6个月称重一次。

（三）猫友好医院的实验室与影像室

猫友好医院应配备基本的实验室和影像学设备。

1. 实验室

实验室配置设备建议包括：临床显微镜，制备血液抹片、细胞学的设备（如玻片、染液），离心机，血常规检测仪，生化检测仪，尿检设备（如尿比重、尿液试纸）。

（1）设备应由熟练的员工操作，以确保结果的准确性。

（2）员工须经过系统、完整考核，确认其具备正确的能力及知识后，方可进行实验室设备的操作。

（3）操作区域可张贴操作说明，以利于增加操作的正确性。

（4）实验室设备如果在操作过程中会产生噪声，则应远离猫所待区域，或选择声音较小的设备。

（5）设备应定期维护和校正。

（6）检验样本应明确标识宠物姓名、病历号等信息以便核对身份。

（7）检验完的样本仍应暂时保存于暂存区，以利于加验项目时所需。样本保存至少一天或根据医院规定处置。

（8）有些检验项目在临床医院可能无法进行，需安排到外部实验室进行检验。

2. 影像室

（1）一家设备齐全的猫科医院应具备诊断所需的基本影像学检查（包括X射线和B超）设备，并且有完善的影像记录保存系统以供未来查阅。

（2）影像室需准备适合猫大小的"V"形垫、沙包、约束绳等，以利于进行更标准的摆位和固定（"V"形垫可用多个厚毛巾等衬垫物替代）（图2-3-16）。

（3）操作人员应具备良好的猫友好保定和摆位知识，以在猫低压力的前提下提供良好的影像质量。

（4）在拍X射线片时，为避免人类暴露在辐射中，拍摄人员应穿戴铅衣、铅围脖、铅帽、铅眼镜。拍摄人员的手应避免出现在拍摄范围内，若不得已，必须穿戴铅手套进行防护。

（5）将猫镇静或麻醉之后，以约束绳、沙包等摆位、固定，再进行X射线拍摄或B超扫描。此方法能最大程度减少工作人员受到辐射并减少猫的压力。

（6）将B超室照明调整成低亮度模式，不但可提供较好的影像呈现，也能使猫在操作过程中更为安逸（图2-3-17）。

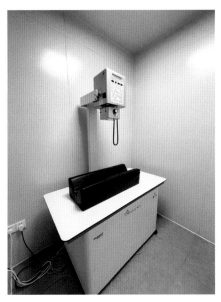

图 2-3-16　X射线室配备"V"形垫更利于
拍摄摆位（包磊 供图）

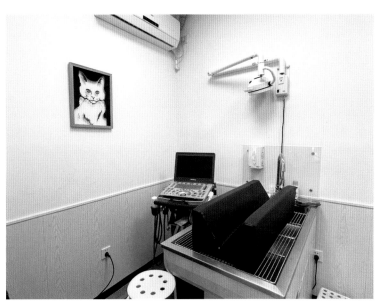

图 2-3-17　猫 B 超室
（包磊 供图）

（四）猫友好医院的住院部

猫友好医院住院部的目标就是创建安全、干净、安静和舒适的住院环境，最大程度地降低猫的压力，促进猫的康复。

1. 住院部的空间布局

拥有猫专属的住院病房（图2-3-18、图2-3-19）是猫友好的基本要求。这是减轻猫的压力、增加猫舒适感的基础。猫的专用住院病房应在医院的布局规划中专门设计，按照最大程度地减少压力源的原则，达到多房间、一笼一猫、同一个空间尽量少的猫的要求。设置有专用的处置区及传染性疾病的隔离住院病房。

（1）猫住院部选址的要求如下。

①安静。应尽量远离繁忙嘈杂的区域，尤其是远离犬住院部，做到隔绝犬的叫声。通往猫住院部的通道同样应保持安静。

图 2-3-18　猫专属住院部 1（包磊 供图）　　　　图 2-3-19　猫专属住院部 2（包磊 供图）

②安全。相对封闭，避免猫逃跑或隐匿；避免非工作人员进去挑逗、喂食、打开笼门等。

③方便到达。便于医护人员频繁、快速地前往猫住院部。

（2）猫住院部的环境要求如下。

①猫住院部为全封闭空间，不留死角，防止猫的逃离和隐匿，保证猫的安全。

②房间能够在一定程度上隔音，以保持住院部内的安静。

③通风，避免异味残留（如消毒剂、酒精、粪/尿/血等），保持空气清新。

④光线柔和且明亮。

⑤可调控温度/湿度。环境温度保持在18~23℃、相对湿度保持在35%左右。

⑥部分墙体使用玻璃材质，便于在不打扰猫的情况下，随时观察。

⑦推荐在猫住院部使用扩散型猫合成面部信息素类产品，以减轻猫的压力。

（3）猫住院部应有足够的操作空间。

①猫住院部最好能留存足够的空间，以进行简易处置（如测量体温、抽血），可减少猫的移动。

②操作处置区域应避免离笼位太近。

2. 住院笼及其管理

（1）猫住院笼材质推荐选用坚固、不透水、不反光、不发出异响、不会打滑且相对温润的材料。常见的材质及其优缺点如下。

①不锈钢是最常用的材质，其缺点是可能会导致猫身体热量的流失、较容易产生噪声，以及金属面反射的影像可能会对猫造成压力。

②白色的玻璃纤维为优质的猫笼制作材料，更温暖、安静和舒适。如果加工精良，也更便于清洁。

③木质笼较容易吸水，容易导致味道残留，还须做好防水处理。

（2）笼门。

①网格形笼门，需要留意网眼的大小和形状。网眼太大或者网眼存在夹角时，容易导致猫（尤

其是幼猫）肢体卡住或逃脱。

②钢化玻璃门是更好的选择，具有良好的能见度、降低了传染性疾病的传播、降低了猫逃脱或肢体损伤的概率。

（3）猫住院笼大小。不同规格的住院笼，分别适合短暂性留院观察或长时间住院。一般来说，住院笼稍大些更好，但过大不利于笼内操作。

①短暂性留观住院笼仅需提供足以伸展身体以及放置食碗、水碗、猫砂盆、猫寝具的空间即可。建议的最小内部规格为：$3600cm^2$（底面积），例如，长60cm×宽60cm×高55cm。

②长时间住院笼则需要提供更大的生活空间。建议的最小内部尺寸为：$6300cm^2$（底面积），例如，长90cm×宽70cm×高55cm。

③住院笼最好能加宽并隔出猫厕所（图2-3-20）。

（4）猫住院笼摆放的位置和布局。猫属于独居或半独居的动物，具有强烈的领地意识。当感受到附近有其他猫时，就会表现出警惕甚至紧张。因此，猫住院笼的摆放应尽量避免猫看见彼此。推荐笼门为朝向一致的摆放方式。如果空间狭窄，则住院笼应采用不透明屏障（如布帘）以遮挡猫的视线（图2-3-21）。

建议将单层猫住院笼安置在高出地面90~100cm的架子上，方便工作人员观察和操作。双层猫住院笼，底层应至少离地20cm，因为猫不喜欢长时间待在地面上。

（5）猫住院笼内的布置。猫住院笼内除了"生存"所需的食物、水、猫砂等，还需根据猫的习性布置合理的"生活"环境。

①食碗和水碗。

a.食碗和水碗应尽量分开，并远离猫砂盆。如果是单笼型住院笼，建议将猫砂盆置于一角，

图 2-3-20　猫住院笼可隔出猫厕所（包磊 供图）　　　图 2-3-21　笼门可增加遮盖笼布（包磊 供图）

食/水碗置于对角。

b.选择较浅而宽的食碗和水碗。避免猫在进食/饮水时胡须碰到碗壁，导致抵触。

c.避免选用易沾染挥发性气味的材质（如塑胶），瓷/玻璃材质较为理想。

②猫砂盆及猫砂。

a.猫通常喜欢较大的猫砂盆。但住院笼由于空间限制，通常无法放置大规格的猫砂盆。但仍须尽可能选择合理尺寸的猫砂盆。

b.多数猫喜好无味、无粉尘、细颗粒且可结团的猫砂。

c.医院内应该准备各种不同类型的猫砂盆及猫砂，根据猫平时的使用习惯/偏好来做选择。

d.若要收集尿液，可选用不具吸水性的猫砂（如不吸水颗粒或干净的水族箱砾石）。

③卧具。

a.猫喜欢柔软材质卧具，讨厌光滑冰冷的表面。而住院笼的材质，无论是金属还是玻璃纤维，均较坚硬。因此，应另外为猫准备舒适、温暖、卫生、柔软的卧具（如多层的毛巾、毯子）（图2-3-22）。

b.需要提醒的是，这些材质通常会吸收水分，因此一旦弄脏必须迅速更换。

④垂直空间以及躲藏的空间。

a.猫作为捕食者，喜欢待在高处，既方便隐藏自己，也方便观察敌人和猎物。高处能给猫带来安全感。因此，住院笼中应提供多层空间，让猫可以选择较高的位置。

b.通过在笼内安装架子、安置垫高物（如倒置的纸箱）的方式以增加垂直空间（图2-3-23）。

c.胆小、紧张的猫会寻找躲藏的地方，因此，也要提供猫躲藏的空间，比如可准备横放的纸箱、猫屋等；若住院笼内空间更大，甚至可以将猫自己的猫笼放在里面。

⑤提供熟悉的气味。

a.环境的改变通常让猫感到紧张。因此，应尽可能让猫有"熟悉的感觉"。

图 2-3-22　住院笼内可放置舒适的毛巾及猫窝（留观住院笼的布置）（包磊 供图）

图 2-3-23　住院笼安装跳板，可增加垂直空间（包磊 供图）

b.推荐猫主人携带有家中"熟悉的感觉"的物品（如柔软的衣服、毯子或猫常使用的卧具），以增加猫"熟悉感"（这些物品可能在住院期间会被弄脏、破坏，甚至无法被退还，须先让猫主人知悉）。

c.同样，推荐使用猫面部信息素营造猫熟悉的环境。

⑥玩具。

猫是狩猎者，天性活泼好动、富有好奇心。因此，对于喜爱玩耍的猫（尤其是年轻猫或幼猫），可以准备一次性/彻底清洁的玩具供其娱乐和释放压力。

⑦视线隔离。

a.推荐用毛巾或毯子遮住笼门，同样有助于减轻其压力。

b.缺点在于会阻挡工作人员观察笼内状况。

⑧猫病房内的摆放物品。

a.病房内应配备常用的物品（如电子秤、温度计等），最好有处置台。方便在病房内对猫进行基本的处置。

b.其他住院部应配置设备包括：输液泵、注射泵、氧气供给设备等。

3.猫友好医院住院部的工作流程

（1）接收住院猫。以书面形式告知主人，在营业和非营业时间猫的护理方式和护理等级（是否有夜间看护、看护频率等）。

①了解并记录猫平时生活习惯。

a.食物、喂饲量以及饲喂的频率。

b.猫砂盆及猫砂的类型。

c.是否喜欢与人互动（梳毛、抚摸、陪伴、玩耍等）。

d.理毛的频率、常用的工具、抚摸的方式以及玩耍的习惯等。

e.其他行为。

②病房准备。

a.猫住院之前，工作人员应先根据上文了解到的相关信息，提前布置好住院笼。

b.等待住院期间，如果无法立即让猫转移到病房内，可以先对猫所在的转运笼/包进行遮盖，确保猫是在安静、安全、位置较高的环境中等待。

c.避免将猫所在的转运笼/包放置在人来人往、靠近其他犬猫的地方或放置在地面上。

③住院。

a.所有住院猫都应立即根据猫身份填写住院卡（图2-3-24），包括病历号、宠物姓名、诊断及注意事项等。猫随身的物品也应做好记录和收藏，以免混淆。

b.工作人员每隔一段时间就要到病房巡视动物状况，砂盆中有结块的猫砂须尽快进行清理。

c.如果住院猫与人亲近，可根据需求给予抚摸、陪伴或玩耍。

d.所有住院猫都应有详细的日常住院记录表（图2-3-25）。这些记录包括：生理数值监控、处置、饮食记录、排尿、排便状况等。

e.主治医师须对每项处置（包括剂量、途径）做出明确指示。

f.操作人员应熟悉猫的肢体语言，并采用猫友好的操作（如毛巾保定法）。

g.每天对住院部做例行清洁和消毒（体重秤、体温计、耳镜、桌面等）。

猫专科医院住院记录表　日期：

病历号		品种		年龄		入住日期			主人姓名		
动物姓名		特征		性别		抗体水平			联系方式		
病因									主治医生		
护理要求									护理人员		

监护项目：		体重：		护理级别：							
时间	10:00	11:00	12:00	1:00	2:00	3:00	4:00	5:00	6:00	7:00	8:00	9:00
精神状态												
体温 ℃												
心率 bpm												
脉搏 bpm												
呼吸 次/min												
血压 mmHg												

体格检查	喂食信息	RER:	kcal	排泄信息：
	[RER>2KG]=(30 x BW) +70　　[RER<2KG]=70 X BW$^{0.75}$			S:
	即 罐头（　）　　ml或干粮（　）　　g			U:

检查：

输液	留置针日期：	留置针位置（　　　　　）		速度（白天）	速度（晚上）	总输液量
1)				ml/h	ml/h	ml
2)				ml/h	ml/h	ml
3)				ml/h	ml/h	ml

药物	剂量	途径	频率	10:00-01:00	01:00-04:00	04:00-07:00	07:00-10:00

总结（包括精神、总输液量、尿量、总进食量、二便情况、疼痛评分、其他（如BP，GLU，R等）以及检查的异常项）

护理记录		夜班交接

处方
PS：　T：体温　P：心率　R：呼吸　BP:血压【需记录袖套型号、体位及测量肢（LA：左前肢 RA：右前肢LL：左后肢　RL：右后肢　tail：尾巴）】
U：尿　S：粪便　尿或便量：+很少　++较少　+++适中　++++较多　+++++很多　性状：1.稀　2.软　3.适中　4.较干　5.硬

图 2-3-24　住院卡样式（包磊 供图）

图 2-3-25　住院记录表的示例（包磊 供图）

h.选择适合猫专用的消毒剂（如非酚类消毒剂）。

④出院。

猫出院之后，所住笼位应进行彻底清洁和消毒，并且进行气味清理，避免之前的气味让新住院的猫感到不安。

（2）传染病房的管理。猫的传染性疾病并不少见，若未对传染病进行严格的管理，可能会导致动物医院中其他猫的感染。当医院接受患传染性疾病的动物住院时，须设置隔离病房（图2-3-26）。猫隔离病房的要求如下：

①配备专用的清洗和消毒设施，并仅限隔离病房内使用。

②最好只有一个单独的出入口。

③隔离病房进出口外应设置消毒池，进入病房应穿防护服，如一次性围裙或罩衣、手套、口罩和鞋套。离开病房前应再一次进行消毒。

④理想情况下，隔离病房应采用主动（负压）通风系统。

⑤限制进入隔离区的工作人员数量，最好指定特定少数人护理隔离

图 2-3-26　猫隔离病房
（包磊 供图）

的病猫，在确保其得到足够治疗的前提下，降低传播感染的风险。

⑥进入传染病房者，应执行严格的卫生规程。

（五）猫友好医院的手术室与麻醉室

1. 手术室

无菌是大多数手术的基本要求。因此，手术室应尽可能保持干净、整洁。手术室除进行无菌手术外，应尽量避免其他可能污染手术的物品或操作。理想情况下，麻醉前的诱导、剃毛以及牙科手术，都应在另一个独立的房间（手术准备间）进行处理。

手术室配置（图2-3-27）：

（1）易清洁、消毒的表面和手术台。

（2）能对手术部位进行充分照明的系统。

（3）手术室专用的手术洗手设备。

（4）猫专用手术包（相较于犬，猫适用较小的手术器械）。

（5）保证随时都有一个以上的灭菌手术包。

2. 麻醉室

麻醉室通常设于手术准备间。不过依据需求，在各区域（如处置区、牙科室、X射线室、B超室）均可设立麻醉设备，以便在任何地方进行麻醉。

（1）麻醉室配置（图2-3-28）。主要包括：供氧设备，适合小体形猫的呼吸机、麻醉机回路（如T形回路），适合猫的各种型号的气管插管，各种型号的面罩、喉头镜和局部麻醉剂，生理监视设备（如心律、呼吸速率、血氧、血压、心电图、终末二氧化碳等），保暖设备（如热风毯、水毯、加热垫等），精准输液泵，复苏设备等。

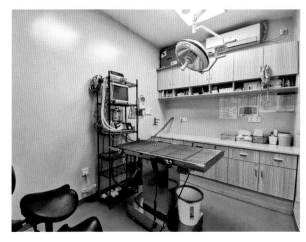

图 2-3-27　含空气过滤设备的手术室（包磊 供图）

图 2-3-28　麻醉监护设备（包磊 供图）

（2）麻醉前给药。麻醉前给药（如镇静、止痛）除了可以减少压力和紧张，还可以减少诱导药物、麻醉药物的剂量，减少麻醉的并发症和死亡风险。其他麻醉前给药（如抗胆碱类药物）也可根据需要给予。请注意，洁净手术无须术前/后预防性使用抗生素。

（3）在进行麻醉的过程中，必须由训练有素的工作人员对猫的麻醉深度、重要生理参数进行密切监测，并记录在麻醉记录表（图2-3-29）中。

（4）详细的麻醉流程可参考《AAFP猫科麻醉指南》。

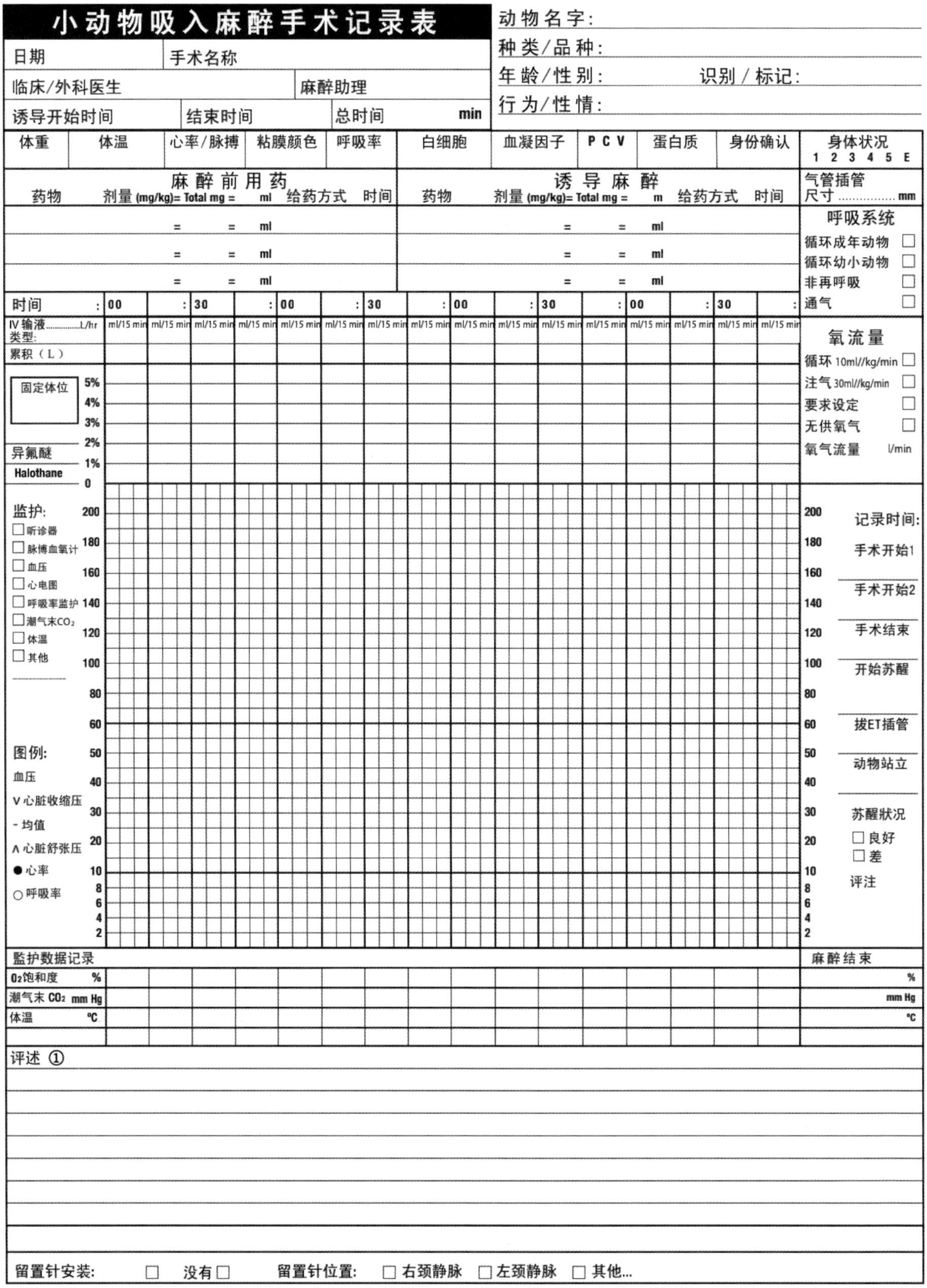

小动物吸入麻醉手术记录表

动物名字：

种类/品种：

日期		手术名称	

年龄/性别：　　　　识别 / 标记：

临床/外科医生		麻醉助理	

行为/性情：

诱导开始时间		结束时间		总时间		min

体重	体温	心率/脉搏	粘膜颜色	呼吸率	白细胞	血凝因子	P C V	蛋白质	身份确认	身体状况 1 2 3 4 5 E

麻醉前用药 / 诱导麻醉

气管插管 尺寸 ....mm

药物	剂量 (mg/kg)= Total mg =	ml	给药方式	时间	药物	剂量 (mg/kg)= Total mg =	m	给药方式	时间
	=	= ml				=	= ml		
	=	= ml				=	= ml		
	=	= ml				=	= ml		

呼吸系统

循环成年动物 □
循环幼小动物 □
非再呼吸 □
通气 □

时间	:00	:30	:00	:30	:00	:30	:00	:30	:30

IV 输液 ....L/hr
类型：
ml/15 min (×15)

累积（L）

固定体位

异氟醚 / Halothane: 5% 4% 3% 2% 1% 0

氧流量

循环 10ml//kg/min □
注气 30ml//kg/min □
要求设定 □
无供氧气 □
氧气流量 　l/min

监护: 200 180 160 140 120 100 80 60 50 40 30 20 10 8 6 4 2
□听诊器
□脉博血氧计
□血压
□心电图
□呼吸率监护
□潮气末CO₂
□体温
□其他

图例:
血压
∨ 心脏收缩压
- 均值
∧ 心脏舒张压
● 心率
○ 呼吸率

记录时间:
手术开始1
手术开始2
手术结束
开始苏醒
拔ET插管
动物站立
苏醒狀况
□良好
□差
评注
200 180 160 140 120 100 80 60 50 40 30 20 10 8 6 4 2

监护数据记录 / 麻醉结束

O₂饱和度　%		%
潮气末 CO₂ mm Hg		mm Hg
体温　℃		℃

评述 ①

留置针安装: □　没有□　　留置针位置: □右颈静脉 □左颈静脉 □其他...

©2010

图 2-3-29　麻醉监护表样式（包磊 供图）

第三章
猫传染性疾病

第一节　泛白细胞减少症

　　猫泛白细胞减少症是由猫泛白细胞减少症病毒（Feline panleukopenia virus，FPV）引起的一种急性病毒性肠炎，有时也称为猫瘟或猫传染性肠炎。FPV由法国学者Verge首次于1928年成功鉴定，1939年正式命名。1984年，我国首次从自然病例中分离到FPV，进而证实该病毒在我国的流行，对猫科、浣熊科和鼬科动物构成极大的威胁。临床上主要以猫发热、白细胞减少、精神不振、食欲减退、反复呕吐、腹泻等为特征。该病是幼猫在断奶后且母源抗体减少时最常发生的疾病，不同品种和年龄的猫均易感；该病的发病和死亡情况与猫自身的免疫状况密切相关，未接种疫苗或疫苗接种不全的猫容易感染FPV，尤其是3~5月龄的幼猫，其感染率可达70%，死亡率最高可达90%；随着年龄的增长，其发病率逐渐降低，成年猫则呈隐性感染经过，群养的猫可全群发病。

一、病因

　　猫泛白细胞减少症是一种急性高度接触性传染病，FPV（图3-1-1）具有高度传染性，对快速分裂的淋巴组织、骨髓及小肠组织的细胞具有亲和力，从而使猫的免疫机能、骨髓造血机能和小肠的屏障功能受到破坏。动物可通过与患猫直接接触或通过接触污染的食物、食具、笼具等而感染；FPV主要通过粪口传播，也可发生子宫内感染。患病猫主要通过粪便、尿液、呕吐物、唾液向外界排毒，康复猫排毒时间从数周持续到1年以上，且病毒在外界环境中非常稳定。

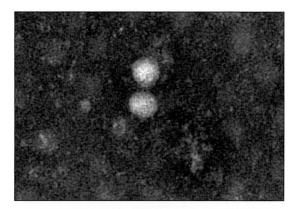

图 3-1-1　FPV病毒颗粒（病毒体）的电子显微镜照片
（刘玉秀 供图）

二、临床症状

　　猫泛白细胞减少症的潜伏期为2~9d，之后出现临床症状，其临床症状与病毒的毒力、猫的年龄和免疫状况有关。幼猫有时呈急性发病，体温升高，呕吐（图3-1-2），甚至不出现任何症状而突然死亡；多数病例呈亚急性发病，病猫主要表现为白细胞减少、精神不振（图3-1-3）、食欲减退、呕吐、腹泻（图3-1-4），严重者脱水、死亡。剖检后可见小肠黏膜出血（图3-1-5），组织病理学检查可见小肠局部黏膜上皮细胞脱落，上皮细胞变扁平，隐窝消失，黏膜下层增厚（图3-1-6），经免疫组化检测可见FPV阳性反应（图3-1-7）。

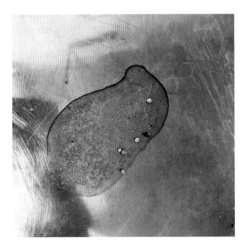

图 3-1-2 患猫的呕吐物（引自国家兽药药品工程技术研究中心）

图 3-1-3 患猫精神不振
（引自国家兽药药品工程技术研究中心）

图 3-1-4 患猫腹泻，排稀便A或黏性便B
（引自国家兽药药品工程技术研究中心）

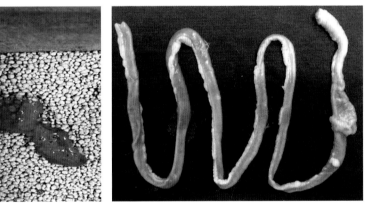

图 3-1-5 患猫小肠黏膜出血
（引自国家兽药药品工程技术研究中心）

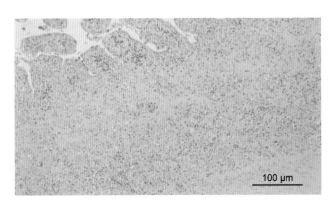

图 3-1-6 组织病理学检查结果
（引自国家兽药药品工程技术研究中心）

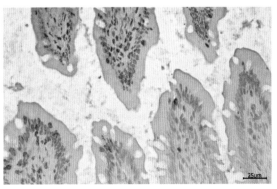

图 3-1-7 免疫组化检测结果
（引自国家兽药药品工程技术研究中心）

三、诊断

根据病史、临床症状、流行特点、血液学检查可对猫泛白细胞减少症做出初步诊断。确诊仍需实验室检查，常规的病原检测方法包括FPV胶体金检测试纸条、聚合酶链反应（PCR）、实时荧光定量PCR法、酶联免疫吸附性试验（ELISA）、病毒分离、电镜观察、血凝及血凝抑制试验。血清学检测方法有ELISA法、血凝抑制试验和中和试验，但是不能区分感染与免疫接种诱导的抗体。

犬细小病毒（CPV）也可感染猫科动物，且临床症状、电镜观察、血凝试验及PCR检测等方法难以与FPV感染相区别，需结合基因测序的方法来区分CPV和FPV。

四、治疗

目前临床上多采用特异性疗法和对症治疗，特异性疗法常使用FPV单克隆抗体、干扰素、高免血清等；对症治疗主要是通过输液补充电解质和营养，纠正电解质紊乱和脱水，止吐（如甲氧氯普胺等），注射广谱抗生素（如庆大霉素、阿米卡星、氨苄青霉素、环丙沙星等）可预防继发的细菌感染。疾病的后期可能会出现血便症状，可根据情况注射止血药物进行控制和治疗。

第二节　白血病

猫白血病是由猫白血病病毒引起的一种急性传染性疾病。猫白血病病毒（FeLV）是一种有包膜的RNA病毒，属于逆转病毒科、逆转病毒属。相对于猫艾滋病病毒（FIV）感染，FeLV感染性疾病的进展更加迅速，并且更具致病性。临床上，FeLV感染仍然是导致家猫死亡的重要原因，因为它会导致神经系统疾病、骨髓疾病、血液系统疾病、免疫抑制和肿瘤等。

一、病因

FeLV主要通过唾液传播，长期亲密接触情况下传播性较广，如通过相互舔舐、梳理毛发、共用食盘等；其他传播途径包括咬伤、输血、泌乳，以及可能通过跳蚤传播。该病毒在猫体外较难存活，容易被消毒剂、肥皂水和干燥剂灭活。

二、临床症状

FeLV感染的后果差别较大，主要与感染病毒的亚型、数量、途径以及影响宿主免疫力的因素有关，比如宿主的年龄、基因、并发感染、应激和使用免疫抑制药物等。FeLV的预后主要包括顿挫性感染、退行性感染和进行性感染。

顿挫性感染：在自然感染中更加常见，表现为存在FeLV抗体，但前病毒DNA或抗原阴性，并且没有接种过FeLV疫苗。

退行性感染：伴随着免疫反应，可以控制、但不能清除病毒复制。在第一个抗原血症阶段结束时不会排泄病毒，但通过某些PCR技术可检测到血液中的FeLV前病毒。FeLV被整合到猫的基因组中，随时间推移被完全清除的可能性较小。退行性感染患猫不会排泄感染性病毒，但可能会被重新激活，特别是存在免疫抑制时，因此，会出现病毒血症或发展为FeLV相关疾病。病毒血症再激活的风险随着时间的延长而降低，但已证明整合的前病毒保留其复制能力，因此，在首次接触FeLV多年后仍可能出现再激活。某些患猫，退行性感染本身即可导致临床疾病，如淋巴瘤或骨髓抑制。

进行性感染：在进行性感染患猫中，FeLV感染在早期不被控制，出现广泛的病毒复制。进行性感染患猫比退行性感染患猫存活时间短，通常在感染后数年内而死于FeLV相关疾病。

FeLV感染的临床症状主要表现为贫血（主要是非再生性）、免疫抑制（机会感染）、肿瘤（尤其是淋巴瘤）、免疫介导性疾病（IMHA、血小板减少症、肾小球肾炎、多发性关节炎、葡萄膜炎）（图3-2-1、图3-2-2）、神经系统疾病（瞳孔大小不等、"D"形瞳孔、尿失禁、霍纳氏综合征等）（图3-2-3）、繁殖障碍（胎儿再吸收、流产、新生儿死亡等）、外周淋巴结病等。

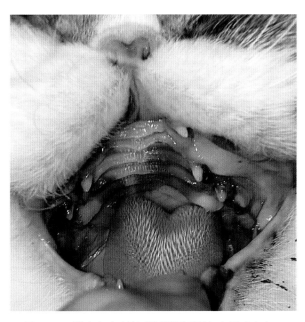

图 3-2-1　猫白血病病毒感染引起严重血小板减少症，
导致牙龈出血
（汤永豪 供图）

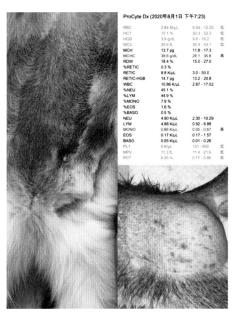

图 3-2-2　体表淤血点和淤血斑：由猫白血病
病毒感染引起的严重血小板减少症和贫血
（汤永豪 供图）

三、诊断

FeLV感染通常在健康猫进行体检时被筛查出来。可采用ELISA方法来检测血清中游离的FeLV的P27抗原，这些检测具有敏感性和特异性，快速、广泛、普及且容易判读。由于阳性筛选试验结果具有潜在的重要临床后果，因此建议进行额外的试验，特别是在低风险猫（如健康猫、室内猫）中，其假阳性结果的可能性大于高风险猫（如疾病患猫、室外猫）。

临床患猫是在不同的环境和病因下进行的确诊，因此，很难为所有猫推荐单一的测试方案。FeLV感染有3种不同预后，每种预后的检测结果不同（图3-2-4）。

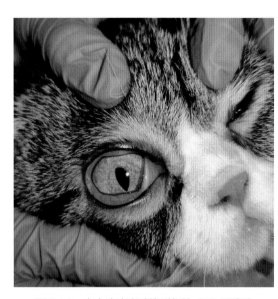

图 3-2-3 白血病病毒感染引起的"D"形瞳孔
（汤永豪 供图）

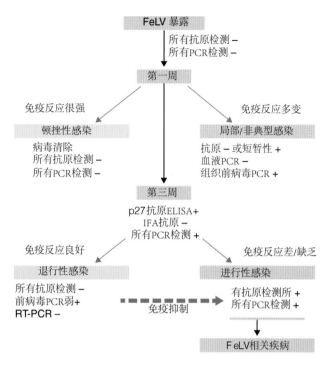

图 3-2-4 FeLV 的不同预后及其检测结果
（汤永豪 供图）

四、治疗

使用抗病毒药物和免疫调节剂治疗 FeLV 患猫的好处有限，有研究表明使用猫 ω 干扰素可减轻患猫临床表现，延长存活时间。支持疗法（输液治疗、营养支持）和控制继发感染是非常必要的，某些病例可能需要终身治疗。应避免使用高剂量糖皮质激素和其他免疫抑制药物，除非患猫出现与 FeLV 相关的免疫介导性疾病。

第三节 艾滋病

猫艾滋病是由猫艾滋病病毒引起的一种传染病。猫艾滋病病毒，又称猫免疫缺陷病毒（Feline immunodeficiency virus，FIV），是一种逆转录病毒，引起猫的免疫缺陷，造成慢性、持续性感染，但 FIV 不会感染人类。

一、病原与流行病学

猫艾滋病病毒（FIV）是一种有囊膜的 RNA 病毒，属于逆转录病毒科、慢病毒属。FIV 存在 6 种亚型，从亚型 A 到亚型 F，在不同地域的流行率不同。据报道，亚型 A 和亚型 B 分布最广泛。FIV

在国内的流行率暂时未知，目前尚未见有较大型的普及调查。

猫艾滋病病毒离开宿主后只能存活数分钟，并且对常规消毒剂十分敏感，很容易被灭活。此病毒在患猫唾液中有很高的浓度，打架咬伤是其最主要的传播方式（图3-3-1、图3-3-2）。因此，放养的成年未绝育雄性猫风险会较高，因为它们有较多的打斗行为倾向。其他的感染途径还包括垂直传播、输血等。

图 3-3-1　经常打斗的猫会留下伤痕，图示为耳朵边缘的咬伤痕，这些是 FIV 感染高风险猫，注意要与耳标区分（罗倩怡 供图）

图 3-3-2　经常打斗的猫会留下伤痕，如图所示耳缘伤口，这些是 FIV 感染高风险猫（罗倩怡 供图）

二、临床症状

许多感染 FIV 的患猫没有任何临床症状，或者临床症状与 FIV 无关。在感染 FIV 的急性期，患猫可能出现发热和外周淋巴结肿大。在感染末期，可能会发现各种与机会性感染相关的临床症状，如牙周炎、慢性口炎、舌面溃疡（图3-3-3）、慢性上呼吸道感染、脓皮症、外耳炎等；可能会出现免疫介导性疾病，如免疫介导性肾小球肾炎、葡萄膜炎等。FIV 可能会侵入中枢神经系统，引起共济失调、瞳孔大小不一、震颤等神经症状。FIV 患猫出现肿瘤的概率也比其他猫高。

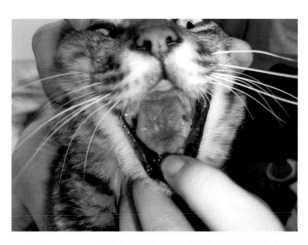

图 3-3-3　FIV 患猫合并杯状病毒感染出现的舌面溃疡（罗倩怡 供图）

三、诊断

通常使用FIV特异性抗体快速试剂盒（图3-3-4）来诊断FIV感染，可用全血、血清或血浆进行检测。大多数猫在感染的60d内产生抗体，但在感染早期，有些猫可能还没产生抗体，所以抗体检测为阴性，而一些感染末期的患猫，高病毒载量在抗原抗体复合物中扣押了抗体，可能出现抗体检测为阴性的结果。对于存在母源抗体的幼年猫，可能出现FIV抗体阳性；对于接种FIV疫苗的猫，其抗体也可能呈阳性。一些商品化FIV抗体快速检测试剂盒，无法区分疫苗产生的抗体或自然感染所产生的抗体。因此，需要结合病例实际情况加以分析，谨慎判读，FIV抗体快速检测试剂盒呈现阳性，可能是母源抗体、免疫、已感染、假阳性的原因；结果呈阴性，可能因为没有感染、尚未产生抗体或假阴性。

通过PCR技术可检测FIV前病毒DNA或病毒RNA（或者两者同时检测，图3-3-5）。然而某些FIV感染患猫可能无法被PCR检出病毒，这可能与病毒序列多变或者低病毒载量有关。用于扩增基因片段的PCR引物，需要使用高度保守的区域。此外，不同实验室的PCR结果准确性也不一致。

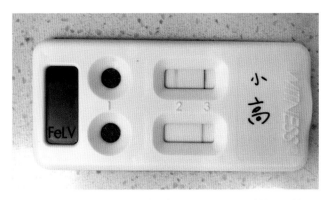

图 3-3-4　FeLV/FIV 快速测试盒，结果显示 FIV 抗体呈阳性（罗倩怡 供图）

检测结果

项目	全称	Ct 值	Ct 值参考范围	结果
FIV	猫免疫缺陷病毒	33.08	>36 或者 NoCt	阳性（+）
FeLV	猫白血病病毒	NoCt	>36 或者 NoCt	阴性（-）

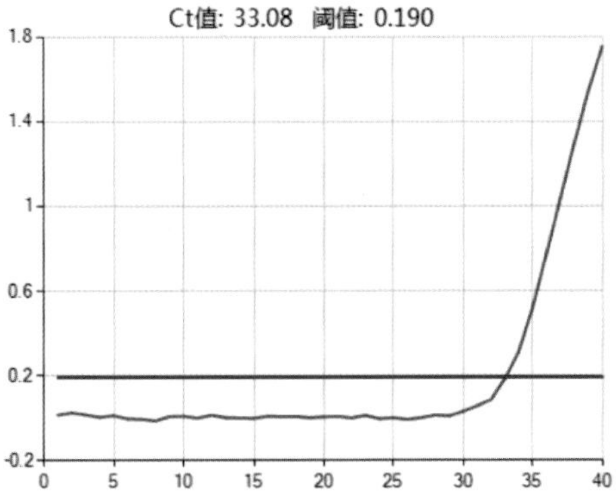

Ct值：33.08　阈值：0.190

图1：FIV

Ct值：NoCt　阈值：0.490

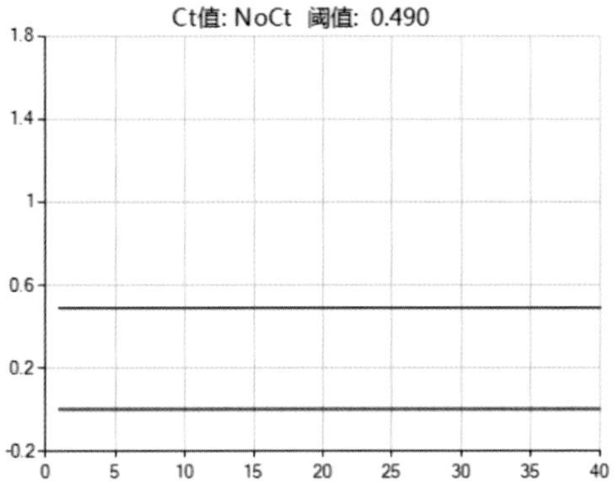

图2：FeLV

结果说明：

+++：强阳性（病原体含量很高）　　　　　　++：中阳性（病原体含量较高）

+：阳性（可检测到病原体）　　　　　　　　-：阴性（无病原体或含量低于检测下限）

结果判读

待检样本的 Ct 值在参考范围外，且有典型的 S 形扩增曲线时，检测结果为阳性；

待检样本的 Ct 值在参考范围内，或者 Ct 值在参考范围外但无典型的 S 形扩增曲线时，皆说明超出本试剂盒检测灵敏度范围，检测结果为阴性。

图 3-3-5　FeLV 与 FIV 的 PCR 检测，结果显示 FIV 呈阳性（罗倩怡 供图）

四、治疗

对于FIV阳性患猫，若无临床症状，不需进行任何治疗，但需要严格的室内饲养，避免传染给其他猫，同时需要减少接触机会致病菌，避免饲喂生的食物，要提供合适的饮食、充足的空间、足够的猫砂盆等，并减少应激。提倡绝育，减少发情时的应激和逃跑出去跟其他猫只打架、交配的情况；围手术期预防性抗生素的使用要比非感染猫更激进。FIV感染猫至少需要每半年体检一次，以便及时发现健康问题。

单纯FIV感染通常不会引起临床症状；若出现临床症状，需要寻找潜在病因，然后对因治疗。

对于机会致病菌的感染，可能需要采用更激进的抗感染疗法，但因FIV感染而伴发的反复继发感染，除了积极治疗反复感染外，还可以考虑使用齐多夫定每千克体重5~10mg，口服，每12h一次；或使用普乐沙福每千克体重0.5mg，皮下注射，每12h一次。

FIV感染伴发的口炎，应避免使用糖皮质激素，可以考虑使用抗生素以及齐多夫定每千克体重5~10mg，口服，每12h一次；若口炎持续存在且情况较严重，建议实施全口拔牙术，并确保牙根都拔除干净。

对于出现神经症状的FIV阳性患猫，首先需寻找其他引起神经症状的潜在疾病，然后对因治疗。如果没有找到其潜在疾病，假设此神经症状是由FIV引起的，可使用齐多夫定每千克体重5~10mg，口服，每12h一次。使用齐多夫定时需监测血常规，临床可能出现非再生性贫血的副作用。

五、预防

关于FIV疫苗，目前有FIV亚型A和D的含佐剂灭活苗。有研究显示，疫苗并未对所有的毒株产生保护力，而且接种过疫苗的猫会产生抗体，影响FIV抗体检测，导致很多快速试剂盒无法区分是自然感染还是接种疫苗所产生的抗体。因此，对于低风险猫只，不建议接种该疫苗。

FIV的预防重点在于筛查与隔离。检测筛查主要包括：有临床症状的猫，即使之前检测呈阴性；引入新猫前，新猫与家里原有的猫，都需要检测，且要检测两次，间隔不少于60d；接触了FIV患猫或者不清楚其感染状态的猫之后，特别是出现咬伤的情况，需要检测两次，间隔不少于60d；与FIV患猫同住者，每年检测一次；初次接种FeLV和FIV疫苗前；用做献血供猫之前。

第四节　传染性腹膜炎

猫传染性腹膜炎（Feline Infectious Peritonitis，FIP）是一种由猫冠状病毒（FCoV）引起的渐进性、高致死性疾病。对于FIP的发病机制目前比较普遍的说法是"内部变异"学说，即FCoV在个体内获得突变，导致FIP发生。

一、病因

FCoV属于冠状病毒科，是一组经常在猫中发现的包膜正链RNA病毒（冠状病毒与猫传染性腹膜炎病毒模型，见图3-4-1）。猫冠状病毒（FCoV）在世界各地猫中较为常见，多猫环境更为多发。在高达90%的猫舍和高达50%的单猫家庭中存在FCoV特异性抗体，表明猫只接触频率高；在多猫环境中，约5%感染FCoV的猫会患上FIP。FCoV在猫科动物之间通过粪–口途径传播（图3-4-2和图3-4-3），但对其他物种（包括人类）不具有传染性。FIP发生在受感染猫体内非致病性FCoV基因

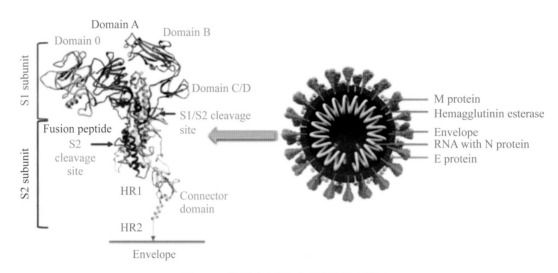

图 3-4-1　猫冠状病毒与传染性腹膜炎模型
（引自 The chronicles of coronaviruses：the electron microscope，the doughnut，and the spike）

图 3-4-2　猫与猫之间共用猫砂盆（粪 - 口传播）（郭志胜 供图）　图 3-4-3　猫与猫之间理毛（粪 - 口传播）（郭志胜 供图）

组自发突变之后。至于猫冠状病毒如何突变为猫传染性腹膜炎，可能是多种因素导致的结果。

（1）病毒因素。病毒内部的基因突变可能会引起 FCoV 的趋向性及毒力变化，使 FCoV 获得单核/巨噬细胞趋向性，使其能够在肠道外扩散，促进 FIP 的发展。

（2）宿主因素。包括宿主的免疫应答、单核细胞维持 FCoV 复制的能力、品种和遗传的倾向性。

（3）环境因素。应激和多猫家庭环境，可能会加快病毒复制速度、增加病毒突变体的产生并促进 FIP 的发展（表3-4-1）。

二、临床症状

在自然感染的情况下，从突变到出现临床症状的确切时间是未知的，可以肯定的是，单个猫的免疫系统起着决定性作用。FIP 主要发生在幼龄猫（表

表 3-4-1　FIP 与诱发因素 / 品种的相关性

FIP 与诱发因素 / 品种相关性（n=178/%）	n 为已确诊的病例
应激史（环境/洗澡/装修/免疫/疾病等）	107/60.1%
无应激史	71/39.9%
纯种猫/家养猫	175/98.3%
流浪猫	3/1.7%
FIP 与应激和压力有相关性（存在压力源）	
FIP 与品种有相关性（纯种猫多发）	

3-4-2），初期症状（表3-4-3）特异性不明显，仅表现食欲减退、精神沉郁、体重下降、持续发热（39.8~40.6℃），有些猫会出现上呼吸道症状（图3-4-4），如打喷嚏、流泪以及鼻腔有分泌物，这些症状通常反复性发作或用药治疗效果不明显。偶见有慢性消化道症状如腹泻，粪便常规检查可能发现寄生虫感染（滴虫/球虫等），但寄生虫药物治疗效果不佳。后期可能出现黄疸（图3-4-5）。

表3-4-2 FIP与发病年龄的相关性

FIP与年龄的相关性（n=178/%）	
＜1岁	95/53%
1~2岁	58/32.6%
3~5岁	12/6.7%
6~7岁	8/4.5%
7~10岁	5/2.8%

FIP与年龄有显著的相关性，1~2岁内是高发年龄阶段，与性别无显著相关性，但未去势/绝育的猫容易发病

表3-4-3 FIP与临床症状的相关性

FIP相关临床症状（可能同时出现多个）n=178/%	
发烧（39.5~40℃）	109/61.2%
精神沉郁/嗜睡	130/73.0%
食欲不振	90/50.5%
体重减轻	75/42.1%
腹泻/呕吐	50/28.1%

长期慢性腹泻/伴有滴虫感染或滴虫反复治疗无效（可能存在FIP）
不明原因的高热（39.5℃以上），间歇性的，用药无效的

图3-4-4 患猫5月龄，疱疹病毒感染：结膜炎、结膜水肿、葡萄膜炎，使用抗病毒药物治疗效果不明显，治疗3周后出现高热、胸腔积液等相关症状，PCR检测确诊为传染性腹膜炎（郭志胜 供图）

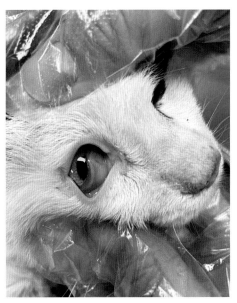

图3-4-5 结膜/皮肤黏膜黄染（郭志胜 供图）

其他特异表现包括胸腔纵隔囊肿样肿块、皮肤脆性综合征和其他皮肤病变（如皮肤丘疹和结节、足跖皮炎）、睾丸炎或阴茎勃起（在阴茎组织中检测到FCoV抗原）。

FIP在临床主要有两种形式：

（1）渗出型（湿性）。表现为因血管病变导致体腔液的产生，占临床80%的病例——积液可能出现在腹腔、胸膜腔和/或心包（公猫还可能出现阴囊积液），通常都是急性的，在几天或几周内迅速发展，伴有呼吸困难、呼吸急促、腹围增大等症状（图3-4-6至图3-4-9）。

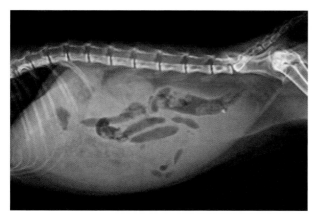

图 3-4-6　患猫 9 月龄，腹腔积液，高热（郭志胜 供图）

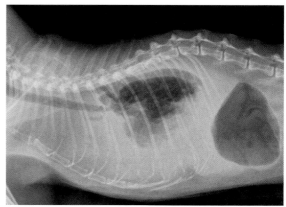

图 3-4-7　患猫 1 岁，胸腔积液，呼吸急促（郭志胜 供图）

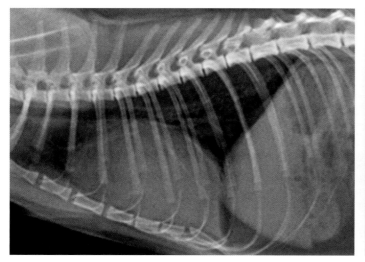

图 3-4-8　患猫 7 月龄，心包积液
（郭志胜 供图）

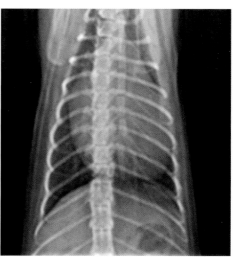

图 3-4-9　患猫 7 月龄，高热，心包积液
（郭志胜 供图）

（2）非渗出型（干性）。表现为肉芽肿的产生。病变为浆膜面及实质性器官的肉芽肿，最常见于肠道（回盲交界处）及肠系膜肉芽肿，且淋巴结肿大（图 3-4-10 至图 3-4-14）。干性 FIP 通常与

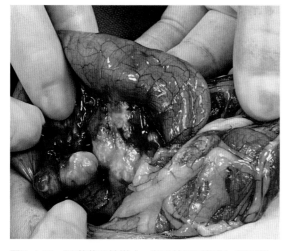

图 3-4-10　肠道淋巴结增大，淋巴结周围组织、肠系膜、肠道壁出现非化脓性肉芽肿病变（郭志胜 供图）

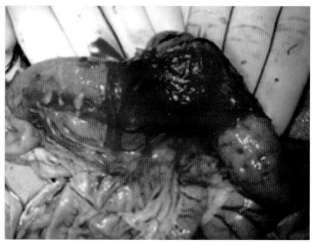

图 3-4-11　回盲段肠道局灶性增厚，肠道周围肠系膜、肠道壁出现肉芽肿性病变（郭志胜 供图）

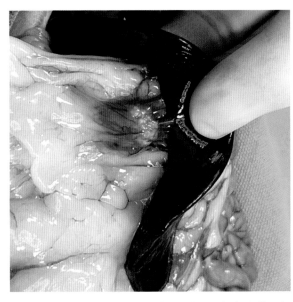
图 3-4-12　脾脏附近肠系膜肉芽肿性病变（郭志胜 供图）

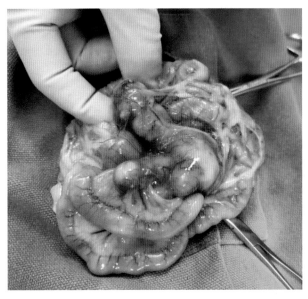
图 3-4-13　肠道淋巴及肠系膜肉芽性肿变（郭志胜 供图）

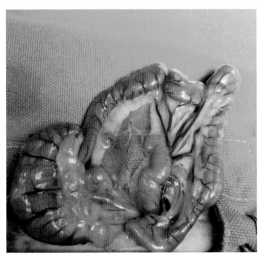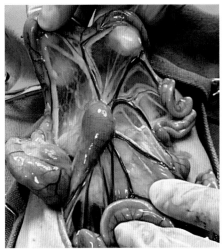
图 3-4-14　肠道淋巴增大，淋巴结周围有肉芽肿性病变，淋巴活检取样进行组织冠状病毒 PCR 检测，确诊为传染性腹膜炎
（郭志胜 供图）

神经症状相关，表现为局灶性、多灶性或弥漫性，通常伴有中央前庭症状，有时为 T3-L3 脊髓病；和/或眼部症状（前葡萄膜炎和/或后葡萄膜炎）相关（图 3-4-15 至图 3-4-19）。通常为慢性表现，在

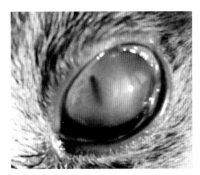
图 3-4-15　角膜轻度水肿，葡萄膜炎（郭志胜 供图）

图 3-4-16　眼前房可见大量血性纤维素性渗出（郭志胜 供图）

图 3-4-17　结膜充血，轻度水肿，可见眼内虹膜充血，部分增厚，前房大量血性纤维素沉积（郭志胜 供图）

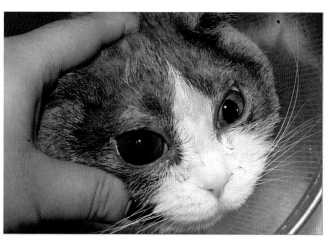

图 3-4-18 结膜巩膜充血，角膜弥漫性水肿，9-12 点方　图 3-4-19　角膜深层新生血管爬行，角膜轻度弥散性水肿，虹膜充血，
向膨隆，瞳孔形态不规则，前房角膜后有沉积物　　　　　　　　前房大量纤维素渗出（郭志胜 供图）
（郭志胜 供图）

几周至几个月内发展。皮肤症状（典型表现为小的、多灶的、非瘙痒性丘疹或结节）也见于干性 FIP。有报道显示，干性 FIP 中发现了弥漫性化脓性肉芽肿性肺炎。

　　FIP 的两种类型（表 3-4-4）可能同时发生，FIP 的临床症状会随时间推移有所改变，反复的临床检查对发现新的症状、确诊疾病病性是十分必要的。

表 3-4-4　FIP 类型相关性

FIP 相关临床症状（可能同时出现多个）	n = 178/%
体腔液（腹腔积液 / 胸腔积液 / 心包）	145/70%
腹腔积液	84/67.2%
胸腔积液	30/24.0%
胸腔积液和腹腔积液	8/6.4%
心包积液和胸腔积液	3/2.4%
非渗出型	33/18.5%

三、实验室及影像学检查

1. 血液学检查（表 3-4-5）

　　可见淋巴细胞减少症、嗜中性粒细胞增多症及轻微的贫血（少数病例会出现重度贫血）。血清生化检查可见 50%~80% 的猫的高球蛋白血症（以高球蛋白血症为主），白球比（A/G）小于 0.6，个别病例会更低。约有 30% 的病例会出现高胆红素血症，少部分猫会出现天门冬氨酸转氨酶（AST）浓度升高，而谷丙转氨酶 ALT 浓度正常。

2. 体腔液检查

　　体腔液可见具有黏稠性、草绿色或黄色外观，静置时可见凝集性团块，摇动时有泡沫产生（图 3-4-20）。液体蛋白质含量通常很高（大于 35g/L）甚至更高（50g/L 以上），其中至少有 50% 为球蛋白，A/G 小于 0.4，传染性腹膜炎可能性更高。细胞成分以巨噬细胞和中性粒细胞为主（图 3-4-21）。最近一项研究显示，李凡他试验的阳性预测值为 86%，阴性预测值为 97%（图 3-4-22）。

表 3-4-5　FIP 与血液学异常

FIP 与血液学（可能同时出现）n=178/%	
HCT（%）下降	95/53.4%
淋巴细胞下降（%）	125/70.2%
高球蛋白血症	157/88.2%
胆红素升高	121/67.9%
天门冬氨酸转氨酶（AST）	109/61.2%

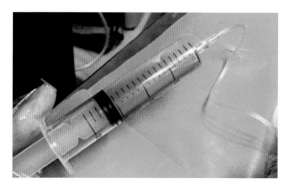

图 3-4-20　传染性腹膜炎：黏稠的体腔液（郭志胜 供图）

对FIP病变引起的具有神经性病变的猫的脑脊液（CSF）进行分析，可能会发现蛋白质升高（50~350mg/dL，正常值为小于25mg/dL）（图3-4-23）和白细胞计数超过100个细胞/μL，主要包括中性粒细胞、淋巴细胞和巨噬细胞。

3. 超声波检查（表3-4-6）

腹部超声检查可见无回声或低回声腹腔积液；肠系膜回声增强（图3-4-24）；腹部淋巴结肿大并呈现低回声影像（图3-4-25、图3-4-26）；肝脏弥漫性肿大，回声降低，胆囊壁双环征（图3-4-27、图3-4-28）。

肾脏皮质回声增强、低回声结节、肾周积液或皮质髓质分界不清、髓质环征（图3-4-29至图3-4-32）；肠道全层增厚或肠道团块（图3-4-33）。

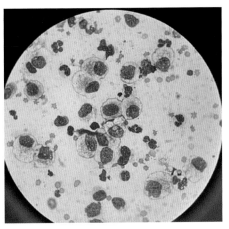

图3-4-21　传染性腹膜炎的体腔液细胞：以巨噬细胞和中性粒细胞为主（郭志胜 供图）　　图3-4-22　体腔液李凡他试验阳性（郭志胜 供图）

检测项目	指标名称	含量（mg/dL）	参考值（mg/dL）
总蛋白	总蛋白	44.03	＜ 25

图3-4-23　干性传染性腹膜炎（神经性病变），脑脊髓液检测到总蛋白升高（郭志胜 供图）

表3-4-6　FIP与超声波异常

FIP与超声波变化（可能同时出现）　n=178/%	
肠道淋巴不规则增大	125/70.2%
肾脏增大形态不规则	50/28.1%
肾脏髓质环征	95/53.3%
肾周低回声环	103/57.8%
肝脏/胆道/胰腺	99/55.6%

图3-4-24　腹腔大网膜可见大量奶酪状结节（郭志胜 供图）

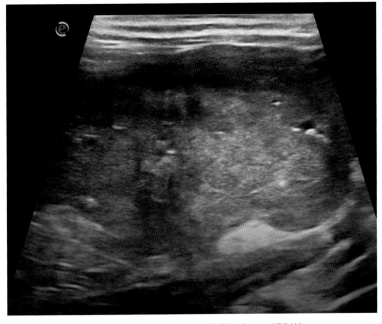

图3-4-25　腹腔肠系膜淋巴结附近有一不规则的、回声质地不均匀的大团块（郭志胜 供图）

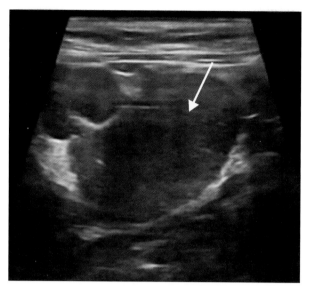

图 3-4-26　肠道淋巴结超声波征象：肠道淋巴不规则性增大
（箭头所示）（郭志胜 供图）

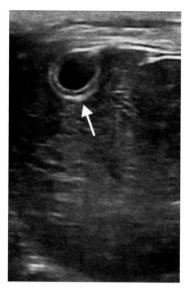

图 3-4-27　肝脏弥漫性回声降低，
胆囊壁双环征（箭头所示）（郭志胜 供图）

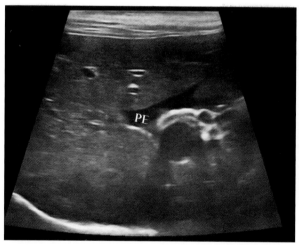

图 3-4-28　肝叶间可见无回声腹腔积液（PE）（郭志胜 供图）

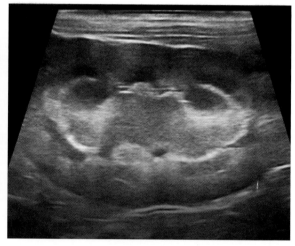

图 3-4-29　肾脏髓质环征（郭志胜 供图）

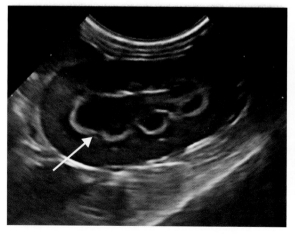

图 3-4-30　髓质内可见强回声光带（箭头所示），
与髓质环征一致（郭志胜 供图）

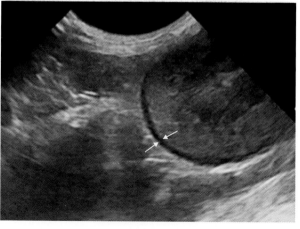

图 3-4-31　皮质外周可见低回声带（箭头所示）
（郭志胜 供图）

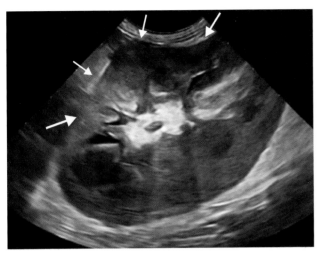

图 3-4-32　肾脏形态不规则（箭头所示）（郭志胜 供图）

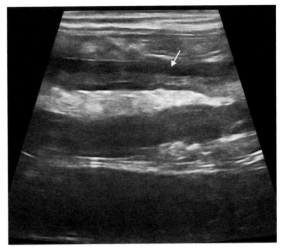

图 3-4-33　肠道壁肌层增厚（郭志胜 供图）

四、诊断

1. 实验室初期诊断（表 3-4-7）

表 3-4-7　FIP 实验室初步诊断数据

实验室检查		主要发现
血液学		通常为非特异性；可能发现淋巴细胞减少、嗜中性粒细胞增多（伴有或不伴有核左移）、轻度至中度的正细胞正色素性贫血、小红细胞血症
生化	高球蛋白血症	血清球蛋白水平升高，伴有低白蛋白或偏低至正常的白蛋白水平，白球比（A/G）小于 0.8
	高胆红素血症	通常不伴有 ALP、ALT 及 GGT 的显著升高（注意：败血症和胰腺炎也可出现类似的高胆红素血症，应进行鉴别）
	急性期蛋白	α1 酸性糖蛋白（AGP）的显著升高（＞1.5mg/mL）
体腔液	性状	透明、黏稠、浅黄色或草绿色
	分析	总蛋白大于 3.5g/L（＞50% 球蛋白含量）；有核细胞数量少于 5000 个 /μL，主要为巨噬细胞、非退行性嗜中性粒细胞及少量淋巴细胞；李凡他试验阳性（败血性腹膜炎或淋巴瘤的体腔积液也可能为阳性），如果体腔积液中白球比小于 0.4，则高度怀疑 FIP

2. RT-PCR 检测

RT-PCR（图 3-4-34、图 3-4-35）可用于检测高度怀疑 FIP 患猫的组织、体腔液、CSF 或房水中的 FCoV RNA。虽然并不是特异性的，但若上述样本中检出 FCoV（特别是高病毒水平时）则强烈支持 FIP 的诊断。能够应用 RT-PCR 检测 FCoV 的样本类型及其特点见表 3-4-8。

3. 组织病理学检查是金标准

（1）通过免疫组织化学（IHC）检测病变组织中的 FCoV 抗原。

（2）通过免疫染色检测体腔液中的 FCoV 抗原。

通常，FCoV 抗原免疫染色阳性可以确诊 FIP（特异性极高），但出现阴性结果也不能排除 FIP，因为 FCoV 抗原在组织中的分布可能并不均匀（图 3-4-36）。

在无法使用金标准的临床中，FIP 多采用病史调查、临床症状、实验室检查和影像学检查等进行综合诊断。

● 检测结果

■ 阳性　　■ 阴性

检测项目		指标名称	病原检测结果	样本浓度（ng/μL）
F05 PR 传染性腹膜炎 II	F05 猫冠状病毒	猫冠状病毒 Feline coronavirus	＋	2.172×10^{-5}

图 3-4-34　RT-PCR 定性检测（郭志胜 供图）

检测项目

FO5 猫冠状病毒变异点检测

检测结果

检测到 S 蛋白区域 M1058L 突变

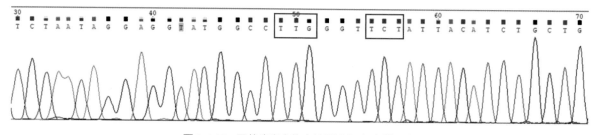

图 3-4-35　冠状病毒突位点检测（郭志胜 供图）

表 3-4-8　FIP 的 RT-PCR 检查

样品类型	特点
组织样本	非 FIP 患猫也可能检出 FCoV 阳性，但经 RT-PCR 检测 FIP 患猫病毒载量更高，推荐使用超声引导下细针抽吸收集组织样本
积液样本	FIP 患猫积液中通常含有 FCoV RNA，与组织样本检测相比，积液样本中检出 FCoV RNA（尤其是高水平），同时积液的细胞学特性和生化特性若 FIP 一致，则高度支持 FIP 诊断
血液样本	全血、血浆、血清中检测 FCoV RNA 敏感性低，对诊断没有帮助
脑脊液样本	在出现神经症状的患猫中是有用的附加检查
房水	在出现眼部病变的患猫中是有用的附加检查
粪便样本	不能用于 FIP 诊断

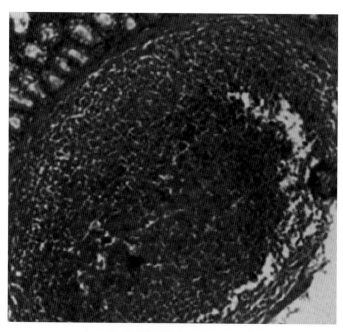

图 3-4-36　淋巴结病理组织切片可提示肉芽肿和化脓性肉芽肿的病变（郭志胜 供图）

4.MRI（磁共振成像）检测

检测可见患猫脑室膜炎继发脑室扩张，颈部脊髓中央管扩张（图3-4-37、图3-4-38）。

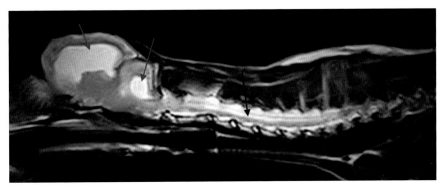

图3-4-37　FIP 神经症状进行 MRI 检测（郭志胜 供图）

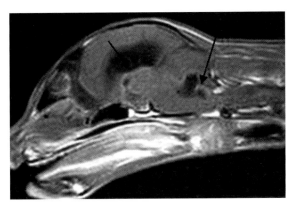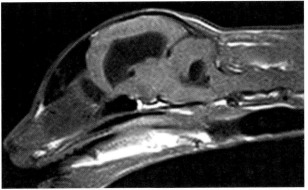

图3-4-38　FIP 神经症状进行 MRI 检测（郭志胜 供图）

五、治疗

目前尚无完全治愈FIP的有效方法。近2年来，研究证实靶向抗病毒药物GC-376和GS-441524对于人工感染和自然感染的FIP能起到较好的治疗效果且具备良好的安全性。其机理可能是GC-376作用于猫传染性腹膜炎病毒的3C蛋白酶，阻断病毒的蛋白质合成。GS-441524是一种小分子核苷类似物，能够抑制RNA聚合酶，干扰FIP病毒的RNA复制，也能够阻断FIP病毒的合成。

据文献报道，针对自然感染的FIP患猫，GC-376推荐用药方案为15mg/（kg·d），12h一次，皮下注射，持续使用至少12周；GS-441524推荐用药方案为4mg/（kg·d），皮下注射，持续使用至少12周。由于GC-376和GS-441524可在不同阶段阻断病毒的复制，所以，推测两种药物联用可能对FIP治疗产生更好的效果。但目前暂无文献报道GC-376与GS-441524联用的推荐用药方案及治疗效果，还需进一步验证。

六、预防

降低猫的饲养密度，减少应激，并增加营养；淘汰冠状病毒阳性患猫；每日及时清理猫砂盆的粪便；幼猫6周前断奶。

第四章

猫呼吸系统疾病

　　猫的呼吸系统疾病在临床中很常见，可根据其病变位置（如上呼吸道、下呼吸道、肺部或胸膜腔）或病因（如鼻炎、病毒感染、乳糜胸、哮喘）进行分类。对猫呼吸道疾病进行诊断时，通常先对病变进行定位，之后再根据具体病因进行分类，找到特定病因并进行治疗要优于支持疗法。本章从临床上常见的几种猫呼吸系统疾病（感染性呼吸道疾病、支气管疾病、胸膜腔积液、慢性鼻炎）的病因、临床症状、诊断、治疗和预防进行简述。

第一节　感染性呼吸道疾病

　　猫感染性呼吸道疾病常见的病原为猫杯状病毒和猫疱疹病毒，这些病毒常会导致猫的上呼吸道感染，引起眼、鼻、口腔、咽喉等部位出现一定症状，严重时会继发其他病原如支原体、细菌等的感染。

一、猫杯状病毒病

1. 病因

　　猫杯状病毒（*Feline calicivirus*，FCV）是一种高变异性病毒（图4-1-1），主要引起猫的口腔溃疡、上呼吸道症状和高热。FCV几乎可以从所有患有慢性口炎或齿龈炎的猫口腔内分离出来，毒力不同的FCV引起猫不同程度的临床症状，强毒的全身性猫杯状病毒感染后会导致猫出现皮肤水肿、头部和四肢的溃疡性病变、黄疸等。一般家养猫的患病率为10%，猫群中发病率为25%~40%，饲养

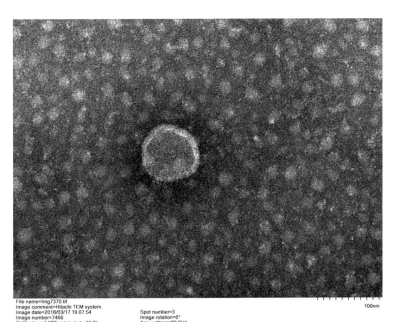

File name=tmg7370.tif
Image comment=Hitachi TEM system.
Image date=2018/03/17 19:07:54
Image number=7466
Calibration=1.083nm/pixel at x10.0k
Magnification=x60.0k
Lens mode=Zoom-1 HC-1

Spot number=3
Image rotation=0°
Acc. voltage=80.0kV
Emission=10.0μA
Stage X=58 Y=-621 Tilt=-0.1 Azim=0.0

100nm

图 4-1-1　猫杯状病毒（电镜）（孙春艳 供图）

条件差的猫群发病率更高。

2. 临床症状

猫杯状病毒感染可引起急性口腔和上呼吸道症状，与慢性口炎有关，同时强毒的全身性猫杯状病毒引起猫的临床症状有所不同。FCV感染后的临床症状与感染毒株的毒力、猫的年龄和饲养因素等有关。当呈现亚临床感染时，临床症状主要为典型的舌部溃疡综合征和轻度急性呼吸系统疾病综合征（图4-1-2、图4-1-3）。在一些严重的病例中，肺炎、呼吸困难、咳嗽、体温升高和精神沉郁等时有发生，特别是在幼龄猫。

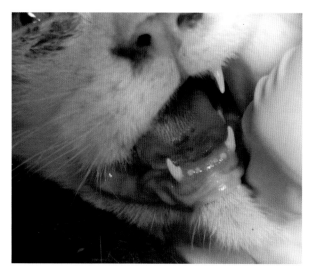 

图 4-1-2　FCV 引起的口腔溃疡（孙春艳 供图）　　　　图 4-1-3　FCV 引起的鼻炎（孙春艳 供图）

强毒的全身性猫杯状病毒感染后，猫最初表现为严重的急性上呼吸道症状，特征性的表现是皮下水肿，主要包括耳郭、脚掌水肿，以及皮肤和爪子上的溃疡性病变。在嘴唇、眼睛、鼻子和耳朵周围和脚垫上都可以看到结痂和溃疡。有些猫会出现黄疸（如肝坏死、胰腺炎引起），有些可能出现严重的呼吸窘迫（可能是肺水肿引起）。病死猫经病理剖解可见肝脏的严重病变。相对于幼猫，成年猫更易感该病，患病猫可在出现临床症状24h内死亡。

3. 诊断

通过口腔检查可观察口腔、舌面是否有溃疡灶，并了解是否出现了发热、厌食、鼻炎、结膜炎、肺炎和上呼吸道感染等症状后进行综合诊断。由于该病在临床上与其他病原如猫疱疹病毒Ⅰ型、支气管败血波氏杆菌、猫衣原体等引起呼吸道感染的临床症状难以区分，且FCV与其他病毒、细菌或寄生虫混合感染后，没有特定的病原，单纯依靠临床症状及流行病学很难确诊。目前市场上已有FCV检测试纸条，但由于FCV的高度变异性，对快速检测要求较高，可能存在漏检的情况。分子生物学检测是目前常用的技术，主要包括PCR检测、巢式PCR检测和荧光定量PCR检测等，都具有特异、敏感、简便和快捷的特点。

4. 治疗

目前对于FCV感染的患猫尚无特效药，主要采取对症治疗和支持治疗。若感染猫出现口腔溃疡，可使用0.3%的高锰酸钾液和冰硼散进行给药，或者使用碘甘油；患结膜炎时，可使用3%硼酸、2%普鲁卡因、青霉素等；患有鼻炎时，可使用庆大霉素、地塞米松；对于发病较急、食欲不振、症状较重的患猫，可通过输液补充充足的水分和能量；对于长期食欲废绝的患猫可进行强饲，帮助其恢复食欲及消化功能，以缓解和避免长期不进食而引起的消化系统及肝脏功能障碍与损伤。

二、猫疱疹病毒病

1. 病因

猫传染性鼻气管炎是由猫疱疹病毒Ⅰ型（*Feline herpesvirus*-Ⅰ，FHV-Ⅰ）引起的一种猫科动物高度接触性传染病，临床以上呼吸道症状和眼部炎症为主要特征，部分病例可见皮肤损伤和生殖系统炎症。FHV-Ⅰ电镜下呈球形（图4-1-4），主要感染幼猫，发病率可达100%，死亡率高达50%。

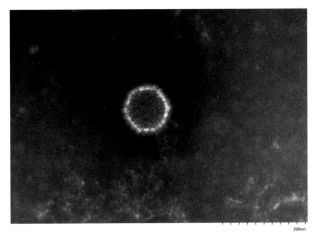

图 4-1-4　猫疱疹病毒Ⅰ型电镜图（孙春艳 供图）

2. 临床症状

猫疱疹病毒感染主要引起上呼吸道和眼部症状。黏膜表面的损伤和溃疡、鼻炎和结膜炎较为常见（图4-1-5），偶尔出现角膜树突状溃疡。典型的临床症状包括高热、精神沉郁、厌食、浆液性眼部和/或鼻分泌物、眼部水肿（图4-1-6）、结膜充血、打喷嚏、流涎和咳嗽。重症病例可能出现呼吸困难或口腔溃疡，部分成年患猫可转为慢性感染，出现长期持续咳嗽和鼻窦炎等症状。

图 4-1-5　猫感染FHV-I后表现双眼脓性分泌物、结膜炎以及脓性鼻分泌物（红色箭头所示）（孙春艳 供图）

图 4-1-6　猫感染FHV-I后临床表现：眼睑水肿（红色箭头所示）（孙春艳 供图）

3. 诊断

FHV-Ⅰ诊断的首选方法为PCR。可采用传统的PCR、嵌套式PCR和实时PCR，检测眼鼻拭子、口咽拭子的FHV-Ⅰ核酸。病毒分离仍然是检测传染性FHV-Ⅰ的有效方法，但耗时较长。目前尚无标准化检测方法，敏感性和特异性常有差异。

4. 治疗

对于重症患猫，需要恢复体液、电解质和酸碱平衡，多数猫因为失去嗅觉或口腔溃疡而影响进食，可以将食物通过混合加热以增加味道或使用食欲兴奋剂（赛庚啶、米氮平等）促进食欲。为防止继发细菌感染，可给予广谱抗生素。用于眼疾的药物常有溴乙烯脱氧尿苷、西多福韦、泛昔洛韦、利巴韦林、万拉昔洛韦、维达拉宾、膦甲酸钠和乳铁蛋白等。重症时可用抗生素配合收敛药物治疗。

第二节 支气管疾病

　　猫支气管疾病主要是指过敏性、感染性、刺激性和肿瘤性等因素引起的猫的支气管疾病。除支气管外，由于整个呼吸道串联在一起，所以根据疾病性质，亦有可能往上延伸影响到上呼吸道（鼻、咽、喉、气管）或往下延伸影响到肺泡。

1. 病因

　　猫支气管疾病的病因可分为：过敏性因素、感染性因素、刺激性因素和肿瘤性因素。

　　（1）过敏性因素。猫哮喘是常见的因过敏引起的支气管炎，其特征为可恢复性的支气管收缩以及嗜酸性粒细胞浸润。

　　（2）感染性因素。感染性因素可细分为细菌性、病毒性、真菌性和寄生虫性感染。其中细菌性因素包括：巴氏杆菌、支气管败血波氏杆菌、链球菌、大肠杆菌等。病毒性因素包括：疱疹病毒、杯状病毒等。真菌性因素包括：隐球菌、组织胞浆菌、曲霉菌、芽生菌等，在猫相对少见。寄生虫性因素包括：肺线虫、心丝虫、弓形虫等。

　　（3）刺激性因素。环境中的刺激源（如尘霾、二手烟、异物等）亦会对呼吸道造成刺激，导致支气管炎。

　　（4）肿瘤性因素。老年猫出现咳嗽时，要特别留意肿瘤的发生。腺癌是猫最常见的支气管肿瘤。

　　无论何种原因，慢性炎症最终均会导致气道重塑以及嗜中性粒细胞浸润，称为慢性支气管炎。很多情况下，支气管疾病的病因无法明确区分，彼此间可能并存。

2. 临床症状

　　猫支气管疾病典型的临床症状为咳嗽（图4-2-1）。可见猫腹部用力，快速呼出/咳出气体。有些宠主会将咳嗽与呕吐或吐毛球混淆，或认为有东西卡在喉咙。其他症状有精神不振、运动不耐，严重病患可能表现呼吸急促、呼吸窘迫和黏膜发绀。

3. 诊断

　　（1）血液学检查。血液学检查多数情况下对猫支气管疾病的诊断意义不大。不过猫哮喘可能见到外周血液嗜酸性粒细胞升高。

图4-2-1　雄性1岁已去势英国短毛猫，表现出咳嗽症状（范志嘉 供图）

　　（2）胸腔X射线检查。胸腔X射线是评估猫支气管疾病的重要检查。在X射线下，当支气管管壁增厚时，若X射线与支气管走向平行，则会见到增厚的圆圈样影像，此称为"甜甜圈征"（ring shadow）；若X射线与支气管走向垂直，则会见到增厚的平行线条影像，此称为"铁轨征"（train lines）（图4-2-2）。

　　值得注意的是，正常动物有时亦可见少量"甜甜圈征"和"铁轨征"。当甜甜圈征/铁轨征的数量增多、管壁增厚时，才会被视为真正的支气管征（图4-2-3）。

　　如上所述，支气管疾病亦有可能影响肺泡，导致肺脏的影像不透明度增加，称为肺泡征。

其他与支气管疾病相关的异常还包括：肺塌陷、肺过度充气、肋骨断裂、支气管结石等。需要注意的是，并非所有的支气管疾病都能通过影像学发现异常。

另外，即使看到影像学异常，单靠影像学通常仍无法明确区分潜在病因，须依靠进一步的检查才能诊断。

（3）支气管灌洗。支气管灌洗（图4-2-4）对于支气管疾病的诊断非常重要。取得支气管灌洗样本后，需要对样本进行细胞学检查（图4-2-5）、细菌培养以及其他病原 PCR 筛查等，以获取更充分的信息。

若细胞学检查可见大量嗜酸性粒细胞浸润（大于25%有核细胞数），则倾向为猫哮喘。不过寄生虫感染也会有相似的细胞学变

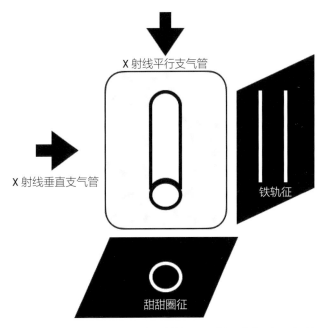

图 4-2-2　支气管管壁增厚，在X射线可见到的"甜甜圈征"或"铁轨征"（范志嘉 供图）

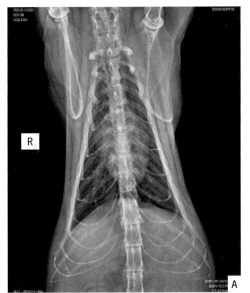
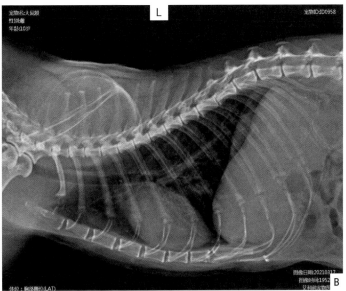

图 4-2-3　10岁已绝育田园母猫，肺脏正位射线片 A 与侧位射线片 B 均可见弥漫性支气管征，呈现"甜甜圈征"（范志嘉 供图）

化，因此须排除寄生虫感染。若细胞学检查可见大量嗜中性粒细胞浸润，则倾向为炎症性（如慢性支管管炎）或感染性因素。

4. 治疗

在理想情况下，须对病患进行诊断之后，才能针对性地给予相应治疗。在未确诊时，可根据当时最可能怀疑的疾病进行试验性治疗。

（1）哮喘和慢性支气管炎。糖皮质类固醇药物是治疗哮喘和慢性支气管炎的主要药物，以控制呼吸道的炎症。

一般常使用口服短效糖皮质类固醇药物，如泼尼松龙，起始剂量为每千克体重1~2mg，每日

图 4-2-4　猫进行支气管灌洗，以无菌气管插管进行插管后，将导尿管经气管插管伸入至气管内，
打入无菌生理盐水后回抽，以获取支气管内样本（范志嘉 供图）

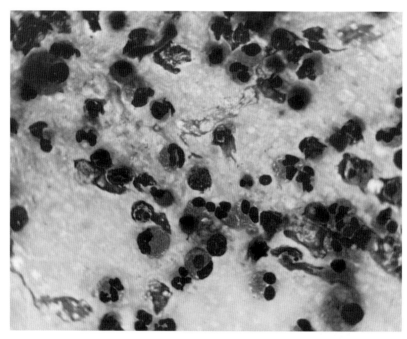

图 4-2-5　支气管灌洗细胞学检查，可见大量嗜酸性粒细胞，后诊断为猫哮喘
（范志嘉 供图）

2次，先连用5~10d。如果状况稳定，可逐渐减少剂量到最低有效剂量，其间至少要使用2个月。

当有些患猫无法口服药物时，可考虑给予长效糖皮质类固醇，如乙酸甲基泼尼松龙，每千克体重10~20mg，肌内注射，每4~8周一次。但长效制剂容易出现明显的副作用，如糖尿病和免疫缺陷，因此须谨慎使用。

吸入式糖皮质类固醇（如氟替卡松）可达到局部抗炎效果，以减少药物的全身副作用。使用时需搭配猫专用吸入器。

（2）细菌性感染。在理想情况下，可根据支气管灌洗取得的细菌培养结果和药敏试验，选择具有敏感性的抗生素。一线的经验性抗生素可选择多西环素。

第三节 胸膜腔积液

胸膜腔积液是指胸膜腔内出现了异常的液体积聚，也称为胸水。积液产生后会对肺脏造成压迫，从而出现呼吸限制，临床以张口呼吸、流涎、腹式呼吸为特征，不及时处理可能危及生命。

1. 病因

根据胸膜腔积液的性质可以大致找出产生积液的原因。胸膜腔积液分为漏出液、渗出液（败血性和非败血性）、改良型漏出液、乳糜液和血液等。漏出液可见于低白蛋白血症（肾小球肾病、肝病、蛋白丢失性肠病）、早期充血性心衰（罕见）、甲亢（曾有报道）；改良型漏出液可见于充血性心衰、胸膜腔肿瘤、横膈疝；非败血性渗出液可见于猫传染性腹膜炎、胸膜腔肿瘤、横膈疝、肺叶扭转；败血性渗出液常见于脓胸；乳糜液可见于胸导管或前腔静脉堵塞（淋巴管扩张、中央静脉血栓）、胸导管破裂、心丝虫感染等；血性积液可见于胸膜腔创伤、凝血功能障碍、肺叶扭转、胸膜腔肿瘤等。

2. 临床症状

猫有少量胸膜腔积液时一般不表现出症状，偶尔可见运动减少；当有大量胸膜腔积液时，猫常表现有嗜睡、呼吸频率加快、张口呼吸、腹式呼吸、呼吸困难等症状（图4-3-1）。

3. 诊断

视诊可观察到患猫呼吸频率和呼吸模式发生改变，听诊呼吸音和心音减弱；胸腔B超快速扫查可见胸膜腔有液性回

图4-3-1　有胸膜腔积液患猫，其呼吸姿势发生改变（朱国 供图）

声（图4-3-2）；胸腔积液达到一定量时在X射线片上可见胸膜腔细节不清（图4-3-3、图4-3-4）；通

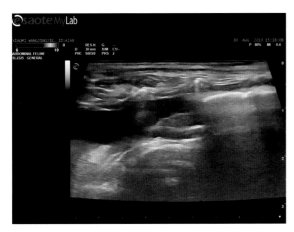

图4-3-2　胸膜腔积液时B超下可见胸腔有液性回声
（朱国 供图）

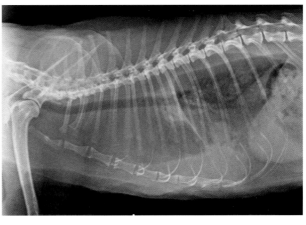

图4-3-3　胸膜腔积液时的侧位片
（朱国 供图）

过胸腔穿刺可发现积液（图4-3-5），并通过积液的颜色、比重、蛋白含量和细胞学等进行脓胸（图4-3-6）和乳糜胸（图4-3-7）的鉴别诊断。

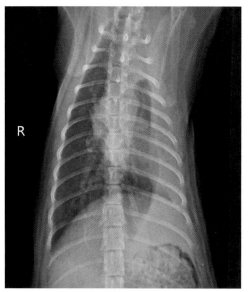

图 4-3-4　胸膜腔积液时的正位片
（左侧胸膜腔积液）（朱国 供图）

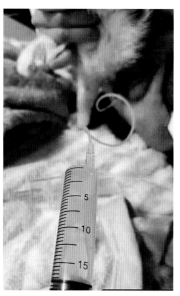

图 4-3-5　透明的胸膜腔积液
（FIP 时的胸腔渗出液）（朱国 供图）

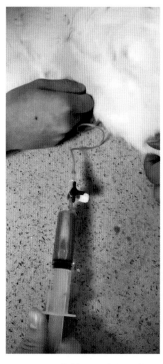

图 4-3-6　血性且混浊的胸膜腔
积液（脓胸）（朱国 供图）

图 4-3-7　乳白色的胸膜腔积液
（乳糜胸）（朱国 供图）

4. 治疗

采用胸膜腔穿刺来抽取胸膜腔积液是治疗该病重要的手段之一。由于呼吸急促可导致机体内缺氧，应给予吸氧治疗；若患猫精神高度紧张，为减少应激导致的耗氧，可给予适当的镇静。

根据胸膜腔积液的性质，找出病因，并对原发病进行积极治疗。

第四节 慢性鼻炎

慢性鼻炎是指持续4周以上、间歇性或持续性、鼻腔的慢性炎症。多发生在年轻和中年猫（0.5~16岁）。

1.病因

导致慢性鼻炎的病因包括特发性、感染性、过敏性、异物性、肿瘤性以及鼻腔外等因素。

（1）感染性因素。感染性因素可见于70%~90%的慢性鼻炎病例。然而，临床上大部分的细菌感染多是继发性感染，原发性感染导致的慢性鼻炎较为少见。

细菌性因素主要包括：绿脓杆菌（*Pseudomonas aeruginosa*）、大肠杆菌（*Escherichia coli*）、绿色链球菌（*Viridans streptococci*）、假中间型葡萄球菌（*Staphylococcus pseudintermedius*）、多杀性巴氏杆菌（*Pasteurella multocida*）、棒状杆菌（*Corynebacterium* spp）、放线菌（*Actinomyces* spp）、支气管败血波氏杆菌（*Bordetella bronchiseptica*）以及其他厌氧菌。

病毒性因素包括：疱疹病毒、杯状病毒等。

真菌性因素在猫相对少见。相关病原包括：隐球菌（*Cryptococcosis*）、曲霉菌（*Aspergillosis*）等。

（2）过敏性因素。环境中的过敏源可能导致猫出现过敏性鼻炎，属于猫特应性综合征（Feline atopic syndrome）的表现之一，同时可能伴随哮喘、结膜炎等症状。

（3）肿瘤性因素。老年猫出现慢性鼻炎症状，须考虑是否有肿瘤的发生。猫的鼻腔肿瘤最常见的是淋巴瘤，其次为腺癌和鳞状上皮细胞癌。

（4）异物性因素。异物性因素常被忽略且不容易诊断。植物是较多见的被吸入的异物，如果猫有外出史，须特别留意异物性慢性鼻炎的发生。

（5）口腔疾病。除了鼻腔本身的问题外，慢性鼻炎也可能继发于鼻腔外的问题，如口腔疾病。上颚裂和口鼻瘘亦可能导致慢性鼻炎。

（6）特发性慢性鼻炎。部分慢性鼻炎找不到特定的原因，称为特发性慢性鼻炎，需对上述其他病因进行鉴别诊断并排除之后，才能下此诊断。

2.临床症状

慢性鼻炎的典型症状常见鼻分泌物增加，常为浆液性、化脓性或者血性分泌物（图4-4-1）。还可能表现与上呼吸道相关的症状，如打喷嚏、鼾声呼吸、呼吸困难、张口呼吸等。这些症状可能是间歇性或持续性、单侧或双侧鼻腔发病。

另外，由于鼻分泌物增加可能导致猫的鼻腔堵塞，进而导致猫无法闻到味道，可能会伴

图 4-4-1　7岁已绝育美国短毛公猫，
可见单侧鼻腔化脓性分泌物（范志嘉 供图）

发食欲下降、厌食等。

3. 诊断

（1）理学检查。理学检查需要评估鼻炎是单侧还是双侧以及颜面有无肿胀、疼痛、不对称等表现（图4-4-2）。可采用玻片或棉花来评估双侧鼻孔通气的状况。

口腔的检查亦很重要，打开口腔可以评估有无上颚裂或牙齿方面的疾病（图4-4-3）。由于猫大多无法在清醒的状态下较好地配合开口检查，因此，详细、完整的口腔评估常常需要在镇静状态下才能完成（图4-4-4）。

（2）病原排查。可对上呼吸道、口咽、结膜、鼻分泌物进行采样，或者进行鼻腔灌洗，以进行细胞学检查（图4-4-5）、细菌培养、真菌培养、病原抗原或PCR检测等筛查评估。然而，这些病原结果的解读须非常小心，多数情况下，检测到的病原不一定真的是导致慢性鼻炎的主要原因。

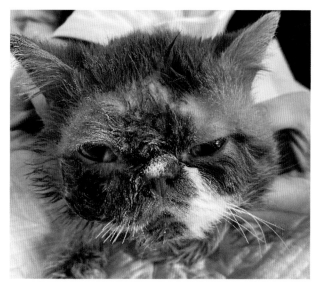

图4-4-2　3岁已绝育田园公猫。可见右侧颜面严重肿胀、变形，伴随脓样鼻分泌物（已清理）（范志嘉 供图）

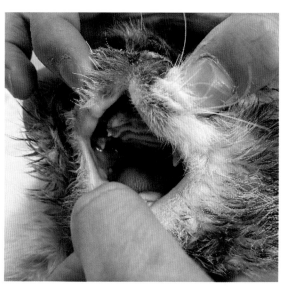

图4-4-3　患猫开口检查发现口腔内亦有侵犯性病灶（范志嘉 供图）

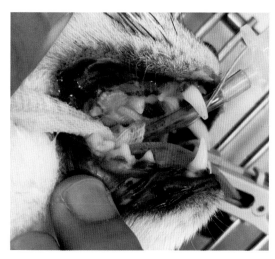

图4-4-4　在镇静/麻醉状态下进行完整的口腔检查，以评估有无口鼻瘘、上颚裂等（范志嘉 供图）

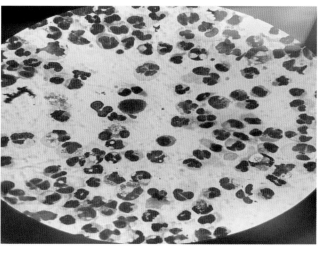

图4-4-5　慢性鼻脓病患的鼻分泌物细胞学检查。可见混合性炎症，嗜中性粒细胞呈退行性变化；嗜中性粒细胞吞噬杆菌，提示并发细菌性感染的可能（范志嘉 供图）

（3）影像学检查。X射线和断层扫描是常用于慢性鼻炎的影像学检查。X射线可作为一线的影像学评估。然而，由于头部区域有许多骨头结构重叠，断层扫描（图4-4-6）相较于X射线能够更好地评估鼻腔和头部的病灶。

（4）鼻腔镜检查。鼻腔镜检查可直接评估鼻腔内的影像、排查异物。除此之外，鼻腔镜另一个重要的目的在于能够经由鼻腔镜引导，有针对性地对病灶部位进行采样，以进行下一步的组织病理学检查。

（5）组织病理学检查。组织病理学检查能够评估鼻炎的炎症浸润类型，并排查肿瘤。慢性鼻炎常见的炎症浸润类型包括淋巴浆细胞性、嗜中性粒细胞性、嗜酸性粒细胞性和混合性。嗜酸性粒细胞的浸润更倾向于过敏性或寄生虫因素。

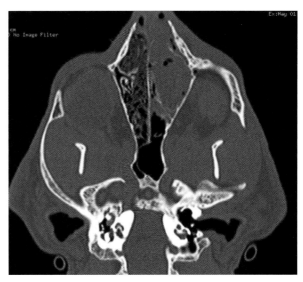

图 4-4-6　慢性鼻脓患猫的断层扫描影像，可见单侧鼻腔内有高密度物质（范志嘉 供图）

4.治疗

由于慢性鼻炎有各种潜在病因，因此，在进行慢性鼻炎的治疗时，应先尽可能地去找出潜在的原因，才能有针对性地进行治疗。然而，在许多情况下，慢性鼻炎无法明确诊断出病因，治疗上也只能控制症状，无法治愈。

（1）对症治疗。对于有大量脓性鼻分泌物的患猫，可以进行雾化或是鼻腔灌洗。雾化可以湿润、软化黏稠的黏性/脓性分泌物，使其可具有移动性、更容易被排出。鼻腔灌洗除了有采样的作用之外，亦能作为治疗性方式。大量流动性的液体可以将鼻腔内的分泌物直接冲洗出来。

（2）抗生素治疗。由于大多数的慢性鼻炎伴随继发的细菌感染，因此，抗生素常用于慢性鼻炎患猫。理想状况下，抗生素的选择应根据细菌培养以及药物敏感性试验结果，临床一线常使用的上呼吸道抗生素包括多西环素、阿莫西林克拉维酸钾和恩诺沙星等。

（3）糖皮质类固醇。糖皮质类固醇可以缓解黏膜水肿、控制炎症，对于慢性鼻炎的患猫可能会有帮助。然而，糖皮质类固醇的使用在慢性鼻炎上仍有争议，因为如果存在细菌或病毒感染（如疱疹病毒），可能会导致病情恶化。

第五章

猫泌尿系统疾病

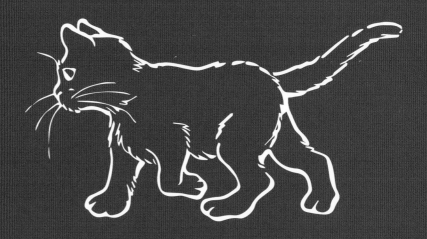

泌尿系统疾病在兽医日常实践诊疗过程中经常遇到。随着猫专科医学的发展，临床诊断工具的不断提升，笔者对泌尿系统疾病有了更多经验和认识。本章内容涵盖了猫下泌尿道疾病、输尿管梗阻、慢性肾病、急性肾损伤等常见疾病。

第一节　下泌尿道疾病

一、特发性膀胱炎

猫下泌尿道疾病主要的临床表现包括尿频、血尿、排尿困难、痛性尿淋漓及排尿行为改变等。下泌尿道症状并非某种疾病的特异性表现，但猫特发性膀胱炎（FIC）是最常见的下泌尿系统病因，常见于年轻猫和中年猫（2~4岁）。

1. 病因

病因不明。临床上超过65%的猫特发性膀胱炎尚未找到明确的病因。但是许多研究表明，应激和压力可能是该病的"起爆点"。超重和体况评分过高、室内生活、饮水量少、长期压力（多猫家庭的猫之间的冲突，猫砂盆数量/位置/大小，猫砂量/卫生/气味等）和突发压力（搬家/引进新的动物/装修等）是FIC的风险因子。

2. 病理生理学

猫特发性膀胱炎的病理生理学并未完全清楚，但可能涉及许多身体系统的异常，包括压力状态下交感神经过度活化，耗尽膀胱内壁的保护性糖胺聚糖（GAG）层以及膀胱神经元发生改变（神经性炎症）。

有研究证明，FIC是膀胱与神经系统之间复杂相互作用的结果。膀胱既是受害者也是施害者。FIC表现的膀胱病灶，可能是其他系统异常所致而非是膀胱本身的问题。其发病机理如图5-1-1至图5-1-3所示。

3. 临床症状

临床上主要表现为尿频、血尿（图5-1-4）、排尿疼痛、痛性尿淋漓、排尿行为改变（图5-1-5）以及频繁或过度地舔舐外生殖器。在非阻塞的情况下，多数患猫即使不治疗，症状也可能在5~7d

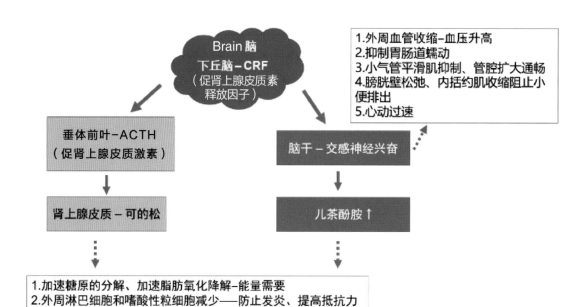

图 5-1-1　猫特发性膀胱炎发病机理 1（郭志胜与冯一平 供图）

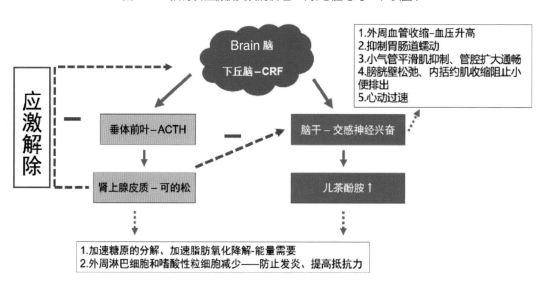

图 5-1-2　猫特发性膀胱炎的发病机理 2（郭志胜与冯一平 供图）

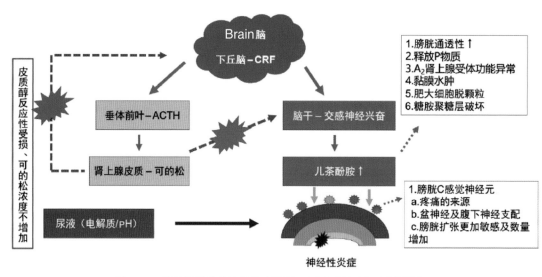

图 5-1-3　猫特发性膀胱炎的发病机理 3（郭志胜与冯一平 供图）

（60%）内消退，但临床症状可能会在数周、数月甚至更长时间后复发。

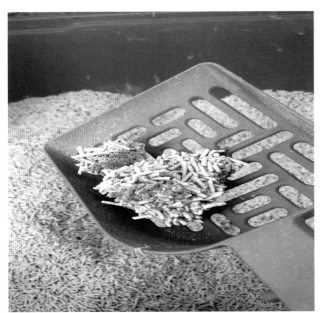

图 5-1-4　宠主清理猫砂发现血尿，尿团小、碎、多，
无明显大团尿液（郭志胜与冯一平 供图）

图 5-1-5　排尿异常的猫，因排尿疼痛，
表现出面部狰狞（郭志胜与冯一平 供图）

如果发生尿道梗阻（公猫），患猫可能出现精神沉郁、厌食、呕吐和脱水。如果梗阻性尿毒症并发高钾血症可能导致患猫体温过低和心率过缓。

4.流行病学特点

该病时好时坏，通过治疗性诊断很难评估它的有效性。90%的病例不需要治疗，临床表现在1~7d会消失。1~2年60%的猫会再次发病。随着年龄增长其发病率会降低。

5.诊断

FIC 没有特异性诊断标志物，是一个排他性诊断，需要排除所有可能造成猫下泌尿道问题的原因（如结石/细菌性感染/肿瘤/息肉等）之后才会做出诊断。临床上2~5岁的纯种猫高发，小于1岁、大于10岁的猫发病率降低。该病存在应激史或发病相关风险因素（表5-1-1）。

尿常规检查：FIC 的尿液分析，不敏感也不具有专一性，但临床可通过尿液分析和培养排除细菌感染的原因。FIC 患猫，尿液分析时主要的异常发现为血尿（图5-1-6）。尿沉渣可能存在结晶尿（图5-1-7）（通常为磷酸铵镁结晶或草酸钙结晶）。尿液培养通常是阴性。

超声波检查可排除结石、肿瘤、息肉等相关病因。特发性膀胱炎患猫偶见膀胱壁增厚。有时血尿或尿液中有不正常的沉积物时，会有具回音性的物质漂浮在无回音性的尿液中（图5-1-8）。

表 5-1-1　应激压力清单

生活变化	生理	社交	家庭环境
搬家	发情期	领地侵犯	多猫家庭
托运	妊娠	剃毛/戴脖圈	室内
新生婴儿/亲友/保姆	哺乳	食物/只砂盆分配不均	噪声较大
新宠物	分娩期		
装修			
猫砂更换			
猫砂未及时清理			
主人频繁出差			
洗澡			

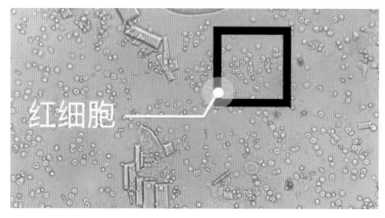

图 5-1-6 尿液 40 倍镜下可见大量红细胞
（郭志胜与冯一平 供图）

图 5-1-7 尿沉渣 40 倍镜下存在磷酸铵镁结晶（郭志胜与冯一平 供图）

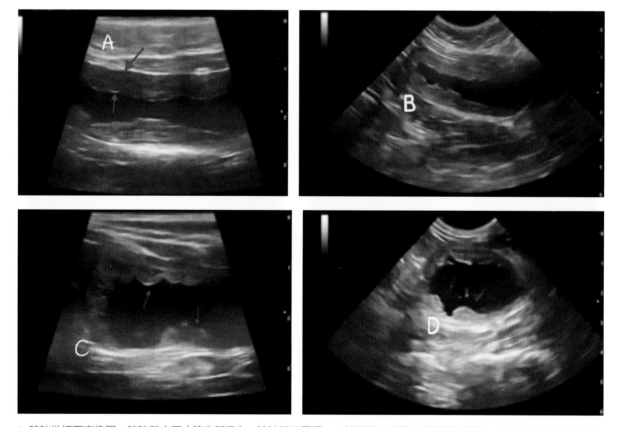

A. 膀胱纵切面声像图，膀胱壁变厚（箭头所示），膀胱壁不平滑；B. 膀胱腔不充盈，膀胱壁不平滑；C. 膀胱纵切面声像图，膀胱壁弥散性 / 低回声和明显不规则增厚（箭头所示）；D. 膀胱横断面声像图，膀胱壁腔内可见多条强回声光条，需结合尿液分析排除细菌 / 结晶 / 上皮 / 血细胞等内容物。

图 5-1-8 超声波检查（郭志胜与冯一平 供图）

血液学检查：除非是梗阻性FIC或10岁以上患猫，大部分FIC患猫的全血细胞计数及血清生化检查通常正常。因此，临床中不建议做此项检查。

膀胱镜检查：可以直接观察膀胱黏膜。FIC患猫可能表现膀胱血管密度增加与弯曲，膀胱黏膜水肿、出血、淤斑及血管增生等情况（图5-1-9）。

组织病理学检查：FIC患猫组织病理学检查并不具有特异性，因此，不建议进行组织病理学检查。对于无法排除肿瘤的猫，可进行活检。

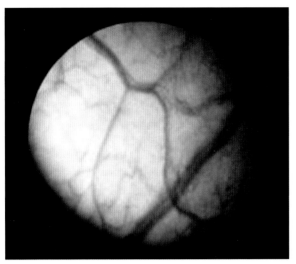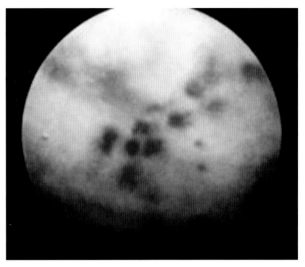

图 5-1-9　膀胱镜检查，可见膀胱黏膜有出血斑及化脓性感染灶（郭志胜与冯一平 供图）

6. 治疗

首先，需进行多模式环境的纠正，减少应激。猫健康环境的五大支柱包括：一是提供安全的地点，需要有可隐蔽的空间（包括高台和盒子）（图5-1-10）；二是提供多个或分开的重要环境资源，如食物、水、厕所、玩耍的空间和睡觉区域；三是提供可玩耍和狩猎的机会，理解气味对猫的重要性（猫抓板等）（图5-1-11）；四是提供积极的、持续的和可预期的人与猫的互动（猫掌握主动权），减少家庭内部猫之间的冲突；五是预测应激性事件（如更换环境等）并努力减少其对猫的影响。

其次，增加猫的饮水量（表5-1-2）。水是治疗FIC最好的药物。与减轻压力一样，这是防止FIC复发的重要因素。增加饮水量会稀释尿液，并可能减少神经源性膀胱炎的症状。湿粮是日常获取水分的好方法。

同时，鼓励减肥和增加运

图 5-1-10　猫日常活动：猫爬架和隐藏猫箱子（郭志胜与冯一平 供图）

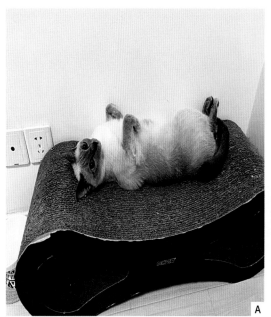

图 5-1-11　猫抓板（平放 A 和立式 B）一定要根据猫的体形大小调试，可以让猫轻松抓挠
（郭志胜与冯一平 供图）

表 5-1-2　猫增加饮水方法

多样化水碗样式	饮食	环境
自动饮水机	泌尿道处方粮	多处放置水碗
扁平口宽水盆	湿粮	
容量大盆（鱼缸形状）		

动量。减少运动量有助于猫肥胖的发展，也是 FIC 的危险因素。

药物治疗。可选用镇痛/解痉挛药物。疼痛管理可能降低 FIC 发作的严重程度和持续时间，同时可以减少尿道痉挛，从而降低功能性尿道梗阻。临床常用药物有丁丙诺啡：0.01～0.02mg/kg；加巴喷丁：10～20mg/kg，bid，po；布托啡诺：0.2～0.4mg/kg，iv，im，4～6h；哌唑嗪：0.25～0.5mg/只，bid，po。

对 FIC 患猫不建议使用抗生素，因为不会发生细菌性感染。除非是 8 岁以上的猫、长期使用激素或免疫抑制剂、反复尿道梗阻/留置导尿管、解剖结构改变、存在系统性疾病（糖尿病/甲亢/慢性肾病等）或尿液培养阳性。

二、猫尿道阻塞

猫尿道阻塞最常见的病因有特发性膀胱炎（FIC）、尿道栓子\痉挛\狭窄、结石和肿瘤。主要多发生于公猫，但临床上尿道阻塞的公猫，大多没有可识别的原因。

1. 临床症状

阻塞持续的时间决定临床症状严重的程度。

2. 阻塞带来的后果

尿道阻塞可能引起梗阻性尿毒症、高钾血症、高磷酸盐血症、低离子钙血症、酸血症等一系列危及生命的问题。因此，一旦确诊必须积极地处理。

3. 诊断

（1）病史。除了有典型的下泌尿道疾病症状，如尿频、血尿（图5-1-12）、排尿困难/痛性尿淋漓，过度理毛和舔咬生殖器之外，可能还会存在梗阻性尿毒症相关症状，如呕吐、厌食等。常常宠主带猫来就诊的原因，是因为他们认为猫有"便秘"。

（2）理学检查。触诊膀胱变大尿液充盈占据整个后腹部（图5-1-13），用力挤压不易挤压出尿液。外生殖器因为舔咬出现水肿和坏死。如果出现梗阻性尿毒症，根据梗阻的时间会出现不同的症状，如体温低、心律过缓、呕吐、脱水等。

（3）超声波检查。超声波检查是一个确诊性诊断（图5-1-14、图5-1-15）。

图 5-1-12　血尿
（郭志胜与李汪洋 供图）

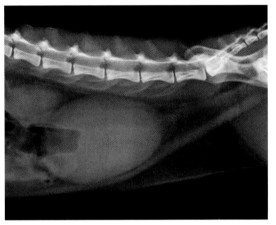

图 5-1-13　尿道阻塞，膀胱尿液潴留，变大的膀胱占据整个后腹部（郭志胜与李汪洋 供图）

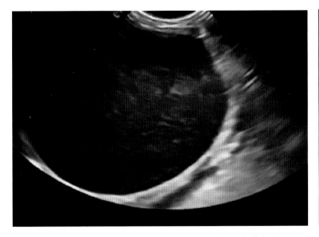

图 5-1-14　尿道阻塞，尿液潴留在膀胱，膀胱变大
（郭志胜与李汪洋 供图）

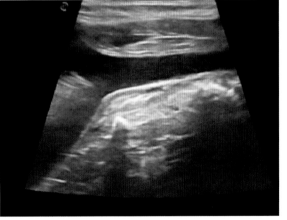

图 5-1-15　尿道阻塞，近端尿道扩张
（郭志胜与李汪洋 供图）

4. 初步评估

先与宠主沟通病情的严重性，预后及下一步的诊断/治疗计划。在解决梗阻前，尤其是如果猫出现全身性临床症状或梗阻超过24h，请对猫进行心血管系统、酸碱及电解质紊乱、血清生化及心电图等相关的检查。

（1）高钾血症。务必检查血清钾浓度，因为部分重度高钾血症的猫，不会出现典型的心电图结果。高钾血症通常与酸中毒和低离子钙血症同时出现。

（2）低离子钙血症。尿道梗阻的猫，预计有20%会出现临床相关的低离子钙血症。血清离子钙浓度与BUN（尿素氮）、CRE、血清钾浓度呈负相关。与静脉pH值呈正相关。低离子钙原因可能与血清磷浓度增加相关，诊断时使用血清离子钙而非总钙更有临床意义。

（3）氮质血症。严重程度取决于梗阻的时间。氮质血症的严重程度不能评估患猫是否能继续存活，但是，它能够预测梗阻后利尿的程度（是预后的重要指标）。

（4）如果宠主不能接受全面检查，最低评估应包括体温（直肠温度）、心律/心率（直肠温度小于35℃，心跳小于120次/min，血清钾浓度大于8mmol/L）。

（5）评估心血管系统。

5. 治疗

疏通尿道缓解梗阻的具体方法包括：

（1）导尿前准备（表5-1-3、图5-1-16）。

（2）导尿遵循的原则。全程一定要无菌。操作要温柔不能暴力性导尿。留置导尿管及集尿系统是封闭性的。选择最细的导尿管降低复发率。

（3）镇痛/镇静药物。丁丙诺啡0.05~0.1mg/kg iv或布托啡诺0.2~0.4mg/kg iv或阿法沙龙每千克体重1~2mg iv或丙泊酚每千克体重2~4mg iv。

（4）导尿操作（图5-1-17至图5-1-23）。

（5）监控/护理。监控24h尿液量[（>2mL/（kg·h）]。通常发生阻塞性利尿，排出大量尿液，一定要确保静脉输液量与排尿量相符。如果尿量

表5-1-3 导尿前的器械和耗材准备

器械	推子，注射器（不同型号）
耗材	新洁尔灭溶液、碘伏溶液、生理盐水
	无菌性手套、缝合线、布胶带
	导尿管（不同型号）
	留置针

图5-1-16 准备导尿管（郭志胜与李汪洋 供图）

没能增加或减至0.5mg/（kg·h）（先排除是否导管阻塞等因素），则应该对患猫进行少尿AKI治疗。给予支持性照顾，通常多数猫都需要戴伊丽莎白圈，以避免导管脱落。

图5-1-17 侧卧保定，术野大范围剃毛消毒
（新洁尔灭溶液擦洗，碘伏溶液擦洗）
（郭志胜与李汪洋 供图）

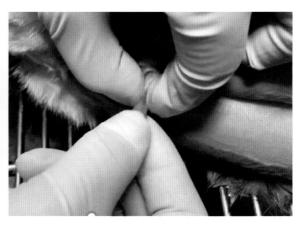

图5-1-18 按摩生殖器，促进栓塞物移动或排出
（郭志胜与李汪洋 供图）

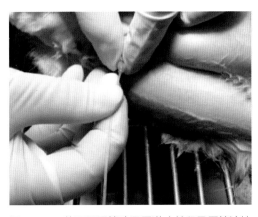

图 5-1-19　使用导尿管疏通尿道（前段导尿管涂抹利多卡因凝胶；若堵塞严重，先用前开口导尿管疏通，后改为侧开口导尿管插入）（郭志胜与李汪洋 供图）　图 5-1-20　将导尿管插入尿道把膀胱尿液抽出，然后冲洗膀胱，对于膀胱结晶较多病例，一边冲洗一边轻微晃动膀胱，方便冲洗出结晶颗粒（郭志胜与李汪洋 供图）　图 5-1-21　留置导尿管（郭志胜与李汪洋 供图）

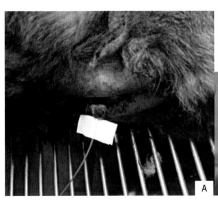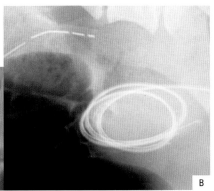

图 5-1-22　留置导尿管：冲洗完毕后，换红色橡胶导尿管 A 插入膀胱，插入前对比导尿管长度 B，用橡皮膏做标记，插入后缝合尿管（郭志胜与李汪洋 供图）　图 5-1-23　缝合导尿管后连接尿袋，给猫穿衣服固定尿袋（郭志胜与李汪洋 供图）

6. 缓解阻塞后静脉输液

再次告知宠主治疗方案、预后、并发症、治疗期间的花费及复发的可能性；放置留置针；输液以增加循环灌注量，提高肾小球滤过率。

（1）评估脱水程度。脱水程度（%）×体重（kg）=所需的液体量（mL）。轻度脱水12h内补足，中度脱水4h内补足。

（2）进入量与出入量平衡。除纠正脱水外，还要补充追加维持量（1~2mL/（kg·h））。一定要注意梗阻性利尿所造成的液体流失，尽量维持进入量与出入量平衡。密切监控，避免液体过载。

（3）液体类型的选择。0.9%NaCl、乳酸林格氏液等，无太大差异。

（4）高钾血症处理。90%的高钾血症不需要处理，疏通尿道、增加灌注量、提高肾小球滤过率即可恢复正常。对于血钾大于8mmol/L、心率小于120次/min或出现典型的心电图异常的患猫，则需其他方式治疗。

①10%葡萄糖酸钙0.2~0.5mL/kg静推。注射时间应该在15min以上，并监测ECG（心电图）。该药作用可持续15min，虽然能保护心脏免受高血钾的心脏毒性，但该药不能降低血钾。

②更快地降低血钾。使用常规胰岛素0.2~0.4 U/kg静脉注射配合50% 2 g/U（每注射1U胰岛素，就要给4mL的50%葡萄糖）。

③低离子钙血症处理。大部分患猫不需要处理，只要疏通尿道，增加灌注量，提高肾小球滤过率，血磷下降，血钙基本上就可以恢复。当患猫出现神经症状（抽搐），则需要治疗，使用葡萄糖酸钙，但要慎重使用碳酸氢钠制剂。

④镇痛/解痉挛药物。丁丙诺啡0.05~0.1mg/kg静脉注射或布托啡诺0.2~0.4mg/kg静脉注射或哌唑嗪0.25~0.5mg/只，po，bid。

⑤抗生素的使用存在争议。有人认为，在留置导尿管期间使用抗生素，可能会产生抗药菌。如怀疑感染或尿液培养证实有感染，可给予阿莫西林克拉维酸钾10~20mg/kg SC，然后改为口服，q12h。

（5）给予营养支持。积极主动地恢复猫的食欲，增加其营养。如果食欲下降或厌食，给予食欲刺激剂——米氮平，1.88mg/只，po或2d1次；赛庚啶，1~2mg/只，po，bid。

（6）如果猫尿道反复梗阻，建议实施尿道造口术治疗。

三、细菌性膀胱炎

原发性细菌性膀胱炎不是引起猫下泌尿道疾病的常见原因，临床上多见于不当导尿、尿道改口和不规范使用抗生素的转诊病例。当猫表现出尿淋漓、尿血、尿频或排尿困难等下泌尿道疾病症状时，鉴别诊断之一为细菌性膀胱炎。细菌性膀胱炎多为糖尿病、甲状腺功能亢进、慢性肾病（CKD）的伴发疾病。

猫细菌性膀胱炎大部分由单种细菌感染所致，致病菌（图5-1-24）包括大肠埃希氏菌（*Escherichia coli*）、肠球菌（*Enterococcus* spp.）、葡萄球菌（*Staphylococcus* spp.），三种细菌的流行率（Prevalence）分别为25%~59%、10%~43%和8%~20%。

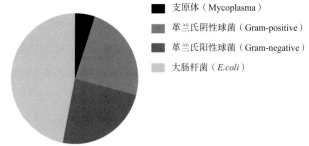

■ 支原体（Mycoplasma）
■ 革兰氏阴性球菌（Gram-positive）
■ 革兰氏阳性球菌（Gram-negative）
■ 大肠杆菌（*E.coli*）

图5-1-24 猫细菌性膀胱炎的致病菌（蒋宏 供图）

1. 病因

猫细菌性膀胱炎多是膀胱正常的防御功能受损造成细菌入侵感染所致，造成感染的细菌通常是正常菌群的一部分。细菌感染包括逆行性感染和血液循环感染，逆行性感染指细菌通过尿道逆行传播到膀胱，因导尿造成的感染最常见（图5-1-25）；血液循环感染指细菌经血液循环传播到泌尿生殖器官造成的感染，临床并不常见。

猫细菌性膀胱炎分为偶发性细菌性膀胱炎和复发性细菌性膀胱炎（表5-1-4）。偶发性细菌性膀

表5-1-4 细菌性膀胱炎的相关定义

定义	解释
简单非复杂性膀胱炎	尿路解剖和功能正常且无其他异常的健康个体的偶发性膀胱细菌感染
复杂性膀胱炎	解剖或功能异常或合并症，易导致持续性UTI、复发感染或治疗失败
慢性膀胱炎	12个月内出现3次及以上的UTI
难治性膀胱炎	体外试验对所用抗菌药物敏感，治疗时仍多次分离出同一微生物
复发性膀胱炎	感染明显清除后6个月内再次分离出相同的微生物
重复感染	在没有LUTS的情况下，通过阳性细菌培养确定尿液中存在细菌
亚临床菌尿	很难与亚临床UTI区别

注：UTI（Urinary tract infection）为泌尿道感染性疾病；LUTS（Lower Urinary Tract Symptoms）为下泌尿道症状。

胱炎：猫偶见，细菌感染导致膀胱炎症并造成相应的临床症状，如尿频、排尿困难、尿淋漓、血尿或以上症状的组合。复发性细菌性膀胱炎：12个月内猫被临床诊断出3次或更多次细菌性膀胱炎，或在前6个月被内诊断出2次或更多次的细菌性膀胱炎。猫的细菌性膀胱炎通常伴有并发症（表5-1-5）并且老龄猫的发病率较高，猫更常见复发性细菌性膀胱炎。

表 5-1-5　猫细菌性膀胱炎的常见风险因素

疾病类型	相关异常
内分泌疾病	糖尿病、甲状腺功能亢进
肾病	
肥胖	
外阴形态异常	凹陷或褶皱过多
先天性泌尿生殖道异常	输尿管异位、中肾导管异常
前列腺疾病	
膀胱肿瘤	
息肉样膀胱炎	
尿结石	
免疫抑制治疗	
直肠瘘	
尿失禁、尿潴留	
免疫抑制治疗	

2. 临床症状

临床常见排尿困难、血尿、尿淋漓和尿频等症状。部分病例可能没有任何临床表现。有的猫可能会在猫砂盆外排尿（乱尿或不当排尿）。极少数患猫昏昏欲睡，但通常不会出现发热和食欲不振。偶见多尿和烦渴。

3. 诊断要点

猫细菌性膀胱炎的鉴别诊断包括猫特发性膀胱炎、膀胱肿瘤或膀胱结石等。通过膀胱穿刺收集尿液，然后进行完整的尿液分析（含沉渣分析）和定量的需氧细菌尿培养，以正确地诊断有下泌尿道疾病症状的猫是否存在细菌感染。对于复发性LUTS或伴有发热、体重减轻或食欲不振等全身症状的猫，还应进一步诊断是否存在其他潜在疾病。

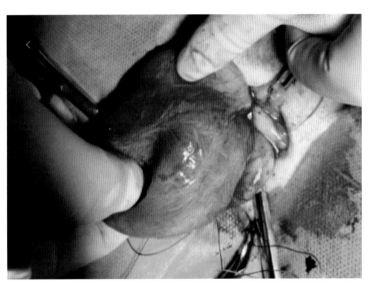

图 5-1-25　细菌性膀胱炎的大体表现：膀胱壁增厚、膀胱壁无弹性（蒋宏 供图）

4. 诊断方法

（1）尿液分析。理想情况下，应通过膀胱穿刺术收集尿液。如果不能进行膀胱穿刺，可以使用导尿管收集尿液。经膀胱穿刺收集的尿液标本中分离出的任何病原体，需要考虑皮肤上的细菌污染的可能性。尿液样本中，菌落计数超过10^3 CFU/mL具有临床意义。自主排出的中段尿液标本极易受到污染，不应用于猫尿液菌落计数。

（2）X射线平片。影像学上细菌性膀胱炎通常没有异常表现。

（3）造影。膀胱尿道造影可用于诊断复发性或持续性膀胱炎，以及憩室、膀胱或尿道肿瘤、息肉性膀胱炎或X射线无法诊断的结石。静脉尿道造影可用于诊断输尿管异位等解剖结构异常。

（4）超声波检查。超声波检查能够提供有关疾病范围和严重程度以及潜在病因（肿瘤、结石或异物）的信息。超声波检查不能显示整个尿道，仅用超声波检查下泌尿道可能会漏诊尿道异常。

复杂性细菌性膀胱炎的诊断检测可参考表5-1-6的内容。

5. 治疗和预后

治疗细菌性膀胱炎需要去除或控制潜在的感染原因并使用抗菌药物。不当使用抗生素会导致抗感染失败、产生抗菌药物耐药性，反复或延长治疗，造成公共卫生层面的抗菌药物耐药性问题。此外，因微生物固有耐药模式和区域性耐药特征，肠球菌属在体内通常对头孢菌素和甲氧苄氨嘧啶–磺胺（TMS）具有耐药性，当药敏试验结果为阳性时，须与猫主人充分沟通不使用此类抗生素进行治疗的原因。等待尿液细菌培养和药敏试验结果期间，根据尿液细胞学染色镜检进行经验性治疗：阿莫西林联合克拉维酸治疗革兰氏阴性菌感染；阿莫西林治疗革兰氏阳性菌感染。当膀胱体积小、无法采集尿样或宠主经济条件受限未进行尿液培养时，可以使用阿莫西林联合克拉维酸治疗，通过临床症状的缓解情况判断是否为细菌感染。

导尿、留置导尿管等操作是临床中继发细菌性膀胱炎的常见原因。与留置导尿管相关的细菌性膀胱炎在拔除导尿管前可能无法解决，因此不建议在留置导管时进行预防性抗生素治疗。

表 5-1-6　复杂性细菌性膀胱炎的诊断检测

定义	解释
尿液检查	尿液分析；尿液培养（膀胱穿刺采样）
血液学	全血计数；含电解质的生化指标；总 T4（甲状腺素）
直肠指检	
逆转录病毒	猫白血病病毒；猫免疫缺陷病毒
甲状腺检查	
肾上腺检查	低剂量地塞米松抑制试验 促肾上腺皮质激素刺激试验
影像学检查	腹部 X 射线；腹部超声波
X 射线造影	排泄性泌尿道造影 膀胱尿道造影 膀胱双重造影 阴道、尿道对比造影
前列腺冲洗	
膀胱镜检查与膀胱壁细胞培养	

四、猫膀胱肿瘤

膀胱肿瘤常发于老龄猫，包括膀胱移行上皮癌、鳞状上皮癌、平滑肌肉瘤和淋巴瘤等。其中移行上皮癌（TCC）最为常见。猫TCC可发生于膀胱的任何部位，并且可能转移到回肠淋巴结、子宫及网膜、脾脏、胃肠道、膈膜及肝脏等。

1. 病因

猫膀胱肿瘤的发生原因尚不明确。

2. 临床症状

猫膀胱肿瘤的临床症状与膀胱炎相似，表现血尿、尿频、尿痛、排尿困难等。当肿瘤继发尿道或输尿管阻塞时，可触诊到膀胱或肾脏肿大，甚至出现厌食、呕吐、嗜睡及体重减轻等症状。

3. 诊断

老年猫发生血尿、尿淋漓或尿闭时，触诊腹后部和膀胱肿大或肿块，可初步怀疑。

（1）超声波诊断。若超声波检查时在膀胱任何部位发现离散性肿块或钙化灶（图5-1-26），要同时检查腹腔淋巴结及其他器官是否有转移。注意排查输尿管或尿道梗阻。

（2）创伤性导尿活检。用较硬的开放性聚丙烯管将猫麻醉后导尿活检，可能获得诊断结果（图5-1-27）。此方法较尿液常规分析诊断率更高。

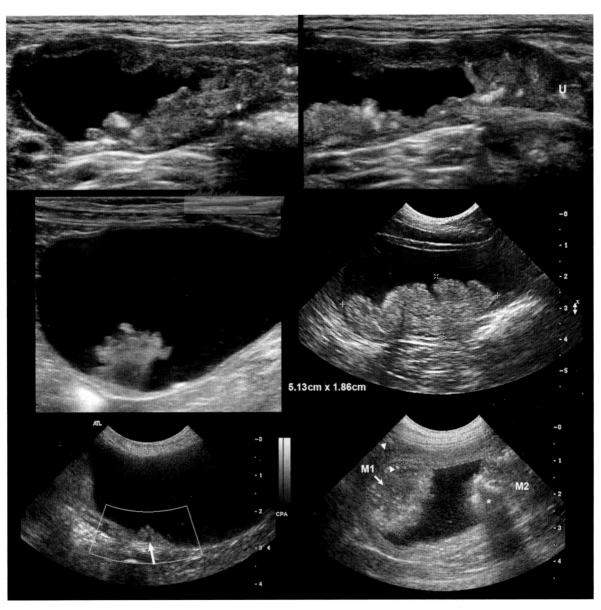

图 5-1-26　超声波检查在膀胱不同部位发现的肿瘤（彭广能与何叶 供图）

（3）细针穿刺及细胞学检查。在超声波引导下进行腹腔内细针穿刺，不一定能获得诊断结果。此操作可能导致肿瘤细胞转移到腹膜腔，临床上并不推荐。

（4）其他影像学检查。X射线、CT或MRI检查心肺系统确认肿瘤是否转移。

4. 治疗

手术切除：起于膀胱壁非膀胱三角区的肿瘤，手术切除是首选治疗方案（图5-1-28、图5-1-29）。切除后膀胱储存能力会暂时降低，而后随着时间延长逐渐增加。切除肿瘤时应隔离膀胱并彻底冲洗，闭合腹腔前更换

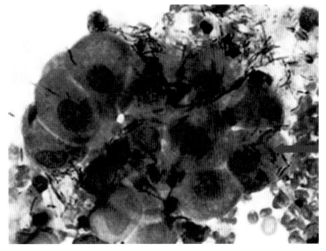

图 5-1-27　创伤性导尿活检可见大量移行上皮细胞（箭头所示）
（彭广能与何叶 供图）

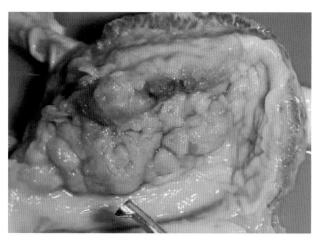

图 5-1-28　猫膀胱肿瘤侵蚀近半个膀胱
（彭广能与何叶 供图）

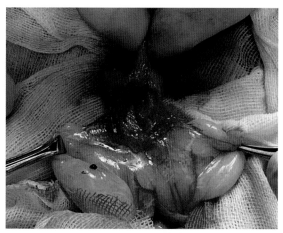

图 5-1-29　猫膀胱肿瘤
（彭广能与何叶 供图）

手套及器械，防止肿瘤向腹膜腔转移。

化疗：对于膀胱淋巴瘤的患猫可用COP（环磷酰胺–长春新碱–泼尼松龙）或CHOP（L–天门冬酰胺酶–长春新碱–环磷酰胺–瘤可宁–阿霉素–强的松）进行治疗。美洛昔康或吡洛昔康辅助化疗可能有效。

老龄猫治疗前需要监测是否有其他疾病。

第二节　输尿管梗阻及手术技巧

输尿管是纤维肌管，通过腹膜后将尿液从肾盂输送到膀胱。正常的猫输尿管管腔直径仅为0.3~0.4mm（图5-2-1）。因此，即使是小的输尿管结石或细胞碎片也可能阻塞猫的输尿管。许多输尿管梗阻患猫在就诊时常常处于危重状态，特别是肾脏有功能障碍时，可能表现为不同严重程度的急性肾损伤、电解质紊乱，并可能有并发症。

1. 病因

输尿管梗阻可由输尿管腔内、壁内或壁外原因引起。输尿管结石（猫的输尿管结石中，草酸钙是最常见的成分，见图5-2-2）、血块或其他腔内碎屑可导致腔内梗阻；壁内原因包括输尿管狭窄、黏膜水肿和肿瘤（图5-2-3）；壁外压迫可发生于下腔静脉周围输尿管、腹膜后肿块、腹膜后纤维化、膀胱肿瘤或卵巢子宫切除术时意外结扎输尿管（图5-2-4至图5-2-6）。

2. 临床症状

输尿管单侧梗阻可能未见任何临床症状，完全性双侧输尿管梗阻患猫表现为严重少尿肾功能衰竭，临床症状包括腹痛或所谓的输尿管绞痛、排尿困难以及肾功能损害的体征如厌食、呕吐和少尿。完全双侧输尿管梗阻可在48~72h致命。许多输尿管梗阻是局部的，特别是那些伴有输尿管结石的病例。

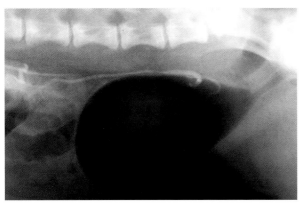

图 5-2-1 顺行性输尿管阳性造影可见输尿管管腔
（郭志胜与李汪洋 供图）

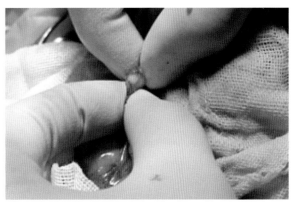

图 5-2-2 输尿管结石阻塞输尿管
（郭志胜与李汪洋 供图）

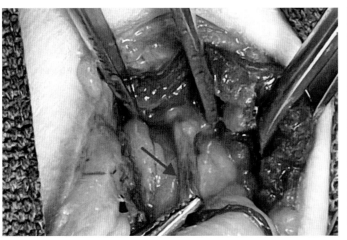

图 5-2-3 输尿管水肿
（郭志胜与李汪洋 供图）

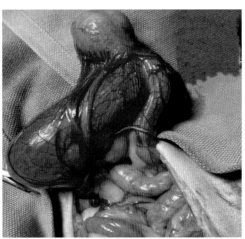

图 5-2-4 腹腔肿物引发输尿管梗阻
（郭志胜与李汪洋 供图）

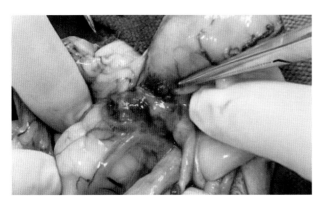

图 5-2-5 外科手术结扎输尿管远端，
造成输尿管梗阻，肾盂积液（郭志胜与李汪洋 供图）

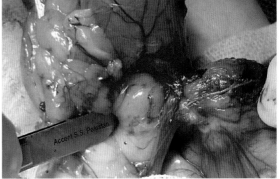

图 5-2-6 子宫残端粘连导致输尿管梗阻
（郭志胜与李汪洋 供图）

3. 诊断

（1）X 射线检查。腹部 X 射线片上，评估双肾大小位置是否异常，输尿管结石常出现在腹膜后区域。有些输尿管结石具有透光性，而有些不透光的输尿管结石太小，在腹部 X 射线片上无法发现（图 5-2-7、图 5-2-8）。

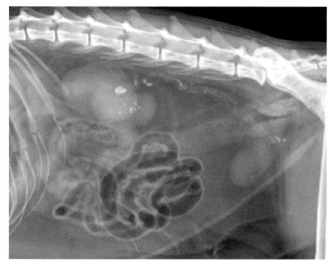

图 5-2-7　肾盂结石 / 输尿管结石
（郭志胜与李汪洋 供图）

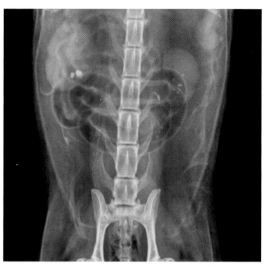

图 5-2-8　X 射线腹部位：肾脏结石 / 输尿管结石 /
膀胱结石（郭志胜与李汪洋 供图）

（2）超声波检查。通常用于检测输尿管结石、检测肾盂或梗阻性输尿管结石近端输尿管扩张。输尿管结石通常可以通过超声波直接显示（图5-2-9至图5-2-11）；一项研究显示，23%的输尿管结石患猫无法通过超声波来确诊。

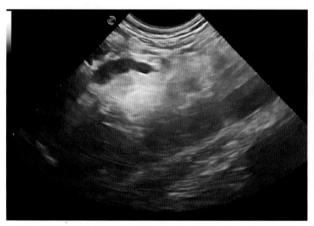

图 5-2-9　输尿管结石，输尿管扩张（郭志胜与李汪洋 供图）

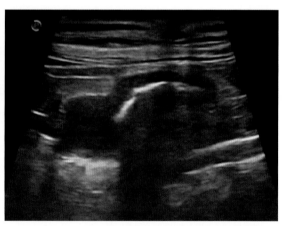

图 5-2-10　输尿管结石（郭志胜与李汪洋 供图）

　　超声波引导下经肾盂注射造影剂进行顺行肾盂穿刺术是记录输尿管梗阻的一种微创方法，此项操作技术需要肾盂充分扩张再进行穿刺。在肾盂穿刺术中，先从肾盂抽吸尿液（抽吸一半体积的尿液），然后将碘造影剂注射到肾盂。连续X射线片或荧光透视被用来监测造影剂的通过，以记录输尿管梗阻的严重程度和位置（图5-2-12、图5-2-13）。

　　（3）CT检查。静脉注射造影剂前后的计算机断层扫描（CT）也可用于确认输尿管结石的数量

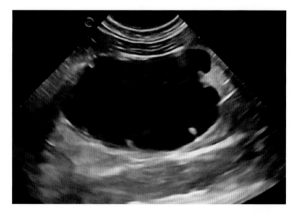

图 5-2-11　腹部超声像图可见左侧肾脏肾盂明显扩张
（郭志胜与李汪洋 供图）

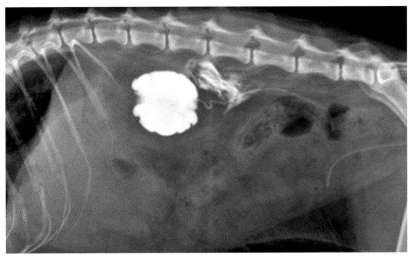

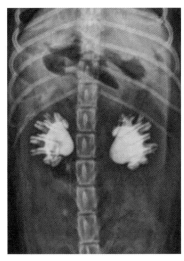

图 5-2-12　X射线肾盂造影1
（郭志胜与李汪洋 供图）

图 5-2-13　X射线肾盂造影2
（郭志胜与李汪洋 供图）

和位置。增强CT检查优于肾盂穿刺术，特别是当肾盂扩张不足时。

4. 治疗

（1）保守治疗。主要是补液和恢复血管内容量的静脉输液疗法，增加渗透性利尿，提升输尿管肌肉松弛度，抗生素感染，对输尿管梗阻患猫是重要的。

（2）外科手术治疗。许多输尿管梗阻患猫需要对梗阻的肾脏进行减压，以缓解肾脏压力和恢复尿液流动。临床常见治疗方法有：输尿管支架（图5-2-14至图5-2-16）、输尿管经皮绕道手术（图5-2-17至图5-2-33）、经皮肾造口留置导尿管手术和肾摘除（图5-2-34、图5-2-35），手术需根据梗阻的性质、位置、并发尿石症、感染和外科医生的偏好来制订具体的手术方案。

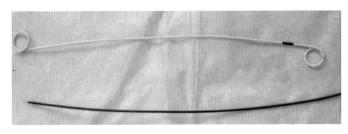

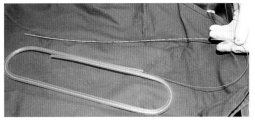

图 5-2-14　输尿管支架1（郭志胜与李汪洋 供图）

图 5-2-15　输尿管支架2（郭志胜与李汪洋 供图）

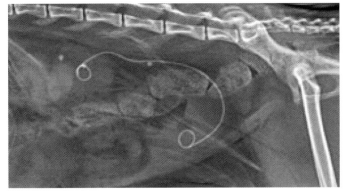

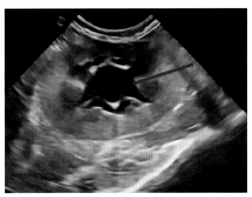

图 5-2-16　X射线可见输尿管支架（郭志胜与李汪洋 供图）

图 5-2-17　测量皮质宽度（郭志胜与李汪洋 供图）

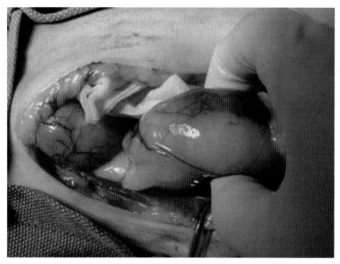

图 5-2-18 沿腹中线开口，暴露出膀胱和病变肾脏，把该侧肾脏用手轻轻固定住（郭志胜与李汪洋 供图）

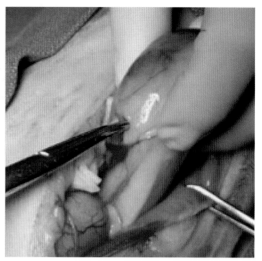

图 5-2-19 在肾脏尾侧钝性剥离脂肪，露出荚膜约 1cm（郭志胜与李汪洋 供图）

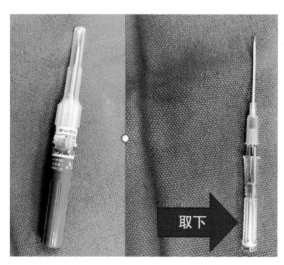

取下

图 5-2-20 套管针
（郭志胜与李汪洋 供图）

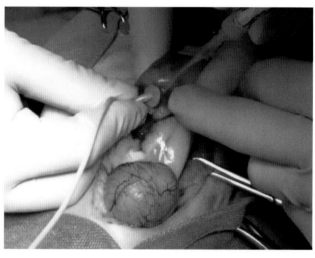

图 5-2-21 将套管针从肾脏尾部穿刺进入肾盂（肾盂扩张一般大于 8mm 才方便穿刺）看到尿液流出，拔出硬针
（郭志胜与李汪洋 供图）

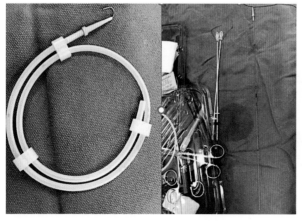

图 5-2-22 导丝及中空硬管
（郭志胜与李汪洋 供图）

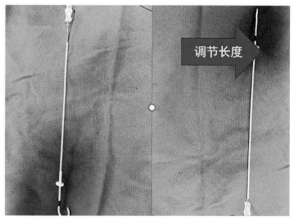

调节长度

图 5-2-23 带固定环猪尾导管，将中空硬管插入猪尾管撑直猪尾管，调整固定环位置（郭志胜与李汪洋 供图）

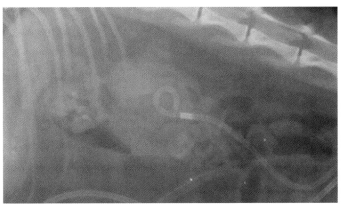

图 5-2-24 X 射线右侧位可见肾脏 SUB 管
（郭志胜与李汪洋 供图）

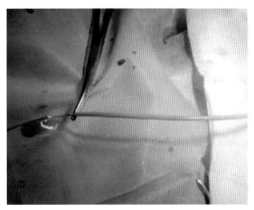

图 5-2-25 将导丝插入套管，进入肾盂并在肾盂弯曲，然后将套管拔出，将猪尾管通过导丝向前推进，进入肾盂内，拔出导丝，用止血钳将蓝色线收紧固定在导管末端（郭志胜与李汪洋 供图）

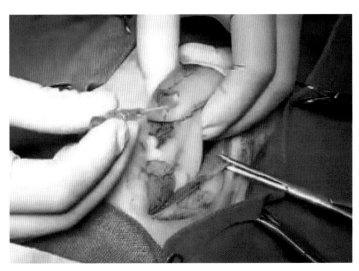

图 5-2-26 将组织胶涂在白色圆片和肾中间，防止泄漏尿液
（郭志胜与李汪洋 供图）

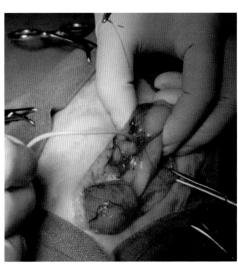

图 5-2-27 进一步确认
（郭志胜与李汪洋 供图）

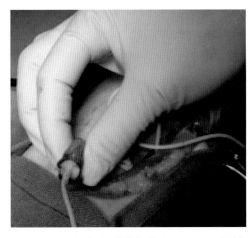

图 5-2-28 膀胱顶端做荷包缝合，用 25mL 注射器针头在荷包缝合中心刺入膀胱后拔出，将已放置中空硬管的导管顺着针眼刺入膀胱，然后固定荷包缝合，将白色圆片固定在膀胱壁上，用组织胶黏合（郭志胜与李汪洋 供图）

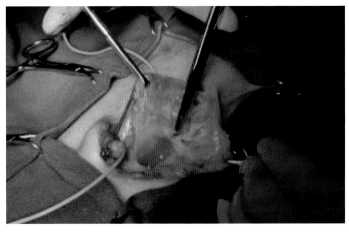

图 5-2-29 将皮下脂肪和腹肌分离
（郭志胜与李汪洋 供图）

图 5-2-30　冲洗阀
（郭志胜与李汪洋 供图）

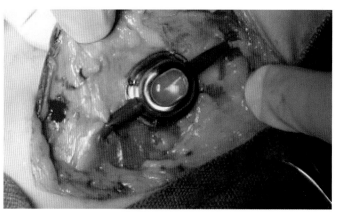

图 5-2-31　将两根导管穿透腹壁连接冲洗阀，
将冲洗阀固定在腹肌上面（郭志胜与李汪洋 供图）

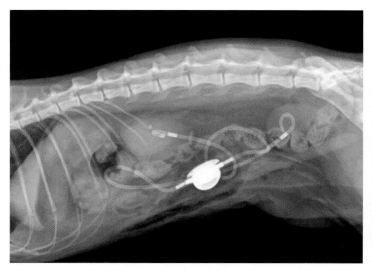

图 5-2-32　皮下输尿管绕道术后影像
（郭志胜与李汪洋 供图）

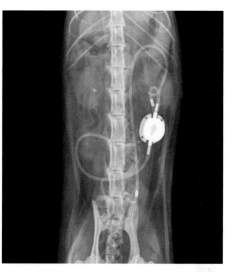

图 5-2-33　皮下输尿管绕道术后影像
（郭志胜与李汪洋 供图）

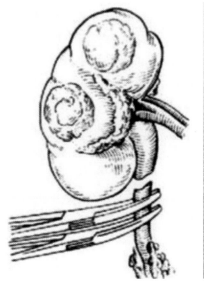

图 5-2-34　肾摘除示意
（郭志胜与李汪洋 供图）

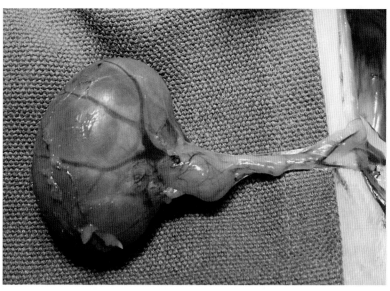

图 5-2-35　输尿管梗阻导致肾盂积液进行肾摘除术
（郭志胜与李汪洋 供图）

然而，一些就诊猫体况不稳定，不适合传统的医疗管理，需要更多的紧急干预，以缓解梗阻，并解决急性肾损伤导致的后遗症，但还没有理想的技术，而且目前所有的治疗方法都存在感染、再次梗阻和漏尿的风险，未来还需要额外的治疗方法。

第三节　肾脏疾病

一、慢性肾病（CKD）

慢性肾病是指慢性、进行性的疾病所导致的功能性肾组织丢失的疾病过程。国际肾病研究学会（IRIS）将慢性肾衰竭/功能不全称为慢性肾病（CKD）。

1. 病因

慢性肾病是临床中猫慢性疾病最常见的代谢性疾病，大多数猫在发现血清肌酐浓度升高后被怀疑患有CKD。高于参考值范围的血清肌酐值表明肾小球滤过率（GFR）下降了75%或更多，双肾中至少有75%的肾单位受损或丢失。因此，肾脏疾病由于发现较晚，其诱发原因不明。常见病因包括慢性进行性肾小管间质疾病、肾小球肾炎、淋巴瘤（图5-3-1）、肾盂肾炎（图5-3-2）、肾缺血、猫传染性腹膜炎（图5-3-3）、多囊肾（图5-3-4）、慢性中毒、输尿管阻塞（图5-3-5）。

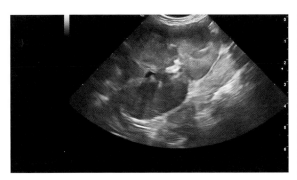

图 5-3-1　超声波检查可见肾脏低回声内容物（淋巴瘤）
（郭志胜与孙丽婷 供图）

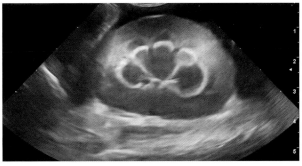

图 5-3-2　超声波检查
（郭志胜与孙丽婷 供图）

2. 临床症状

CKD就诊动物多为老年猫，常见表现有：消瘦（图5-3-6）、厌食、多饮多尿、嗜睡（图5-3-7），呕吐一般发生在疾病后期。多数宠主将多尿误判为尿频或尿失禁，尤其是室内多猫家庭隐匿性较强。少数患猫发病具有特定于原发疾病的临床体征，如波斯猫易患多囊肾或患有淋巴瘤的肾脏发现结节。

3. 物理检查

体格检查判断体况评分及肌肉评分，通过触诊评估肾脏大小和皮肤水合状态。CKD引起的并发症可能包括高血压性视网膜病变，导致视力失明（图5-3-8）。

图 5-3-3　1 岁猫确诊传染性腹膜炎
（郭志胜与孙丽婷 供图）

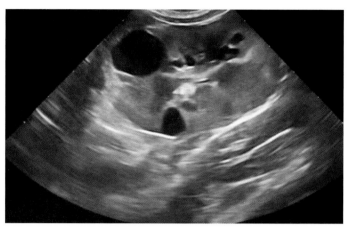

图 5-3-4　确诊猫传染性腹膜炎超声波检查，
可见腹腔积液和髓质缘征（郭志胜与孙丽婷 供图）

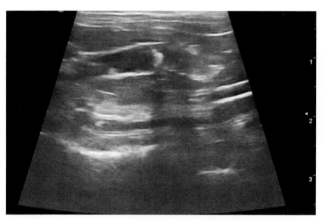

图 5-3-5　输尿管扩张可见强回声内容物伴后方声影（视频截图）
（郭志胜与孙丽婷 供图）

图 5-3-6　17 岁慢性肾病老年猫，长期消瘦
（郭志胜与孙丽婷 供图）

图 5-3-7　猫多饮、多尿、呕吐、精神差，低血钾导致腿软低头
（郭志胜与孙丽婷 供图）

图 5-3-8　慢性肾病患猫高血压伴失明
（郭志胜与孙丽婷 供图）

4. 诊断

综合临床症状、老龄猫和体格检查可能提示CKD。

实验室检查：再生性贫血、氮质血症、尿比重下降、UPC（蛋白质与肌酐的比值）检查＞0.4、高磷血症、低血钾、血肌酐升高（流失大量肌肉的患猫、血清肌酐浓度可能无法反映真实检测值）。

超声波检查：肾脏偏小、增大（图5-3-9至图5-3-11）、皮髓质组织回声结构。

X射线：肾脏大小、肾脏/输尿管结石（图5-3-12、图5-3-13）。

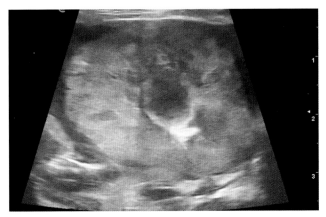

图 5-3-9　超声可见患猫双肾大小不一，左肾萎缩，右肾增大
（郭志胜与孙丽婷 供图）

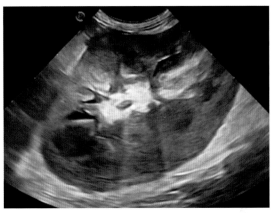

图 5-3-10　肾脏皮质回声不均一，被膜不光滑，
轮廓不规整（传染性腹膜炎）（郭志胜与孙丽婷 供图）

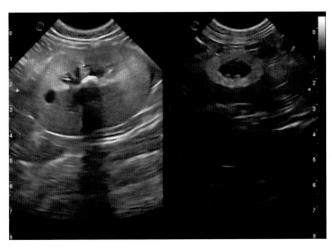

图 5-3-11　猫双肾大小不一，右肾皮质可见一处囊肿，
左侧肾脏萎缩（郭志胜与孙丽婷 供图）

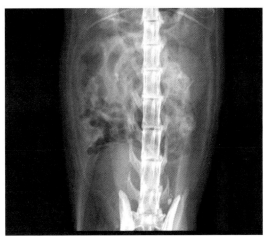

图 5-3-12　猫输尿管结石
（郭志胜与孙丽婷 供图）

血压检查：猫较容易因应激导致血压假性升高，需要安静环境下先做此项检查。

尿液培养：慢性肾病的猫常见细菌性泌尿道感染，超声引导穿刺采集尿液安全不易受污染。

二甲基精氨酸（SDMA）已被证明是猫早期肾脏疾病的标志。SDMA表现优于肌酐趋势，对于鉴

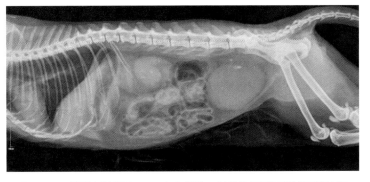

图 5-3-13　猫输尿管结石，VD 和右侧位 X 射线均可见远端输尿管结石
（郭志胜与孙丽婷 供图）

别和监测肌肉减少症患者的肾脏疾病很有用，并被证明是早期肾脏疾病的更好指标。

5.治疗

CKD的诱发病因通常是未知的，因此，很难治疗潜在原因。理想的情况下，治疗原则可参考IRIS肾脏疾病分期进行调整。治疗应尽量减少肾功能下降的临床和生理后果，并应设计为延缓肾功能的进展性丧失。整体治疗原则：维持体液、电解质、酸碱平衡，同时防止代谢废物累积。大多数老年猫CKD中的并发症很常见，在治疗时需检查心肌病和甲亢疾病。

（1）饮食疗法。肾脏疾病患猫饮食实际上不应该是低蛋白的，饮食应该有其他的改变，包括减少磷和钠，添加B族维生素，增加热量密度，添加可溶性纤维，以及补充Omega-3多不饱和脂肪酸和抗氧化剂。此外，使用米氮平刺激食欲，增加宠主治疗疾病信心。

（2）并发症治疗。高磷血症（磷酸盐＞1.45mmol/L）：碳酸镧、碳酸钙可减少肠道磷吸收，磷结合剂与食物一起给予的效果最佳，或进食后2h内投药，肠道吸收能力最好。蛋白尿（UPC＞0.4）：应使用高血压血管紧张素受体阻滞剂（ARB），如替米沙坦，更优于ACE抑制剂治疗。高血压：可选用钙通道阻滞剂，如氨氯地平和ACE抑制剂治疗。贫血：非再生性贫血，PCV＜20%可以考虑使用促红细胞生成素（EPO），PCV＜15%建议输血。恶心或呕吐：使用H2受体阻滞剂，如雷尼替丁，质子泵抑制剂，如奥美拉唑，止吐药可用马罗匹坦。

二、急性肾损伤

急性肾损伤（AKI）是肾脏病学文献中一个相对较新的术语，在很大程度上取代了急性肾功能衰竭（ARF）的使用。AKI在猫中的发生率尚不清楚，但它并不罕见，可以由各种不同的损伤引起。AKI不仅是肾功能的快速下降，而且经常与尿毒性废物的潴留、紊乱的液体状态、电解质和酸碱失衡有关。在患猫中AKI的临床症状模糊，当使用实验室参考值范围的尿素氮和肌酐评估时，大多已进展为急性肾衰竭被诊断出来。在所有情况下，及时识别AKI对于治疗及预后非常重要。应用国际肾脏研究协会（IRIS）的AKI分级系统，可以根据非氮血症患者肌酐的微小变化来诊断AKI（表5-3-1）。

表 5-3-1 急性肾损伤的 IRIS 分级方案

分期	肌酐	临床描述
I 期	＜1.6mg/dL	非氮质血症 AKI 1. 已记录的 AKI：病史、临床、实验室或影像学结果提示 AKI；临床少尿 / 无尿；对扩容有反应 2. 非氮质血症，但血清肌酐浓度 48h 内进行性升高幅度 ≥ 0.3mg/dL 3. 经测量确实少尿 [＜1mL/（kg·h）或无尿超过 6h]
II 期	1.7~2.5mg/dL	轻度 AKI 明确的 AKI 及稳定期或进行性氮质血症 氮质血症且血清肌酐浓度 48h 内进行性升高 ≥ 0.3mg/dL 或对扩容有反应 经测量确实少尿 [＜1mL/（kg·h）或无尿超过 6h]
III 期	2.6~5.0mg/dL	中度至重度 AKI
IV 期	5.1~10.0mg/dL	明确的 AKI，并且氮质血症和功能衰竭逐渐加剧
V 期	＞10.0mg/dL	

1. 病因

典型的AKI病因分为：血流动力学（肾）、内源性肾和肾后原因。在已知的导致AKI的各种因素中（表5-3-2），最常见的是泌尿道梗阻。

表 5-3-2　AKI 病因

病因类型	毒素	传染病	梗阻	肾缺血	其他
具体病因	百合花（百合科）	肾盂肾炎	结石	脱水	肿瘤
	乙二醇	猫传染性腹膜炎	尿道栓子	充血性心力衰竭	败血症
	氨基糖苷		肿瘤	低血压	
	化疗药（多柔比星）		血凝块	血栓	
	射线造影剂		尿道狭窄	梗死	
	非甾体抗炎药		尿腹	深度麻醉	
	两性霉素 B			烧伤	
	甘露醇			DIC	
	杀鼠剂				
	食品污染（三聚氰胺）				
	高钙血症				
	重金属				
	动物毒素中毒				

2. 临床症状

患猫通常有厌食、嗜睡、恶心或呕吐、腹泻等表现。因引发AKI的病因较多，出现的临床表现各不相同，如猫乙二醇中毒时可能会出现急性中枢神经系统（CNS）症状，肾后性尿路梗阻时出现高钾血症导致心动过缓，许多患有AKI的猫会出现无尿或少尿。

3. 物理检查

患猫AKI的早期大多由体检发现，临床检查通常无特异性。触诊检查较为重要，评估水合状态、膀胱大小以评估梗阻和提示尿产生，评估肾脏大小（肾肿瘤或输尿管梗阻的肾脏大小和形状可能不对称，双侧肾脏偏小AKI患者可能同时存在慢性肾脏疾病）、腹部是否有波动感或团块，能缩小疾病诊断方向。

4. 诊断

患有AKI的猫的诊断难点是潜在的发病因素，大多数猫表现很健康但实际肾排泄功能严重下降，需要通过连续评估血常规、尿分析和血清生化来诊断。

实验室检查包括血常规通常是非特异性的，如果发生胃肠道出血，失血会导致贫血、氮血症（升高的BUN，肌酐）、高磷血症、代谢性酸中毒、低钙血症和/或低（或高）钾血症。尿分析可显示等渗尿或低渗尿、蛋白尿、血尿和葡萄糖尿。尿沉渣可能会出现管型（肾小管损伤），草酸盐结晶（图5-3-14）提示乙二醇中毒，脓尿（图5-3-15）提示肾炎。尿液细菌培养对证实细菌性尿道感染和抗生素使用十分重要。

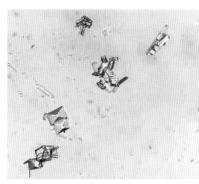

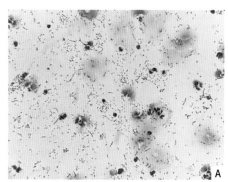

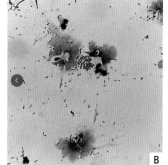

图 5-3-14　尿液检查显示草酸盐结晶
（郭志胜与孙丽婷 供图）

A. 尿液沉渣染色（40 倍镜）；B. 尿液沉渣染色（100 倍镜）可见大量球菌、杆菌。
图 5-3-15　脓尿（郭志胜与孙丽婷 供图）

X 射线影像：肾脏大小、肾脏/输尿管/膀胱结石。静脉造影辅助诊断肾盂、输尿管和膀胱及尿道疾病（图 5-3-16）。

超声波诊断：评估肾脏大小、肾实质结构，超声波检查可见异常[皮髓质分界不清、梗死（图5-3-17）]、轮廓不规整（图 5-3-18）、肾盂扩张（图 5-3-19）、肾周积液（图 5-3-20），以上指征对长期预后十分重要。

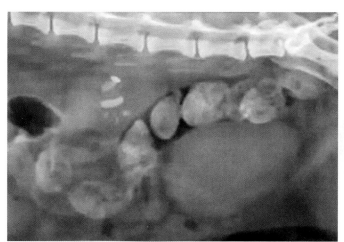

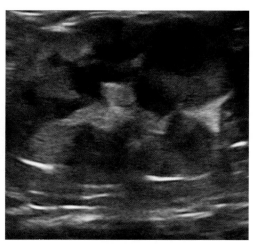

图 5-3-16　X 射线片显示典型的肾脏结石
（郭志胜与孙丽婷 供图）

图 5-3-17　B 超可见肾脏被膜不光滑，皮质内可见不规则三角形强回声结构，提示肾脏局部梗死
（郭志胜与孙丽婷 供图）

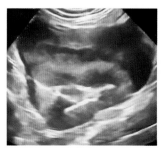

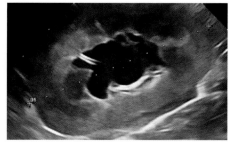

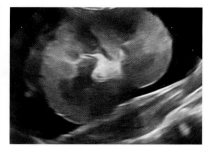

图 5-3-18　B 超显示肾脏轮廓不规整（郭志胜与孙丽婷 供图）

图 5-3-19　B 超显示肾盂扩张
（郭志胜与孙丽婷 供图）

图 5-3-20　B 超显示肾周积液
（郭志胜与孙丽婷 供图）

辅助诊断：心脏超声波（如肥厚型心肌病）、心电图检查可用于帮助识别由高钾引起的传导障碍，高度疑似肾脏肿瘤疾病可通过腹腔镜获取组织病理学样本。针对特定病因的 AKI 有特定的诊断

方法，如乙二醇检测试验。

5. 治疗

已知急性肾损伤的病因，采取相应的特异性治疗方案，任何潜在的肾毒性药物须立即停用。AKI对症治疗的目标是限制进一步的肾损害，使肾脏有充足的时间恢复。

液体疗法：监测尿液，避免容量超负荷，关注红细胞压积防止贫血加剧，给失血动物补液须慎重。

纠正酸碱平衡及电解质异常在AKI患者中很常见，对于严重的紊乱，如高钾血症，可能需要更直接地治疗。需要密切监测AKI患者的尿量。在水分充足的情况下确认少尿或无尿是一个紧急情况，需要谨慎预后。如果药物治疗不能成功地刺激尿液产生，则需要肾替代疗法（RRT）。

肾替代疗法仅在有限数量的转诊中心可用，对重症患者可以采取腹膜透析、血液透析。

特异性治疗：若摄入毒性物质时间较短，可通过诱导催吐、采用活性炭洗胃治疗。输尿管梗阻可通过手术治疗（SUB手术后的X射线见图5-3-21、图5-3-22）。

其他治疗：抗生素疗法（最好进行细菌培养和药敏实验），给予胃保护剂和止吐药，营养支持疗法。

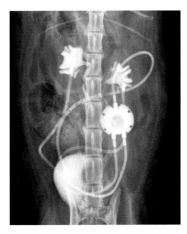

图 5-3-21 皮下输尿管绕道装置系统（郭志胜与孙丽婷 供图）

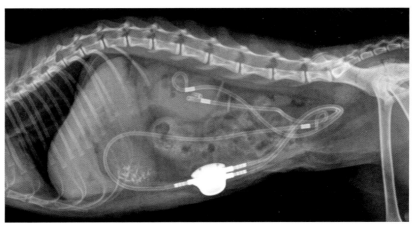

图 5-3-22 皮下输尿管绕道装置系统（人工输尿管）（郭志胜与孙丽婷 供图）

第六章

猫消化系统疾病

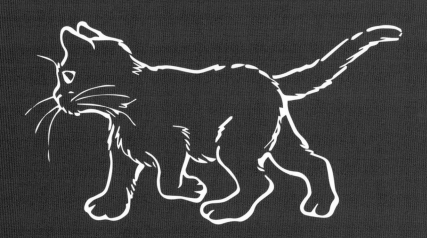

消化系统疾病是猫临床常发的疾病类型，常见的有腹泻、便秘、食道炎/食管炎、胰腺炎、胆囊炎以及猫多发的齿龈口炎、脂肪肝等疾病。本章从猫的生活习性、饮食特点等方面来分析猫消化系统疾病的发生，以期为兽医临床诊疗提供借鉴。

第一节　腹泻

猫腹泻是指猫大便含水量增加（一般大于80%以上），大便发软、稀薄或呈水样，带血或带黏液，并可能伴有大便次数增加。腹泻按照发病时间分为急性腹泻和慢性腹泻（无法自愈或治疗3周以上无效的腹泻）；腹泻按照发病部位分为小肠性腹泻和大肠性腹泻。

一、病因

急性腹泻的病因包括急性感染，如猫肠道病毒感染（猫细小病毒感染、猫冠状病毒感染等）、肠道细菌感染（沙门氏菌、弯曲杆菌、梭状芽孢杆菌等）、寄生虫感染（猫蛔虫感染、猫绦虫感染、猫球虫感染等）；食物问题，如食物劣质或食物不耐受、突然更换食物；药物或毒素刺激、环境改变、应激等因素也会导致猫的急性腹泻发生。

慢性腹泻的病因相对复杂，也较难区分，其中包括长期的感染性因素，如慢性的细菌过度增殖、慢性病毒感染（猫白血病病毒、猫艾滋病病毒、猫传染性腹膜炎病毒等）、慢性寄生虫因素（猫球虫感染、猫三毛滴虫感染、猫贾第虫感染、猫隐孢子虫感染等）；慢性的消化不良因素，如胰腺外分泌机能不全、慢性胆管堵塞等；慢性肠道过敏反应，如食物过敏症；慢性肠道炎症性疾病，如炎性肠病；肠道的肿瘤性疾病；还包括其他慢性病导致的胃肠道症状，如慢性肾病、慢性胰腺炎、猫甲亢等引发的慢性腹泻症状。

二、临床症状

根据腹泻的发病位置可以分为小肠性腹泻和大肠性腹泻，表现症状各不相同，猫腹泻症状及不同类型症状发生特征见表6-1-1。

表6-1-1　猫腹泻症状及不同类型腹泻症状发生特征

症状	小肠腹泻	大肠腹泻
体重减轻	常见	少见
肠鸣	常见	少见
口臭	常见	少见
食粪症	常见	少见
粪便量	增加	正常—减少
粪便形状	水样或不成形稀软	松软的固体和水的混合
脂肪痢	可能有	少见
黏液/胶冻物	几乎没有	非常多见
黑便	可能有	少见
鲜血	慢性的不常见	常见
里急后重	少见	常见
呕吐	有时	少见
排便次数	正常（慢性）—增加	大大增加

　　根据大便的形态，可以将大便进行评分，以方便临床进行量化和比较，图6-1-1为法国皇家宠物食品公司提供的猫粪便评分系统（1~5分制），粪便成形且干燥记为1分，粪便完全液体状记为5分，粪便黏度不一样时记为较高的评分。图6-1-2至图6-1-8分别为真实案例中猫粪便形态评分。

三、诊断

　　腹泻的检查方法包括病原学检查、形态学检查和功能评估三大类，又分为容易在动物医院实现的检查和不容易在动物医院实现的检查，见表6-1-2。

　　通过临床症状确定大致的肠道病变位置，结合腹泻的检查方法，进行精确诊断并治疗（图6-1-9）。但是，大部分急性腹泻原因并未进行精确诊断，只是对病原学进行简单排查后对症治疗即可获得成功或自愈。而慢性腹泻的猫可能需要进行开腹探查或肠道内窥镜检查及组织病理学检查才最终得以确诊（图6-1-10至图6-1-14），值得注意的是超声波检查是猫腹泻检查里面应用最多的检查方法，其中超声波显示的肠道淋巴结的大小和肠壁的厚度可以作为病变程度的非侵入性检查指标，如图6-1-15和图6-1-16所示。

四、治疗管理及预后

　　急性腹泻患猫根据不同病因进行治疗，但猫细小病毒感染治疗较为困难，且死亡率高；其他急性腹泻去除原发病因并进行对症治疗多数可以快速控制症状，即使有些患猫未进行治疗，经过24~48h其症状也有所缓解，甚至逐渐自愈。

　　慢性腹泻根据病因要进行不同程度的食物更换治疗、抗生素治疗及激素控制，多数患猫虽然无法痊愈，但控制良好。

　　肠道肿瘤患猫则需要进行手术治疗及化疗，治疗效果取决于肿瘤类型。

犬粪便分数

使用指南：粪便评分分值从1（液状）到5（成形且干燥）
粪便稠度不一致时，记录偏低的得分。

1分
粪便完全呈液态（无实质的固体结构）。

1.5分
粘稠度低的液态粪便。

2分
粪便湿度较大，但不是呈液状。留有水分，仍可见粪便外的水分。

2.5分
粪便较潮湿，稠度较低且不成形。粪便能持水，无浮在外面的水分。

3分
粪便潮湿，无裂缝。呈现出清晰形状。粪便不同"组成部分"互相粘结。

3.5分
粪便潮湿开始失去形状并开裂。粪便"组成部分"分离且开裂出可见。

4分
粪便有清晰可见的形状和裂纹。拾起粪便时地面上仅少量残留。

4.5分
粪便呈现清晰可见裂缝。外部极干燥且内部较为干燥。拾起时地面上无残留。

5分
硬、干且易碎的粪便（块状）。容易开裂，但不是被压碎。

图 6-1-1　法国皇家宠物食品公司提供的猫粪便评分系统

图 6-1-2　猫粪便硬、干、块状且易碎，粪便评分为 1 分（毛军福 供图）

图 6-1-3　猫粪便成形且坚硬、内部干燥（左侧长条粪便）评分为 2 分；右侧长条表面沾满猫砂，软且不成形，评分为 3 分（毛军福 供图）

图 6-1-4　猫粪便成形但柔软，表面轻微潮湿，粪便评分为 2.5 分（毛军福 供图）

图 6-1-5　猫的粪便不成形，但不是液体状，评分为 4 分（毛军福 供图）

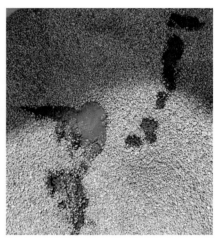

图 6-1-6　猫的粪便为液体状，评分为 5 分（毛军福 供图）

图 6-1-7　猫的粪便大部分成液体，少部分成形，大便表面带有鲜血，粪便评分为 4 分，同时提示结肠或直肠可能存在病变（毛军福 供图）

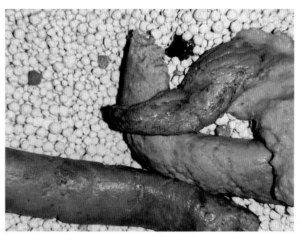

图 6-1-8　慢性结肠炎的猫大便成形，后端偏软且伴有鲜血，粪便评分为 3 分（毛军福 供图）

表 6-1-2　猫腹泻常见的检查方法

腹泻的检查方法	病原学检查	形态学检查	功能评估
容易实现的检查	粪便抹片（建议染色） 粪便漂浮法 细小病毒抗原检查 冠状病毒抗原检查 贾第虫抗原检查 （IDEXX）	腹部触诊 腹部 B 超 肠道 X 射线 肠道造影 肠道内窥镜	粪便胰蛋白酶活性测试 血清蛋白检测 血清肝功能检测 血清肾功能检测 胰脏脂肪酶免疫活性（fPLI）检查 总甲状腺素（TT4）检查
不容易实现的检查	粪便培养 肠道疾病基因标记	组织病理学检查（内窥镜 或开腹探查） 胶囊内视镜检查	血清类胰蛋白酶免疫反应性（TLI）检查 血清叶酸、维生素 B₁₂、胆汁酸浓度检测 肠通透性试验和呼吸试验 食物排除试验

检验报告书 TEST REPORT

SQ EXAMINE LAB™

兽丘宠物第三方检测实验室 www.sqlab.cn

动物医院：芭比堂国际动物医疗中心	宠物名：咖喱
负责兽医：毛医师	品种：
连络电话：010-65778288	物种：□犬 ■猫 □＿＿＿
电子邮箱：ppticl@163.com	性别：■♂ □♀ □已节育
采样日期：2020.06.27	年龄：2Y1M
报告日期：2020.06.29	病例编号：200629020

样本类型：血清 X 1	收样日期：2020.06.29
样本状态：Normal（正常）	

病史：

检测项目：

FTP02 猫胰蛋白酶

检测结果：

项目	检测值
猫胰蛋白酶	1.5 ug/L

备注：根据检测结果，提示胰腺外分泌功能不全
　　　如有疑虑，建议进一步检查并定期回诊

参考数值：

犬	猫	解释
5~35 ug/L	12~87 ug/L	正常
＜2.5 ug/L	＜8 ug/L	提示胰腺外分泌功能不全
＞50 ug/L	＞100 ug/L	提示胰腺炎或肾衰竭或肾前氮质血症

检测人　张云　　　　核准人　陈仕魁

报告章
report seal

1

(本报告仅供医师参考，不适用于法律诉讼相关使用)

SQ EXAMINE LAB™

图 6-1-9　慢性腹泻的猫进行血清类胰蛋白酶免疫反应性 -TLI 的检查并确诊为胰腺外分泌机能不全

（毛军福 供图）

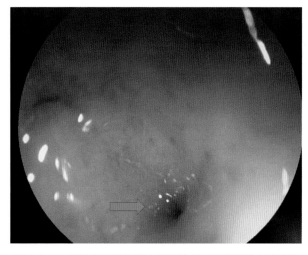

图 6-1-10 慢性盲肠炎的猫内窥镜检查可见盲肠壁水肿及盲
肠腔（蓝色箭头）的狭窄
（毛军福 供图）

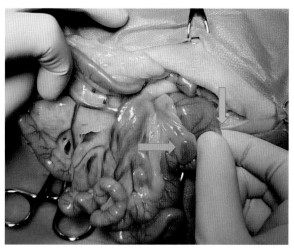

图 6-1-11 慢性盲肠炎的猫开腹探查可见盲肠淋巴结增大
（蓝色箭头），手指捏的位置为盲肠（绿色箭头）
（毛军福 供图）

1.病畜信息: 猫, 元宵
2.性别: 雄性, 1岁
3.采样时间: 2019.12.19
4.畜主/动物身份编号: 康雨, 北京芭比堂动物医院（望京分院）
5.样本类型: 组织

样本大体描述:
送检样本为一块大小为 2.0cm×1.0cm×0.9cm 的活检样本，包埋整个样本进行组织学检查。

显微镜检查:
根据标准操作进行以下染色操作: H&E.

黏膜层内轻度浸润有淋巴细胞、中性粒细胞、嗜酸性粒细胞和浆细胞，浸润区域延伸至黏膜下层。黏膜下层内多处可见淋巴滤泡激活和轻度中性粒细胞和嗜酸性粒细胞浸润。肌层和肠肌神经丛神经节细胞可见轻度淋巴细胞和中性粒细胞浸润。浆膜层和肠系膜脂肪可见中度充血和轻度淋巴细胞浸润。

诊断:
轻度慢性活动性跨壁层化脓性盲肠炎伴明显淋巴组织激活和轻度嗜酸性粒细胞增多

判读报告:
组织病理学检查提示炎性肠道病灶和反应性淋巴组织增生。可能原因包括寄生虫和/或细菌感染。

*** 报告结束 ***

图 6-1-12 患猫切除病变盲肠并送检进行组织病理学检查，提示为慢性化脓性盲肠炎
（毛军福 供图）

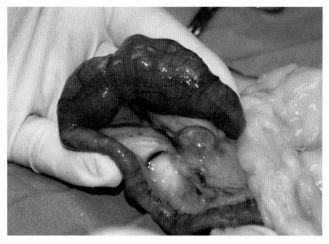

图 6-1-13 慢性腹泻猫开腹探查发现小肠道壁增厚，肠系膜淋巴结
增大，并最终经过组织病理学检查确诊为肠道淋巴瘤
（毛军福 供图）

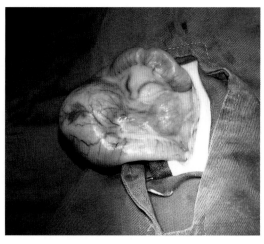

图 6-1-14 慢性腹泻猫开腹探查发现小肠道壁增厚，
肠系膜淋巴结增大，并最终经过组织病理学检查确诊
为肠道腺癌（毛军福 供图）

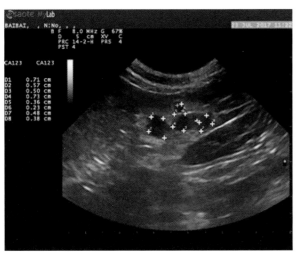

图 6-1-15　慢性炎性肠病的猫腹部超声波检查显示肠道淋巴结增大，厚度达 0.5cm（毛军福 供图）

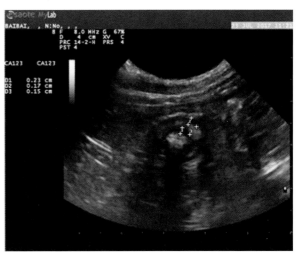

图 6-1-16　慢性炎性肠病的猫腹部超声波检查显示肠壁整体厚度增加，其中黏膜层厚度为 0.15cm，黏膜下层厚度为 0.23cm，肌层厚度为 0.17cm（毛军福 供图）

第二节　便秘

猫便秘是指猫排便次数减少，同时排便困难、粪便干结。便秘可能是急性或慢性的，其特点是过度用力排便，同时排出的粪便量减少。严重的便秘最终可能导致获得性巨结肠症，这是一种结肠极度扩张并伴有结肠肌功能障碍的疾病。

一、病因

猫便秘的病因可以分为几大类：环境、疼痛、结肠外占位压迫、神经肌肉性、药物性、代谢和内分泌性等因素。

环境因素中，如缺乏足够的运动空间，没有合理放置猫砂盆，没有及时清理猫砂，或者最近换了猫砂的品牌/种类，又或者到了一个不熟悉的环境，这些都有可能诱发猫出现便秘。排便动作中任何疼痛也都可能造成便秘，比如肛周咬伤或脓肿、直肠异物、直肠狭窄、骨盆骨折、骨关节炎以及腰荐部疾病等。结肠外的压迫也有可能造成便秘，比如肿瘤、骨盆骨折后畸形愈合。结肠内的肿物也会造成阻塞引起便秘。另外，神经肌肉疾病也会造成便秘，如特发性巨结肠症、曼恩岛猫的荐髓畸形、尾部拉伤造成的荐神经损伤等。某些药物，如利尿剂、硫糖铝、抗胆碱药、麻醉止痛药也可能诱发便秘。代谢和内分泌因素中，比如肥胖、脱水、高钙血症、低钾血症、全身肌肉无力等都有可能造成便秘。

二、临床症状

可观察到便秘患猫在排粪时非常用力努责，但是没有粪便排出（图6-2-1），或是只有很少量且干硬的粪便，又或是直径很粗的粪便排出。有时在用力排粪时可能会流出黏液或肠液，会误以为是腹泻。宠主可能好几天都未见到猫有粪便排出。重症便秘还会见到猫在努责排粪时出现呕吐，后期可能出现食欲不振的情况。观察仔细的猫主人，可能会带便秘的猫到医院就诊，在给予缓泻剂后猫排出的粪便非常粗大且坚硬，粪便表面常沾有黏液（图6-2-2）。

图 6-2-1　可见患猫弓背
努责，用力排粪
（罗倩怡 供图）

图 6-2-2　便秘患猫给予缓泻剂后排出的粪便，
非常粗大且坚硬，粪便表面沾有黏液
（罗倩怡 供图）

三、诊断

　　接诊时需要首先确定患猫是便秘，而非腹泻或尿频，因为其表现对于一些宠主来说可能是无法分辨的。需要详细询问病史、用药史等，体格检查中除了触诊结肠，了解粪便的量和质地以外，还应注意检查会阴部和肛门囊，评估腰荐脊髓神经的状态。腹部X射线片拍摄有助于评估结肠或直肠扩张的程度（图6-2-3）、发现可能造成便秘的潜在原因，比如骨盆或后肢骨折、关节炎、肿物、直肠异物或者脊椎异常等。巨结肠是指结肠直径等于或大于L7椎体长度的两倍（图6-2-4）。

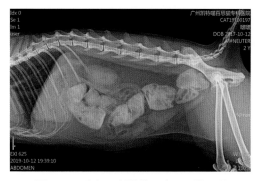 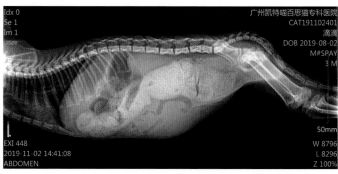

图 6-2-3　腹部X射线片示直肠积粪严重
（罗倩怡 供图）

图 6-2-4　腹部X射线片显示直肠内有大量积粪，且严重扩张，该猫可能由于L6-L7腰椎压缩性骨折造成的排便困难，进而发展成为巨结肠症（罗倩怡 供图）

　　其他检查包括血常规、生化和尿检，这些基础检查可以大致评估动物的健康状况。当然，也可能提示一些造成便秘的原因，比如脓肿可能造成白细胞上升，血细胞压积上升可能提示脱水。血清生化与电解质检查可能提示低血钾和高血钙，造成肠动力下降，或发现其他可能造成脱水的疾病，如慢性肾病等。某些情况下可能需要做直肠的指检，如怀疑直肠狭窄时，建议麻醉后进行。过去使用钡餐造影来检查肠内或肠外的肿物，现在使用的结肠镜技术更加直观，且可以活检。

四、治疗

　　对于便秘的治疗，首先要保证患猫的水合状态，通过输液纠正脱水，可以帮助软化粪便。症状较轻的便秘可优先考虑使用乳果糖治疗，这是一种渗透性大便软化剂，剂量为0.5~1.0mL/kg q8~

12h口服，同时考虑结合使用促动力药，如西沙比利，其可增强猫结肠平滑肌收缩，4.5kg以下的猫剂量为2.5mg q8h口服，饭前30min给予；大于4.5kg猫可给予5mg q8h口服。因此，纠正水合状态配合使用乳果糖和西沙比利是治疗轻度便秘的较好方案。

如果结肠内大便非常硬，且已经引起一定程度的肠道扩张，需要先进行灌肠然后再配合口服药物治疗。灌肠一般采用每千克体重15~20mL的温生理盐水，也可以混合少量甘油增加润滑并减少对黏膜的刺激和损伤。灌肠的液体通过润滑后的软管分次注射进直肠内，同时配合手部按摩尽可能排空后段结肠。灌肠操作有很大的不适感，为了减少患猫的疼痛和应激至少应在镇痛镇静前提下进行灌肠，也可以在评估风险后进行麻醉灌肠。灌肠后应进行皮下或静脉补液治疗。

在饮食管理上，对于未造成巨结肠症的病例，可以在食物内添加少量纤维，也可直接选择商品化高纤维易消化处方粮。

如果已经确诊为巨结肠症，且在药物和饮食管理后，仍旧出现超过2~3次需要灌肠的便秘情况，又或者患猫不配合药物和饮食治疗，那么建议进行结肠次全切除术。需要注意的是，为了降低在术中粪便漏出而造成腹腔污染的风险，在进行结肠次全切除术前12h内不能对患猫进行灌肠。术后仍需对患猫持续监测，部分患猫可能出现便秘复发的情况。

五、预后

对于轻症便秘的患猫，及时地诊断与治疗管理，预后良好；对于巨结肠的患猫，进行结肠次全切除手术后预后也基本良好。

第三节　慢性龈口炎

猫慢性龈口炎（Feline Chronic Gingivostomatitis，FCGs）是引起猫口腔黏膜及齿龈组织慢性炎症的一种综合征，包括尾/后方口炎、齿槽黏膜炎、唇/颊黏膜炎、腭炎和口炎等。临床上以口腔疼痛、黏膜溃疡、口臭、进食困难、厌食、体重减轻为主要特征，临床发病率6%~7%。

一、病因

目前，引起猫慢性龈口炎的传染性病因主要包括细菌和病毒，病毒包括猫白血病病毒和猫免疫缺陷病毒在内的逆转录病毒，以及上呼吸道病毒涵盖的猫杯状病毒。非传染性因素主要是猫对各种抗原触发的免疫反应过度。

二、临床症状

猫口腔的炎症常见有牙龈炎（图6-3-1）、牙龈肥大或脓肿（图6-3-2）、牙龈增生（图6-3-3）、牙周炎、齿槽黏膜炎（图6-3-4、图6-3-5）、舌下黏膜炎、唇/颊黏膜炎（图6-3-6、图6-3-7）、尾/后方黏膜炎（图6-3-8、图6-3-9）、接触性黏膜炎/溃疡、腭炎、舌炎、唇炎、口炎（广泛性口腔炎症，图6-3-10至图6-3-14）、扁桃体炎和咽炎。临床多表现黏膜组织的潮红、肿胀或溃疡，触诊时患猫剧烈疼痛。虽然牙龈炎和牙周病等本身不构成猫慢性龈口炎综合征的一部分，但对这些和其他复杂因素的处理是龈口炎综合征成功处理的重要前提。

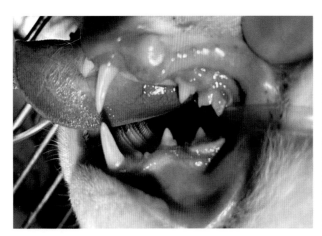

图6-3-1　牙龈炎（谢倩茹 供图）

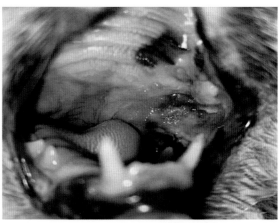

图6-3-2　齿根脓肿（谢倩茹 供图）

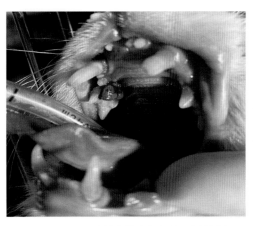

图6-3-3　牙周病伴有的齿龈增生/炎性增生
（谢倩茹 供图）

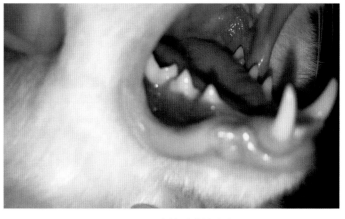

图6-3-4　齿槽黏膜的炎症
（谢倩茹 供图）

图6-3-5　覆盖牙槽突的黏膜，从牙龈黏膜连接处延伸至唇颊
沟和口腔底部，无明显分界（谢倩茹 供图）

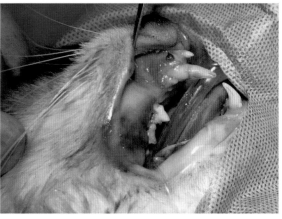

图6-3-6　唇/颊黏膜炎症
（谢倩茹 供图）

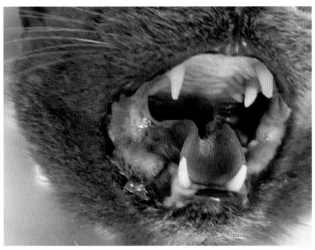
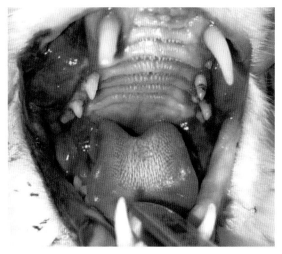

图 6-3-7　齿槽黏膜炎症和后方口炎
（谢倩茹 供图）

图 6-3-8　尾 / 后方口炎，口腔后方黏膜红肿、溃烂
（谢倩茹 供图）

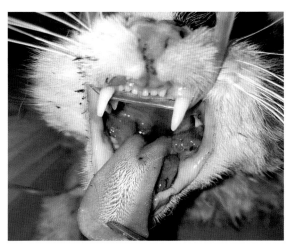
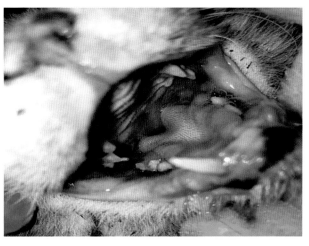

图 6-3-9　尾口炎，内侧为腭舌皱襞和咽喉，背靠硬腭和
软腭，唇侧为齿槽黏膜和颊黏膜
（谢倩茹 供图）

图 6-3-10　口炎，泛指口腔内任何结构的黏膜衬里发炎；临床
中常用于描述广泛的口腔炎症（不仅仅是牙龈炎和牙周炎），
也可能延伸至黏膜下组织。伴有广泛或深层炎症的尾部黏膜炎
被称为尾 / 后方口炎（谢倩茹 供图）

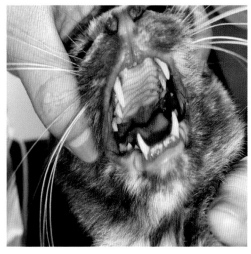

图 6-3-11　口炎 1
（谢倩茹 供图）

图 6-3-12　口炎 2
（谢倩茹 供图）

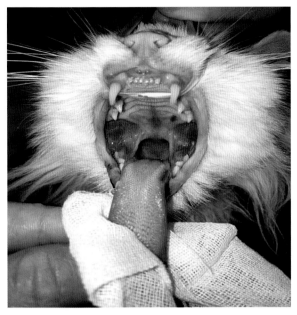

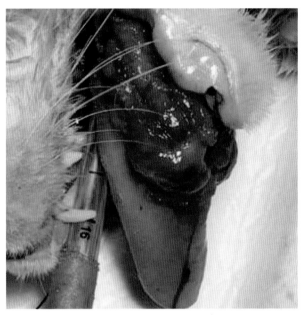

图 6-3-13　口炎 3
（谢倩茹 供图）

图 6-3-14　后方口炎伴有的舌下红肿，全口拔牙后消退
（谢倩茹 供图）

三、诊断

病史：食欲下降/进食困难、口腔恶臭、过度流涎。

体格检查时主要表现为无法打开患猫口腔或打开口腔时患猫敏感表现疼痛，口臭、流涎、口腔分泌物带血。

临床检查主要通过视诊识别患猫口腔潮红、肿胀或溃疡的炎症特征。

如发现舌面溃疡，可采集口腔分泌物进行FCV等上呼吸道病毒的PCR检查，也可通过细胞刷采样（图6-3-15）进行细胞学检查。在口腔内发现增生组织可取样进行组织病理学检查，尤其是单侧病变，可排除肿瘤的存在（图6-3-16、图6-3-17）；同时应触诊下颌淋巴结，评估是否发生肿大，

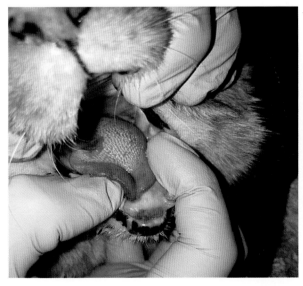

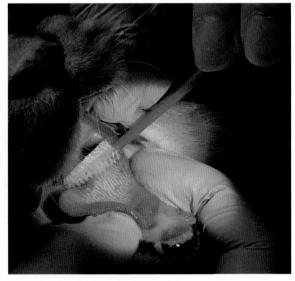

图 6-3-15　舌面后方溃疡、红肿，细胞刷取样检查，诊断为嗜酸性肉芽肿
（谢倩茹 供图）

进行细针抽吸细胞学检查或取样组织病理学检查以评估肿瘤转移。PCR诊断病毒感染并不能说明病因，但可能提示治疗反应差的原因（图6-3-18）。

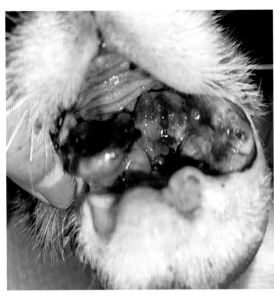 

图 6-3-16　后方口炎，伴左侧后方显著红肿，全口拔牙同时取样送检组织病理，确诊为无色素性黑色素瘤（谢倩茹 供图）

图 6-3-17　龈口炎，伴左侧后方肿胀溃烂，麻醉后拔除病变牙齿同时取样送检组织病理，确诊为鳞状上皮细胞癌（谢倩茹 供图）

病程较长的患猫在血常规检查中会见到轻微贫血；某些患猫白细胞增多，或同时伴有嗜中性粒细胞或嗜酸性粒细胞增多；或有淋巴细胞减少。生化检查多数会表现高球蛋白血症。

鉴别诊断需与严重的牙周病、FeLV和FIV引发的免疫抑制、嗜酸性肉芽肿综合征等相区别。

全口检查，须在麻醉状态下评估，同时可进行口腔牙科X射线片检查（图6-3-19）。

四、治疗

临床中对症治疗很少见效，常采用清洁牙齿、清除坏死组织，单独评估每一颗牙齿，拔出所有松动或有问题的牙齿（折断的牙齿或残根）是首选治疗方法。在绝大多数FCGs综合征病例中，遵循这一原则，促使大部分（如果不是全部的话）颊齿的拔除，有时甚至包括门齿和犬齿。

术后进行X射线检查，以排除残留牙根（图6-3-20）的可能。

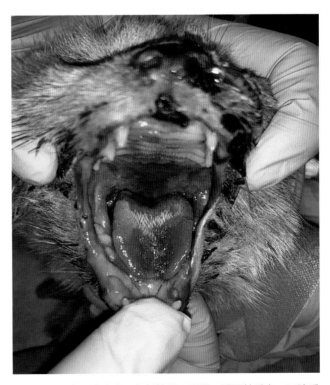

图 6-3-18　全口腔炎症，包括软腭、硬腭、舌面前后方、口腔后方、齿龈黏膜，表现溃疡、红肿；口咽拭子 PCR 诊断为 FCV 感染（谢倩茹 供图）

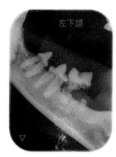
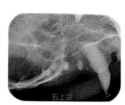
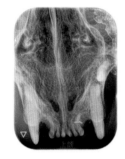

图 6-3-19　拔牙前麻醉评估全口牙齿情况
（左上为左下颌，右上为右上颌，左下为上颌，
右下为下颌）（谢倩茹 供图）

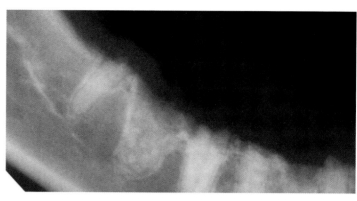

图 6-3-20　未拔除的牙根（谢倩茹 供图）

　　拔除所有牙齿或所有前臼齿及臼齿（如病变未涉及切齿和犬齿）在患病猫中可较好地改善临床症状。据统计，手术治疗后，猫病情缓解、实质性改善和几乎没有改善的结果各占一半。

　　药物治疗包括使用抗生素、止疼药、皮质类固醇。如无法进行手术治疗时可考虑药物联合治疗，如药物治疗不成功，仍建议在适当情况下进行手术（图 6-3-21）。

图 6-3-21　慢性龈口炎全口拔牙术后一个月，猫口腔红肿消退
（谢倩茹 供图）

　　抗生素可使用阿莫西林克拉维酸、克林霉素、甲硝唑、氨苄西林和多西环素等；止疼药可选用非甾体类抗炎药布托啡诺、加巴喷丁等。

　　拔牙后难治愈的病例，可使用免疫制剂治疗、猫重组干扰素 Ω、CO_2 激光治疗、干细胞疗法等。常用的免疫制剂环孢素在部分患猫中可达到临床治愈效果。

第四节　食管炎／食道炎

　　食管炎是指各种原因导致食管黏膜损伤而发生的炎症。临床以厌食、流涎为特征。

一、病因

引起猫食管炎的病因主要有：投喂药物长期停留在食管中（如多西环素片）、麻醉状态下胃酸逆流至食管、食管异物或腐蚀剂等，猫也可能因吐出过大的毛球导致食管损伤。

二、临床症状

患有食管炎的猫常见有厌食和流涎症状，有时想吃东西但会出现吞咽痛感，然后吐出食物。严重的食管炎会导致食管狭窄（图6-4-1、图6-4-2）。

三、诊断

结合病史和临床症状，通过内窥镜检查，可发现食管黏膜出现红肿或溃疡而确诊（图6-4-3、图6-4-4）。怀疑食管狭窄的猫可以通过钡餐食管造影或X射线片检查确诊。

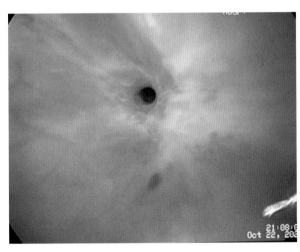

图 6-4-1　内窥镜显示食管狭窄，黏膜上皮有出血
（朱国 供图）

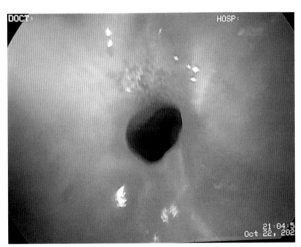

图 6-4-2　内窥镜显示食管壁出血
（朱国 供图）

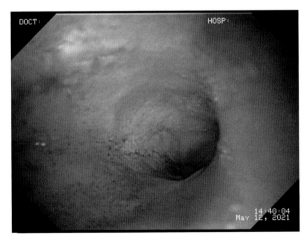

图 6-4-3　食管黏膜肿胀
（朱国 供图）

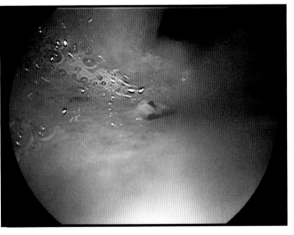

图 6-4-4　食管黏膜出现溃疡
（朱国 供图）

四、治疗

减少胃酸分泌，防止胃内容物反流，保护食管是治疗该病的重点。减少胃酸分泌可用H2受体拮抗剂如法莫替丁结合奥美拉唑；西沙比利可用于防止胃内容物反流至食管；合理使用抗生素如阿莫西林；严重的食管炎最好使用胃管饲喂，同时使用食管黏膜保护剂如硫糖铝悬浊液。

第五节　炎性肠病

猫炎性肠病（IBD）是一种慢性肠道疾病，通常存在持续性/周期性胃肠道症状（大于3周）以及组织病理学提示存在肠道炎症。IBD无明显的性别倾向性，任何年龄的猫均可患病，中年动物更易感。任何品种的猫都可能患病，但是某些品种更易感，如暹罗猫。

一、病因

目前炎性肠病的潜在病因尚不清楚，受多种因素共同影响，可能包括：机体对肠道中抗原（细菌和营养成分）的免疫耐受被破坏、肠道黏膜屏障破坏、免疫系统失调或微生物区系紊乱伴有TLR（Toll样受体）的上调等。

二、临床症状

猫炎性肠病可以分为以下4类：淋巴细胞浆细胞性肠炎、嗜酸性粒细胞性肠炎、嗜中性粒细胞性肠炎以及肉芽肿性肠炎，且存在多种变种。

炎性肠病的临床症状以呕吐（图6-5-1）和腹泻（图6-5-2）最为常见，其他可能出现的临床症状包括：食欲改变、体重减轻、腹痛、腹腔积液、皮下水肿、便血、黑粪症、黏液样便和排便次数增加等（图6-5-3）。

三、诊断

炎性肠病常采用排除性诊断，无特异性诊断方法，需排除已知的肠道病原体或胃肠道疾病的其他原因，同时经病理组织学证实肠道炎症的存在。

对怀疑有炎性肠病的猫建议进行全血细胞计数（CBC）、血清生化检查、粪便检查、X射线和腹部超声波检查。

CBC通常无特异性表现。生化检查可用于排除消化不良疾病（如胰腺外分泌功能不全）、非胃肠道疾病（如胰腺炎、肾上腺皮质功能减退、猫甲状腺功能亢进、肝功能不全和肾衰竭）等同样会引起慢性胃肠道症状的原因。粪常规、漂浮试验、贾第虫ELISA等方法可排除原虫、线虫、贾第虫

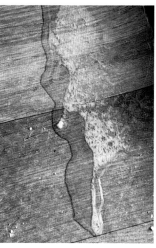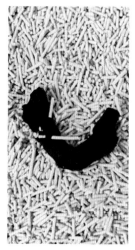

图 6-5-1　2 岁布偶猫，呕吐，呕吐物为未消化食物（左）和透明液体（右）
（张润 供图）

图 6-5-2　7 岁暹罗猫，腹泻，粪便呈棕黄色，糊状
（张润 供图）

图 6-5-3　7 岁中华田园猫，黑粪症，粪便成形但呈黑色（张润 供图）

（图 6-5-4）、胎儿三毛滴虫（图 6-5-5）、细菌等病原感染。

　　X 射线检查可排除解剖性疾病，如肠梗阻、肠套叠和肿瘤。超声可评估肠壁、肠系膜淋巴结和其他腹腔器官，炎性肠病患猫可能会出现肠壁增厚、肠壁分层不清或肠系膜淋巴结肿大（图 6-5-6）。

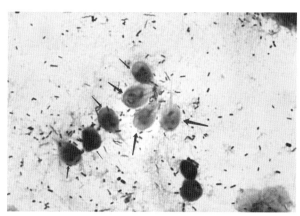

图 6-5-4　1 岁英国短毛猫，腹泻，粪便染色可见贾第鞭毛虫感染（红色箭头）（张润 供图）

图 6-5-5　4 月龄暹罗猫，腹泻，粪便染色可见胎儿三毛滴虫感染（红色箭头）（张润 供图）

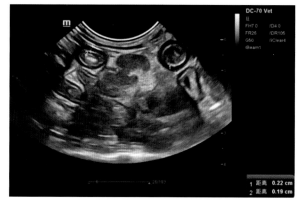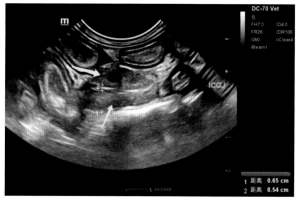

图 6-5-6　18 个月德文卷毛猫，呕吐和腹泻，胃肠道超声波检查可见小肠肌层增厚（红色箭头），肠系膜淋巴结肿大（黄色箭头）（张润 供图）

活检对于诊断炎性肠病是必不可少的，可选择手术全层活检或内窥镜活检。内窥镜活检是最安全的活检方法，但存在活检样本小、只能采集到小肠近端、只能采集浅表样本等局限。开腹手术可采到全层样本，但侵入性更高且可能存在术部开裂的风险（尤其是患猫存在严重低蛋白血症时）。活检结果可能会看到淋巴细胞、浆细胞或者中性粒细胞浸润（图6-5-7），根据主要浸润的细胞种类，分为不同类型的炎性肠病。

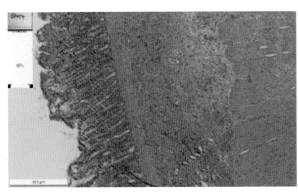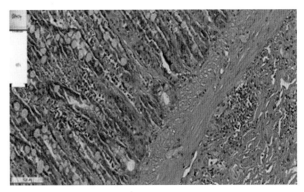

图 6-5-7　8岁苏格兰折耳猫，长期呕吐和腹泻，肠道活检病理学结果可见大量淋巴细胞和少量浆细胞浸润，提示淋巴细胞浆细胞性肠炎（张润 供图）

四、治疗

免疫抑制治疗：炎性肠病的特殊之处在于诊断与治疗常混在一起进行，最重要的治疗方式是免疫抑制。猫炎性肠病最常用布地奈德。关于布地奈德的使用信息有限，建议剂量范围很大，但是最常使用的初始剂量为1mg/只。

其他治疗：饮食调整与抗生素治疗也可能有益。低敏易消化食物可减轻黏膜炎症，而抗生素可治疗继发的小肠菌群过度生长。甲硝唑不仅仅有抗细菌作用，还能起到调节细胞免疫的作用。若血清叶酸和钴胺素浓度异常，应该进行补充。使用益生素和益生菌调节肠道菌群可能有益，对猫的早期研究表明，其具有调节黏膜免疫系统的作用和一定的临床有效性。

第六节　胰腺炎

猫胰腺炎在临床上非常常见，自敏感的诊断方法使用之后，更多的胰腺炎病例被诊断出来。临床上的猫胰腺炎经常被忽略，猫胰腺炎临床症状不典型，假阴性和假阳性诊断风险较高，根据临床症状的严重性和持续时间以及组织病理学表现，分为急性胰腺炎（AP）和慢性胰腺炎（CP）。猫胰腺炎多为病因不明或是自发性（95%），其诊断需要借助血液学及影像学，胰腺炎的治疗主要是控制并发症及临床症状。

一、病因

该病无年龄、性别和品种易感性，体况评分、饮食不当或用药史与胰腺炎无明显关联性；猫胰腺炎与细菌、寄生虫、病毒等感染相关；毒素、高钙血症、创伤、低灌注等亦可引发该病；猫胰腺炎与多种并存疾病相关：糖尿病、慢性肠病、脂肪肝、胆管炎、肾炎和免疫介导性溶血性贫血等。

二、临床症状

猫急性和慢性胰腺炎相关的临床症状和体格检查结果是非特异性的，无典型的临床症状（表6-6-1）；每只患猫的临床症状与疾病严重程度相关；重度胰腺炎会引起全身器官并发症，如败血性休克、低血压、DIC、多器官衰竭等。

表6-6-1　猫腹泻症状及不同类型腹泻症状发生特征

临床症状	发病率/%	体格检查	发病率/%
嗜睡	51~100	脱水	37~92
食欲减退/废绝	62~97	体温下降	39~68
呕吐	35~52	黄疸	6~37
消瘦	30~47	体温升高/发热	7~26
腹泻	11~38	明显腹痛	10~30
呼吸困难	6~20	腹部肿物/前腹部器官肿大	4~23

三、诊断

胰腺炎是根据临床症状、影像学、血清生化和血液学检查变化排除其他的可行性，结合特定/的胰腺测试得到的排他性诊断；目前临床胰腺炎的诊断存在诊断不足或过度诊断。

（1）CBC变化。红细胞指标升高、炎性白细胞象、血小板减少；生化指标包括肝酶活性增加（ALT、AST、TBIL、ALKP、CHOL等）、肾脏指标上升（CREA、BUN、SDMA），高血糖或低血糖、甘油三酯、胆固醇上升（猫少见）；电解质浓度的变化不一，取决于患猫的水合状况，低钾血症、低氯血症、低钠血症和低钙（重症急性胰腺炎猫常见）（表6-6-2）。

（2）胰腺炎诊断方法。脂肪酶测定方法：血清胰脂肪酶免疫反应性（feline pancreatic lipase immunoreactivity，fPLI）对胰腺炎的诊断具有敏

表6-6-2　猫胰腺炎血液学和血清生化表现

血检指标异常	流行率/%
贫血（正细胞正色素，再生/非再生）	20~55
淋巴细胞下降	57~69
白细胞上升	27~62
白细胞下降	5~13
血小板下降	8~33
ALKP上升	50
ALT上升	24~68
TBIL上升	56~69
GLU上升	10~86
低血钾症	56~68
低血钙血症	8~61

感性，fPLI检测重症病例的敏感性高于轻症病例；Spec fPL是一种定量ELISA：当测试值大于或等于5.4mg/L时为胰腺炎，3.6~5.3mg/L时为灰色地带，诊断AP的敏感性高于CP且检测值越高胰腺炎症的程度越高（图6-6-1）。SNAP fPL是一种半定量检测，与Spec fPL有很好的相关性，报告结果为"正常"或"异常"，结果为"正常"的猫不太可能患有胰腺炎，结果为"异常"的猫则可能患有胰腺炎或Spec fPL测量值在可疑范围内（图6-6-2）。

（3）胰腺炎的细胞学诊断对确诊胰腺炎非常有用，胰腺组织变化在急性胰腺炎时可能明显，慢性胰腺炎不明显。细胞学可以区分炎症和肿瘤，胰腺炎局部性高（采样时注意）（图6-6-3）。

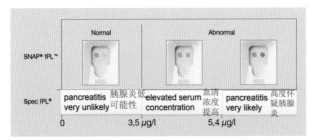

图 6-6-1　SNAP fPL 测试板颜色对照与 Spec fPL 数值相关性
（方开慧 供图）

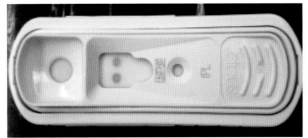

图 6-6-2　一例急性胰腺炎患猫 SNAP fPL 测试板显示阳性
（方开慧 供图）

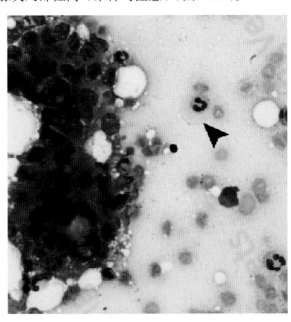

图 6-6-3　一只家养短毛猫胰腺炎胰腺细胞学检查，可见胰腺组织伴随大量炎性细胞浸润（箭头所示）
（方开慧 供图）

（4）猫胰腺炎诊断的金标准是组织病理学。因病变位置、病变描述和严重程度的定义有较大差异而存在限制，应进行多次活检，不应仅根据活检结果阴性而排除胰腺炎（如果只能进行1次活检，则首选胰腺左叶）（图6-6-4）。

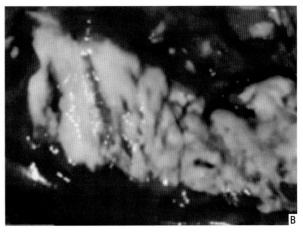

A. 显示部分胰腺实质被无定形结晶（液化坏死取代 * 所示）；B. 苏木精 - 伊红染色，40 倍镜下显示。
图 6-6-4　布偶猫细菌性腹膜炎继发胰腺炎进行开腹探查，取胰腺组织样本活检的组织病理学
（方开慧 供图）

（5）对胰腺活检分析。包括评估炎症细胞浸润及其空间分布（即小叶内与小叶间），是否存在水肿、坏死、纤维化、淀粉样蛋白、囊性腺泡变性或腺泡萎缩。

（6）在急性胰腺炎时可能在胰腺周围有积液。实验室分析通常显示为高蛋白积液并出现多种细胞成分：退行性或非退行性中性粒细胞、活化的巨噬细胞等，脂质液空泡（脂肪皂化），可能有含铁血黄素（出血），积液是高蛋白漏出液（改性漏出液）或渗出液（图6-6-5）。

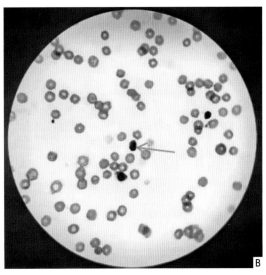

图 6-6-5 A 为一只患猫腹腔少量积液，SNAP fPL 测试板显示强阳性，胰腺超声波检查均提示胰腺炎；B 为腹腔积液的细胞学检查，可见少量炎性细胞（箭头所示）和大量红细胞，李凡他阳性（瑞氏染色 x1000 倍）
（方开慧 供图）

（7）超声波检查是猫胰腺炎最有用的诊断方式。主要观察胰腺是否肿大、回声的变化、团块变化，胰周高回声和游离液体。猫胰腺正常超声影像左叶小于9.5mm、胰体小于8mm、右叶小于6mm、肝脏回声（图6-6-6）等；超声波检查在临床上很重要（图6-6-7），临床上仍有挑战：疾病不严重，敏感度低；操作者技术有限，敏感度低（图6-6-8）；影像学改变可很快变化（追踪检查很重要）。

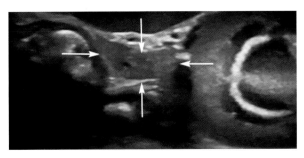

图 6-6-6a 猫正常左侧胰腺横切面（箭头所示）
（方开慧 供图）

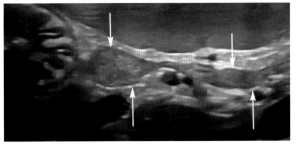

图 6-6-6b 猫正常左侧胰腺矢状面（箭头所示）
（方开慧 供图）

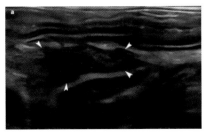
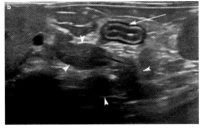
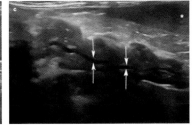

a. 胰腺回声下降；b. 胰管扩张；c. 提示严重胰腺炎。
图 6-6-7 4 岁短毛猫出现严重腹痛、呕吐、精神萎靡等症状，入院超声波检查如上图箭头所示
（方开慧 供图）

四、治疗

消除并治疗引起急性胰腺炎的诱因及并发症（如果有），采取积极的液体疗法、支持治疗和对症治疗，加强对并发症的管理，以及共存病的诊断和治疗；加强疼痛管理、止吐、控制恶心、营养支持等也是胰腺炎成功管理的关键，猫患胰腺炎时不一定需要低脂饮食，除非患猫一直存在高脂血症。

五、预后

急性胰腺炎患猫死亡率为9%~41%；轻度至中度急性胰腺炎患猫在正确治疗和管理后预后良好；重症胰腺炎且伴有并发症或并存疾病时，预后不良；低血糖、低血钙、氮质血症等是预后不良的指征。

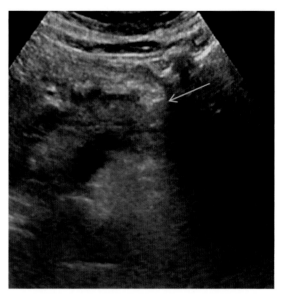

图6-6-8　3岁家养短毛猫超声影像，胰腺肿大（箭头），边缘欠光滑，局灶性回声增强
（方开慧 供图）

第七节　脂肪肝

一、病因

猫肝脏脂质沉积综合征（脂肪肝）可能是原发的，也可能继发于其他疾病。原发性或自发性肝脏脂质沉积综合征的机制尚未完全明晰。厌食或者应激的肥胖猫常出现。一些营养素，如甲硫氨酸、肉碱和牛磺酸的缺乏可能对该病的形成也有一定作用。继发性肝脏脂质沉积综合征在猫中很常见，其发病机制与原发性疾病相似。

二、临床症状与病理变化

患猫常出现厌食、体重迅速下降、黄疸（图6-7-1）、间歇性呕吐和脱水等症状；肝性脑病通常表现为精神沉郁和流涎（图6-7-2）。部分患猫可出现贫血、低磷血症等。

体格检查：触诊常可发现肝脏肿大；视诊可见黏膜出现黄染（图6-7-3）。

组织病理学是诊断肝脏脂质沉积、识别并发疾病和致病原因的唯一明确可靠方法，常规的苏木素-伊红染色显示，大部分患此病的猫有广泛性的肝细胞因脂肪沉积形成的空泡。

图 6-7-1　患猫出现典型的黄疸
（庞海东 供图）

图 6-7-2　患猫精神沉郁、流涎
（庞海东 供图）

图 6-7-3　患猫黏膜黄染
（庞海东 供图）

三、诊断

需要详细地问诊以排除是否由其他疾病继发，如糖尿病、肿瘤、炎性肝胆疾病、炎性肠道疾病、胰腺炎、猫传染性腹膜炎、肾脏疾病等。血常规检查和猫血清淀粉样蛋白A检测可评估炎症、血小板及贫血状况。血液生化检查可以判定肝胆指标、肾脏指标、血糖及蛋白等，可对一些原发病进行诊断，根据胆红素和肝脏指标来判断动物预后（患猫会出现胆红素升高和肝脏指标升高）。猫胰腺炎的诊断测试是有必要的。血氨检测可观察肝性脑病的程度。

腹部超声波检查可区分实质病变和肝胆管疾病，并可以评估其他腹部器官。

肝脏的细胞学和组织病理学检查因为需要麻醉或限于动物自身体况，在临床难以实施。

部分患猫可出现三体炎，需要根据以上检查结果综合分析。

四、治疗方案

（1）输液疗法。补充体液、平衡电解质。

（2）营养支持疗法。最初可安装鼻饲管（图6-7-4），病情稳定后麻醉下留置胃管或食道饲管；给予高蛋白食物；注意避免再饲喂综合征。

（3）食欲下降或废绝的动物可给予食欲刺激剂，如地西泮（0.2mg/kg，IV，q24h）或赛庚啶（1~2mg，po，q8~12h）。

（4）低血钾时，需要静脉输液补充。

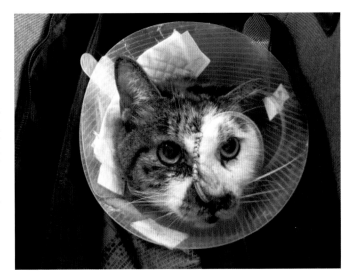

图 6-7-4　患猫使用鼻饲管
（庞海东 供图）

（5）胃动力剂，如胃复安（0.2~0.5mg/kg皮下注射或喂食前15~20min投药q6~8h），西沙比利（0.5mg/kg，po，q8~12h）。

（6）低磷血症。当血磷低于2.0mg/dL时，需补充磷酸钾0.015mmol/（kg·h），放入生理盐水中持续静脉滴注至血清磷浓度正常。

（7）对于凝血障碍病例，需要注射维生素K_1，0.5mg/kg，SQ，q12h。

根据编者在临床上对猫脂肪肝的治疗经验，中兽医疗法有较好的疗效。猫脂肪肝在中兽医上属于黄疸症范畴，多是由于情志郁结、肝气无法调达、蕴郁化火、木克土伤肝伤脾而致病，且较多病例会出现便秘问题，需在临床上适当重视。

中兽医治疗可用茵陈蒿汤或茵陈五苓散。中药可通过鼻饲管或食道饲管投喂。

也可以通过针刺山根穴、迎香穴来刺激食欲（图6-7-5）。

图6-7-5 采用针灸疗法刺激患猫食欲
（庞海东 供图）

第七章

猫内分泌疾病

第一节　糖尿病

猫糖尿病是猫相对常见的一种内分泌疾病，其特征表现为由于胰腺 β 细胞分泌胰岛素不足引起的持续性高血糖。患猫年龄多在7岁以上，去势公猫、肥胖猫、慢性胰腺炎患猫多发，缅甸猫患糖尿病的风险是其他品种的4倍。潜在病理学变化类似于人的2型糖尿病，其特征是胰岛素抵抗，胰岛淀粉样沉淀和 β 细胞数量减少。当联合饮食和胰岛素治疗后，猫的糖尿病症状可能会有所缓解。

一、病因

猫糖尿病最常见的组织学表现包括胰岛淀粉样沉积、β 细胞空泡变性以及慢性胰腺炎。约80% 糖尿病患猫会出现胰腺淀粉样沉积，约50%患猫会出现 β 细胞质量损失。根据胰岛素抵抗和胰岛淀粉样病变的严重程度，2型糖尿病可为胰岛素依赖型或非胰岛素依赖型糖尿病。胰岛细胞部分破坏会导致糖尿病的临床症状出现，此时使用胰岛素治疗控制血糖后糖尿病可能会恢复。持续的高血糖可迅速诱导严重的 β 细胞功能障碍，进而引起 β 细胞衰竭和胰岛基因表达降低；同时，高血糖可导致 β 细胞凋亡。胰岛的完全破坏会引起胰岛素依赖型糖尿病。

猫发生糖尿病的风险因素包括由于肥胖（胰岛素敏感性下降50%）或特定疾病导致的胰岛素抵抗。引起猫胰岛素抵抗的疾病常见有肢端肥大症、肾病、慢性或复发性牙病、肥胖、系统性感染、胰腺炎、胰腺癌引起的胰腺外分泌紊乱、甲状腺功能亢进、皮质醇增多症，以及使用过胰岛素拮抗药物。

持续高血糖将导致血糖超过肾阈值，出现尿糖和多尿，多尿进一步引发多饮，机体无法利用葡萄糖，导致饥饿、多食；如未得到及时控制，渗透性利尿增加导致电解质丢失，同时代谢紊乱，脂肪分解代谢增加导致酮体生成、肝脏脂质沉积、体重减轻；蛋白质分解代谢增加导致过量氨基酸用于糖原异生，患猫体重减轻、虚弱、伤口愈合不良。

二、临床症状

猫典型的糖尿病临床症状包括多饮、多尿、多食、体重下降。一些患猫可能表现毛发干燥、嗜睡、理毛行为减少等。若出现并发症，可能表现精神萎靡、沉郁、厌食、脱水、虚弱/消瘦、呕吐、呼吸急促（酮症呼吸）。糖尿病性神经病变会导致患猫跳跃减少、后肢虚弱、共济失调或跖行姿势。

糖尿病激发脂肪肝会出现肝脏肿大。相对于犬而言，猫少见糖尿病性白内障。

三、诊断

猫糖尿病的诊断主要根据病史、临床症状、持续性高血糖和糖尿。大多数患猫表现数周的多饮、多尿及体重减轻的病史。食欲可能旺盛，如并发酮症酸中毒可能表现厌食、虚弱、脱水。如出现跖行步伐（图7-1-1）或跳跃困难，表明已发生外周神经病。

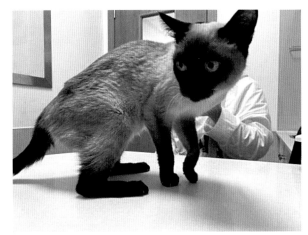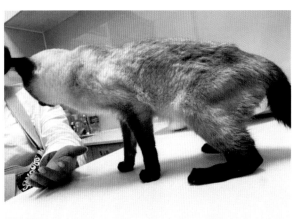

图 7-1-1　糖尿病猫跖行姿势
（谢倩茹与李叶 供图）

实验室检查包括持续性高血糖、果糖胺升高以及尿糖。应激可导致猫血糖升高。暂时性高血糖通常不会导致糖尿，但持续数小时的应激可能会引起糖尿。如无临床症状，且其他血液及尿液检查不支持糖尿病的诊断，可通过监测猫在家中无应激状态下尿糖情况或检测血清果糖胺浓度（图7-1-2）进行鉴别。果糖胺是一种糖基化蛋白，是葡萄糖和血清蛋白结合的产物，这种结合是不可逆的。血清果糖胺浓度反映了过去2~3周的平均血糖浓度，升高表示存在持续性高血糖。如果持续性高血糖较轻，或糖尿病发生在就诊前不久，则果糖胺浓度可能在参考值上限或轻微升高。只有当血糖高于肾糖阈（250~300mg/dL）时才会产生糖尿。

一旦确诊糖尿病，应对患猫进行系统性健康检查，包括血常规、生化、电解质、尿液分析和培

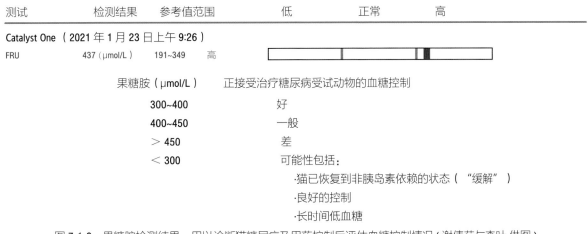

测试	检测结果	参考值范围		低	正常	高
Catalyst One（2021 年 1 月 23 日上午 9:26）						
FRU	437（μmol/L）	191~349	高			

果糖胺（μmol/L）	正接受治疗糖尿病受试动物的血糖控制
300~400	好
400~450	一般
＞ 450	差
＜ 300	可能性包括：
	·猫已恢复到非胰岛素依赖的状态（"缓解"）
	·良好的控制
	·长时间低血糖

图 7-1-2　果糖胺检测结果，用以诊断猫糖尿病及用药控制后评估血糖控制情况 (谢倩茹与李叶 供图)

养、UPC、甘油三酯、血压、T4等检测，以确诊或排除其他疾病。如肝酶升高需进一步评估是否存在并发的肝脏疾病。如出现呕吐、食欲下降、脱水等，可通过检测免疫反应性猫胰腺脂肪酶（fPL，feline pancreatic lipase）及超声波检测胰腺炎。糖尿病酮酸中毒的猫可能会出现明显升高的血糖浓度。氮质血症和代谢性酸中毒，可以检测患猫血酮和尿酮水平确认酮体的存在。

如使用胰岛素治疗后存在明显的胰岛素抵抗，可筛查患猫是否并发其他疾病，如肾上腺皮质功能亢进、甲状腺功能亢进、肢端肥大症等。

四、治疗

糖尿病的治疗主要是通过胰岛素、饮食调整以及治疗导致胰岛素抵抗的并发症，将血糖控制在肾糖阈以下，改善糖尿病的临床症状，避免低血糖的发生。

糖尿病患猫初始治疗可选择的胰岛素包括甘精胰岛素、地特胰岛素、德谷胰岛素以及精蛋白锌胰岛素，每12h一次。需通过持续监测24h血糖进行胰岛素剂量、频率调整（图7-1-3）。第一天的监测只是为了识别低血糖，不应根据第一天的血糖值增加胰岛素的剂量。如果血糖在任何时间小于150mg/dL，则需减少胰岛素剂量50%。然后在7~14d重新评估血糖曲线。理想情况下，全天血糖浓度应在100~250mg/dL。如果血糖最低值过高（高于130mg/dL）时，应增加胰岛素剂量，如血糖最低值过低（低于80mg/dL）时应减少胰岛素剂量。如胰岛素持续时间过长，可更换更短效的胰岛素或改为一天一次；如胰岛素持续时间过短，则更换更长效的胰岛素或增加注射频率。传统的可通过快速血糖检测仪采耳缘静脉血、脚垫血测定血糖浓度；目前人用瞬感血糖仪已广泛应用于犬猫（图7-1-4、图7-1-5），以扫描式替代采血进行持续血糖监测。

如患猫正在使用胰岛素拮抗药物如糖皮质激素或孕酮治疗其他疾病，可能的话应尽快停药。表现DKA的患猫，需积极进行液体治疗，纠正电解质及代谢紊乱，并积极使用胰岛素进行治疗。

初次发现糖尿病的患猫，治疗目标为缓解病情，可通过胰岛素治疗；临床症状消失、血糖正常化后可逐渐停止胰岛素治疗，临床能达到缓解的猫约占50%。如无法治愈，则以降低血糖，避免葡萄糖毒性、控制渗透性利尿、预防酮症酸中毒及控制和预防继发损伤（感染、神经损伤、肾损伤、

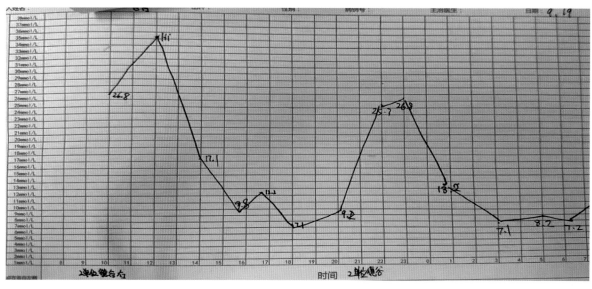

图7-1-3　人工绘制24h血糖曲线（谢倩茹与李叶 供图）

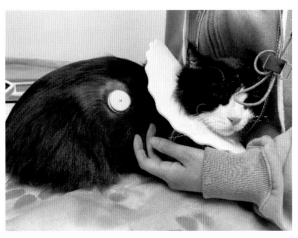

图 7-1-4　患猫血糖检测的保定和监测（谢倩茹与李叶 供图）

脂肪肝、胰腺炎）为目的。值得注意的是，需告知宠主低血糖的症状，包括厌食、嗜睡、共济失调及抽搐，如观察到上述情况需尽快联系兽医并给予葡萄糖治疗，避免低血糖极为重要，因为过低血糖可导致猫死亡。

　　口服降糖药，可刺激胰岛素分泌增加，如患猫存在进行性 β 细胞衰竭，一般不推荐使用。目前对猫有效的口服降糖药仅有格列吡嗪（约40% 猫有效），副作用包括胆汁淤积、低血糖、呕吐、肝损伤等。

　　饮食控制。建议饲喂低碳水化合物高蛋白饮食，罐头食品比干粮好，因其碳水化合物含量低，能量密度低，并且有额外水分摄入。单纯依赖限制食物和饲喂频率都不可靠，单纯靠饮食也无法控制糖尿病。

　　体重控制。对于超重和肥胖猫，可通过缓解改善，使用喂食玩具等方法逐渐降低体重，这样可增加胰岛素敏感性。应每周降低体重0.5%~2%，仔细监测体重（图7-1-6），体重降低过快也表明糖尿病控制较差，且易引发脂肪肝。

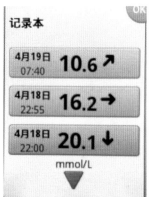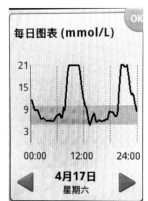

图 7-1-5　雅培瞬感持续血糖监测仪，扫描仪可贴于皮肤使用 14d，通过监测仪与扫描仪接触获取血糖数值，监测仪可记录并储存，并自动获得血糖曲线（谢倩茹与李叶 供图）

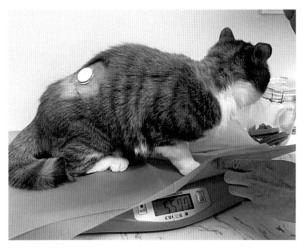

图 7-1-6　糖尿病猫控制体重（谢倩茹与李叶 供图）

五、预后

　　预后取决于并发疾病、胰岛素控制情况和宠主的服从性。糖尿病患猫从诊断开始平均生存时间为3年。因为多数猫在诊断出糖尿病时通常已经是中老年猫，且可能存在严重疾病，如酮症酸中毒、胰腺炎、慢性肾病或肢端肥大症。诊断初期死亡率较高，一旦进入稳定维持期，通常可存活超过5年。

第二节　甲状腺功能亢进

　　猫甲状腺功能亢进是指甲状腺生成和分泌过多的甲状腺素，引起多系统疾病，常见于中老年猫，平均年龄在12~13岁，无明显品种及性别倾向性。临床症状主要表现为体重下降、多食、不安或过度兴奋，偶见多饮、多尿、呕吐、腹泻等症状。

一、病因

　　猫甲状腺功能亢进是单侧或双侧甲状腺内在性损伤导致的甲状腺素中毒。甲状腺结节或肿瘤是发病的主要原因；有研究表明食用商品罐装食品易引发该病，可能与这类食品中存在促甲状腺素形成的物质（如碘、大豆异黄酮）有关；环境因素如猫窝、猫砂也可能存在潜在影响。

二、临床症状

　　90%的甲状腺功能亢进患猫发生甲状腺肿大（图7-2-1），常出现多饮、多尿、多食的糖尿病症状，同时伴有呕吐、腹泻等症状；体格检查常见肌肉流失严重（图7-2-2）、被毛粗乱、心动过速等。

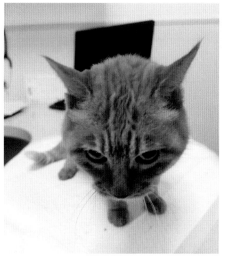

图 7-2-1　患猫肿大的甲状腺
（朱国 供图）

图 7-2-2　猫甲状腺功能亢进导致机体消瘦
（朱国 供图）

三、诊断

　　颈下部常可触诊到肿大的甲状腺，血清检测总T4（TT4）、游离T4（fT4）浓度升高可确诊。轻度甲状腺功能亢进时需结合促甲状腺激素（TSH）检测、放射性核素甲状腺扫描等诊断。

四、治疗

猫甲状腺功能亢进常用口服抗甲状腺药物（如甲巯咪唑），初始剂量2.5mg/只，qd，po，连续2周，2周后增加至2.5mg/只，BID，po；同时监测血清TT4水平，最好将TT4控制在1~2μg/dL。

甲状腺切除术可作为治疗该病的选择之一。摘除病变的甲状腺，术后监测甲状腺功能及血钙浓度。

放射性碘治疗是甲状腺功能亢进的功能性肿瘤放射核素治疗的首选，但目前国内用于临床的病例并不多见。

第三节　肾上腺皮质功能亢进

一、病因

肾上腺皮质功能亢进症（Hyperadrenocorticism，HAC）是一种相对罕见的老年猫内分泌疾病，指任何原因导致的肾上腺皮质激素的过度生成引起的一系列综合征，又称库欣综合征（Cushing's syndrome）。该病诊断时猫的平均年龄为10岁，除了垂体依赖性肾上腺皮质功能亢进症（Pituitary-dependent hyperadrenocorticism，PDH）和肾上腺依赖性肾上腺皮质功能亢进（Adrenal-dependent hyperadrenocorticism，ADH），HAC的临床体征还可能来自会产生肾上腺性类固醇的肿瘤疾病。大约80%猫科病例的病因是PDH。总体而言，垂体和肾上腺肿瘤是主要原因，癌症仅占少数病例，至少90%的PDH病例和50%~60%的ADH病例是由腺瘤引起的。

二、临床症状

HAC患猫的常见临床症状包括多饮多尿、腹围增大（形似"啤酒肚"）、皮肤血管清晰、多食、脱毛、皮肤变薄易脆易撕裂、体重减轻、肌肉丢失、精神沉郁、毛发杂乱、跖步姿势，有时还可见关键韧带断裂、骨质疏松、病理性骨折等症状（图7-3-1）。出现症状的时间从数周到一年以上不等，但诊断前多已表现临床症状数月，很多时候是猫皮肤脆性增加、皮肤发生反复损伤后就诊时怀疑并发现该病；或者患猫在进行糖尿病胰岛素治疗过程中，无法良好控制病情（胰岛素抵抗）时怀疑并发现该病。

三、诊断

1. 实验室检查

HAC患猫的血液学异常可能不明显，或可能显示"应激性"白细胞相；偶尔出现轻度到中度

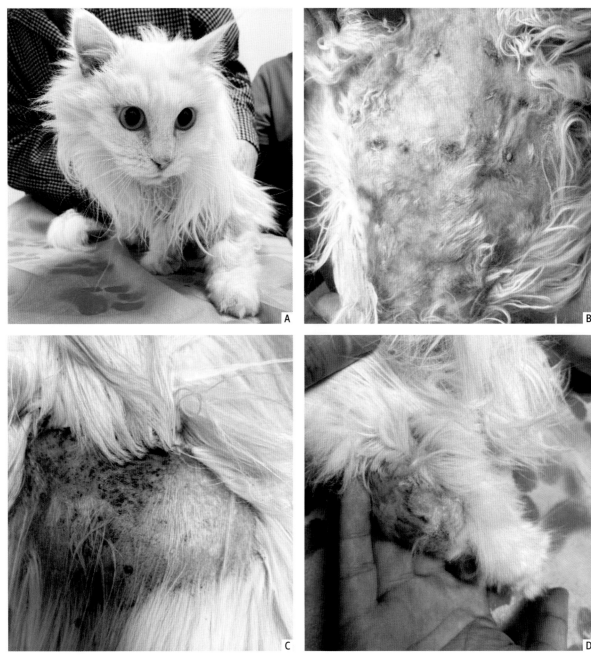

A. 肾上腺皮质功能亢进的 11 岁雌性已绝育长毛狮子猫；B. 腹围膨大，腹部皮肤变薄易脆，皮肤血管明显，毛发油腻；C. 背部皮肤脱毛，脱毛区毛发脆而稀疏、皮脂溢明显，后续还继发感染了猫癣；D. 跗关节出现病理性骨折和骨痂增生。

图 7-3-1　HAC 患猫临床症状（毛军福 供图）

贫血；血清生化异常通常非特异性。

2. 内分泌检测

应该对怀疑患有 HAC 的猫进行内分泌检测，以支持其初步诊断。对于糖尿病控制不良患猫，怀疑胰岛素抵抗（胰岛素剂量大于 3.5U/ 只）同时具备 HAC 症状（尤其是皮肤症状）时（图 7-3-2），建议进行内分泌检测筛查。患猫出现提示 HAC 的特征、病史、临床症状和实验室检查结果将提高内分泌检测的阳性预测值。

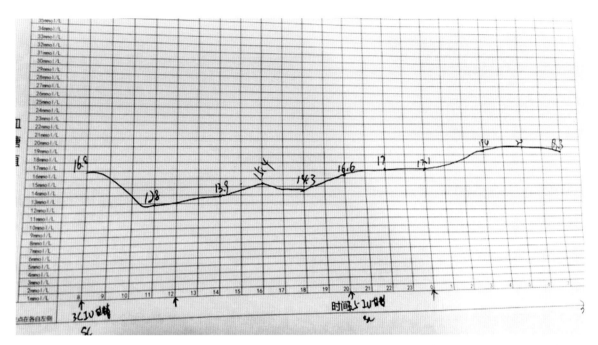

图 7-3-2　同图 7-3-1 患猫，因糖尿病酮症酸中毒入院治疗，并出现胰岛素抵抗，胰岛素使用剂量超过 3.5U 仍无法很好控制血糖，筛查胰岛素抵抗原因时，经过低剂量地塞米松抑制试验测试诊断为肾上腺皮质功能亢进 (毛军福 供图)

（1）尿皮质醇与肌酐比。尿皮质醇与肌酐比（Urine cortisol to creatinine ratio，UCCR）可用作初始筛查试验。类似于其在犬 HAC 研究中的用途，该试验对猫 HAC 诊断具有很高的灵敏度，但特异性较低。由于阴性结果的高预测值，因此，被用作排除测试。

（2）低剂量地塞米松抑制试验。地塞米松抑制试验用于评估机体对外源糖皮质激素给药的生理性负反馈反应的适当性。低剂量地塞米松抑制试验（Low dose dexamethasone suppression test，LDDST）由于其高灵敏度，是 HAC 的最佳初始筛选试验。需要注意的是，猫的 LDDST 方案应给予高于犬 10 倍剂量的地塞米松（0.1mg/kg IV），并在 0h、4h 和 8h 进行血清皮质醇测定（图 7-3-3）。

（3）促肾上腺皮质激素（ACTH）刺激试验。ACTH 刺激试验通常通过给予 5pg/kg 或 125pg/ 只替可克肽（Tetracosactide or co-syntropin, 合成 ACTH）IV 进行，在 0min 和 60min 时测量血清皮质醇。由于其敏感性差且仅有中等特异性，ACTH 刺激试验不适合作为初始诊断筛查试验。

3. 肾上腺肿块的细胞学检查

猫肾上腺肿块的细针抽吸细胞学检查，被发现有助于鉴别肾上腺皮质肿瘤和嗜铬细胞瘤。但细胞学不能区分良、恶性肿瘤，也不能鉴别功能性肾上腺皮质肿瘤。

四、鉴别诊断

患猫一旦诊断出 HAC，可能需要进一步研究以区分 ADH 和 PDH。检查方法包括低剂量地塞米松抑制试验、高剂量地塞米松抑制试验、UCCR 联合小剂量口服地塞米松抑制试验、内源性 ACTH 测量、内源性 ACTH 前体测量。

肾上腺和垂体的超声波成像（图 7-3-4）也可用于区分 PDH 和 ADH，而不是用于 HAC 的初步诊断。肾上腺或垂体肿大的鉴定并不表明功能增强。

宠物名：		性别：	■♂ □♀ □已节育	
品种：	DSH	年龄：	25Y	
物种：	□犬 ■猫	病例编号：	201002038	
采样日期：	2020/09/30	样本抵达日期：	2020/10/02	报告日期： 2020/10/02
动物医院：	北京-国际医疗中心（芭比堂）-朝阳	电子邮箱：		
负责兽医：	谢医师	连络电话：		
样本类型：	血清 x 3	样本情况：	合格	
过往病史：	多饮多尿，高血压，胸水，甲亢，肾衰。			

检测项目：AD202 低剂量地塞米松抑制实验

检测结果：

样本	皮质醇含量（μg/dL）
0h	3.64
4h	1.91
8h	3.52

临床建议：根据数强烈提示肾上腺皮质机能亢进。

参考范围（猫）：猫皮质醇含量参考值：1-6μg/dL

注射4h后	注射8h后	解释
-	< 1.0 μg/dL	正常
-	1.0~1.4 μg/dL	不确定的
< 1.5μg/dL	> 1.5μg/dL	提示肾上腺皮质机能亢进
> 1.5μg/dL	> 1.5μg/dL	强烈提示肾上腺皮质机能亢进

图 7-3-3　雄性 25 岁的已去势短毛猫，曾有甲状腺皮质功能亢进、慢性肾病、慢性心力衰竭病史，因多饮多尿、皮肤变薄，进行低剂量地塞米松刺激试验证实为肾上腺皮质功能亢进（毛军福 供图）

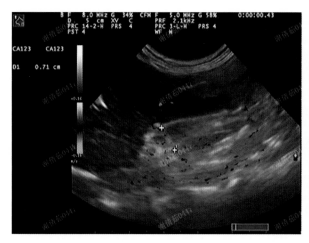
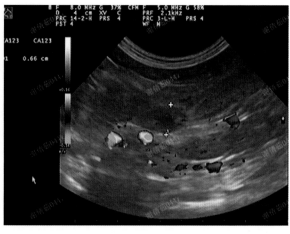

图 7-3-4　同图 7-3-1 患猫的超声波双侧肾上腺肿大，厚径约 0.66cm（左）、0.71cm（右），正常健康猫肾上腺厚径在 2.9~5.3cm（毛军福 供图）

五、治疗

HAC患猫的治疗包括药物治疗、肾上腺切除术、经蝶窦垂体切除术和放疗。只有采取肾上腺切除术或经蝶窦垂体切除术才可能治愈。

1. 药物管理

小动物医学界现在认为有效且副作用较小的药物为曲洛斯坦，曲洛斯坦是一种合成类固醇类似物，用于治疗猫HAC的剂量范围为10~30mg/只口服，每天1~2次；最近有人建议将起始剂量降低为1~2mg/（kg·d）。曲洛斯坦对猫的副作用包括厌食、嗜睡、体重减轻、胰腺炎和肾上腺皮质功能减退。经过曲洛斯坦治疗的猫在一项调查中显示中位数存活时间为617d（范围在80~1278d）。

2. 肾上腺切除术

该手术尽管可能治愈，但由于伤口愈合不良，免疫功能低下和皮肤脆弱，单侧肾上腺切除术（用于ADH）或双侧肾上腺切除术（用于PDH）与较高的手术并发症发生率相关。在ADH患猫中，手术前进行腹部CT检查有助于识别肿瘤浸润和血栓形成。肾上腺切除术的并发症包括出血、血栓栓塞、伤口裂开、皮肤撕裂、败血症和胰腺炎，以及术后出现低血糖症和医源性肾上腺皮质功能减退（如胃肠道症状，电解质紊乱等）。

3. 垂体切除术

外科经蝶窦垂体切除术的手术并发症包括口鼻瘘、软腭裂开等。需要仔细进行围手术期和术后处理，以避免并发症，包括术后肾上腺皮质功能减退、甲状腺功能减退和尿崩症等。尽管垂体后叶切除术可以治愈HAC，但在许多地方，外科专业技能及熟练程度受限，而且成功的结果还取决于患猫主人对术后治疗和监测的依从性。

4. 放疗

PDH的放射治疗通常涉及多个分级治疗，伽马刀或具有立体定向功能的线性加速器可为患猫进行单个或较少数量的治疗。一些猫在放疗后已显示出HAC的临床体征有所改善。并发糖尿病的猫在治疗后可能会降低胰岛素需求或进入糖尿病缓解期。放疗的副作用可能在发作的早期或晚期发生，包括脱毛、皮毛色素沉着、外耳炎、脑坏死、白内障发展和听力下降。对治疗有反应的猫可以延长1~2年的生存时间。

六、医源性肾上腺皮质功能亢进

临床中并不常见，猫对外源性皮质类固醇并不敏感，偶尔可见于长期或大剂量使用皮质类固醇治疗的猫，包括泼尼松龙、乙酸甲基强的松龙、曲安奈德和地塞米松。临床症状和临床病理与自发性HAC相同（图7-3-5）。

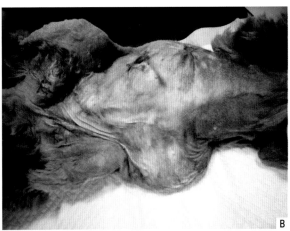

图7-3-5　3岁雌性已绝育英国短毛猫（A），因慢性胰腺炎使用2周泼尼松龙（抗炎剂量）后，出现全身皮肤变薄、多处撕裂伤（B），后经LDDST确诊为医源性肾上腺皮质功能亢进（毛军福 供图）

第四节　肾上腺皮质功能减退

　　猫肾上腺皮质功能减退是一种罕见的疾病。自1983年首次报道以来，在兽医文献中报道的病例不足40例。随着对该病的认知增加，更多病例被临床和实验室确诊为肾上腺皮质功能减退症。这里有一个关键的临床症状，就是嗜睡，对宠主和多数兽医来说这不是典型的症状表现。

一、病因

　　肾上腺皮质功能减退可能是原发的（肾上腺皮质疾病）或继发的（ACTH产生失败或抑制）。两种形式在猫身上都有报道。原发性肾上腺皮质功能减退通常是指由于各种原因引起的全部三个肾上腺皮质功能区的破坏，包括免疫介导、淋巴瘤和创伤引起的肾上腺皮质破坏。糖皮质激素或孕激素治疗的突然停止是继发性肾上腺皮质功能减退的可能原因。

二、临床症状

　　在文献中，肾上腺皮质功能减退患猫表现出与其他物种同样的临床症状。如预期的那样，临床症状可能是轻度或严重的，连续的和进行性的或"具有波动性"，以及急性的或慢性的。许多报告的临床症状含糊不清，并伴有多种疾病。模糊的症状包括嗜睡、体重减轻、虚弱、食欲不振/厌食（图7-4-1、图7-4-2）。大部分受影响的猫脱水而且消瘦。已在几例患猫中发现低体温，似乎比犬更普遍。大约1/3的患猫存在胃肠道症状，其中呕吐比腹泻更加常见。黑粪病、便血和吐血在所有报道中均无提及。大约1/4的患猫出现多饮、多尿。

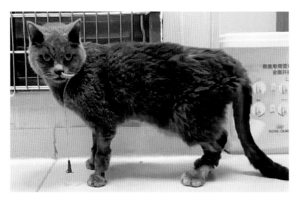

图 7-4-1　肾上腺皮质功能减退患猫通常表现出消瘦、脱水和嗜睡。有些出现呕吐，少部分出现腹泻，但通常不会出现心动过缓（汤永豪 供图）

图 7-4-2　肾上腺皮质功能减退患猫因厌食数月，出现严重恶病质，皮肤变薄、脆性增加，在外力作用下出现撕裂（汤永豪 供图）

三、诊断

　　猫肾上腺皮质功能减退最常见的生化异常是由醛固酮缺乏引起的低钠血症和高钾血症。文献中报道的患猫都存在低钠血症、高钾血症或两者并存。大约85%的病例存在高钾血症，95%的病例存在低钠血症。经验上，通常用钠钾比（小于27）辅助诊断。然而，有些猫使用钠钾比去判断时会出现漏诊。因此，建议单独使用钠离子和钾离子去进行评估。

猫肾上腺皮质功能减退的影像学诊断结果尚未在系统研究中报道（图7-4-3）。根据犬病经验可以推测，超声波检查肾上腺的大小可能提供肾上腺皮质功能减退的辅助证据。正常猫肾上腺的长度为8.9~12.5mm，头侧厚3.0~4.8mm，尾侧厚3.0~4.5mm。

猫肾上腺皮质机能减退使用ACTH刺激试验进行确诊。可以在静脉或肌内注射ACTH前后检测可的松浓度。目前尚未见关于猫ACTH刺激试验的最佳剂量和抽血时间。因此，推荐一个相对大的剂量（125μg/只）和在注射后1h抽血检测。刺激后可能是浓度大于1.4μg/dL（40nmol/L）能排除肾上腺皮质功能减退。使用低剂量可能会增加过度诊断的风险。

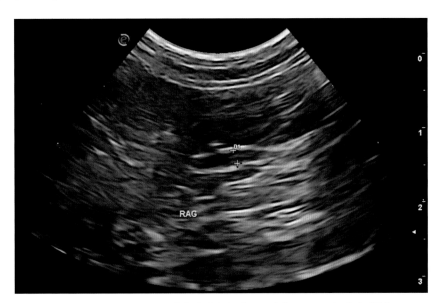

图7-4-3　患猫萎缩的肾上腺，厚度为1.8mm（汤永豪 供图）

四、治疗

肾上腺皮质功能减退患猫的治疗方案与犬相似，急性期治疗包括纠正低血容休克、高钾血症、低钠血症、低体温，治疗胃肠道出血和给予激素。与犬相比，对猫急性处理的反应相对较慢，有些病例需要3~5d才能完全作出反应。慢性期管理通常使用泼尼松龙、乙酸氟氢可的松、去氧皮质酮等药物，并根据离子浓度和临床症状进行剂量调整。

第五节　特发性高钙血症

血清钙以离子钙（iCa，50%~60%）、蛋白结合钙（35%）及复合钙（10%）三种形式存在。大多数化学分析中所测定的钙为总钙水平及三种形式钙的总和。高钙血症指血清总钙浓度超过

3mmol/L，当iCa水平高于3.75mmol/L时患猫可出现严重的临床症状，高钙血症没有明显的性别和年龄分布特点。

一、病因

猫高钙血症最常见的原因有肾病、恶性肿瘤、原发性或继发性甲状旁腺功能亢进，特发性高血钙等；不常见的原因包括维生素D中毒、医源性、阿狄森及肉芽肿性疾病等。

慢性肾衰竭的猫会出现高钙血症，少数情况下会出现急性肾衰竭。高钙血症与肾功能衰竭相关的发病机理是复杂的，长期高钙血症会导致肾结石、加剧肾功能不全和氮质血症。判断一只患有高钙血症、高磷血症和氮质血症猫的肾衰竭是原发还是继发的，是一项有意义的诊断挑战。

二、临床症状

临床症状并不明显（图7-5-1），只有在离子钙iCa升高时才出现，高钙血症患猫最常见的临床症状是食欲减退和嗜睡，多饮、多尿较少见。慢性肾病患猫一般不表现高钙血症症状，症状通常在恶性肿瘤、原发性甲状旁腺功能亢进时出现。

主要临床症状包括心动过缓、心律失常、肌肉抽搐及痉挛、昏睡及昏迷（图7-5-2）。如果iCa超过20mg/dL则可发生死亡。在特发性高血钙时，临床症状通常非常轻微，主要表现为厌食、昏睡、体重下降（图7-5-3）、间歇性呕吐或便秘。在患有原发性甲状旁腺功能亢进时，50%的猫可在颈部触诊到肿块。鳞状细胞癌与淋巴瘤一样常伴有高钙血症。

图 7-5-1　高钙血症的猫，外观可能没有明显异常（马云峰与毛军福 供图）　　图 7-5-2　高钙血症患猫，嗜睡、食欲减退（马云峰与毛军福 供图）　　图 7-5-3　高钙血症患猫，消瘦、食欲减退（马云峰与毛军福 供图）

三、诊断

高钙血症的诊断（图7-5-4）相对是容易的，但是需要注意的是，识别引起高钙血症的原因并加以管理。

所有高钙血症患猫均应获得完整的病史并进行评估，然后进行仔细的体格检查。应确定任何临床症状的持续时间和接触含有维生素D成分的可能性。应仔细评估外周淋巴结的大小，任何肿大的淋巴结都应该进行细针抽吸或活检。

　　血液检查通常是可以提供信息的，应特别注意电解质、白蛋白、尿素（BUN）、磷酸盐和肌酐浓度、尿液比重等。当高血钾猫出现高钙血症时，应考虑阿狄森。特发性高钙血症中总钙和离子钙浓度均呈中度升高，甲状旁腺素（PTH）和甲状旁腺素相关肽（PTHrP）检测结果可能使临床医生了解高钙血症的发病机制（图7-5-5），并且是确诊的信息要素。iCa（图7-5-6）和维生素D代谢物检测也可同时进行。

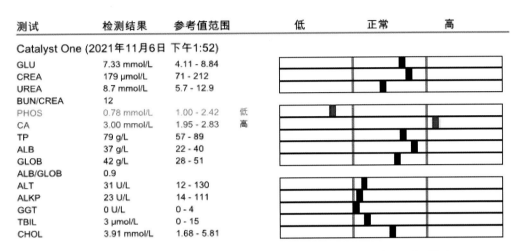

测试	检测结果	参考值范围		低	正常	高
Catalyst One (2021年11月6日 下午1:52)						
GLU	7.33 mmol/L	4.11 - 8.84				
CREA	179 μmol/L	71 - 212				
UREA	8.7 mmol/L	5.7 - 12.9				
BUN/CREA	12					
PHOS	0.78 mmol/L	1.00 - 2.42	低			
CA	3.00 mmol/L	1.95 - 2.83	高			
TP	79 g/L	57 - 89				
ALB	37 g/L	22 - 40				
GLOB	42 g/L	28 - 51				
ALB/GLOB	0.9					
ALT	31 U/L	12 - 130				
ALKP	23 U/L	14 - 111				
GGT	0 U/L	0 - 4				
TBIL	3 μmol/L	0 - 15				
CHOL	3.91 mmol/L	1.68 - 5.81				

图 7-5-4　猫临床生化中的总钙升高，血清磷酸盐浓度降低 (马云峰与毛军福 供图)

检测项目 The test item	全段甲状旁腺激素（猫）	送检样本 Sample	血清	样本质量 Sample quality	正常
检测项目 Test items	单位 Unit		结果 Results	参考值 Reference	
PTH	pmol/L		0.73	0-4	

说明：

1. 重要注意事项：血液采集后需要尽快在血液凝固后离心分离，并且尽量保持冷冻（-20℃）状态送检至实验室。

2. 测试结果超出参考值范围，建议考虑为甲状旁腺功能亢进病变。更具体的分类（原发性，继发性）需结合其他检测指标和临床症状综合判读。

3. 如测试结果为参考值范围高限水平，但动物表现出高钙血症，并且肾功能正常，仍然需要考虑甲状旁腺功能亢进病变。

4. 如测试结果低于参考范围，特别是低至无法检出水平，则高度建议甲状旁腺机能减退，但仍需结合临床症状和其他测试指标综合判断确诊。如有条件，建议直接至实验室采样检测以减少转运造成的误差。

图 7-5-5　猫 PTH 检测结果提示甲状旁腺功能亢进 (马云峰与毛军福 供图)

NA钠	149	mmol/L	147~162	
K(钾)	3.2	mmol/L	2.9~4.2	
iCa（游离钙）	1.73 ↑	mmol/L	1.2~1.32	
GLU(血糖)	126	mmol/L	60~130	
Hct（红细胞压积）	41 ↑	%PCV	24~40	
Hb（血红蛋白）	13.9 ↑	g/dL	8~13	

图 7-5-6　猫血清离子钙升高 (马云峰与毛军福 供图)

胸部影像通常是需要做的，因为纵隔肿物，如淋巴瘤和胸腺瘤都是高钙血症最常见的原因。腹部超声波检查有助于鉴别肿瘤性或肉芽肿性病变。颈部腹侧超声波检查可能会观察到甲状旁腺结节。

四、治疗

高钙血症的治疗首先考虑的是治疗潜在疾病。可通过输液治疗来纠正脱水、改善水合状态、稀释血钙浓度。利尿剂（通常在与肾病无关的病例），可在体液纠正后考虑给予。在静脉补液及利尿剂无法稳定的高钙血症，可给予糖皮质激素，糖皮质激素可以减少骨吸收钙，减少小肠吸收，增加肾脏钙的排出，但考虑其副作用和对其他病因可能产生的影响，在确诊之前不建议采用此类药物治疗。

慢性高钙血症中，即使血钙升高的幅度不大，也建议进行治疗，因为长时间的高钙血症可能会导致异位钙化，从而引起多器官功能障碍。在慢性高钙血症中，饮食方面建议采用低蛋白/低磷饮食，在慢性高钙血症中，可参考病情使用肾脏处方粮。药物方面主要可以考虑阿仑膦酸钠，之后根据复查结果进行调整，如不能控制可考虑增加糖皮质激素。阿仑膦酸钠不应与食物同服，且可能会引起食道或胃溃疡，所以不应拆分服用。除上述方法外，还可使用降钙素帮助控制血钙。

五、预后

该病的预后在很大程度上取决于引起高钙血症的原因，以及猫对治疗的反应是否良好。在患有特发性高钙血症的猫中，易出现组织钙化，从而引起相关器官的功能障碍。

第六节　肢端肥大症

一、病因

猫肢端肥大症（Acromegaly），又称生长激素过度分泌症，是成年猫长期过度分泌生长激素的结果。猫肢端肥大症是由分泌过量生长激素的垂体腺瘤引起的。生长激素的合成代谢需要通过中间激素胰岛素样生长因子1（Insulin-like growth factor 1，IGF-1）发挥作用。

与人类生长激素过度分泌症一样，猫肢端肥大症是由功能性促生长腺瘤或垂体增生引起的；随后出现慢性生长激素和生长激素过度分泌。

二、临床症状

猫肢端肥大症多见于中老年（8~14岁）雄性短毛猫，通常与无法控制的糖尿病有关。因此，多饮、多尿、多食和胰岛素抵抗是最常见的症状；其次，头部增大、下颌突出、四肢增大、爪部增大、指甲快速生长、咽部组织增厚；脏器肿大包括肝肿大、心脏肥大、心脏杂音、慢性肾衰等临床异常。由于生长激素对胰岛素和糖代谢的影响，糖尿病病情很难缓解，在适当的胰岛素注射和饮食治疗后的最初几个月内仍无法良好控制血糖的患猫应考虑肢端肥大症，但血糖控制不良的原因也有很多，应做充分排查后再考虑进行肢端肥大症筛查。

有些猫的四肢、体形、下颌、舌头和前额典型地增大（图7-6-1），这是人类肢端肥大症的特征。在肢端肥大症临床症状出现之前拍摄的照片，特别是在猫年轻时拍摄的照片，可能会有所帮助（图7-6-2）。口腔和咽部软组织的生长可能导致典型的喘鸣音。骨征相关的颅骨和下颌骨扁平骨生长；临床上，可发现齿间间隙增加。此外，也可观察到单关节炎或多关节炎、退行性关节病的影像学证据，即使无跛行症状出现。

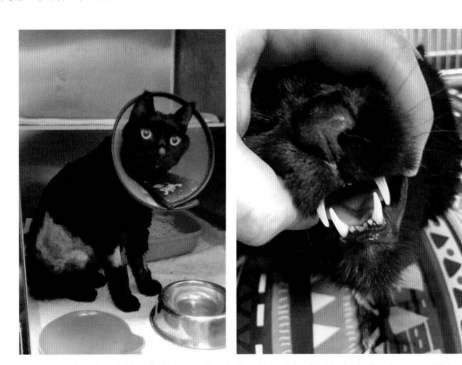

图 7-6-1　左图为 4 岁糖尿病患猫同时发现患有肢端肥大症时的外观，身体头部、爪子增大；
右图显示该猫下颌骨略突出（毛军福 供图）

三、诊断

1. 实验室检查

在不伴有氮质血症的肢端肥大症患猫上观察到轻度红细胞增多症，可能是生长激素对骨髓合成代谢作用的结果；轻度至重度高蛋白血症（大于8.0g/dL）；然而，血清蛋白与电泳蛋白比例通常是正常的。

所有肢端肥大症患猫都存在导致糖尿病的糖耐量受损和胰岛素抵抗。内源性胰岛素测量显示血清胰岛素浓度显著升高。尽管有严重的胰岛素抵抗和高血糖，酮症酸中毒是罕见的。任何患有胰岛素抵抗的糖尿病患猫 [大于 2U/（kg·d）] 都应该考虑猫肢端肥大症。糖尿病状态可导致高胆固醇血症和肝酶轻度升高。无氮质血症的高磷血症也是常见的临床实验室表现。

猫肢端肥大症可能会并发肾小球疾病，但其病因尚不清楚，推测其肾脏病变类似于控制不良的糖尿病或糖尿病性肾病引起的超滤损伤。最近的一项研究表明，70% 的肢端肥大症患猫有蛋白尿。除持续性蛋白尿和糖尿外，尿液分析无显著异常。尿蛋白与肌酐比通常轻度升高，由于肾小球滤过增加，可能出现微量白蛋白尿。尿比重通常不受影响。

图 7-6-2　左图为 12 岁糖尿病患猫同时发现患有肢端肥大症时的外观，身体肢端部分（头部、爪子等）增大；右图为同一只猫约 5 年前的照片（毛军福 供图）

2. 普通影像学检查

对没有心血管疾病症状的肢端肥大症患猫进行胸部 X 射线检查，常发现心脏肥大。在有血管疾病症状患猫中，除了心脏肥大外，还可能存在左侧或双侧慢性心功能不全（CHF）的体征，如肺门周围肺水肿和/或胸腔积液。肢端肥大症患猫的心脏超声波检查变化包括室间隔和左室游离壁增厚。除了明显的肝脾肿大和肾肿大外，腹部 X 射线片和超声波检查均不显著。患有 CHF 的肢端肥大症患猫可能有明显的腹腔积液。肢端肥大症患猫退行性关节病相关的 X 射线改变包括关节周围骨膜反应和骨赘增生、软组织肿胀和关间隙塌陷。一些肢端肥大症猫的颅骨发生了变化，包括鼻骨、小梁和颌骨骨质增生。

3. 生长激素测定

常规实验室评估应排除导致胰岛素抵抗的其他原因，如尿路感染、胰岛素服用问题、饮食不合规、并发甲状腺功能亢进等。无论是人类还是猫，肢端肥大症都是一种诊断不足的疾病。因此，任何在适当的碳水化合物限制和胰岛素治疗后未能进入缓解期的猫，都应该通过胰岛素样生长因子-1（IGF-1）和/或生长激素（GH）检测来筛查肢端肥大症。

（1）胰岛素样生长因子-1（IGF-1）测定。患肢端肥大症时，猫血清 IGF-1 浓度通常显著升高。然而，IGF-1 浓度升高并不能提供一个明确的诊断，因为 IGF-1 在明显的非肢端肥大症糖尿病患猫中增加也已被报道。

尚未开始胰岛素治疗的糖尿病患猫或治疗时间短于 6 周的患猫可能出现 IGF-1 检测假阴性的结果，因为胰岛素的分泌受损会影响肝脏 IGF-1 的正常表达。

一项研究显示，IGF-1 大于 10μg/L 有 94% 的可能是生长激素增多症，图 7-6-3 为 12 岁患病白猫实验室检测 IGF-1 的数值为 31.64μg/L，提示为肢端肥大症。

（2）生长激素（GH）测定。物种特异性生长激素分析（犬、猫）在国内尚未商用。

4. 垂体成像

计算机断层扫描（CT）或磁共振成像（MRI）显示大多数肢端肥大症患猫都有一个巨大的垂体肿块（图 7-6-4）。然而，随着疾病诊断和早期发现的最新进展，大约 10% 的肢端肥大症患猫不会显示垂体瘤的迹象。高级影像学检查的垂体成像结果，加上排除其他导致胰岛素抵抗的疾病（甲状

测试结果

样品状态：　　液体　　　　　　　　　　　　样品来源：　　委托人送样

序号	测试项目	测试结果	单位	检出限	测试方法/仪器
1	IGF-1 含量	31.64	μg/L	/	试剂盒

图 7-6-3　同图 7-6-2 糖尿病并发肢端肥大症患猫（白猫）血清 IGF-1 数值 31.64μg/L

腺功能亢进、肾上腺皮质功能亢进）和临床体征及实验室异常，支持肢端肥大症的诊断。

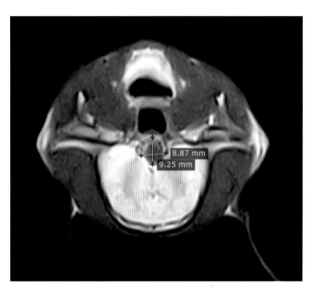

图 7-6-4　同图 7-6-1 肢端肥大症伴糖尿病患猫（黑猫）的脑部 MRI 影像，下丘脑垂体区可见肿物，大小约 8.87mm×9.25mm（毛军福 供图）

四、治疗

1. 药物治疗

可使用多巴胺激动剂，如溴麦角环肽和生长抑素类似物（奥曲肽）。奥曲肽对肢端肥大症患猫的治疗是轻度至中度有效。

长效生长抑素类似物（帕瑞肽，诺华）仅需每月注射一次，大大提高了患猫主人的依从性，约50%的患猫对单一疗法有反应，缺乏效力可能是由于物种特异性组织结合所致。生长激素受体拮抗剂培维索孟可能有助于治疗对生长抑素无反应的人类患者，然而这种药物尚未在患有肢端肥大症的猫身上进行评估。

2. 放疗

提供了最大的成功机会，发病率和死亡率均较低，也可用于较大肿物外科手术治疗前的减瘤治疗。但缺点是肿瘤收缩速度慢（＞3年）、垂体功能减退、脑神经和视神经损伤以及下丘脑的辐射损伤。在某些情况下，通过放射治疗，尤其是基于线性加速器的改良放射外科治疗，最终临床症状得以缓解。

3. 手术治疗

手术治疗是人类肢端肥大症患者的标准治疗方法；事实上，鼻内窥镜下经蝶垂体手术可以取得很好的效果。在猫中，经蝶骨垂体切除术需要外科技术能力支持，仅在特定地区可以开展。垂体冷冻消融术被作为一种新的治疗猫肢端肥大症的方法，这种疗法的疗效还需进一步验证。

五、预后

未经治疗的肢端肥大症患猫的短期预后一般到良好，胰岛素抵抗通常可以通过足量的胰岛素治疗和饮食疗法得到令人满意的控制。然而，长期预后相对较差，大多数猫死于CHF、慢性肾功能衰竭（CKD）、垂体肿大引起的神经症状，或由于糖尿病控制不良而施行安乐死。通过早期诊断和适当的治疗（手术、放疗），长期预后可能会改善。

第八章

猫皮肤病

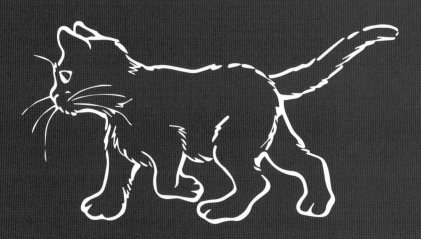

第一节　常见的四种皮肤病表现模式

　　猫的皮肤病在各种原发病因的作用下，可能表现几种特殊的病变模式。这4种病变模式分别为嗜酸性肉芽肿、嗜酸性斑、惰性溃疡和粟粒状皮炎。其细胞学检查常见嗜酸性粒细胞，若有继发感染可能会有中性粒细胞和细菌。通常，临床可见影响猫皮肤、皮肤黏膜交界处和口腔的一组病变，注意这是一种皮肤黏膜反应模式，而非诊断。

1. 临床表现

　　嗜酸性肉芽肿常发于猫皮肤、皮肤黏膜和口腔黏膜，主要部位是后肢、面部和口腔，是一种非瘙痒性的丘疹、结节或突起的椭圆形至线形斑块，质地坚硬，颜色多变。除此之外，口腔下唇溃疡斑块也属于嗜酸性肉芽肿（图8-1-1、图8-1-2）。

图 8-1-1　猫下唇的嗜酸性肉芽肿 (施尧 供图)　　　　图 8-1-2　猫尾背部的嗜酸性肉芽肿 (施尧 供图)

　　嗜酸性斑可能是单病灶或多病灶，于腹部、腹股沟、颈部多见，表现为边缘清晰、突起、红斑、糜烂、渗出，斑块中或有白色坏死灶，伴有瘙痒；其外观为椭圆形至线形，长轴朝着猫可以舔舐的身体部分（图8-1-3、图8-1-4）。

　　惰性溃疡常见于猫上嘴唇，表现为结痂、红斑和嘴唇边缘压迫性溃疡，病变会扩大为圆形的、红棕色的光滑脱毛区域，扩大的病变有一个中心凹陷的溃疡的肉芽肿组织，组织中可能有黄色到白色坏死组织，病变边缘突起，形成肿胀、坚硬和增生性的溃疡物质。惰性溃疡无痛、无瘙痒（图8-1-5）。

　　粟粒状皮炎也是一种皮肤病的表现模式，通常猫颈背部、头部多见，以小的丘疹、结痂为特征，眼观时因猫的毛发厚重而不明显，通常触诊时可触及，伴有瘙痒（图8-1-6、图8-1-7）。

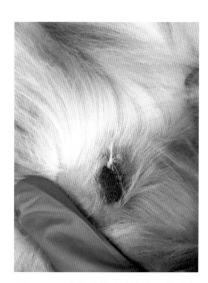

图 8-1-3　猫前肢的嗜酸性斑，患猫瘙痒，存在舔舐 (施尧 供图)

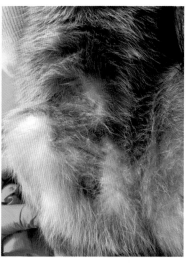

图 8-1-4　猫腹部的嗜酸性斑，患猫瘙痒，存在舔舐 (施尧 供图)

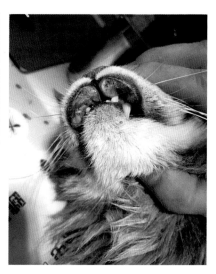

图 8-1-5　猫上唇对称性的惰性溃疡，无痛无瘙痒 (施尧 供图)

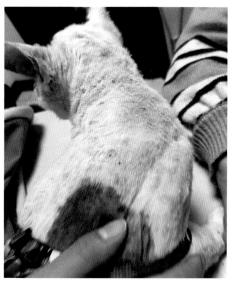

图 8-1-6　猫背部的粟粒状皮炎 (施尧 供图)

图 8-1-7　猫耳郭的粟粒状皮炎 (施尧 供图)

2. 治疗

对于这4种病变模式的治疗，需要找到原发病因（如过敏），同时给予对症治疗。

第二节　过敏性皮肤病

部分猫过敏性皮肤病难以治愈，患猫和主人的生活质量会受到较大影响。临床上，常见的引起猫皮肤病的过敏性因素主要包括寄生虫、食物以及特应性综合征。

一、跳蚤引起的过敏性皮炎

1. 病因

猫身上最常见的蚤种是猫栉首蚤。跳蚤可以是多种疾病的原因和/或媒介，幼猫的贫血、绦虫感染、莱姆病、病毒、血液寄生虫、猫抓病和跳蚤过敏等。

跳蚤叮咬性过敏是由跳蚤叮咬导致的超敏反应，是跳蚤引起的最常见疾病类型，其患病率取决于地理区域和当地的寄生虫预防习惯。

跳蚤通过动物真皮的表皮插入口器，并从动物毛细血管中吸取血液。在这一过程中，它们会在表皮和真皮浅层沉积多达15种唾液蛋白，从而软化组织和防止血液凝固。对这些蛋白质产生的超敏反应会引起局部水肿和细胞浸润，这构成了咬伤后可能出现的红斑和丘疹。目前还没有具体的研究成果以明确与自然致敏的猫相关的跳蚤唾液的精确致敏成分。有报道称猫唾液抗原-1（FSA1）可能是实验致敏的实验室猫的主要跳蚤唾液抗原。

目前临床上关于猫跳蚤过敏的发病机制知之甚少。大多数对跳蚤过敏的猫对跳蚤变应原的皮内试验显示立即阳性反应，也有人描述了迟发的4型反应。酶联免疫吸附试验（ELISA）检测发现，跳蚤过敏猫血清中存在过敏原特异性IgE。晚期IgE介导的细胞反应和皮肤嗜碱性粒细胞超敏反应尚未在猫中确定。

2. 临床症状

猫跳蚤过敏性皮炎有其特有的皮肤病表现模式，即粟粒状皮炎（图8-2-1）、自损性脱毛（图8-2-2）、头颈部表皮剥脱和嗜酸性肉芽肿。粟粒状皮炎是丘疹结痂后在皮肤上形成的隆起，多出现在患猫背部和颈部；自损性脱毛是由于瘙痒引起的患猫过度理毛的结果，多发生在患猫后肢内侧和腹部；患猫头颈部表皮剥脱多为抓挠导致；嗜酸性肉芽肿包括嗜酸性斑块（图8-2-3）、线性肉芽

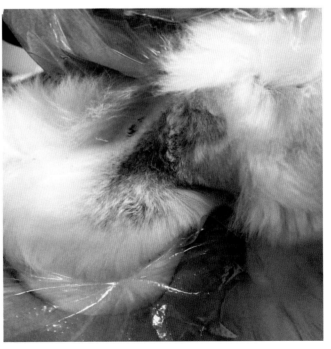

图 8-2-1　猫由于跳蚤过敏，耳前脱毛、丘疹、结痂，
是粟粒状皮炎的典型表现（张迪 供图）

图 8-2-2　猫由于跳蚤过敏，颈部出现自损性脱毛
（张迪 供图）

肿、惰性溃疡和嗜酸性溃疡4种表现。

3. 诊断

在被毛上发现跳蚤或蚤粪可确诊该病；在和猫主人充分沟通之后，直接进行治疗性诊断。

4. 治疗和预后

跳蚤治疗和管理的方案见体外寄生虫章节。某些患猫极度瘙痒，需要对症治疗，可选择糖皮质激素，如泼尼松龙（1~2mg/kg，每日1次，连用7~10d）。

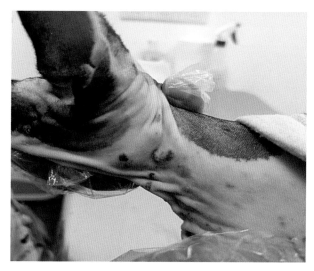

图 8-2-3　猫由于跳蚤或食物过敏，颈部出现红斑、溃疡，表现为嗜酸性斑块 (张迪 供图)

二、食物过敏

1. 病因

猫食物过敏（食物不耐受）是猫的一种非季节性瘙痒性皮肤病。有关报道显示，猫食物过敏性皮肤病的发病率在猫所有的皮肤病中所占的比例为1%~6%。

在该病的大多数临床病例中，并不清楚其症状到底是由过敏反应引起，还是由非免疫介导性疾病导致。大多数临床病例也并未能确定该病的发病机制，目前能确定的也只是饮食和瘙痒或皮炎之间存在一定的联系。针对食物中引起皮炎的刺激性原料或过敏原的研究工作做得还很少。有报道表明，猫弓首线虫感染会增强口服抗原后的IgE反应。因此，对于遗传易感性过敏体质的个体而言，体内寄生虫的感染可能是诱发食物过敏反应的重要因素。其他的过敏反应很可能与食物过敏有关，但是目前仍缺乏这一领域的相关研究。

研究显示，牛肉、奶制品和鱼是最为常见的引发食物过敏的食物；同时，猫有可能对食物中含有的色素、防腐剂、树胶和组胺等添加剂的混合性食物过敏。

2. 临床症状

临床症状和前文提到的跳蚤过敏性皮炎基本一致，包括非季节性的瘙痒，以头颈部为主。皮肤还会表现出外耳炎（图8-2-4）、脓皮病，少数患猫可能出现胃肠道症状。

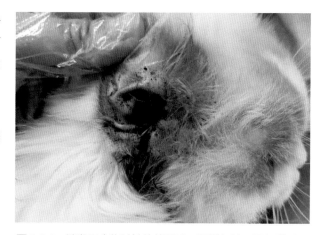

图 8-2-4　继发于食物过敏的外耳炎，耳道红肿，面部脱毛，皮肤变红 (张迪 供图)

3. 诊断

首先要排除其他类似疾病，然后进行食物排除与激发试验：选择患猫未接触过的单一蛋白质和单一碳水化合物的日粮或选择商品化的低敏粮进行饲喂，至少需要6~8周的时间。在食物排除试验期间，需同时治疗并控制瘙痒和继发感染。8周以后，若皮肤情况和瘙痒有改善，可进行食物激发试验，即喂食猫可疑的食物。若1~2周内再次出现之前的表现，说明患猫对这种食物过敏。

4. 治疗和管理

确诊患猫需要长期饲喂不会引起过敏的食物，同时要控制患猫临床症状和继发感染。

三、猫特应性综合征

1. 病因

猫特应性综合征发病机制复杂，学术界尚未确定具体病因。曾经认为主要是由室内尘螨和花粉等环境过敏原引起的 I 型超敏反应（与IgE有关），但是目前对这种推测尚有争议。

虽然猫特应性综合征在犬和人类中已经有了很好的定义和特征，但其发病机制和临床表现仍不太清楚。即使存在许多相似之处，猫和犬的特应性皮炎是否是同一种疾病，仍未有定论。一般来说，当比较两个物种的过敏性皮肤病时，猫的已知/记录要少得多，特别是在特应性皮炎方面。虽然自1982年以来术语"猫的特应性体质"一直是兽医文献的一部分，但在讨论猫的疾病时，这个术语已不多使用。"猫特应性皮炎"最初用于描述患猫的一种临床综合征，表现为复发性瘙痒性皮肤病，皮内试验对几种环境变应原呈阳性反应，并且瘙痒的其他原因（如外部寄生虫、感染）已被排除。由于缺乏免疫球蛋白 E（IgE）参与疾病过程的确凿证据，大多数兽医皮肤科专家在提到猫特应性皮炎时，倾向于称为"猫特应性综合征"（FAS）或"非蚤非食物超敏性皮炎"（NFNFHD）。

2. 临床症状

猫特应性综合征临床症状多样，包括瘙痒、趾间炎（图8-2-5）、嗜酸性肉芽肿综合征和嗜酸性斑块（图8-2-6）、头颈部表皮剥脱（图8-2-7）、粟粒性皮炎（图8-2-8）、自损性脱毛（图8-2-9）。或可能伴有结膜炎、外耳炎、中耳炎、打喷嚏、咳嗽或胃肠道症状，如呕吐、腹泻、软便和排便次数增多等。

3. 诊断

排除了其他所有引起猫瘙痒的病因，可诊断为猫特应性综合征。过敏原检测虽可采用皮内试验或者血清过敏原特异性IgE检测，目的是方便后续进行过敏原特异性免疫疗法，但并不能诊断猫特应性综合征。

4. 治疗和预后

治疗分为短期治疗和长期治疗。短期治疗主要包括治疗继发的细菌或真菌感染，预防控制体外

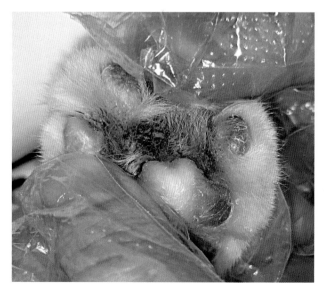

图 8-2-5　猫特应性综合征，继发细菌感染引起的趾间炎（张迪 供图）

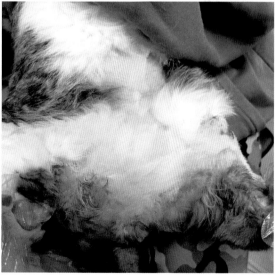

图 8-2-6　猫特应性综合征，后肢表现为自损性脱毛、嗜酸性斑块，发红（张迪 供图）

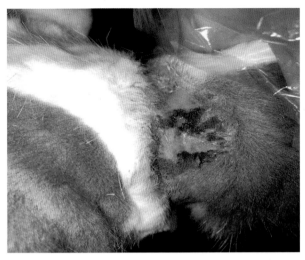

图 8-2-7　猫特应性综合征，颈部表皮剥脱，有渗出和结痂（张迪 供图）

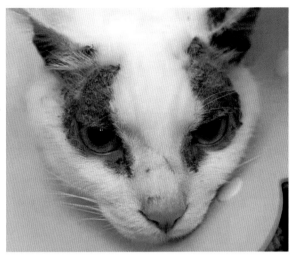

图 8-2-8　猫特应性综合征，耳前和眼周严重的粟粒状皮炎，表现为脱毛和结痂性丘疹 (张迪 供图)

寄生虫，控制瘙痒。长期治疗包括过敏原特异性免疫疗法，皮下注射剂量逐渐增加的过敏原提取物，一般需要进行9~12个月方可见效，这种治疗方法对60%~78%的患猫有效。

控制瘙痒可采用以下药物：

（1）糖皮质激素。糖皮质激素是治疗猫特应性综合征的主要药物，主要有泼尼松龙，1~2mg/kg，一天2次，口服7~10d，后逐渐减少到最低剂量，以控制临床症状。甲基强的松龙，1.6~3.2mg/kg，一天1次，根据临床症状降低剂量。地塞米松，0.1~0.2mg/kg，一天1次，口服3~5d，后降低剂量。甲基强的龙醋酸盐，5mg/kg，每6~8周皮下注射1次。

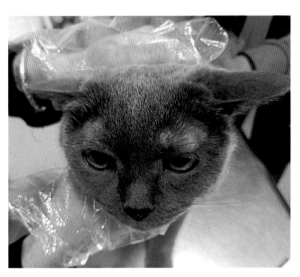

图 8-2-9　猫特应性综合征，面部对称性自损性脱毛（张迪 供图）

某些患猫对不同类型的糖皮质激素反应不同，如果泼尼松龙没有明显效果，可尝试使用甲基强的松龙或地塞米松。除非完全无法口服给药，才会考虑皮下注射长效糖皮质激素。

糖皮质激素除了全身使用外，还可局部使用。使用含有倍他米松或乙酸氢化可的松的药膏或喷雾。糖皮质激素有副作用，需定期复诊、测量体重、进行血检和尿检以监测。

（2）环孢素。环孢素可用于治疗猫特应性综合征，剂量为5~7.5mg/kg，口服，一天1次。环孢素的副作用主要是胃肠道症状，包括软便、腹泻、呕吐、腹痛和厌食，此外还可能出现牙龈增生、多毛症和继发感染。

（3）抗组胺药。抗组胺药可单独使用，也可以和糖皮质激素及必需脂肪酸联合使用，通常情况下在用药1~2周内便可看到效果：扑尔敏，2~4mg/只，一天1次；苯海拉明，1~2mg/kg，一天1次或一天2次；羟嗪，1~2mg/kg，一天2次；希普利敏，0.5~1mg/kg，一天3次。这类抗组胺药可能导致镇静、腹泻或呕吐、尿潴留、食欲增加、体重增加和喂药时明显流涎等副作用。

（4）必需氨基酸。使用必需氨基酸可以控制20%~25%的瘙痒，但使用3个月后才会有效果。

有报道称必需脂肪酸、糖皮质激素、抗组胺药物之间有协同作用，所以，建议与其他止痒药同时使用。

（5）奥拉替尼。该药主要应用于犬，在猫上无使用批文，但有文献证实该药有一定效果，可以考虑作为激素类药物的替代药，使用剂量为0.4~0.6mg/kg，一天2次。70%~75%的患猫可减少50%以上的瘙痒。如果推荐剂量效果不佳，切勿增加剂量继续使用，用药剂量超过0.7mg/kg可能会导致猫氮质血症。

（6）其他治疗方法。可以尝试使用治疗神经性瘙痒或疼痛的药物，如加巴喷丁，10mg/kg，口服，一天2次，可逐渐增大剂量；普瑞巴林，5mg/kg，口服，一天2次或一天1次；托吡酯，5mg/kg，口服，一天2次。如果有效，可继续使用上述药物；用药2~3周还看不到效果，应停止使用。

预防时可考虑使用伊丽莎白圈、穿衣服或使用爪套，以减少猫自我损伤。

第三节　体外寄生虫病

猫容易感染体外寄生虫，每一种寄生虫导致的症状不尽相同。本章主要介绍猫常见的体外寄生虫，包括跳蚤、姬螯螨、耳螨和蠕形螨。

一、跳蚤

1. 病因

猫皮肤最常见的跳蚤是猫栉首蚤，其整个生活史可持续174d。跳蚤适宜的生存环境湿度约70%，气温在20~30℃。猫的生活环境如满足这样的条件，更容易出现跳蚤感染。

跳蚤可以是多种疾病的病因和/或媒介，临床发现如果猫身上有绦虫或主人患上猫抓病，即使携带宿主猫没有症状，也是跳蚤为患的迹象。

2. 临床症状

感染跳蚤的猫可能无任何临床症状。如果对跳蚤过敏，其背部可能会出现粟粒状皮炎，由于过度梳毛导致后肢内侧及腹部脱毛（图8-3-1），并可表现为嗜酸性肉芽肿。

3. 诊断

（1）使用跳蚤梳或直接在猫被毛上发现跳蚤或跳蚤粪便（图8-3-2至图8-3-4），可确诊该病。

（2）治疗性诊断。若猫在梳毛时将跳蚤吞下，则难以诊断。临床多采用治疗性诊断，当

图 8-3-1　跳蚤过敏的猫由于过度理毛导致后肢内侧脱毛，皮肤发红（张迪 供图）

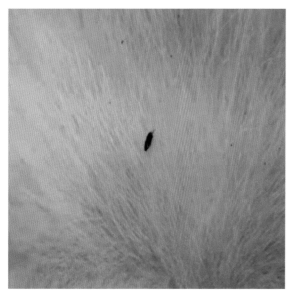

图 8-3-2　猫躯干上的跳蚤（张迪 供图）

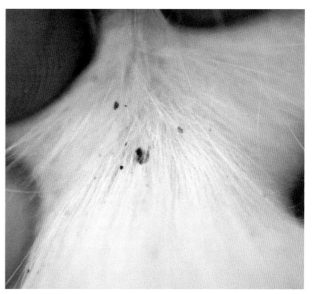

图 8-3-3　猫皮肤上黑色污物为跳蚤的粪便（张迪 供图）

怀疑是跳蚤引起的皮肤病时，采取相应的治疗方式。

4. 治疗和预后

选用含有赛拉菌素、非泼罗尼、吡虫啉或等效的滴剂，每月1次；选用含有吡虫啉和氟氯苯菊酯的防跳蚤项圈，保护力度约8个月；口服驱跳蚤药烯啶虫胺，每日1次、隔日1次或一周2次；多杀菌素或异噁唑啉，每月1次。环境控制，可使用含有杀虫剂（氯菊酯）和昆虫生长调节剂（甲基戊二烯）的产品喷洒环境。

二、姬螯螨

1. 病因

姬螯螨病是由寄生在猫皮肤表面的姬螯螨

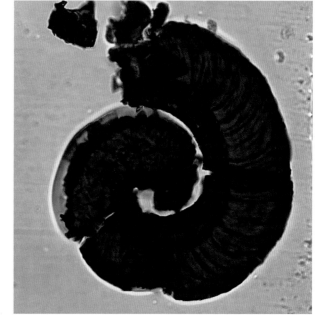

图 8-3-4　跳蚤粪便（40倍镜下）（张迪 供图）

引起的皮肤病，症状较轻微，但高度传染。姬螯螨可感染多种动物，并可在犬、猫、兔子和人类之间传播。虫体较大，可通过其外形和钩状的口器识别（图8-3-5）。

2. 临床症状

猫背部和躯干的被毛内有大量白色皮屑，大小不一。瘙痒情况不定，某些猫可能无症状。

3. 诊断

皮肤学检查：通过浅表皮肤刮片或使用胶带取样，镜检看到姬螯螨成虫或虫卵即可确诊，可以通过取多个样本来增加镜检的敏感性。

4. 治疗和预后

外用含有赛拉菌素的滴剂，建议每2周使用1次，6周1个疗程；选用含有非泼罗尼的喷剂，每

2周使用1次。姬螯螨的传染性很强，所有与猫接触的动物都需要同时治疗，患猫的垫子、梳子等均需消毒。

三、耳螨

1. 病因

耳螨不会打洞，只寄生在皮肤表面。耳螨有4对足，伸出身体边缘。雄性耳螨4对足上均有短的吸盘，雌性耳螨则是前2对足上有吸盘。耳螨的生命周期有3周左右，成年的耳螨可以存活2个月，离开宿主后，根据环境的湿度和气温不同，可以存活5~17d。

耳螨具有极强的传染性，主要通过直接接触传播。同一只猫的一只耳朵受到感染则另一只耳朵受到传染的概率很大。这种疾病影响幼猫和成年动物，青年猫有先天性倾向。

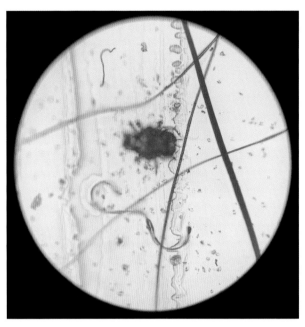

图 8-3-5　姬螯螨（100 倍镜下）（张迪 供图）

2. 临床症状

患猫耳道的上皮细胞产生大量分泌物，这样的分泌物以及血液和耳螨的碎片（图8-3-6）呈现咖啡渣样（图8-3-7）。

被感染的猫会表现出不同的临床症状。有些猫耳道内有大量的分泌物但是不表现出临床症状，有些猫耳道分泌物很少但耳朵却非常瘙痒。病变主要局限在外耳，抓挠可能会导致猫的耳部和头部表皮剥脱。耳螨偶尔也会在猫的其他部位发现，特别是颈部、臀部和尾部，常引起瘙痒。

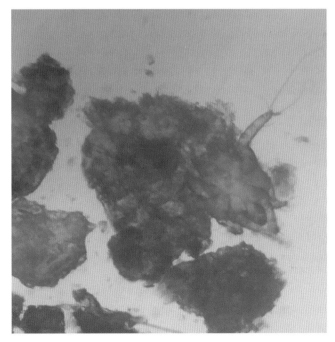

图 8-3-6　显微镜下可见耳螨图像（100 倍镜下）
（张迪 供图）

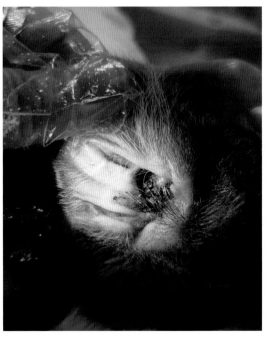

图 8-3-7　患猫耳道内有咖啡渣样分泌物
（张迪 供图）

3. 诊断

使用耳镜检查可见米白色的耳螨（图8-3-8）。耳部分泌物显微镜检查可检出耳螨或耳螨的卵。

4. 治疗及和预后

如耳道分泌物较多，先使用去耳垢的洗耳剂充分清洗耳道，耳道中的耳螨可以使用含有矿物油的洗耳液来治疗。选用含有赛拉菌素的滴剂，建议一月1次，连用2次；或两周1次，连用3次；选用含非泼罗尼的滴剂，建议每10~30d使用1次；选用含有莫昔克丁的滴剂，也非常有效；口服异噁唑啉类药物效果更好。

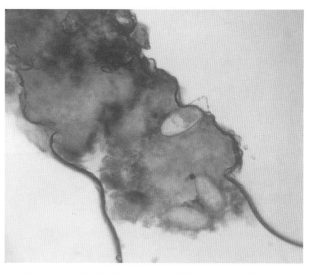

图8-3-8　耳部分泌物中可见耳螨的卵（100倍镜下）
（张迪 供图）

四、蠕形螨

1. 病因

猫蠕形螨感染整体不常见，主要有猫蠕形螨（Demodex cati）、戈托伊蠕形螨（Demodex gatoi）和一种不知名的蠕形螨（Demodex sp）三种。

猫蠕形螨与犬蠕形螨非常相似，在分类上差异很小。身体细长，呈雪茄状；成年雄性动物长182μm，宽20μm；成年雌性动物长220μm，宽30μm。颌体位于身体的额部，呈梯形，有两个螯肢和两个触须。在足体，身体的中间部分，有4对萎缩的四肢，每对都有1对跗爪，远端分叉有一个大的、面向尾部的露爪。体表末端为后体，占体表面积的2/3，横纹，末端有一个锥形点。雌性生殖系统位于腹侧，在第4对腿的下方。在雄螨中，它位于背部的一半，对应于第二对腿。卵呈椭圆形，平均长70.5μm。

戈托伊蠕形螨更小、更粗，在形态上与仓鼠的寄生虫蟋蟀蠕形螨相似。雄性长90μm，雌性长110μm。后体占身体总长度的一半以下，呈水平条纹，尾部圆形。卵呈椭圆形，比猫形蠕形螨卵小。

第三种仍未命名的蠕形螨属中等体型，其身体比猫形螨短而粗，但比戈托伊螨长而尖。

猫形蠕形螨生活在毛囊内，常位于皮脂腺导管出口附近，头部向下；戈托依蠕形螨生活在角质层；第三种蠕形螨的环境未知，因为从未在组织病理学样本中描述过它。与生命周期有关的信息仅涉及猫蠕形螨。

生命周期完全在宿主身上发生（永久寄生）。交配发生在皮肤表面；然后受精卵进入毛囊产卵。六足幼虫孵化，经过两个若虫期后，第二个幼虫回到皮肤表面并发育为成虫，更多的毛囊被定植。

猫蠕形螨的传播途径尚不清楚。在犬身上，传播发生在出生后的最初几天，即哺乳期。犬蠕形螨与猫蠕形螨在形态和环境上的相似性提示两者的传播途径可能相同，但不会传染。

如果有足够的寄生虫压力，由戈托依蠕形螨引起的疾病似乎会在共享相同环境的猫之间传染。目前尚不清楚第三种蠕形螨是否具有传染性。蠕形螨是宿主特异性螨，该病不是人兽共患病。

2. 临床症状

猫蠕形螨可引起局部或全身性疾病，病变包括红斑、脱毛、鳞屑和结痂，猫的瘙痒程度不一。

感染通常继发于猫的免疫抑制疾病，比如猫免疫缺陷病毒感染、糖尿病等。但有些猫可以原发感染。

戈托伊蠕形螨是一种高度传染性的螨虫，感染的主要部位为躯干和腹侧，最常见的临床症状是轻度至剧烈的瘙痒，由于过度梳理毛发可引起脱毛和鳞屑，也可能继发色素沉积、表皮糜烂和溃疡，病变的主要部位在躯干和腹侧。

3. 诊断

皮肤学检查：拔毛和深部皮肤刮片镜检可见蠕形螨。浅表皮肤刮片可能发现戈托伊蠕形螨。

治疗性诊断：如果未找到蠕形螨，但高度怀疑猫感染蠕形螨，可通过治疗反应进行诊断。

4. 治疗和预后

口服或局部使用含有异噁唑啉类的药物效果最好，如氟雷拉纳和沙罗拉纳。传统疗法：使用石硫合剂，一周1-2次，持续4~8周。如效果不理想，考虑口服杀虫药，如伊维菌素（200μg/kg，每日1次），为期4~8周，或米尔贝肟（0.5mg/kg，每日1次），为期4~8周。戈托伊蠕形螨具有高度传染性，感染患猫同一环境生活的所有猫均需治疗。

第四节　皮肤癣菌病

一、病因

猫皮肤癣菌病是一种浅表的皮肤真菌病，病原菌通常为皮肤癣菌（如小孢子菌属、毛癣菌属），可以分泌角蛋白酶，具有嗜角质性，并将角蛋白作为营养源。犬小孢子菌、石膏样小孢子菌、须癣毛癣菌是常见的三种皮肤癣菌。其中，犬小孢子菌是引起猫皮肤癣菌病最常见的病原。

皮肤癣菌的传播是通过直接接触毛发和鳞屑感染，或间接接触动物体上、环境中或污染物中的真菌体而感染。患猫的梳子、刷子、笼具，以及美容、运输等相关用具均是可能的传染源和二次传染源。一旦出现感染动物，局部环境和相关用具会带有感染了关节孢子的毛干，其可以保持传染性达几个月之久。

皮肤癣菌病多发于幼年猫和老年猫，或处于疾病状态、免疫机能不全的成年猫，没有明显的性别倾向性；某些品种易感，如波斯猫。

二、临床症状

猫皮肤癣菌病最常见的皮肤病变包括不规则或环形脱毛（图8-4-1）、皮屑、结痂、色素沉着等，很少表现瘙痒。某些猫会表现炎性的环形损伤，伴有由中心开始的痊愈和边缘的泡状丘疹、结痂过程（图8-4-2）。主要的发病部位包括头面部、四肢（图8-4-3）、躯干，病变可能是单一的，也可能是多个，有的病例在后期可能出现全身性感染（图8-4-4、图8-4-5）。

图 8-4-1　患多灶性皮肤癣菌病的猫 1
（施尧 供图）

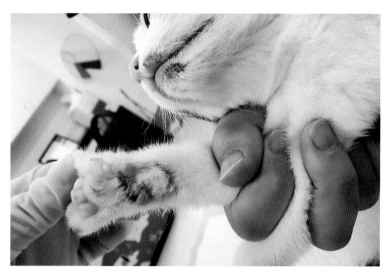

图 8-4-2　患多灶性皮肤癣菌病的猫 2
（施尧 供图）

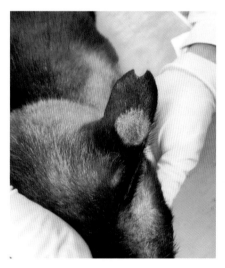

图 8-4-3　患单灶性皮肤癣菌病的猫
（施尧 供图）

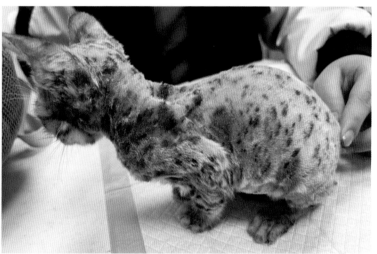

图 8-4-4　患全身性皮肤癣菌病的猫
（施尧 供图）

三、诊断

伍德氏灯检查，对于犬小孢子菌感染的皮肤癣菌病检出率较高，受感染的毛干会出现"苹果绿"荧光反应（图 8-4-6），但是当伍德氏灯阴性时，不可以排除皮肤癣菌病。拔毛镜检，将病变区域毛发拔除，放置于显微镜下，可见"朽木样"毛干（图 8-4-7），即正常毛干结构消失，被癣菌感染导致呈现"朽木样"。细胞学检查可对病变区域压片，染色镜检，可见皮肤癣菌的小分生孢子（图 8-4-8），关节菌丝。真菌培养是将病变区域

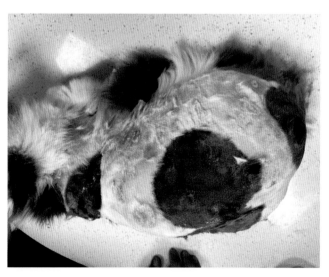

图 8-4-5　患全身性皮肤癣菌病的猫（施尧 供图）

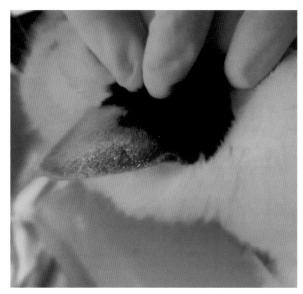

图 8-4-6　伍德氏灯检查：阳性的毛干
（施尧 供图）

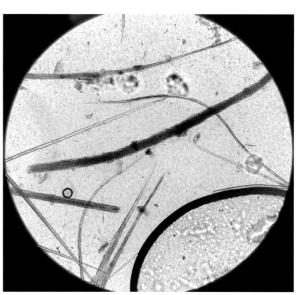

图 8-4-7　"朽木样" 毛干
（施尧 供图）

毛发和碎屑置于皮肤癣菌检测培养基上培养，观察到培养基变红和菌落生长，显微镜下观察到典型的大分生孢子则可确诊，且其是唯一可以鉴别皮肤癣菌属性的方法。但是，真菌培养可能由于环境污染而出现假阳性，因此，需结合临床症状和其他检测方法。

四、防治

在健康短毛猫，皮肤癣菌通常会在 3 个月内自发缓解，幼年、老年、处于疾病状态或免疫不全、患有广泛性皮肤癣菌的动物一般需要积极治疗。猫皮肤癣菌病的治疗分为外部治疗、全身用抗真菌药治疗和环境消毒。

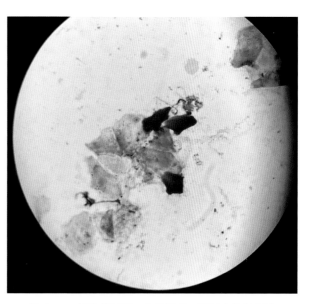

图 8-4-8　细胞学压片，染色镜检，可见小分生孢子
（施尧 供图）

外部治疗的目的是去除皮肤表面的感染毛发、皮屑等，减少二次传播的风险，病变区域广泛剃毛，动作要温和以防损伤皮肤和扩大感染。通常可选用石硫合剂、含咪康唑-氯己定成分的药物局部外用或全身药浴。

全身用抗真菌药治疗适用于大于 3 月龄猫的多灶性或全身性病变、长毛猫或多猫家庭，通常选择特比萘芬或伊曲康唑口服，其间注意监测胃肠道反应和肝脏功能。全身用抗真菌治疗不会快速减少传染性，因此，应结合剃毛和外部抗真菌治疗。建议治疗应持续到三次成功的真菌培养阴性时才停止，真菌培养应刷拭采样，隔周 1 次。

环境消毒非常重要，犬小孢子菌孢子在环境中存活可长达 18 个月。孢子可通过气流、污染的尘埃、清洁柜和室内活动而轻易传播。使用 0.5% 次氯酸钠对环境、用具、垫子等进行定期消毒，可有效控制环境污染。

第五节　痤疮

一、病因

猫痤疮是一种特发的毛囊角质化疾病，较为少见。可能的发病机制有：不良的梳洗习惯、异常的皮脂分泌、毛发周期的影响、应激、病毒性疾病影响以及免疫抑制，但目前没有确定的病因。

这种疾病在世界范围内广泛存在于室内和室外的猫中，并且普遍存在于全科医学中，目前仍缺乏流行病学数据。有报道称，猫痤疮是美国大学皮肤科转诊服务中最常见的10种皮肤病之一，占皮肤病患猫的3.9%和所有在大学医院检查患猫的0.33%，真实的患病率相对较高。

二、临床症状

任何年龄、品种或性别的猫都可能发病。猫痤疮最初表现为下巴出现黑头粉刺（图8-5-1），有时下唇也可出现，极少情况下上唇会出现病变（图8-5-2），此时无明显临床症状。多数病例会长时间维持在粉刺这个阶段，约45%的猫会恶化，出现丘疹和脓疱（图8-5-3、图8-5-4）。严重情况下，病灶会发展为化脓性毛囊炎、疖病、蜂窝织炎（图8-5-5），下巴和嘴唇可能出现水肿和增厚，机体出现急性发热。

三、诊断

（1）通过病史和临床症状确诊。

（2）皮肤学检查。毛干处可见毛囊管型（图8-5-6）；对于疖病等症状，可能有原发或继发的细

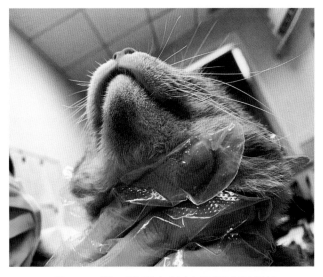

图 8-5-1　猫下颌部位色素过度沉着和黑头粉刺
（张迪 供图）

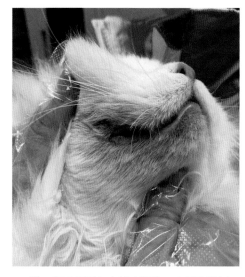

图 8-5-2　猫下颌及唇周色素过度沉着，有黑头粉刺
（张迪 供图）

图 8-5-3　猫下颌有棕色分泌物
（张迪 供图）

图 8-5-4　清洗猫下颌后可见下颌部位红肿、有脓疱
（张迪 供图）

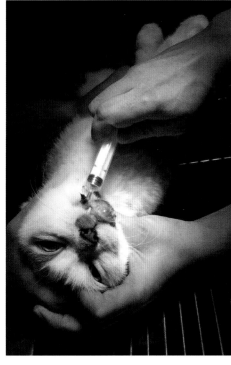

图 8-5-5　严重猫痤疮，下颌出现疖病以及蜂窝
织炎引起的组织肿胀和血性渗出（张迪 供图）

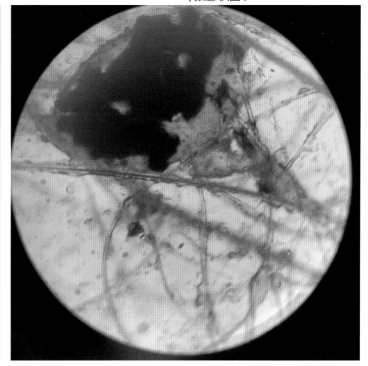

图 8-5-6　猫痤疮的毛发：镜下可见毛干周围存在毛囊管型
（张迪 供图）

菌或真菌感染，典型的细胞学表现是发现球菌、退行性中性粒细胞和巨噬细胞。

（3）皮肤组织病理学。可见毛囊角化、栓塞和扩张（粉刺）。严重情况下，可见毛囊周炎、毛囊炎、疖病并伴有脓性肉芽肿性皮肤病。

四、治疗和预后

（1）对于只是出现粉刺的情况，不需要进行治疗。

（2）如果较为严重，已经发展为无菌或继发的丘疹或疖病或引起猫明显瘙痒的情况，则需要治疗。

①未出现继发感染的病灶，可使用抗皮脂溢的香波进行清洗，一周2次。含有磺基水杨酸、乳酸乙酯和过氧化苯甲酰的产品均有效。过氧化苯甲酰刺激性较强且有毒性，不建议给猫使用。

②2%~4%洗必泰溶液，每日1次，连用2~3次；如果感染复发，持续每周1次使用。

③0.05%~0.1%过氧化苯甲酰凝胶，每日1次，或隔日使用。可能出现干燥和刺激，如果有效，每周持续1~2次。

④局部维A酸。每日1次，直到见到临床效果（6~8周），此后降低使用频率，注意用药期间避免阳光照射。

⑤0.01%~0.05%维A酸凝胶、面霜或乳液（可能更有效，但刺激性更强）。

⑥0.1%阿达帕林凝胶（比维A酸刺激性小）。

⑦1%莫米松乳霜，每日1次，持续3周，然后每周2次。

⑧全身维A酸。异维A酸2mg/kg，每日1次。

（3）如果痤疮已经发展为丘疹或疖病，可以考虑局部使用药膏。

①局部使用0.05%维A酸。

②局部使用庆大霉素（克林霉素）、四环素、红霉素或甲硝唑。

③局部使用莫匹罗星软膏，每日2次，有效率高达95%。

（4）对于表现出明显感染的病灶（如细胞学检查可见大量的炎症细胞和细菌），通常需要使用全身抗生素，可基于细菌培养和药敏试验选择抗生素，首选药物有：头孢氨苄、阿莫西林/克拉维酸钾、头孢菌素、庆大霉素。

（5）如果猫炎症反应很严重，在解决细菌继发感染之后，可以考虑口服泼尼松龙（1~2mg/kg，一日1次），用药10~14d。对于局部治疗无效或反复发作的病例，可以考虑口服异维A酸[2mg/（kg·d）]；如果有效，会在30d内见到病情好转。

第六节　浆细胞足皮肤炎

浆细胞足皮肤炎是猫的一种罕见皮肤疾病。

一、病因

猫浆细胞足皮肤炎的发病机制目前尚不清楚。患猫通常表现伴有组织的浆细胞增生，持续的高γ-球蛋白血症，或经常性患有猫免疫缺陷病毒感染。临床可见其发病部位仅限于脚垫，手术治疗结果时好时坏，提示该病可能与脚垫的特殊结构有关。另外，某些病例发病与季节有关，提示该疾病可能也是一种过敏反应。有3个不同的研究显示，浆细胞足皮肤炎患猫同时患有猫FIV感染的比率在44%~62%。提示，FIV病毒本身或病毒对于免疫系统的影响可能导致浆细胞足皮肤炎的发生。

二、临床症状

发病猫的年龄集中在6月龄~12岁。公猫和已经去势的公猫（67%）临床多发。浆细胞足皮肤炎初期仅表现为脚垫柔软的肿胀，通常多个脚垫同时发病。掌骨或跖股脚垫为最容易发病的部位（图8-6-1），其他脚趾脚垫也可能出现病变，但并不很严重。轻度色素沉积的脚垫可能变为紫罗兰色（图8-6-2），发病的脚垫可见表面有白色的鱼鳞纹（图8-6-3）。脚垫首先肿胀，摸起来软趴趴的；随着时间推移，可能出现色素脱失和脚垫结构丢失，有20%~35%的病例甚至出现化脓。

跛行是最常见的早期临床症状，但有些猫可能完全未见临床表现。跛行不一定总是与脚垫化脓有关，脚垫化脓或有结节的病灶还可能反复出血，或表现一定程度的淋巴结病。发病时患猫可能出现高热和精神萎靡，少数患猫还同时患有浆细胞性口炎，临床表现为化脓性增生性牙龈炎以及在腭弓处出现对称的斑块。由于浆细胞浸润也

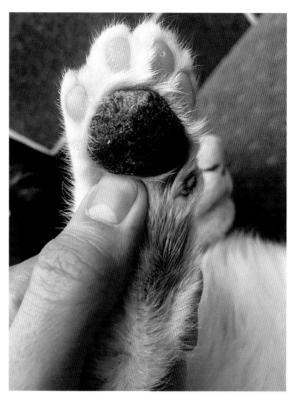

图 8-6-1　患猫脚垫出现明显的病变（乔桥 供图）

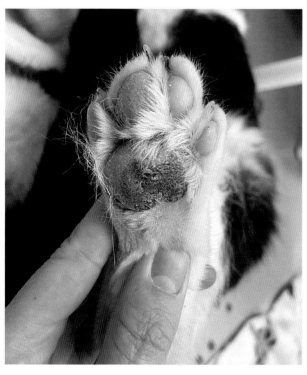

图 8-6-2　患猫轻度色素沉着的脚垫呈现紫罗兰色（乔桥 供图）

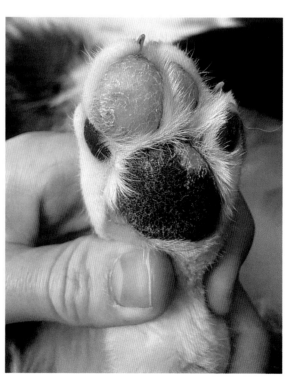

图 8-6-3　患猫脚垫表面出现白色的鱼鳞纹（乔桥 供图）

可能导致猫鼻肿胀，偶尔也同时患有免疫介导的肾小球肾炎和肾脏淀粉样病变。患猫同时还表现无痛性化脓或嗜酸性粒细胞肉芽肿。

三、诊断

浆细胞足皮肤炎的临床表现需要与脚垫的嗜酸性粒细胞肉芽肿进行鉴别诊断。嗜酸性粒细胞肉芽肿通常不会在不同脚掌多个脚垫同时出现病灶，并且趾间或身体皮肤的其他部位也会同时出现病灶。如果仅见一个脚垫出现病变，可考虑肿瘤和异物的可能。临床可根据病史、体格检查和细胞学检查时出现大量浆细胞来进行初步诊断；确诊主要基于组织活检，但在典型病例中，其病变局限于多个脚垫，细胞学检查提示主要是浆细胞时活检的价值可能大大降低。大多数患猫，在临床检查中常表现为FeLV阴性和FIV阴性。近期有报道显示，该病初诊时可能常会遇到FIV感染。因此，建议所有浆细胞足皮肤炎患猫要做FeLV和FIV的测试以鉴别诊断。

皮肤活检可发现浅表和深部血管周浆细胞皮肤炎，同时有大量的浆细胞弥散性浸润到真皮层甚至浸润到皮下组织的脂质层。拉塞尔小体（桑葚状细胞，Mott cells）是典型的表现。纤维化也可能在慢性病灶中出现。皮肤病理特征、结合临床表现，对浆细胞足皮肤炎的确诊具有重要指导价值。

四、治疗

早期首选治疗方案是使用多西环素，对1/3的病例均有效果或至少改善80%的病变，剂量10mg/kg，一日1次。治疗时间较长，直至脚垫正常，约需10周。只有10%~22%的病例可以在4周内好转，大约50%的病例需要8周才能看到好转。

浆细胞足皮肤炎可自行消退。如果使用多西环素不见明显好转，或者表现出该疾病明显的临床症状，比如跛行或高热时，需要全身性使用糖皮质激素治疗。口服泼尼松龙，剂量为1~2mg/kg，一日1次；特殊情况下也可增加到4.4mg/kg，一日1次，直到病灶消失。病灶完全消失可能需要数周时间。病灶消失即开始减少剂量，可以根据动物的情况停药或维持最低有效剂量。环孢菌素（7mg/kg），口服，一日1次也是一种较为有效的治疗方法；手术切除脂肪脚垫也可能有效，对于药物治疗没有反应的病例可以试用。

第七节　自体免疫皮肤病

一、病因

猫自体免疫性皮肤病的特点是机体针对皮肤特定结构蛋白产生了抗体，导致正常结构的破坏。

疾病的严重程度通常与被破坏的皮肤结构在该部位的作用和解剖位置有关。

天疱疮是一类自体免疫皮肤病的总称，而不是单一的一种皮肤病。这类皮肤病的典型特征是棘层松解。棘层松解意味着表皮细胞的桥粒连接被破坏，分离的角质细胞变成圆形且深染的棘层松解细胞，主要表现为三种不同的天疱疮，包括：落叶型天疱疮、寻常型天疱疮和红斑型天疱疮。其中落叶型天疱疮比较常见，寻常型天疱疮和红斑型天疱疮只有零星的病例报道。此外，还有增殖型天疱疮和副肿瘤型天疱疮两种。这两种天疱疮在猫皮肤病上过于罕见。最后一种是药物诱导性天疱疮，即经药物诱导而产生了破坏皮肤表皮结构的抗体，导致皮肤结构破坏。

除了天疱疮以外，还有一类自体免疫性疾病，称作狼疮。狼疮可定义为一种慢性炎症性自体免疫性疾病，影响许多器官，包括皮肤、关节和内脏器官。皮肤红斑狼疮可能有多种临床表现，且都有一种特殊的组织病理学表现，即界面皮炎，伴随基底层角质细胞凋亡。界面皮炎是组织病理学表述，是指表皮细胞不同细胞层之间的炎症。出现皮肤红斑狼疮时，界面皮炎发生在基底层，引起炎症的细胞主要是淋巴细胞。皮肤红斑狼疮和天疱疮的最大区别是，狼疮出现界面皮炎，天疱疮出现棘层松解。

据报道，发生狼疮的患猫主要有两种形式：圆盘状红斑狼疮和系统性红斑狼疮。两种疾病都罕见，不做过多讨论。

本节内容着重介绍猫最常见的自体免疫疾病，即落叶型天疱疮。

二、临床症状

任何品种、任何性别的猫都可能患落叶型天疱疮。这种疾病可以从 1 岁以下到 17 岁的任何时候出现，平均患病年龄是 5 岁。典型的皮肤病灶是脓疱，脓疱非常脆弱，容易破溃形成结痂。大部分的病灶较常出现在头部、面部和耳朵（图 8-7-1、图 8-7-2）。其他发病部位还包括乳头周围

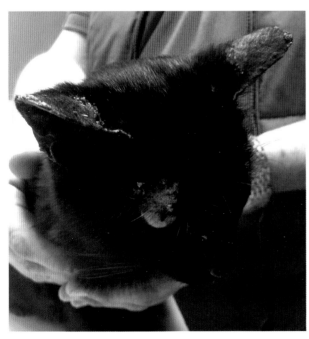

图 8-7-1　猫患落叶型天疱疮，耳郭内侧和外侧、眼周可见脱毛和结痂（乔桥 供图）

图 8-7-2　猫患落叶型天疱疮，耳郭外侧可见脱毛和结痂，鼻背部可见结痂（乔桥 供图）

（图 8-7-3）、脚垫和爪子（图 8-7-4）周围。临床出现不同程度的瘙痒，部分猫表现厌食、高热和精神萎靡。

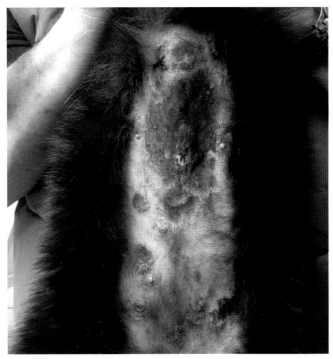

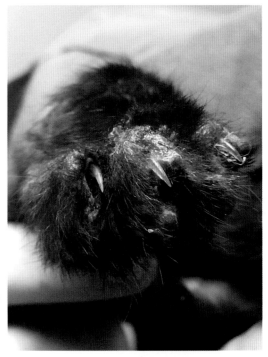

图 8-7-3　猫患落叶型天疱疮，腹部皮肤明显脱毛、结痂、糜烂或溃疡，尤其在乳头周围（乔桥 供图）

图 8-7-4　猫患落叶型天疱疮，出现明显的甲沟炎（乔桥 供图）

三、诊断

主要诊断方法包括：完整脓疱或结痂的细胞学检查、完整脓疱里脓汁的细菌培养、真菌培养以及脓疱或结痂的活检。

猫落叶型天疱疮的诊断主要取决于细胞学和病理组织学检查。尤其重要的是，要排除其他可能形成脓疱的细菌感染或真菌感染。因此，除了常规细胞学检查和组织活检外，应该还要进行细菌和真菌培养。细胞学检查主要表现为大量非再生性嗜中性粒细胞和大量棘层松解细胞（图8-7-5）。脓疱的细菌培养多为阴性，对于皮屑或结痂的真菌培养也是阴性。如果进行活检需采集多个样本，以5~8个样本最佳。病理组织学检查可见皮肤角质层下形成脓疱，多由未退行性嗜中性粒细胞和棘层松解细胞构成。发现棘层松解细胞是诊断该病的重要线索，通常在每个高倍镜视野（400倍）下可以看到超过20个棘层松解细胞。由于病变通常发生在皮肤角质层，因此，该病是一种相对浅表的皮肤病。之所以称为落叶型天

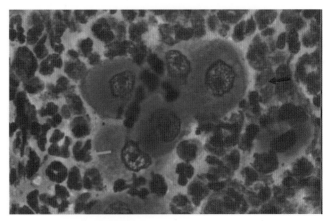

图 8-7-5　猫患落叶型天疱疮，细胞学检查（油镜），可见大量非再生性嗜中性粒细胞（嗜中性粒细胞细胞核明显肿胀，绿色箭头所示）和棘层松解细胞（圆形，深染的角质细胞，红色箭头所示）（乔桥 供图）

疱疮，是因为病理学组织检查仅在皮肤角质层出现病变。

四、治疗

猫落叶型天疱疮临床治疗的目标是使病灶消失90%，通常的治疗和管理不会出现明显的副作用。可使用免疫抑制治疗药物泼尼松龙[4~5mg/（kg·d）]，单独或/和苯丁酸氮芥（0.1~0.2mg/kg，每隔1日或2日）联合用药。与治疗有关的副作用最常见的是医源性糖尿病，尤其在需要大剂量和长时间使用糖皮质激素时要特别留意，治疗期间要密切监测血糖和果糖胺。环孢菌素（7.5~10mg/kg），单独使用或/和泼尼松龙联合用药也有较好效果。有文献报道，奥拉替尼可能有效，1mg/kg，一日2次，为期1周；后减量到0.5mg/kg，一日2次，直至病灶消失。

第八节　耳病

猫耳部疾病在猫科临床上的发病率较高。按解剖部位，猫耳病可分为外耳炎、中耳炎和内耳炎。

一、病因

猫外耳炎的病因多种多样，主要包括外寄生虫病（如耳螨）、炎性息肉、耵聍腺囊瘤病（图8-8-1）、耳道肿瘤（图8-8-2），也经常出现耵聍堆积导致的耵聍性外耳炎（图8-8-3），继发细菌性/马拉色菌性外耳炎。耳郭附近有皮肤癣菌病时，某些病例也可能出现外耳道癣菌感染（图8-8-4，图8-8-5）。临床较为罕见的还有猫增生性坏死性外耳炎（图8-8-6）。引起猫中耳炎/内耳炎的病因多与上呼吸道疾病有关，也有因长期慢性外耳炎继发鼓膜穿孔引起的中耳炎/内耳炎。

图 8-8-1　耵聍腺囊瘤病患猫的左耳耳郭开口处照片，可见耳郭凹面皮肤散在分布的耵聍腺囊瘤，呈现灰蓝色外观，耳郭开口处有比较大的囊瘤（红色箭头所示）（王帆 供图）

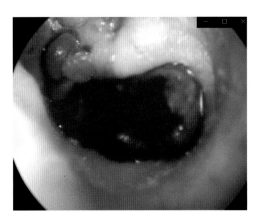
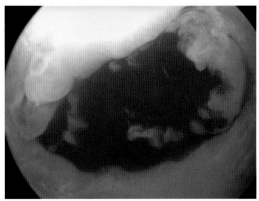

图 8-8-2　耵聍腺癌患猫的水平耳道照片，耳镜下可见外耳道有软组织肿物，肿物表面不光滑，肿物血供丰富，易出血（王帆 供图）

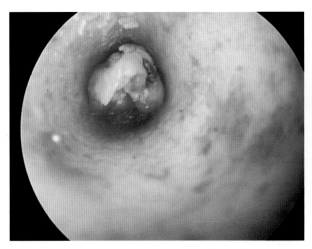

图 8-8-3　耵聍性外耳炎患猫的外耳道耳镜照片。水平耳道深处可见一块堆积的耵聍，鼓膜被耵聍遮挡，鼓膜不可见（王帆 供图）

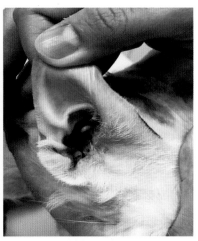

图 8-8-4　确诊外耳道癣菌感染的患猫的右耳照片。可见右耳耳道开口处有褐色分泌物，耳缘区域皮肤也可见皮肤色素沉着病变（王帆 供图）

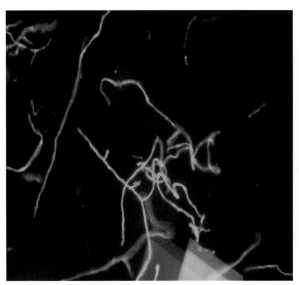

图 8-8-5　患猫的右耳耳道分泌物的真菌荧光染色照片，可见发荧光的癣菌菌丝元素，经过皮肤癣菌培养基进行培养和菌种鉴定，确诊为犬小孢子菌感染（400 倍镜下）（王帆 供图）

图 8-8-6　猫右耳耳郭凹面的皮肤病变照片。可见病变表现为硬结痂，皮肤组织病理学检查结果与猫增生性坏死性外耳炎的组织病理变化一致（王帆 供图）

二、临床症状

猫外耳炎临床上常见瘙痒、甩头、耳道分泌物增多和炎症反应。大多数猫中耳炎病例的症状比较隐蔽，或者没有明显的临床表现；有些严重的中耳炎/内耳炎病例，可能会出现神经症状，例如外周前庭综合征（头倾斜、共济失调、眼球震颤、转圈），霍纳氏综合征（瞳孔缩小、眼球内陷、眼睑下垂），以及面神经损伤，也可能会出现听力下降，但是临床上很难对患猫进行听力检查。

三、诊断

猫外耳炎的诊断比较简单。猫的外耳道相对较短，通常使用检耳镜对猫的外耳道进行观察，就能判断外耳道的情况，同时结合耳道分泌物进行细胞学检查可判断继发感染状况。少数外耳炎病例需要通过皮肤组织病理学检查进行诊断，如猫增生性坏死性外耳炎。临床诊断猫中耳炎有一定难度，可以使用检耳镜对鼓膜颜色、质地、完整度进行观察，从而进一步判断有无中耳炎。由于猫的中耳解剖结构的特殊性，想要对中耳/内耳进行完整评估时，还需结合高级影像学检查进行判断。CT检查和MRI检查都能用于评估中耳的情况，临床上耳病多首选CT检查（图8-8-7）。

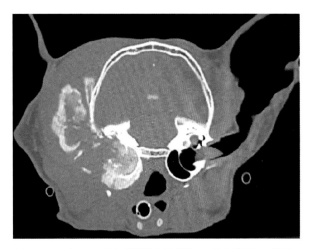

图 8-8-7　右耳患恶性耳道肿瘤的猫的CT检查截图。恶性肿瘤向周围组织严重侵袭，并发生严重钙化，左耳外耳道的水平耳道有耵聍堆积

（王帆 供图）

四、治疗

猫耳病的治疗方法通常包括药物治疗、外部治疗和手术治疗。

药物治疗主要包括：缓解耳道炎症反应、减少组织水肿、抑制细胞增生等作用的抗炎药物，如泼尼松龙；控制细菌和真菌感染的抗生素，如阿莫西林克拉维酸钾、头孢氨苄、恩诺沙星、麻佛微素、多西环素、伊曲康唑等；缓解耳部神经疼痛的镇痛药，如加巴喷丁。

外部治疗通常包括无潜在耳毒性作用的洗耳液，如Tris-EDTA、角鲨烷、生理盐水等，以及无潜在耳毒性作用成分的耳药。

手术治疗包括视频耳镜下进行鼓膜切开术（图8-8-8至图8-8-11）、中耳冲洗并使用药物、激光治疗等，也包括采用鼓泡腹侧截骨术治疗

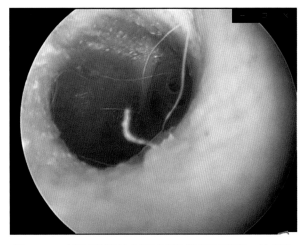

图 8-8-8　中耳炎患猫的右耳鼓膜视频耳镜下照片，检查发现外耳道干净通透，鼓膜肉眼可见结构完整，但颜色异常

（王帆 供图）

复发性慢性中耳炎，以及采用全耳道切除术治疗耳道肿瘤。

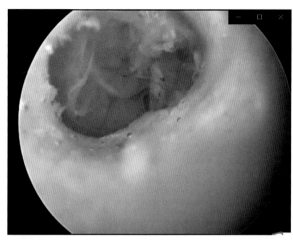

图 8-8-9　同 8-8-8 患猫的右耳，进行鼓膜切开术，将中耳内脓性分泌物冲洗干净后暴露中耳鼓膜腔，可见中耳鼓膜腔内充满大量息肉样软组织

（王帆 供图）

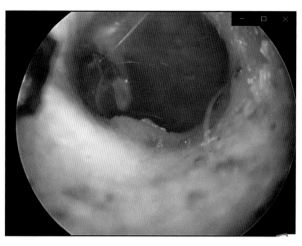

图 8-8-10　同 8-8-8 患猫的左耳鼓膜视频耳镜下照片，外耳道少量贴壁耳垢，外耳道通透，鼓膜可见结构完整，颜色异常

（王帆 供图）

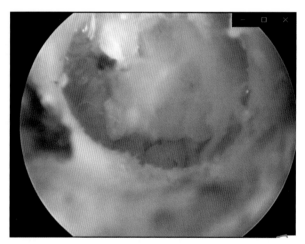

图 8-8-11　同 8-8-8 患猫左耳，鼓膜切开术暴露中耳后，可见中耳鼓膜腔内堆积大量息肉样软组织

（王帆 供图）

第九章
猫眼部疾病

猫的眼部疾病不完全等同于犬，甚至有一些眼部疾病是猫所特有的（如坏死性角膜炎、嗜酸性角膜炎等），这让广大动物主人对猫的眼部疾病更加重视。不同的眼部疾病在猫的不同年龄阶段具有特定的发病特点，如疱疹病毒一类的传染病倾向于在年轻猫中引起眼部症状，而高血压导致的视网膜问题则更常见于老年猫。多猫家庭也更容易让一些眼部疾病暴发出来。本章主要介绍猫较为常见的一些眼部疾病的诊治方法。

第一节　眼球脱出

眼球脱出（Proptosis）是指猫的眼球从眼眶内向前不同程度地脱离出来。该病通常继发于创伤，属于临床眼科急症之一。

一、病因

通常由于猫头部受到强烈撞击（如打架、车祸、坠楼）时外力使眼球从眼眶内脱出，往往发展迅速。

二、临床症状

眼球脱出临床常见有眼球赤道部向前突并超过睑缘，睑缘被嵌顿，暴露过多的巩膜组织，伴有不同程度的结膜下出血（图9-1-1）、斜视、眼表干燥、暴露性角膜炎、角膜溃疡/穿孔、前房积血或眼后节出血、葡萄膜炎、瞳孔缩小、失明、眼压增高、视网膜脱离等（Gilger et al., 1995），长时间未治疗或脱出严重者可导致眼球破裂坏死、眼球痨等并发症（图9-1-2）。

三、诊断

结合病史与视诊即可做出诊断。同时需要进行基础体格检查和全面的眼科检查，评估头骨或全

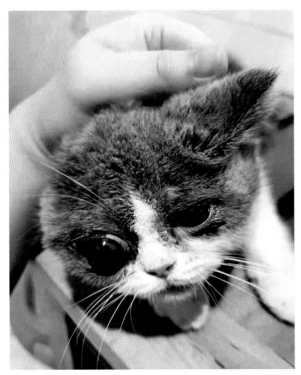

图 9-1-1　英国短毛猫右眼因外伤导致眼球脱出，结膜下出血，前葡萄膜炎
（唐静 供图）

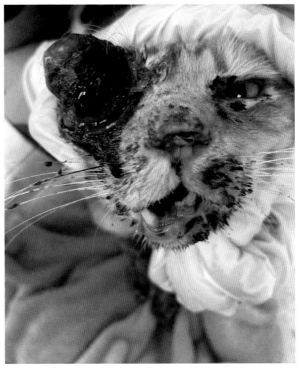

图 9-1-2　本地猫右眼眼球脱出，长时间未经治疗导致角膜穿孔、眼球坏死
（唐静 供图）

身的损伤情况。必要时需进行影像学检查：眼部超声或CT，评估眼内情况。若眼球脱出时间较短，眼外肌断裂数量以及程度不严重，瞳孔仍存在对光反射时，可尝试尽快进行眼球整复；若眼外肌断裂严重，眼球破裂且眼内感染严重，需综合考虑是否眼球摘除。

四、治疗

当眼球脱出后，应频繁使用润滑剂（如透明质酸）或湿的无菌纱布保持眼表湿润，防止进一步出现角/结膜溃疡。当结膜高度肿胀时可静脉快速滴注甘露醇以及类固醇药物缓解水肿。在猫况稳定的前提下及时进行眼球整复/摘除手术。眼周组织采用稀释的聚维酮碘溶液（1∶50）和无菌生理盐水冲洗，必要时通过眼外眦切开术扩大睑裂，并使用拉钩或放置牵引线来暴露眼球，便于眼球整复。使用湿润的无菌纱布覆盖于眼球表面并持续施加轻压，待眼球复位后使用4-0/5-0可吸收缝线进行第三眼睑遮盖术，保护角膜并加强支持，最后使用4-0/5-0不可吸收缝线再进行暂时性睑缝合术进一步压迫眼球，在内眦处留置2~4mm距离不闭合，以方便局部给药，对于外眦切开术切口进行"8"字缝合（Giuliano et al., 2005）。

术后全身给予抗生素与类固醇类药物控制继发感染与眼内炎症，酌情给予止血药，术后10d左右待眼眶消肿后拆除缝线，此时再次进行全面眼科检查并评估患眼视力情况（图9-1-3），任何患有外伤性眼球脱出的猫，其视力都较难恢复；如果存在眼球严重破裂、晶状体脱位、视神经撕裂或多条眼外肌断裂时，则需要进行眼球摘除术（图9-1-4）。

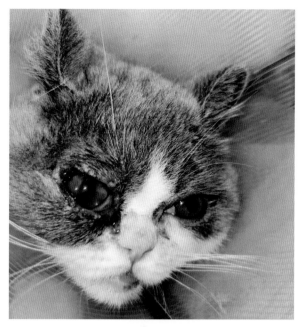

图 9-1-3　眼球整复 7d 后拆线
（唐静 供图）

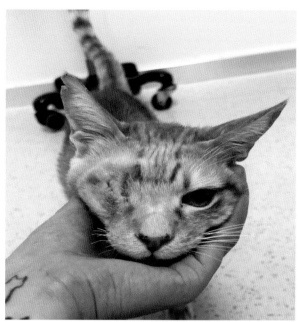

图 9-1-4　眼球摘除术后伤口愈合外观
（唐静 供图）

第二节　鼻泪管阻塞

　　鼻泪管阻塞（Nasolacrimal duct obstruction）是猫常见的鼻泪系统疾病，常见于短头颅的猫种，如波斯猫等（Claudia et al., 2009）。除此之外，疱疹病毒感染、先天性泪点闭锁以及各种病毒微生物感染、犬齿齿根脓肿、过敏性结膜炎都可能导致泪小管肿胀狭窄继而引发鼻泪管阻塞（Anthony et al., 2010）。

一、病因

　　鼻泪管阻塞的发病原因较多，包含眼球表面的油脂、灰尘、沙砾在被泪液冲刷经由鼻泪管排出时阻塞；病毒细菌等微生物感染导致的眼睑、结膜及周围皮肤发炎肿胀引起鼻泪管狭窄从而阻碍鼻泪管的引流功能；解剖结构异常，如眼睑内翻的猫通常会直接将泪液经毛发引流到面部；面部结构扁平的猫泪小管弯曲狭窄，泪液通常无法顺利通过，进而发生泪溢；患有先天性泪点闭锁以及疱疹病毒感染引发泪小点与结膜粘连的病例均可导致鼻泪管阻塞。

二、临床症状

　　该病最主要的临床症状为泪溢，眼睛下方和内眦处毛发湿润，由于泪液中化学物质的氧化反应，长时间被泪液湿润的毛发被氧化成棕色或红褐色（图9-2-1）。长期泪液的刺激导致眼周出现红肿并且存在白色或黄白色分泌物，部分病例可导致眼下方皮肤红肿破溃。

三、诊断

可通过眼表滴入荧光素钠染料进行诊断，当发生鼻泪管阻塞时，染色剂通过眼眶溢出，沾染在下眼睑周围的毛发上，鼻腔和口腔均未见荧光素的流出（图9-2-2）。需要注意的是，部分猫极度紧张时鼻孔和口腔荧光素染色剂也不可见，此时需要结合临床症状综合判断。同时还需仔细检查眼部，寻找潜在病因。

图 9-2-1　杂交波斯猫双眼泪溢，眼睑肿胀，内眦毛发呈现红棕色（杨丽辉 供图）

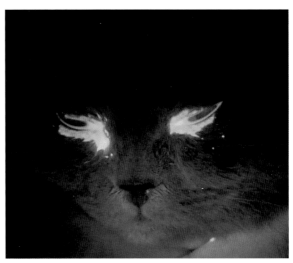

图 9-2-2　短毛猫眼表滴加荧光素钠后染料从眼眶溢出，沾染在下眼睑附近毛发上（杨丽辉 供图）

四、治疗

可采用适合型号的鼻泪管冲洗针头或留置针软管连接无菌生理盐水分别对上、下泪点（主要针对下泪点）插管进行鼻泪管冲洗，该操作一般在眼表局部麻醉下即可顺利操作，部分病例可能需要镇静或全身麻醉。正常的泪点位置如图9-2-3。疏通前可在无菌生理盐水中混合适量的无菌荧光素钠染色剂，以便于观察鼻泪管是否疏通。冲洗时需施加一定压力，过度用力可能会造成泪管破裂。冲洗时如见鼻腔流出冲洗液或猫出现吞咽反应则证明冲洗成功；反之，则说明冲洗失败（图9-2-4）。

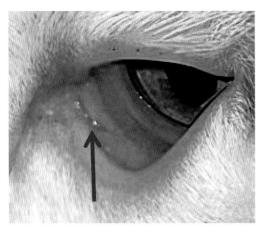

图 9-2-3　红色箭头为下泪点所在位置
（杨丽辉 供图）

图 9-2-4　短毛猫正在进行鼻泪管冲洗，可见左侧鼻孔流出冲洗液（杨丽辉 供图）

先天泪点闭锁或结膜粘连导致的鼻泪管阻塞可通过外科方式重建泪小点，同时使用鼻泪管扩张器进行泪小管扩张，该治疗方式往往难以达到治疗预期，因为狭窄的泪小管很难通过一次扩张后完全定型；除此之外，病毒微生物感染或过敏引发的皮肤炎症，需要解决原发病因。

第三节　T形软骨变形

T形软骨是瞬膜内呈T形的透明软骨，横轴平行于瞬膜外缘，纵轴垂直于瞬膜外缘。T形软骨变形（Bent cartilage）是指软骨发生翻转。

一、病因

猫T形软骨变形较犬少见，原因可能是与犬的T形软骨相比，猫T形软骨的弹性性质（Schlegel et al., 2001）以及软骨和结膜之间的粘连牢固程度不同（Williams et al., 2012）。常发品种包括蓝猫（Williams et al., 2012）、波斯猫（Chahory et al., 2004）和缅甸猫（Albert et al., 1982）。

二、临床症状

T形软骨变形的临床表现包括第三眼睑突出、其腹侧面暴露、结膜充血、眼部分泌物增多、患眼不同程度眼睑痉挛等（图9-3-1）。

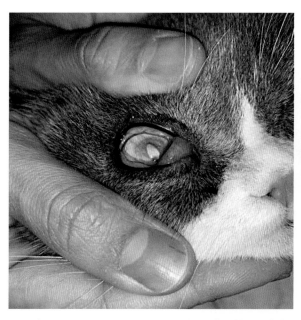
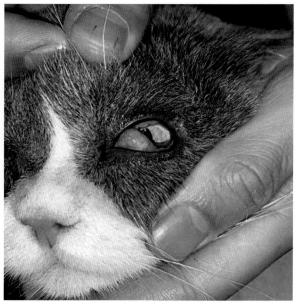

图 9-3-1　3岁短毛猫双侧眼瞬膜突出，分泌物增多（林金洲 供图）

三、诊断

通过视诊可见患眼瞬膜突出（图9-3-2），眼表局麻后，使用无菌眼科镊夹持瞬膜可见软骨卷曲，用无菌棉签按压卷曲处可还纳，但随后再次发生卷曲（图9-3-3）。T形软骨变形外观类似于第三眼睑腺脱垂，故容易混淆。腺体脱垂也可能伴有T形软骨变形，故需鉴别诊断。

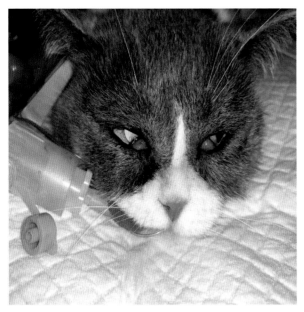

图 9-3-2　双眼瞬膜突出（林金洲 供图）

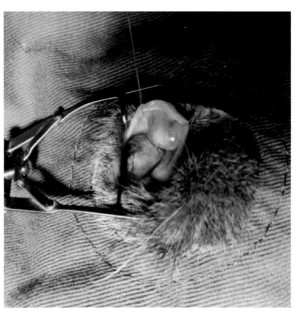

图 9-3-3　软骨卷曲（林金洲 供图）

四、治疗

最有效的治疗方案是手术矫正，切除T形软骨的折叠部分（Bromberg et al., 1980；Crispin et al., 1991；Peiffer et al., 1987）。全身麻醉后，用无菌棉签清洁角膜和结膜表面，并用0.5%聚维酮碘冲洗。避开瞬膜前缘，放置两根牵引线，并用止血钳夹持牵拉固定。用11号刀片沿着软骨纵轴方向做一个线性切口，使用眼科剪钝性剥离，将瞬膜软骨的卷曲面切除（图9-3-4）。手术切口无须缝合。术后瞬膜会出现轻微肿胀，术后局部每日给予数次抗生素滴液，持续5~7d。

图 9-3-4　卷曲软骨切除后（林金洲 供图）

第四节 眼睑疾病

一、眼睑内翻

眼睑内翻（Entropion）是指眼睑边缘向眼球方向翻转，导致毛发和睑缘持续性刺激眼表的异常状态。可单侧眼或双侧眼发病，下眼睑发生内翻的概率高于上眼睑。

1.病因

原发性或先天性：由于眼球、睑板、眼眶等先天性结构发育异常引起的结构性眼睑内翻。多为遗传因素造成，常见于纯种猫（如波斯猫、异国短毛猫、缅因猫等），也可见于其他品种。

获得性或继发性：痉挛性或瘢痕性眼睑内翻。常见于疱疹病毒Ⅰ型（FHV-Ⅰ）感染、支原体感染、角膜溃疡、非溃疡性角膜炎、结膜炎、葡萄膜炎或眼睑外伤等（Williams et al., 2009），因疼痛和不适导致患眼产生持续性眼轮匝肌痉挛症状。

临床上可能存在一种或多种病因。

2.临床症状

眼睑向内卷曲，内翻区域的睑缘不可见，眼睑毛发反复刺激角膜，导致动物出现抓挠眼睛、眼周分泌物增多、溢泪、眼睑痉挛、结膜充血水肿、角膜新生血管、角膜水肿等症状（图9-4-1）。持续、强烈的刺激可引起角膜溃疡、角膜糜烂、后弹力层膨出甚至角膜穿孔、坏死性角膜炎及瘢痕纤维化等病变（图9-4-2、图9-4-3）。

3.诊断

详细了解病史并进行完整的眼科检查。评估眼睑结构与眼部分泌物情况，检查眼周皮肤或毛发是否存在异常。局部给予表面麻醉剂后进行鉴别诊断，仔细评估眼睑翻卷的类型与程度。同时仔细查找是否存在刺激

图 9-4-1　缅因猫右眼下眼睑内翻、倒睫，毛发刺激角膜导致慢性角膜炎（唐静 供图）

源。使用荧光素染色观察角膜完整性，检测眼压情况，使用裂隙灯显微镜观察角膜与眼内情况。

4.治疗

眼睑内翻通常需要进行暂时性/永久性手术矫正，使眼睑恢复到正常的位置。

痉挛性眼睑内翻需解决原发或潜在的病因，待消除原发病后需再次评估眼睑内翻的情况。暂时性眼睑固定术可用于幼猫在发育期出现的结构性内翻，在局部麻醉或全身麻醉情况下，在距离睑缘2mm处不穿透全层眼睑进针至5mm处出针然后打结缝合（图9-4-4），或使用外科皮钉暂时固定眼睑，缝合的针数取决于眼睑内翻的范围。

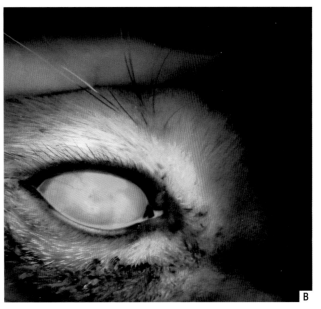

图 9-4-2　A 为一只折耳猫右眼下眼睑内翻，B 为该猫右眼荧光染色后的照片，可见角膜表面溃疡灶、角膜瘢痕化、新生血管化 (唐静 供图)

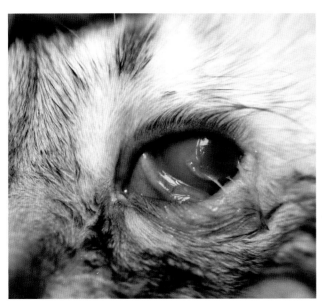

图 9-4-3　短毛猫左眼下眼睑内翻导致角膜弥漫性水肿，眼外眦处角膜坏死 (唐静 供图)　　　　图 9-4-4　短毛猫双眼复杂性角膜溃疡继发痉挛性眼睑内翻，进行缝线法暂时矫正术后 (唐静 供图)

　　永久性眼睑内翻矫正术适用于结构性 / 瘢痕性眼睑内翻，目前使用最为广泛的术式为 Hotz-Celsus 法 (Van der et al., 2004；Read et al., 2007)。术前首先评估需要切除的皮肤范围，双侧眼手术时需考虑对称性。首先在距离睑缘 1~2mm 处做一平行于睑缘的切口，切割位置对应内翻区域。在远离睑缘处再做一弧形切口，此切口须与第一道切口位置相对应，并在两侧末端与第一道切口汇合。两切口之间距离取决于内翻程度。使用切腱剪移除切割范围内的皮肤，不能切除眼轮匝肌，使用 4-0/6-0 不可吸收缝线结节闭合切口，术后几天内会出现眼睑肿胀导致出现矫正过度外观 (图 9-4-5)，随着肿胀消退可再次评估眼睑状态，术后 7~10d 拆除缝线，若出现矫正不足，可能需要进行二次手术。

术后佩戴脖圈，局部给予抗生素、润滑剂滴眼液防止继发性感染。若存在其他眼部并发症则须对症治疗。全身给予抗生素与抗炎药可进一步防止眼睑感染风险、促进肿胀消退与缓解炎性疼痛。

图 9-4-5　缅因猫眼睑内翻矫正术后，可见结膜充血水肿，眼睑轻微外翻（张志鹏 供图）

二、眼睑缺损

眼睑缺损（Eyelid colobomas）是猫一种较为常见的先天性眼部疾病，可发生于任何品种中，可能同时存在眼部其他结构的异常。

1. 病因

眼睑缺损常见于先天性眼睑发育不全。除此之外，外伤也可能导致猫眼睑缺损。先天性眼睑发育不全多数在动物出生时就存在，通常表现为上眼睑和/或眼外眦缺损。猫的先天性眼睑缺损病因尚不完全清楚，可能与遗传或猫子宫内病毒传播有关（Belhorn et al., 1971）。

2. 临床症状

患猫通常表现为双侧上眼睑和/或眼外眦缺失，患眼出现眼睑痉挛、分泌物增多、结膜红肿等情况，部分病例因为眼睑缺损处的毛发直接摩擦角膜导致角膜溃疡（图9-4-6）。患猫也可能同时存在小眼球症、永存性瞳孔膜以及视力障碍等异常（图9-4-7至图9-4-9）。

图 9-4-6　成年雄性中华田园猫，该猫左眼上眼睑部分缺失，眼睑皮肤的毛发刺激角膜，角膜存在溃疡和新生血管（张志鹏 供图）

图 9-4-7　成年狸花猫双眼上眼睑部分缺失，该猫双眼同时存在其他异常（右眼白内障，左眼永存性瞳孔膜）（张志鹏 供图）

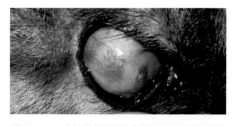

图 9-4-8　成年雌性田园猫右眼上眼睑部分缺失，该猫同时患有青光眼（张志鹏 供图）

图 9-4-9　雌性中华田园猫双眼上眼睑部分缺失，同时存在双眼永久性瞳孔膜、双眼角膜糜烂以及角膜新生血管（张志鹏 供图）

3. 诊断

眼睑缺损的诊断较为简单，几乎所有病例均可通过肉眼进行诊断，但除检查眼睑缺损的程度以外，临床上应对所有患有眼睑缺损的猫进行彻底的眼科检查以排查其他的眼部异常，如评估视力情况、泪液量、角膜完整性以及眼内结构等。

4. 治疗

眼睑缺损的患猫因缺损处的皮肤、毛发摩擦角膜，使泪膜分布不均，容易引发干眼症或常伴有不同程度的角膜溃疡，治疗方式取决于眼睑缺损程度以及眼部受累程度。

若眼睑缺损面积较小且角膜未受影响，可通过药物管理。使用眼表润滑类药物（如人工泪液凝胶或红霉素眼膏等）尽量减少角膜因泪膜分布不均导致的干燥以及毛发可能接触到角膜表面产生的不适感。部分猫对局部应用眼膏会感到刺激性（Eördögh et al., 2015）。

还可采用冷冻疗法以去除刺激角膜的毛发与毛囊，但该手术无法矫正眼睑形态，主要目的是提高患眼的舒适度并最大限度地减少眼睑发育不全所导致的并发症，从而减少局部药物用量。毛囊冷冻术可能需要重复多次。

常见治疗方法为手术重建睑缘。术式主要包括下眼睑移位术（Esson et al., 2001）和唇瓣移植手术（Whittaker et al., 2010）（图9-4-10、图9-4-11）。该类手术适用于较大面积的眼睑缺损，通常是从缺损眼睑的邻近区域如下眼睑、唇角等部位移植皮瓣到缺损处。该手术的目的是重建眼睑形态并最大限度地恢复眼睑的结构与功能。术后应严格佩戴伊丽莎白圈防止动物自我损伤，全身给予抗生素、消炎药以及止痛药，局部使用抗生素眼膏防止出现继发感染。手术并发症较少，主要包含伤口感染、缝线开裂或缝线刺激等。

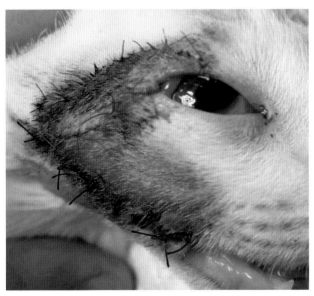

图 9-4-10　本地猫右眼进行了唇瓣移植手术
（张志鹏 供图）

图 9-4-11　患猫右眼唇瓣移植术后 2 个月的状况
（张志鹏 供图）

三、眼睑外伤

眼睑外伤（Eyelid trauma）是指在外力作用下对眼睑造成不同程度的损伤，可发生于任何年龄段的任何猫种，属于临床眼科急症之一。

1. 病因

眼睑外伤通常发生于猫只打斗后，尖锐物体划伤或医源性创伤。

2. 临床症状

眼睑外伤临床上常见不同程度的眼睑结构改变、皮肤破溃、出血肿胀、暴露皮下组织或结膜（图9-4-12），不规则的眼睑缘可能会刺激角膜造成角膜溃疡，眼睑闭合不全导致继发暴露性角膜炎，严重病例可累及其他眼部结构，造成角膜撕裂伤、虹膜脱垂等症状（Van der et al., 2004）（图9-4-13）。

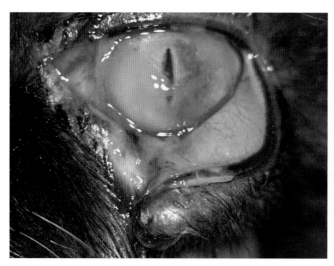

图 9-4-12　波斯猫因打架导致眼睑撕裂伤、睑结膜充血肿胀，眼表覆盖大量分泌物（唐静 供图）

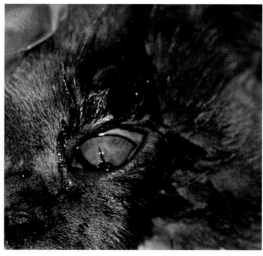

图 9-4-13　短毛猫左眼上眼睑被玻璃划伤，导致角膜全层撕裂伤，前房塌陷（唐静 供图）

3. 诊断

通过问诊与视诊可做出初步诊断，需进行全面的眼科检查，仔细排查是否存在其他眼部结构损伤（如结膜、角膜、葡萄膜、晶状体等），根据情况也可能需要进行全身体格检查，是否存在身体其他部位的损伤。若外伤发生于内眦区域，需要检查泪点的通畅与完整性。

4. 治疗

眼睑外伤的治疗方式取决于受伤的位置、深度和宽度，对于≥2mm的创口需及时手术修复，尽可能地保持眼睑的生理构造（Cochran et al., 2021）。首先对眼睑进行清创，并尽量避免眼睑组织的缺失，保持睑缘的连续性，简单的浅表性眼睑外伤采用6-0不可吸收缝合线间断缝合伤口。全层眼睑撕裂伤的创口应进行两层缝合，第一层可采用5-0/6-0可吸收缝合线从结膜穹窿向边缘简单连续缝合，应注意缝线不要穿透结膜下层，避免刺激眼表；皮肤层从眼睑边缘开始，采用"8"字缝合法准确对合睑缘，减少缝线暴露刺激角膜，随后结节缝合剩余眼睑皮肤（Lackner et al., 2001）。当发生大量眼睑组织丢失时，可能需要通过旋转周围的健康皮肤来替代受损处。

如果眼睑外伤伴有鼻泪管系统的损伤时，需冲洗鼻泪管以确保无阻塞，可通过在损伤的鼻泪管放置

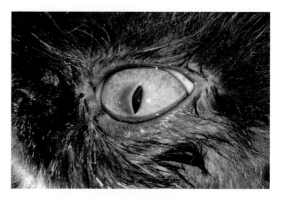

图 9-4-14　波斯猫右眼经手术缝合1周后拆线（红色箭头）（唐静 供图）

硅胶管，使其在愈合过程中保持开放（Shah et al., 2016）。

术后佩戴伊丽莎白圈，局部涂抹抗生素眼膏，全身给予抗生素、止血药；眼睑高度肿胀时可全身给予类固醇或非甾体类消炎药。通常术后7~10d拆除缝线，眼睑外伤愈合时产生的瘢痕组织导致瘢痕形成（图9-4-14）。

<h1 style="text-align:center">第五节　结膜炎</h1>

结膜炎（Conjunctivitis）是猫最常见的眼科疾病，引起猫结膜炎的主要原因有猫疱疹病毒、杯状病毒、支原体、衣原体和波氏杆菌等，其中，最为常见的病因是猫疱疹病毒Ⅰ型和衣原体。

一、猫疱疹病毒性结膜炎

1. 病因

猫疱疹病毒Ⅰ型（FHV-Ⅰ）是引起猫结膜炎最常见的病因。FHV-Ⅰ是双链DNA病毒，其传染性极强，病毒在猫科动物中通过水平传播和垂直传播（Crandell et al., 1971；Ellis et al., 1981；Studdert & Martin，1970；Wardley et al., 1976）广泛流行。FHV-1会终身存在于三叉神经节，在低温时，病毒被激活并发生复制，当猫处于应激状态或频繁使用类固醇激素时可导致病毒暴发。因此，疱疹病毒性结膜炎复发性较强。

2. 临床症状

FHV-Ⅰ结膜炎的主要临床症状包括结膜充血肿胀、眼睑痉挛、眼部分泌物增多（图9-5-1）。对于一些严重感染的猫，结膜表面发生溃疡，伴随大量渗出物，溃疡的区域会彼此发生粘连，甚至与角膜发生粘连，形成睑球粘连。在某些感染猫中睑球粘连会波及整个角膜，导致患猫失明（图9-5-2）。

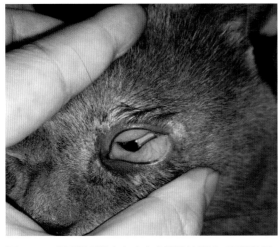

图9-5-1　英国短毛猫患有疱疹病毒性结膜炎，双眼羞明，溢泪，结膜充血水肿，伴有脓性分泌物（林金洲 供图）

图9-5-2　家养短毛猫，睑球粘连覆盖整个角膜，导致失明（林金洲 供图）

3.诊断

通过临床症状结合眼分泌物细胞学检查和PCR检测诊断FHV-I结膜炎。感染FHV-I的猫中，大多数伴有打喷嚏和鼻分泌物的症状。用无菌棉签刮取睑结膜或球结膜，染色镜检。FHV-I引起的结膜炎，典型的细胞学表现为镜下可见上皮细胞和大量嗜中性粒细胞（图9-5-3）。PCR检测是判定FHV-I感染的重要检测手段（Nasisse et al., 1993；Stiles et al., 1997a, 1997b）。

4.治疗

FHV-I结膜炎的治疗包括局部用药和全身用药。局部使用抗病毒滴眼液（碘苷），每天6次，能有效控制疱疹病毒（图9-5-4）；为预防眼部继发性细菌感染，还需使用抗生素滴眼液，每天3~4次。全身性用药包括口服泛昔洛韦，60mg/kg TID 或 90mg/kg BID（Thomasy et al., 2011）；口服四环素抗生素，5mg/kg BID 或 10mg/kg SID。与此同时，建议口服赖氨酸，成年猫为每只500mg/d，幼猫为每只250mg/d，一次性投喂。

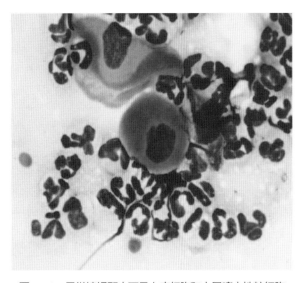

图 9-5-3　显微镜视野中可见上皮细胞和大量嗜中性粒细胞（林金洲 供图）　　图 9-5-4　疱疹病毒性结膜炎药物治疗 2 周后，结膜充血肿胀消退（林金洲 供图）

二、猫衣原体性结膜炎

1.病因

猫衣原体是猫的一种常见病原体，主要引起结膜炎。衣原体传播途径包括空气传播和直接接触传播。该病潜伏期为3~5d，自然感染病例需5~14d出现临床症状（Wills et al., 1984）。

2.临床症状

猫衣原体性结膜炎的主要症状包括眼睑痉挛、结膜充血肿胀以及化脓性、浆液性眼部分泌物，同时伴有鼻分泌物和打喷嚏（图9-5-5）。结膜炎初始通常为单侧性，随后对侧眼出现症状。如未及时进行诊治，可发展为慢性结膜炎。

3.诊断

通过眼分泌物细胞学检查和PCR检测对衣原体性结膜炎作出诊断。用无菌棉签刮取睑结膜或球结膜，染色镜检，镜下可见"包涵体"。利用PCR检测是确认衣原体感染的首选方法（Dean et al., 2005；Helps et al., 2001）。

4. 治疗

衣原体结膜炎的治疗包括局部用药和全身用药。局部使用四环素眼膏，每天4次，持续1~2周（图9-5-6）。口服四环素抗生素，5mg/kg BID 或 10mg/kg SID，持续3周（Sykes, 2014b）。

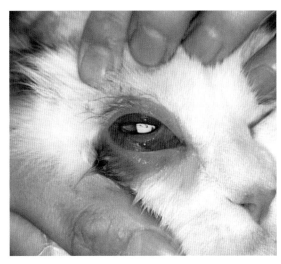

图 9-5-5 5月龄布偶猫患有衣原体性结膜炎，右眼结膜充血，水肿，眼部分泌物增多（林金洲 供图）

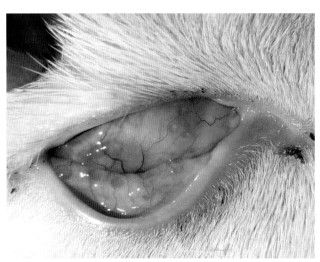

图 9-5-6 衣原体性结膜炎治疗1周后，结膜肿胀充血消退，仍可见大量结膜滤泡（林金洲 供图）

第六节　角膜疾病

一、猫坏死性角膜炎

坏死性角膜炎（Corneal sequestrum）是猫所特有的一种角膜疾病。以角膜出现深色斑块、角膜水肿、角膜溃疡或糜烂为主要特征。该病可导致患眼长期不适且可能影响视力，甚至威胁眼球。

1. 病因

猫坏死性角膜炎确切的病因仍不明确，但一般认为与猫疱疹病毒Ⅰ型、眼表长期刺激、慢性角膜溃疡/角膜糜烂、兔眼、毛发异常、医源性因素（角膜格状切开术）等有关（Bouhanna et al., 2001; Featherstone et al., 2004; Williams et al., 2009）。但也有部分猫没有明确的眼部病史，原发性出现角膜坏死。该病具有一定品种倾向性，波斯猫、缅甸猫、暹罗猫、喜马拉雅猫属于高发品种（Stiles et al., 2016），但其他品种的猫也可见患病。

2. 临床症状

角膜早期坏死性病灶颜色为淡黄色，不易被察觉，刺激性不明显。随着病程发展（发展时间因个体而异），坏死灶颜色逐渐加深至深棕色或黑色，隆起于角膜表面，严重病例形成结痂（图9-6-1）。同时伴有角膜溃疡、外周角膜糜烂、角膜水肿、角膜新生血管、结膜充血肿胀、眼睑痉挛以及眼部分泌物增多等症状。严重病例坏死灶脱落后可导致深度角膜溃疡、后弹力层膨出甚至角膜穿孔（图9-6-2）。

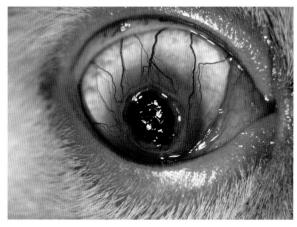

图 9-6-1　短毛猫右眼患有坏死性角膜炎，坏死灶呈黑色隆起，角膜新生血管明显，外周角膜炎性浸润（胥辉豪 供图）

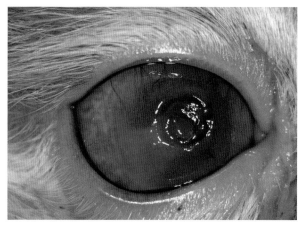

图 9-6-2　波斯猫右眼患有坏死性角膜炎，坏死灶脱落后导致角膜穿孔，外周角膜水肿、大量新生血管（胥辉豪 供图）

3. 诊断

　　详细了解患猫病史，通过裂隙灯显微镜或放大光源可作出初步诊断（图9-6-3）。给予表面麻醉剂后全面评估坏死灶面积以及外周角膜健康程度，OCT扫描可辅助诊断坏死灶深度（图9-6-4）。有感染迹象者可进行细菌培养与药敏试验，同时可对猫疱疹病毒Ⅰ型进行筛查。

图 9-6-3　波斯猫左眼患有坏死性角膜炎，裂隙灯显微镜可见坏死灶不透光，外周角膜水肿（胥辉豪 供图）

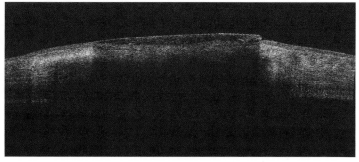

图 9-6-4　波斯猫右眼坏死性角膜炎的 OCT 检查图，可见坏死区域明显不透光（胥辉豪 供图）

4. 治疗

　　大多数病例一旦出现坏死灶，往往逐渐发展加重。应在早期进行治疗干预。药物对该病治疗无效，仅能在一定程度上控制并发症。须在手术显微镜下彻底切除坏死灶（板层角膜切除术），同时配合角膜修补术。角膜修补可根据具体情况采取不同术式：结膜瓣遮盖术取材方便，操作相对容易，对病灶区直接提供物理支撑、血液供应等作用（图9-6-5），但术后角膜瘢痕化明显（Blogg et al.，1989）；角膜结膜移植可对角膜视轴区提供较好光学性，但适用于病灶面积小于全角膜30%的情况，且外周区域仍有瘢痕化（胥辉豪等，2019）（图9-6-6）；生物组织工程角膜可灵活用于任一位点的移植区，并可覆盖较大面积的病灶区，术后免疫排斥反应低，光学效果好（图9-6-7）。

　　无论使用何种术式，术后均须密切监测患眼情况，佩戴伊丽莎白圈。局部给予抗生素、表皮生长因子或自体血清、透明质酸滴眼，部分病例给予抗病毒、抗支原体/衣原体药物。注意该病具有

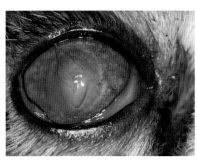

图 9-6-5　波斯猫右眼坏死性角膜炎进行结膜瓣遮盖术后 3 个月，角膜瘢痕较为明显（胥辉豪 供图）

图 9-6-6　本地猫坏死性角膜炎进行角膜结膜移植术后半年，角膜视轴区透明，外周角膜存在瘢痕（胥辉豪 供图）

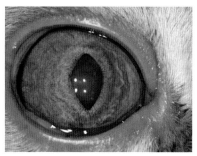

图 9-6-7　波斯猫坏死性角膜炎进行生物组织工程角膜板层移植后一年，整个角膜保持透明（胥辉豪 供图）

一定复发率。

二、猫角膜溃疡

角膜溃疡（Corneal ulcer）是角膜缺损的统称，是猫临床上最常见的眼科疾病。根据解剖结构分为浅表性角膜溃疡（上皮缺损）、基质性角膜溃疡（基质缺损）、后弹力层膨出以及角膜穿孔（Kirk et al., 1989）。

1. 病因

猫的角膜溃疡多与疱疹病毒、外伤（图 9-6-8）、眼睑内翻（图 9-6-9）以及毛发刺激等因素有关（Stiles et al., 2016）。

2. 临床症状

角膜溃疡通常包括眼睑痉挛、溢泪、脓性眼分泌物、第三眼睑突出、结膜肿胀充血、瞳孔缩小、角膜水肿以及角膜新生血管等临床症状。

浅表性角膜溃疡可分为单纯性角膜溃疡（图 9-6-10）和复杂性角膜溃疡（糜烂性角膜溃疡或惰性角膜溃疡）（图 9-6-11），

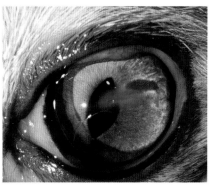

图 9-6-8　短毛猫左眼角膜线性抓伤，伴随的结膜充血肿胀、第三眼睑突出以及瞳孔缩小（张志鹏 供图）

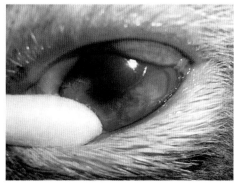

图 9-6-9　短毛猫左眼由于下眼睑内翻引起毛发刺激导致浅表性角膜溃疡，溃疡区域靠近外眦下侧，伴有结膜充血肿胀（张志鹏 供图）

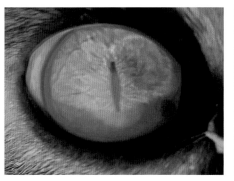

图 9-6-10　短毛猫右眼患有单纯性角膜溃疡，荧光素染色着色（张志鹏 供图）

图 9-6-11　短毛猫左眼患有糜烂性角膜溃疡，瞳孔区荧光素染色着色，上皮疏松，瞳孔缩小（张志鹏 供图）

临床病例除了外伤以及眼睑内翻引起的浅表性溃疡外，其余多数为复杂性角膜溃疡。

基质性角膜溃疡（图9-6-12）即缺损深入角膜基质，肉眼可见角膜局部凹陷。

后弹力层膨出（图9-6-13）即角膜基

图9-6-12　短毛猫左眼患有角膜基质溃疡，溃疡呈漏斗状（张志鹏 供图）

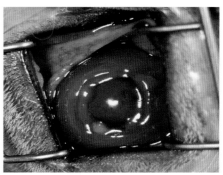

图9-6-13　短毛猫角膜大范围后弹力层膨出，溃疡区域透明且荧光素不着色，周围角膜弥散性水肿（张志鹏 供图）

质层完全丢失，由于角膜基质占角膜厚度的90%，后弹力层膨出后面临着随时穿孔的风险，因此后弹力层膨出属于眼科急诊。

3. 诊断

详细了解病史，通过荧光素染色判断溃疡面积与角膜丢失层次，裂隙灯显微镜判断溃疡深度，给予表面麻醉剂排除异物以及鉴别诊断糜烂性角膜溃疡（表面麻醉后使用无菌棉签对角膜进行清创，清创后溃疡面积明显增大的即可诊断为糜烂性角膜溃疡），OCT扫描可辅助诊断溃疡深度。有感染迹象者可进行细菌培养与药敏试验，同时可对猫疱疹病毒Ⅰ型进行筛查。

4. 治疗

外伤导致猫浅表性角膜溃疡局部使用抗生素眼药水治疗即可，但临床上建议增加抗疱疹病毒药物治疗，以防止疱疹病毒暴发引起更为严重的角膜病变。暴露性浅表溃疡的治疗在上述基础上添加人工泪液可促进上皮愈合，减少进一步角膜暴露。

糜烂性角膜溃疡临床治疗通常采用角膜清创术，同时可配合佩戴角膜保护镜。可采用1%的聚维酮碘在棉签清创后的溃疡面再次清创，通过聚维酮碘的蛋白变性作用以达到快速促进愈合的目的。治疗后续需局部配合使用自体血清、表皮生长因子、抗疱疹病毒以及抗生素等药物治疗。经久不愈的复杂性角膜溃疡（病程超过一个月），可应用角膜板层切除术配合结膜瓣遮盖术（Blogg et al., 1989）（图9-6-14）、角膜结膜移植术（图9-6-15）以及生物组织工程角膜移植术（图9-6-16）等外科治疗方式。

角膜缺损厚度小于角膜厚度1/2的基质溃疡可采用常规药物治疗，相较浅表性溃疡而言，基质

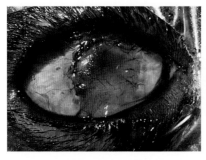

图9-6-14　波斯猫右眼患有复杂性角膜溃疡且经久不愈，采用结膜瓣遮盖手术治疗（张志鹏 供图）

图9-6-15　波斯猫后弹力层膨出，进行了角膜结膜移植手术（张志鹏 供图）

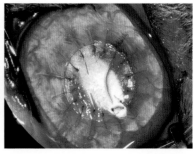

图9-6-16　本地猫患有复杂性角膜溃疡且经久不愈，进行了生物组织工程角膜移植手术（张志鹏 供图）

溃疡的修复时间明显更长。超过角膜厚度1/2深度的基质溃疡、后弹力层膨出病例采用上述外科治疗方式。

三、猫大疱性角膜病变

大疱性角膜病变（Bullous keratopathy）常见于猫，发病迅猛，常导致角膜严重损伤，并可威胁眼球。

1. 病因

大疱性角膜病变是一种角膜基质水分聚集后形成眼上皮下的水疱性病变。病因尚不明确，已知激素可诱导大疱性角膜病变，偶见于复杂性角膜溃疡（Cullen et al., 1999）。

2. 临床症状

大疱性角膜（Glover et al., 1994）可见突出于角膜表面的透明鼓包形大疱，通常可见大量的脓性眼部分泌物（图9-6-17），外周角膜可见水肿、新生血管以及细胞浸润（图9-6-18），偶尔伴有眼睑痉挛、瞳孔缩小以及第三眼睑突出等临床症状，进一步发展可导致角膜溶解（图9-6-19）以及角膜穿孔（图9-6-20）。

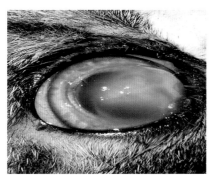

图 9-6-17　波斯猫右眼突发大疱性角膜病变，大泡突起于角膜表面伴随大量脓性分泌物（林金洲 供图）

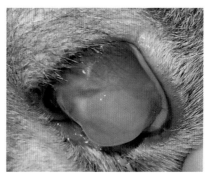

图 9-6-18　1岁龄短毛猫长时间不明原因眼角膜溃疡后并发大疱性角膜病变，并伴有大量新生血管（林金洲 供图）

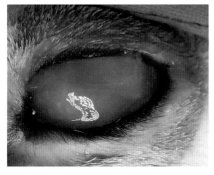

图 9-6-19　短毛猫左眼大疱性角膜病变后治疗不当导致局部角膜溶解（林金洲 供图）

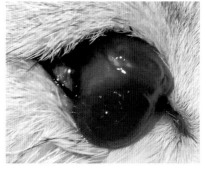

图 9-6-20　3岁短毛猫长期口服激素诱发大疱性角膜病变，导致角膜穿孔（林金洲 供图）

3. 诊断

详细了解患猫病史，重点询问是否长期口服激素，肉眼可见角膜存在明显水泡样突出可初步判断，裂隙灯显微镜可见角膜高度水肿与分层（图9-6-21），OCT扫描可辅助诊断。荧光素染色可确定角膜上皮丢失情况（图9-6-22）。

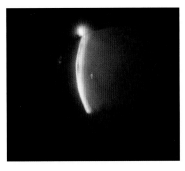 

图 9-6-21　裂隙灯显微镜可见角膜　　　　图 9-6-22　荧光素染色可见大面积着色
　　　　　水肿与分层 (林金洲 供图)　　　　　　　　　　 (林金洲 供图)

4. 治疗

第三眼睑遮盖术是大疱性角膜病变的推荐治疗方案。第三眼睑遮盖可提供物理性支撑，均衡的持续性压力有利于角膜大疱的消失，促使角膜塑形并减少角膜损伤（图9-6-23）。对于局灶性或不严重的大疱病变，可使用角膜热成形术进行治疗，通过电凝笔的热灼伤收缩基质层以达到排水的目的。角膜热成形术在于术后可通过角膜修复变化及时调整用药，但术后角膜瘢痕化较明显，同时造成角膜代谢功能下降（图9-6-24）。若已导致角膜穿孔，则应尽快进行角膜修补术。

图 9-6-23　大疱性角膜病变经第三眼睑遮　　图 9-6-24　角膜热成形术后 4 周，角膜形
　　　　　盖 4 周后，角膜透明性恢复良好　　　　　　　　态稳定，瘢痕较明显
　　　　　　　　 (林金洲 供图)　　　　　　　　　　　　 (林金洲 供图)

无论何种术式，术后药物治疗均至关重要。术后局部使用5%高渗氯化钠滴眼液或眼膏、抗生素滴眼液、自体血清、透明质酸等进行治疗（Godfrey & Nasisse, 1985）。

大疱性角膜病变须与特殊类型的角膜穿孔区分，避免治疗方案不适用导致更严重的并发症或影响疗效。

四、猫嗜酸性角膜炎

猫嗜酸性角膜炎（Eosinophilic Keratitis）是一种进行性的眼表疾病，主要以嗜酸性粒细胞浸润为主，是猫特有的眼部疾病。

1. 病因

其病因尚不清楚。怀疑与FHV-I或衣原体感染有关。猫嗜酸性角膜炎患病年龄从7月龄

（Morgan et al., 1996）到17岁（Stiles & Coster, 2016）不等，多数为4~6岁的成年雄性猫。该病通常发生于单侧眼，也见双侧眼发病。

2. 临床症状

嗜酸性角膜炎典型的病变为角膜外眦处出现增生性、白色到粉红色、不规则并伴有血管以及大小不等的易碎白色斑块（图9-6-25）。这些斑块是角膜赘生物脱落的产物，其中含有坏死的脱细胞物质和嗜酸性粒细胞（Prasse & Winston, 1996）。随着疾病的发展，病灶蔓延至整个角膜甚至瞬膜。

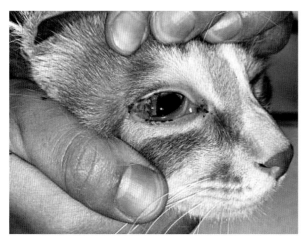
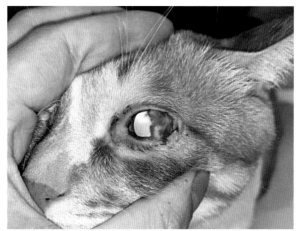

图 9-6-25 4岁雄性家养短毛猫双眼患有嗜酸性角膜炎，双侧角膜外眦增生，分泌物增多，眼睑痉挛 (林金洲 供图)

患眼病初无痛感，随着病程的发展，患眼出现眼睑痉挛、溢泪和结膜充血等症状。

3. 诊断

嗜酸性角膜炎通过角膜细胞学检查确诊。显微镜视野中通常含有上皮细胞、嗜酸性粒细胞、肥大细胞、中性粒细胞和淋巴细胞（Prasse & Winston, 1996）（图9-6-26）。发现嗜酸性粒细胞即可确诊（Spiess et al., 2009）。

4. 治疗

嗜酸性角膜炎的治疗通常使用0.1%地塞米松滴眼液或1%乙酸泼尼松龙滴眼液局部治疗，根据病情的严重程度，每天给药3~4次，随症状改善，给药频率逐渐减少（图9-6-27）。局部使用环孢菌素也能有效控制一些猫的嗜酸性角膜炎（Spiess et al., 2009）；局部同时使用双氯芬酸钠和环孢素对一些患猫也有效，但恢复速度较类固醇激素慢。

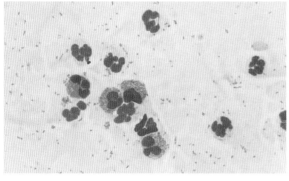
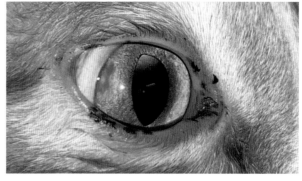

图 9-6-26 显微镜视野中可见嗜中性粒细胞、嗜酸性粒细胞、淋巴细胞 (林金洲 供图)

图 9-6-27 嗜酸性角膜炎药物治疗 2 周后，角膜增生减少、血管退化、瘢痕化减轻 (林金洲 供图)

乙酸甲地孕酮对于治疗嗜酸性角膜炎非常有效，口服剂量为每日5mg，连续5d；然后每隔一天5mg，连续7d；最后每周5mg维持。但乙酸甲地孕酮会引起严重副作用，须慎用。

嗜酸性角膜炎停药后复发率为65.5%（Morgan et al., 1996），故某些病例可能需要终身用药。

五、猫角膜穿孔

角膜穿孔（Corneal perforation）指各种病因导致猫角膜全层组织丢失，是一种眼科急症，可发生于任何品种的不同年龄阶段的猫中，如未及时进行有效治疗，可严重影响视力以及威胁眼球。

1. 病因

猫角膜穿孔是一种较为常见的眼部疾病，多见于外伤或继发于慢性角膜溃疡、坏死性角膜炎等，发病突然，迅速导致猫患眼强烈的不适感并影响视力。

2. 临床症状

角膜穿孔后肉眼可见房水流出（眼周湿润）、重度眼睑痉挛、结膜充血肿胀。给予表面麻醉剂后可见角膜水肿、前房塌陷、虹膜脱垂、纤维素嵌顿、瞳孔变形、前房积血（图9-6-28至图9-6-30）、视力下降或失明等症状。

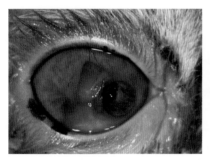
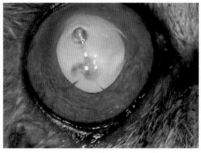
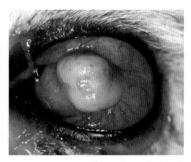

图 9-6-28 波斯猫右眼出现角膜穿孔，伴有虹膜脱垂、前房出血、角膜水肿与角膜新生血管
（胥辉豪 供图）

图 9-6-29 波斯猫右眼出现角膜穿孔，房水凝结块与炎性渗出物堵塞穿孔处，前房内存在条索状渗出物
（胥辉豪 供图）

图 9-6-30 短毛猫左眼外伤导致角膜穿孔，结膜高度充血与水肿，房水凝结物堵塞穿孔处，角膜水肿
（胥辉豪 供图）

3. 诊断

根据病史可作出初步诊断。须进一步小心地进行眼科检查，避免二次损伤。重点评估角膜穿孔面积以及眼内情况，用裂隙灯显微镜仔细检查是否存在角膜异物、虹膜是否脱垂（注意评估脱垂的虹膜组织是否坏死）（图9-6-31）、虹膜是否粘连、前房炎性程度、晶状体有否受损等。此外，须检测眼内压，必要时小心进行眼部超声，以评估眼后节情况。

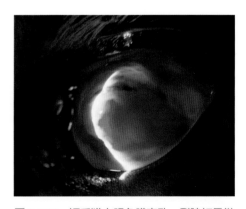

图 9-6-31 短毛猫右眼角膜穿孔，裂隙灯显微镜可见虹膜脱垂，外周角膜水肿
（胥辉豪 供图）

4. 治疗

角膜穿孔是眼科急症，须尽快进行显微手术治疗。对于虹膜脱垂病例，首先评估虹膜状态来决定处理方式（还纳或切除）；对于直径小于1mm的穿孔，且外周角膜健康坚实病例，可尝试直接使用9-0/10-0缝线对合损伤处；角膜全层撕裂伤也须对合创口；穿孔较大者，

使用黏弹剂分离、扩张虹膜并建立临时前房，同时使用同种异体角膜进行全层角膜移植（Hansen et al., 1999），或使用生物补片修补创口（Featherstone et al., 2001；Chow et al., 2016；Bussieres et al., 2004），随后使用结膜瓣覆盖穿孔处（图9-6-32、图9-6-33）；也可修剪创缘后，直接使用生物组织工程角膜修补穿孔处（图9-6-34）。随后使用I/A注吸手柄吸除前房内黏弹剂，注入平衡盐液或生理盐水重建前房。

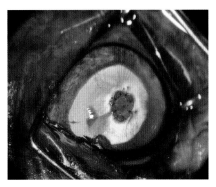 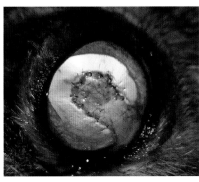 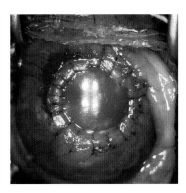

图 9-6-32　使用生物补片修补角膜穿孔处（胥辉豪 供图）　　图 9-6-33　使用结膜瓣修补角膜穿孔（胥辉豪 供图）　　图 9-6-34　使用生物组织工程角膜全层移植角膜穿孔处（胥辉豪 供图）

术后佩戴伊丽莎白圈，局部给予抗生素、阿托品、表皮生长因子以及透明质酸滴眼。对于天然角膜移植出现免疫排斥迹象者，局部给予免疫抑制剂；全身给予抗生素、止血药；密切监测眼压、缝合位点稳定性以及整体角膜情况。及时进行手术治疗者，如术后未见严重并发症，通常预后良好（图9-6-35、图9-6-36）。若同时存在其他并发症（如外伤性白内障等），则须对症治疗。

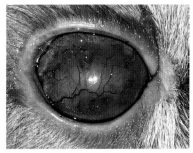 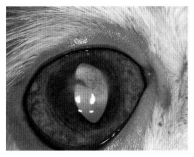

图 9-6-35　结膜瓣修复角膜穿孔术后2个月（胥辉豪 供图）　　图 9-6-36　生物组织工程角膜全层移植术后4个月（胥辉豪 供图）

若角膜穿孔时间较长导致眼内情况严重（如全眼炎、青光眼等），可能需要摘除眼球。

第七节　前葡萄膜炎

前葡萄膜炎（Anterior uveitis）是猫常见且重要的一种眼部疾病。炎症可直接或间接影响视力与眼球，并且一些严重乃至致命的疾病往往也呈现出前葡萄膜炎症状，有38%~70%的患猫同时存在全身性疾病（Chavkin et al., 1992；Gemensky et al., 1996）。

一、病因

猫前葡萄膜炎的潜在病因较多，大体上可由创伤、感染、肿瘤、晶状体相关以及特发性病因或其他病因所致。其中猫传染性腹膜炎、猫白血病、创伤以及晶状体介导是最常见的病因（Peiffer & Wilcock, 1991）。

二、临床症状

患猫可单侧或双侧眼受累，但患有全身性疾病的猫通常为双侧眼，80%约为雄性（Gemensky et al., 1996）。前葡萄膜炎临床症状较多，包括眼睑痉挛、第三眼睑突出、结膜充血、角膜水肿、角膜新生血管、睫状体部潮红、虹膜充血、房水闪辉、前房积脓/积血、角膜后沉积物、瞳孔缩小等（图9-7-1至图9-7-5）。在慢性病例或未经治疗的病例中，还可出现虹膜后粘连、虹膜膨隆、继发性青光眼、继发性白内障、晶状体脱位等症状。

三、诊断

通过调查病史，全面的眼科检查可作出诊断。使用裂隙灯显微镜观察房水闪辉程度、是否存在纤维蛋白，测量眼内压（眼内压通常偏低）。除仔细检查角膜、虹膜、晶状体、眼内等组织结构外，对一些疑似病例，可能需要对猫免疫缺陷病毒、猫传染性腹膜炎、猫白血病病毒、刚地弓形虫、巴尔通体等病原微生物进行筛查。此外，特发性葡萄膜炎也须考虑。

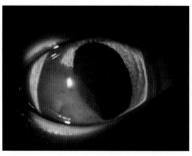

图9-7-1 缅因猫右眼患有前葡萄膜炎，前房存在出血与纤维蛋白（胥辉豪 供图）

图9-7-2 长毛猫右眼患有前葡萄膜炎，存在重度房水闪辉（胥辉豪 供图）

图9-7-3 布偶猫左眼患有前葡萄膜炎，存在虹膜充血、角膜后沉积物（胥辉豪 供图）

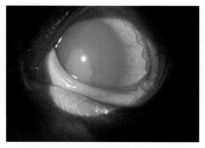

图9-7-4 布偶猫左眼患有前葡萄膜炎，存在结膜充血与睫状充血、前房纤维蛋白、重度房水闪辉（胥辉豪 供图）

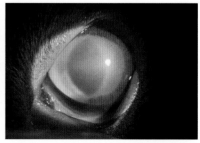

图9-7-5 蓝猫左眼患有前葡萄膜炎，角膜水肿伴有新生血管，前房内存在纤维渗出（胥辉豪 供图）

四、治疗

在尽可能寻找病因的基础上，前葡萄膜炎主要采取对症治疗。在确定角膜健康的前提下，局部使用类固醇激素（地塞米松或泼尼松）滴眼、使用1%阿托品眼凝胶麻痹睫状肌并防止虹膜粘连。对于前房内存在大量纤维蛋白或血凝块时，可前房注射组织纤维蛋白溶酶原激活剂。注意检测猫疱疹病毒Ⅰ型暴发情况，必要时进行抗病毒治疗，并考虑使用非甾体类消炎药替代激素。此外，对于并发症须进行治疗，如对白内障进行手术摘除，促进角膜溃疡修复，青光眼进行长期管理或手术治疗（包括眼球摘除）。炎症经过及时、对症治疗后往往可得到控制（图9-7-6）。

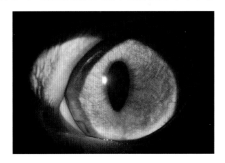

图 9-7-6 猫患病眼治疗 2d 后恢复正常
（胥辉豪 供图）

第八节 晶状体疾病

一、猫白内障

猫白内障（Cataract）是指晶状体纤维变性导致晶状体混浊泛白，阻碍光线到达视网膜而造成猫视力障碍的一种眼病。

1. 病因

猫白内障的发病机理仍不明确，已知的病因包括：先天性、遗传、营养缺失（Anderson et al., 1979）、氧化损伤、糖尿病、某些物质中毒（硒）、葡萄膜炎、外伤等因素。临床上猫原发性白内障几乎都为先天性（Allgoewer & Pfefferkorn, 2001），而继发性白内障常与外伤、慢性葡萄膜炎有关。

2. 临床症状

通常将幼龄猫白内障分为营养性白内障和遗传性白内障，营养性白内障个体加强营养管理后，多数在8月龄以内晶状体混浊可逐渐恢复正常（Knopf et al., 1978）；遗传性白内障则随着年龄增大而发展。

白内障根据晶状体混浊程度差异区分为：早期白内障、发展期白内障、成熟期白内障以及过熟期白内障。先天性白内障多见于双侧眼，常见晶状体后极出现局灶性不透光（三角形或不规则形状）（图9-8-1）；外伤性白内障可见局灶性晶状体纤维变性（图9-8-2）；营养性白内障可见前、后极晶状体不透光以及"Y"字缝线处空泡化（图9-8-3）；继发于葡萄膜炎的白内障始于皮质，通常进展缓慢。

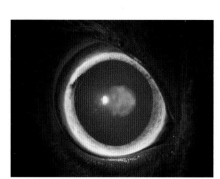 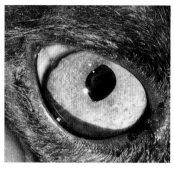 

图 9-8-1　4 月龄短毛猫双眼存在先天性后极性白内障
（张志鹏 供图）

图 9-8-2　矮脚猫外伤引起的白内障并伴有晶状体后脱位，前房加深，眼球少量积血以及前房闪辉
（张志鹏 供图）

图 9-8-3　2 月龄波斯猫双眼营养性白内障导致晶状体混浊
（张志鹏 供图）

3. 诊断

详细的病史问诊以及裂隙灯显微镜检查可初步诊断白内障，眼部 B 超以及视网膜电位图可进一步辅助诊断白内障以及评估眼球内部的形态与功能。

4. 治疗

除营养性白内障外，目前尚无药物可有效治疗白内障，超声乳化手术（Cobo et al., 1984）是治疗猫白内障最行之有效的手术方案。相较于犬而言，猫的白内障手术成功率更高，因为猫白内障术后葡萄膜对创伤反应不强烈，且炎症更易控制（图 9-8-4）。

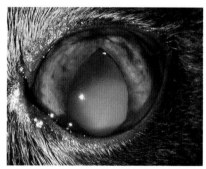

图 9-8-4　猫白内障术后一个月
（张志鹏 供图）

二、猫晶状体脱位

猫晶状体脱位（Lens luxation）是指晶状体从正常位置发生改变，分为半脱位和全脱位。其中全脱位又分为前脱位和后脱位，前脱位是指晶状体进入前房，后脱位是指晶状体进入玻璃体腔。

1. 病因

猫晶状体脱位见于先天性、原发性、继发性和外伤性等因素（Curtis et al., 1990）。其中最常与慢性葡萄膜炎和青光眼有关。最常见的发病年龄为 7~9 岁（Olivero et al., 1991）。

2. 临床症状

晶状体脱位典型的临床症状是在初期肉眼可见晶状体赤道部表现出新月形无晶状体特征（图9-8-5）。脱位的晶状体逐渐发展形成白内障，可见晶状体混浊（图 9-8-6）。随着病情的发展，会导致持续性葡萄膜炎，角膜一过性或者永久性水肿，部分病例将发生青光眼并丢失视力。

3. 诊断

晶状体脱位可通过肉眼、裂隙灯显微镜检查以及眼科 B 超确诊（图9-8-7）。

4. 治疗

猫晶状体脱位的治疗方法是晶状体囊内摘除（Olivero et al., 1991）。原发性晶状体脱位手术后一般预后良好；葡萄膜炎继发的晶状体脱位手术的同时还需要对葡萄膜炎进行治疗；青光眼继发的晶状体脱位须对青光眼进行监测与管理，可能需要摘除眼球。

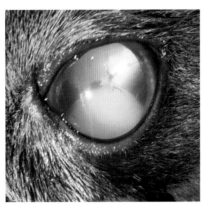

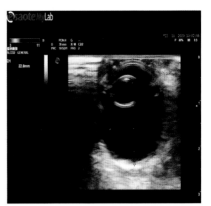

图 9-8-5　2 岁雌性短毛猫右眼晶状体半脱位，呈现出"新月形"无晶状体特征 (林金洲 供图)

图 9-8-6　4 岁短毛猫左眼晶状体前脱位，晶状体形成白内障 (林金洲 供图)

图 9-8-7　3 岁短毛猫左眼发生晶状体半脱位的眼部 B 超影像 (林金洲 供图)

第九节　青光眼

青光眼（Glaucoma）是严重影响猫视力以及眼球结构的疾病。绝大多数病例以眼内压升高为主要特征。

一、病因

猫青光眼可分为先天性青光眼、原发性青光眼、继发性青光眼和房水迷流综合征。

1. 先天性青光眼

先天性青光眼在猫中较为罕见，通常在幼龄猫（＜6 月龄）中发生。大多数患有先天性青光眼的幼猫会出现急性眼部炎症（眼球增大）和角膜水肿（图 9-9-1、图 9-9-2）。

2. 原发性青光眼

原发性青光眼在猫中也较为罕见，约 2% 的猫青光眼病例为原发性青光眼（Blocker et al., 2001）（图 9-9-3）。原发性青光眼可根据房角外观将其分为开角型、窄角型或闭角型青光眼。该病病因与

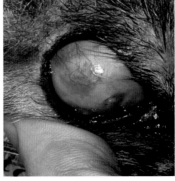

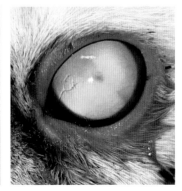

图 9-9-1　3 月龄短毛猫患有单侧青光眼（右眼）(杨丽辉 供图)

图 9-9-2　2 岁本地猫右眼患有青光眼，眼球增大且硬而无弹力，角膜水肿，该患猫同时还存在先天性眼睑缺损 (杨丽辉 供图)

图 9-9-3　11 月龄波斯猫患有原发性青光眼，患眼出现角膜水肿，瞳孔散大 (杨丽辉 供图)

遗传性和品种相关，暹罗猫、缅甸猫和波斯猫易患原发性青光眼（Dubielzig et al., 2010）。纯种猫原发性青光眼发病率的增加可能源于近亲繁殖，因此，不建议对患有原发性青光眼的猫进行繁殖。

3. 继发性青光眼

继发性青光眼在猫中较为常见。葡萄膜炎（图9-9-4）是导致猫出现继发性青光眼的最常见病因，其次是肿瘤。除此之外，前房积血、晶状体前脱位（图9-9-5）、创伤（图9-9-6）、虹膜前粘连（图9-9-7）等也是猫继发性青光眼的重要原因。

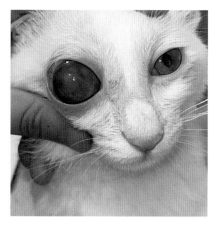 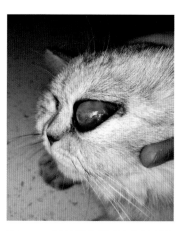 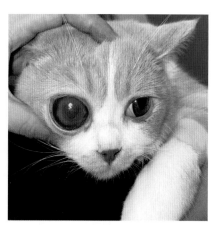

图 9-9-4　猫传染性腹膜炎导致的葡萄膜炎继发青光眼（杨丽辉 供图）　　图 9-9-5　流浪猫左眼晶状体前脱位（蓝色箭头）而继发青光眼（杨丽辉 供图）　　图 9-9-6　1 岁短毛猫右眼因创伤而继发青光眼（杨丽辉 供图）

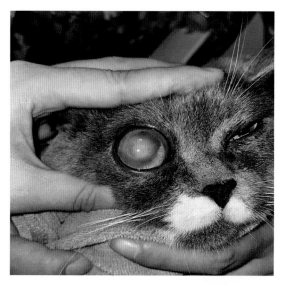 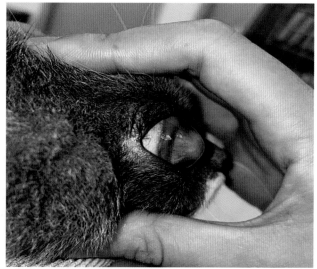

图 9-9-7　3 岁短毛猫右眼因虹膜前粘连导致青光眼（杨丽辉 供图）

4. 房水迷流综合征

猫房水迷流综合征（FAHMS）是一种罕见的青光眼类型，该病通常影响11~13岁的猫。患猫通常双眼发病，雌猫更易患该病。在FAHMS的患猫中，房水被错误地引流至晶状体后的玻璃体腔（Czederpiltz et al., 2005）。房水在玻璃体腔内蓄积增加眼压并将晶状体和虹膜推向角膜，导致前房变浅，该类型青光眼疼痛感剧烈。

二、临床症状

猫青光眼的临床症状早期通常不易被察觉，多数猫直到疾病晚期才进行诊治，因此通常预后不良（Blocker et al., 2001）。临床症状包括眼部肿胀发红、结膜水肿、巩膜充血、眼球增大突出、角膜水肿、角膜溃疡、瞳孔散大、瞳孔对光无反射、视力降低或丧失等。

三、诊断

应对疑似青光眼的猫进行全面的眼科评估，可使用裂隙灯显微镜对患猫进行初步的眼科检查，同时进行视力评估。眼内压的测定对于诊断至关重要，正常的猫眼内压范围为10~25mmHg[①]（Tonovet）。应使用眼部超声或CT检查眼球内部是否存在占位性病变。除了全面眼科检查外还应根据发病原因进行相应的全身检查，继发于葡萄膜炎的青光眼应筛查猫葡萄膜炎的患病原因，如猫传染性腹膜炎、真菌性感染、寄生虫、传染病等。继发于眼内肿瘤的青光眼建议眼球摘除术后送检以确定肿瘤性质，并在术前进行胸、腹部X射线检查和腹部超声检查。

四、治疗

发生青光眼时紧急降眼压对于猫视力的挽救以及缓解疼痛至关重要。紧急的眼内压升高可采用高渗性液体进行治疗，如静脉快速滴注甘露醇（每千克体重1g，20~30min内输完），4~6h禁止饮水，防止眼压反弹。若眼内压仍不能降低，可视情况采用前房穿刺术来暂时缓解高眼压，丙美卡因眼表局麻下（必要时镇静），使用30G注射器针头从角膜巩膜缘垂直进针，避开虹膜（以防止刺伤虹膜引起眼内出血），自然引流房水，眼压值正常后移除穿刺针头。

仍具有视力的青光眼前期也可通过药物维持眼内压，患有葡萄膜炎的猫可选择使用皮质类固醇进行抗炎。局部使用布林佐胺或多佐胺、噻吗洛尔（哮喘猫禁用）、拉坦前列素或曲伏前列素维持眼压（葡萄膜炎时慎用）。在患有房水迷流综合征的猫中使用拉坦或曲伏前列素有虹膜后粘连的风险。也可通过手术降低眼内压，如睫状体光凝术、引流阀植入、小梁网切除术等。

无视力、药物或手术降压无效且极度疼痛的青光眼病例，建议进行眼球摘除术（图9-9-8）。

图 9-9-8　右眼青光眼短毛猫施行眼球摘除术后
（杨丽辉 供图）

---

① 1mmHg 约为 133Pa，全书同。

第十节 视网膜疾病

一、猫视神经炎

视神经炎（Optic neuritis）是导致猫急性失明的眼部疾病之一，通常见于双侧眼受累，相对于犬少发（Nell et al., 2008）。

1. 病因

猫的视神经炎可能有多种原因：病毒感染、寄生虫感染、真菌感染（Alden & Mohan, 1974）以及中毒。在病毒性疾病中，猫传染性腹膜炎（图9-10-1）最可能影响中枢神经系统和视神经。相关的眼部表征还可能包括前葡萄膜炎、脉络膜视网膜炎、血管周围褶皱和视网膜脱离。弓形虫病（Burney et al., 1998）也可能引起视神经炎。弓形虫的典型组织病理学表现为化脓性肉芽肿性脑膜脑炎。新型隐球菌是猫最常见的全身性真菌感染，视神经炎是猫隐球菌病（Blouin & Cello, 1980）最常见的眼部病变。

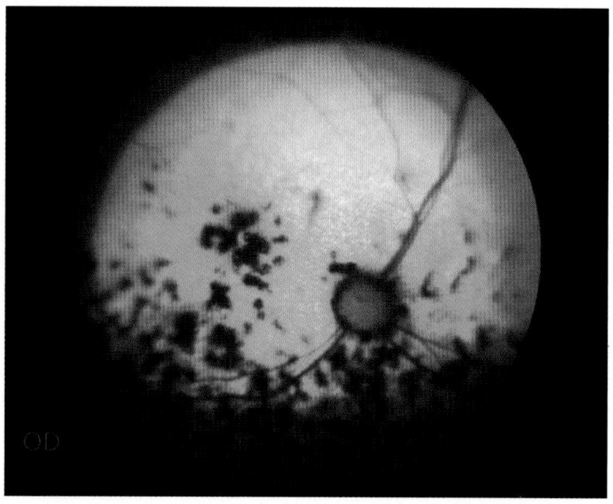

图 9-10-1　2岁传染性腹膜炎患猫右眼突发视神经炎并伴有视网膜脉络膜炎，视网膜大量色素沉积，视力丧失（张志鹏 供图）

2. 临床症状

视神经的炎症可能为单侧或双侧性。视乳头和球后视神经可能受累。临床症状为瞳孔散大、突发性失明。视盘肿胀、视盘边缘模糊、生理杯丢失、视盘表面血管隆起、视盘周围视网膜水肿并可能伴有出血。视神经炎视网膜电位图（ERG）正常（图9-10-2），但VEP降低。

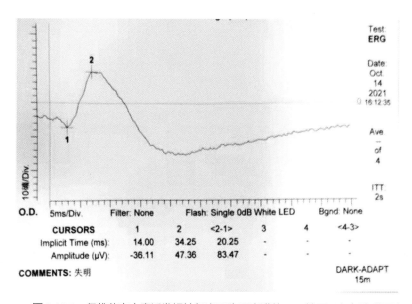

图 9-10-2　伊维菌素中毒诱发视神经炎而失明患猫的 ERG 结果（张志鹏 供图）

猫传染性腹膜炎可引起脓性肉芽肿性脉络膜视网膜炎和视网膜血管炎，临床表现为明显的血管周围套袖、渗出性视网膜脱离和视神经炎（Addie & Jarrett, 1998）。

猫白血病的眼部临床特征包括眼眶肿块、眼睑肿块、结膜和瞬膜肿块、前葡萄膜肿瘤、伴有或不伴有眼睑下垂的虹膜睫状体炎、继发性青光眼、脉络膜视网膜炎、脉络膜视网膜肿块、视网膜出血、视网膜脱离和视神经炎。

后葡萄膜炎或全身疾病引起的脉络膜视网膜炎也可导致视神经炎，但这种情况并不常见。

乙胺丁醇（Barclay & Riis, 1979）以及伊维菌素中毒（图9-10-3）可引起视神经炎。

3. 诊断

详细了解患猫病史，患猫通常突然失明且瞳孔散大，裂隙灯显微镜、眼底照相机、红蓝光检测可初步诊断，脑部核磁共振（Guy et al., 1994）以及ERG可鉴别诊断。

4. 治疗

由于猫的视神经炎大多为继发性疾病，因此需消除病因，同时对视神经炎进行抗炎治疗（采用全身激素治疗，图9-10-4、图9-10-5）。

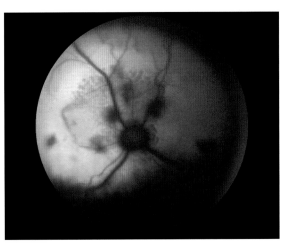

图 9-10-3　伊维菌素中毒患猫右眼视神经炎导致失明，视乳头模糊不清并伴有视网膜色素沉积及视网膜褶皱（张志鹏 供图）

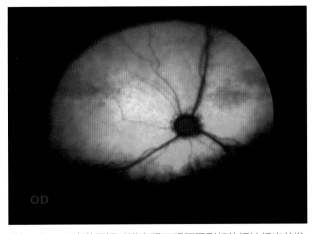

图 9-10-4　2岁英国短毛猫右眼不明原因引起的视神经炎并发视网膜脉络膜炎，眼底照相机显示视乳头模糊，毯层视网膜出现色素斑块，反光减弱（张志鹏 供图）

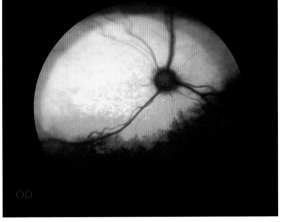

图 9-10-5　患猫激素治疗半年后复诊，色素沉积消失，视乳头清晰可见，视力恢复，眼底反光正常（张志鹏 供图）

二、猫视网膜变性

猫视网膜毗邻脉络膜位于眼球壁的最内层。猫的视网膜变性（Retinal degeneration）是指由多种原因导致的视网膜结构及功能异常，从而引起猫视力丧失或减退的一类疾病。猫的视网膜变性可单独发生也可继发于全身性疾病。

1. 病因

引起猫视网膜变性的病因主要有先天发育异常、遗传性、营养性、药物中毒等。除此之外，外伤、代谢紊乱、全身感染、肿瘤、高血压以及其他血液疾病等均可成为猫视网膜变性的潜在病因（Djajadiningrat-Laanen et al., 2002；Gelatt et al., 2001）。

牛磺酸缺乏导致猫中心性视网膜变性具有代表性，牛磺酸是猫生长发育过程中所必需的氨基酸，牛磺酸缺乏可能会导致扩张性心肌病和进行性视网膜变性，长期饲喂缺乏牛磺酸的自制猫粮、非优质商品粮以及饲喂犬粮的猫可能会因为缺乏牛磺酸发病（Aguirre et al., 1978）。视网膜发育异常一般在新生幼猫可见，可能由外伤、遗传缺陷或在胚胎时期母体子宫发生损伤引起，若母猫在妊娠期存在病毒感染，如泛白细胞减少综合征，那么其后代在幼龄期可能存在视网膜发育不良和其他眼部异常（Millichamp et al., 1990）。已经确认在阿比西尼亚猫以及暹罗猫中存在引起猫遗传性视网膜变性的两个致病基因型，分别是CEP290和CRX（Thompson et al., 2010）。此外，在波斯猫和孟加拉猫中发现常染色体隐性遗传的原发性视网膜变性（Rah et al., 2005；Ofri et al., 2015）。猫过量使用恩诺沙星也可能会导致进行性视网膜变性（Gelatt et al., 2001）。全身性高血压引发的视网膜出血，视网膜脱离在后期也可能会发生视网膜变性。局部或全身性疾病如猫泛白细胞减少综合征、猫传染性腹膜炎、肿瘤、感染等疾病引发的脉络膜视网膜炎也可能会导致视网膜变性（Millichamp et al., 1990）。

2. 临床症状

单纯非继发性（如营养性、遗传性、中毒性、先天性等）病因导致的视网膜变性常见于双侧眼，患猫一般无异常表现，因此，在疾病早期猫主人很难发现。通常猫出现"夜盲症"是猫主人观察到的第一个异常表现。随着时间推移，猫视力逐渐下降，在发病后1~2年完全失明。当光线照射动物眼部时，猫的眼底反光异常明亮，瞳孔不同程度扩大，瞳孔对光反射减弱或消失（图9-10-6）。

继发性视网膜变性除眼部症状外往往伴有其他身体异常（图9-10-7、图9-10-8）。脉络膜视网膜炎导致的视网膜变性可能会表现眼部不适，并且眼底光反射常表现减弱。

  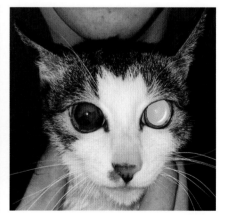

图9-10-6　3岁孟加拉猫双眼患有遗传性视网膜变性，双眼瞳孔散大，瞳孔对光反射阴性，眼底反光增强（杨洋 供图）

图9-10-7　本地猫双眼因高血压而出现视网膜变性（杨洋 供图）

图9-10-8　本地因高血压而出现双眼视网膜变性并伴有视网膜出血、前房积血（杨洋 供图）

3. 诊断

结合临床症状、病史、治疗史以及眼部检查结果作出诊断。

除眼科基础检查外，使用直接或间接检眼镜对眼底进行检查，检查可能发现视网膜毯部弥漫性超反射、视网膜血管狭窄或退化、非毯部色素减少（图9-10-9）以及视网膜毯部色素沉积（图9-10-10）等症状；高血压性视网膜病变眼底可能表现为视网膜出血、视网膜脱离、视网膜血管迂回狭窄等现象（图9-10-11）。

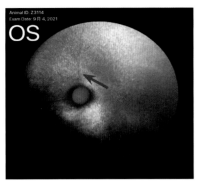
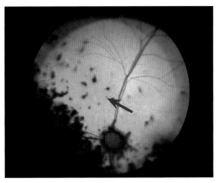
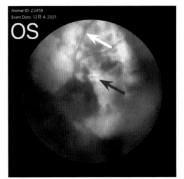

图9-10-9　4岁苏格兰折耳猫双眼视网膜变性，双眼失明。左眼眼底可见视网膜血管狭窄退化，仍能看到视网膜静脉血管残迹（红色箭头），毯部弥漫性超反射，对侧眼同样表现(杨洋 供图)

图9-10-10　2岁短毛猫因猫瘟导致视网膜变性，眼底可见毯部多个点状色素聚集（红色箭头）（杨洋 供图）

图9-10-11　该照片与图9-10-8为同一只猫，左眼视网膜出血（白色箭头）、血管狭窄（红色箭头），6-9点方向视网膜脱离，视盘周围视网膜水肿(杨洋 供图)

　　脉络膜视网膜炎的眼底可能观察到毯部反射减弱，局灶性视网膜水肿、视网膜脱离等表现。若怀疑全身疾病导致的视网膜病变时需进行全身检查确定病因，如血清学检查、超声波、X射线、血压、尿液检查等。

　　视轴模糊（如遗传性白内障等）情况下无法使用眼底镜检查眼底，可通过视网膜电位图（ERG）来确定视网膜功能。视网膜变性的ERG波形平缓（图9-10-12）。

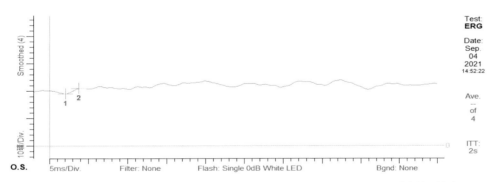

图9-10-12　5月龄雌性阿比西尼亚突发失明、瞳孔扩张就诊，对其进行的视网膜电位图检查可见波形平缓(杨洋 供图)

4. 治疗

　　遗传性或先天性视网膜变性无有效治疗方法，预后不良。患病猫禁止繁殖可有效降低该病的发生。营养性视网膜变性在及时补充牛磺酸后可阻止视网膜变性的发展，恩诺沙星中毒导致的视网膜变性在停止用药后也会阻止视网膜变性的发展，但上述情况对于视网膜功能的恢复预后谨慎。

　　继发于全身性疾病的视网膜病变，应及时针对全身病因并结合局部用药进行治疗。

三、猫视网膜脱离

　　猫视网膜脱离（Retinal detachment）是指视网膜神经感觉层与色素上皮层分离，分为原发性与继发性。视网膜神经感觉层被积聚于它和色素上皮层之间的炎性或肿瘤性渗出物分开（渗出性视网膜脱离），或因玻璃体炎症和出血引起的玻璃体收缩而撕裂分离（孔源性视网膜脱离）。

1. 病因

猫双侧视网膜脱离多见于全身性或眼部疾病。外伤或神经感觉视网膜变薄而导致破裂、视神经缺损、严重的视网膜/眼内肿瘤、肾或心衰竭引起的全身性高血压、眼内异常（如玻璃体、视网膜、视盘或脉络膜异常）均可能引起视网膜脱离（Anderson et al., 1983）。

2. 临床症状

临床症状与视网膜脱离的范围有关，局部的视网膜脱离可能不完全影响患猫的视力；但视网膜完全脱落，则导致失明。患眼表现出瞳孔持续扩大，瞳孔对光反射消失，可能出现继发性眼内出血、白内障或青光眼等并发症（Stromberg et al., 2012）（图9-10-13、图9-10-14）。

3. 诊断

必须进行全面眼科检查，诊断主要通过检眼镜检查，眼底出现神经视网膜全部或部分隆起或剥离（视盘与周围视网膜不在同一焦点上），可能伴有视网膜出血或玻璃体出血。当眼底出血或眼内/晶状体混浊无法观察到眼内情况时，可通过眼部超声检查，观察到后部眼球壁前方高回声性膜状物，视网膜在锯齿缘和神经部分仍附着于眼球壁上，呈现出"海鸥征"影像（图9-10-15）（Labruyere et al., 2011）。同时需要测量猫的血压，当多普勒法前肢测量收缩期血压（SBP）≥160mmHg或示波法测得尾部收缩期血压（SBP）≥140mmHg的猫，应强烈考虑高血压（Acierno et al., 2018）。

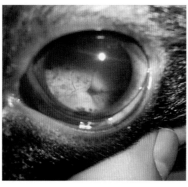
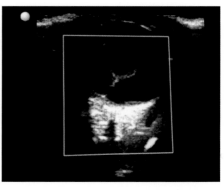

图9-10-13 英国短毛猫右眼瞳孔散大，眼底检查发现视网膜脱离（唐静 供图）

图9-10-14 短毛猫因左眼突然失明进行检眼镜检查，显示瞳孔散大，视网膜脱离（唐静 供图）

图9-10-15 眼部超声可见视网膜脱离（唐静 供图）

4. 治疗

视网膜脱离时间越短，恢复视力的可能性越大，短期渗出性视网膜脱离采用全身疗法往往可以治愈，应找出引起视网膜脱离的全身性病因并予以治疗，如猫高血压引起的视网膜脱离（图9-10-16），需尽早进行降血压治疗，可采用血管紧张素转换酶（ACE）抑制剂以及钙通道阻滞剂氨氯地平（初始剂量为0.125mg/只）治疗，尽快使血压低于160mmHg，维持在140mmHg左右。经全面的临床评估后未发现特定的局部或全身性疾病后，可给予类固醇治疗。孔源性视网膜脱离需进行激光光凝，防止再次脱落。早期的视网膜脱离能够复位，视力能够恢复，如果视网膜脱落超过1周，视力难以恢复，需要进行长期观察治疗。

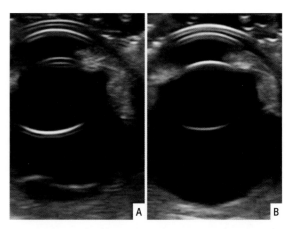

图9-10-16 A.高血压引起的猫局部视网膜脱离；B.经药物治疗后一周，猫视网膜重新贴合（唐静 供图）

第十章

猫肿瘤

第一节　肥大细胞瘤

一、病因

迄今为止，肿瘤的形成机制尚未完全明确，可能的诱发因素分为2类：先天性和获得性。先天性因素包括家族遗传或自身基因突变，获得性因素则是不良生活方式或其他慢性疾病和损伤。

二、临床症状

肥大细胞瘤（MCT）占猫所有肿瘤的2%~15%，是猫皮肤肿瘤中第二常见类型，解剖学一般分为皮肤型肿瘤和内脏型肿瘤两种；皮肤型肿瘤在猫中占主导。皮肤型的肥大细胞瘤通常位于头部、颈部和躯干（图10-1-1）。

有报道称最常见于幼崽（4岁以下）猫的这些病变会自发地消退，报告转归的时间为4~24个月，并且发现局部或胃肠外给予皮质类固醇似乎不改变病程或加速消退。

内脏肥大细胞瘤最常影响脾脏（图10-1-2），占猫脾脏肿物的15%~26%。另一个内脏型肿瘤常见的部位是消化道。猫消化道肥大细胞瘤是第三常见的猫肠道肿瘤形式，并且内脏型肥大细胞瘤大多数是继发。

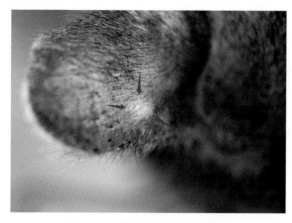

图 10-1-1　猫耳郭皮肤肥大细胞瘤
（佘源武 供图）

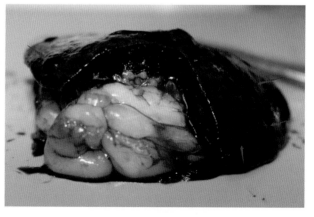

图 10-1-2　猫脾脏肥大细胞瘤
（佘源武 供图）

三、诊断

肥大细胞瘤通常可以通过细胞学确诊，细胞学表现以圆形细胞为主，并且细胞质中富含异染颗粒（图10-1-3）。内脏型肥大细胞瘤通常在超声上会有所发现，可通过引导穿刺进行细胞学检查，脾脏可能出现斑驳、结节（图10-1-4）或不规则的表现，淋巴结可能出现低回声表现，肠道会伴随肠壁结构缺失表现。

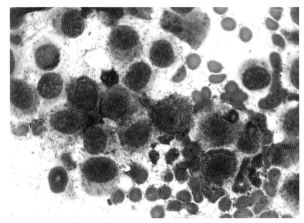

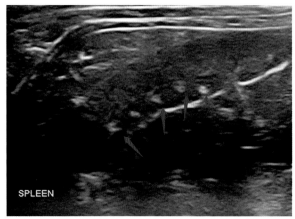

图 10-1-3　猫肥大细胞瘤。细胞学可见圆形细胞，细胞质内含有细微的异染颗粒（油镜视野，Diff-Quik 染色）（佘源武 供图）

图 10-1-4　猫脾脏肥大细胞瘤。超声可见脾脏内弥散性高回声结节，组织病理学检查确诊为肥大细胞瘤（佘源武 供图）

四、治疗

1. 手术切除

仍然是第一选择，有文章表明肿瘤周围是否完全切除与复发率没有明显相关性，（眼周肿瘤复发率＜5%），但是肠道肥大细胞瘤预后较差。

2. 化疗

很多病例是否需要化疗是存在疑问的，在猫的1、2、3、a分期（表10-1-1）不做处理就能存活很长时间（平均12~19个月）。

3. 抗组胺药物

胃肠道可能需要长期使用，或者在对肿物进行操作时使用。

表 10-1-1　肥大细胞瘤分期

分期	临床症状
0	一个肿块但是已经移除
1	一个皮肤表皮的肿块但没有淋巴结转移
2	一个皮肤表皮的肿块但已经淋巴结转移
3	很多皮肤浸润性肿物有或没有淋巴结转移
4	肿瘤扩散
	a 分期：没有疾病临床表现
	b 分期：存在疾病临床表现

五、预后

猫肥大细胞瘤可能继发4种副肿瘤综合征：

（1）贫血常见累及脾脏，有报道脾脏摘除后得到好转。

（2）胃肠道溃疡。

（3）腹膜炎。

（4）胸腔积液以及外周嗜酸性粒细胞增多等。

第二节 毛囊瘤

概述 猫的毛囊瘤是起源于毛囊母细胞上皮的良性皮肤肿瘤，其本质为毛囊的良性错构瘤，有多种类型。毛囊瘤常发生在猫的面部（图10-2-1）、肩胛部、背部和尾部，无品种和性别特异性。目前，尚未见有关于毛囊肿瘤的分类标准，但临床上可采用病理组织学和免疫组织化学的方法对肿瘤的性质进行鉴定，并与其他类型的皮肤肿瘤进行鉴别。

一、病因

由于多数猫的品种均为有毛品种，因此，毛囊在生长发育过程中可能出现过度增殖导致的肿瘤。导致毛囊肿瘤发生的确切病因尚不清楚。

二、临床症状

有调查报告显示，毛囊瘤多缓慢生长不易发现，日常抚触过程中可能摸到明显的肿物形状，有一定游离性、单个出现、结节状。肿物周围被毛粗乱、逆立、或有大量皮屑（图10-2-2）；部分肿块硬实、表面无毛、或有明显破溃，切开可见内部有黄白色物质。

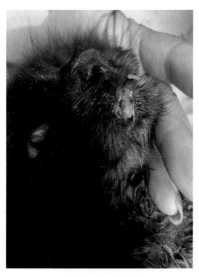 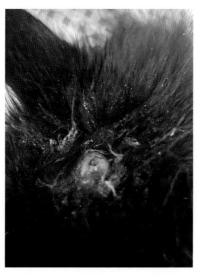 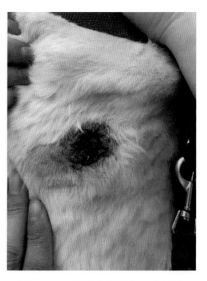

图 10-2-1 面部疑似皮肤肿物，被毛粗乱（齐景溪 供图）　　图 10-2-2 头顶部被毛粗乱、大量皮屑，疑似肿物，有破溃（齐景溪 供图）　　图 10-2-3 疑似皮肤肿物，有破溃（齐景溪 供图）

三、诊断

病理组织学检查：肿瘤细胞呈圆形或椭圆形、细点状到泡状，肿瘤细胞排列整齐、呈巢穴或栅栏状的囊性结构（图10-2-4）、部分可见嗜酸性粒细胞，细胞质较少。高倍镜下可见小梁毛发母细胞（图10-2-5），有肉芽肿性炎性浸润和纤维化。免疫组织化学检测，细胞角蛋白CK-5常呈阳性表达。

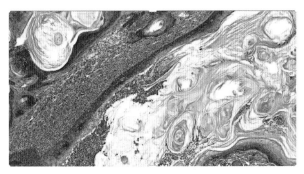
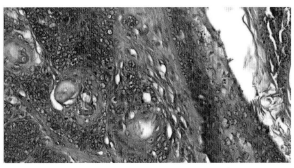

图 10-2-4 肿瘤细胞排列整齐，呈巢状或栅栏状结构（×200） 图 10-2-5 肿瘤细胞核深染、细点状至囊泡状（×400）
（齐景溪 供图） （齐景溪 供图）

四、治疗

可采用肿瘤完全切除术，并适当扩大肿瘤边缘。临床上复发较少，定期体检。

第三节 乳腺癌

在宠物临床上，猫乳腺肿物中80%～90%为恶性肿物，良性肿物主要包括纤维腺瘤、乳腺管腺瘤、纤维腺瘤样增生（图10-3-1）。

一、病因

乳腺肿瘤在猫肿瘤的发生率为16%，而母猫肿瘤的发生率为25%，常发生在大龄群体（10~12岁），暹罗猫好发，同犬类一样也会因荷尔蒙分泌刺激而发展。因此，猫乳腺癌的发生受激素、品种、年龄、激素以及有无绝育和生育等情况影响。

二、临床症状

猫常见的是链样乳腺肿物（图10-3-2），经常是当主人发现时60%已经有一个以上的肿块。大型肿瘤可能会发生破溃、发炎甚至感染的风险（图10-3-3）。猫的炎性乳腺癌相比较犬临床好发率低，但是发病后临床表现相似。猫乳腺肿物的良、恶性与乳腺肿瘤分期相关，主要依据是组织学形态，常转移部位为远端淋巴结、肺和胸腔，也有报道转移到其他器官的病例。

三、治疗

手术治疗是临床最常采用的方法，推荐乳腺单链或者分次双链全切术。研究表明，猫链式乳

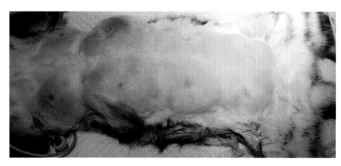

图 10-3-1　2岁的母猫，所有乳腺在短时间内均出现明显的肿物，肿物质地柔软，活检结果为纤维腺瘤增生，绝育后完全消退（佘源武 供图）

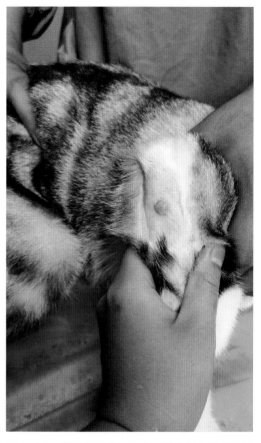

图 10-3-3　家猫乳腺区域出现肿物，肿物边界不清晰，表面发生破溃。组织病理学诊断为乳腺癌（佘源武 供图）

图 10-3-2　猫乳腺肿瘤，临床表现为单个乳头及其周围肿胀，后证实整列乳腺发病（程成 供图）

腺切除后猫的存活时间会比简单切除单个乳腺组织的存活时间更长，但复发率无显著性差异（大于50%左右）。手术时，需要对整列乳腺进行完整切除，包括淋巴结、受侵袭的肌肉筋膜或部分肌肉等。如果早期并未发现、已经发生转移或无法进行手术时，可以配合使用化疗，反应率约为0%~50%。

四、预后

肿瘤的大小规格对预后有明显影响。数据显示：猫肿瘤直径大于3cm时，其中位存活时间只有6个月；但是肿瘤直径为2~3cm时，中位存活时间可达2年左右。且肿瘤未侵袭到淋巴结的猫，会比已经侵袭到淋巴结的病例存活时间要长。有资料显示，所有乳腺肿瘤转移到淋巴结的病例，几乎均在9个月内死亡。

据已发表的回溯性文章报道，手术治疗简单切除联合化疗的患猫，其中位生存期是414d；链式切除配合化疗其中位生存期可以达到1998d。肿物直径小于2cm的患猫，单一使用多柔比星化疗的中位生存时间为450d，但是至今并无单独手术和手术后化疗的对比文章。因此，临床依然极度推荐乳腺链式切除配合化疗的方法。

第四节 鳞状上皮癌

猫口腔肿瘤约占总体肿物的10%，其中90%为恶性肿瘤，鳞状上皮癌占猫口腔恶性肿瘤的60%~70%，猫口腔鳞状上皮癌发生部位是舌下、上颌骨（图10-4-1）、下颌骨、颊黏膜、唇部和咽/扁桃体尾侧区域，猫鳞状上皮癌被认为具有较低的转移率，可转移至局部淋巴结，甚至更罕见地转移至肺部，但是局部侵袭性强，只有完全切除才有可能治愈，辅助治疗的重要性尚不清楚，但在接受根治性手术和放射治疗联合治疗的患者中观察到最长的生存时间。对于较大并且无法切除的肿瘤姑息疗法是最合适的。

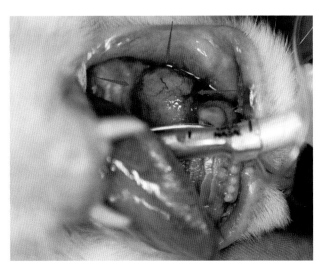

图 10-4-1 猫上颌出现肿物，触诊疼痛，对该肿物进行病理学检查后，确诊为鳞状上皮癌 (佘源武 供图)

一、病因与风险因素

病因见前面章节。

暴露于烟草环境中似乎导致猫发生口腔鳞状上皮癌的风险增加2倍。佩戴跳蚤项圈导致猫发生口腔鳞状上皮癌的可能性提高5.3倍。食用湿粮比食用干粮的猫发生口腔鳞状上皮癌的可能性高3.6倍。

二、临床表现

患猫会表现出厌食、嗜睡、体重减轻、理毛动作减少、流涎和口臭。在患病早期，口腔SCC病变表现为小的、圆形的、隆起的、肉样的肿块，或表现为溃疡。肿块往往比体格检查时的外观更广泛或更具侵袭性，个别会发现牙齿松动，拔除后可见短时间内好转，但是伤口会存在溃疡、感染并且不愈合的表现。部分肿瘤会侵袭骨质，导致口鼻瘘或者眼部的病变。

三、诊断

一般通过FNA进行细胞采样，主要以上皮细胞为主（图10-4-2），进一步可以局部采样进行组织病理的确诊。一般会通过CT/MRI检查判断切除范围，并且判断是否累及淋巴结，切除的组织标记边缘判断是否能得到一个完整的边缘。

四、治疗

临床中只有一小部分肿瘤可以完全切除从而使猫得到良好的生存期，一般在大面积切除后在5~12个月进行复查。大面积手术后猫可能存在一些功能受到影响。有一项研究表明，12%的接受下颌骨切除术的猫从未恢复自己进食或饮水的能力，并且能恢复进食的猫也可能面临流涎、舌头脱出、无法理毛等行为。

单独化疗对于猫口腔鳞状上皮的疗效很小并且未显示出对手术和放疗后的辅助治疗的明显益处。但是有报道认为化疗对肿瘤存在部分缓解，但是整体效果并不好。

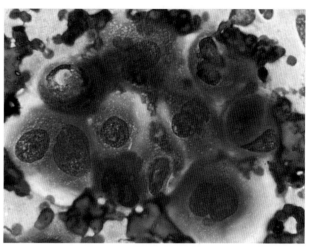

图 10-4-2　猫鳞状上皮癌细胞学可见上皮细胞，细胞和细胞核可见明显大小不等，细胞核周围可见空泡聚集 (佘源武 供图)

五、预后

猫口腔鳞状上皮癌是一种转移率低但是局部侵袭性高的恶性肿瘤。完全手术切除可能会获得良好的生存期（中位生存期为813d），但是完全切除的概率很小，化疗效果较差（中位生存期为45~77d），总体预后较差。

第十一章

猫软组织外科

猫的软组织外科主要是猫由于各种疾病导致的腹部手术，主要包括生理性的去势术、绝育术、剖宫产手术、开腹术以及病理性的线性异物、巨结肠症、肝脏活组织检查、肝外胆管阻塞和肝外门体分流等需要进行的手术，部分的尿道造口手术和心包膈疝手术也常常包含在软组织外科中。因此，本章按照不同的手术分类分别进行介绍，以期为临床提供参考。

第一节　去势术

去势术是指猫双侧睾丸切除术，一般在猫性成熟前（6月龄左右）施行，通常是健康猫的择期手术。部分猫可能是隐睾，术前必须进行全面检查，确定睾丸的位置，以便做好实施腹股沟或腹腔手术的准备。手术流程如下：

（1）猫麻醉后，确认阴囊内睾丸位置；左侧卧保定（适用于惯用右手的外科医生），阴囊及其周围剃毛，并做无菌准备（图11-1-1）。

（2）铺盖0.5%洗必泰喷湿的纱布充当隔离创巾，术者站在猫的后背侧，左手抓持双侧睾丸基部紧张阴囊皮肤，右手依次持弯止血钳、直头尖剪和组织钳（从内向外的顺序）套在无名指上并握在掌中，食指和拇指持10号刀片沿阴囊中隔由前向后切开阴囊和总鞘膜腹侧（图11-1-2）。

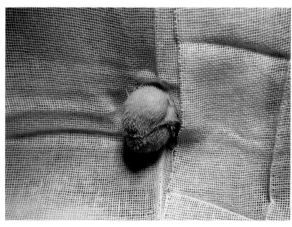

图 11-1-1　猫左侧卧保定，阴囊及其周围剃毛，
并做无菌准备
（徐晓林 供图）

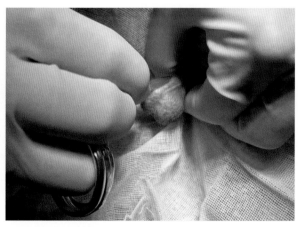

图 11-1-2　左手抓持双侧睾丸基部紧张阴囊皮肤，右手持手术刀片平行于阴囊中隔切开右侧阴囊和总鞘膜腹侧
（徐晓林 供图）

（3）从总鞘膜内挤出睾丸。在切开时，可能切到睾丸，没有影响（图11-1-3）。

（4）用组织钳钳夹精索，显露由睾丸、精索和总鞘膜组成的三角区。如果精索显露不够，可以用剪刀向前剪开总鞘膜，增加暴露（图11-1-4、图11-1-5）。

（5）尖剪戳开三角区的睾丸系膜，然后剪断总鞘膜，向后适当牵拉精索，尖剪钝性分离睾丸系膜，游离精索（图11-1-6至图11-1-9）。

（6）使用弯止血钳自身打结，切除睾丸，推紧精索结，再剪除多余精索（图11-1-10、图11-1-11）。

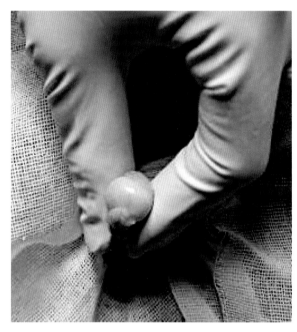
图11-1-3　从总鞘膜内挤出睾丸，可见睾丸腹侧已被切开（"开花蛋"）（徐晓林 供图）

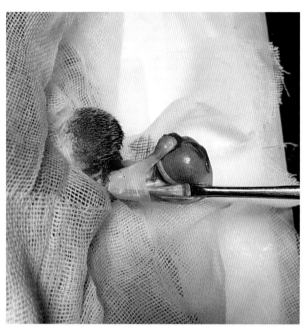
图11-1-4　组织钳钳夹精索（徐晓林 供图）

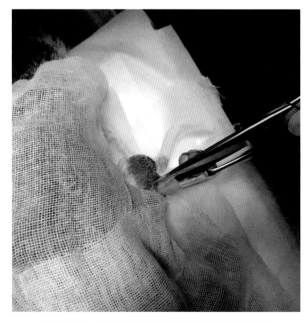
图11-1-5　尖剪向前切开总鞘膜，增加精索显露（徐晓林 供图）

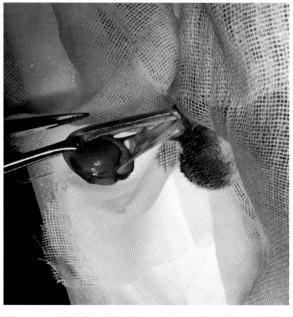
图11-1-6　精索进一步切开后，更容易显示由睾丸、精索和总鞘膜组成的三角区（徐晓林 供图）

图 11-1-7　尖剪戳开睾丸系膜（徐晓林 供图）

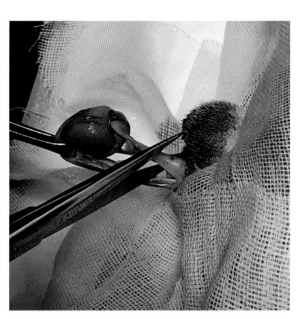

图 11-1-8　尖剪剪断总鞘膜（徐晓林 供图）

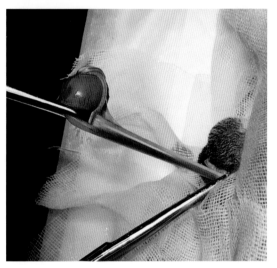

图 11-1-9　适当向后牵拉精索，尖剪钝性分离睾丸系膜，
游离精索（徐晓林 供图）

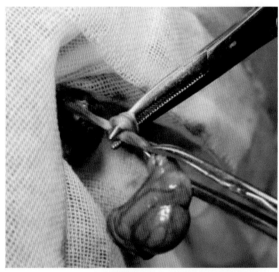

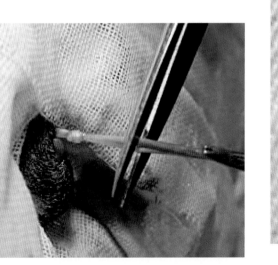

图 11-1-11　精索结后剪除多余精索（徐晓林 供图）

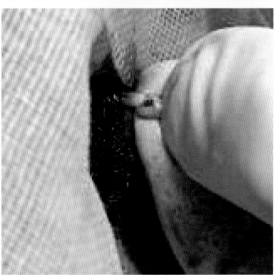

图 11-1-10　使用弯止血钳将精索自身打结，
切除睾丸后推紧结（徐晓林 供图）

（7）同法摘除对侧睾丸。然后提拉阴囊，精索断端退回腹腔；对合皮肤切口，碘伏消毒，完成手术（图11-1-12）。

如果经触诊或超声检查确诊为腹股沟隐睾，则可在触摸到隐睾后紧张切开皮肤和皮下脂肪，拉出总鞘膜突，然后切开并剪断总鞘膜，暴露睾丸，用4-0可吸收缝线结扎精索后切除隐睾。牵拉总鞘膜使精索断端退回腹腔，还纳总鞘膜后，4-0可吸收线常规缝合皮肤切口（图11-1-13至图11-1-15）。如果不能触诊到隐睾，可在超声检查确定的位置切开皮肤和皮下脂肪，如果不能显露总鞘膜突，则切透皮下脂肪至深筋膜面，周围适当分离后找到总鞘膜突，然后切开摘除隐睾，同法缝合皮肤。

如果在腹股沟触摸不到睾丸，或者超声检查显示睾丸在腹腔内，则应行后腹部开腹探查术，根

图 11-1-12　提拉阴囊，将精索退回腹腔，并对合阴囊切口
（徐晓林 供图）

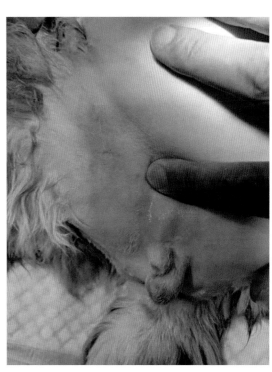

图 11-1-13　体外触诊腹股沟隐睾
（徐晓林 供图）

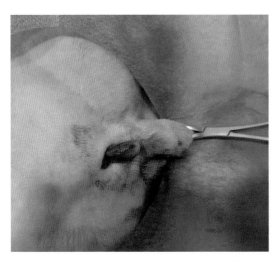

图 11-1-14　切开皮肤和皮下组织，显露总鞘膜突
（徐晓林 供图）

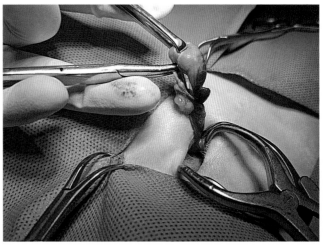

图 11-1-15　切开总鞘膜后显露睾丸，形成以睾丸、精索和总鞘膜形成的三角区（徐晓林 供图）

据超声检查提示的位置寻找隐睾。如果不能立即找到，可以在膀胱顶做牵引线，向腹侧牵拉显露膀胱颈背侧，找到进入前列腺的输精管，以此寻找定位隐睾。用4-0可吸收缝线分别结扎血管和输精管，摘除隐睾。4-0可吸收缝线常规关腹。腹腔隐睾也可以使用腹腔镜微创技术切除。

第二节　绝育术

　　绝育术通常可以考虑猫的3个年龄段，分别是早期青春期前（6~14周龄）、传统青春期前（5~7月龄）和青春期后。早期青春期前进行性腺切除术，可以确保猫在被领养前绝育，从而可以减少宠物数量过剩，并保证优质种群不会泛滥，但这时手术很容易出现低血糖、体温过低和麻醉等并发症。传统青春期前绝育时，猫更成熟，相关的麻醉和手术并发症很少，但可能已经发情或怀孕，而青春期后绝育更可能如此，甚至发生子宫卵巢病变或晚期妊娠。

　　绝育术是指卵巢子宫切除术；但如果子宫没有增大或异常，可以只摘除卵巢或摘除卵巢和部分子宫角。绝育术可经腹中线入路和侧腹入路；后者相对更疼，而且腹腔显露度差，尤其是在肥胖猫、已绝育的猫和解剖异常的猫，术中腹腔出血的猫也可能无法显露子宫，但该方法不容易出现因缝线问题造成的切口疝或腹壁透创。本节介绍经腹中线入路的卵巢和部分子宫角切除术，流程如下：

　　（1）猫仰卧保定，脐孔周围的腹部大面积剃毛，并进行无菌准备（图11-2-1）。

　　（2）铺盖创巾，使用15号刀片在脐孔后1~2cm处向后沿腹中线切开1~2cm皮肤（图11-2-2）。

　　（3）继续切透皮下脂肪，至深筋膜；因切口小、皮下脂肪厚，为了增加腹白线的显露，可以沿切口垂直切除部分皮下脂肪，从而有效显露腹白线（图11-2-3）。

　　（4）用15号手术刀片轻划腹白线，方便镊子夹提，然后用尖剪切开腹白线，并适当扩大，显露腹腔（图11-2-4）。

　　（5）用镊子夹提腹壁，使用弯止血钳或绝育钩探入腹腔，将大网膜向前腹部推移，然后将右侧子宫角从腹腔拉出（图11-2-5）。

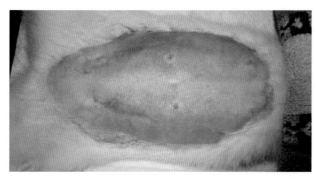

图11-2-1　猫仰卧保定，脐孔周围的腹部大面积剃毛，并进行无菌准备（仇春龙 供图）

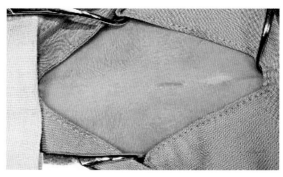

图11-2-2　脐孔后1.5cm处切开皮肤1cm（仇春龙 供图）

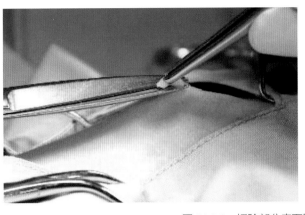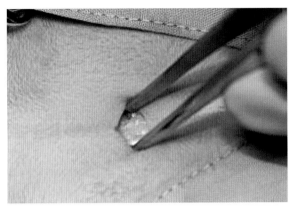

图 11-2-3　切除部分皮下脂肪，清晰显露腹白线
（仇春龙 供图）

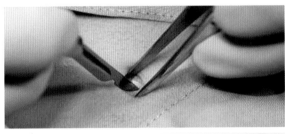

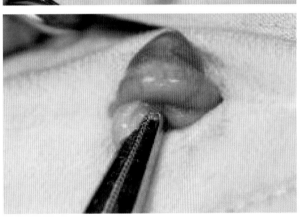

图 11-2-4　切开腹白线，显露腹腔　　　　　图 11-2-5　使用弯止血钳将右侧子宫角从腹腔牵拉出来
（仇春龙 供图）　　　　　　　　　　　　　　　　（仇春龙 供图）

（6）顺着子宫角，向前移动，左手拇指和食指捏住固有韧带，中指和右手食指下压腹壁，将卵巢牵拉出腹腔外，并分辨卵巢悬吊韧带和卵巢动静脉（图 11-2-6、图 11-2-7）。

（7）保持卵巢牵拉，左手中指指肚后移，分隔开卵巢动静脉和子宫角。

（8）止血钳抵住左手中指指肚，戳开子宫阔韧带，上下扩大，然后在卵巢背侧钳夹卵巢悬韧带和卵巢动静脉（图 11-2-8）。

（9）经子宫阔韧带戳开的洞引入 4-0 或 3-0 可吸收缝线，做打外科结的第一个缠绕。右手或左手提钳，或旋转止血钳 1~2 圈，暴露卵巢背侧的结扎点，将外科结的第一个缠绕适当靠近确认结扎位置合适后收紧，然后再 4~5 个缠绕完成打结，松开止血钳的旋转（图 11-2-9 至图 11-2-11）。

（10）适当提拉止血钳，暴露卵巢结扎线背侧、卵巢动静脉侧和悬韧带侧。在结扎点上方

图 11-2-6　抓住卵巢固有韧带，下压腹壁，将卵巢从腹腔内牵拉出来 (仇春龙 供图)

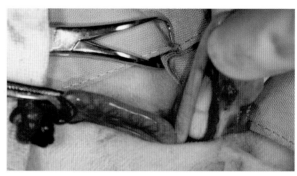

图 11-2-7　用左手中指指肚将子宫角与卵巢悬吊韧带和卵巢动静脉分开 (仇春龙 供图)

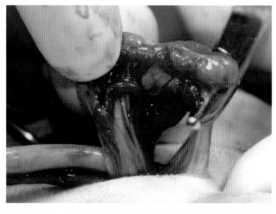

图 11-2-8　止血钳在卵巢背侧钳夹卵巢悬韧带和卵巢动静脉 (仇春龙 供图)

图 11-2-9　右手提钳，暴露卵巢背侧的结扎点，确认缝线位置合适并收紧打结 (仇春龙 供图)

图 11-2-10　止血钳旋转 1~2 圈后，暴露卵巢背侧的结扎点，确认缝线位置合适并收紧打结 (仇春龙 供图)

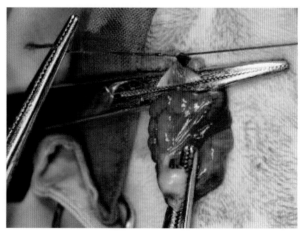

图 11-2-11　完成打结，松开止血钳的旋转 (仇春龙 供图)

3~4mm（止血钳下方）剪断卵巢动静脉，适当放松让结扎点回到腹腔，观察 10s 看卵巢动静脉残端是否出血；没有出血时，再剪断卵巢悬吊韧带。剪断后，结扎的卵巢蒂顺势缩回腹腔（图 11-2-12）。

（11）卵巢和子宫角向后牵拉，从膀胱背侧可见左侧子宫角，顺势掏出并引导暴露卵巢，同样的方法结扎左侧卵巢蒂（图 11-2-13）。

图 11-2-12　先在结扎点腹侧剪断卵巢动静脉，确认没有出血后，再剪断卵巢悬吊韧带 (仇春龙 供图)

图 11-2-13　结扎子宫角，行卵巢和部分子宫角摘除术（仇春龙 供图)

（12）4-0或3-0可吸收缝线打结缓慢收紧结扎一侧子宫角，与卵巢蒂同样的方法分两段剪断子宫角，子宫角残端还纳腹腔。对侧同法，结扎切除子宫角后还纳腹腔。

（13）大网膜复位后，4-0或3-0可吸收缝线常规关腹。如果子宫有问题，需要在子宫体处结扎，行卵巢子宫切除术，这时腹中线的手术切口需要更大或更靠后（图11-2-14）。

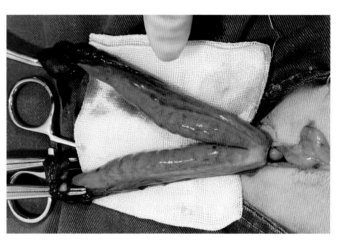

图 11-2-14　子宫角增粗，从子宫体处结扎，行卵巢和子宫切除术（仇春龙 供图)

第三节　剖宫产术

当猫发生阻塞性难产、原发性或继发性宫缩乏力、药物治疗难产无效、胎儿窘迫（胎儿心率低于170bpm）时，需要施行剖宫产；也可以进行预防性剖宫产。剖宫产术前要准备好接生胎儿需要的物品，如吸耳球、脐带结扎线、持针钳、手术剪、碘伏棉球、大纱布块/毛巾、温箱和微量体重秤等。在宠物临床中，猫的剖宫产情况常常比较紧急。因此，常采用以下流程进行手术：

（1）患猫麻醉前侧卧，腹部剃毛；不使用任何麻醉前给药，直接用丙泊酚诱导麻醉或异氟烷吸入麻醉，头部稍高于后躯，补充剃毛，术部准备。

（2）沿脐孔向前腹中线切口，具体长度视子宫角确定，分离皮下组织后，经腹白线切开显露腹腔。牵拉出双侧子宫角（图11-3-1），采用隔离巾与大纱布块隔离，检查子宫角和子宫体内的胎数，确定子宫切开的位置（图11-3-2），一般选择邻近子宫角分叉处的对阔韧带侧，这样方便取出对侧子宫角和子宫体内的胎儿。

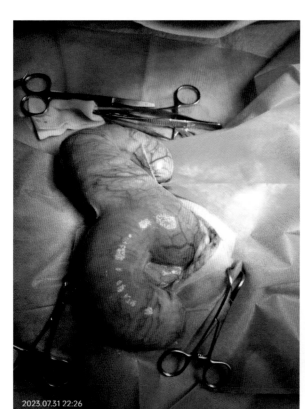

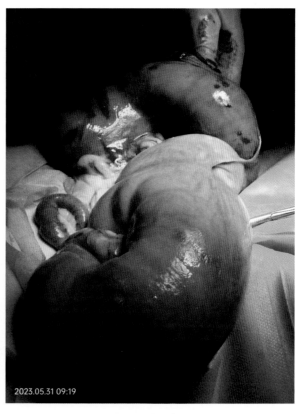

图 11-3-1　牵拉出双侧子宫角
（彭鹏云　供图）

图 11-3-2　检查宫内胎数，确定子宫切开的位置
（彭鹏云　供图）

（3）沿子宫角分叉处一侧的对阔韧带侧切开子宫角，依次取出双侧子宫角和子宫体内的胎儿（图11-3-3）和胎盘，交由术外助手处理胎儿，吸羊水、擦干羊水、刺激呼吸、剪断脐带（图11-3-4）、阿氏评分，整个过程中要注意保暖。如果是预防性剖宫产，胎盘仍紧密黏附在子宫内膜，为防止大出血可先不予剥离，待产后以恶露排泄。

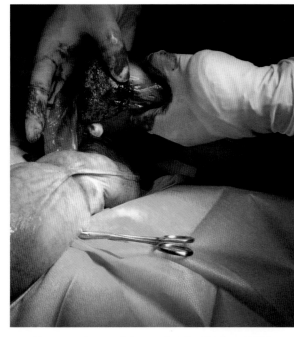

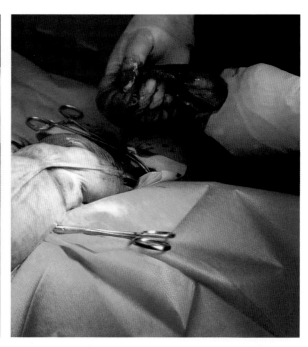

图 11-3-3　切开子宫角，取出胎儿（彭鹏云　供图）

图 11-3-4　牵拉脐带，结扎、剪断（彭鹏云　供图）

（4）胎儿取出后，再次检查子宫和产道内有无胎儿遗留。胎儿全部取出后，子宫会迅速收缩，可有效制止子宫出血。子宫受累或严重出血（大出血）时，可同时进行子宫卵巢切除术（绝育术）。

（5）确认取出胎儿后，使用4-0可吸收缝线1~2层连续内翻缝合子宫角的浆膜肌层，从而闭合子宫角切口。两层缝合时，第一层采用连续库兴氏缝合，第二层采用连续伦贝特缝合；单层缝合时，采用连续伦贝特缝合即可。

（6）使用温生理盐水冲洗双侧子宫角后，还纳腹腔，大网膜复位，常规闭合腹壁切口。为防止皮肤缝线对胎儿的刺激，推荐连续锁边缝合皮肤。

需要注意的是：应严格把握难产的处理流程，适时进行剖宫产，剖宫产的并发症很轻微，不需要术后使用更多的抗生素和止疼药，以免影响胎儿哺乳。

第四节 乳腺肿瘤

猫通常有8个乳腺，每侧4个，胸部和腹部各2个；母猫或有额外的未发育乳腺。由于母猫绝育的广泛流行，猫的乳腺问题越来越少；但在未绝育的母猫中，乳腺疾病的发病率和严重度仍相对较高。公猫也可能发生乳腺肿瘤。除年轻母猫的乳腺纤维上皮增生是良性病变外，乳腺肿瘤往往都是恶性的，需要积极地手术治疗。当然，手术前进行乳腺肿瘤的早期诊断和临床分期对于制订最佳治疗方案以改善预后至关重要。

良性肿瘤约占猫乳腺病变的10%~15%。如果是纤维上皮增生，可以考虑绝育术和（或）部分或全部乳腺切除术；如果是小的（ø＜2cm）良性乳腺病变，可选择边缘手术切除，即单纯乳腺肿瘤切除术或乳腺切除术。如果是恶性肿瘤，则推荐双侧乳腺全部切除术，边缘应切除至少2cm。双侧乳腺切除术可以一次手术完成，但更推荐分阶段的双侧乳腺切除术，即先切除一侧严重的乳腺，然后间隔4~8周进行另一侧乳腺切除术。如果腹股沟淋巴结和腋窝淋巴结增大，要同时手术切除。患猫如果没有绝育，在乳腺切除术的同时进行子宫卵巢切除术。下文重点介绍单侧乳腺切除术。

（1）患猫仰卧保定，胸腹部大面积剃毛并做无菌准备（图11-4-1）。如果计划同时摘除腋窝淋巴结，需要扩大剃毛和准备范围。

（2）沿一侧的4个乳腺周围，在肿瘤基部旁开2cm处用无菌记号笔画出预定切开线（图11-4-2）。沿标画的预定切开线，使用10号手术刀片切开皮肤和皮下组织，至深筋膜。切开皮肤时，有时很难直接切至深筋膜，这时切开的皮肤会向两侧收缩，从而暴露一定

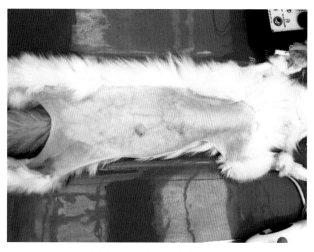

图11-4-1　母猫左侧胸2和腹1乳腺肿瘤，胸腹部大面积剃毛和刷洗（刘玥和李玲西 供图）

宽度的皮下脂肪。待继续切开皮下脂肪时，要从靠近肿瘤侧的皮肤切缘继续向下切透皮下脂肪至深筋膜（图11-4-3）。如果切除过多的皮下脂肪，会造成留下的皮肤切缘血供受损，从而导致术后明显的并发症，如血清肿、伤口愈合不良或感染。

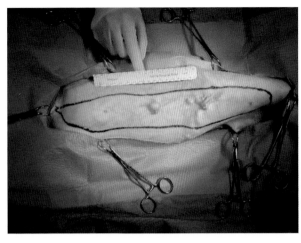

图 11-4-2 沿左侧乳腺周围标画预切开线，距离肿瘤基部至少 2cm(刘玥和季玲西 供图)

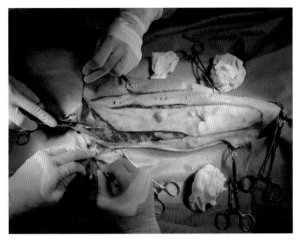

图 11-4-3 从后向前，沿标画的预切开线环切，然后沿深筋膜面分离 (刘玥和季玲西 供图)

（3）在腹股沟区域，将被脂肪包裹的腹壁后动静脉分离出来，然后使用4-0可吸收缝线结扎（必要时双重结扎）后剪断。腹股沟淋巴结往往就在切除的脂肪内，切除乳腺的同时就已去除。

（4）从后向前，沿深筋膜面分离，去除乳腺组织。在后部，容易将乳腺组织与深筋膜分离；但在前部，存在胸内动脉的分支，剪断后要注意止血（图11-4-4）。如果乳腺肿瘤固定在深层的肌筋膜上，则需切除肌筋膜，也要至少旁开2cm，确保在正常组织上切除。腋窝淋巴结可能需要在切口前部通过另外的切开切除（图11-4-5）。

（5）使用4-0可吸收缝线以等分缝合的方式，简单间断缝合皮肤组织，使乳腺切除的皮肤与切口对合（图11-4-6）。然后用简单间断或十字缝合皮肤，或者用2~3个简单连续缝合或连续锁边缝合皮肤（图11-4-7）。皮肤使用透气膜和纱布覆盖保护。

（6）将切除的乳腺样本用缝线标记前后缘和切除边缘后，投放福尔马林中浸泡，待送检。

术后进行疼痛管理和支持治疗，监测伤口并发症，并给猫佩戴伊丽莎白圈，防止自损。术后12~14d拆线。视乳腺组织病理结果选择辅助治疗。

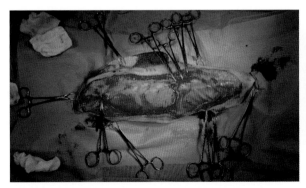

图 11-4-4 去除乳腺组织，肿瘤所在位置去除了部分筋膜，出血点已用止血钳钳夹止血 (刘玥和季玲西 供图)

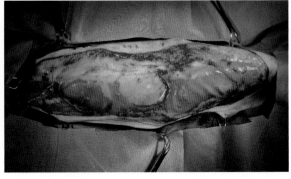

图 11-4-5 电刀止血，去除钳夹的止血钳，完成乳腺肿瘤的切除 (刘玥和季玲西 供图)

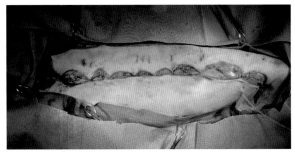

图 11-4-6　使用 4-0 可吸收缝线等分简单间断缝合皮下组织，伤口左前侧可见放置的镇痛导管（刘玥和季玲西 供图）

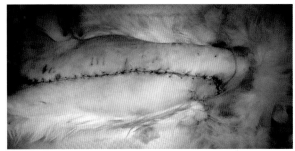

图 11-4-7　使用 4-0 可吸收缝线十字缝合皮肤，镇痛导管指套缝合固定（刘玥和季玲西 供图）

第五节　开腹术

　　开腹术是指切开腹腔的手术过程，又称为开腹探查术。开腹探查术是一种侵害性操作，在手术前临床医生应确保已经考虑过所有其他诊断的可能性，不要出现打开腹腔发现病变超出外科医生的经验水平后只能直接关腹的窘境。开腹探查术除了可以对腹部进行全面评估和组织活检之外，还可以提供疾病治疗的机会，为此，需要外科医生熟悉并用必要的设备来评估和活检异常组织，以及具备应用外科技术治疗疾病的经验和能力。

　　开腹术选择腹中线手术入路，患猫仰卧保定，在距离切口边缘10~15cm的范围内剃毛，无菌准备后从剑突到耻骨切开皮肤，或者至少从剑突后1~2cm至脐孔后切开，切口允许进入手掌探查。下文配图演示腹腔切开和闭合的全过程。

　　（1）使用15号手术刀片紧张切开皮肤和皮下脂肪（图11-5-1）。猫的皮下脂肪较厚，很难做到一次性切开，这时要沿皮肤切口继续向深处垂直切开，然后用手术剪扩大脂肪切口，显露腹白线。猫的浅筋膜比较松弛，无须专门地与深筋膜（腹直肌外腱鞘）分离即可清晰地显露腹白线（图11-5-2）。

　　（2）用15号手术刀片轻划腹白线，勿切开腹白线，方便镊子夹提以便腹白线皱襞切开（图11-5-3至图11-5-5）。腹腔切开小口后，手术剪向前和向后扩大腹白线切口，略微大于皮肤切口（图11-5-6），显露腹腔，可见镰状韧带和/或大网膜。为了避免手术剪过早切开腹内脏器，手术剪扩大腹白线切口时要适当挑起尖头，也可以使用手指、镊子或有槽探针引导腹白线切开。猫的腹中线开腹入路出血较少，无需使用电刀切开（图11-5-7）。

　　（3）使用电刀或结扎的方法视情况切除镰状韧带脂肪，充分暴露前腹部，便于腹腔探查。采用合乎逻辑的探查技术，依次对前腹部、后腹部、小肠和腹膜后间隙进行探查，最大限度地减少漏诊的风险。探查过程中，注意隔离纱布块的使用，避免掉落腹腔。另外，即便进入腹腔后可立即得出诊断，也要对所有腹内脏器进行探查。有些时候，需要在探查前对疾病进行处理，以改善通路或避免危及生命的并发症。

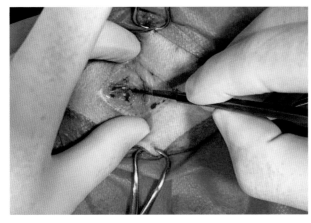

图 11-5-1　使用 15 号手术刀片紧张切开皮肤，显露皮下脂肪（这是猫腹腔内隐睾的后腹部切口，以此为例演示，下同）
（仇春龙 供图）

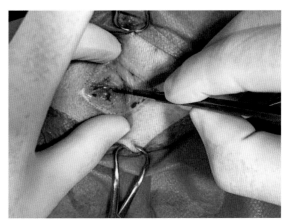

图 11-5-2　沿皮肤切口，继续向下垂直切开皮下脂肪，切透至腹白线
（仇春龙 供图）

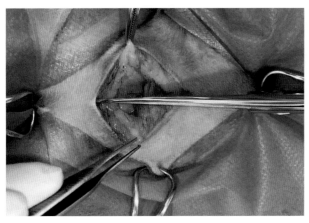

图 11-5-3　手术剪扩大脂肪切口，与皮肤切口等宽
（仇春龙 供图）

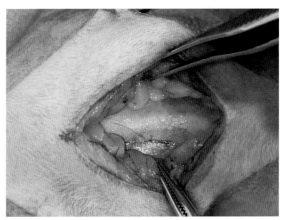

图 11-5-4　向外侧拉开皮肤，显露腹白线
（仇春龙 供图）

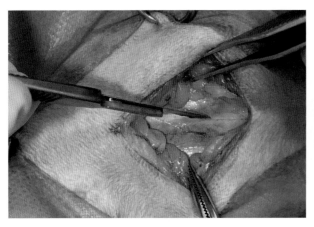

图 11-5-5　手术刀轻划腹白线，方便镊子夹提
（仇春龙 供图）

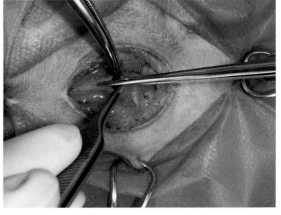

图 11-5-6　腹白线皱襞切开，然后扩大至略微大于皮肤切口宽度（仇春龙 供图）

（4）视情况处理探查过程中发现的病变，达到治疗目的或获得相关的活检组织。如果手术未能推进诊断过程或实现治疗，则表明开腹探查的决定是不恰当的。闭合腹腔前，视情况冲洗腹腔和腹腔引流，并考虑放置食道饲管或胃饲管。这些问题需要在术前的计划中就考虑到并准备好，术中视病变情况做确认，然后按计划实施相关操作。

（5）大网膜复位，准备闭合腹腔（图11-5-8）。腹腔的闭合采用中速4-0或3-0可吸收缝线简单连续或简单间断对合缝合的方式。如果存在影响腹壁伤口愈合的系统性因素，如老年、肥胖、肾上腺皮质功能亢进、糖尿病、腹膜炎等，则需要使用慢性可吸收线；部分病例甚至需要使用不可吸收单丝线，如尼龙线。缝合腹壁时，最重要的是简单连续缝合腹直肌外腱鞘（无须缝合腹膜，腹直肌少缝或不缝），入针点到切口的距离为3~5mm，针距3~5mm；然后再简单间断缝合皮下脂肪和皮下组织（图11-5-9、图11-5-10），简单间断或连续锁边缝合皮肤（图11-5-11）。是否采用可吸收线连续皮内缝合，取决于外科医生的偏好和每个特定病例的需要。皮肤缝合完成后使用透气膜覆盖或绷带包扎进行保护（图11-5-12）。

开腹术后基于手术干预的情况以及动物从手术和疾病过程中恢复的情况，选择合适的镇痛、抗生素和支持性护理。另外，外科医生要仔细监测是否出现开腹术的并发症。并发症多由潜在疾病过程造成，而非开腹术本身，这一点一定要有明确的认识。开腹术本身相关的并发症更多的是由技术错误或缝线选择不当造成的。术后佩戴伊丽莎白圈，防止自损；术后12~14d拆线。

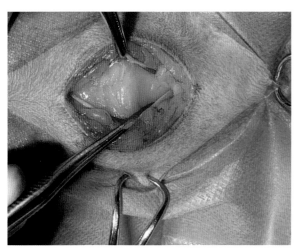

图11-5-7　显露腹腔，暴露大网膜
（仇春龙 供图）

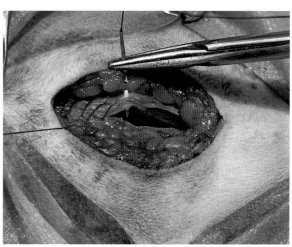

图11-5-8　使用PGA 4-0线简单连续缝合腹直肌外腱鞘
（仇春龙 供图）

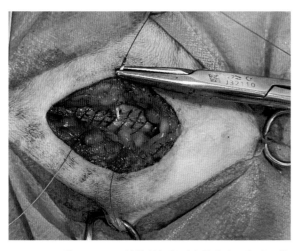

图11-5-9　使用PGA 4-0线简单间断对合缝合皮下脂肪，线结在缝合的下方（仇春龙 供图）

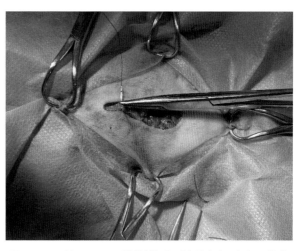

图11-5-10　使用PGA 4-0线简单间断对合缝合皮下组织，线结在缝合的下方（仇春龙 供图）

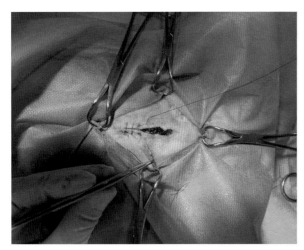

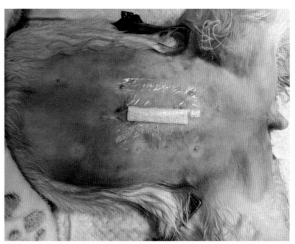

图 11-5-11　使用 PGA 4-0 线简单间断缝合皮肤（仇春龙 供图）　　图 11-5-12　皮肤简单间断缝合后，皮肤伤口使用 3M 透气膜和纱布覆盖保护（仇春龙 供图）

第六节　线性异物

　　小动物临床常见异物阻塞的胃肠机械性梗阻。对于猫，除了离散性异物，更常见线性异物。猫的线性异物往往悬挂在舌系带下形成锚点，而且通过胃进入小肠形成空肠褶皱，因此，往往能够通过舌下检查和腹部触诊进行诊断。据报道，口腔检查结合腹部触诊的诊断率为75%。再结合腹部X射线与超声检查，就很容易诊断出来。但是，因为线性异物两端锚固，会勒聚肠管，从而可能导致肠管粘连，也可能切割肠系膜侧的肠壁，存在潜在的穿孔和泄漏风险，导致局灶性腹膜炎或广泛性腹膜炎。因此，在术前的诊断中，要尽可能快速诊断出来，并排查相关的并发症，以便合理制定手术方案和判断预后。

　　手术治疗时，在患猫麻醉后先检查舌下有无悬挂的线，如果存在线，则随即剪断释放；部分病例，可能因病程时间长，线已经勒进舌系带下，从表面无法看到，这时可以借助食道内窥镜确认是否存在悬挂的线。然后施行开腹术暴露腹腔，并进行腹腔探查。排除其他并发病灶后，准备进行肠切开术取出线性异物。肠切开的合适位置根据在线性异物近端施加轻微张力形成的肠管栓系位置确定，可能需要多处切口；可以使用导管技术，只做一处切口将线性异物经低处肠切开口或肛门顺出。如果肠管勒聚严重，存在多处粘连和穿孔，可能需要进行肠切除吻合术；更严重的病例，只能放弃治疗。下面将常规线性异物的手术过程描述如下。

　　（1）将患猫诱导麻醉后进行气管插管时，检查舌下是否存在线，如果存在随即剪断（图11-6-1）。气管插管后吸入麻醉剂，仰卧保定后腹部大范围剃毛和无菌准备。

　　（2）从剑状软骨后1cm向后经腹中线切开，越过脐孔，至少能够进入整手探查。显露腹腔后探查，确认只存在线性异物。如果因线性异物已经发生广泛性腹膜炎，先使用温乳酸林格氏液进行腹腔冲洗。确认肠切开的位置，使用10号手术刀片以压切的方法切开空肠对肠系膜侧肠壁约1cm。经肠切开口把近端线性异物拖拉出来（图11-6-2），然后固定在8Fr导管尖端上，然后将导管顺入远端肠腔（图11-6-3、图11-6-4）。

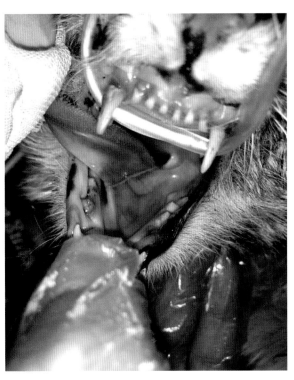

图 11-6-1　将猫诱导麻醉后气管插管前，打开口腔后见舌下有线（吴海燕 供图）

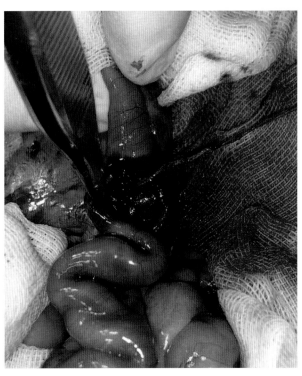

图 11-6-2　预切开肠管周围使用湿润的纱布块做好隔离，在形成肠管拴系的位置切开空肠对肠系膜侧肠壁，将近端线性异物释放拉出（吴海燕 供图）

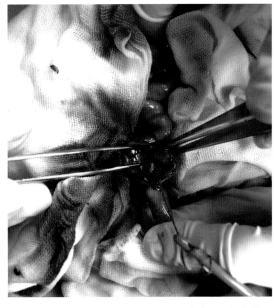

图 11-6-3　释放的近端线性异物固定在 8Fr 红色橡胶导尿管的尖端，准备在肠腔内向远端推送（吴海燕 供图）

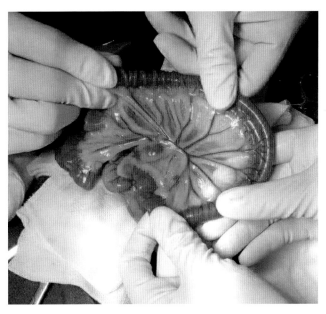

图 11-6-4　在肠腔内向远端推送导管，进一步释放线性异物（仇春龙 供图）

（3）修剪外翻的肠黏膜，使用4-0单丝可吸收线简单间断全层缝合空肠壁，入针点距离肠壁切口2~3mm，针距3mm。轻轻挤压肠腔，检查是否有泄漏，必要时补针。用温乳酸林格氏液冲洗肠壁缝合处及周围。

（4）在肠腔内向远端推送导管，进一步释放线性异物，然后由术外助手配合经肛门取出（图11-6-5）。

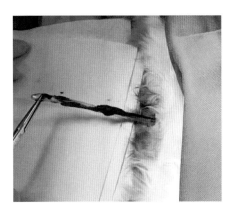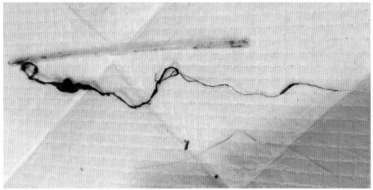

图 11-6-5　经肛门顺出导管和线性异物（仇春龙 供图）

（5）取出隔离纱布，再次检查肠管，视情况冲洗腹腔；大网膜包裹肠切开处后，闭合腹腔。必要时，进行腹腔引流。

严重病例，要放置食道饲管或胃饲管，以便早期术后饲喂。术后要监测相关并发症，主要是肠管切口开裂和腹膜炎。严重病例进行大范围肠切除吻合术的，还可能发生短肠综合征。术后给猫佩戴伊丽莎白圈，防止自损；术后12~14d拆线。

第七节　巨结肠

巨结肠是一个描述性术语，指与结肠扩张和蠕动力下降相关的以反复便秘和/或顽固性便秘为特征的疾病。巨结肠最常见于中年（平均年龄5.8岁）公猫（占70%），巨结肠的诊断是通过在X射线片上评估结肠大小做出的，当结肠直径超过第7腰椎长度的1.5倍时，提示存在慢性结肠功能障碍和巨结肠。潜在病因通常无法确定，往往是在排除阻塞性疾病（如骨盆骨折畸形愈合或直肠肿瘤）后的诊断，称为特发性巨结肠。特发性巨结肠的治疗方法取决于便秘的严重程度，早期或便秘不严重时，可通过内科治疗（如缓泻剂、灌肠和饮食管理）缓解临床症状；内科治疗无效时，应考虑进行结肠切除吻合术。

进行结肠切除吻合术时，在开腹后应先进行结肠切开术取出硬粪结，如果结肠能恢复正常的收缩，则认为是肥厚性巨结肠，这时无须再进行结肠切除吻合术；在取出硬粪结后，如果结肠仍扩张，则认为是扩张性巨结肠，这时再看结肠扩张的范围是否累及回盲口，如果未累及回盲口，行部分结肠切除吻合术；反之，行全部结肠吻合术。下面将手术过程描述如下：

（1）患猫吸入麻醉剂后仰卧保定，行常规的腹中线开腹术，暴露腹腔后将增大的结肠、盲肠和远端回肠拉出腹外，用湿润的隔离巾或大纱布块隔离（图11-7-1）。

（2）将结肠内容物尽可能向降结肠内推移，识别肠系膜后动脉及其分支（直肠前动脉和左结肠动脉）、肠系膜前动脉及其分支（回肠动脉、回结肠动脉、中结肠动脉、右结肠动脉和左结肠动脉），然后确认需要切除的结肠范围。结肠切除的后界是保留直肠前动脉，只能从左结肠动脉支配的降结肠处切除。结肠切除的前界看结肠内容物移至降结肠后结肠收缩的程度，如果扩张的结肠累及回盲口，则行全部结肠切除吻合术；如果升结肠与横结肠收缩良好，则行部分结肠切除吻合术（图11-7-2）。

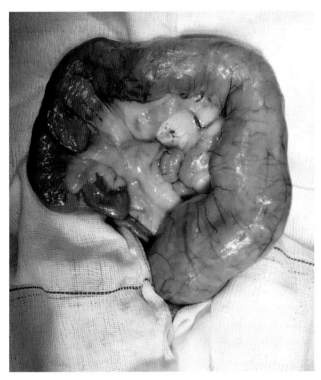 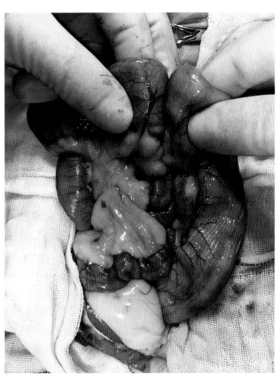

图 11-7-1　增大的结肠拉出腹外，湿润的大纱布块隔离（丛恒飞 供图）　　图 11-7-2　确定巨结肠切除的前、后界，将预吻合断端靠近，评估吻合处张力是否合适 (丛恒飞 供图)

（3）确定结肠切除前界后，将预吻合的断端靠近，评估吻合处的张力是否合适，如果张力过大，要将结肠切除前界向近端移动。

（4）首先进行结肠切开术，取出肠内容物（图11-7-3），进一步评估结肠收缩的程度，如果收缩良好，用4-0单丝慢吸收线结节全层缝合结肠完成手术。如果结肠仍扩张，不能收缩，使用4-0单丝慢吸收线康奈尔缝合结肠壁，用生理盐水冲洗后再结扎供应预切除结肠段的肠系膜血管（图11-7-4）。结肠血管分段供应，在血管结扎后，结肠失去血供而变色（图11-7-5）。

（5）在肠壁失活处6mm外夹持肠钳（仅上1扣），在正常肠管处剪除病变肠管，确保断端有正常血供（图11-7-6）。

（6）使用4-0单丝慢吸收线先将肠系膜侧结肠壁结节缝合，因结肠切除后，切除前界肠管直径小，后界肠管直径大，要选择合适的方法保证吻合的断端直径一致（图11-7-7）。先后壁再前壁，结节缝合结肠全层，完成结肠切除吻合处（图11-7-8）。

（7）缝合结束后，检查是否泄漏，必要时补针。用生理盐水冲洗后，连续缝合肠系膜；然后大网膜包裹结肠吻合处，还纳腹腔。常规闭合腹腔。

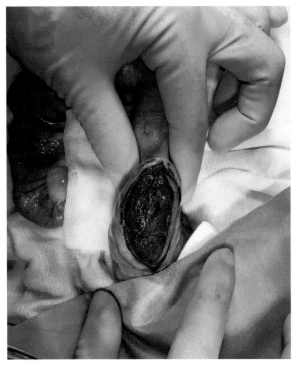

图 11-7-3 预切除结肠段的结肠对肠系膜侧切开，取出硬粪结（丛恒飞 供图）

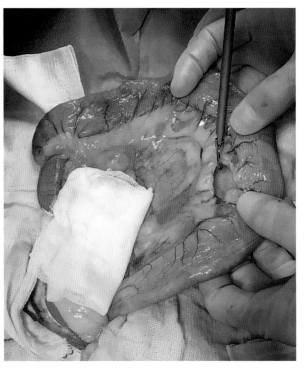

图 11-7-4 使用超声刀结扎预切除结肠段的肠系膜血管（丛恒飞 供图）

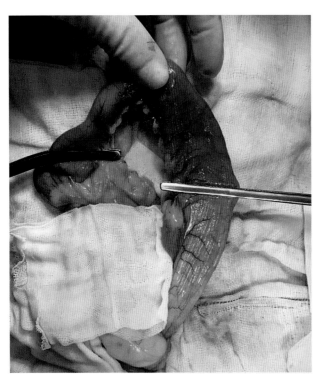

图 11-7-5 预切除结肠段血管结扎后，结肠缺血变色，容易辨认失血供区域（丛恒飞 供图）

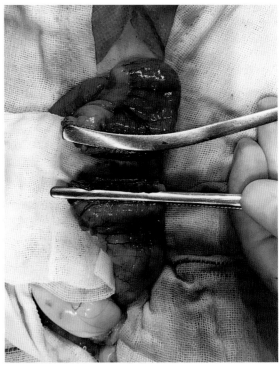

图 11-7-6 切除失活结肠区域，结肠断端直径相等并用肠钳夹持，准备吻合（丛恒飞 供图）

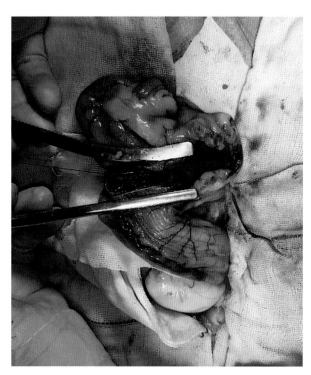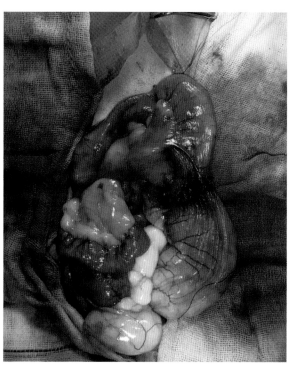

图 11-7-7　选择 4-0 单丝可吸收线吻合巨结肠切除断端，缝合后壁 (丛恒飞 供图)

图 11-7-8　巨结肠切除吻合后外观 (丛恒飞 供图)

　　结肠切除吻合术除了胃肠道常规并发症外，还要考虑因回结肠括约肌切除后造成的小肠细菌生长过度引起的腹泻。有研究表明，保留回盲口不会增加便秘的复发率，但会增加腹泻的发生率和严重度，因此，术中要尽可能保留回盲口。

第八节　肝脏活检

　　肝脏活检可作为单独手术或与开腹探查同时进行。肝脏活检的适应证包括超过30d的肝酶升高、超声检查异常、疾病分期以及先前进行的细针抽吸细胞学检查未明确诊断。一般来说，细针抽吸后的细胞学检查仅能提供小样本量，而且没有详细的实质结构，因此，肝脏活检更受兽医青睐。

　　肝脏活检已有多种技术，每种方法各有优缺点，包括微创的组织芯（Trucut）活检、开腹环扎法活检（图11-8-1、图11-8-2）、开腹钻孔活检、开腹或腹腔镜超声刀活检以及开腹吻合器活检。组织芯活检是微创的方法，需要超声引导，与手术或腹腔镜技术相比，获得的样本质量差。开腹环扎法适用于肝脏边缘的采样，而钻孔活检则适用于肝脏中心部位局灶性病变的采样。理想的肝脏活检样本应有足够的大小，并取自能够代表原发性肝脏病变的位置，因此，术前应充分进行影像学检查确认病灶；另外，每次采样时，应从不同的肝叶获取至少2~3个样本，包括周围和中央区域以及肉眼可见的正常与异常组织。腹腔镜活检是获取较大样本的理想方法，与开腹术活检相比，具有明显

245

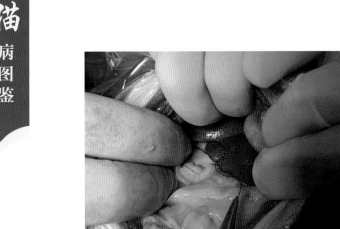

图 11-8-1　开腹环扎法对肝脏边缘活检采样
（徐晓林　供图）

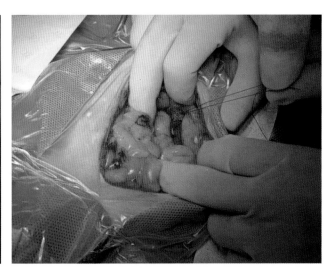

图 11-8-2　开腹环扎法肝脏活检采样后的断端外观
（徐晓林　供图）

的优势，如患病动物恢复快、术后发病率低、感染率低、术后疼痛少以及住院时间短等，但受设备所限且技术要求高。

第九节　肝外胆管阻塞

一、病因

　　猫肝外胆管阻塞病因有很多（表11-9-1），可能由肿瘤、感染或创伤引起，分腔外原因和腔内原因。若肝外胆管阻塞导致胆汁淤积，很快会造成肝实质损伤，进一步发展会导致炎症反应、自由基产生、胆道上皮增生，最后使胆管坏死及纤维化。

二、临床表现

　　肝外胆管阻塞的临床症状差异很大，如嗜睡、黄疸、间歇性呕吐及食欲不振等。胆道破裂致胆汁泄漏会引起局灶性或广泛性脓毒性胆汁性腹膜炎，胆汁、细菌等会引起腹膜腔的物理和化学刺激，导致急腹症、败血症、休克等。

表 11-9-1　猫肝外胆管阻塞病因

病	病因
胆结石	寄生虫性
胆总管结石病	吸虫感染
胆总管炎	外源压迫
肿瘤	淋巴结
胆管腺癌	胰腺肿物
胰腺腺癌	膈疝卡压
淋巴肉瘤	十二指肠异物
胆管囊腺瘤	纤维性
骨肉瘤	腹膜炎
先天性	胰腺炎
胆总管囊肿	钝器创伤
多囊肝病	医源性
双胆囊	手术

引自《猫软组织手术与普通外科学》，赵秉权，丛恒飞，陈武等，2022。

三、诊断

通过病因调查和临床表现可初步诊断肝外胆管阻塞。实验室检查常可见血清酶及总胆红素浓度升高，可能存在凝血功能障碍。肝外胆管阻塞的确诊仍需通过超声检查或开腹探查，超声影像包括胆总管扩张、胆囊增大、肝内胆管扩张等。

四、治疗

猫胆总管可因黏液、结石、炎性组织等导致梗阻，在进行胆囊摘除的同时，可考虑对胆总管进行顺向或逆向冲洗，但存在争议，有报道称此操作有诱发胰腺炎风险。最新研究表明，23只猫胆囊摘除同时进行胆总管冲洗后总体结果良好。

从剑突到腹中部常规开腹探查，必要时扩大切口（图11-9-1至图11-9-3）。镰状韧带脂肪较多时，可进行切除，以利于术野显露（图11-9-4）。

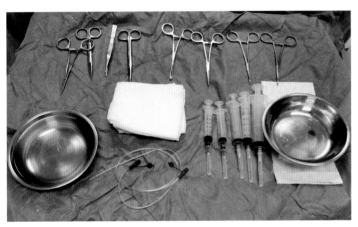

图11-9-1　猫胆道手术中所用到的常规手术器械、注射器、无菌碗、3-8Fr导管（徐晓林　供图）

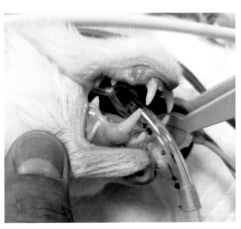

图11-9-2　肝外胆管阻塞导致黄疸（徐晓林　供图）

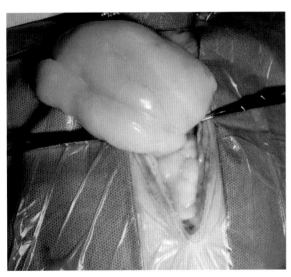

图11-9-3　从剑突至腹中部开腹，在切口下方可见大块的镰状韧带脂肪（徐晓林　供图）

图11-9-4　切除过多的镰状韧带脂肪，以利于术野显露和手术操作（徐晓林　供图）

在胆囊严重扩张时（图11-9-5），可用注射器进行胆囊穿刺减压，以利于操作，同时对胆汁采样进行实验室检查。操作时注意避免胆汁泄漏，在局部用湿润纱布隔离后进行穿刺。如果胆囊内容物过度黏稠，可能无法抽出内容物。若胆总管内有阻塞物（图11-9-6），可在胆囊摘除前切开胆囊，将导管顺向插入胆总管进行冲洗，注意避免将阻塞物冲至肝胆管内（图11-9-7、图11-9-8）。

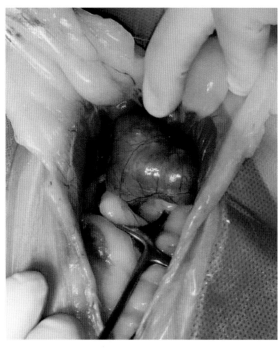

图 11-9-5　腹腔探查见因肝外胆管阻塞导致胆囊扩张（徐晓林　供图）

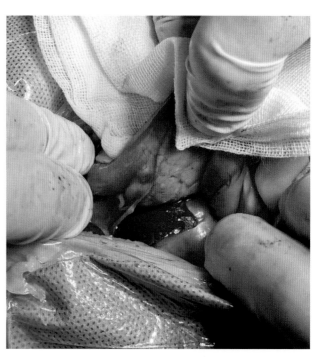

图 11-9-6　胆道探查，在胆总管远端见到深褐色的结石梗阻胆总管（徐晓林　供图）

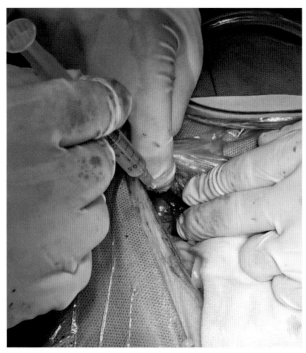

图 11-9-7　使用 2.5 mL 注射器对胆囊进行穿刺，注意避免胆囊破裂、胆汁泄漏（徐晓林　供图）

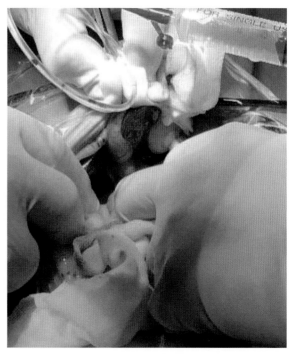

图 11-9-8　胆囊切开后，将 8Fr 导管顺向插入胆总管，使用生理盐水冲洗，检查胆总管通畅度（徐晓林　供图）

必要时，将十二指肠切开（图11-9-9），通过大乳头插入导管，进行胆总管逆向插管并用生理盐水冲洗（图11-9-10）。用湿润纱布隔离十二指肠，在大乳头处纵向切开十二指肠对肠系膜侧，可借助吸引泵抽吸，减少肠内容物对周围组织的污染（图11-9-11、图11-9-12）。如果胆总管结石或其他阻塞物无法用生理盐水冲出，可进行胆总管切开术取出阻塞物（图11-9-13至图11-9-20）。必要时在胆总管内可留置导管作为支架，但与犬相比有较高的并发症发病率，常见术后短期或长期呕吐。

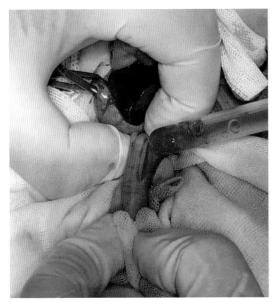

图 11-9-9　充分隔离十二指肠，在距幽门窦约3cm处，切开十二指肠（徐晓林　供图）

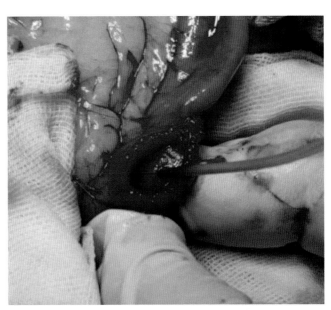

图 11-9-10　辨认十二指肠大乳头，使用 5Fr 导管经大乳头逆向插入胆总管，用生理盐水逆向冲洗胆总管（徐晓林　供图）

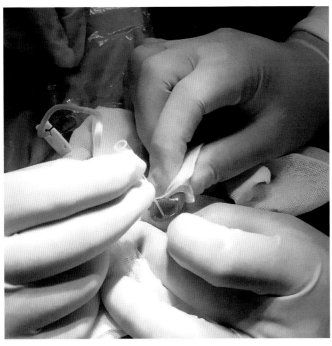

图 11-9-11　对于大乳头开口阻塞或较小时，24 号留置针也可用于逆向插管，对胆总管逆向冲洗（徐晓林　供图）

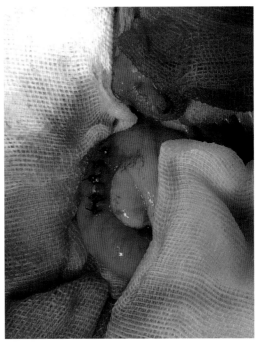

图 11-9-12　用 4-0 单股可吸收线结节全层缝合十二指肠（徐晓林　供图）

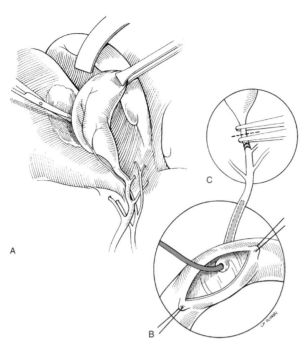

图 11-9-13 胆囊切除术、经十二指肠乳头插管示意图（引自《小动物外科手术学》第 5 版，袁占奎译）

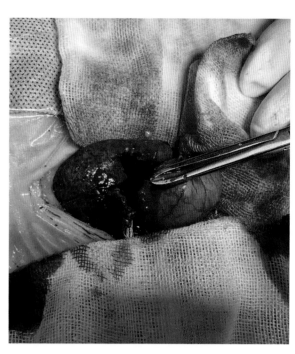

图 11-9-14 用湿润的棉签、纱布或手指将胆囊从肝脏的胆囊窝内分离，可配合使用电刀或能量设备减少出血（徐晓林 供图）

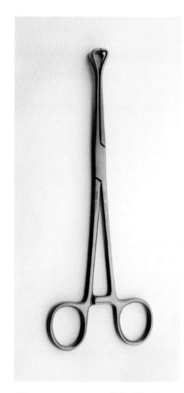

图 11-9-15 Babcock 组织钳，用于夹持胆囊，减少破裂或出血风险（徐晓林 供图）

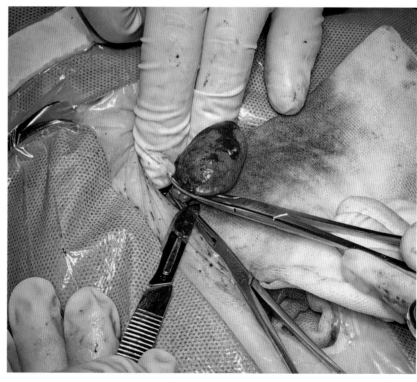

图 11-9-16 止血钳钳夹胆囊管，用 10 号手术刀切除胆囊。3-0 或 4-0 不可吸收缝线结扎胆囊动脉和胆囊管，注意辨认肝胆管及胆总管，避免将其结扎。胆囊摘除后腹腔可用温生理盐水灌洗，常规关腹（徐晓林 供图）

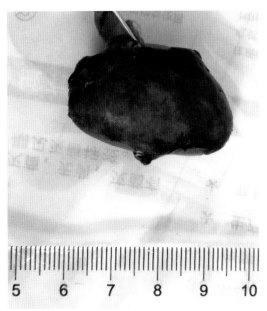

图 11-9-17　因胆总管结石、胆囊结石而摘除的胆囊
（徐晓林　供图）

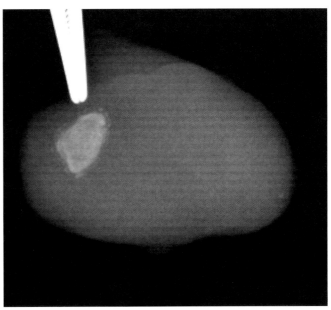

图 11-9-18　摘除后的胆囊 X 射线片，可见内部结石影像
（徐晓林　供图）

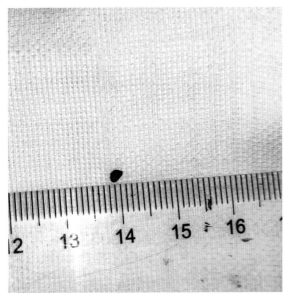

图 11-9-19　猫胆总管结石导致肝外胆管阻塞
（徐晓林　供图）

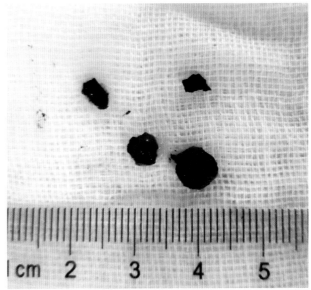

图 11-9-20　猫胆囊和胆总管内的结石
（徐晓林　供图）

五、术后护理与预后

　　猫肝外胆管梗阻常见贫血，围手术期需要ICU监护，术后需要关注持续贫血的严重程度，并及时恰当纠正。胆总管结石是最常见的肝外胆管阻塞的原因，其次是胆管炎、肿瘤等，去除结石、摘除胆囊同时保持胆总管通常，通常术后预后良好。胆总管支架通常会发生短期或长期呕吐等并发症，需要在术中慎重考虑其使用适应证。最新报道称胆囊摘除围手术期死亡率为21.7%，因肿瘤原因进行手术的死亡率较高（图11-9-21至图11-9-23）。

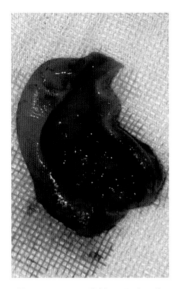
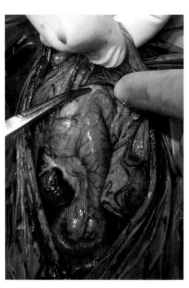
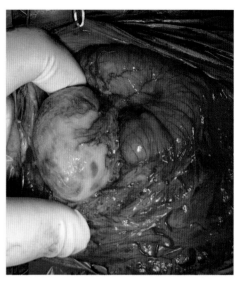

图 11-9-21　胆囊结石导致胆囊　　　图 11-9-22　猫肝囊肿致肝外胆管　　　图 11-9-23　肝囊肿与胃及大网膜粘连。该病例
炎：可见胆囊壁增厚、黏膜黏附　　　　　阻塞，囊肿与十二指肠粘连　　　　　　　未进行进一步手术操作，选择安乐死
墨色内容物（徐晓林　供图）　　　　　　　（徐晓林　供图）　　　　　　　　　　　（徐晓林　供图）

第十节　肝门静脉短路

　　猫肝门静脉短路（PSS）发病率较低，绝大多数为先天性的（CPSS），后天获得性PSS多为继发于由肝病、肝纤维化引发的或在PSS术后出现的持续门脉高压。肝外PSS最常见，约占90%，绝大多数为单根粗的短路血管直接进入后腔静脉，左胃静脉至后腔静脉的短路在猫是最常见的肝外PSS。但也有短路血管进入后腔静脉分支的报道，如进入肾静脉、膈腹膜静脉、奇静脉或胸内静脉等。肝内PSS常见左侧肝脏静脉导管未闭。

一、病因

　　在猫发生PSS时，本应汇集进入肝脏的静脉血管（如胃静脉、肠系膜静脉、脾静脉、胰腺静脉等），绕过肝脏直接进入循环系统，致使血液中高浓度的氨、细菌毒素等无法通过肝脏进行代谢，进而引发神经症状的肝性脑病（HE）。

二、临床症状

　　神经症状通常包括昏睡、行为变化、共济失调、低头、黑内障、抽搐及昏迷等，其他症状还有流涎、铜色虹膜、体格小/发育障碍、呕吐、腹泻、缺氧、体重轻/体况差、多饮多尿、尿酸盐结晶引发排尿困难等。临床症状的严重程度会随时间或在餐后加重。由于血管短路，使门静脉循环中本应正常存在的营养缺乏，导致肝脏发育不全。门脉高压所继发PSS时可能会出现腹腔积液或黄疸等症状。

大多数CPSS患猫为家养短毛猫，但波斯猫、喜马拉雅猫及暹罗猫也是易感品种。有研究报道，公猫比母猫易患病。确诊CPSS的猫大多数不到6月龄，最早在6周龄就会出现临床症状，但有些猫则一直到成年后才被诊断。

三、诊断

通过病史、年龄、临床症状、实验室血液学检查、腹部超声检查、术中肠系膜门静脉造影、CT血管造影等进行诊断。

（1）实验室检查包括全血细胞计数、血清生化分析及尿液分析。异常结果包括小红细胞症、低血红蛋白、低尿素、低胆固醇，轻微到中度的丙氨酸转氨酶（ALT）或碱性磷酸酶（ALP）升高。也可见到低白蛋白血症，但并不像犬常见。血氨检测是诊断猫PSS相对灵敏的方法，但在精氨酸缺乏或严重肾性氮血症的猫，血氨浓度也可能会升高，需要鉴别。血液中的氨不稳定，必须在采样后30min内进行检测，因此，不能送外部实验室检测，否则测定的结果无法用于诊断。

测定餐前及餐后血清总胆酸浓度为诊断猫PSS的一种灵敏的诊断方法，但血清胆酸浓度也可由于各种其他原因而升高，包括胆管炎、肝脏脂肪沉积及肝外胆管阻塞，需要鉴别。

（2）腹腔超声检查通常用于观察及确定猫PSS的解剖位置，对于单根肝外PSS易于发现，即使无法确定短路血管，也可观察到形态较小的肝脏、肝及门静脉的血流少、轻度的双侧性肾脏肿大及尿路结石来辅助诊断。腹部X射线检查有一定的局限性，虽然有时能见到小的肝脏，但尿路结石可能不明显。

（3）计算机断层扫描（CT）血管造影可用于诊断PSS，可以确诊并显现短路血管的解剖位置、评估肝门静脉系统（图11-10-1、图11-10-2）。术中通过肠系膜静脉进行门静脉造影术可用于手术期间对短路血管进行显现及研究，虽然可以使用，但很大程度上因为侵入性操作被CT血管造影所代替（图11-10-3、图11-10-4）。

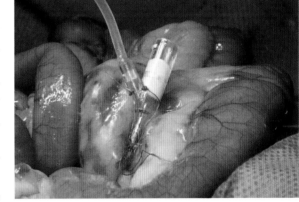

图11-10-1　术中肠系膜静脉插管，注射造影剂，进行门静脉造影（徐晓林　供图）

（4）为排除并发的肝脏疾病，在手术治疗CPSS的同时采集肝脏样本进行组织病理学检查。

四、治疗

（1）手术是PSS的首选治疗方法，因为肝脏需要门静脉血流中的营养物质，如果短路血管未进行手术矫正，肝功能可能会恶化。药物治疗无法纠正，因此预计不会长期存活。肝门静脉血流的恢复可使肝营养物质向肝内流动促使肝脏组织再生及功能障碍的逆转。

（2）在无法进行手术治疗时，以及在手术治疗之前至少2周，应进行药物治疗。药物治疗的主要目的是降低大脑中血氨的浓度以减轻HE的症状。对引起HE的其他病因也需要进行排查和治疗，如感染、低钾血症或碱中毒等。通过静脉输液纠正脱水、治疗低血糖和电解质紊乱。

（3）短路血管减缩手术，有多种方法可以用于血管的减缩，如血管完全或部分结扎、血管渐缩

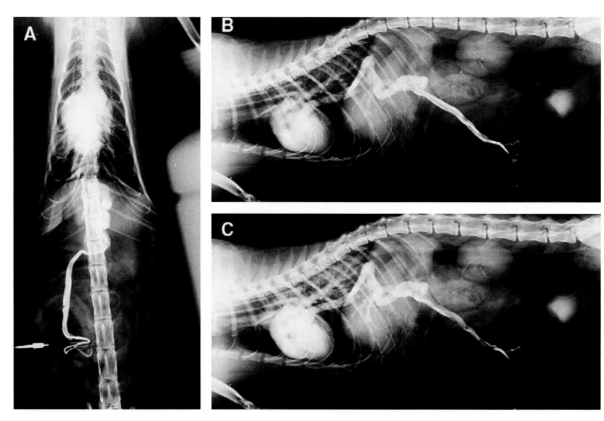

A. 腹背位 X 射线片，见充有造影剂的高密度异常血管影像与脊柱重叠，进入后腔静脉，造影剂未进入肝实质内；B. 侧位 X 射线片更清楚地显示门静脉与后腔静脉间存在短路；C. 随后 X 射线片才见到少量造影剂进入肝内。

图 11-10-2　猫肝外 PSS 术中门静脉造影 X 射线片

（图片引自《Diagnosis and treatment of portosystemic shunts in the cat》）

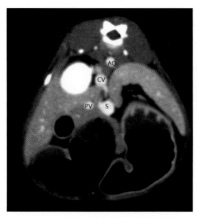

AO. 主动脉；CV. 后腔静脉；PV. 门静脉；S. 门脉 - 后腔静脉的短路血管。

图 11-10-3　猫先天性门静脉短路（CPSS）的腹部 CT 扫查 [维特（深圳）动物医院 供图]

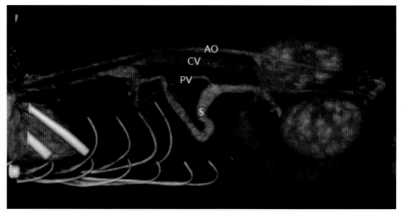

AO. 主动脉；CV. 后腔静脉；PV. 门静脉；S. 门脉 - 后腔静脉的短路血管。

图 11-10-4　猫先天性门静脉短路（CPSS）的腹部 CT 扫查三维重建图像 [维特（深圳）动物医院 供图]

环、玻璃纸带等。

　　完全/部分结扎：短路血管结扎的主要风险是发生肝门高血压并在随后发生门体侧枝短路（图 11-10-5 至图 11-10-7）。如果要试图进行急性结扎，应在手术过程中对肝门脉血压进行测定，如果肝

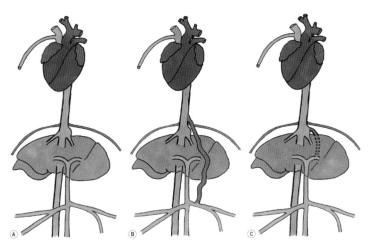

A. 正常门静脉与后腔静脉；B. 常见胃左静脉与后腔静脉的肝外短路；C. 肝内短路血管常见静脉导管未闭。

图 11-10-5　猫肝门脉短路示意（图片引自《猫软组织手术与普通外科学》，赵秉权，丛恒飞，陈武主译，2022）

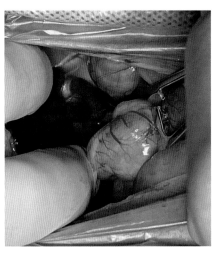

图 11-10-6　猫先天性肝外 PSS，胃左静脉经短路血管，穿过膈进入后腔静脉（徐晓林　供图）

门血压明显增加，内脏器官会淤血，则应采用部分结扎，在短路血管上留置一段缝线，择期进行第二次手术，对短路血管完全结扎。

血管渐缩环：用于套在短路血管上，渐缩环内部会随着时间膨胀，逐渐闭合短路，降低门脉高血压的风险（图 11-10-8 至图 11-10-13）。

玻璃纸带：绕在短路血管周围放置，为无菌胶膜，可引起组织纤维化反应，逐渐闭合短路血管。

（4）治疗注意事项。手术治疗并发症之一是出现长期残

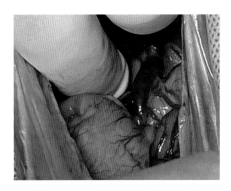

图 11-10-7　胃左静脉与短路血管（徐晓林　供图）

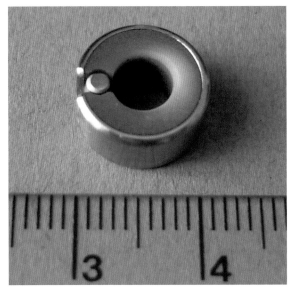

图 11-10-8　血管渐缩环（Ameroid constrictor）（图片引自《猫软组织手术与普通外科学》，赵秉权，丛恒飞，陈武主译，2022）

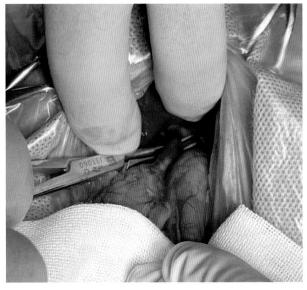

图 11-10-9　在横膈前方，用止血钳在短路血管下方仔细地分离，游离出一小段短路血管（徐晓林　供图）

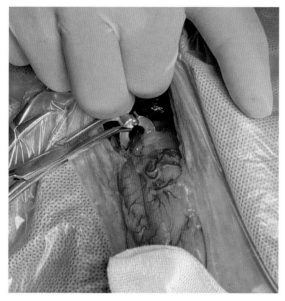

图 11-10-10　选用合适规格的血管渐缩环，将短路血管套入环内。术后渐缩环内层结构吸收组织液后膨胀，向中心逐渐自行缓慢阻断，直至完全封堵短路血管
（徐晓林 供图）

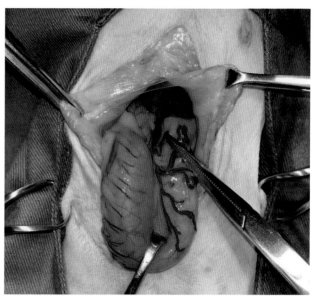

图 11-10-11　猫先天性肝外 CPSS 病例 2，胃左静脉短路（止血钳尖端所指）
（徐晓林 供图）

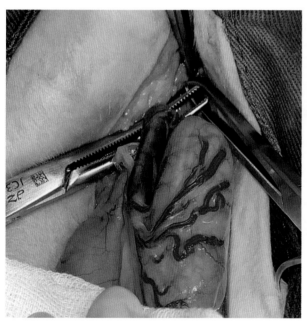

图 11-10-12　用止血钳在短路血管下方、胃左静脉头侧，分离短路血管（徐晓林 供图）

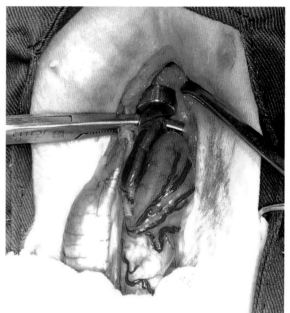

图 11-10-13　将血管渐缩环套在短路血管上
（徐晓林 供图）

留的侧支短路。肝内 PSS 实施减缩手术更具挑战，如果需要进行肝脏切开，则应注意避免出血。有时也可采用介入方法在血管内放置堵塞线圈以避免开放性手术。手术前进行腹部超声检查是否有膀胱结石，可在进行短路血管减缩手术的同时切开膀胱取出结石。不应尝试对门体侧枝短路进行治疗，因为可能会导致肝门高血压的恶化。血管减缩手术后，大多数的猫预后好或非常好，最常见的不良反应是由于短路血管残留或形成门体侧枝短路而出现临床症状的复发。其他可能的并发症还有结扎后抽搐、黑内障及门脉高压。

（5）术后护理及预后。术后ICU监护相当重要，应予以保温、持续监测血糖直到完全苏醒。静脉补液直至恢复正常饮食。最严重的并发症为术后抽搐或癫痫等神经症状，应尽快积极治疗。其他术后并发症包括轻度至中度腹水（继发于门脉高压）、血清肿、凝血障碍以及发热等。大多数猫预后较好。

第十一节　公猫会阴部尿道造口术

猫下泌尿道疾病很常见，包括尿道栓子（20%~50%）、猫特发性膀胱炎（20%~50%）、细菌性膀胱炎（10%~20%）和尿道结石（10%~20%）。猫下泌尿道疾病最常见的高风险因素为室内生活、雄性、超重和纯干粮饮食，相关的临床症状包括排尿不当、痛性尿淋漓、血尿、排尿困难和尿频等，患猫可能经常舔舐包皮或作出排尿姿势；完全梗阻时，会出现各种全身性症状，如疼痛、心动过缓、沉郁和呕吐。怀疑下泌尿道疾病时，要通过影像学检查、血液学检查、尿液分析和培养，排除或确认猫下泌尿道疾病的原因。特发性膀胱炎的诊断是在排除尿道栓子、感染和结石后作出的。发生尿道阻塞后，首先要进行内科治疗，如果猫在适当的内科治疗后仍有尿道阻塞的情况，则要考虑进行公猫会阴部尿道造口术。现将手术过程描述如下：

（1）患猫俯卧保定，抬高后躯，尾巴前拉，肛门内塞入棉球，视情况肛门荷包缝合。阴囊基部环切，切口的顶点距离肛门至少1cm（图11-11-1）；紧贴阴茎分离，去除包皮和阴囊，同时施行睾丸切除术（图11-11-2）。

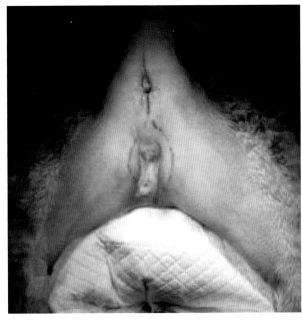

图 11-11-1　患猫俯卧保定，抬高后躯，尾巴前拉，会阴部剃毛，肛门荷包缝合，皮肤消毒后准备手术；注意看标画的阴囊和包皮预切开线，切口顶点距离肛门超过 **1cm**（丛恒飞 供图）

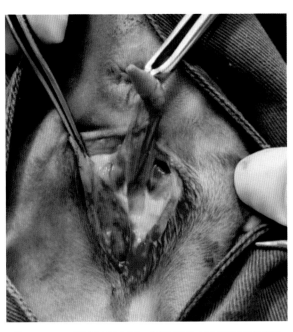

图 11-11-2　阴囊基部环切、紧贴阴茎去除阴囊和包皮并切除睾丸后的外观，可在阴茎腹侧的两侧看到坐骨海绵体肌（丛恒飞 供图）

（2）触摸坐骨弓，手术剪尖朝向坐骨剪断坐骨尿道肌和坐骨海绵体肌，剪开程度以阴茎腹侧顺利插入手指为准，然后钝性分离阴茎系带，完全游离阴茎。肥胖猫坐骨弓处的脂肪较多不易摸到，可以用手术剪适当钝性分离后再触摸。游离阴茎后，如果肌肉断端出血较多，可暂时填塞纱布压迫止血，同时也起到待剪开尿道后隔离尿液的作用（图11-11-3至图11-11-5）。

（3）分离阴茎背侧的阴茎退缩肌，至肛门外括约肌腹侧时剪断；然后经尿道口背正中线剪开尿道，至尿道球腺处停止，插入8Fr红色橡胶导尿管确认已剪到增粗的骨盆部尿道；如果无法插入8Fr红色橡胶导尿管，可适当向前剪开尿道2~3mm后，再插入导尿管确认。当尿道剪开到位后，为了增加尿道黏膜与皮肤的对合，需要将尿道黏膜外组织继续向前剪开2~3mm（图11-11-6、图11-11-7）。

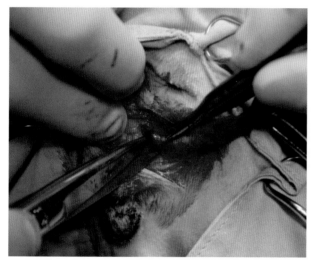

图11-11-3 触摸坐骨弓定位后，在阴茎腹侧使用手术剪朝向坐骨剪断坐骨尿道肌和坐骨海绵体肌（丛恒飞 供图）

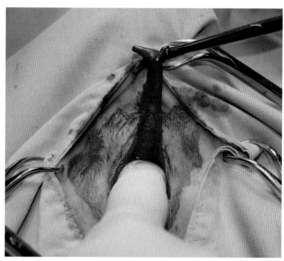

图11-11-4 剪断坐骨尿道肌和坐骨海绵体肌并钝性分离阴茎系带，以能插入手指为准（丛恒飞 供图）

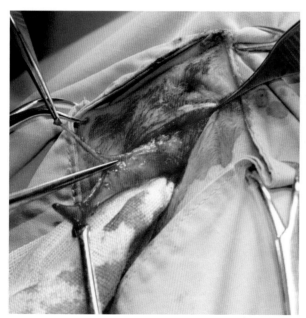

图11-11-5 分离阴茎背侧的阴茎退缩肌；注意看阴茎腹侧填塞的纱布
（丛恒飞 供图）

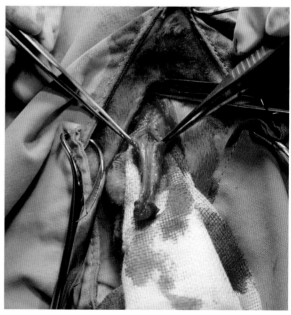

图11-11-6 经尿道口沿阴茎背正中线剪开尿道，至尿道球腺处为止；尿道球腺没有完整的解剖外观，以坐骨尿道肌和坐骨海绵体肌残端水平（膨大处）为参考（丛恒飞 供图）

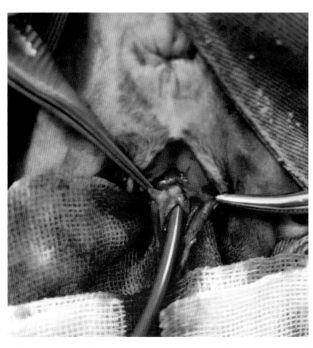

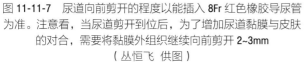

图 11-11-7　尿道向前剪开的程度以能插入 8Fr 红色橡胶导尿管为准。注意看，当尿道剪到位后，为了增加尿道黏膜与皮肤的对合，需要将黏膜外组织继续向前剪开 2~3mm
（丛恒飞　供图）

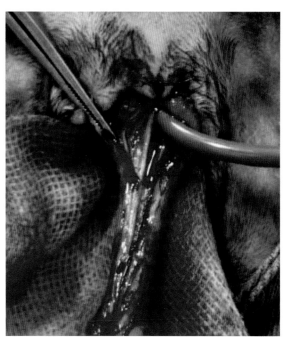

图 11-11-8　使用 5-0 单丝线将尿道近端切开处黏膜与阴囊环切切口顶点的皮肤结节缝合
（丛恒飞　供图）

（4）使用 4-0/5-0 可吸收单丝线先将尿道近端切开处黏膜与阴囊环切切口顶点的皮肤结节缝合，然后在其左右再间隔 2mm 各缝合一针黏膜和皮肤。剪除 1/3~1/2 阴茎，4-0/5-0 可吸收单丝线缝合阴茎残端两侧的白膜封闭阴茎海绵体出血，然后再缝合到阴囊环切切口腹侧的皮下组织。4-0/5-0 可吸收单丝线缝合连续或结节缝合尿道黏膜与周围皮肤（图 11-11-8 至图 11-11-11）。

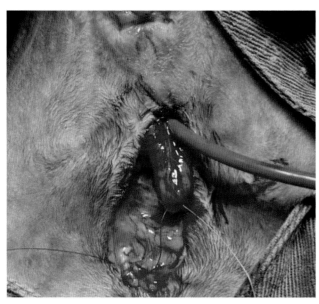

图 11-11-9　将尿道近端切开处黏膜与阴囊环切切口顶点的皮肤结节缝合后，在其左右再间隔 2mm 各缝合一针黏膜和皮肤，然后剪除 1/2 阴茎，5-0 可吸收单丝线缝合阴茎残端两侧的白膜封闭阴茎海绵体出血（丛恒飞　供图）

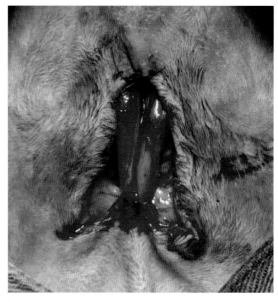

图 11-11-10　将阴茎残端与阴囊环切切口腹侧的皮下组织缝合，对尿道造口处形成适当拉力，避免尿道造口内陷（丛恒飞　供图）

（5）拆掉导尿管，检查确认尿道黏膜和皮肤缝合良好；拆除肛门荷包缝合线，去除直肠内塞入的棉球。视情况留置6Fr双腔导尿管（图11-11-12）。

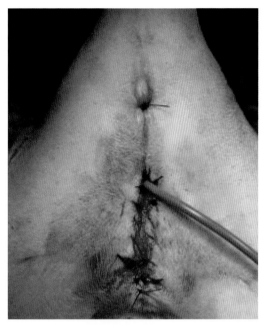

图11-11-11　将剩余部位的尿道黏膜与周围皮肤连续缝合，完成公猫会阴部尿道造口。如果尿道海绵体出血，可以将尿道黏膜、白膜和皮肤一起缝合
（丛恒飞　供图）

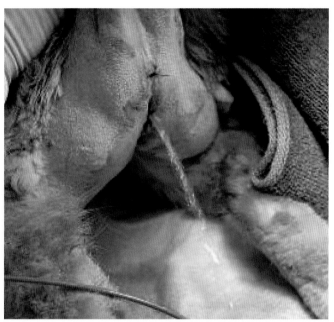

图11-11-12　公猫会阴部尿道造口术完成后，挤压膀胱验证造口效果，可见尿柱粗大、排尿通畅
（丛恒飞　供图）

第十二节　输尿管梗阻

一、病因

　　猫输尿管梗阻可继发于输尿管结石、输尿管狭窄、感染、血凝块结石、医源性输尿管结扎、输尿管异位、肾移植后腹膜后纤维化和肿瘤等。输尿管结石是猫输尿管梗阻最常见的病因，其中87%是草酸钙结石，难以被药物和食物溶解。X射线、B超、CT检测设备的更新与技术的提升，增加了输尿管梗阻的确诊率。大多数输尿管梗阻的病例都处于重症状态，如脱水、电解质紊乱、氮质血症、肾功能衰竭等，需要积极治疗。内科管理包括补液和恢复血容量、渗透性利尿、输尿管肌肉松弛、抗感染等，对猫输尿管梗阻是非常重要的。尽管理想的手术治疗方法仍存争议，但多种手术方法和介入治疗都成功地应用于输尿管梗阻，如输尿管切开术、输尿管支架、输尿管皮下绕道、输尿管切除吻合、输尿管膀胱吻合等，以紧急缓解输尿管梗阻、保存肾脏功能。

二、临床症状

包括嗜睡、食欲下降或厌食、呕吐、多饮多尿、腹痛和体重下降等。体检结果包括流涎/恶心、口腔溃疡、沉郁、腹痛（尤其是肾触诊时）、肾大小不规则等，水合程度从脱水到水合过度不等。

三、诊断

血液学检查和影像学检查是输尿管梗阻时必不可少的诊断检查。

（1）常见的生化检查异常是氮质血症，其次是高磷、高钾血。在一项研究中，贫血见于68%的病例。泌尿系统感染占32%，尿液分析异常结果包括等渗尿、血尿、脓尿、细菌尿和结晶尿等。

（2）腹部X射线检查和超声检查是最常用的影像学诊断方法（图11-12-1）。在腹部X射线片上，可在输尿管的任何位置发现不透射线的结石。但大多数猫输尿管结石小于2mm，在X射线片上很难辨认但足以导致输尿管梗阻。腹部X射线片还可显示腹腔积液。腹部超声可以更详细地评估肾血流、肾实质回声、肾结构的变化，评估肾盂、尿液回声、肾盂及输尿管小的结石、输尿管狭窄、输尿管炎症、腹膜后积液、输尿管异位、尿路肿瘤及淋巴结等。据

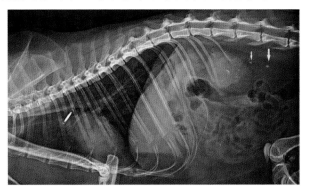

图 11-12-1　猫输尿管结石 X 射线片检查，侧位片见在肾脏肾盂内、输尿管内（黄色箭头）存在高密度结石影像
（深圳维特动物医院 供图）

报道，超声检查对诊断猫输尿管结石的灵敏度为77%。肾盂扩张是诊断输尿管梗阻最有用的超声检查结果之一，但在肾结构和功能正常的动物中，超声也可检测到肾盂扩张。肾盂超过13mm对输尿管梗阻的诊断敏感性为100%。然而肾盂＜13mm并不能排除梗阻。到目前为止，尚未有标准的评估肾盂大小的方法，检查者之间的差异、肾盂不对称、肾盂结石导致变形以及猫的配合度都会影响测量值的准确性。输尿管周围组织回声增强可能与梗阻性狭窄有关。固体血凝块结石在X射线片上无法看到，在超声检查中也往往无法识别。

（3）CT也可以用来检测X射线或超声检查未发现的输尿管结石或栓子（图11-12-2）。静脉注射碘化造影剂须慎用，以减少对肾的损伤。顺行性肾盂造影需要在全身麻醉下通过超声引导进行肾盂穿刺，通过X射线或透视检查来评估造影剂通过肾盂和输尿管的造影结果（图11-12-3），评估肾

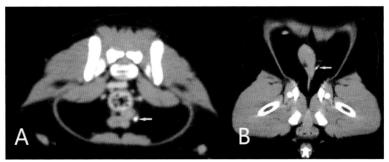

A. 横断面；B. 冠状面，黄色箭头指示高密度输尿管结石。

图 11-12-2　猫输尿管远端结石梗阻 CT 扫查（深圳维特动物医院 供图）

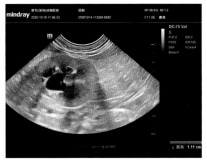

图 11-12-3　猫输尿管梗阻 B 超检查见肾盂扩张（深圳维特动物医院 供图）

盂和输尿管的充盈缺损，以及确定是否存在部分或完全梗阻。其临床诊断价值已经被研究证实，对输尿管梗阻具有100%的敏感性和特异性，但也可能发生造影剂渗漏、出血和肾盂撕裂等并发症，限制了其临床应用。

四、治疗

内科管理是非常必要的，以治疗输尿管梗阻引起的急性肾损伤、尿毒症和电解质紊乱。

（1）基于体重、皮肤弹性、黏膜、组织水肿等体格检查，选择平衡等渗晶体液进行补液以恢复血容量和纠正脱水。除此之外，根据血压、乳酸、血氧饱和度、血检、电解质和尿量等综合评估血容量、灌注和水合状态，选择补液治疗方案。胶体液的使用与不良反应有关，可导致住院时长较长、液体过量、凝血功能障碍、急性肾损伤以及病危需要肾移植等，因此须慎用胶体液。

补液量＝维持量＋脱水量＋持续丢失量

（2）外科手术治疗包括输尿管切开术、输尿管切除吻合、输尿管再植术、输尿管肾切除术、输尿管支架、输尿管皮下绕道等。除此之外其他手术技术也有报道，如小肠黏膜移植替代输尿管、肾盂插入内镜取输尿管结石、输尿管膀胱吻合再植术等。

①输尿管再植术可同时进行肾脏降位和膀胱固定。冲击波碎石后的结石仍然较大，无法通过较细输尿管，因此对猫不适应。同样也因猫输尿管较细无法使用输尿管镜。猫输尿管外径1mm，内径0.4mm，输尿管的直接手术操作通常需要借助显微镜、显微外科手术器械，并使用6-0至10-0的缝线（图11-12-4至图11-12-8）。其并发症发生率高达31%，包括输尿管水肿、炎症、再次梗阻、狭窄、结石阻塞复发、持续氮质血症和漏尿。术后死亡率高达21%，因此输尿管直接手术操作很少采用。

②输尿管支架。输尿管支架已被报道可用于治疗猫输尿管梗阻，形成腔内旁路。其优点是被动扩张输尿管及在发生感染或刺激时能够取出。输尿管支架具有双猪尾结构防止移位。猫专用输尿管

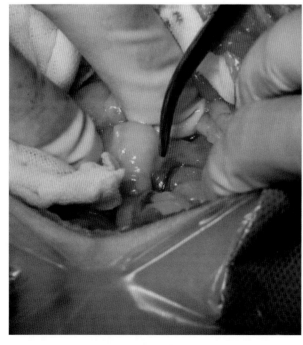

图11-12-4　输尿管中褐色的栓子（止血钳尖端所指）
（深圳维特动物医院 供图）

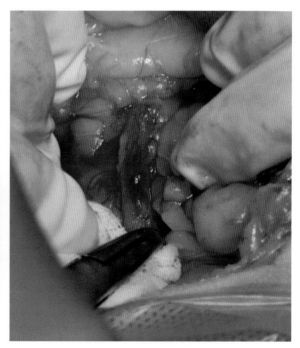

图11-12-5　输尿管中褐色的栓子
（深圳维特动物医院 供图）

 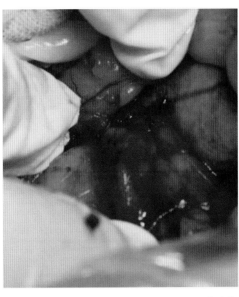 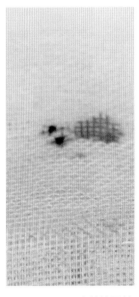

图 11-12-6　输尿管直接手术操作：输尿管切开，取出栓子，使用 24 号留置针进行冲洗
（深圳维特动物医院 供图）

图 11-12-7　输尿管切开使用 6-0 单股可吸收缝线进行结节缝合
（深圳维特动物医院 供图）

图 11-12-8　取出的输尿管栓子，后经实验室分析为血凝块结石
（深圳维特动物医院 供图）

支架尺寸为2+Fr，长度为12cm、14cm和16cm，由于猫输尿管较细，猫的输尿管支架放置比犬更具挑战，绝大多数操作需要通过开腹手术来放置输尿管支架。首选顺行放置，必要时切开输尿管清除结石并帮助支架的导丝和支架通过。分离肾脏大弯的腹膜后脂肪，用22号套管针穿刺进入肾盂，收集尿液进行微生物培养/药敏试验。在透视引导下，将稀释的碘造影剂注入肾盂，在透

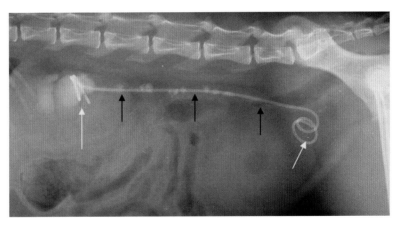

图 11-12-9　输尿管支架治疗输尿管结石导致的梗阻。黑色箭头指示支架中间的导管，黄色箭头指示肾端和膀胱端的猪尾圈（引自《猫软组织手术与普通外科学》，赵秉权，丛恒飞，陈武主译，2022）

视下可以显示肾盂并确定梗阻位置。可用的最小号支架的直径仍然是猫输尿管内径的2倍以上，因此，需借助输尿管扩张器来扩张输尿管（图11-12-9）。耐心和轻柔的组织处理是放置猫输尿管支架的关键。在有明显输尿管炎的情况下，输尿管会发生弯曲，导丝通过输尿管时具有挑战，并且使输尿管发生破裂的风险增加。可用手指对输尿管进行轻柔操作，将肾脏和膀胱向两端牵引有助于使输尿管变直，利于导丝和支架通过。将导丝穿过输尿管，直到进入膀胱。在膀胱腹侧中线的远端切开1~2cm，导丝进入膀胱后，用止血钳固定导丝两端，以防止移动和退出。通过导丝使用输尿管扩张器扩张输尿管。选择合适长度的输尿管支架穿过导丝，依次穿过肾脏和输尿管进入膀胱。导丝从肾端取出，观察猪尾圈在肾盂中的位置。肾通常不需要缝合，膀胱常规闭合，避免缝到支架。导尿管的使用有争议，会增加上行性尿路感染的风险，但确实可以更准确地监测尿量。使用术中透视拍摄侧位和腹背位X射线片，以确定输尿管支架的位置。

③输尿管皮下绕道SUB。

肾脏导管放置：用棉签或电刀分离肾脏尾极的腹膜后脂肪，用18号套管针穿刺进入肾盂，收集尿液进行微生物培养/药敏试验。在透视引导下，将碘造影剂注入肾盂，以确认肾盂并确定输尿管梗阻的位置。在透视下，将导丝插入套管针到达肾盂内。操作时必须非常小心，以避免损伤肾实质，导致出血和漏尿。肾端导管用生理盐水冲洗后，通过导丝进入肾盂。不透射线的黑色标记带远端要完全进入肾盂内，以防止发生尿液渗漏。确认位置后，收紧导管内线，使导管尖端形成猪尾圈，用止血钳固定，但要避免过度收紧，否则会使导管尖端的孔堵塞。重复造影以确定位置准确，将导管上的套垫推向肾表面，用无菌组织胶固定。在无透视情况时，可借助术中超声引导放置肾端导管（图11-12-10至图11-12-15）。

1.18G 套管针；2. 0.035″ x 45cm 金属导丝；3. 6.5Fr 猪尾导管，带有涤纶套圈、黑色标记带；4. 蓝色接口护套；5. SwirlPort 分流器；6、7. Huber 针头；8. 组织胶。

图 11-12-10　SUB2.0 系统（美国 Norfolk 公司）
（深圳维特动物医院　供图）

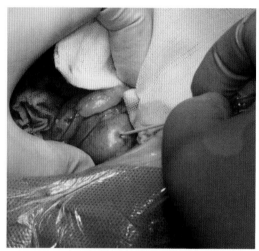

图 11-12-11　剥离肾脏尾极的脂肪囊，显露肾脏外包膜，用 18G 套管针从肾脏尾极穿刺进入肾盂
（深圳维特动物医院　供图）

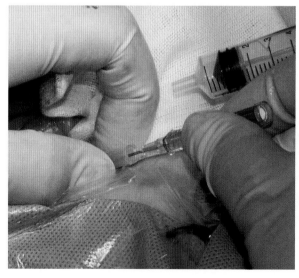

图 11-12-12　肾盂穿刺成功时可见尿液回流至针尾，拔出金属针芯，留置套管针在肾盂内
（深圳维特动物医院　供图）

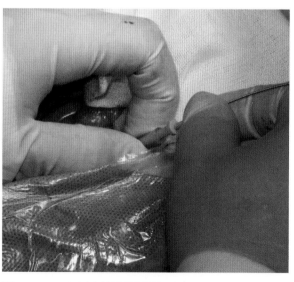

图 11-12-13　通过套管针放置导丝进入肾盂，注意避免损伤肾实质
（深圳维特动物医院　供图）

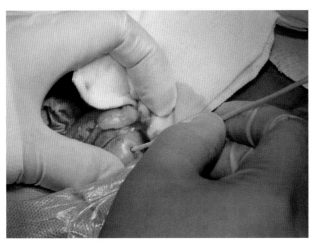
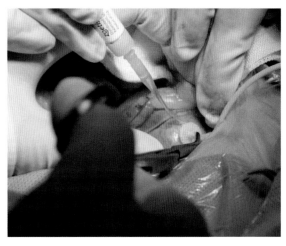

图 11-12-14　通过导丝向肾盂内放置猪尾管，导管的黑色标记带须进入肾内，拔出导丝和管芯针（深圳维特动物医院　供图）　　图 11-12-15　用无菌组织胶将导管上的涤纶套圈粘在肾外膜上（深圳维特动物医院　供图）

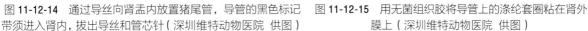

膀胱导管放置：在膀胱顶端预置荷包缝合，用 11 号刀片刺入膀胱。导管冲洗后放进膀胱内，移除管芯针。导管尖端的不透射线带必须进入膀胱内以防止泄漏。四个结节缝合固定套垫，无菌组织胶固定（图 11-12-16）。

分流器放置：分离皮下组织，将分流器放在剑突与耻骨中点，腹中线旁离分流器大约 4cm，前后做两个经腹壁穿刺口，将导管穿过切口进入皮下。肾导管连接到分流器尾端，膀胱导管则连接到头端。每根导管上都有两个蓝色连接器保护罩。将导管推进至接头的第一档后，切断导管内线，以防止尿液泄漏，并继续推送导管至第二档，然后将蓝色保护罩推进并覆盖住导管和接头，以增加安全性。使用专用 Huber 针头穿刺硅胶进行密闭性检测（图 11-12-17 至图 11-12-19）。

常规关腹，注意不要将导管缝入切口。进行侧位和腹背位透视 X 射线检查确认 SUB 位置（图 11-12-20、图 11-12-21）。SUB 并发症包括管路连接点尿液渗漏，肾脏出血，血块、脓性组织、结石等阻塞管道，管道折转或扭结导致堵塞，管道矿化狭窄等。连接点渗漏可以通过避免管内线外露来预防；肾出血导致血块阻塞管道时，可用组织纤溶酶原活化剂来冲洗；管道折转可以通过仔细处理管道位置来避免；管道矿化发生率为 25%，但仅有 13% 因狭窄梗阻需要更换。

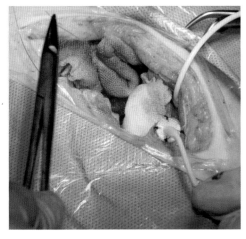
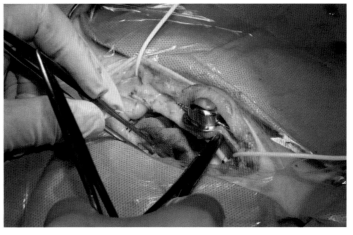

图 11-12-16　膀胱端导管放置，用组织胶和 4-0 尼龙线缝合固定（深圳维特动物医院　供图）　　图 11-12-17　在腹壁外分离皮下组织，放置分流器。体壁上进行两处穿刺口，各自距离分流器约 4cm，将肾端导管从尾侧孔、膀胱端导管从头侧孔穿出进入皮下（深圳维特动物医院　供图）

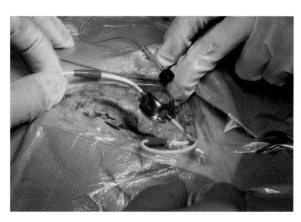 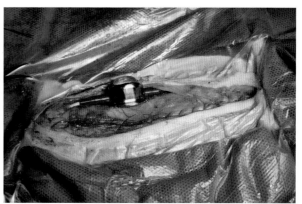

图 11-12-18 将导管与分流器连接，肾端导管连接分流器尾端接头，膀胱端导管连接头端接头。不可吸收单股尼龙线缝合固定，使用专用 Huber 针扎进分流器的硅胶塞检查管路密闭性（深圳维特动物医院 供图）

图 11-12-19 将蓝色接口护套安装到接口处位置，常规闭合腹腔
（深圳维特动物医院 供图）

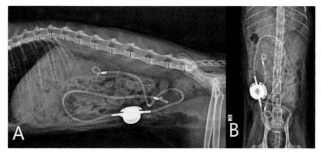 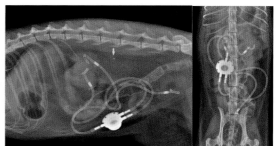

A. 右侧位 X 射线片；B. 腹背位 X 射线片。
图 11-12-20 猫右侧输尿管梗阻输尿管皮下绕道（SUB）术后 X 射线检查
（深圳维特动物医院 供图）

图 11-12-21 猫双侧输尿管结石梗阻，进行双侧输尿管皮下绕道手术治疗，术后 X 射线检查管道与分流器状态良好。黄色箭头为输尿管结石
（深圳维特动物医院 供图）

第十三节　腹膜心包膈疝

猫腹膜心包膈疝（PPDH）被认为是胚胎时期的发育缺陷，属先天性发育异常，接受度最广泛的理论是由于横膈发育异常或产前损伤引起横膈融合失败，使腹腔与心包相通，在剑突背侧形成一个孔道，致使腹腔内容物进入心包腔内，形成腹膜心包膈疝。

一、病因和临床症状

潜在病因可能是致畸物、基因缺陷或胎儿时期损伤。报道称约40%的病例没有临床症状，其他可能有胃肠道或呼吸道症状。PPDH时，可能同时存在心脏、胸骨、肝、肾先天性异常，应全面筛查。

二、诊断

患病动物可能无症状，直到体检时偶然发现（图11-13-1）。也可能因呼吸困难、呼吸急促或胃肠道症状而就诊。听诊时可能会听到肺和心脏杂音，PPDH一般只影响心包腔，很少影响双侧胸膜腔。X射线摄影检查、胸腔腹腔B超检查、CT检查等都具有诊断意义。在侧位X射线片上，在心包腔内可见到疝入的脏器围绕在心脏周围，致使心包轮廓增大、心脏影像模糊；正位片可见纵隔增宽、膈影不连续；胸腔内存在腹腔器官，如带有气体的胃肠道影像（图11-13-2、图11-13-3）。心脏超声检查可在心脏周围见到具有腹腔脏器的回声，常见肝脏、胆囊、大网膜等（图11-13-4）。CT扫查可在短效轻度镇静下完成，可同时进行碘制剂血管造影，对存在的血管异常进行筛查性诊断（图11-13-5）。

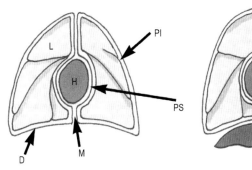
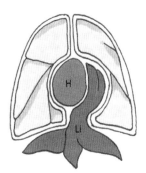

左图（背腹位观）：正常结构，可见完整膈和胸壁；右图：PPDH伴肝脏疝入心包囊内引起心脏移位；注意胸腔是完整的。

D. 膈；H. 心脏；L. 肺；Li. 肝脏；M. 纵隔；Pl. 胸腔；PS. 心包囊。

图11-13-1　腹膜心包膈疝（PPDH）示意（引自《猫软组织手术与普通外科学》，赵秉权，丛恒飞，陈武主译，2022）

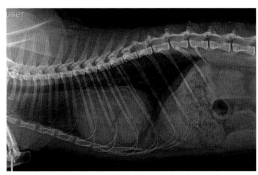

图11-13-2　猫PPDH的右侧位X射线片：心脏轮廓增大、心影模糊不清，类似于心脏肥大。膈顶被软组织遮挡，影像不清，膈和心包膜接触增加。由于肝脏的疝入，也可见胃轴向前移位（肝脏区域明显变小）（徐晓林 供图）

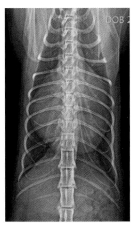

图11-13-3　猫PPDH的腹背位X射线片：纵隔增宽、心脏轮廓增大、心影模糊。膈顶被软组织遮挡，其他位置膈影完整（徐晓林 供图）

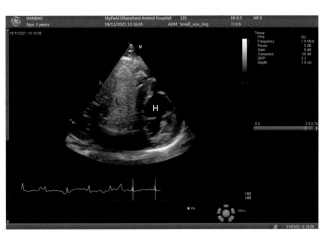

L. 肝脏；H. 心脏。

图11-13-4　猫PPDH心脏超声，心包内见肝脏位于心脏边上[维特（深圳）动物医院 供图]

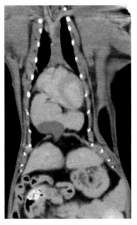

图11-13-5　猫PPDH的CT扫查，在冠状面见部分肝脏和胆囊疝入心包内，挤压心脏[维特（深圳）动物医院 供图]

三、治疗

PPDH治疗可根据每只猫的个体情况采取保守治疗或手术治疗。对无症状的动物可以采用保守治疗，但要监测是否有症状加重情况，若出现胃肠道或呼吸道等临床症状时，则建议进行PPDH手术修补。

（1）麻醉前尽可能地稳定体况。仰卧保定，沿腹中线开腹探查横膈、肝脏区域。PPDH的手术修补方式通常直接对疝进行缝合修补，疝入的脏器有时会与心包粘连，但未曾见脏器与心外膜粘连的报道。如果疝入脏器过大，无法顺利取出，可向腹侧或两侧扩大疝孔，在脏器边缘仔细切开粘连的心包膜，少量粘连的心包膜可以留在腹腔脏器表面以减少损伤脏器，但应避免修剪过度导致缝合张力过大。可用3-0或4-0单股可吸收缝线结节或连续缝合修补疝孔。关腹前进行心包穿刺或留置临时导管，利于抽出残余气体或管理气胸（图11-13-6至图11-13-8）。

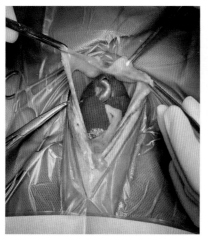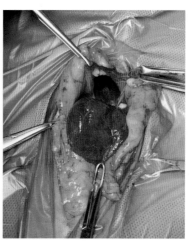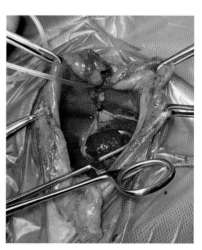

图11-13-6　猫PPDH手术修补。沿腹中线开腹，探查横膈、肝脏区域，见横膈腹侧中部靠近胸骨剑突的位置有一疝孔，部分肝脏和胆囊疝入（徐晓林　供图）

图11-13-7　肝脏表面与心包膜粘连紧密，沿肝脏边缘剪开心包膜，使肝脏和胆囊从心包内复位（徐晓林　供图）

图11-13-8　使用3-0单股可吸收缝线简单连续缝合疝孔；在心包腔留置暂时导管，闭合腹腔后，用抽出残余气体；常规闭合腹腔（徐晓林　供图）

（2）术后管理和预后。据报道PPDH术后死亡率约为14%，对无明显威胁生命的PPDH预后良好。术后与普通腹部手术一样进行镇痛、抗感染处理。对因器官嵌顿造成的内脏损伤，在及时针对性治疗后，预后一般至良好，通常与内脏损伤程度有关。对术前已影响心肺功能的PPDH，预后谨慎，通常需要重症监护，并定期监测心脏、内脏功能。

第十四节　食道饲管放置

维持营养状况非常重要，当患猫发生食欲不振或厌食超过3d，或预期术后食欲不振超过3d，则要考虑提供营养支持。在可能的情况下，提供肠内营养支持远比尝试给予肠外营养更符合生理需求、更安全、更便宜，且能维持胃肠道的正常结构和功能。肠内营养支持有多种方法，包括强饲、诱导主动进食、食欲刺激剂和饲管饲喂。强饲是一个高度应激的操作，对猫来说并不推荐，可能导致更严重的食欲不振。对于食欲不振的患猫，重点应考虑饲管饲喂。饲管方法包括鼻食道饲管、食道饲管、胃饲管及十二指肠和空肠饲管，其中十二指肠和空肠饲管应用很少。各种饲管方法各有优缺点，临床根据适应证选用，本节主要介绍食道饲管放置术。

食道饲管放置术可用商品化的 Argyle 饲管，也可用红色橡胶导尿管制作，选择的型号为 10~14Fr。需要准备的其他器械和材料包括16~18cm弯止血钳、2-0或3-0单丝慢吸收缝线或不可吸收缝线、10号或15号手术刀片以及其他缝合器械、无菌敷料和包扎材料等。选用红色橡胶导尿管时，放置前先将导管尖端的盲端剪掉，再准备一根等长的导管备用，以便验证插入深度。

（1）患猫吸入麻醉后右侧卧，在头颈部左侧，以寰椎翼为中心剃毛和无菌准备，弯止血钳经口进入食道，尖端朝外，定位左侧颈部中部的食道位置。手指触及止血钳尖端，用力刺穿食道壁和皮下组织，透过皮肤看到止血钳尖端。轻微张开止血钳，在止血钳尖端间用手术刀片切开皮肤小口，将止血钳推出皮肤切口（图11-14-1至图11-14-3）。

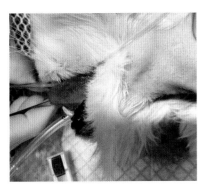

图 11-14-1　弯止血钳尖头朝向外侧，定位左侧颈部中部食道的位置，注意看食指腹侧的隆起（丛恒飞 供图）

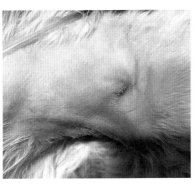

图 11-14-2　止血钳尖端穿过左侧食道壁和皮下组织，透过皮肤可见止血钳尖端。注意看腹侧的颈静脉（丛恒飞 供图）

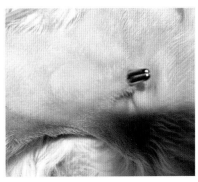

图 11-14-3　止血钳尖端经皮肤小切口推出（丛恒飞 供图）

（2）打开止血钳，将尖端修剪的红色橡胶导尿管夹住，从口腔拉出，然后将尖端再顺入食道，通过拉持导管末端捋顺进入食道的导管，再通过抽吸可达真空的方法确认导管进入食道；然后选用备用的等长导管确认插入食道的深度，使尖端位于第7或第8肋间隙，或在术前X射线片确认的膈前1~2cm的肋间隙。必要时，行胸部X射线检查确认饲管尖端的位置（图11-14-4至图11-14-6）。

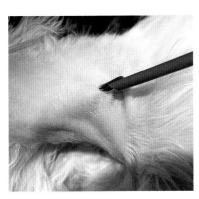

图 11-14-4　止血钳尖端夹住导管尖端，拉入食道，经口腔穿出（丛恒飞 供图）

图 11-14-5　红色橡胶导尿管的尖端已经口拉出（丛恒飞 供图）

图 11-14-6　将红色橡胶导尿管的尖端折转，顺入食道，并捋顺，放入放置到合适的深度（丛恒飞 供图）

（3）将食道饲管放置到合适位置后，触摸到左侧寰椎翼，然后选择2-0或3-0单丝慢吸收缝线或不可吸收缝线穿过寰椎翼骨膜进行指套缝合固定食道饲管（图11-14-7至图11-14-9）。

图11-14-7　选用2-0单丝慢吸收线穿过左侧寰椎翼骨膜，准备指套缝合固定饲管（丛恒飞　供图）

图11-14-8　指套缝合固定食道饲管（丛恒飞　供图）

图11-14-9　颈部简单包扎，将饲管末端封闭置于颈部背侧（丛恒飞　供图）

　　通过食道饲管可以饲喂泥状的"常规"食物，因此，可以选择使用更多种类的食物，但也要注意饲喂前后冲洗饲管。主要的并发症是造口处感染，需要每天小心清理，并使用抗感染的药膏/凝胶来控制感染。装有食道饲管时，不影响患猫经口采食，当患猫经口采食达到预期量时，即可拆除食道饲管。拆除饲管时，剪断缝合在寰椎翼骨膜和皮肤的两处缝线后把饲管拉出即可，造口位置会在2周内自行愈合，不会有明显的并发症。

第十二章

猫心血管疾病

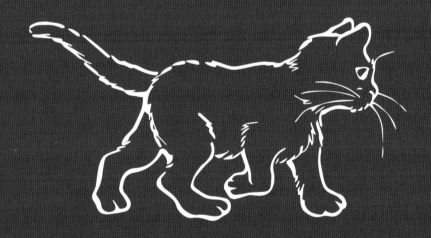

心血管疾病是猫科临床上十分重要的一类疾病，尤其在老年猫中发病率较高，以心肌病和高血压最为常见。猫心血管疾病的病因多样且复杂，但疾病的病程演化通常遵循慢性、渐进性发展的规律。疾病初期，患病猫可能并不表现明显的临床症状；进展到失代偿期时，根据原发病因不同，动物可能出现心力衰竭、血栓、重要器官损伤，甚至死亡。据统计，心因性死亡是猫猝死的最常见原因。

本章主要介绍猫常见心血管疾病的发病机理、临床表现及处理方案，具体疾病类型包括先天性心脏病、各种表型的心肌病、主动脉栓塞以及系统性高血压等。由于心力衰竭是多数患猫心脏疾病的晚期症状，无论原发病因如何，针对心力衰竭的临床治疗管理常有一定共性，因此，本章将心力衰竭的发病机理与治疗管理单独归纳为一节，以便读者快速查阅。

第一节　先天性心脏病

猫先天性心脏病是指猫在出生时即存在的心脏发育缺陷，其病因可能是遗传性也可能是自发性（即与家族病史无关）。猫先天性心脏病发病概率较低，在猫群中发病率为0.2%，占猫全部心脏疾病的8%～12%。根据我国猫科心脏专科医生的临床经验，目前本土最常见的猫先天性心脏病为室间隔缺损与房间隔缺损；除此之外，其他相对常见的猫先天性心脏病还包括二尖瓣发育不良、三尖瓣发育不良、动脉导管未闭、肺动脉狭窄以及主动脉骑跨等。猫先天性心脏病可以是多种异常并发，但几种心血管发育畸形同时存在的情况并不常见。猫先天性心脏病的预后取决于疾病的严重程度，若该发育异常对血液动力学不产生严重影响，动物可终生不表现临床症状（如轻度室间隔缺损以及大部分的房间隔缺损）。但严重的先天性心脏病患猫，在幼年或青年期即会表现出临床症状，如发绀、生长迟缓、呼吸困难、运动不耐受、晕厥等。虽然并非所有的先天性心脏病患猫都存在听诊异常，但大多数情况下，仔细听诊幼年或青年先天性心脏病患猫，可能会发现心律不齐和心杂音（包括心杂音的位置/出现时间），能够有效地帮助提示最可能的鉴别诊断。超声心动图诊断技术，尤其是多普勒超声技术可确诊猫先天性心脏病。目前，猫先天性心脏病的治疗手段仍然有限。对于无症状期的先天性心脏病患猫，除动脉导管未闭之外，一般很少会采取药物或手术治疗。当出现心力衰竭的相关临床症状时，可对症治疗。手术（常规和/或介入）治疗在猫动脉导管未闭、肺动脉狭窄、主动脉狭窄、室间隔缺损、法洛氏四联症中均有报道，但受技术与设备限制，目前尚未广泛开展。

一、室间隔缺损（Ventricular Septal Defect，VSD）

1. 病因

室间隔缺损（VSD）是猫最常见的先天性心脏病，最常见的类型为膜周室间隔缺损，即病变通常位于左心主动脉瓣下方和右心三尖瓣膈叶附近的室间隔膜部。发生VSD时，由于左心室和右心室之间的收缩压差，血液在收缩期通常从左向右发生分流。小的缺损影响不大，中到大的缺损在临床上会表现出左心容量过载，可能伴随左心充血性心力衰竭（CHF）。艾森门格综合征（Eisenmenger's syndrome）是猫VSD可能的继发症，这是由于慢性的肺部血流过多会导致肺动脉高压，由此产生的右室收缩压升高使血流从右向左分流，导致动物出现明显的发绀（通常在猫6月龄之前就很明显），血检可见红细胞增多。

2. 临床症状

临床上，多数VSD动物并没有明显症状。一旦出现临床表现，最常见的是运动不耐受和与充血性左心心力衰竭相关的症状。特征性的体格检查包括收缩期心杂音，通常在右胸骨或右胸骨旁区域（4~5肋间）最强，VSD缺损越小，心杂音越强。大的VSD缺损造成的大量血液分流，可导致相对或功能性肺动脉狭窄，此时可在左心基部听到收缩期心杂音。同时伴有主动脉瓣闭锁不全时，左心基部可听到相应的舒张期心杂音。左心容量过载也可能导致二尖瓣反流，左心尖部可听到相应的收缩性心杂音。

3. 诊断

超声心动图是确诊VSD的诊断方法。通常在二维（2D）超声心动图上可以在右侧胸骨旁长轴观的室间隔膜部（主动脉瓣下方）看到较大的缺损（图12-1-1），常伴随左心房与左心室增大。若VSD缺损小于2mm，很难通过2D图像评估，需要通过彩色多普勒超声探测。典型病例中，彩色多普勒与连续多普勒超声可检测到VSD处从左心室向右心室流向的血流（图12-1-2至图12-1-4）。VSD处血流流速反映了两侧心室的压力差，血流流速通常为4~6m/s，流速越高预后越好。小的VSD中，左右心压差通常维持在生理范围内（80~100mmHg），大的、严重的VSD中，左右心压差较小，甚至相近。大的VSD继发肺动脉高压患猫可见肺部血管扩张。心电图表现多样，与血液动力学变化及其严重程度相关。

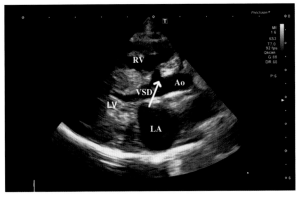

RV. 右心室；Ao. 主动脉；LA. 左心房；LV. 左心室。

图 12-1-1　3岁雄性短毛家猫，右侧胸骨旁长轴五腔观，显示 VSD 位于主动脉根部（白色箭头指示）（张淑娟 供图）

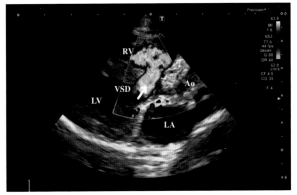

RV. 右心室；Ao. 主动脉；LA. 左心房；LV. 左心室。

图 12-1-2　同一只猫右侧胸骨旁长轴五腔观，显示 VSD 在主动脉根部，彩色多普勒显示异常血流（白色箭头指示）从左心室通过膜周 VSD 流入右心室（张淑娟 供图）

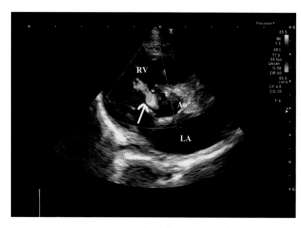

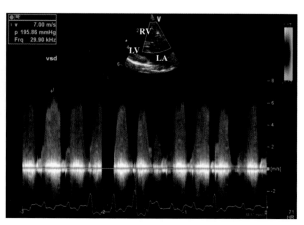

<table>
<tr><td>RV. 右心室；AO. 主动脉；LA. 左心房。</td><td>RV. 右心室；LV. 左心室；LA. 左心房。</td></tr>
</table>

图 12-1-3　同一只猫右侧胸骨旁短轴五腔观，彩色多普勒显示血液从主动脉根部通过 VSD 流入右心室（箭头指示）
（张淑娟 供图）

图 12-1-4　连续多普勒记录同一只猫 VSD 的高速收缩期血流的速度与方向
（张淑娟 供图）

4. 治疗与预后

一些小的 VSD 可能会随着患猫成长到成年而自发关闭。对于大的 VSD 缺损，条件允许的情况下，可考虑介入手术治疗或外科手术治疗。介入手术用导管线圈等装置封堵小的膜周 VSD。肺动脉结扎术是一种姑息手术，通过在肺动脉干周围施以束带结扎以产生轻度瓣膜上肺动脉狭窄来缓解较大的左向右 VSD 分流，通过人造肺动脉狭窄使右室流出阻力增加，降低左心室到右心室的收缩压梯度，从而减少分流血量。但需要注意的是肺动脉束带过紧会导致逆向分流。

当存在肺动脉高压和分流逆转时，可能出现红细胞增多症（艾森门格综合征），则可能需要放血治疗，禁忌手术姑息治疗。

二、房间隔缺损（Atrial Septal Defect，ASD）

1. 病因

房间隔缺损（ASD）是由于猫胚胎时期房间隔发育异常，造成了左右心房之间房间隔的缺口，典型的 ASD 致使血液从左心房向右心房分流。房间隔缺损可分为三种类型：静脉窦型缺损（罕见，在房间隔高位处后腔静脉入口附近）、原发孔型缺损（部分心内膜垫的缺损，在房间隔靠下部分/基部）和继发孔型缺损（卵圆孔水平的缺损）。

2. 临床症状

猫 ASD 的具体病因目前尚不明确，通常为心脏胚胎发育过程中自发性的房间隔发育异常。猫单纯 ASD 大多无明显临床症状，且体格检查无明显异常，心脏听诊通常无明显心杂音。严重左向右分流的 ASD 可能在左心产生轻度收缩期心杂音。ASD 临床症状的严重程度取决于缺损的大小以及是否发展到心衰，缺损较大的 ASD 可能导致严重的右心容量过载以及右心心力衰竭（CHF），患猫表现为呼吸窘迫、运动不耐受及晕厥等。

3. 诊断

超声心动图是确诊 ASD 的诊断方法。在 2D 超声心动图检查中，ASD 的特征表现为房间隔影像缺失（图 12-1-5），且多普勒超声检查该影像缺失部位有血液从左心房向右心房分流（图 12-1-6）。

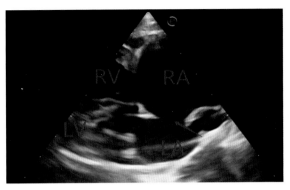

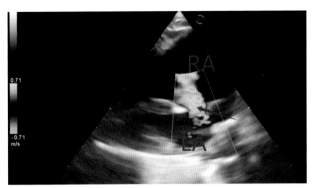

RV. 右心室；RA. 右心房；LA. 左心房；LV. 左心室。

图 12-1-5　3岁英国短毛猫，右侧胸骨旁长轴四腔观，可见 ASD（红色箭头指示）、右心室及右心房扩张（容量过载）（郭魏彬 供图）

LA. 左心房；RA. 右心房。

图 12-1-6　同一只猫右侧胸骨旁长轴四腔观，彩色多普勒超声检查可见血液从左心房通过 ASD（箭头指示）流入右心房（郭魏彬 供图）

在无多普勒血流检查的情况下，房间隔缺损的诊断具有挑战性，因为房间隔的天然 2D 超声影像可呈现"缺失"，该伪影很难与真正缺损区分。严重的 ASD 可见右心容量过载，部分病例伴有室中隔运动异常。ASD 缺损较小时，猫的胸片影像通常难以发现异常；若发生右心容量过载，可见右心增大、肺部血管扩张。心电图表现多样，与血液动力学变化及其严重程度相关。

4. 治疗

轻度 ASD 大多不表现临床症状，通常无须治疗。严重的 ASD 可以通过手术介入封堵治疗。对于发生充血性心衰的猫需要对症治疗，具体治疗见本章第三节心力衰竭。

三、动脉导管未闭（Patent Ductus Arteriosis，PDA）

PDA 是一种猫先天性遗传性心脏疾病，其中动脉导管（是猫胎儿期连接主动脉和肺动脉的导管）在猫出生后仍保持未闭，使血液可以直接从主动脉流入肺动脉，导致左心充血，左心房与左心室扩张，如果不予治疗可能出现肺水肿等左心充血性心力衰竭的症状。

1. 病因

PDA 是由于血管平滑肌减少或缺失，导致猫胎儿的正常动脉导管在出生后未能闭合。因此，在主动脉和肺主动脉干之间有一条相通的血管。在整个心动周期中，主动脉内的压力大于肺动脉内的压力，血液不断分流（从主动脉进入肺主动脉，即从左到右），这造成肺动脉脉管系统和肺脏血液的过度循环，从而引起左心房（LA）和左心室（LV）的容量过载，最终导致患猫左侧充血性心力衰竭。左心室扩张偶有导致继发性二尖瓣反流。在极少数情况下，肺血管系统过度循环可能导致肺动脉高压。如果肺动脉压力超过主动脉压力，则会导致从右向左的分流。这种从右向左的分流导致脱氧血液仅流向身体的尾部，由于猫头臂干和左锁骨下动脉起源于升主动脉，在导管之前，这可能导致差异性紫绀；如果怀疑是从右至左分流的 PDA，应检查外阴或包皮的黏膜。

从左向右和从右向左分流的发病机制尚未见较好的研究记录。从右向左分流 PDA 更有可能是一种与肺动脉高压相关的单独存在形式，可能继发于伴有胎儿脉管系统保留的早产或新生儿缺氧。必须强调的是，从右向左分流的 PDA 极为罕见，最常见于非常大的导管。在病程后期，猫比犬更容易患上 PDA 肺动脉高压，并且有时会出现双向分流。

2. 临床症状

常见的从左到右分流 PDA 典型临床症状表现为在左心基部可听到响亮的连续性心杂音。在罕见的从右向左分流的 PDA 中，听诊通常没有杂音，可出现尾端发绀，红细胞增多症较常见。左心基部响亮的第二心音提示肺动脉高压。

3. 诊断

听诊有连续性的心杂音是 PDA 的特征。胸部 X 射线片检查常见左心房增大，背腹位（DV）片上可见膨出的肺主动脉干（1~2 点钟方向）、降主动脉（12~1 点钟方向）和左心室（3~6 点钟方向）增大，肺循环过度时可出现肺水肿。超声心动检查通常可见左心房和左心室容量过载。彩色血流多普勒可见肺动脉导管内存在连续的持续整个收缩期和舒张期的异常湍流（图 12-1-7、图 12-1-8），二尖瓣闭锁不全为常见的继发问题。

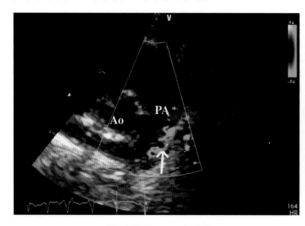

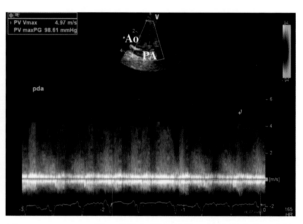

PA. 肺动脉干；AO. 主动脉。

图 12-1-7　雄性 1 岁短毛家猫，右侧胸骨旁短轴五腔观，彩色多普勒超声显示肺动脉干内连续性彩色湍流（箭头指示）
（张淑娟　供图）

图 12-1-8　同一只猫，连续频谱多普勒记录从肺动脉干内的异常湍流。血流是连续的，持续存在于收缩期和舒张期
（张淑娟　供图）

4. 治疗

如果 PDA 手术闭合及时，预后通常良好，大多数动物可以正常生活。然而，如果动物出现左心充血性衰竭，则预后谨慎甚至难以预测。这种情况下，在考虑麻醉之前还需要对 CHF 进行治疗，具体见本章第三节心力衰竭。当出现严重肺动脉高压并且分流是从右向左时，禁止手术闭合。

PDA 可以通过手术结扎，使用线圈或封堵器闭合导管。

四、其他先天性心脏病

（一）肺动脉狭窄（Pulmonic Stenosis，PS）

猫肺动脉狭窄是由于右心室流出道、肺动脉瓣或肺主动脉干异常狭窄，导致右心室射血时受到持续的或动态的阻碍，最终导致右心室肥厚，且可能诱发右心充血性衰竭表现，如晕厥、腹腔积液等临床症状。

临床上，超声心动图或连续多普勒超声可诊断肺动脉狭窄（图 12-1-9 至图 12-1-11）。

（二）三尖瓣发育不良（Tricuspid Dysplasia，TVD）

三尖瓣发育不良（图 12-1-12）属于先天性瓣膜畸形疾病，典型特征包括三尖瓣瓣膜增厚或发

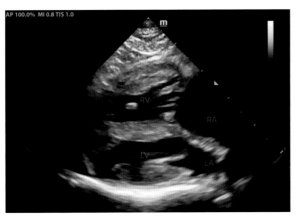

LA. 左心房；LV. 左心室。

图 12-1-9　2 岁短毛家猫，右侧胸骨旁长轴四腔观，可见右心室（RV）壁肥厚，右心房（RA）显著扩张

（张淑娟　供图）

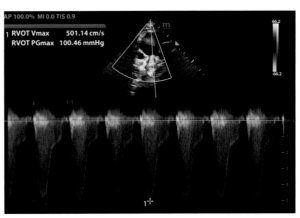

图 12-1-10　同一只猫左头侧短轴肺动脉干切面，连续多普勒超声检测可见右心室流出道流速增高到 5.01m/s，提示严重肺动脉狭窄

（张淑娟　供图）

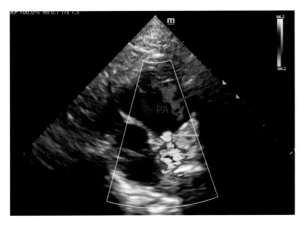

PA. 肺动脉干。

图 12-1-11　同一只猫左头侧短轴肺动脉干切面，彩色多普勒超声可见肺动脉干狭窄处血液湍流（绿色箭头指示），且狭窄处近端肺动脉干扩张（红色箭头指示）

（张淑娟　供图）

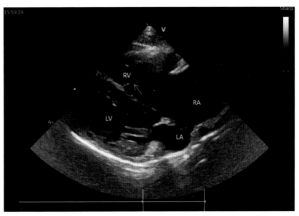

LA. 左心房；LV. 左心室。

图 12-1-12　猫三尖瓣发育不良的超声心动图，右侧胸骨旁长轴四腔观，可见右心室（RV）及右心房（RA）扩张、下移、发育不良的三尖瓣（箭头所指）

（张淑娟　供图）

育不良、腱索和乳头肌发育不全、室壁与瓣膜分离不全。猫的三尖瓣发育不良可独立存在，也常与二尖瓣发育不良、室间隔缺损、肺动脉狭窄、主动脉狭窄等问题并发。三尖瓣发育不良主要导致三尖瓣反流，严重的三尖瓣反流会造成右心容量过载，导致右心室和右心房扩张，最终可能发展为右心衰竭。

（三）二尖瓣发育不良（Mitral Valve Dysplasia, MVD）

以往文献中，二尖瓣发育不良是猫较常见的先天性心脏病之一，典型特征包括腱索短粗或伸长、瓣小叶增厚或缩短或分裂，乳头肌错位、瓣环过度扩张等。异常发育的二尖瓣可导致闭锁不全，引起左心容量过载，最终可导致左心衰竭（图 12-1-13、图 12-1-14）。相对于二尖瓣发育不良，先天性二尖瓣狭窄在猫较为少见。

（四）法洛式四联症（Tetralogy of Fallot，TOF）

法洛式四联症是一种常见的先天性心脏畸形，其基本病理特征为室间隔缺损、肺动脉狭窄、主动脉骑跨和右心室肥厚（图 12-1-15 至图 12-1-17）。

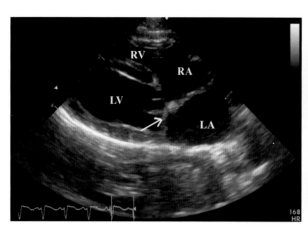

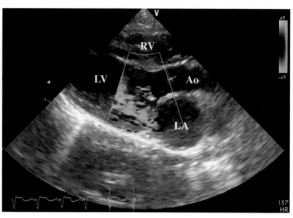

LA. 左心房；LV. 左心室；RA. 右心房；RV. 右心室。

图 12-1-13　患二尖瓣发育不良的 2 岁雄性已绝育短毛家猫的超声心动图，右侧胸骨旁长轴五腔观，2D 超声心动图检测到二尖瓣环位于由二尖瓣叶形成的漏斗内（箭头所指）

（张淑娟 供图）

LA. 左心房；LV. 左心室；RV. 右心室；Ao. 主动脉。

图 12-1-14　同一只猫的彩色多普勒超声显示二尖瓣处血流呈异常湍流

（张淑娟 供图）

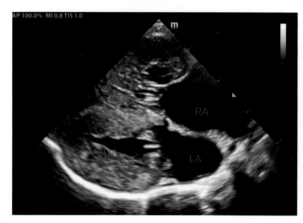

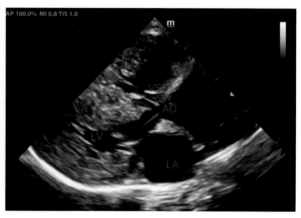

RA. 右心房；LA. 左心房；LV. 左心室。

图 12-1-15　患有法洛式四联症的 6 月龄英短猫超声心动图，右侧胸骨旁长轴四腔观，可见右心室（RV）游离壁及室间隔肥厚，右心室腔几乎不可见

（张淑娟 供图）

LA. 左心房；AO. 主动脉；VSD. 室间隔缺损；LV. 左心室；RV. 右心室。

图 12-1-16　同一只猫的超声心动图，右侧胸骨旁长轴五腔观，可见主动脉骑跨及室间隔缺损（红色箭头为骑跨主动脉，蓝色箭头为室间隔缺损）（广州爱诺百思动物医院 供图）

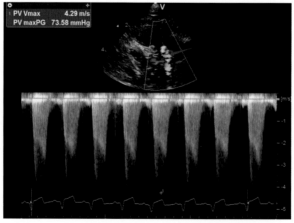

图 12-1-17　同一只猫的超声心动图，右侧短轴肺动脉干切面，连续多普勒测量肺动脉（箭头指示彩色多普勒模式下肺动脉内血液湍流）流出速度，高达 4.29m/s，提示肺动脉狭窄

（张淑娟 供图）

第二节　心肌病

心肌病是指一大类主要影响心肌结构和功能的疾病，是猫最常见的心脏病。根据病因不同，猫心肌病可分为原发性和继发性。原发性心肌病是指不继发于其他疾病的心肌异常，虽然目前在人类医学和动物医学中已经发现一些原发性心肌病是由基因突变导致（如缅因猫和布偶猫的MYBP3基因突变造成的肥厚型心肌病），但仍然有许多原发性心肌病的病因不明。继发性心肌病是指由感染、营养缺乏、炎症、毒物、代谢等因素或其他影响全身多个系统的疾病过程引起的心肌改变（如猫甲状腺功能亢进引起的肥厚型心肌病或牛磺酸缺乏引起的心肌扩张）。本节重点讨论猫的原发性心肌病。猫的原发性心肌病包括肥厚型心肌病、扩张型心肌病、限制型心肌病、非特异型心肌病与致心律失常性右心室心肌病。猫最常见的是肥厚型心肌病，占猫心肌病病例的58%~68%。其他的心肌病则相对不太常见，限制型占5%~21%、非特异型约占10%、扩张型约占10%，而致心律失常性右心室心肌病占比小于1%。目前猫心肌病的分类采用的是与人类医学相似的分类方法，主要基于超声心动图检查到的心肌形态与功能表现。需要指出的是，现行的分类方法具有一定局限性，仅依赖舒张功能、收缩功能和左室肥厚程度指标无法明确区分各类心肌病，而且随着心肌病的病程发展，其超声心动图表现可能会发生类别变化（如肥厚型心肌病晚期的超声心动图表现可能变为扩张型心肌病）。

猫心肌病的确诊主要依赖超声心动图，其优势在于在心肌病的临床前期（即无症状期），可以发现心肌厚度改变、心腔大小改变、血栓形成以及充盈压力改变等。随着超声心动图和多普勒技术的不断发展，一些分析心肌运动模式和心肌功能的方法也逐渐在临床中得到应用。除此之外，心脏生物标志物对于心肌病的诊断与监测、预后也具有一定的价值。这些新技术和新方法的开展可提高心肌病早期诊断的检出率，为猫心肌病的预防、治疗以及遗传育种管理提供了新的参考。

猫心肌病临床表现的多样性使得疾病的准确诊断、治疗与预后均有一定的挑战性。2020年发表的美国兽医内科学院（ACVIM）猫心肌病共识指南提出了猫心肌病的分期系统，该系统将猫的心肌病分为A期（心肌病倾向）、B期（亚临床）、C期（临床期）和D期（顽固性心衰期），其中B期又分为B1期（低风险）和B2期（高风险），详见第三节心力衰竭图12-3-8。针对不同期的猫心肌病，ACVIM指南给出了具体的临床管理建议，并指出心肌病分类主要依赖于表型，但分期对于疾病管理来说比心肌病分型更为重要。本节后续内容将对此进行深入讨论。

一、肥厚型心肌病（Hypertrophic cardiomyopathy，HCM）

肥厚型心肌病（HCM）通常指因原发性左心室壁厚度增加，从而引起心肌向心性肥厚的一类心肌病（图12-2-1）。HCM左心室增厚变化可以为泛发性，也可能是局部增厚。除此之外，左心室流出道动态阻塞、二尖瓣和乳头肌异常在HCM中也较常见。HCM常见舒张功能障碍，少数情况下，疾病后期会发生左室收缩功能障碍。

1. 病因

HCM是猫最常见的心脏病，发病率约为15%，在老年猫中的发病率甚至高达29%。大部分HCM

患猫处于亚临床状态，5年累计心因性死亡率约为23%，该概率与确诊时猫的年龄无关。充血性心力衰竭是引起HCM患猫出现临床症状的最常见原因，其次是动脉血栓。

任何品种的猫都可能发生HCM，但是家养短毛猫发病率高，且基数很大，统计的发病数量较多；其他被认为发病风险较高的品种包括缅因猫、布偶猫、英国短毛猫、波斯猫、孟加拉猫、斯芬克斯猫、挪威森林猫和伯曼猫。任何年龄和性别的猫都可能患有HCM，但是通常老年、雄性并且有收缩期心杂音的猫更常见。

在缅因猫与布偶猫中可能存在肌球蛋白结合蛋白C（MyBPC3）基因突变，从而导致遗传性HCM。这点在纯种猫繁育中起到了筛查的作用，若携带该基因突变，尤其是纯合子的动物不应繁殖。当然，携带这些突变基因与否，不能用于判定该猫是否患有HCM、是否发病、是否会引起心衰。

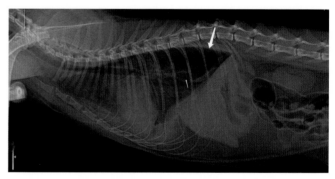

LV. 左心室。
图 12-2-1　患 HCM 的 3 岁雄性英国短毛猫的心脏病理剖检。左心室纵切剖检面可见左心室心肌呈严重的向心性肥厚，左心室室腔（箭头所指）几乎消失（罗倩怡 供图）

2. 临床症状

HCM患猫不一定会表现出临床症状。大多数动物都是出现CHF时才会表现出与之相关的症状，如肺水肿或胸腔积液（图12-2-2）引起的呼吸急促、呼吸窘迫，或是因发生ATE而突然跛行、瘫痪。除此之外，还可能会出现一些非特异性的症状，如无力、虚弱、精神沉郁、不爱动、食欲下降甚至废绝等。

图 12-2-2　患有 HCM 且发生 CHF 的 1 岁雌性已绝育短毛家猫，胸部右侧位 X 射线片显示胸腔积液线（大箭头指示），间质型肺型（小箭头指示）提示肺水肿（罗倩怡 供图）

3. 诊断

心超是诊断猫HCM的金标准。左心室向心性肥厚还有其他心源性与非心源性病因的鉴别诊断，如主动脉下狭窄、甲亢、高血压等。诊断HCM时，需要在多个切面中多次测量左心室壁在舒张末期时的厚度，测量室间隔和游离壁最厚处，每个位置平均至少测量3个心动周期。一般而言，对于大多数猫，室壁小于5mm是正常的，大于或等于6mm就是肥厚（图12-2-3、图12-2-4），但值得注意的是，心肌壁的厚度可随体重、体形而变化。对于心肌壁厚度在5~6mm（灰色地带）的猫，应根据其体形、家族史、左心室形态和功能的定性评估，以及是否存在动态性左心流出道阻塞来综合判断（图12-2-5）。对于存疑病例，可以归类为"不明确"。

（1）对无症状但怀疑患HCM猫的诊断。首先，当怀疑猫患有HCM时，可以考虑直接转诊给心脏专科医生进行标准心超扫查。若当下无法转诊，可以考虑以下几个检查手段：焦点心超扫查技术，该技术主要关注点为左心房大小，若左心房明显增大（图12-2-6），代表该猫处于B2期（高风险），建议转诊给心脏专科医生进行进一步诊治；如果左心房大小处于正常范围，代表该猫处于B1期（低风险）；NT-proBNP检测（图12-2-7）的结果若为正常，则提示该猫处于B1期（低风险）；若结果升高（异常），则建议进行焦点心超扫查，检查左心房大小；胸腔X射线片检查，若没有观察到心脏轮廓增大，可以考虑进行NT-proBNP检测，若已经观察到心脏轮廓增大，提示该猫处于B2

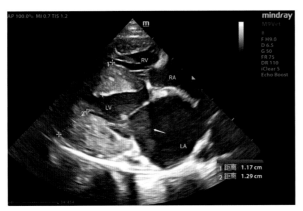

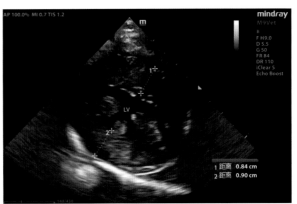

LA. 左心房；LV. 左心室；RA. 右心房；RV. 右心室；虚线测量：左心室壁厚度。

图 12-2-3　2 岁雄性已去势的美国短毛猫，右侧胸骨旁长轴切面，心超所示舒张末期左心室壁明显增厚，左心房内出现"烟雾征"（自发性超声显影，图中箭头所指处）（罗倩怡 供图）

LV. 左心室；虚线测量：左心室壁厚度。

图 12-2-4　2 岁雄性已去势的美国短毛猫，右侧胸骨旁短轴切面，心超所示舒张末期左心室壁明显增厚（罗倩怡 供图）

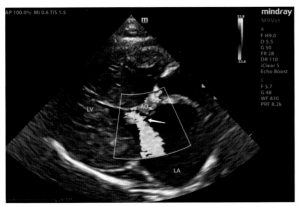

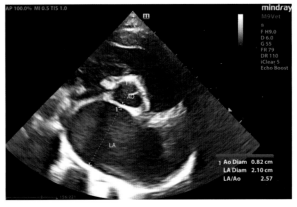

LA. 左心房；LV. 左心室；AO. 主动脉。

图 12-2-5　2 岁雄性已去势的美国短毛猫，右侧胸骨旁长轴切面，多普勒心超所示主动脉内有湍流及出现二尖瓣反流（箭头所指），提示存在动态性左心流出道阻塞（罗倩怡 供图）

LA. 左心房；AO. 主动脉。

图 12-2-6　同一只猫，右侧胸骨旁短轴切面，2D 超声心动图所示心基部短轴切面可见左心房与主动脉根部大小的比率：LA/AO = 2.57，提示左心房严重增大（罗倩怡 供图）

期（高风险），建议转诊给心脏专科医生进行进一步诊治；如果在体格检查中发现该猫有心律失常，可以做心电图检查结合心超扫查；对于怀疑非心源性因素引起的 HCM，考虑检查血压、总甲状腺素还有红细胞压积等。

（2）对发生充血性心力衰竭的 HCM 患猫的诊断。当患猫出现呼吸困难，体格检查发现心音有奔马律、明显的心杂音、肺部啰音、低体温等情况，高度提示充血性心力衰竭，在此基础上：

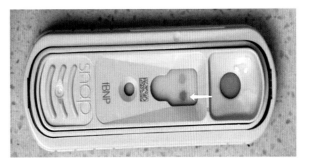

图 12-2-7　NT-proBNP 快速测试板。右侧测试点（箭头所指）比左侧对照点深色，结果判读为"异常"（罗倩怡 供图）

如果心超发现左心房有增大，胸腔超声看到肺部 B 线（肺部实质有渗出、浸润）和/或胸膜腔积液，应立即开始治疗充血性心力衰竭；如果胸腔 X 射线片提示肺水肿同时伴有心脏轮廓增大时，同样需要立即开始治疗充血性心力衰竭；如果进行 NT-proBNP 半定量快速测试板检测时发现结果异常，可立即开始治疗充血性心力衰竭，如有条件可以结合快速心超扫查观察左心房大小进一步验证。

4. 治疗管理

HCM的治疗管理取决于疾病分期，在B1期（低风险）时，无须治疗；B2期（高风险），建议宠物主人在家计数猫静息/睡觉时每分钟的呼吸次数，一般正常会少于30次/min。对于左心房增大明显的患猫，会考虑给予氯吡格雷以预防血栓形成，剂量为18.75mg/只，po q24h。如果猫出现心律失常，根据情况用药。

C期是目前正常或者之前曾经出现充血性心衰或动脉血栓的阶段，呋塞米是常用的药物，剂量0.5~2mg/kg，po q8~12h，通常起始剂量是1~2mg/kg，po q12h，根据病情而定。如果投药困难，可以考虑使用托拉塞米，其比呋塞米长效，po q24h，剂量为呋塞米的1/20~1/10；所有利尿剂的剂量和给药频率必须根据患猫即时情况来定；该期同样会给予氯吡格雷。

D期为难治性充血性心衰，需根据病情调整药物及其剂量，考虑使用托拉塞米，或者增加螺内酯，剂量为1~2mg/kg，po q12~24h。有研究指出，缅因猫在按照2mg/kg，q12h使用螺内酯时出现副作用（如溃疡性皮炎），若出现，停药后会好转。对于出现心脏收缩功能不全的病例，如果没有出现左心室流出道阻塞的情况，可以考虑使用匹莫苯丹，常用剂量是0.625~1.25mg/只，po q12h。

以上是猫HCM的慢性治疗管理，对于急性失代偿的充血性心衰病例，需遵循急诊流程。原则上应首先稳定动物，供氧、减少压力，力争通过最少的检查与操作，快速定位病灶，尽早对因治疗。推荐快速心超确定左心房大小，确定心源性病因，同时，可以主观评价心脏功能以及胸腔内积液状况；快速的单张背腹位X射线片或NT-proBNP快速测试也可以提供一定的信息，总之应尽快确诊充血性心衰并进行治疗，具体治疗见第三节心力衰竭。对于HCM引起的动脉血栓病例的急诊处理，详见动脉血栓章节。

疾病复查根据分期不同，建议：B1期间隔12~18个月复查一次心超，或者加上心脏生物标记物的检测；B2期间隔6~12个月复查一次，但是需考虑猫出门的压力状况，如果压力太大，考虑延长复诊的时间间隔，减少复诊的次数，宠物主人需要在家数患猫的静息呼吸次数；C期充血性心衰出院后的3~10d复诊一次，然后间隔2~4个月复查，但需考虑猫出门的压力状况，C期动脉血栓出院后3~10d复诊一次，出院2周后检查患肢远端坏死的情况，之后间隔1~3个月复查一次，仍需考虑猫出门的压力状况。

5. 预后

有些具有HCM表型患猫一直处于亚临床状态，有些则会发展为充血性心衰或动脉血栓。出现充血性心衰或动脉血栓风险增高的标志包括：听诊出现奔马律、心律不齐、中度至重度左心房增大、左心房缩短分数降低、左心室严重肥厚、左心室收缩功能下降、自发性超声显影或心内血栓、局部室壁变薄且运动力下降，以及限制型舒张充盈模式。有些猫可能会出现心源性猝死，风险因素可能包括室性心律失常、晕厥、左心房增大以及局灶性左心室壁运动力下降等。HCM患猫的存活时间，出现充血性心衰或动脉血栓者明显短于亚临床者。

二、其他类型心肌病

（一）扩张型心肌病（DCM）

扩张型心肌病（Dilated Cardiomyopathy，DCM）是以心肌的收缩力降低和心室离心性肥大为特征，有病例伴有心律失常。

1. 病因

目前大多数猫DCM的病因不明，通常定义为特发性心肌衰竭。可能的病因包括感染性病原（病毒、真菌、立克次氏体和螺旋体）、寄生虫、毒素、创伤、内分泌疾病和营养素缺乏（如牛磺酸缺乏）等。其中，由于牛磺酸缺乏导致的DCM仍然可见，尤其是那些摄食自制食物、单一成分食物或素食的猫。

2. 流行病学

猫少发，最常见于混血猫。

3. 临床症状

几乎所有DCM患猫都表现为左心衰竭，即肺水肿和/或胸腔积液，偶见右心衰（腹腔积液）。常见临床症状包括呼吸急促、呼吸困难、低温等。

4. 诊断

听诊常出现奔马律，少数病例能听到心杂音，轻柔的二尖瓣和/或三尖瓣收缩期反流性心杂音，少见心律失常。DCM病情严重患猫可出现心音沉闷（因胸腔积液）、呼吸急促、呼吸困难、可视黏膜苍白、触诊脉搏搏动缺失或细弱等。

胸部X射线检查心脏轮廓与其他心肌病类似，DCM晚期患猫可见全心增大、肺静脉扩张、间质型或肺泡型肺水肿；伴发心衰时可发现胸腔积液、肝脏增大、腹腔积液（图12-2-8）。心电图检查可能发现窦性心动过速、室性早搏或房颤等节律。

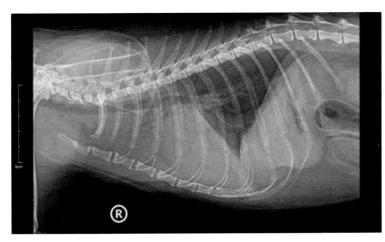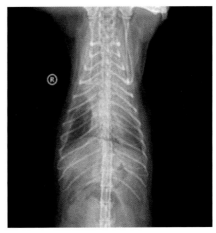

图 12-2-8　患DCM的6岁家猫胸部X射线片，左图为其胸部右侧位X射线片，可见肺前叶肺野密度升高，呈肺泡型，心影轮廓不清晰，椎膈隐窝增大；右图为胸部腹背位X射线片，可见肺脏叶间裂隙和肺回缩边缘，肺回缩边缘与胸壁间呈软组织密度，双肺前叶呈肺泡型，心影轮廓不清晰，提示胸腔积液及肺水肿（袁雪梅 供图）

超声心动图是诊断猫DCM的金标准。检查可见双侧心室或所有腔室扩张（图12-2-9、图12-2-10），收缩末期左心室内径增加（≥14mm），缩短分数（FS）下降（≤25%），射血分数（EF）下降（＜40%），表现出明显的收缩功能障碍（图12-2-11、图12-2-12）。

5. 治疗

按猫心肌病心衰发作期治疗，见本章第三节心力衰竭。如有严重胸腔积液或心包积液，先行穿刺术。严重的呼吸急促或困难病例，需静脉给予高剂量呋塞米（2~4mg /kg IV q1~4h），呼吸改善后降低剂量。静脉给予多巴酚丁胺可能有益，也可考虑口服匹莫苯丹（0.625~1.25mg/只，po q12h）。心房增大患猫有必要使用氯吡格雷（18.75mg/只，po q24h）。

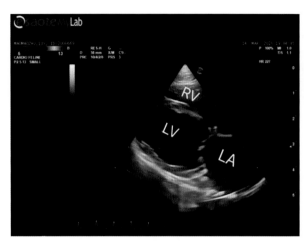

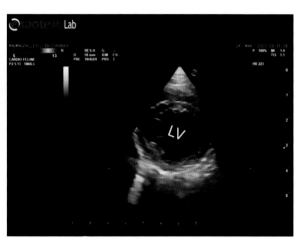

LA. 左心房，LV. 左心室，RV. 右心室。

图 12-2-9 患 DCM 的 13 岁家猫超声心动图，右胸骨旁长轴四腔观，表现为 4 个腔室扩张，左心明显（郭魏彬 供图）

LV. 左心室。

图 12-2-10 患 DCM 的 13 岁家养短毛猫超声心动图，右胸骨旁短轴观，舒张末期左室容积增加（郭魏彬 供图）

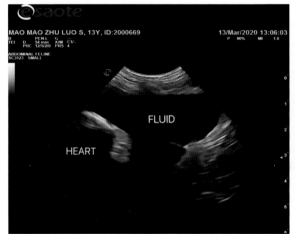

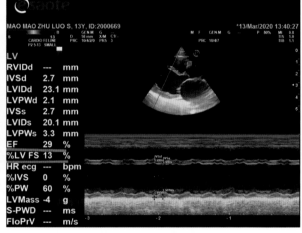

FLUID. 液体；HEART. 心脏。

图 12-2-11 患 DCM 的 13 岁家猫超声心动图，胸膜腔可见中等面积无回声液性暗区，提示胸腔积液（郭魏彬 供图）

图 12-2-12 患 DCM 的 13 岁家猫超声心动图，心室壁运动减弱，红色横线处，左室缩短分数降低（13%），射血分数降低（29%），提示心肌收缩功能障碍（郭魏彬 供图）

6. 预后

由于牛磺酸缺乏导致的 DCM 患猫短期预后谨慎，在确诊的前几周死亡较为常见。然而，如果能成功出院，并在家补充牛磺酸的情况下存活数周，之后大多数猫长期预后会显著改善。

与牛磺酸缺乏无关的 DCM 患猫长期预后不良，特发性 DCM 是猫的一种终末期疾病，部分猫在住院期间死亡，其他多在确诊后几周到几月内死亡。

（二）限制型心肌病（Restrictive Cardiomyopathy, RCM）

限制型心肌病（RCM）是一组由心室硬度增加引起的以舒张充盈限制为特征的心肌疾病。RCM 分为心内膜型和心肌型两个亚型，心肌型 RCM 较为常见（占比高达 90%）。心肌型 RCM 主要由于斑片状至弥漫性心肌间质纤维化导致，在人类医学中，如果不使用侵入性诊断程序，如心肌活检或尸检，就不可能区分 RCM 和非特异表型心肌病的心肌纤维化形式；心内膜型 RCM，其特点是心内膜纤维化、心内膜瘢痕桥接室间隔和左室游离壁、左室变形和扭曲。

1. 病因

病因尚不明确。大部分为特发性，但有一些家族形式病例出现的报告。近期的回顾研究显示，约50%的RCM病例同时患有全身性疾病，其中35%患有感染性疾病（如猫免疫缺陷病毒感染、脓肿、尿路感染、支气管炎、猫传染性腹膜炎、脓胸），但这些感染性疾病是否与RCM的发生直接相关，目前还不清楚。此外，巴尔通体最近已被确定为猫心内膜炎-左室心内膜纤维化复合体的可能原因或辅助因素。而早前的一项关于41只患RCM猫的研究中，未发现任何与心内膜炎和心肌炎相关的病理证据。14例猫RCM心脏中提取的DNA或RNA样本中均未检测到病毒基因组，因此，猫RCM与病毒诱导的炎症反应之间的关联性有待证实。在人类医学中，也有一些关于家族性RCM的研究，某些肌联蛋白的基因突变可能引起心肌舒张期弹性下降和心肌纤维化，并引发家族性RCM。

2. 流行病学与临床症状

RCM患猫的发病年龄通常在6~10岁（平均8.6岁），但类似于猫的HCM，其他年龄段的猫也可能存在RCM。近期有研究显示雄性和雌性患病比例似乎相当。目前为止，尚未发现特定的易感猫品种。

心衰症状包括：急性呼吸急促/呼吸困难、呼吸啰音、肺音和心音模糊、心动过速和奔马律、颈静脉扩张、可触及的腹腔积液或肝脾肿大。少数表现为嗜睡或晕厥。动脉血栓的发生率并不一致，从5%~41%不等，可能与样本数量和研究对象不同有关。

3. 组织病理学特点

心内膜型RCM，大体可见斑片状或弥漫性心内膜增厚，影响左心室。显微镜下，增厚的心内膜含有不同数量的星状、梭形或细长的间充质细胞，被纤维结缔组织包围。免疫组化结果显示间充质细胞有平滑肌分化。这些细胞迅速增殖并产生阿利新蓝染色的基质物质和胶原纤维；间充质细胞可能有助于心内膜病变的形成。此外，左心室"假腱"包裹在小梁或宽纤维带内，为纤维带的形成提供了框架。极少数情况下，左室心内膜呈弥漫性明显的纤维化，心内膜呈现灰白色、光滑、坚固和均匀地覆盖于流入道、流出道、乳头肌和二尖瓣区域（图12-2-13、图12-2-14）。广泛的纤维化（图12-2-15）可导致左心室中度到明显的缩小。二尖瓣和乳头肌扭曲并与周围结构融合。左心房及左心耳明显增大，附壁血栓发生在左心房、左心耳或左心室。此外，主动脉远端血栓栓塞发生率为43.9%。

4. 诊断

体格检查方面，听诊异常经常存在。一份报告显示，36%的RCM患猫有心杂音，23%的患猫有奔马律，14%的患猫存在心律失常（包括室上性和室性早搏、房颤和三度房室传导阻滞）。

（1）超声诊断。典型的RCM表现为左心室厚度正常或轻度增加、无心室扩张、左房或双侧心房扩张。对于右心房扩张，通常是主观评价，但也可以进行舒张末期右心房直径测量（右侧胸骨旁长轴四腔观）（图12-2-16），当右心房直径大于15mm时，认为存在右心房扩张。心内血栓或自体对比度增加是常见的（23%的病例报告）。心内膜纤维化患猫，心内膜呈高回声、增厚，并且常常有纤维束桥联从乳头肌/游离壁连接到室间隔。纤维束常使乳头肌变形，累及二尖瓣，造成二尖瓣反流和心室收缩性血流阻塞（图12-2-17）。

限制性充盈模式是RCM的特征性功能异常，在严重舒张功能损害导致左房压力显著升高和左房到左室舒张期压力梯度升高时发生。其特征是舒张早期充盈速度增加（E峰＞1m/s），心房收缩充盈速度降低（A峰＜0.4m/s），E/A比值增加（＞3）（图12-2-18），E峰减速时间缩短（正常为59m/s±14m/s），等容舒张时间缩短（IVRT正常为55m/s±13m/s）。

然而，多普勒评估二尖瓣流入有几个局限性，这些局限性在人类患者中已经得到了很好的描

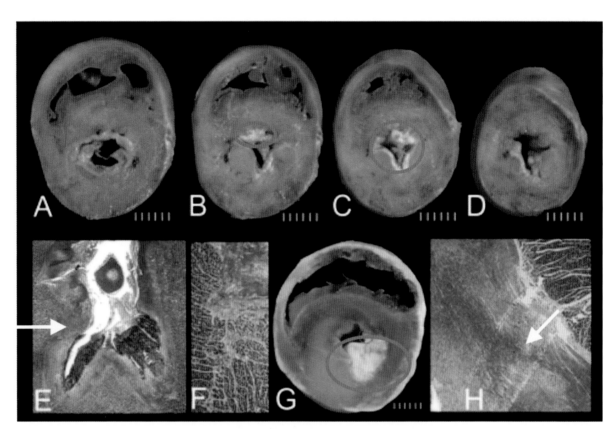

A-D. 从二尖瓣（A）到乳头肌（D）的大体病理连续切片，间隔约为 5mm，弥漫的左心室心内膜瘢痕（红色圆圈内的白色区域）在所有切面均可见；E. 心肌组织病理学切片，乳头肌水平的左心室横切面全景图显示明显的室腔心内膜瘢痕（蓝染区域，白色箭头所指），腔内存在血栓；F. 心肌组织病理学切片显示心内膜下存在替代性纤维化（蓝染区域）；G. 另一只猫的心脏大体病理切片，严重的心内膜纤维化（红色圆圈内的白色区域）使左心尖至心腔中部闭塞；H. 心肌组织病理学切片显示严重的心内膜瘢痕（蓝染区域，白色箭头）。标尺以 mm 为单位。

图 12-2-13　心内膜纤维化的横切面图

（图片引自《Endomyocardial fibrosis and restrictive cardiomyopathy: pathologic and clinical features》）

A. 5 岁短毛家猫的心脏纵切面，显示左心室心内膜呈斑片状增厚（箭头所指），不规则纤维组织带桥接前、后乳头肌和室间隔；B. 6 岁短毛家猫心脏纵切面，左心室心内膜呈弥漫性增厚，左心室流入道、流出道、乳头肌和二尖瓣被灰白色、光滑、坚固、均匀的纤维组织覆盖。标尺为 1mm。

图 12-2-14　猫心脏纵切面

（图片引自《Pathological features and pathogenesis of the endomyocardial form of restrictive cardiomyopathy in cats》）

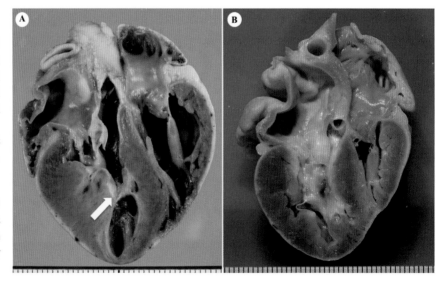

述，只有晚期 RCM 阶段的特征是限制性模式（表明左室充盈压力显著增加）。因此，诊断疾病早期阶段似乎成为挑战，特别是对于心肌型 RCM 患者。此外，在猫群体中，由于正常情况下和心衰阶段时，心率通常较高，使得二尖瓣早期流入（E峰）和充盈晚期流入（A峰）经常发生融合。一项

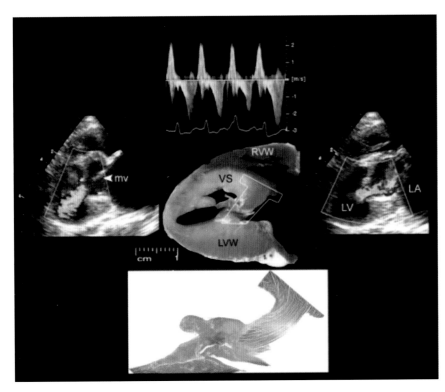

图 **12-2-15** 心内膜纤维化的典型结构和功能特征

中央图：经过二尖瓣和三尖瓣环的心脏纵切面。这近似于左、右图中所示的二维长轴四腔图。室间隔与左室游离壁之间有明显的桥连瘢痕。"T" 形的心肌切片代表了下面显微照片所示区域。下图心内膜纤维化（蓝色）连接心基部室间隔和左室游离壁中部。左室壁心尖处变薄，室间隔节段性隆起。彩色多普勒分别在舒张期和收缩期显示开始于桥连处的混叠。上图左心尖四腔面经左室中部 **CW** 显示收缩期和舒张期血流波形。二尖瓣流入血流出现融合，并显示二者之和（图片引自《Endomyocardial fibrosis and restrictive cardiomyopathy: pathologic and clinical features》）

调查中，92 只受调查的 RCM 患猫，只有 41 只能获得二尖瓣流入多普勒评估，其余 51 只发生 EA 融合的猫通过左心房/双侧心房扩张，同时心室厚度正常来做出 RCM 诊断。

（2）其他方法。如肺静脉血流和脉冲组织多普勒 TDI 测量二尖瓣环运动速度，可作为辅助手段，对舒张功能进行分级。二维彩色 TDI 以及更加先进的斑点追踪技术，对无明显心肌肥厚猫的左心室进行径向和纵向节段性心肌运动速度评估，似乎有助于早期发现左室舒张功能不全，但需进一步研究。

（3）辅助检查。与其他形式的心肌病一样，辅助检查很少有助于鉴别诊断。

ECG 检查可能发现心律失常，包括室上性心动过速（8/35 只猫）、室性心动过速（10/35 只猫）或房颤（1/35 只猫）。

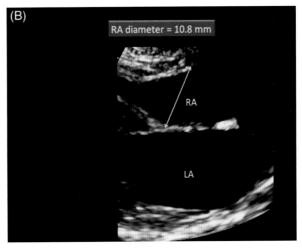

RA. 右心房；LA. 左心房。

图 **12-2-16** 右侧胸骨旁长轴四腔观测量右心房内径。在舒张末期（即显示三尖瓣关闭的第一帧画面），测量线横跨三尖瓣环（图片引自《Clinical, epidemiological and echocardiographic features and prognostic factors in cats with restrictive cardiomyopathy: A retrospective study of 92 cases (2001–2015)》）

胸部 X 射线检查常见明显的心房扩张。心衰的影像学证据很常见（32/35 只猫），可能包括心源性肺水肿和肺静脉扩张（13/35 只猫），右心衰的征象（胸腔积液、后腔静脉扩张、肝肿大、+/- 腹水），或双侧心室衰竭（13/35 只猫）。

目前，大多数非转诊医院会使用 NT-ProBNP（定量/定性）检测来判断呼吸窘迫猫是否为心源性，但由于猫心肌病（HCM、RCM、DCM 等）发展到心衰阶段都会引起 NT-ProBNP 升高，因此，该检测只能帮助判断即时是否存在严重心脏疾病或心衰的风险，无法诊断猫心肌病类型。

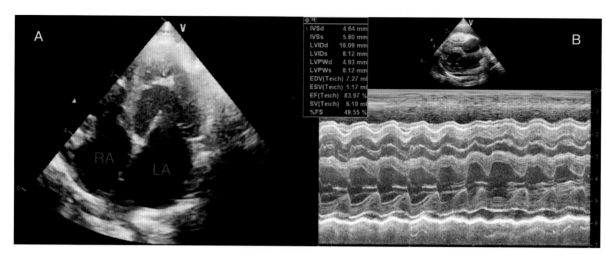

A. 左侧胸骨旁四腔切面，可见双侧心房扩张，左心室中部及心尖部可见高回声纤维带连接室间隔和左室游离壁（蓝色箭头）；RA. 右心房；LA. 左心房；B. 右侧胸骨旁长轴四腔切面，可见双侧心房扩张，少量心包积液，胸腔积液；经 M 型测量，左心室壁厚度无明显增加。

图 12-2-17　11 岁家养长毛猫，因呼吸窘迫就诊，诊断为心内膜型 RCM，引发胸腔积液而出现呼吸困难（马艳斌 供图）

5. 治疗

大部分出现临床症状的 RCM 猫发生急性充血性心力衰竭（CHF）和/或动脉栓塞。对于急性 CHF，可以按照猫急性心衰的治疗方案，具体治疗见本章第三节心力衰竭。通常给予镇静、镇痛、利尿、氧气治疗等。目前尚无控制组织纤维化的特定疗法可用。

对于托拉塞米的使用，过去对人和犬有较多研究，而猫的数据较少。一项关于 21 只 CHF 猫使用托拉塞米治疗的回顾性研究表明，使用托拉塞米组（中位剂量 0.21mg/kg，24h）与

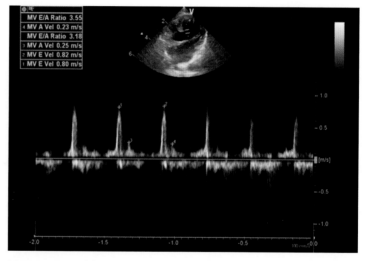

图 12-2-18　10 岁美国短毛猫，因肺水肿及 ATE 转诊，超声心动图检查发现左心室室壁厚度正常，左心房严重扩张，收缩功能轻度下降，舒张功能呈限制型阶段（E/A > 3），诊断为心肌型 RCM（马艳斌 供图）

使用常规剂量呋塞米组相比，中位生存时间无显著差异（P=0.962）；但在复发率上，托拉塞米组（52%）明显多于对照组（19%）。

β 阻断剂或钙离子通道阻断剂对改善纤维化引起的舒张障碍无效，但可能有利于控制持续的心动过速。同样，抗心律失常药物也适用于室性或室上性心动过速的治疗。

对于中度至重度心房扩张、心内血栓或自体对比度升高的猫，建议采用抗凝治疗。RCM 患猫患 ATE 的风险很高（一项研究显示发生率为 45%），这可能是因为它们通常是在严重心房扩张的末期被诊断出来的。

匹莫苯丹可用于患有 RCM 和 CHF 的猫，因为它具有积极的促舒张作用（改善松弛）。

6. 预后

猫的 RCM 对患病动物的临床病程和生存有重大影响，其总体生存时间变化极大。虽然进行了治疗，但心源性死亡非常常见，近 20% 的患猫在最初 24h 内因急性 CHF 或 ATE 而死亡。在另一份

报告中，91%的RCM患猫在诊断时出现CHF，它们的生存时间有限，60%在诊断后0.1~5个月发生心源性死亡，中位生存时间仅为3.4个月。对60只RCM猫的随访中，中位生存时间（MST）仅为69d，50只猫发生心源性死亡。无呼吸窘迫的猫中位生存时间为466d；伴有呼吸窘迫的猫，中位生存时间为64d。

与HCM相似，左心房的增大与RCM生存时间缩短显著相关，LA/Ao每增加0.5，心源性死亡风险增加2.5倍。相比之下，RCM猫的生存时间（132d）比未分类心肌病（UCM）猫（925d）和HCM猫（492d）的生存时间更短。

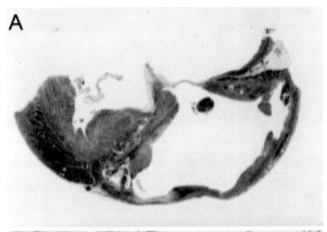
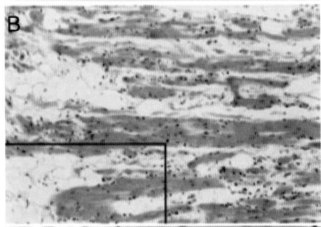
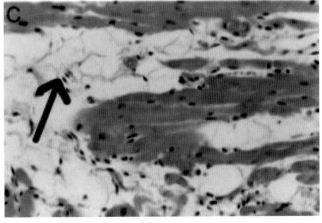

（三）致心律失常性右心室心肌病（Arrhythmogenic Right Ventricular cardiomyopathy，ARVC）

致心律失常性右室心肌病，是一种罕见但重要的原发性心肌疾病，发病机制尚不完全清晰。其特征为右心室心肌被进行性纤维脂肪组织所替代，临床常表现为右心室扩大、心律失常。

1.病因

猫ARVC的发病原因和机制尚不清晰。ARVC的人类患者，其遗传背景主要涉及编码心脏桥粒成分的基因突变。功能失调的桥粒导致细胞黏附蛋白缺陷，从而导致心肌细胞电耦合丧失以及随后的细胞损伤（心肌细胞死亡）和修复（纤维脂肪替代，图12-2-19）。在猫中观察到ARVC的家族性倾向，但缺乏谱系分析，目前既没有发现特定的基因突变，也没有发现有缺陷的编码蛋白。

A. 两个心室的横截面显示右室前壁透壁瘢痕和室间隔斑片状纤维化；B. 相对低放大率观显示 RV 壁中存在脂肪替代组织，放大倍数 ×100；C. 放大倍数 ×200。

图 12-2-19　死于右侧 CHF 和室性心动过速患猫的 ARVC 纤维脂肪变体（图片引自 Fox et al., 2000；Harvey et al., 2005）

2.临床特征

ARVC患猫的年龄从1~20岁。临床症状最常与右侧CHF相关，包括呼吸急促、呼吸困难、腹腔积液或胸腔积液。一些猫在出现呼吸症状之前通常只有非特异性表现，如嗜睡和厌食。许多猫是无症状的，通常体检发现心脏杂音或心律失常，进一步做超声心动图检查后被诊断出来（图12-2-20）。患病动物通常会有严重的心律失常，晕厥可能出现在室性心动过速的患病动物中。

体格检查听诊常见右胸骨旁收缩期心脏杂音（三尖瓣反流所引起）。可能存在心律失常和相应的股动脉脉搏短绌。

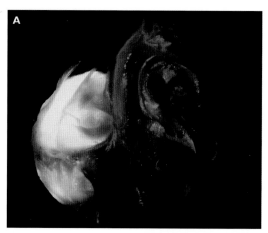
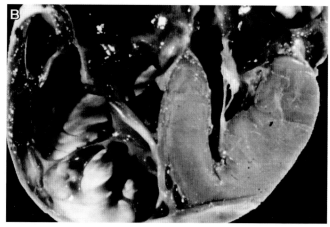

A. 猫的心电图诊断为右束支传导阻滞，B. 猫的心电图诊断为室性心动过速。

图 12-2-20　两只患有 ARVC 和右侧 CHF 的猫的心脏。两个标本都显示出严重的右心房和右心室扩张，以及明显的小梁扁平、变薄、半透明的右心室壁（图片引自 Fox et al., 2000；Harvey et al., 2005）

3. 诊断

心电图检查患猫通常会出现各种形式以及不同程度的心律失常，包括室性心动过速、心房颤动、室上性心动过速、室性早搏、右束支传导阻滞和房室传导阻滞。建议进行 24h Holter 心电图监测（图 12-2-21）。

超声心动图通常表现为右心房和右心室均明显增大（图 12-2-22），可能存在右心室壁变薄。左心室游离壁和室间隔厚度通常正常，左心房和左心室内径通常正常，但在疾病发展后期有可能出现左心房和心室增大。

4. 治疗

严重心律失常患猫通常需要给予抗心律失常的药物。室性心动过速给予 sotalol，10~20mg/只，po 每日 2 次或 IV0.5~2mg/只。室上性心动过速以及心房震颤，急性治疗可给予地尔硫卓 0.05~0.25mg/kg，静脉慢速推注，或 0.5~2.5mg/kg，po 每日 3 次，或 10mg/只。心衰相关治疗，见本章第三节心力衰竭。

（四）非特异性心肌病（NCM）

非特异性表型心肌病（Non-specific Cardiomyopathy，NCM），先前也被称为未分类性心肌病（Unclassified Cardiomyopathy，UCM），是不属于前述任何一种类别的心肌病变。也可能是一些先心病或获得性瓣膜病被误认为是心肌病，并错误地归入这一非特定类别。其临床症状与猫的其他心肌病类似，表现为呼吸急促、呼吸困难、低温、血栓等。

1. 病因

其病因和流行病学资料尚不明确。

2. 诊断

NCM 的诊断主要是通过超声心动图检查。包括各种异常表型，如较大的左心房，但左心室舒张功能正常，或严重畸形，但无法进行简单分类的心肌病变等。

在排除 HCM、DCM、RCM 和 ARVC 等心肌病之后，须详细描述特定的超声心动图异常（图 12-2-23 至图 12-2-29）。注意，一些 NCM 可能是一种心肌病表型向另一种表型的过渡期，或者可能

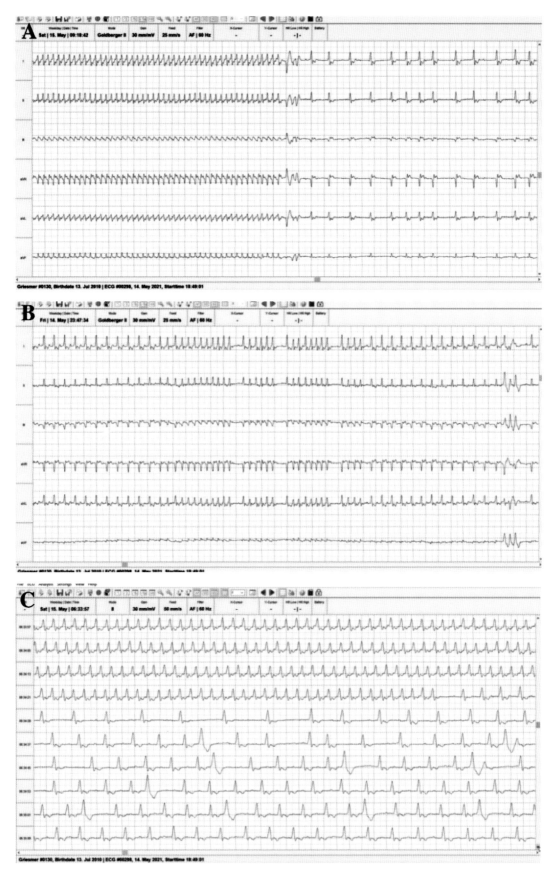

图 12-2-21　来源于同一只猫的 24h Holter 心电图，结果显示该猫患有严重的室性心动过速（最快心率
＞260/m），同时伴有室上性心动过速。24h 内总的室性早搏波数量为 70000，最快心率为 360/m
（张淑娟　供图）

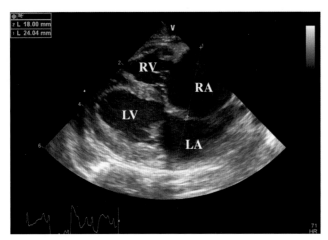

RA. 右心房；RV. 右心室；LA. 左心房；LV. 左心室。

图 12-2-22 10 岁雄性已绝育缅因猫，右侧胸骨旁长轴切面，猫右心房与右心室显著增大，左心房与左心室正常（张淑娟 供图）

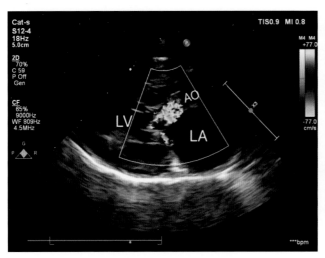

LA. 左心房；LV. 左心室；AO. 主动脉。

图 12-2-24 患 NCM 的 1 岁美国短毛猫，右胸骨旁长轴五腔观。流出道可见高速血流，伴 SAM 征，二尖瓣少量反流（张志红 供图）

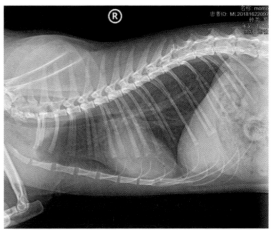

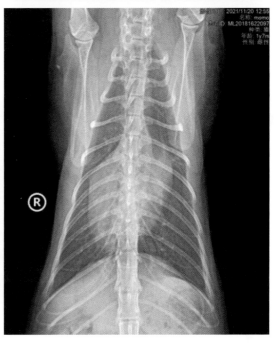

图 12-2-23 患 NCM 的 1 岁美国短毛猫。左图为胸腔右侧卧 X 射线，可见心影轮廓清晰，椎体心脏评分（VHS）≈ 8.6（6.8~8.1），提示心脏增大，肺野密度正常，纹理清晰；右图为胸腔腹背位 X 射线，可见心影轮廓向 6~9 点、1~2 点方向膨出（张志红 供图）

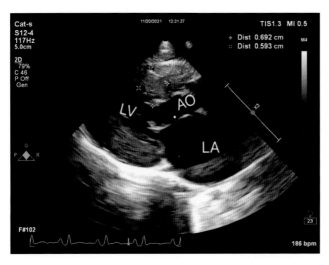

LA. 左心房；LV. 左心室；AO. 主动脉。

图 12-2-25 患 NCM 的 1 岁美国短毛猫。右胸骨旁长轴五腔观，可见室中隔及左心室自由壁厚度不均匀（左室流出道局部增厚，光标之间测量厚度，最厚处约 7mm），心室中隔靠近流出道根，局部可见脊状突出，且有腱索与乳头肌相连（张志红 供图）

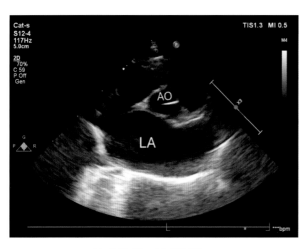

LA. 左心房；AO. 主动脉。

图 12-2-26　患 NCM 的 1 岁美国短毛猫。右胸骨旁短轴观，左心房中度到重度扩张，左心耳扩张（张志红 供图）

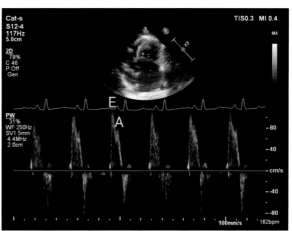

图 12-2-27　患 NCM 的 1 岁美国短毛猫。左胸骨旁心尖四腔观，舒张期二尖瓣灌注血流，E、A 峰局部融合，E/A 形态正常（张志红 供图）

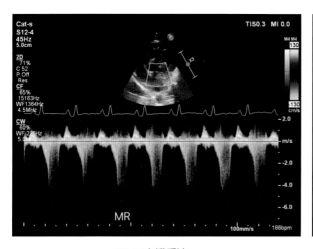

MR. 二尖瓣反流。

图 12-2-28　患 NCM 的 1 岁美国短毛猫。左胸骨旁心尖四腔观，二尖瓣反流速度约 6m/s（张志红 供图）

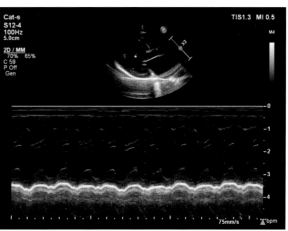

图 12-2-29　患 NCM 的 1 岁美国短毛猫。右胸骨旁长轴五腔观 M 型，左心室收缩运动尚可（张志红 供图）

代表同一动物心脏中存在两种或两种以上形式的心肌病变。

第三节　心力衰竭

一、概述

心脏有两个基本功能，一是射出足够的血液，以达到组织灌注需求；二是有足够的能力接受从肺循环和体循环回来的血液。猫心力衰竭指的就是上述两种功能受损，且已严重到心血管系统自身的代偿机制都无法克服，而处于的一种病理性状态。这种心功能异常的病理状态可分为水钠滞留和静脉及毛细血管压升高的"充血性心力衰竭"（Congestive Heart Failure, CHF）（又称"后向性衰竭"），和心输出量不足的"低输出量性心力衰竭"（又称"前向性衰竭"）。按照受累的腔室，又可以分为左心衰竭和右心衰竭。

心力衰竭不等于心脏病。心脏病是心脏的结构、收缩力或者节律出现异常，心力衰竭是心脏病发展到终末期导致的心脏失代偿引起的综合征。动物患有心脏病不意味着动物处于或一定会发展为心力衰竭。两者最直观的区分就是心力衰竭的动物通常存在明显的临床症状，而心脏病动物则可能是亚临床状态，未表现出相关临床症状。

二、病因

所有的心脏病都可能会引发心力衰竭。猫最常见的心脏病是心肌病。除了心肌病，其他结构性异常（如瓣膜病、室间隔缺损、动脉导管未闭等）、心律失常以及其他系统性疾病（如甲状腺功能亢进）等也可能引发心力衰竭。

三、临床症状

小动物临床常见 CHF。它意味着动物的心输出量正常而充盈压过高，从而引起液体的过度积聚。若受累的是左心，积液积聚在肺间质和肺泡内，动物常表现为急性呼吸窘迫、舌色发绀（图 12-3-1）；若受累的是右心，则液体积蓄在心包腔、胸膜腔或腹膜腔内以及组织间质中，动物的临床表现包括颈静脉搏动、呼吸窘迫和腹围增大、外周水肿等。在猫中，左心 CHF 也可能导致胸膜腔积液。

低输出量性心力衰竭（前向性衰竭）是指动物心输出量过低，不足以支撑动物机体的代谢需求。若受累的是左心，则意味着体循环供血不足，血压过低，动物表现为沉郁、嗜睡、虚弱、黏膜苍白和肢端冰凉；若受累的是右心，则意味着肺循环供血不足，氧交换受损，动物表现为运动不耐受、黏膜发绀和晕厥。

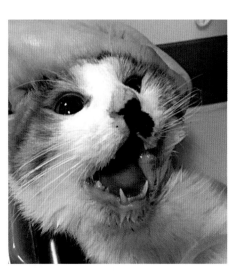

图 12-3-1　3 岁肥厚型心肌病（HCM）家养短毛猫，呼吸困难、舌色发绀（马超贤 供图）

无论是前向性还是后向性心力衰竭，都可能表现为心房的极度扩张，引起心房内血流淤滞和内皮损伤，从而引发血栓的出现。血栓如果进入心室，并随着动脉流出的话，当动脉分支收窄时，血栓可能堵塞在该处，从而引发远端组织的缺血坏死。根据堵塞的位置，患猫的临床症状可能各不相同。最常见的动脉血栓（ATE）栓塞部位位于主动脉–髂动脉分叉处（图 12-3-2），因此，患猫最常见双侧/单侧后肢突然瘫痪、指端冰凉、甲床紫绀（图 12-3-3）。其余症状还包括呕吐、大便失禁（肠系膜血栓）、无尿（双侧肾动脉血栓）、神经症状（脑部血栓）以及对利尿剂无反应的呼吸困难（肺栓塞）等。

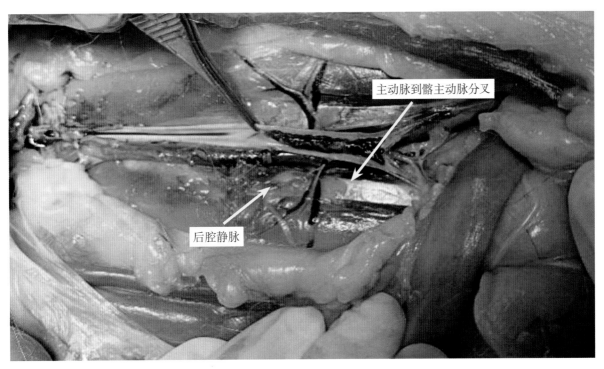

图 12-3-2　1 岁半的肥厚型心肌病（HCM）家养短毛猫死后剖检，可见镊子所指为主动脉 - 髂动脉分叉处血栓，长约 2.5cm，直径 2~3mm（马超贤 供图）

四、诊断

　　主要通过临床症状结合影像学检查进行确诊。胸部 X 射线片可能见到胸膜腔积液（图 12-3-4、图 12-3-5）、肺野呈间质型或肺泡型（图 12-3-6、图 12-3-7），可能伴有心影轮廓增大。肺部渗出物可能会遮挡心脏，导致心影轮廓不清晰。由于猫最常见的心脏病为向心性肥厚的 HCM，因此，通过判读心影轮廓是否增大不适合用来诊断猫的心脏病，其敏感性和特异性均极低。超声心动图检查可观察是否存在心包积液、心房增大、肺静脉扩张、心肌肥厚、收缩与舒张

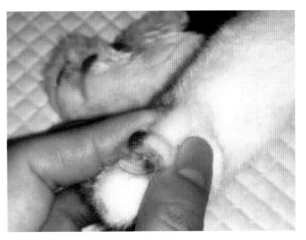

图 12-3-3　与图 12-3-2 为同一只猫，生前双后肢无股动脉搏动，指端冰凉、甲床紫绀（马超贤 供图）

功能异常等具体问题，可用于确诊心脏结构性与功能性异常。胸部 X 射线片是诊断肺水肿的金标准，而肺部超声也用于评估肺部渗出的严重程度，但不如胸部 X 射线片直观。对于诊断积液，超声技术的敏感性与直观性优于 X 射线。由于影像学检查需要特殊体位，摆位过程中应留意动物呼吸状态，以防在检查过程中加重动物的呼吸困难而导致窒息甚至死亡。

五、治疗

　　急性左心充血性心力衰竭（L-CHF）的治疗包括吸氧、镇静、抗焦虑、利用利尿剂消除过多积

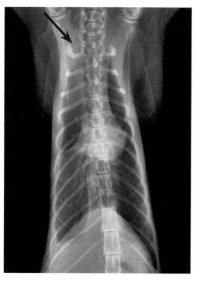

图 12-3-4　7 岁轻度肥厚型心肌病
（HCM）家养短毛猫，由于过度输液而
引发胸膜腔积液（正位片），X 射线片
可见右侧肺叶明显回缩（箭头所指）
（马超贤　供图）

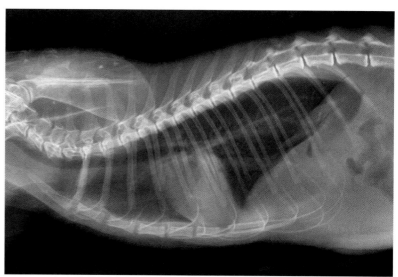

图 12-3-5　与图 12-3-4 为同一患猫胸部侧位片（马超贤　供图）

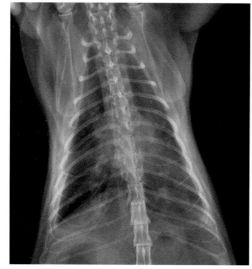

图 12-3-6　1 岁的限制型心肌病（RCM）蓝猫呼吸
困难时的胸部 X 射线片（正位片），由于肺部严
重渗出（间质型合并肺泡型），心影轮廓不清晰
（郑少贤　供图）

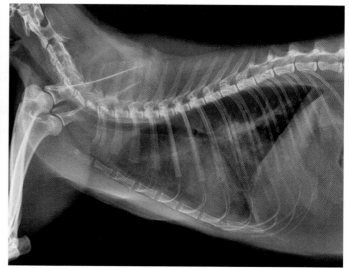

图 12-3-7　与图 12-3-6 为同一患猫呼吸困难时的胸部 X 射线片
（右侧位）（郑少贤　供图）

聚的液体，若存在胸膜腔积液应进行胸膜腔穿刺引流。

　　由于呼吸困难将引起猫极大的内在性压力，因此，所有患猫都应吸氧并使用抗焦虑药物（如布托啡诺：0.1~0.2mg/kg im/iv）。呋塞米是最常用且有效的利尿剂，可按照 1~2mg/kg 多次静脉推注，或 1mg/kg 负荷后按照 0.66mg/（kg·h）恒速滴注（CRI）。静脉推注的频率取决于动物呼吸窘迫的缓解程度，猫对于呋塞米较犬敏感，可考虑 1~2h 一次，直至呼吸频率降低 50% 以上或低于 40 次 /min，随后延长给药间隔时间。CRI 效果较多次静脉推注效果更佳，若考虑 CRI，应认真计算输入的液体总量。急性充血性心力衰竭发病初期或者存在积液、水肿等临床症状时，严禁静脉输液，即使同时给予利尿剂，也会恶化已经存在的积液/充血状态。

对于稳定病例的慢性管理，利尿剂依然是治疗的基石。常用的呋塞米起始剂量是1~2mg/kg，po q12h，范围从0.5~2mg/kg，po q8~12h不等，具体根据病情而定，应尽可能使用最低有效剂量。如果猫难以喂药，或者宠物主人无法一天多次给药，可以考虑使用托拉塞米，后者比呋塞米持效时间更长，药效更强，剂量约为呋塞米的1/20~1/10，起始剂量为0.1~0.2mg/kg，po q24h，逐渐上调剂量至有效。目前无足够证据显示长期使用托拉塞米对于患猫的存活时间或者症状控制较呋塞米更优，但从可操作性以及动物福利角度考虑，托拉塞米适用性更好。针对难治性CHF，还可考虑添加螺内酯1~2mg/kg，po q12~24h。有研究指出，螺内酯对心力衰竭患猫的疾病控制更好，但仍需要更多证据支持这一结论。该药物引起猫的副作用主要是溃疡性皮炎。

针对因胸膜腔积液而致呼吸困难的心力衰竭动物，应尽快进行胸膜腔穿刺，以解除呼吸窘迫。穿刺前可使用布托啡诺镇静，若动物依然亢奋、对抗操作，可考虑使用乙酰丙嗪（0.01~0.02mg/kg SC/IM）镇静，再行胸膜腔穿刺术。超声引导下的穿刺更为安全。操作前应建立静脉通道，可一边操作一边吸氧，并且在操作期间留意动物的心率、意识和呼吸状态。若出现心肺骤停，应按照心肺复苏流程进行抢救。对于低心输出量性心力衰竭的病例，应谨慎使用乙酰丙嗪，因为该药物会进一步舒张血管而恶化低血压及低灌注状态。

表现出低心输出量（低血压、低体温、心动过缓）的患猫，若不存在动态性左室流出道梗阻（DLVOTO），可考虑口服匹莫苯丹（0.625~1.25mg/只，po q12h），或CRI多巴酚丁胺[2~10μg/（kg·min）]，逐渐升高剂量至起效，用5%葡萄糖稀释等正性肌力药物。待动物稳定后使用最低有效剂量的利尿剂控制过高的充盈压。

右心充血性心衰（R-CHF）在猫的报道较少，致病原因包括艾森门格综合征、肺动脉高压、脉管发育异常、三尖瓣发育不良等，治疗方案与L-CHF相似。针对肺动脉高压，可使用西地那非，目前关于西地那非在猫的用量暂无定论，有病例报道曾使用0.25~1.6mg/kg，po q12h，可改善临床症状且无明显副作用。

一旦动物发生或曾经发生心力衰竭（包括CHF和ATE），意味着患猫为C~D期心肌病（猫心肌病分期详见图12-3-8），需要终生管理。

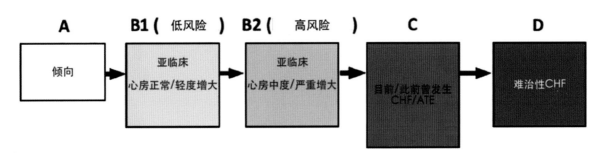

ATE. 动脉血栓；CHF. 充血性心力衰竭。

图12-3-8 猫心肌病分期（译自《2020 ACVIM consensus statement guidelines for the classification, diagnosis, and management of cardiomyopathies in cats》）

第四节　动脉血栓栓塞

动脉血栓栓塞（Arterial Thromboembolism，ATE），也称为主动脉血栓栓塞，是一种急性的、致死性极高的疾病。

一、病因

猫心肌病是导致ATE最常见的原因。心肌病导致左心房扩张、左心室收缩或舒张功能障碍，使心房内血液滞留而增加了血栓形成的风险。最初血栓在左心房或心耳内形成，脱落的栓子随血流移动至动脉远端部位，其大小超过血管直径时，阻塞管腔，即形成主动脉血栓栓塞。

主动脉血栓栓塞还偶见于猫的全身炎症或肿瘤。

二、流行病学

一项针对猫HCM的流行病学调查表明，猫主动脉血栓在1年、5年和10年的风险评估为3.5%、9.7%和11.3%。雄性猫的发病率高于雌性。

三、临床症状

猫主动脉血栓的临床症状取决于主动脉栓塞的位置和严重程度。患猫多出现急性征，疼痛和呼吸急促是最常见的临床表现。呼吸急促经常提示患猫可能同时有充血性心力衰竭，但需要影像学检查进一步确认。大多数血栓栓子嵌闭在主动脉远端分叉处，形成鞍状栓子，继而阻断了股动脉的血流（图12-4-1），表现单肢或双后肢轻瘫（图12-4-2），偶尔小栓子也阻塞在臂动脉（通常为右前

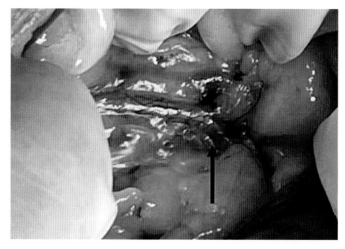

图12-4-1　心肌病患猫的主动脉血栓栓塞，栓子位于主动脉远端分叉处（箭头），阻断了双后肢的血流（马庆博 供图）

图12-4-2　主动脉远端动脉血栓栓塞患猫，表现出双后肢轻瘫（张志红 供图）

肢），产生前肢麻痹/轻瘫（图12-4-3）。如果在肾、肠系膜动脉出现栓子则会导致这些器官的衰竭。其他常见的临床症状是温度低、食欲废绝、肌肉组织坚硬疼痛、动脉搏动消失以及患肢远端（如脚垫）苍白/发绀（图12-4-4）。

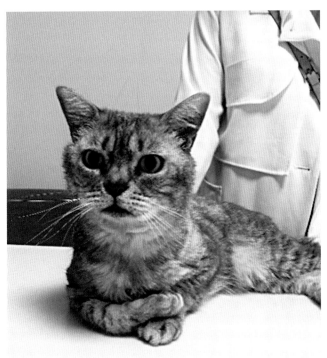 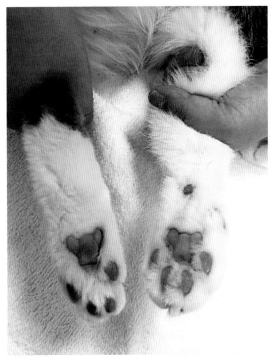

图 12-4-3　右前肢动脉血栓栓塞患猫，因患肢麻痹而表现出右前肢姿态异常的卧姿（张志红　供图）　　图 12-4-4　动脉血栓患猫，与右后肢脚垫（图片右侧）相比，左后肢脚垫发绀，触诊温度低（张志红　供图）

四、诊断

患猫急性表现单肢或双肢轻瘫、外周脉搏丧失、脚垫苍白（或发绀）、神经肌肉疼痛和患肢发凉的临床症状时，可初步诊断为动脉血栓。

大多数动脉血栓的患猫会有一定程度的心脏增大。胸部X射线片可见左心房的扩张，伴有心衰症状的猫还表现肺水肿、胸腔积液和肺静脉扩张。

超声心动图检查可见左心房扩张，左心房内存在自发性回声对比（也称"烟雾征"），伴有或不伴有左心房或左心耳内血栓（图12-4-5、图12-4-6），左心室舒张功能障碍。腹部超声检查也可能扫查出腹主动脉血栓。

动脉血栓患猫血检结果通常无特异性的变化，但可因为血液灌注差或脱水而出现氮质血症，或因为肾动脉血栓导致急性肾衰竭而出现血清尿素氮、肌酐升高。动脉栓塞时间长还可导致器官缺血性损伤和坏死，可能引起白细胞升高、血清淀粉样蛋白A升高、代谢性酸中毒、高钾血症等。

五、治疗

主动脉血栓的治疗目标是减轻疼痛，改善充血性心力衰竭，治疗心律失常，预防栓子的进一步

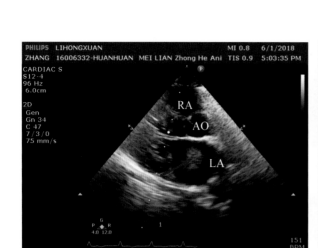

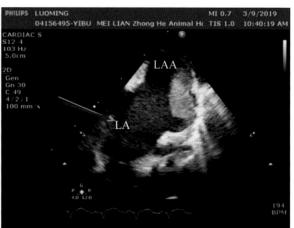

LA. 左心房；RA. 右心房；AO. 主动脉。

图12-4-5　动脉血栓患猫的超声心动图检查，于右侧胸骨旁长轴切面可见左心房内血栓（箭头）（张志红 供图）

LA. 左心房；LAA. 左心耳。

图12-4-6　动脉血栓患猫的超声心动图检查，于左侧胸骨旁短轴切面可见左心房内自发性回声对比（也称"烟雾征"）（箭头）和左心耳内血栓（图像右侧贴壁等回声团块）（张志红 供图）

形成，改善梗死器官的血流量（促进侧支循环）。

不推荐外科手术移除栓子或者导管取栓术，溶栓治疗由于危及生命的并发症以及无法有效地预防动脉血栓复发也很少被应用。推荐内科的药物治疗包括：

（1）疼痛管理。

芬太尼[2~5μg/（kg·h），CRI，q12~18h，直至起效]

布托啡诺（0.02~0.04mg/kg，SC，q6h~8h）

丁丙诺啡（0.005~0.015mg/kg，IV，q6h）

（2）预防血栓扩大及新血栓形成。

肝素（220U/kg，IV，3h后维持剂量为66~200U/kg，SC，q6h)

低分子肝素（1.5mg/kg，SC，q8h）

氯吡格雷（18.75mg，po，q24h）

利伐沙班（2.5mg，po，q24h）

动脉血栓患猫可能会发生急性再灌注综合征，即外源性血栓溶解导致危及生命的高钾血症和酸中毒。可能发生在血栓发生后的任何时间。推荐连续的心电图监测，及时发现危及生命的高血钾所导致的心律失常，以便第一时间进行紧急治疗。

六、预后

动脉血栓栓塞患猫股动脉搏动3~5d不能恢复则预后很差。肢体缺血严重时，皮肤和肌肉存在溃烂坏死风险（图12-4-7）。有研究统计动脉血栓保守治疗的生存率为35%~39%。长期平均生存周期为51~350d。最常见的死亡原因是心力衰竭和猝死。

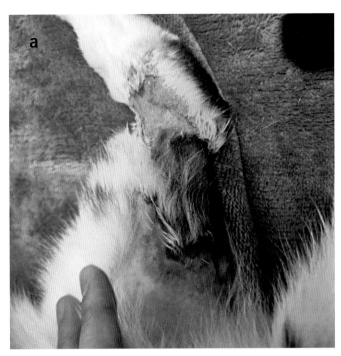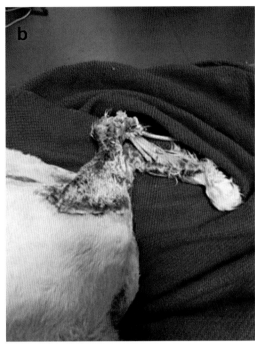

图 12-4-7　两只动脉血栓栓塞患猫，患肢因缺血出现组织溃烂（a图）和坏死（b图）
（张志红　供图）

第五节　系统性高血压

正常的猫血压小于150mmHg。当血压持续高于正常值时，就称为高血压。高血压在老年猫（＞10岁）更为常见，平均高血压的诊断年龄为13~15岁，偶有年轻猫（5~7岁）高血压的报道。高血压会对身体其他的器官（眼睛、心脏、脑、肾脏）造成额外伤害。因此，在确诊高血压后，需要管理血压。

1. 病因

造成高血压的原因主要分成三类：情境式高血压（Situational hypertension）、继发性高血压和原发性（自发性）高血压。

（1）情境式高血压是指当动物应激、兴奋、焦虑时，交感神经兴奋导致的高血压。这在猫科临床中颇为普遍。因为大部分猫就诊时处于紧张状态，很容易会有情境式高血压。在压力状况下，就诊时的血压可高达180mmHg。

（2）继发性高血压是指高血压有潜在的原发疾病，是猫最常见的高血压类型。其潜在病因主要包括：慢性肾病、甲状腺功能亢进、醛固酮功能亢进、肾上腺功能亢进（库欣综合征）和嗜铬细胞瘤。其中，慢性肾病和甲状腺功能亢进是最常见于导致猫高血压的原因。

（3）原发性（自发性）高血压。13%~20%高血压患猫找不到潜在原因。

2. 临床症状

高血压所造成的伤害主要出现在血管供应丰富的器官以及心血管系统本身，称为靶器官损伤。

（1）靶器官损伤——眼。约有50%的高血压患猫有高血压性眼睛病变。视网膜和脉络膜皆会受到高血压的伤害，导致玻璃体出血、眼前房出血、视网膜水肿和视网膜剥离，严重者可能导致失明。高血压导致的视网膜伤害在血压超过160mmHg时即可出现。患高血压的猫都应接受检眼镜检查，以发现早期眼部病变。

（2）靶器官损伤——脑。15%~46%的高血压患猫有神经症状。高血压对脑部的伤害会导致脑水肿以及动脉硬化，导致猫丧失方向感，出现癫痫、共济失调、沉郁、前庭症状。

（3）靶器官损伤——心血管。高血压会导致血管阻力增加，使得左心室收缩期的压力增加，进而导致左心室肥厚（图12-5-1）。临床异常可见奔马音、心杂音或心律失常。重症病例，可能导致心力衰竭甚至主动脉夹层（Aortic dissection）。

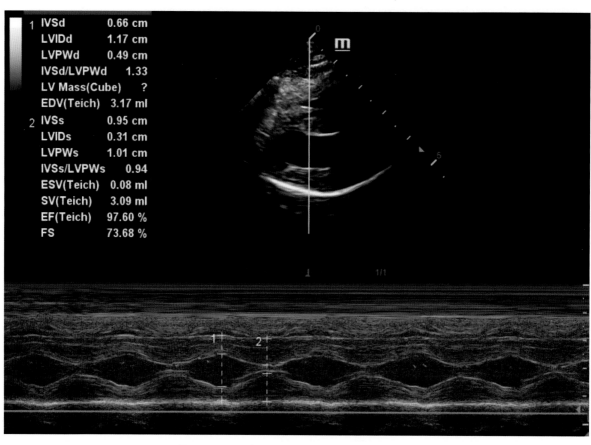

图 12-5-1　10 岁猫高血压（收缩压 180mmHg），
伴随轻度心肌肥厚（IVSd 0.66cm，LVPWd 0.49cm，参考值＜0.6cm）（范志嘉　供图）

（4）靶器官损伤——肾脏。高血压会导致肾小球硬化和动脉硬化，进而导致蛋白尿，而蛋白尿会减少慢性肾病和高血压猫的生存时间。由于慢性肾病本身亦会导致高血压，因此，高血压与慢性肾病之间的关系其实互为因果关系，但机制不明。

3. 诊断

血压的诊断测量方法可分为直接血压测量和间接血压测量。

（1）直接血压测量。直接血压测量是以导管插入动脉进行测量。可以精准地测量收缩压、舒张压和平均动脉压。然而，由于其具有侵入性，临床上很少使用。

（2）间接血压测量。间接血压测量在临床上广泛使用。方法可分为多普勒血压测量法和示波法血压测量法（图12-5-2）。

多普勒血压仪与直接血压测量相比，其准确性更好。

示波法血压仪对测量期间动物保持静止的要求较高。若测量时动物有额外动作，容易导致测量数值的错误。因此，针对清醒状态的猫，传统的示波法血压仪的准确性不如多普勒血压仪。而且，在较高血压时，常会被低估。

新的示波法血压仪（High Definition Oscillometry，HDO）（图12-5-3）可以克服传统限制，提供更准确的结果。然而，HDO可以显示出收缩压、舒张压和平均动脉压，但只有收缩压具有可接受的准确度。

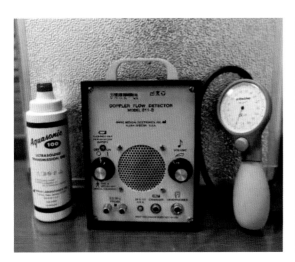

图12-5-2　多普勒血压仪（范志嘉 供图）

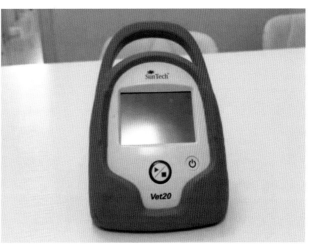

图12-5-3　示波血压仪（范志嘉 供图）

进行间接式血压测量时，猫的情绪、测量时猫的姿势、测量部位、压脉带（图12-5-4）大小的选择等因素均会影响血压测量数值的准确度。

因此，在进行血压测量时，应严格遵循血压测量操作流程。

（1）环境。在安静和独立的房间测量血压。周边尽量避免有其他的动物、人员走动。在正式测量之前，先等待5~10min，让猫适应环境。

（2）测量时的姿势。以猫最舒适的姿势，可侧躺、趴着、坐着或站着。

（3）测量位置。测量位置（压脉带捆绑的位置）可选择前肢（图12-5-5）、后肢或尾巴（图12-5-6）。若使用多普勒血压仪，前肢较方便操作。

（4）压脉带大小选择。压脉带的宽度为测量部位周长的30%~40%（图12-5-7）。若选择规格过大的压脉带，会导致测量数值偏低；反之，若选择过小的压脉带，则会导致测量数值偏高。

（5）反复血压测量。血压测量时，应反复测量5~7遍。并确认每次测量误差值小于20%后，再取平均值。测量过程中尽量避免猫有额外的动作/移动。

测量记录：记录血压测量的日期时间、测量环境、操作人员、猫的姿势、压脉带大小、测量位置、各次数值以及最后的平均数值。理想状态下，临床测量时应尽量在相同的条件下进行。

4. 高血压的分级

根据收缩压数值高低，国际肾脏学会（International Renal Interest Society, IRIS）对猫高血压进

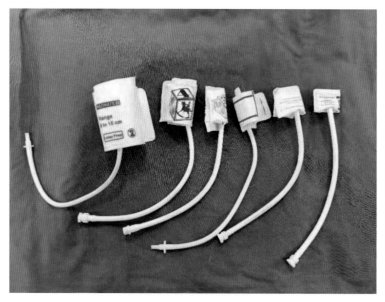

图 12-5-4　各种不同尺寸的压脉带，应根据不同动物的体形，选择合适的压脉带（范志嘉 供图）

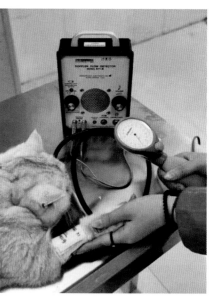

图 12-5-5　用多普勒血压仪给猫测量血压（范志嘉 供图）

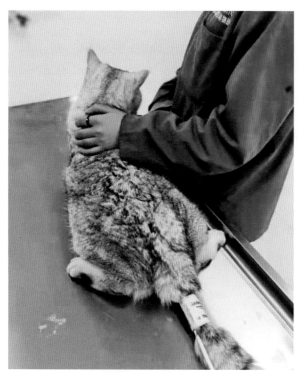

图 12-5-6　血压测量位置除了四肢之外，也可将压脉带环绕猫尾根部测量。（范志嘉 供图）

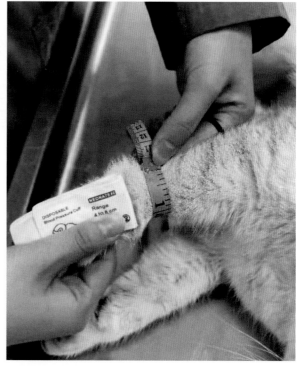

图 12-5-7　测量猫肢体的围度，以选择合适的压脉带，压脉带的宽度为测量部位周长的 30%~40%（范志嘉 供图）

行了分级（表12-5-1）。血压越高，造成靶器官损伤的风险就越高。

5. 治疗

高血压治疗的目标是将血压控制在150mmHg以下，以减少靶器官损伤。

（1）降血压药物。氨氯地平是控制猫高血压的一线药物。它属于二氢吡啶类钙通道阻滞剂，作用在血管平滑肌，使周边血管舒张，进而减少血管阻力，降低血压。有60%~100%的猫在单一使

表 12-5-1　国际肾脏学会（International Renal Interest Society，IRIS）猫高血压分级表

收缩压（mmHg）	分级	靶器官损伤
＜150	正常血压	微小
150~159	临界值高血压	低
160~179	高血压	中
＞180	严重高血压	高

用氨氯地平的状况下可以降低血压30~70mmHg。

氨氯地平的起始剂量为每只猫0.625mg（或0.125mg/kg），q24h。氨氯地平控制血压的效果与剂量相关，在严重高血压（＞200mmHg）的病患或控制血压效果不佳时，可以增加剂量至2倍（每只猫12.5mg或0.25mg/kg）。

（2）血管紧张素转化酶抑制剂。血管紧张素转化酶抑制剂（ACEI）贝那普利、依那普利等具有降血压的作用。然而，其对于猫的降血压效果不如氨氯地平，通常只能降低血压10~20mmHg，因此，通常作为二线药物，在氨氯地平疗效不足时使用。

（3）血管紧张素受体阻滞剂。血管紧张素受体阻滞剂（ARB）替米沙坦可作为猫的一线降压药物，其作用机理与ACEI相似，同样具有抑制血管紧张素作用。ARB降血压的效果较ACEI好，可降低血压20~40mmHg。

第十三章

猫血液学疾病

　　猫血液学疾病中比较常见的临床症状就是贫血。贫血的类型包括再生性贫血和非再生性贫血。再生性贫血的病因主要包括溶血性贫血和失血性贫血；非再生性贫血的病因主要包括原发性骨髓疾病、继发于潜在的炎症或代谢性疾病。

第一节　再生性贫血

一、溶血性贫血

　　临床上猫溶血性贫血大多是再生性贫血，会出现多染红细胞增多、红细胞大小不一以及有核细胞增多。贫血的临床表现常根据组织缺氧的严重程度和时间不一，猫溶血时可能会表现出不同程度的休克，伴随黄疸、血色尿、肝脏和脾脏肿大等临床表现。

1.病因及临床症状

　　造成溶血的病因很多，可分为遗传性、免疫介导性、感染性、中毒性及其他。

　　（1）遗传性病因。主要有：

　　①丙酮酸激酶（PK）缺乏。好发品种有阿比西尼亚猫、孟加拉猫、埃及猫、缅因猫、挪威森林猫和索马里猫等。

　　②渗透脆性增加。与红细胞膜缺陷有关，临床症状除轻度的溶血性贫血指针外，可能伴随口红型红细胞增多症，在6月龄到5岁的索马里猫、阿比西尼亚猫、暹罗猫和本地短毛猫中有病例报道。

　　③卟啉症。由于血红素生物合成途径中特定酶的活性降低导致的先天性代谢缺陷，在家养短毛猫和暹罗猫中有报道，临床表现有褐色牙齿（图13-1-1）、紫外线照射后牙齿呈粉红色、褐色尿、肝脏和脾脏肿大。

　　（2）免疫介导性病因。是抗体介导的细胞毒性破坏红细胞所致。未找到抗体原因时被称为原发性或自体免疫性贫血；免疫介导性溶血性贫血的血涂片表现为红细胞的真性凝集，可能伴随影细胞，在猫很难区分球形红细胞（图13-1-2）。

　　（3）感染性病因。

　　①血支原体。寄生在红细胞内，是最常见的导致猫感染性免疫介导性贫血的病因，常与其他疾

病伴发。猫血支原体的特征是大量红细胞表面附着支原体（图13-1-3、图13-1-4）。

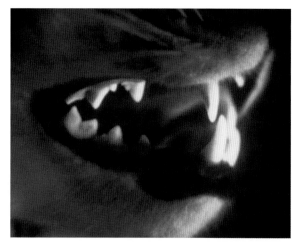

图 13-1-1　家养短毛猫间歇性再生性贫血，紫外线照射后牙齿呈现粉红色，高度怀疑卟啉症（方开慧 供图）

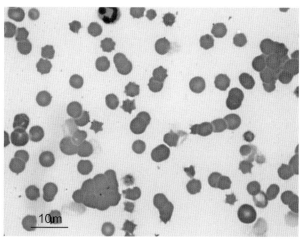

图 13-1-2　患淋巴瘤继发的免疫介导性溶血性贫血的患猫血涂片，可见明显红细胞凝集（蓝色箭头所示）（方开慧 供图）

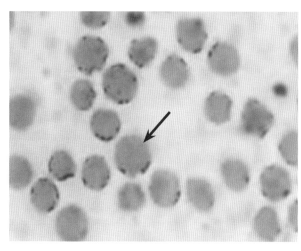

图 13-1-3　患猫严重贫血且有黄染，血涂片可见大量猫血支原体（箭头所示）（方开慧 供图）

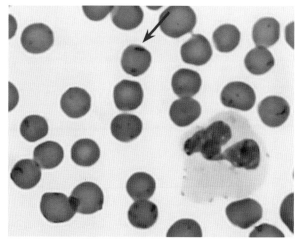

图 13-1-4　血涂片上红细胞表面的嗜血支原体（林梓杰 供图）（箭头所示）（方开慧 供图）

②病毒。由Felv或FIV引起的贫血可能继发于免疫介导性破坏、骨髓内造血抑制、慢性炎症或浸润性肿瘤。

③巴尔通体。猫是汉赛巴尔通体和克氏巴尔通体的主要储存宿主，病原主要寄生在红细胞内；常见的临床症状包括嗜睡、间歇性发热、淋巴结肿大、震颤、牙龈炎和葡萄膜炎。

④胞簇虫。一种原虫，外观为圆形至卵圆形的图章戒指状（图13-1-5），临床表现厌食、意识水平改变、抽搐、嗜睡、黄疸、黏膜苍白、发热、呼吸困难及肝脾肿大。

（4）中毒性病因。药物和食品中毒会使猫红细胞发生氧化损伤形成海因茨小体（图13-1-6、图13-1-7），产生高铁血红蛋白造成溶

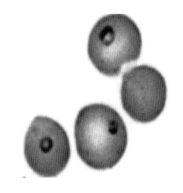

图 13-1-5　严重贫血患猫，血涂片显示有圆形至卵圆形的图章戒指状胞簇虫（方开慧 供图）

血性贫血，常见药物和毒物包括阿司匹林、对乙酰氨基酚和尿液酸化剂等。

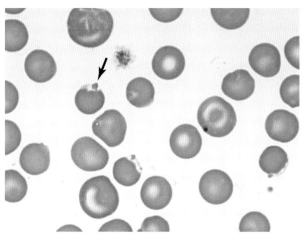

图 13-1-6　对乙酰氨基酚中毒患猫血涂片（黑色箭头所示）。可见大量的海因茨小体（黑色箭头所示）（方开慧 供图）

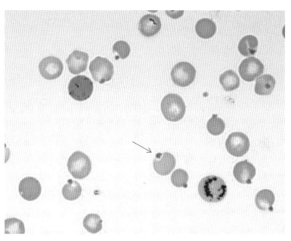

图 13-1-7　对乙酰氨基酚中毒患猫新亚甲蓝染色（蓝色箭头所示）（方开慧 供图）

（5）其他原因。循环中的红细胞通过异常血管时发生裂解导致溶血性贫血，其原因主要是肿瘤，特别是血管肉瘤。此时患猫的血涂片可见裂红细胞、不规则的异形红细胞以及球形红细胞（图 13-1-8）。

2. 诊断

体格检查可见患猫黏膜苍白、黄染，严重贫血时可能出现不同程度的休克，还会伴随黄疸、血红蛋白血症（图 13-1-9）、血色尿、肝脏和脾脏肿大等临床表现。实验室检测血常规可见红细胞压积降低，血清生化总胆红素上升，尿液出现胆

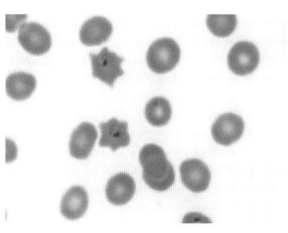

图 13-1-8　血管肉瘤患猫血涂片上可见大量棘形红细胞（方开慧 供图）

红素尿或血红蛋白尿（图 13-1-10），血涂片显示红细胞形态异常，可诊断为溶血性贫血。

图 13-1-9　一只淋巴瘤患猫发生血管内溶血出现血红蛋白血症（方开慧 供图）

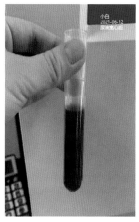

图 13-1-10 一只淋巴瘤患猫发生血管内溶血出现血红蛋白尿。离心后尿液颜色未改变（方开慧 供图）

3. 治疗

感染引起的溶血性贫血，可使用多西环素治疗血支原体和巴尔通体等病原体，考虑到这种疾病的免疫介导性质，需同时使用泼尼松龙（2~4mg/kg，po，q24h或1~2mg/kg，po，q12h的剂量）进行免疫抑制治疗；猫胞簇虫感染可将阿托伐醌和阿奇霉素连用；中毒引起的要尽早去除毒素，抗氧化治疗；对乙酰氨基酚中毒时要以最小应激给猫供氧，催吐通常无效，可以在最初4~6h内给予活性炭（2g/kg，po），可重复给药，水合正常患猫可以给予泻药；补充谷胱甘肽或乙酰半胱氨酸，给予S-腺苷甲硫氨酸，维生素C等。治疗免疫介导性贫血同时要使用免疫抑制剂，一线用药为地塞米松0.2~0.3mg/（kg·d），泼尼松龙2~4mg/（kg·d）。

二、失血性贫血（凝血功能正常）

猫的失血性贫血在临床上分为可见的急性失血和隐匿的慢性失血。急性出血超出全身血量的30%~40%时，可引发比较严重的贫血症状。而慢性的失血性贫血一般临床症状比较温和，有时容易被忽视。慢性失血性贫血有可能会继发缺铁性贫血。失血性贫血一般都为再生性贫血，对治疗都有良好的反应，除了急性失血性贫血急症，一般情况下，只要纠正引起失血性贫血的原因，预后都良好。

1. 病因

急性失血性贫血的原因常见于创伤（图13-1-11）、手术出血、肿瘤破溃等。隐匿性慢性失血性贫血的原因常见于胃肠道溃疡出血、泌尿道出血、体内外寄生虫（肠道寄生虫、跳蚤）感染等（图13-1-12）。

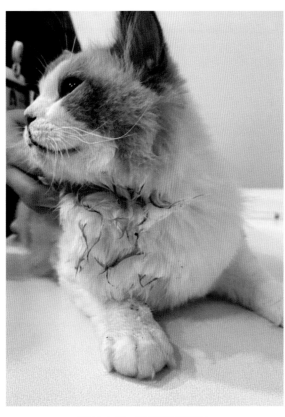

图 13-1-11 坠楼猫鼻腔出血
（胡振东 供图）

图 13-1-12 绦虫感染导致猫出血性腹泻
（胡振东 供图）

2. 临床症状

和其他类型的贫血一样，临床上可见猫黏膜颜色变淡至苍白、精神沉郁、低体温、心率增加、呼吸次数增加、食欲下降、消瘦。可能表现出血症状，或可见寄生虫感染。急性失血量大时还会引发休克及死亡。

3. 诊断

要详细了解病史并做完善的体格检查。病史调查很重要，可以提供找出失血病因的有用信息，完善的体格检查可以提供贫血的证据，可以查看是否有体表寄生虫等。

急性失血性贫血的诊断比较简单，视诊可见出血，或者超声及X射线片可见体腔内有异常液体（图13-1-13、图13-1-14），通过进一步穿刺检查可确认出血（图13-1-15）。外伤失血24～72h，血常规检查一般可见红细胞总数和血红蛋白含量减少，红细胞压积正常或者下降；生化检查可见白蛋白含量减少。

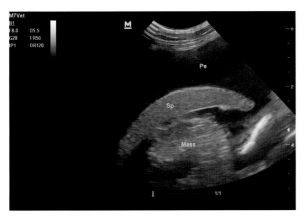

图 13-1-13　腹部超声显示腹腔肿瘤破裂导致猫腹腔积血
（田志鹏 供图）

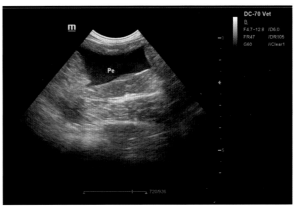

图 13-1-14　腹部超声显示肝脏破裂导致猫腹腔积血
（田志鹏 供图）

慢性失血性贫血的诊断相对复杂。首先要与其他类型的贫血做鉴别诊断，确认慢性失血性贫血后，再通过完整的胃肠道检查及泌尿系统检查来进一步确认发生失血的位置及原因。

4. 治疗

失血性贫血的治疗，首先需要根据贫血的严重程度考量是否需要输血治疗，稳定动物体况后，再针对病因做特异性治疗。出血严重且无法使用药物止血的，需要手术止血。

图 13-1-15　车祸导致腹腔积血患猫的腹腔抽取液
（胡振东 供图）

第二节　非再生性贫血

一、红细胞生成素（Erythropoietin，EPO）缺乏

概述　红细胞生成素（EPO）为刺激红细胞生成的因子，通常是由肾脏血管内皮（肾皮质部的肾小管间质内皮）生成的一种糖蛋白激素。其生成速率与血液中含氧量呈正比。正常情况下，当红细胞需求量增加时，EPO主要刺激干细胞数量的增加，并加速分化为红细胞前驱细胞（网织红细胞），而非缩短骨髓内红细胞成熟所需的时间，网织红细胞由骨髓释放到外周血中。当EPO分泌不足时，网织红细胞在外周血液中未预期上升，贫血随即发生。

1.病因

由于肾脏是制造红细胞生成素（EPO）的主要器官，慢性肾病（chronic kidney disease，CKD）是最常见的原因。CKD通常为一系列的肾脏刺激所造成的结果，包括肾盂肾炎、注射氨基糖苷类药物、毒素、创伤等。

2.临床症状

最常见的临床症状包括体重减轻、厌食、昏睡、多饮多尿，可发生呕吐（更多的出现在CKD后期），脱水及消瘦，黏膜苍白。触诊、X线及超声检查常能发现肾脏的体积减小。

3.诊断

实验室检查可见非再生性贫血[正细胞正色素性贫血（图13-2-1），绝对聚集型网织红（图13-2-2）的数量<60K/μL]、氮质血症、高磷酸盐血症、代谢性酸中毒、尿液相对密度降低（脱水情况下，UCG低于1.035是提示CKD的早期指标）。X线检查、超声检查可确认肾脏结构变化（肾萎缩、肾被膜不光滑等）。

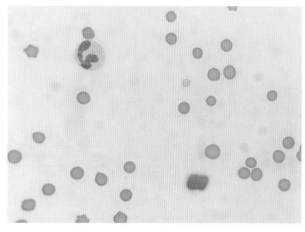

图13-2-1　猫咪慢性肾衰的血涂片
（10×100，diffe 染色，HCT=8%）（周天红　供图）

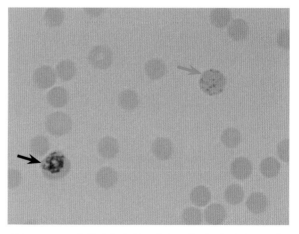

图13-2-2　黑色箭头指向的是猫的聚集型网织红细胞，蓝色箭头指向的是猫的点状网织红细胞（10×100，新亚甲蓝染色，HCT=20%）（周天红　供图）

4.治疗

红细胞生成素疗法：当红细胞压积（HCT）低于15%时可以采用这种方法治疗。可使用的有

药物有：①人重组红细胞生成素epoetinalfa（r-HuEPO：Epogen®）的剂量为100U/kg，每周3次，SC，直到HCT达到30%；然后100U/kg，每周两次，直到HCT达到40%，然后或者停药，或者以75-100U/kg q7-14d SC继续用药。②阿法达贝泊汀（darbepoetin alfa）（Aranesp®）d的初始剂量每周每只猫6.25ug，然后以q2-4周维持。此后根据血细胞容积决定用药间隔时间。

其他CKD的治疗参见慢性肾衰的章节。

二、缺铁性贫血

概述　红细胞制造过程中，当可利用的铁质不足时，铁质首先由储存处释放出来，正常猫仅有少量铁质储存于骨髓。当患猫出现铁质吸收障碍或其他原因导致的铁质丢失时，骨髓内血红蛋白合成会下降，导致有功能的细胞核的红细胞存在时间延长，并持续进行有丝分裂，以便提高红细胞内血红蛋白浓度；而增加分裂次数的结果将导致红细胞变得更小，平均血红蛋白浓度下降造成红细胞低染性。同时，外周血的网织红细胞数量不会上升。

1.病因

营养性缺铁，慢性失血是铁缺乏最常见的原因，尤其是经由消化道流失。幼年动物感染肠道寄生虫、跳蚤、虱等外寄生虫，老年动物胃肠道肿瘤溃疡造成消化道出血，慢性疾病中巨噬细胞内储存的铁无法正常运回造血系统内，都是引起缺铁性贫血的原因。有时住院的猫咪因多次重复抽血进行检验时，也会造成医源性的失血性贫血。

2.临床症状

猫缺铁性贫血的临床症状主要表现为：无力、嗜睡、黏膜颜色苍白（见图13-2-3）等非特异性的临床症状。不同疾病造成的缺铁性贫血，症状也不相同。幼年猫咪因外寄生虫引起，则皮肤的被毛少光泽，并伴发皮肤病；因肠道溃疡引起则表现黑粪症等。

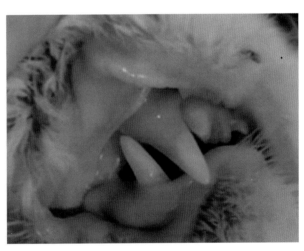

图13-2-3　英国短毛猫，7月龄，发生慢性腹泻2个月，表现典型的黏膜苍白（周天红　供图）

3.诊断

通过病史、临床症状，实验室检查结果包括贫血、血清铁浓度下降、骨髓内具染色性的铁质减少和血清储铁蛋白浓度下降可确诊疾病。血涂片中红细胞可见淡染区（见图13-2-4），猫的红细胞小，正常血涂片中很少见到淡染区。

4.治疗

首先要找到缺铁性贫血的病因，并针对病因进行治疗。其次是补充铁制剂。

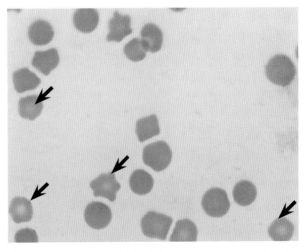

图13-2-4　猫的血涂片（10×100，diffe染色，HCT12%），黑色箭头指向红细胞中间淡染区（周天红　供图）

第三节　猫嗜血支原体

概述　猫嗜血支原体是寄生在红细胞内的微生物，目前发现与该病有关的有三种：猫血支原体、暂定种微血支原体和暂定种苏黎世支原体。嗜血支原体吸附在红细胞表面后，免疫系统会攻击带有病菌的红细胞，导致猫发生感染性免疫介导性溶血性贫血。上述第一种支原体，其个体最大、致病性最强，可能会快速消失，然后周期性出现在红细胞中。

1. 病因

目前，大多数研究发现逆转录病毒感染与嗜血支原体有关。其他感染的风险因素包括雄性、户外活动。这可能和公猫与母猫的生活方式不同有关。猫跳蚤是基于实验室感染下的潜在虫媒载体，通过猫之间的攻击行为（例如咬伤、抓伤）直接传播。静脉输注感染的血液也可以传播，该生物可以在储存的血液制品中存活长达1周。

2. 临床症状

临床通常表现非特异性症状，如黏膜苍白、体重减轻、周期性发热、嗜睡、厌食、黄疸、脾肿大、心动过速和呼吸急促等。全血细胞计数通常显示伴红细胞大小不等和多染性红细胞增多的再生性贫血。可能存在自体凝集，Coombs试验可能表现全阳性，表明存在与红细胞结合的抗体。强烈建议对猫进行逆转录病毒检测技术检测猫的白血病病毒（Feline leukemia virus，FeLV）和猫免疫缺陷病毒（Feline immunodeficiency virus，FIV），临床上多数患病动物存在并发感染。

3. 诊断

病史：感染猫的病史通常可见咬伤伤口或类似的应激，户外生活史或流浪史。

血常规（CBC）：红细胞压积（HCT）、RBC计数及血红蛋白不同程度的降低（贫血）、血涂片中出现红细胞的多染性和红细胞的大小不等。红细胞表面有小的球状或杆状的猫嗜血支原体（见图13-3-1）。

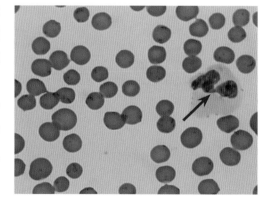

图13-3-1　血涂片显示红细胞表面的嗜血支原体
（10×100 diffe 染色，箭头所示）
（林梓杰 供图）

首选的诊断性检测是基于16S核糖体RNA基因分析的聚合酶链反应（PCR）。外周血涂片评估不能作为一种敏感的诊断测试，因为猫嗜血支原体可能会快速从猫的红细胞中消失，同时又在体内循环血中再次出现。

4. 治疗

对因治疗可采用四环素类如多西环素、氟喹诺酮类药物，恩诺沙星极小概率可能导致猫的视网膜变性，因此要小心谨慎使用。建议定期复查血检。

多西环素：5mg/kg，q12h PO 或 10mg/kg q24h PO 的剂量治疗14~21天，在口服强力霉素片剂后再口服5~6ml水以确保片剂能到胃，以避免食道损伤。恩诺沙星或普度沙星是有效的替代多西环素的方法，剂量为5~10mg/kg，口服，每日1次，连用2~3周。考虑到这种疾病的免疫介导性质，可同时使用泼尼松龙（2~4mg/kg，口服，每日1次，或1~2mg/kg每日2次）进行免疫抑制治疗可能更为有效。

没有临床症状而PCR检测是阳性的患猫不一定需要继续治疗。

第十四章

猫骨科疾病

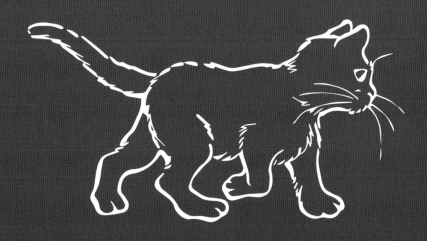

外伤和骨关节炎是猫最常见的两种骨科疾病，根据临床体检和病史调查结果能够作出诊断或鉴别诊断。当然，神经系统疾病也能引起猫的行为或动作异常，甚至被误诊为骨科损伤。因此，采用X射线片、结合CT检查，可判断骨骼的形态和功能，确诊骨科疾病的发病部位、性质，制定科学的治疗原则，并评价术后恢复状况。本章主要介绍猫的先天发育异常、各种外伤导致的骨折，以及相应的外科手术疗法。

第一节　猫的常见发育不良及退行性骨病

1. 苏格兰折耳猫骨软骨发育不良

苏格兰折耳猫骨软骨发育不良是潜在的遗传性疾病，影响骨骼生长和关节软骨形成，目前认为纯合子和杂合子折耳猫均存在骨软骨发育不良。苏格兰折耳猫的耳朵前折是广泛性软骨形成缺陷的外在标志，除此之外，还会表现掌骨、跖骨、指/趾骨和尾椎的缩短与增宽以及退行性关节病，并在韧带和关节囊附着点出现新骨形成（图14-1-1），严重病例表现关节强直。

苏格兰折耳猫骨软骨发育不良的发病年龄、严重程度和发展进程各异，治疗以减轻临床症状和伴随的疼痛为主。

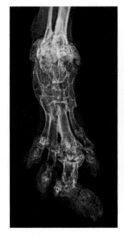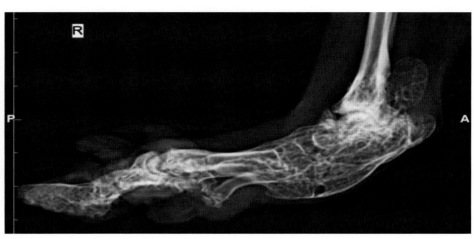

图 14-1-1　已绝育 1 岁雌性苏格兰折耳猫。左图为右后肢跗趾部内外侧位，右图为前后位 X 射线片，可见跖骨干骺端增宽，跗趾部缩短；跗关节强直性关节病，跟腱附着点新骨形成，诊断为苏格兰折耳猫骨软骨发育不良

（丛恒飞 供图）

2. 髋关节发育不良

髋关节发育不良是一种发育性疾病，但具有一定的遗传性，其遗传模式与多因素有关。据影像学检查统计，髋关节发育不良的发病率较高，尤其是纯种猫，但由此出现的临床报道却很少。与犬相比，猫的临床症状往往更加隐蔽，很多都是体检时偶然发现，这也可能导致对髋关节发育不良的诊断不足。

猫髋关节发育不良最明显的X射线征象是髋臼变浅和股骨头半脱位（图14-1-2），而且继发性退行性髋关节病变似乎比犬发展得更晚；最广泛的增生性和重塑变化（图14-1-3）主要累及髋臼的前背侧缘，股骨头和股骨颈的重塑通常比较轻微。猫髋关节发育不良及其继发性髋关节骨关节炎一般可以采取保守治疗，包括减轻体重、疼痛控制和长期使用减缓疾病进展的药物；严重病例可以考虑股骨头和股骨颈切除术、全髋关节置换术。

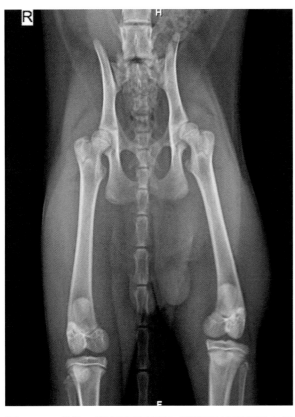

图 14-1-2　雄性 5 月龄英国短毛猫，髋关节伸展腹背位 X 射线检查显示左侧髋臼浅和股骨头半脱位，诊断为髋关节发育不良
（丛恒飞　供图）

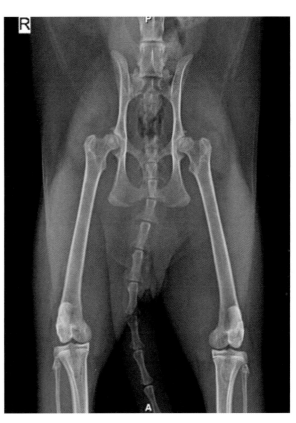

图 14-1-3　已去势 3 岁雄性美国短毛猫，髋关节伸展腹背位 X 射线检查显示双侧髋关节发育不良继发骨关节炎，以髋臼前背侧缘增生形成骨赘为主，股骨头和股骨颈轻微重塑
（丛恒飞　供图）

3. 营养性继发性甲状旁腺功能亢进

营养性继发性甲状旁腺功能亢进主要发生于低钙高磷饮食的幼猫。高磷食物可引起慢性的血清钙水平偏低，引起甲状旁腺素（PTH）分泌增多和肾脏中维生素 D 活性升高，导致骨骼中的钙代谢增加，从而发展为骨质疏松。

患猫营养状况看似正常，主要表现为活动性降低、淡漠、广泛性疼痛或便秘，但也可能发生病理性骨折而表现急性跛行或神经症状。X射线征象包括广泛性骨密度降低，骨皮质变薄（图14-1-4）；生长板宽度正常，但边缘有高密度线；常见长骨、脊柱或骨盆变形，可能存在病理性骨折；偶见胃食道套叠。营养性继发性甲状旁腺功能亢进的治疗包括更换为钙磷比均衡的高质量商品猫粮，重症病例可采取安乐死。

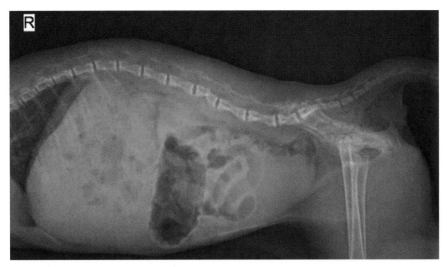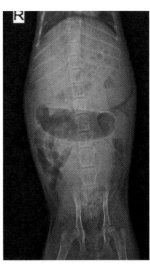

图 14-1-4　雌性 4 月龄德文卷毛猫，长期食用鸡肉，因被电动猫砂盆夹住瘫痪而就诊。胸腰椎右侧位和腹背位 X 射线检查显示广泛性骨密度降低，骨皮质变薄，骨盆变形偏窄，L4 椎体压缩性骨折，诊断为营养性继发性甲状旁腺功能亢进
（丛恒飞 供图）

4. 腕关节伸展过度性损伤

猫腕关节伸展过度性损伤最常见于高处跌落，在落地的瞬间，腕关节掌侧承受巨大的张力，从而导致掌侧韧带和纤维软骨发生损伤。有时会合并发生腕掌关节损伤，但桡腕关节和腕骨间关节伸展过度性损伤并不常见。

腕关节伸展过度性损伤可通过夹板绷带固定 2 周或一期重建掌侧韧带行纤维性愈合进行治疗。但患猫可能一直存在掌行姿态，临床结果不能令人满意，因此，需要选择关节融合术进行治疗。

5. 生长板发育不良伴股骨头骨骺滑脱

生长板发育不良伴股骨头骨骺滑脱是一种非创伤性疾病，又称为自发性股骨头骨骺骨折。大多数患猫都是已去势的公猫，常在 1~2 岁就诊，超重猫更易发；临床症状表现为后肢跛行、无力或无法跳跃，可能是单侧的，也可能是双侧的。

生长板发育不良伴股骨头骨骺滑脱（图 14-1-5）的病因尚不清楚。在组织病理学上，符合生长板闭合延迟的表现或可能反映骨骺发育不良。诊断主要基于 X 射线征象，包括股骨头骨骺不协调、股骨骺移位、股骨颈吸收、骨质溶解和硬化等。该病往往是在晚期被诊断出来，已有明显的骨性变化，因此，常考虑进行股骨头和股骨颈切除术；另一种治疗方案是全髋关节置换术。

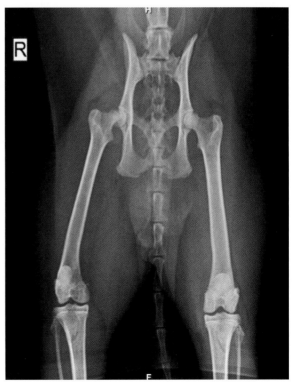

图 14-1-5　已去势的 20 月龄雄性英国短毛猫，无创伤史，髋关节伸展腹背位 X 射线检查显示右侧股骨头骨骺滑脱，诊断为右侧生长板发育不良伴股骨头骨骺滑脱
（丛恒飞 供图）

6. 骨关节炎

骨关节炎又称为退行性关节病,分为原发性和继发性骨关节炎。原发性骨关节炎是由正常的老化过程中软骨磨损或撕裂导致;继发性骨关节炎是由潜在的关节病变引起。与犬相反,猫的原发性骨关节炎更常见,而继发性骨关节炎少见。据报道,12岁以上的猫中,骨关节炎X射线征象的阳性率高达90%,但骨关节炎的临床诊断率并不高,因此,主人和兽医对猫骨关节炎的认识相对不足,临床症状很容易被误解或漏诊。患猫通常肥胖,表现行为改变、不活跃或不能或不愿跳跃、步态僵硬。主人可能观察到猫在活动时犹豫或活动中暂停,可能改变理毛习惯或难以爬进猫砂盆而在猫砂盆旁排尿或排便。

骨关节炎的X射线征象(图14-1-6)表现关节周新骨形成、软骨下骨硬化、骨形态和密度发生变化、关节囊增厚以及关节内钙化灶。骨关节炎的保守治疗包括环境改善和理疗、肥胖猫减肥与疼痛控制。疼痛

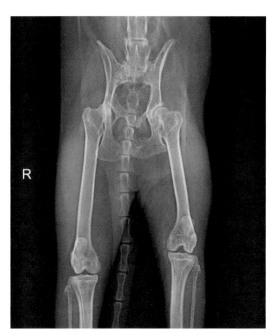

图 14-1-6　已绝育的9岁雌性家养短毛猫,髋关节伸展腹背位X射线检查显示左侧髋臼软骨下骨硬化、股骨头变形和股骨颈增粗,诊断为左侧髋关节骨关节炎(陈艳云 供图)

控制非常重要,美洛昔康已被证明是一种对猫运动性疾病有效的止痛药,长期使用时按照0.05mg/kg SID的剂量给予,也可以尝试更低的剂量(0.025mg/kg SID)控制,或辅助关节保护剂和不饱和脂肪酸治疗。

7. 骨肿瘤

与犬相比,猫的骨肿瘤不常见。骨肉瘤是目前报道最多的猫原发性骨肿瘤,大多数猫在确诊时通常年龄较大(约10岁),典型的临床症状是跛行,并存在一个大的无痛性肿物,以股骨远端、肱骨近端和胫骨近端好发(图14-1-7)。原发性骨肿瘤的X射线征象多变,主要是侵袭性疾病反应的典型征象,通常是单骨病变,以干骺端发病为主,常见病理性骨折;确诊需要通过组织病理学检测。截肢术治疗附肢骨肉瘤的预后良好。也可能见到转移性肺肿瘤,猫常见肺–趾综合征,即原发性肺肿瘤转

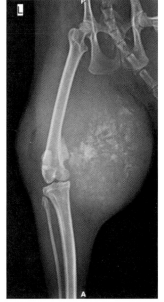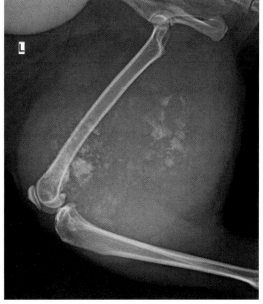

图 14-1-7　已绝育9岁雌性美国短毛猫,左后肢股骨内外侧位和前后位X射线检查显示股骨远端为中心的大肿物,肿物内出现不规则钙化灶,股骨远端干骺端增殖性骨发生病变;行左后肢经髋关节处截肢术,送检组织病理学检查,诊断为骨肉瘤(丛恒飞 供图)

移到指/趾上，造成一个或多个远端指节骨（有时涉及中间指节骨）溶解，从而引发猫脚掌肿胀和跛行。

第二节　猫的创伤性骨折

一、骨折的分类

临床上，猫的创伤型骨折可从开放性或闭合性上进行分类，同时结合骨折的基本情况、骨折的位置，以及是否特殊骨折、是否存在移位或重叠等多方面诊断。

（一）开放性骨折的分类

确定开放性骨折的类型或严重程度有助于确定预后，并确定在这种情况下可用的治疗方案。开放性骨折可根据损伤的严重程度分为三级：

Ⅰ级：开放性骨折是低能量骨折，骨碎片穿刺突出皮肤，产生通常小于1cm的开放性伤口，软组织损伤轻微。骨折类型较为简单，常常为短、斜骨折。这些皮肤伤口很小、不明显，多数情况下，直到剃掉毛发后才会发现。

Ⅱ级：开放性骨折，伤口大于1cm，涉及较高的能量损伤，软组织损伤广泛，但无撕脱伤。伤口中等程度污染，有中等程度粉碎性骨折。与Ⅰ级相比，对软组织的损伤更大。

Ⅲ级A：有广泛的撕脱伤，并有软组织瓣形成，不管伤口大小，骨折处仍有软组织覆盖。

Ⅲ级B：广泛的软组织丢失，伴有骨膜剥落，并有严重污染。

（二）闭合性骨折的分类

1. 根据骨折线的数量分类（图14-2-1）

（1）简单骨折。包括：横骨折、斜骨折、螺旋形骨折、青枝骨折和不完全骨折。

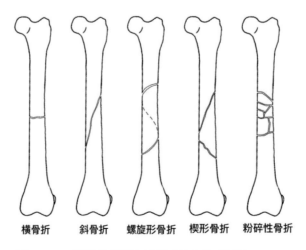

横骨折　　斜骨折　　螺旋形骨折　　楔形骨折　　粉碎性骨折

图 14-2-1　根据骨折线数量分类（陈宏武 供图）

（2）楔形骨折/蝶形骨折。

（3）多段骨折（粉碎性骨折）。

2. 根据生长板的形态变化进行骨折的分类（图14-2-2）

3. 根据机械力学进行骨折的分类（图14-2-3）

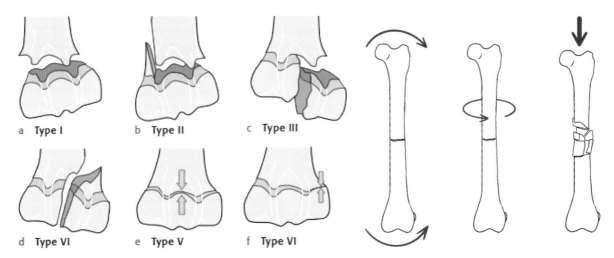

图 14-2-2　生长板骨折分类：Ⅰ型只涉及生长板；Ⅱ型涉及生长板和干骺端；Ⅲ型涉及生长板和骨骺；Ⅳ型涉及生长板、干骺端和骨骺；Ⅴ型是生长板的压缩性损伤；Ⅵ型是生长板的单侧压缩性损伤（陈宏武　供图）

图 14-2-3　根据机械力学进行骨折的分类（陈宏武　供图）

4. 根据肱骨近端生长板 S-H Ⅰ 型是否只涉及生长板骨折的分类（图14-2-4 至图14-2-6）

5. 猫的肘关节骨折

前期需要先了解猫的肘关节解剖结构（图14-2-7）以及猫肘关节的各个部位（图14-2-8）。

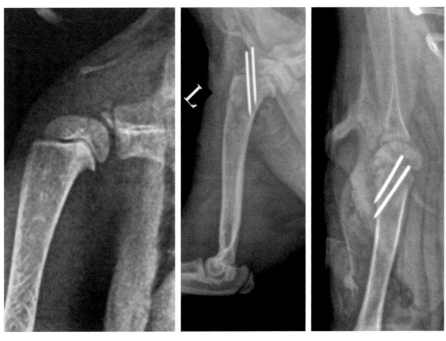

图 14-2-4　术后 X 射线片显示平行的两根克氏针（陈宏武　供图）

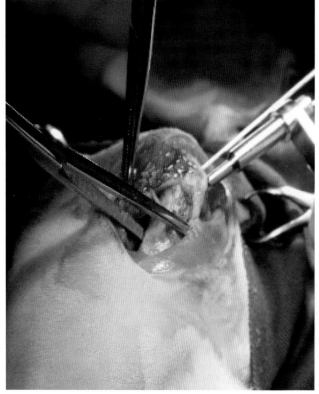

图 14-2-5　在导钻的引导下，植入两个平行的克氏针
（陈宏武　供图）

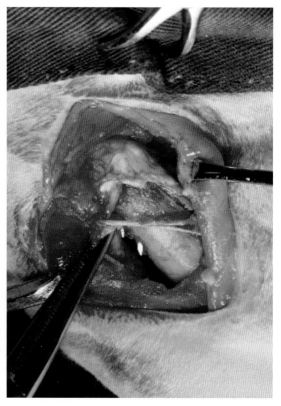

图 14-2-6　显示术中植入平行的两个克氏针
（陈宏武　供图）

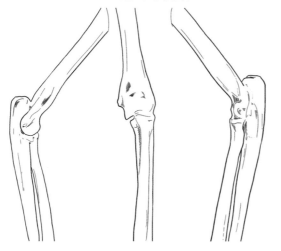

图 14-2-7　猫肘关节（陈宏武　供图）

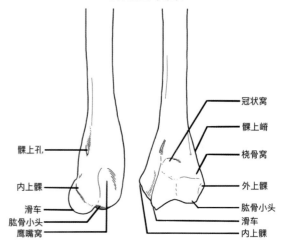

图 14-2-8　猫肘关节各部位（陈宏武　供图）

二、骨折评估

1. 机械性评估

机械性因素包括受损伤肢的数量、动物的体形和活泼性，以及获得骨性物质和植入物之间负重分配固定的能力（图 14-2-9）。

2. 生物学评估

动物的年龄和整体健康状况、骨折为开放性还是闭合性，以及由低能量还是高能量损伤所致，损伤的骨骼和损伤部位（图 14-2-10）。

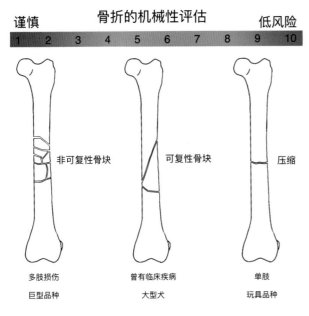

谨慎	骨折的机械性评估								低风险
1	2	3	4	5	6	7	8	9	10

非可复性骨块　　　可复性骨块　　　压缩

多肢损伤　　　　曾有临床疾病　　　单肢

巨型品种　　　　　大型犬　　　　　玩具品种

图 14-2-9　骨折的机械性评估（陈宏武 供图）

谨慎	骨折的生物学评估								低风险
1	2	3	4	5	6	7	8	9	10

老龄动物	中年	青年	幼龄
健康状况差			很健康
软组织覆盖少			软组织覆盖多
皮质骨			松质骨
高速损伤			低速损伤
大通路		小通路	闭合式

图 14-2-10　骨折的生物学评估（陈宏武 供图）

谨慎	骨折的临床评估								低风险
1	2	3	4	5	6	7	8	9	10

客户配合度差	客服配合度良好
动物配合度差	动物配合度良好
客户心理承受能力差	客户心理承受能力强
动物对舒适度要求高	动物对舒适度要求低

图 14-2-11　骨折的临床评估（陈宏武 供图）

3. 临床评估

主要根据动物和宠主因素、动物的配合度来进行评估（图14-2-11）。

三、四肢骨骨折

（一）肱骨中段骨折

1. 病因

高速损伤（如车祸、高空坠落、钝性创伤）是肱骨骨折的常见原因。

2. 发病特点

任何年龄、品种或性别的猫均可发病。患病动物通常在损伤后出现急性不负重，需要对身体所有系统进行全面检查，排除任何伴发的损伤。肱骨骨折伴发的常见损伤包括胸壁创伤、气胸和肺部挫伤。

3. 临床症状与病理变化

患猫严重跛行，表现出肢体外展和肘关节屈曲；肿胀不明显，关节不易活动，触诊患肢可能发现疼痛和捻发音。肱骨骨折也会引起桡神经损伤，因此，仔细评估动物的神经状况也是重点。

4. 诊断

患猫多数表现疼痛，需要镇定或全身麻醉来进行合理的摆位，以获得高质量X射线影像，通过前后位和侧位投照来评估骨骼和软组织损伤的程度（图14-2-12）。

5. 治疗

因为肩关节不能被有效制动，铸件和夹板不适用于肱骨骨折的修复。植入物的选择需根据动物的骨折评估评分进行。

修复肱骨骨折可采用骨板（图14-2-13）、IM针和骨科钢丝、交锁髓内钉、IM针加外部骨骼固定器、单独使用外部骨骼固定器。术后愈合良好（图14-2-14）。

第十四章　猫骨科疾病

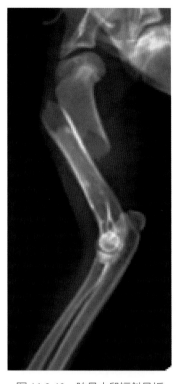

图 14-2-12　肱骨中段短斜骨折
X 射线片（陈宏武 供图）

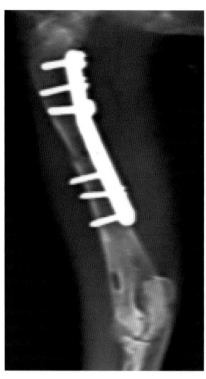

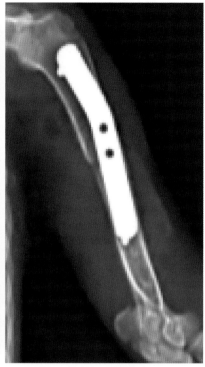

图 14-2-13　X 射线片显示植入的 8 孔骨板，两端各 3 个皮质螺钉
（陈宏武 供图）

（二）肱骨远端关节、骨骺和干骺部骨折

1. 病因

高空坠落是肱骨远端关节、骨骺和干骺部骨折的常见原因。

2. 发病特点

外侧踝骨折常发生于年轻猫，骨骺骨折可发生于生长板未闭合的任何品种或性别的年轻猫。任何品种或性别的成年猫均可发生远端上髁（肘关节）骨折。

3. 临床症状与病理变化

多数患病动物有不负重性跛行。如果骨折继发于车祸，患肢通常有明显的肿胀，对患肢进行操作时有疼痛和摩擦音。

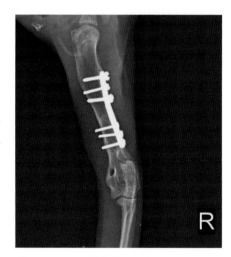

图 14-2-14　X 射线片显示术后 2 个月显示
骨骼愈合良好（陈宏武 供图）

4. 诊断

前后位和侧位 X 射线影像通常即可诊断（图 14-2-15）。由于进行诊断性 X 射线检查时需要进行摆位操作，一些动物可能需要镇定。

5. 治疗

累及或靠近关节的骨折不应该保守治疗。临床上多采用手术治疗。关节和踝上粉碎性骨折需要使用骨板结合骨针（图 14-2-16 至图 14-2-18）、钢丝或拉力螺钉（图 14-2-19 至图 14-2-21），甚至是双骨板进行复位固定（图 14-2-22 至图 14-2-29）。

肱骨干骺和上髁骨折的治疗取决于动物的年龄、整体的健康状况和骨折的构型。Salter Ⅰ 型和 Ⅱ 型骨骺骨折的手术治疗包括解剖复位和用光滑的 K- 丝或小骨针固定（图 14-2-30、图 14-2-31），不会干扰骨骺的功能。近端肱骨的 Salter Ⅲ 型骨折也可采用多根 K- 丝或小骨针进行治疗。接近成熟

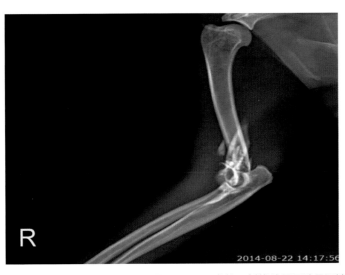
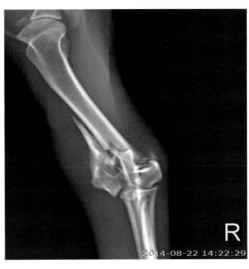

图 14-2-15　术前 X 射线片显示肱骨远端粉碎性骨折（陈宏武　供图）

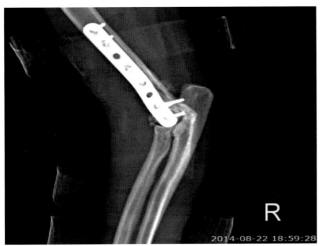
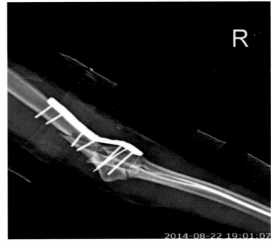

图 14-2-16　术后 X 射线片显示植入物（骨板和克氏针）（陈宏武　供图）

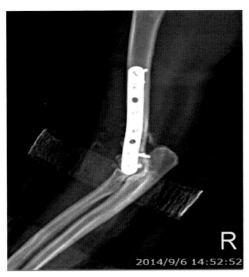
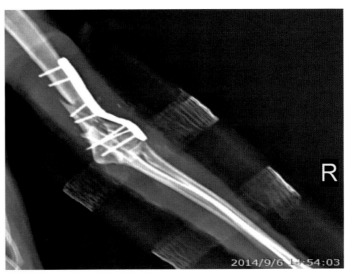

图 14-2-17　术后周正侧位 X 射线片显示植入物未见异常（陈宏武　供图）

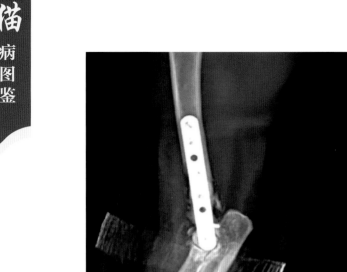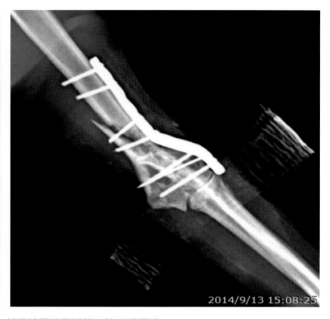

图 14-2-18　术后 3 周 X 射线片显示骨折处开始形成骨痂
（陈宏武　供图）

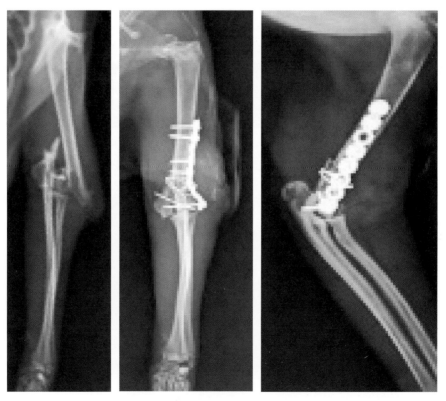

图 14-2-19　肱骨远端粉碎性骨折 X 射线片显示植入物（骨板、克氏针和钢丝）
（陈宏武　供图）

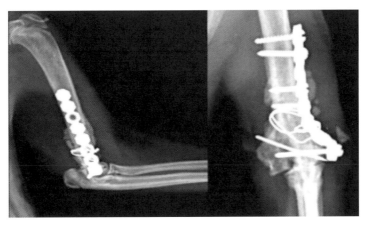

图 14-2-20　术后 3 周正侧位 X 射线片显示植入物未见异常（陈宏武 供图）

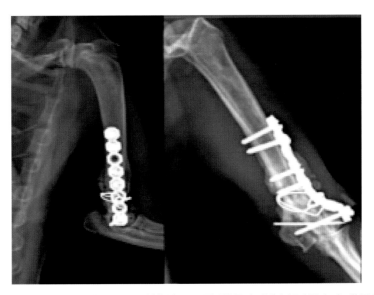

图 14-2-21　术后 5 周 X 射线片显示骨折处骨痂形成良好（陈宏武 供图）

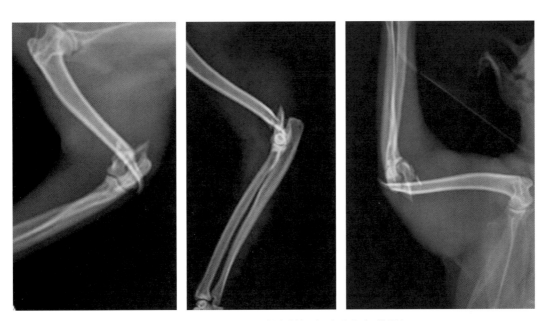

图 14-2-22　X 射线片显示肱骨远端粉碎性骨折（陈宏武 供图）

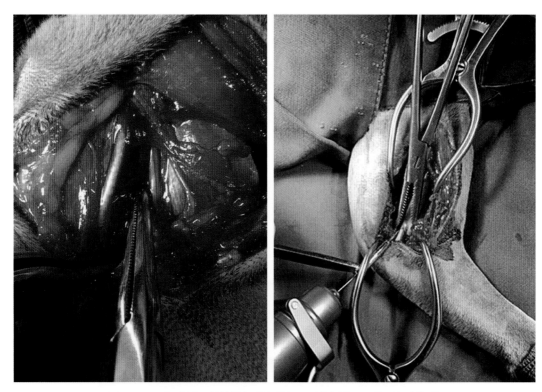

图 14-2-23 　图中显示的桡神经要保护好，避免损伤；骨块要解剖复位
（陈宏武 供图）

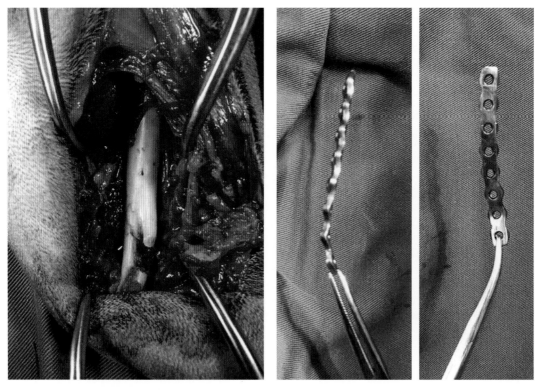

图 14-2-24 　图中显示部分骨折线
（陈宏武 供图）

图 14-2-25 　植入物的塑形
（陈宏武 供图）

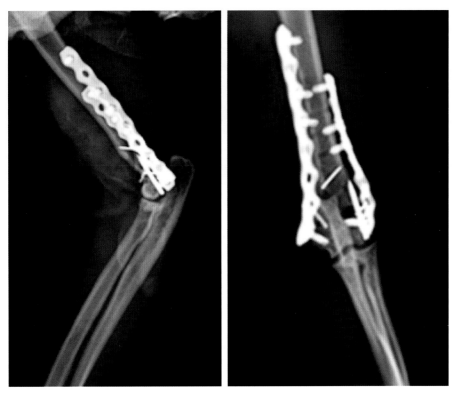

图 14-2-26　术后 X 射线片显示植入物为双板

（陈宏武　供图）

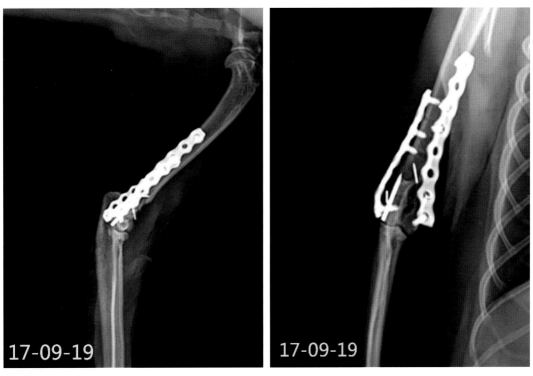

图 14-2-27　术后 9d X 射线片显示植入物未见异常

（陈宏武　供图）

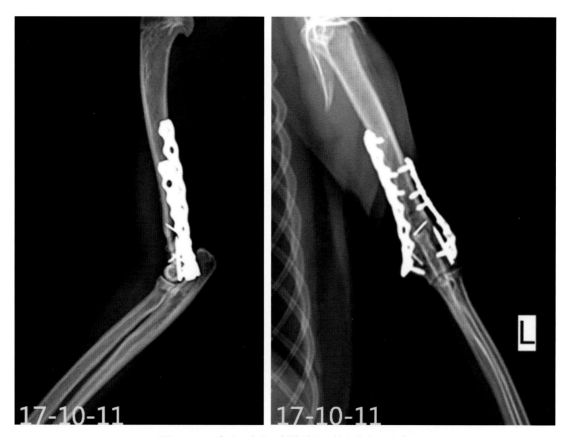

图 14-2-28　术后 1 个月 X 射线片显示植入物未见异常
（陈宏武　供图）

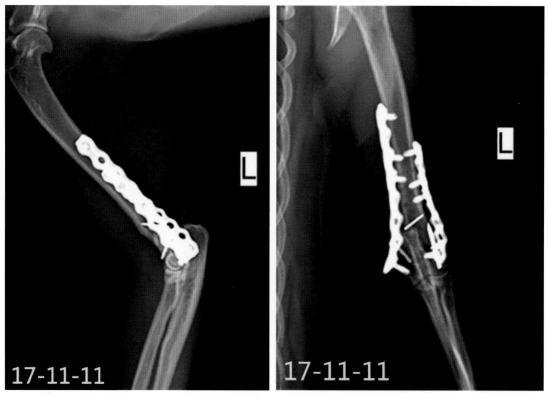

图 14-2-29　术后 2 个月 X 射线片显示开始形成骨痂
（陈宏武　供图）

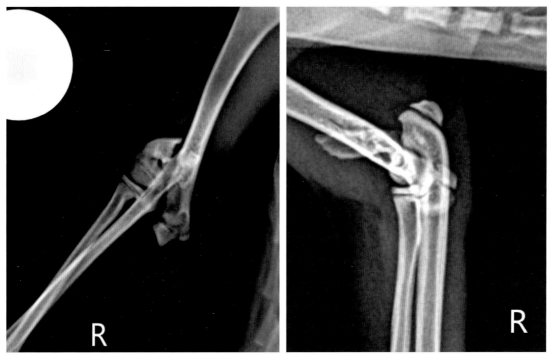

图 14-2-30　X 射线片显示 S-H Ⅳ 型涉及生长板、干骺端和骨骺的骨折
（陈宏武　供图）

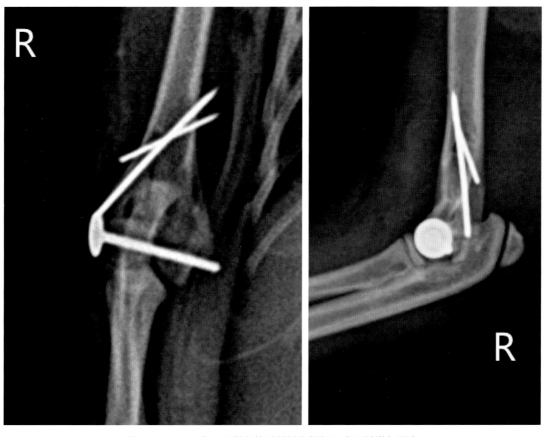

图 14-2-31　手术采用带有垫片的拉力螺钉和克氏针进行固定
（陈宏武　供图）

的动物，可使用带螺纹的植入物压迫骨折的骨骺（图14-2-32、图14-2-33）。解剖复位和拉力螺钉的牢靠固定是肱骨髁Salter IV型骨折获得最佳结果的关键。

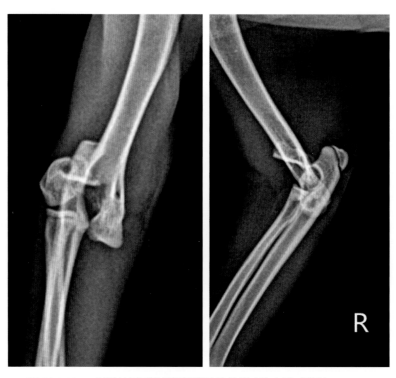

图 14-2-32　X射线片显示肱骨远端粉碎性骨折（陈宏武 供图）

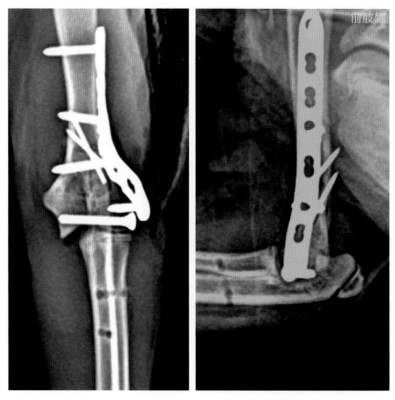

图 14-2-33　采用力螺钉固定髁间骨折，克氏针固定游离的外侧髁，
用骨板进行保护性加固（陈宏武 供图）

（三）股骨粉碎性骨折

1. 病因

高速损伤是最常见的引起股骨骨折的创伤类型。多数损伤因车祸所致，但高空坠落和钝性创伤也较常见。

2. 发病特点

任何年龄、品种或性别的猫均可因外伤发病。但年轻雄性猫最可能发生创伤引起的股骨骨折。

3. 临床症状与病理变化

患股骨干骨折的病例通常不负重，并且有不同程度的患肢肿胀，触诊常能发现疼痛和捻发音。本体感受可能异常，因为动物在爪背侧着地时不愿意抬起爪部，不愿意移动肢体的原因可能是疼痛。

4. 诊断

患病猫多数会疼痛，需要镇定或全身麻醉来进行合理的摆位，以获得高质量X射线影像，可采用高质量的前后位、侧位投照来评估骨骼和软组织的损伤程度。

5. 治疗

股骨骨折不推荐使用铸件或夹板，因其难以为股骨提供充分的固定。

手术治疗可使用IM针、IM针加钢丝（图14-2-34至图14-2-37）、IM针加ESF、单独用ESF和骨板来修复股骨干骨折。

（四）股骨远端干骺部骨折

1. 病因

多数患猫由于车祸或高空坠落损伤导致股骨远端干骺部骨折。

2. 发病特点

任何年龄、品种或性别的猫均可发病。

3. 诊断

患猫多数表现疼痛，需要镇定或全身麻醉来进行合理的摆位（图14-2-38），以获得高质量X射线影像（图14-2-39），高质量的正位、侧位通常即可进行诊断。

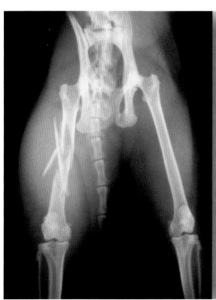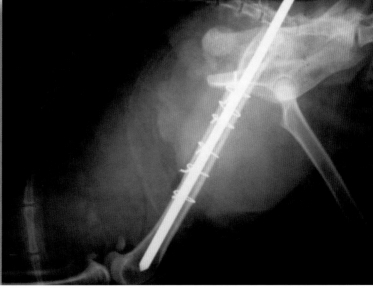

图 14-2-34　猫股骨粉碎性骨折，植入物选择髓内针和钢丝（陈宏武 供图）

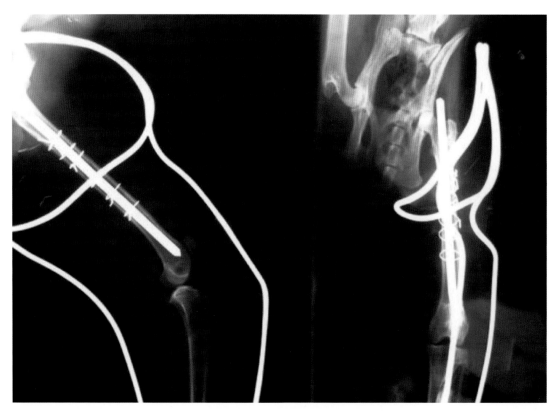

图 14-2-35　术后两周 X 射线片显示植入物未见异常（陈宏武　供图）

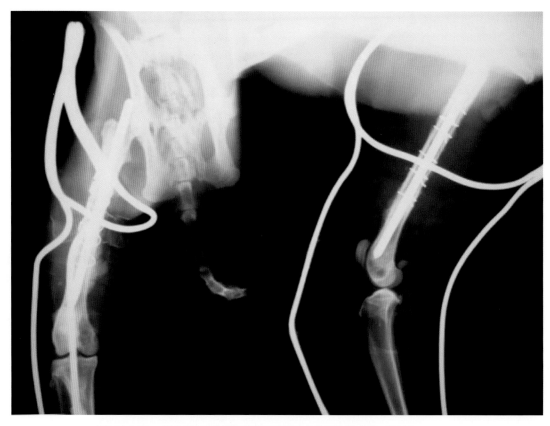

图 14-2-36　术后 5 周 X 射线片显示开始形成骨痂（陈宏武　供图）

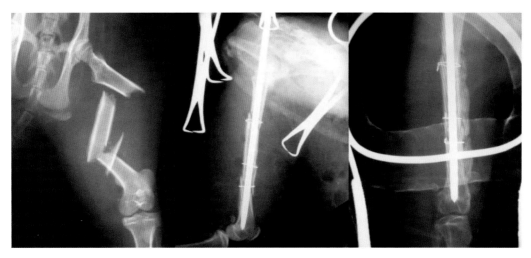

图 14-2-37 猫股骨粉碎性骨折，植入物为髓内针和钢丝（陈宏武 供图）

4.治疗

手术治疗一般使用交叉 IM 针来修复股骨远端干骺部骨折（图 14-2-40、图 14-2-41）。

（五）股骨远端粉碎性骨折

1.病因

猫在跳跃或高空坠落时可能发生。

2.发病特点

任何年龄、品种或性别的猫均可发病。股骨远端的粉碎性骨折经常累及滑车和股骨髁的关节面。为了对关节面进行解剖复位和牢靠固定，需要仔细观察骨折面。

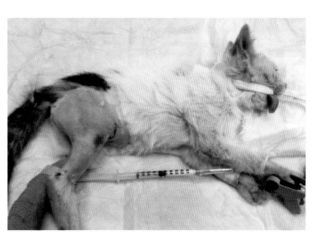

图 14-2-38 用一支 1.0mL 的注射器来展示猫的大小
（陈宏武 供图）

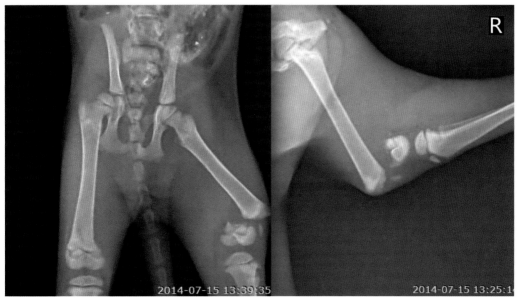

图 14-2-39 1 月龄幼猫股骨远端生长板骨折（陈宏武 供图）

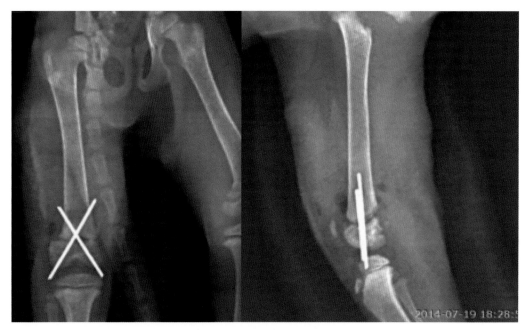

图 14-2-40　术后 X 射线片显示用十字交叉克氏针进行的固定（陈宏武　供图）

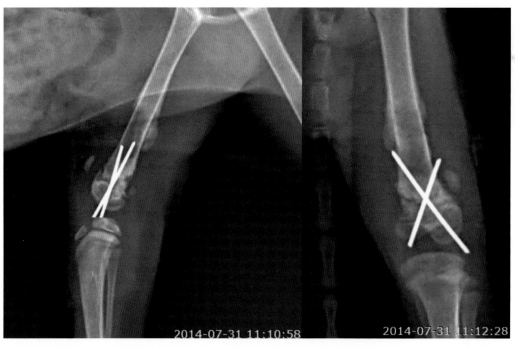

图 14-2-41　术后 2 周 X 射线片显示骨折处开始形成骨痂（陈宏武　供图）

3. 临床症状与病理变化

多数患猫被带到医院是来评估不负重性跛行。触诊猫膝关节会发现疼痛和捻发音，滑车骨折时会看到膝关节肿胀和不稳定。

4. 诊断

通过镇定或全身麻醉进行合理摆位可获得高治疗 X 射线影像，采用高质量的前后位、侧位通常即可进行诊断。

5. 治疗

股骨远端粉碎性骨折需要在术前进行准确测量以制定手术计划（图14-2-42）。结合拉力螺钉和IM针重建关节面。一旦关节面被重建，即可复位股骨髁，并用交叉固定针进行固定（图14-2-43至图14-2-45）。

（六）股骨近端骨折

1. 病因

一些特殊品种猫如薮猫（图14-2-46），很容易在生长期发生股骨近端骨折。

2. 发病特点

生长期、体形/体重过大的特殊品种猫发生此种骨折的概率较大。

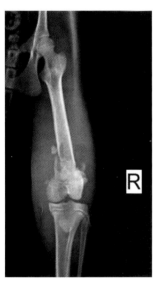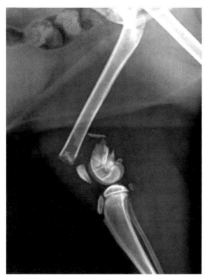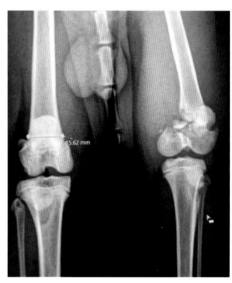

图 14-2-42　患猫右后肢股骨远端粉碎性骨折，术前进行测量并制定手术计划（陈宏武　供图）

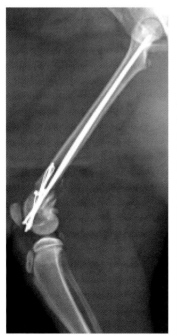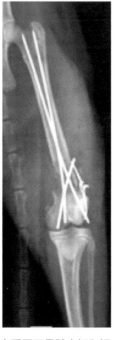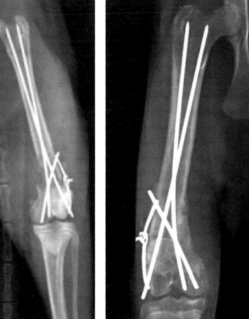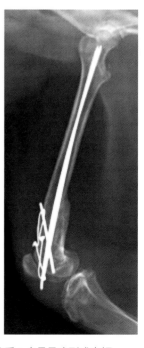

图 14-2-43　术后 X 射线片显示手术中采用了骨髓内钉和钢　　　图 14-2-44　X 射线片显示术后 2 个月骨痂形成良好
　　　　　　丝固定（陈宏武　供图）　　　　　　　　　　　　　　　　　　　　　（陈宏武　供图）

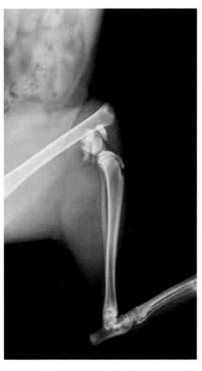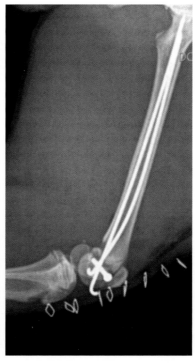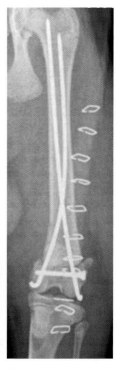

图 14-2-45　术后 X 射线片显示手术中采用了 Rush pin 和螺钉固定（陈宏武 供图）

3. 临床症状与病理变化

猫患肢不能负重，肿胀不明显，髋关节不易活动。疼痛和捻发音通常通过触诊引出，揭示移位的骨及其正常区域的凹陷。

4. 诊断

多数患猫疼痛，需要镇定或全身麻醉来进行合理摆位，采用高质量的止位、侧位投照通常即可进行诊断。

5. 治疗

手术治疗：由于患猫体形、体重大，且骨皮质薄（图 14-2-47），经常双后肢同时发生骨折，故建议采用板－针结合进行固定（图 14-2-48 至图 14-2-51）。

图 14-2-46　幼龄薮猫双后肢股骨近端骨折
（该品种幼猫容易出现此类型骨折）
（陈宏武 供图）

（七）股骨中端粉碎性骨折

1. 病因

股骨骨折通常因创伤所致。偶尔动物会在没有明显创伤或创伤史时出现股骨骨折；这些病例发生骨折可能是继发于之前存在的骨骼病理学原因。在兽医病例中，高速损伤是最常见的引起股骨骨折的创伤类型。多数损伤因车祸所致，钝性创伤也常见。

2. 发病特点

任何年龄、品种或性别的猫均可发病。原发性和转移性骨肿瘤是病理性骨折最常见的原因。当

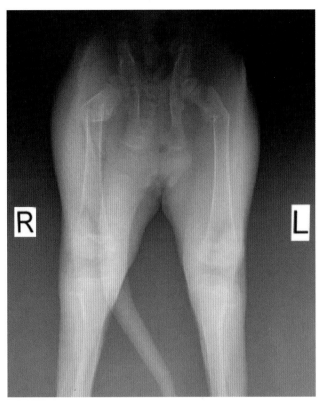

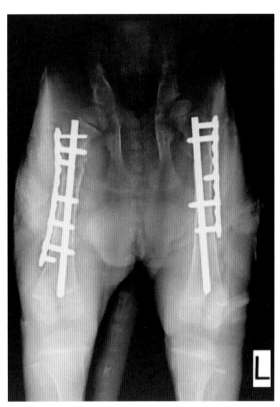

图 14-2-47　术前 X 射线片显示患猫骨皮质薄，骨密度低
（陈宏武　供图）

图 14-2-48　采用板 - 针联合进行固定
（陈宏武　供图）

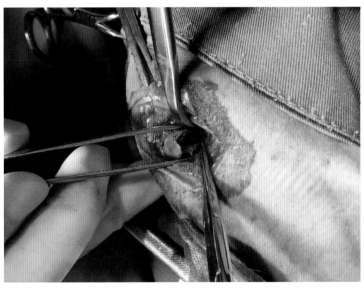

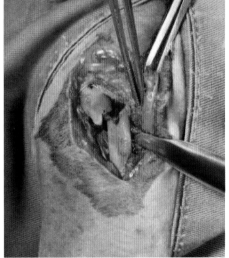

图 14-2-49　术中显示骨皮质如纸一样薄
（陈宏武　供图）

存在旧疾时，再次损伤时拍摄的 X 射线影像显示骨折区有皮质溶解和新骨形成。

3. 临床症状与病理变化

患猫通常不负重，并且有不同程度的肢肿胀，触诊时常能发现疼痛和捻发音。

4. 诊断

患猫疼痛，需要镇定或全身麻醉来进行合理摆位，采用高质量的前后位、侧位投照来评估骨骼

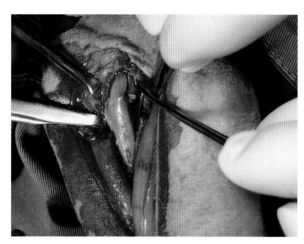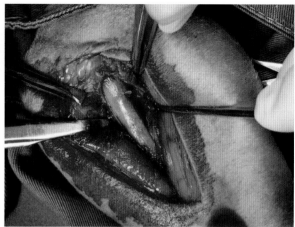

图 14-2-50　术中进行复位（陈宏武　供图）

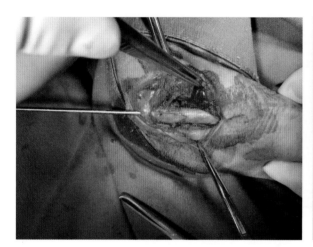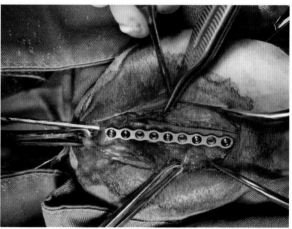

图 14-2-51　正向植入髓内针后再植入锁定骨板（陈宏武　供图）

和软组织的损伤程度。对侧肢的X射线影像可用来评估正常的骨骼长度和形状，这些X射线影像能被用来在术前更精确地对骨板进行塑形，减少了手术时间。X射线影像也可作为选择合适植入物的参照。

5.治疗

可使用IM针、交锁髓内钉、IM针加ESF、单独用骨板和骨板-针结合来修复股骨干骨折（图14-2-52、图14-2-53）。选择的植入物系统可反映病例的骨折评估。

（八）股骨髁骨折

1.病因

猫在跳跃或跌倒后可能发生股骨髁骨折。

2.发病特点

任何年龄、品种或性别的猫均可发病，生长板未闭合的幼龄猫发病率较高。

3.临床症状与病理变化

多数患病猫被带到医院是来评估不负重性跛行，触诊膝关节会发现疼痛和捻发音，滑车骨折时会看到膝关节肿胀和不稳定。

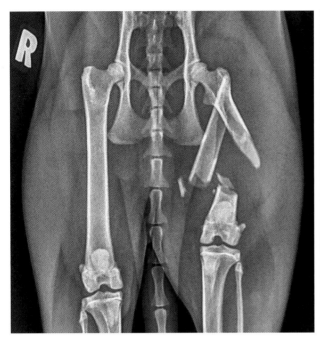
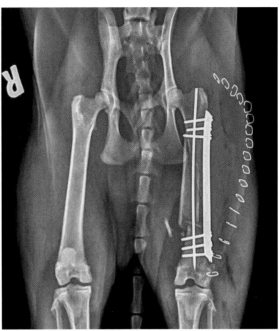

图 14-2-52　股骨中段粉碎性骨折，采用桥接的方式植入骨板和髓内针（陈宏武　供图）

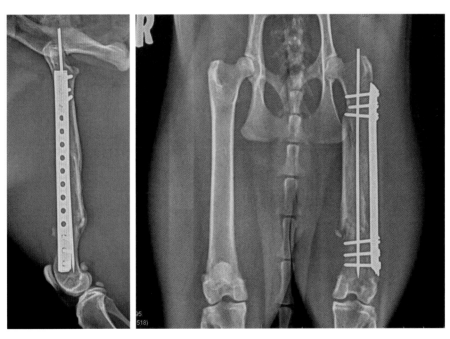

图 14-2-53　X 射线片显示术后 3 周骨痂形成良好（陈宏武　供图）

4. 治疗

手术治疗：复位骨折，用点状复位钳和 K- 丝临时固定。根据骨折线的方向，在股骨的同侧或对侧靠近滑车脊的近端准备和插入克氏针（图 14-2-54 至图 14-2-56）。将克氏针垂直于骨折线，以获得最佳的压力。

（九）股骨头 S-H I 型

1. 病因

猫在跳跃或跌倒后可能发生，但是常会发生没有缘由的跛行。

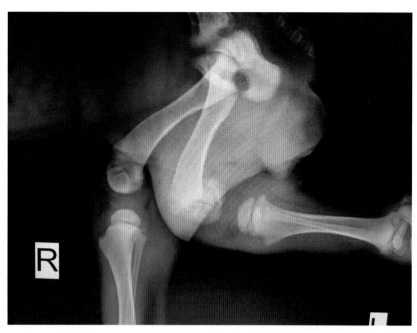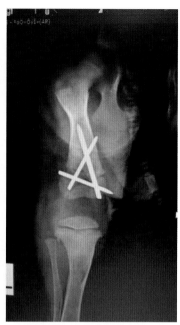

图 14-2-54　股骨远端生长板（S-H III 型涉及生长板和骨骺）骨折采用十字交叉和横贯骨折线的克氏针固定
（陈宏武 供图）

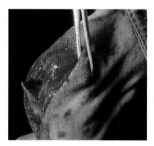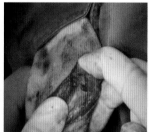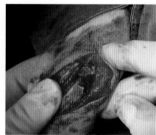

图 14-2-55　术中从 4 个不同角度显示骨折面（陈宏武 供图）

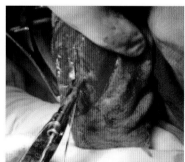

图 14-2-56　复位植入克氏针并进行最后的缝合（陈宏武 供图）

2. 发病特点

由于股骨骨骺骨折的发生通过生长板的软骨，股骨骨骺可能没有明显的创伤。6 月龄前绝育且体重大的年轻公猫，由于延迟的骨骺愈合和软骨异常增加了骨骺骨折的可能性。

3. 临床症状与病理变化

多数患病猫小于 2 岁。年轻公猫更可能发生股骨骨骺骨折，可能是因为它们喜欢活动。

4. 诊断

确诊需要标准的股骨腹背位和内外位X射线投照。某些患猫可能需要镇定。采用肢伸展的腹背位X射线投照可能难以检查到轻微移位的股骨软骨骨折。肢的"蛙式"腹背位X射线投照有助于此类病例的确诊（图14-2-57、图14-2-58）。

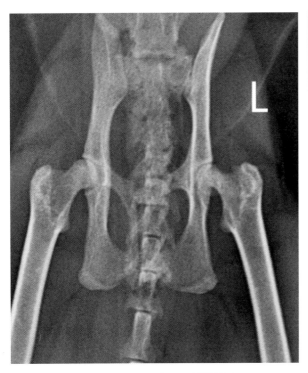

图 14-2-57 股骨头 S-H I 型只涉及
生长板的干骺分离性骨折（陈宏武 供图）

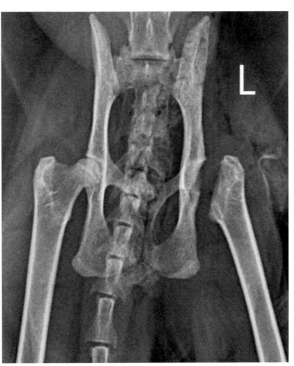

图 14-2-58 可行股骨头和股骨颈切除术
（陈宏武 供图）

5. 治疗

手术治疗：骨骺骨折的手术治疗包括解剖复位和用K–丝或小骨针固定，骨针需要光滑，不会干扰残余骨骺的功能（图14-2-59）；或者进行股骨头及颈切除术。

（十）胫骨和腓骨骨干骨折

1. 病因

猫的胫骨骨折主要是由于创伤，包括车祸、与其他动物打斗和坠落。

2. 发病特点

由于胫骨骨折最常由创伤所致，所以必须对动物全身进行评估，检查伴发的损伤，如肺挫伤、气胸、肋骨骨折和创伤性心肌炎。四肢的伴发损伤可包括过度的软组织破坏或丢失。

3. 临床症状与病理变化

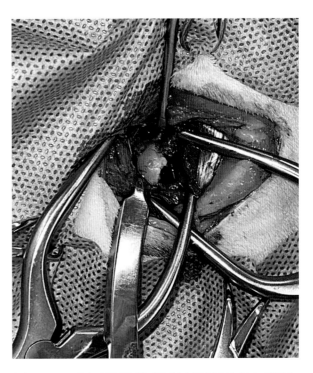

图 14-2-59 术中可见股骨头分离的上骺部（陈宏武 供图）

胫骨要承受数个机械力，骨折可能是撕脱性骨折或横骨折、斜骨折、螺旋骨折（图14-2-60）、粉碎性骨折或严重的粉碎性骨折。缺乏软组织增加了开放性骨折的可能性，并且潜在性地减少了骨外血液供应，这两种情况都会延迟愈合，但有助于放置外部固定器。骨板上很少的软组织覆盖易引起组织刺激和冷敏感。

4. 诊断

通过前后位和侧位 X 射线影像评估骨骼和软组织破坏的程度，包括邻近患病胫骨的膝关节和跗关节。

5. 治疗

胫骨和腓骨骨干骨折的保守治疗包括夹板和铸件，被用于未成年动物的闭合性、非错位性或青枝性骨折。此类骨折适合采用铸件固定，可固定骨折骨骼上下的关节（膝关节和跗关节），并且骨折会快速愈合。

手术治疗：如果实施胫骨骨折的开放式复位，应该考虑采集自体松质骨来促进骨愈合，最常采用的松质骨采集部位是同侧股骨远端。用于胫骨骨干的固定系统包括铸件、环扎钢丝或外部固定器支持的 IM 针、交锁髓内钉，线性、环状或混合型外部固定器以及骨板（图14-2-61 至图14-2-63）。胫骨骨折的具体诊断和手术治疗，可参考图14-2-64 至图14-2-68。

（十一）胫骨远端干骺部和关节骨折

1. 病因

猫在跳跃、跌倒或严重创伤时会发生此类骨折。

2. 发病特点

任何年龄、品种或性别的猫均可发病。成年动物的远端胫骨骨折通常累及踝，出现踝骨折或踝摩擦性损伤，踝稳定性缺失导致副韧带功能的丧失和距骨小腿关节不稳定，为了获得关节稳定性和减轻退行性关节疾病的发展，需要踝骨骨折关节面的精确对线和骨块的牢靠固定。

3. 临床症状与病理变化

患病猫通常在创伤后有不负重性跛行，对患肢触诊可发现肿胀、疼痛、摩擦音和相邻关节的不稳定。跗关节的剪切性损伤可能与远端胫骨骨折有关。尽管在受损区域没有大神经，由于猫不愿移动肢，所以经常有异常的本体感受反应。

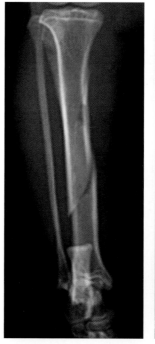
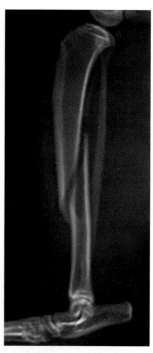

图 14-2-60　胫骨中段螺旋形骨折（陈宏武 供图）

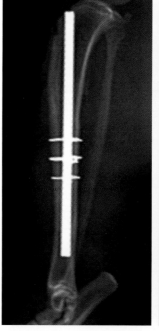
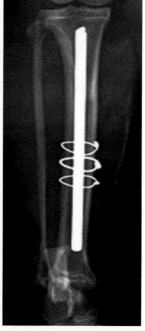

图 14-2-61　采用髓内针和环扎钢丝的植入方式进行固定
（陈宏武 供图）

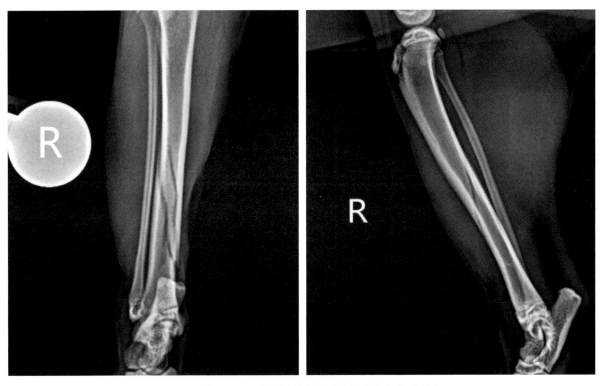

图 14-2-62　胫骨中段螺旋形骨折（陈宏武 供图）

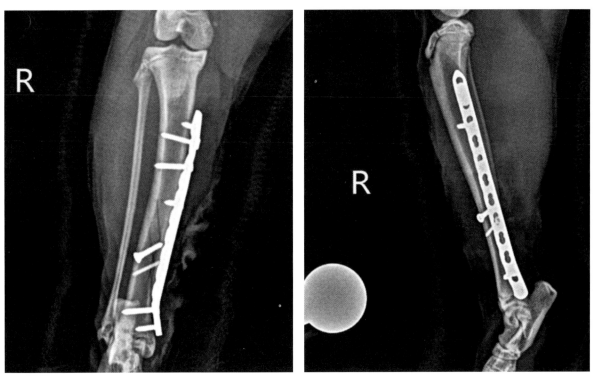

图 14-2-63　采用拉力螺钉与中和骨板功能的方式进行固定（陈宏武 供图）

4. 诊断

　　患猫需要镇定或全身麻醉来进行合理摆位，采用高质量的前后位、侧位X射线投照评估骨骼和软组织的破坏程度。X射线影像可显示胫骨远端粉碎性骨折（图14-2-69）。

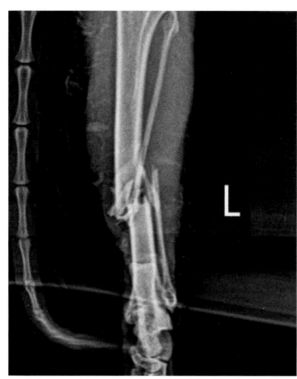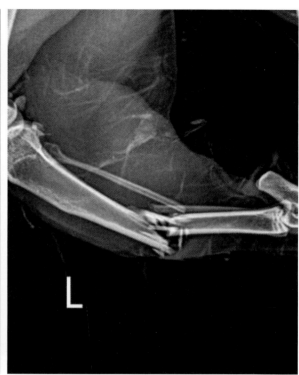

图 14-2-64　猫双后肢胫骨骨折之左后肢
（陈宏武　供图）

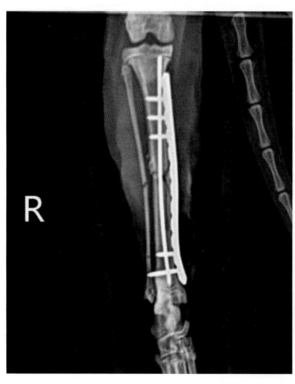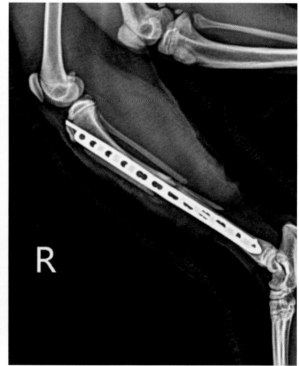

图 14-2-65　以桥接的方式植入骨板和髓内针
（陈宏武　供图）

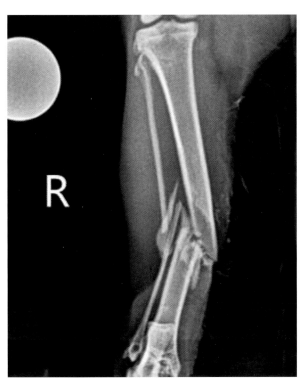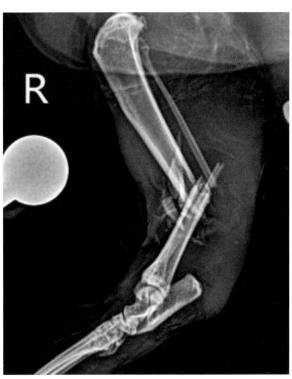

图 14-2-66　猫双后肢胫骨骨折之右后肢（开放性骨折）
（陈宏武　供图）

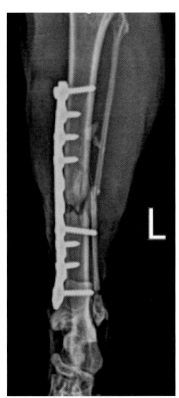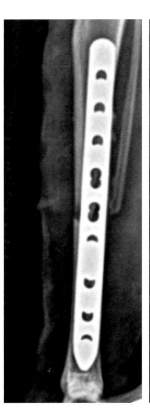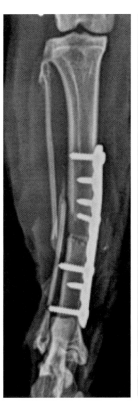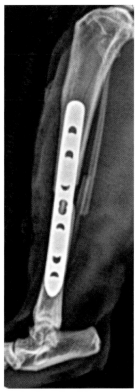

图 14-2-67　术后 X 射线片显示植入的骨板
（陈宏武　供图）

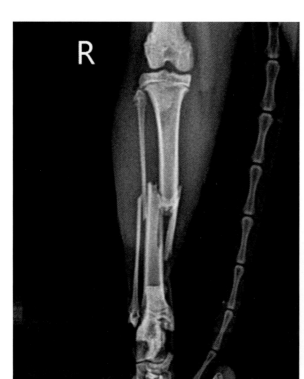
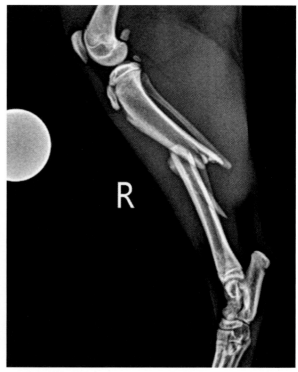

图 14-2-68　胫骨短斜骨折（陈宏武 供图）

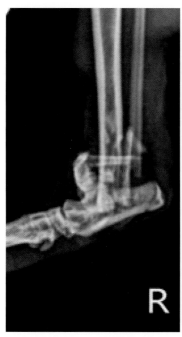
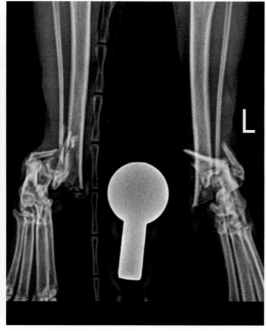
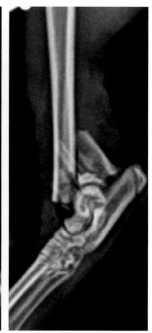

图 14-2-69　胫骨远端粉碎性骨折（陈宏武 供图）

5. 治疗

手术治疗：松质骨自体移植物被用来增强修复和加速愈合。关节骨折需要解剖复位和用拉力螺钉或骨板固定，踝骨折需要张力带钢丝技术，对抗副韧带的拉力。患跗关节不稳定性剪切性损伤的动物可通过重新确立跗关节的稳定性来治疗，使用外部固定器或人工合成韧带以及关节融合进行固定治疗（图 14-2-70）。

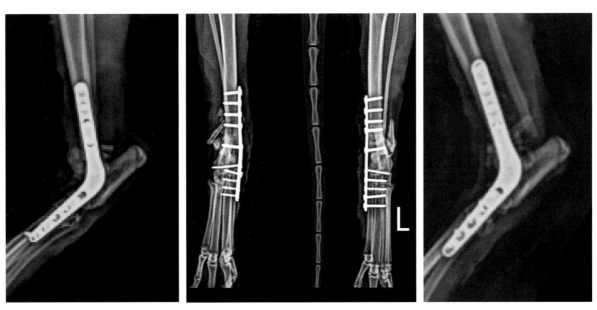

图 14-2-70　采用关节融合术植入跗关节特型骨板（陈宏武　供图）

胫骨远端生长板S-H Ⅱ型可能涉及生长板和干骺端（图14-2-71），可采用螺钉和克氏针十字交叉的方式进行固定（图14-2-72）。

（十二）桡尺骨远端短斜骨折

1. 病因

猫经常会在跳跃或跌落等轻微的创伤后发生桡骨和尺骨的骨折。

2. 发病特点

任何年龄、品种或性别的猫均可发病，更常见于高空坠落的年轻动物。

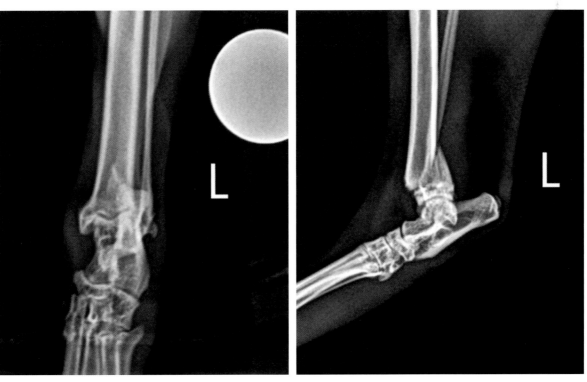

图 14-2-71　胫骨远端生长板 S-H Ⅱ型涉及生长板和干骺端（陈宏武　供图）

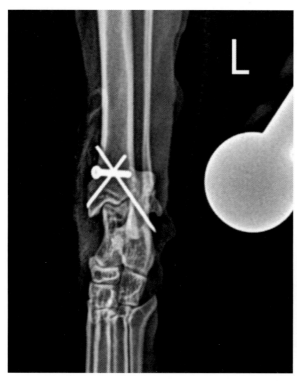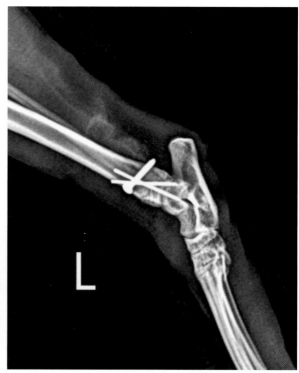

图 14-2-72　采用拉力螺钉和克氏针十字交叉的方式进行固定（陈宏武 供图）

3.临床症状与病理变化

创伤后患病动物通常有不负重性跛行，在该部位有高比例的延迟愈合和不愈合，可能是短斜骨折的生物力学不稳定性，与其他品种相比远端骨干的血管分布差，以及提供骨外血管系统的周围软组织缺乏导致。由于桡骨和尺骨骨折的创伤性质，所以必须对动物进行整体的评估，检查是否存在其他系统的异常。触诊患肢会发现肿胀、疼痛和摩擦音。骨折可能是开放性的；周围软组织的丢失或破坏可能很严重。因为不愿移动患肢，患病动物经常有异常的本体感受反应。

4.诊断

需要患肢的前后位和侧位X射线影像（包括肘关节和腕关节），以评估骨骼和软组织损伤的程度（图14-2-73）。

5.治疗

手术治疗：短斜骨折的固定需要旋转和弯曲支撑，同时也需要轴向支撑，可通过骨板达到这个目的；短斜骨折时要发挥中和骨板的功能（图14-2-74）。

（十三）掌骨和趾骨骨折

1.病因

患猫一般会有创伤史，由于再次直接对爪部的打击或者过度伸展性损伤所致。

2.发病特点

任何年龄、品种或性别的猫均可发病。患掌骨骨折的猫有急性跛行病史，跛行可能会减轻，但运动后会加重。

3.临床症状与病理变化

患掌骨骨折的猫，患肢出现非负重性跛行，骨折周围软组织肿胀，触诊可闻摩擦音，或见爪部畸形。当触诊该区域时动物会表现出疼痛。因创伤引起掌骨骨折的猫经常同时有头部和（或）胸部

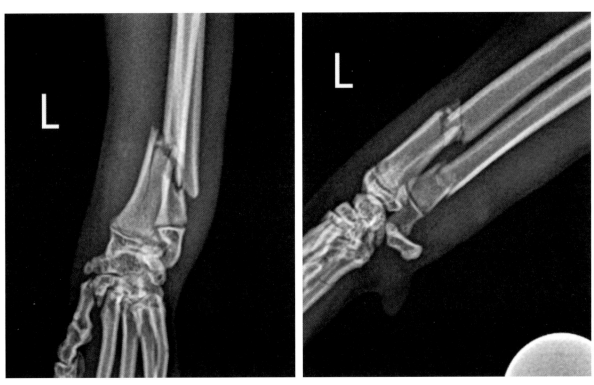

图 14-2-73　桡尺骨远端短斜骨折（陈宏武　供图）

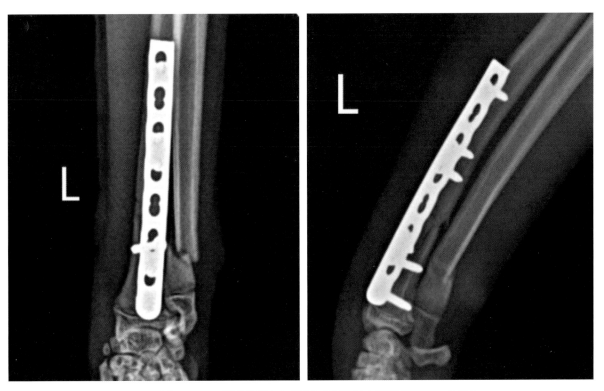

图 14-2-74　采用重建的方式植入骨板和拉力螺钉（陈宏武　供图）

的损伤，以及肢、骨盆或脊柱的其他损伤。

　　4. 诊断

　　患猫需要镇定或全身麻醉来进行合理的摆位，以获得高质量X射线影像，应包括腕关节或跗关节到趾末端的背掌位/背跖和内外侧位（图14-2-75）。为了分开单个的骨骼，借助胶带或敷料将趾向前拉，拍摄趾分开的斜位片或侧位片。

5. 治疗

手术治疗：猫的掌骨骨折可采用开槽针固定。对于多掌骨骨折，需要解剖复位和牢靠固定的可采用骨板进行复位固定（图14-2-76、图14-2-77），具体可参考图14-2-78至图14-2-80。趾骨骨折同样需要复位固定（图14-2-81至图14-2-86）。

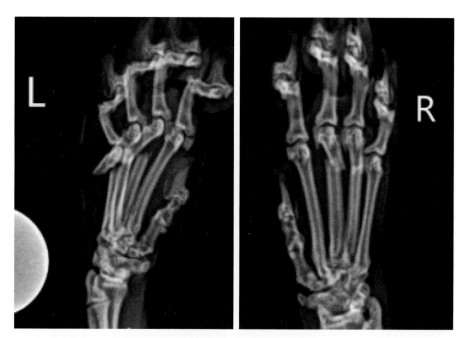

图 14-2-75　猫双前肢掌骨骨折（陈宏武 供图）

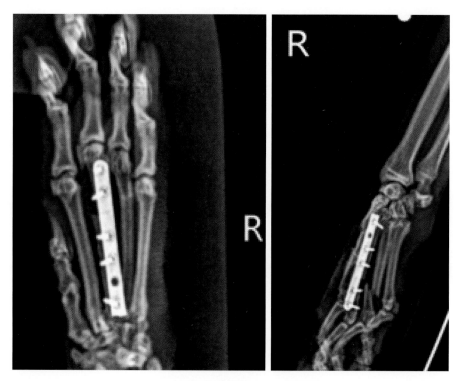

图 14-2-76　右前肢掌骨骨板固定（陈宏武 供图）

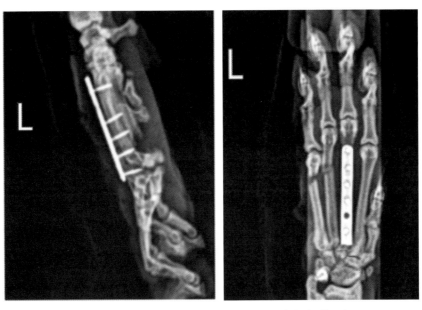

图 14-2-77　左前肢掌骨骨板固定（陈宏武　供图）

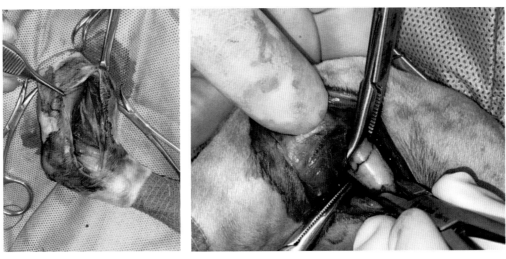

图 14-2-78　分离臂部肌肉注意保护好桡神经，并用持骨钳进行复位（陈宏武　供图）

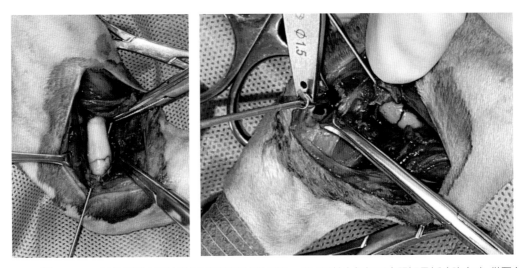

图 14-2-79　复位后用克氏针进行固定游离的外侧髁，然后用拉力螺钉固定髁间骨折（陈宏武　供图）

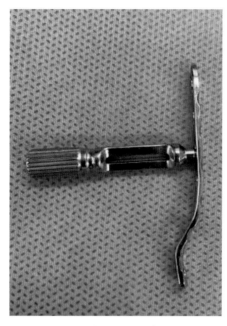

图 14-2-80　骨板塑形（陈宏武　供图）

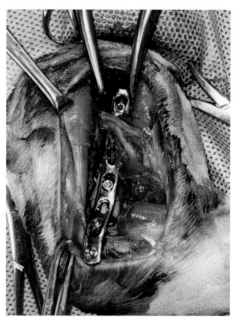

图 14-2-81　植入骨板（陈宏武　供图）

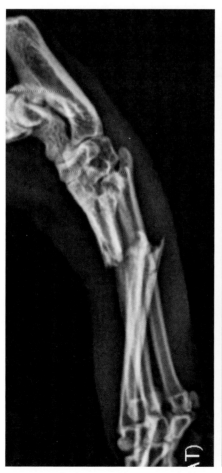

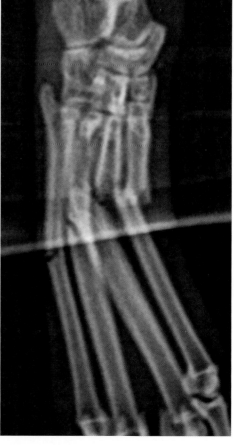

图 14-2-82　猫后肢趾骨骨折（陈宏武　供图）

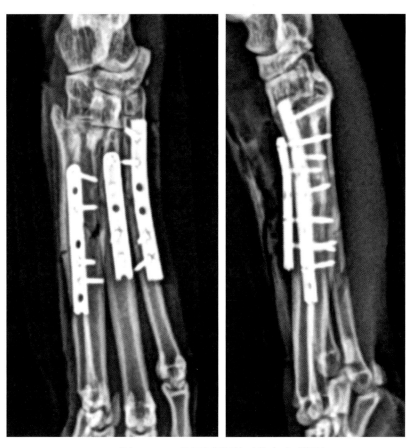

图 14-2-83 使用骨板固定（陈宏武 供图）

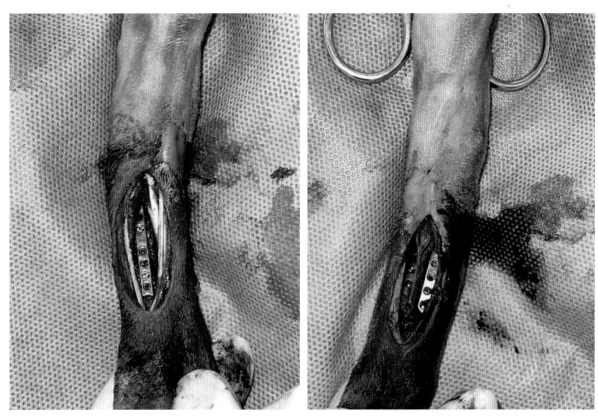

图 14-2-84 植入 mini 骨板进行趾骨固定（陈宏武 供图）

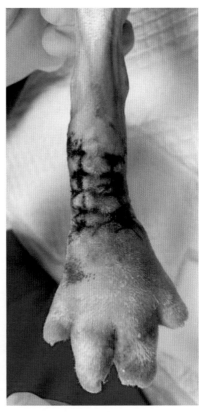

图 14-2-85　术后出现严重肿胀（陈宏武　供图）

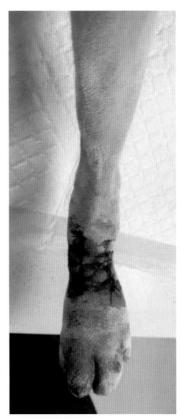
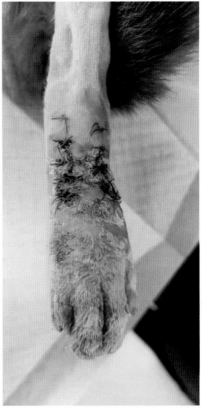

图 14-2-86　肿胀于 3d 后基本恢复正常（陈宏武　供图）

（十四）半肢畸形

1. 病因

腓骨生长板提前闭合导致胫腓骨生长不同步，出现半肢畸形。

2. 发病特点

发生于骨骺损伤导致伤处提前闭合，引起胫腓骨、膝关节和跗关节畸形。

3. 临床症状与病理变化

患猫不同程度的跛行，可见肢整体畸形，取决于受影响的生长板以及损伤对动物生长的影响，即便没有肢的畸形，动物通常也会跛行和对关节操作敏感。

4. 诊断

胫骨和腓骨的X射线影像应该包括膝关节和跗关节，以确定确切构型。常拍摄对侧后肢的X射线影像，与患肢进行对比（图14-2-87、图14-2-88）。

5. 治疗

手术治疗可进行跗关节融合和部分胫骨移植术（图14-2-89）。对术后双侧进行对比（图14-2-90、图14-2-91），以判断手术是否成功。

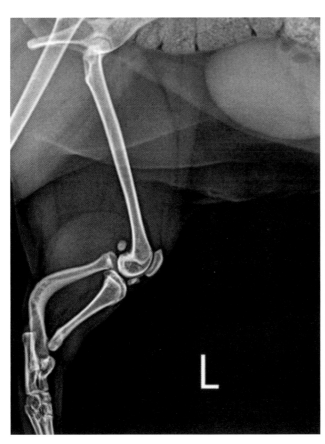
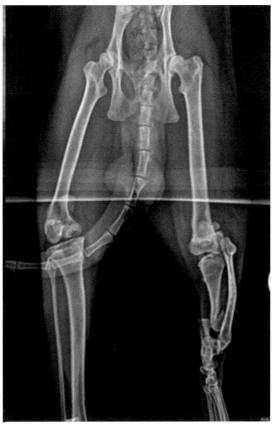

图 14-2-87　猫先天的半肢畸形
（陈宏武　供图）

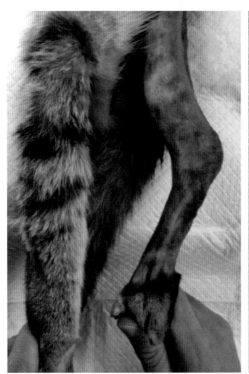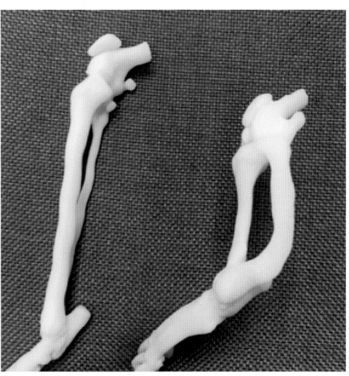

图 14-2-88　健肢与患肢的对比，左侧为健肢，右侧为患肢
（陈宏武　供图）

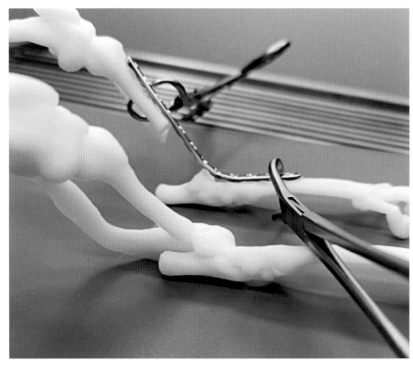

图 14-2-89　手术计划，进行跗关节融合术及部分胫骨移植
（陈宏武　供图）

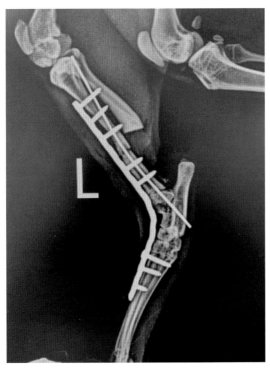
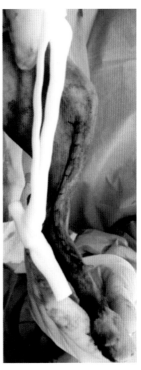

图 14-2-90　术后 X 射线片
（陈宏武　供图）

图 14-2-91　术后患肢与健
肢对比（陈宏武　供图）

四、髂骨体骨折和荐髂关节脱位

（一）病因

髂骨体骨折和荐髂关节脱位最常因车祸和高空坠落所致。

（二）发病特点

任何年龄、品种或性别的猫均可发病。髂骨体骨折时，经常发生荐髂关节损伤。骨折后骨盆腔的错位可导致双侧荐髂关节分离、三处骨盆骨骨折或这些损伤的集合。髂骨翼的错位一般是前背位，髂骨向内移动，压迫骨盆管。股骨和坐骨神经靠近荐髂关节，可同时发生神经的破坏。术前对神经学状况的关注是必要的；当荐椎骨折通过椎管或荐椎孔时，常见神经学缺陷。

（三）临床症状与病理变化

动物的患肢通常不负重或轻微负重。如果出现对侧长骨或骨盆损伤，动物可能需要在患荐髂脱位一侧的肢负重。临床难以触诊到不稳定。患严重髂骨错位的动物，移动时可能有严重疼痛；当动物被镇定时，可发现髂骨的背腹侧移动。

（四）诊断

必须拍摄腹背位和侧位 X 射线影像，评估半边骨盆的损伤程度和勾画骨折面。当看到荐髂关节处有可见的阶梯时可诊断为荐髂脱位，通常在腹背位 X 射线片上确认。当对动物摆位时必须仔细，要尽可能对称。CT 检查有助于确认荐椎骨折。

（五）治疗

保守治疗适用于有轻微不适的病例和半边骨盆轻微错位时。在非常小型的病例，尽量小的负重能促进快速愈合。接受保守治疗荐髂脱位的病例会恢复正常功能。但跛行可能持续 1~2 周，并且可能发生骨盆狭窄的畸形愈合。如果有明显的骨盆管狭窄，不应选择保守治疗，需通过手术复位和固定进行矫正。

　　手术治疗：荐髂骨折–分离的手术固定，对于恢复负重和鼓励尽早的功能恢复均有用，手术适用于骨盆开口明显狭窄的情况，狭窄会引起便秘或顽固性便秘。采取标准的开放通路和骨螺钉（图14-2-92），或在透视辅助下进行复位和植入物放置（图14-2-93）。贯穿髂骨的螺栓有助于防止作用于骨螺钉上过度的力和髂骨的内侧移位（图14-2-94、图14-2-95）。

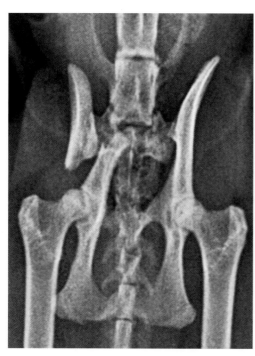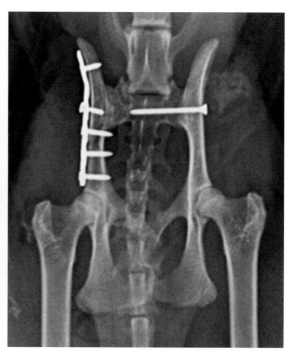

图 14-2-92　髂骨体骨折和荐髂关节脱位，术后 X 射线片显示复位良好（陈宏武 供图）

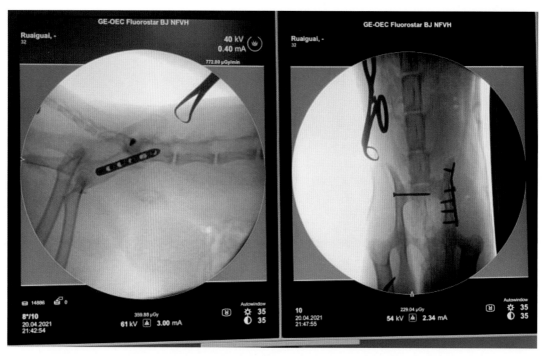

图 14-2-93　术中利用 C 型臂对荐髂关节复位固定时使用了微创技术（陈宏武 供图）

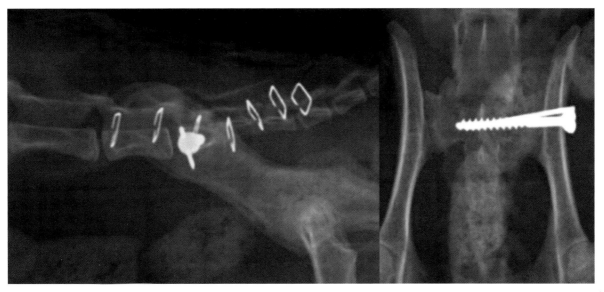

图 14-2-94　使用了拉力螺钉和克氏针进行固定（陈宏武 供图）

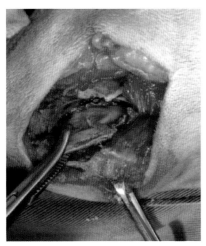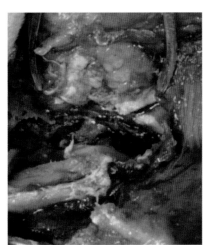

图 14-2-95　髂骨翼和荐椎的耳状面以及拉力螺钉的固定（陈宏武 供图）

五、寰枢椎不稳定

（一）病因

寰枢椎不稳定通常因齿突发育不全或不发育导致，同样可因支持齿突的韧带异常所导致。这种不稳定可导致枢椎发生背侧半脱位或脱位，导致头侧颈部脊髓受压迫，在某些病例可发现寰椎或枕骨出现相关的畸形。某些患有寰枢椎不稳定的病患可在MRI上发现明显的脊髓空洞症影像。

（二）发病特点

寰枢椎不稳定偶尔发生于猫。

（三）临床症状与病理变化

患猫通常出现颈部疼痛的症状，并出现不同程度的四肢轻瘫。一些猫同样可出现除颈部区域外的脊柱旁疼痛症状，表明在这些区域存在脊髓空洞症。

（四）诊断

对于大部分寰枢椎不稳定病例，可在颈部侧位X射线影像上发现异常（图14-2-96）。加压位X射线影像可用于显示寰枢椎不稳定，但拍摄时需谨慎，为了显示C1~C2关节间隙不稳定而对颈部过度屈曲可导致严重的后果。MRI用于诊断该病是一种安全的方法，并且对于并发颅颈连接异常病例的诊断要优于X射线影像，如果存在脊髓空洞症，同样可以进行鉴别。

（五）治疗

保守治疗：寰枢椎不稳定有时通过非手术治疗，通常包括颈部外部夹板固定，同时用或不用抗炎药物（如泼尼松）。

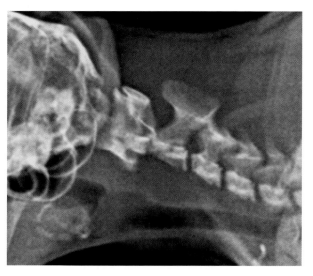

图 14-2-96　寰枢关节脱位患猫，可见寰枢椎间距增加（陈宏武　供图）

手术治疗：对于因寰枢椎不稳定而出现神经学功能障碍的猫，建议进行手术固定。有两种方法可用于固定寰枢椎关节（图14-2-97），腹侧固定和背侧固定。每种方法均有多种可变形式，临床不建议将背侧固定作为治疗寰枢椎不稳定的首要固定方法；可用于植入物固定的骨骼有限，缝线及钢丝固定容易失效，并且对于猫来讲，寰椎下方的线结或钢丝结可对颈部头侧和（或）脊髓后侧造成压迫，从而产生不必要的风险。

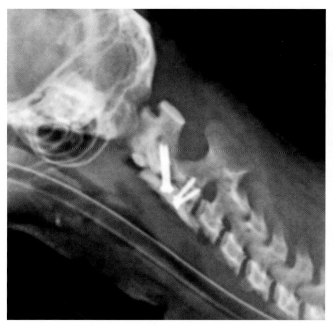
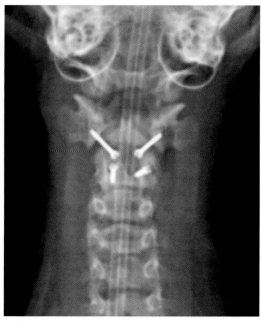

图 14-2-97　寰枢关节脱位患猫，使用多根螺钉及聚甲基丙烯酸甲酯进行固定（陈宏武　供图）

六、脊柱骨折

（一）病因

猫的脊柱在被车辆撞击后最易发生骨折/脱位，其他病因包括咬伤（如打斗），以及奔跑时撞到静止物。有一些病例病理性骨折/脱位可因骨骼脆弱（如脊椎肿瘤）或解剖异常（如寰枢椎不稳定）

而在受到轻度创伤后发生。

（二）发病特点

虽然大部分脊柱损伤发生于青年动物（＜5 岁），但未观察到脊柱创伤具有年龄、品种和性别倾向。

（三）临床症状与病理变化

与脑损伤病患相同，发生创伤性脊柱损伤的猫通常在送到医院时就处于瘫痪状态，应在彻底评估神经学状况前按照急救治疗的基本原则进行管理。然而，当临床医师怀疑发生脊柱创伤时，必须尽可能地使病患保持固定状态，直至排除或纠正明显的不稳定。进行全面的神经学检查是非常重要的，但应在对脊柱的稳定性有足够的了解后才可进行神经学检查。

（四）诊断

可采用多种方法对创伤病患猫的脊椎进行影像学诊断；在急诊情况下，X 射线影像是最常用的诊断方法。获得全部脊柱的影像是非常重要的，这是由于可能发生多部位骨折或脱位，可在病患清醒状态下拍摄 X 射线影像，但对于一些好动的动物，镇定和麻醉可获得更加详细的 X 射线影像，但镇定和麻醉降低了病患的周围肌肉组织通过收缩保护骨折／脱位的能力。如有可能，在动物清醒状态下拍摄整个脊椎的侧位 X 射线影像（在确定与创伤有关的任何全身损伤后），以观察存在的明显骨折／脱位。

（五）防治

保守治疗：药物治疗的初始目的是治疗休克及固定脊柱。此外，应根据需要使用镇痛药，对于认为无须采取手术治疗的脊柱创伤病患猫，通常应笼养和严格限制活动，同时可使用或者不使用脊柱支架，虽然对脊柱创伤病患猫进行药物治疗是基于多种因素，但对椎骨或骨折断端移位较小的能够走动的动物通常采用药物治疗。在病患未发生骨折／脱位或脊髓压迫，即使不能行走（如怀疑冲击性脊髓损伤），也可选择进行药物治疗。在进行药物治疗时出现神经学功能退化是采取手术固定的一种适应证，或可进行减压术。

手术治疗：手术治疗的目的是固定和减压。最紧急的目的是提供固定，如果未进行一定程度的固定，那么不可对脊柱骨折／脱位部位进行减压。可在背侧（针对脊髓实质）或背外侧进行减压，通常采用小骨针或螺钉加骨水泥对脊柱进行固定（图 14-2-98 至图 14-2-104）。

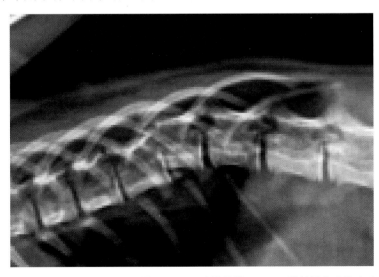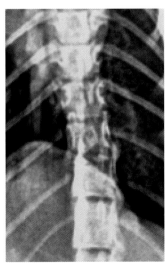

图 14-2-98　患猫胸椎 T11~T12 椎体错位（陈宏武 供图）

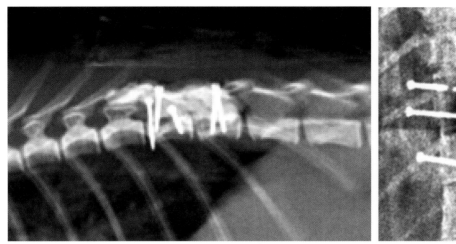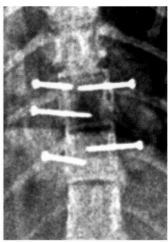

图 14-2-99　对患猫进行螺钉及聚甲基丙烯酸甲酯进行固定，并行背侧椎板切除减压术（陈宏武 供图）

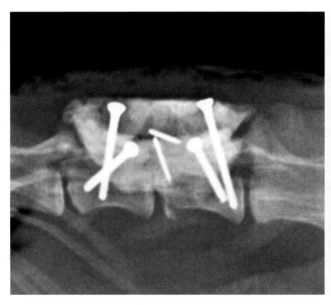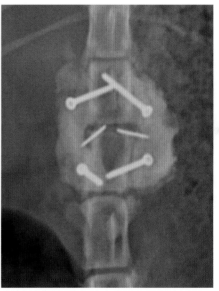

图 14-2-100　腰椎 L1~L2 椎体错位骨折，对患猫进行螺钉及聚甲基丙烯酸甲酯进行固定，并行背侧椎板切除减压术（克氏针固定关节突，起到确认复位的作用）（陈宏武 供图）

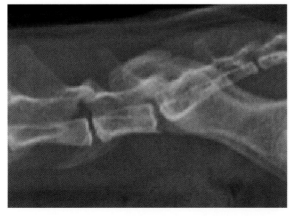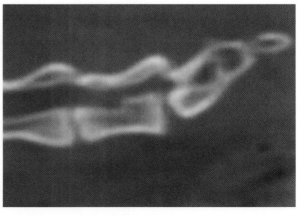

图 14-2-101　X 射线片和 CT 均显示 L7 椎体骨折（陈宏武 供图）

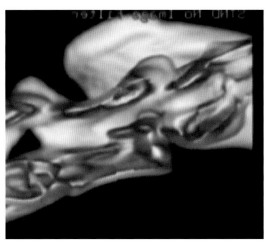

图 14-2-102　CT 重建显示 L7 椎体骨折
（陈宏武　供图）

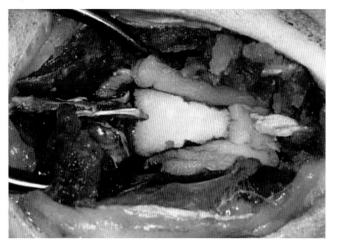

图 14-2-103　螺钉及聚甲基丙烯酸甲酯进行固定后，行背侧椎板切除术解压。用可吸收线固定覆盖在脊髓背侧的止血海绵，防止周围组织与脊髓的粘连（陈宏武　供图）

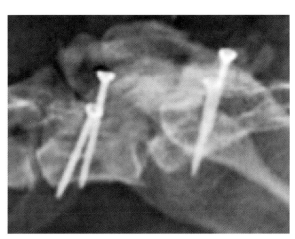

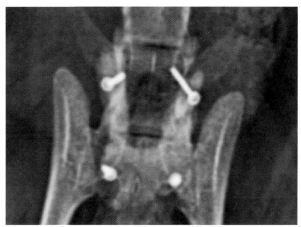

图 14-2-104　术后 X 射线片显示螺钉分布的位置
（陈宏武　供图）

第三节　猫的头面部骨折

一、下颌骨骨折

　　猫下颌骨骨折（Mandibular fracture）是兽医最常见的颌面部骨折，占猫所有骨折的15%，下颌联合骨折是猫最常见的下颌骨骨折类型。下颌骨没有骨髓腔，但存在牙齿及下齿槽神经血管，这使得下颌骨骨折修复具有挑战性。

1. 病因

　　猫下颌骨骨折可能由创伤（高空坠落、车祸、打斗等）、肿瘤或严重的牙周病引起。猫下颌联合骨折可见于高空坠落的猫（"高空坠落综合征"）。牙周病导致骨缺少也可能出现下颌骨骨折。老年牙周病病猫拔牙时可能出现医源性下颌骨骨折。

2. 临床症状

下颌骨骨折猫可能会出现流涎、唾液带少量血、肿胀、骨折块移位、牙齿咬合不正、齿折、开口疼痛、不愿进食等症状。创伤性下颌骨骨折可能同时出现其他损伤（图14-3-1），高空坠落导致的下颌骨折还可能同时出现硬腭骨折（图14-3-2），需仔细检查。

图 14-3-1 猫坠楼引起面部骨折，同时出现齿折
（郭宇萌 供图）

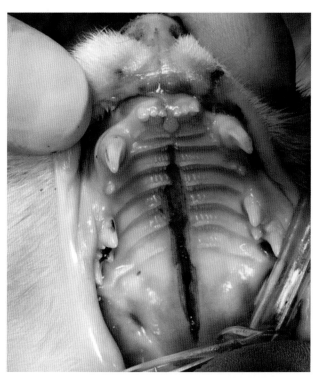

图 14-3-2 猫坠楼引起面部骨折，同时出现腭裂
（郭宇萌 供图）

3. 诊断

针对下颌骨骨折的诊断方式有体格检查、影像学检查，实验室检查不存在特定的异常。体格检查可以先视诊动物是否出现流涎、唾液带血、面部不对称等情况，再通过触诊检查下颌骨稳定性、下颌组织是否存在损伤及捻发音。X射线片检查通常需要拍摄头部腹背位/背腹位、侧位、左斜位、右斜位，判读时可与正常颅骨对照。CT检查（图14-3-3至图14-3-9）能进一步对尾侧下颌骨及复杂下颌骨骨折进行确认，比X射线片更有效。

4. 治疗

最常见的下颌骨骨折病因为创伤，这种情况下通常同时存在其他损伤（如气胸、肺挫伤、上呼吸道阻塞等），这些损伤可能对生命造成威胁，需要立即采取措施，骨折的处理待动物体况稳定后再进行。

大多数猫下颌骨体发生骨折，通常会累及到牙齿。当牙齿位于骨折线上时，骨折线沿着牙根面，但是没有暴露根尖，牙齿可以保留，3个月内再拍片进行评估；如果牙根尖暴露，需拔除该牙或切除暴露的牙根。如果残余的牙根能帮助骨折修复的固定，应对其进行根管治疗。

（1）保守治疗。如果猫下颌骨体骨折无错位或只有微小错位，骨折评分良好，牙齿状况良好，

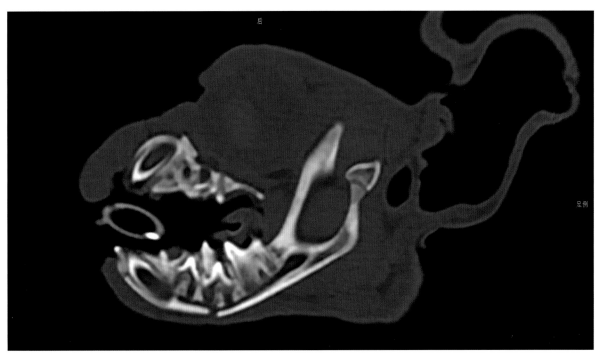

图 14-3-3　猫下颌骨体骨折 CT 影像（郭宇萌 供图）

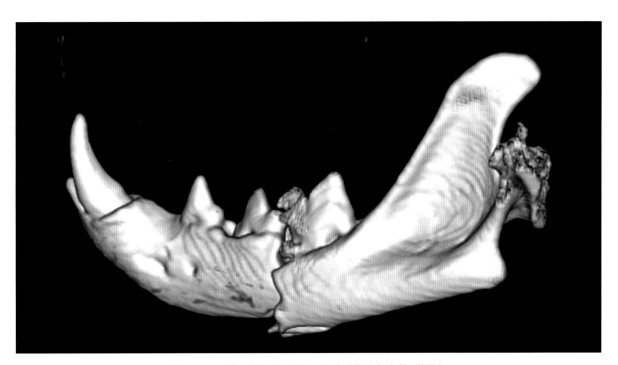

图 14-3-4　猫下颌骨体骨折 CT 重建影像（郭宇萌 供图）

可使用绷带式嘴套来支撑下颌骨。但猫的鼻子短，扎口绷带可能难以应用和维持。

（2）手术治疗。下颌骨上附着有咀嚼肌、颞肌等组织，控制下颌的开张，其产生的咬肌力量及下颌本身重力会使吻端骨折块向腹部折弯，这部分力是下颌骨折对合的反向力，在下颌骨体骨折中尤为需要考虑。猫下颌骨体骨折可供选择的方法有：齿间固定技术（使用钢丝和/或复合材料）、上下颌固定技术、骨折块间钢丝技术、骨板螺钉内固定、外固定支架、生物黏合材料固定等。

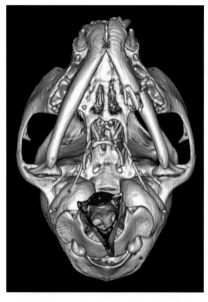

图 14-3-5　猫下颌骨体骨折 CT 影像
（郭宇萌 供图）

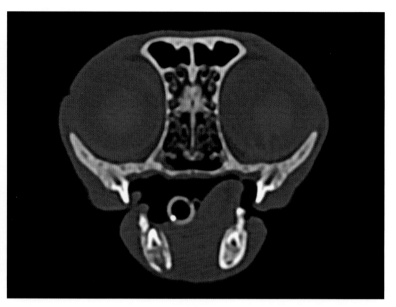

图 14-3-6　猫冠状突骨折 CT 影像
（郭宇萌 供图）

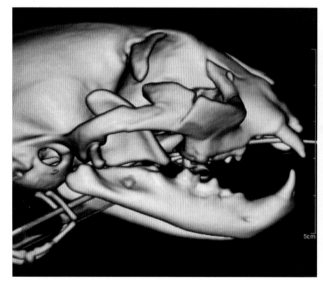

图 14-3-7　猫冠状突骨折 CT 的 3D 重建影像
（郭宇萌 供图）

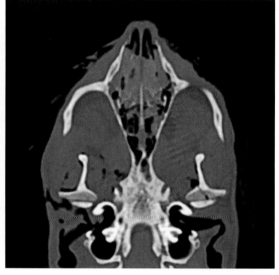

图 14-3-8　猫左侧髁突骨折 CT 影像
（郭宇萌 供图）

　　骨折评分为 8~10 分的动物：选用扎口保定、齿间固定、骨折块间钢丝固定。骨折评分为 4~7 分的动物：选用齿间固定、骨折块间钢丝固定、外固定支架、骨板螺钉固定。骨折评分为 0~3 分及粉碎性骨折、存在骨缺损或严重软组织破坏的动物：闭合式复位后使用外固定支架固定或使用骨板固定。由于下颌骨骨折较为复杂，需根据具体情况选用不同方法。

　　一般情况下，下颌骨骨折愈合迅速，吻侧骨折通常需要 3~5 周，而尾侧骨折稍迟，可能需要 4~17 周。但对于病理性下颌骨骨折，通常骨折发生于牙槽骨骨折、疏松或感染之后，情况不容乐观。

二、猫冠状突异位

冠状突异位是指猫下颌冠状突相对于颧弓腹外侧移位（图14-3-10），导致患猫无法闭上嘴，又称锁口综合征。

1. 病因

因骨折导致的颞下颌关节强直是导致锁口综合征的首要原因，其他可能原因有咀嚼肌肌炎、肿瘤、三叉神经麻痹、中枢神经损伤、颞下颌关节脱位或发育不良、骨关节炎、球后脓肿、破伤风和严重的耳病。与犬相比，猫的病例报道较少。

2. 症状

该病可能单侧或双侧发生。患猫嘴巴张开（图14-3-11），锁定的一侧下颌骨向下倾斜。触诊患侧颧骨弓附近可感觉到骨性突出物（冠状突）。患猫常出现流涎、张口、明显的疼痛和痛苦等症状。

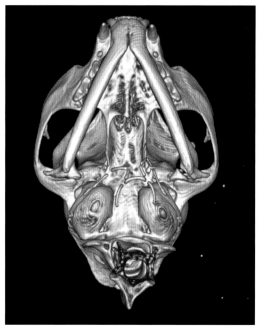

图 14-3-9　猫左侧髁突骨折 CT 的 3D 重建影像
（郭宇萌 供图）

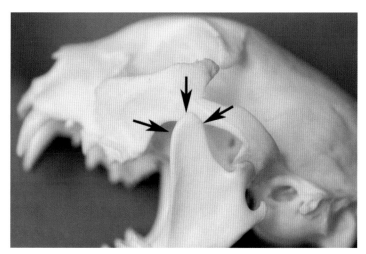

图 14-3-10　冠状突异位示意
（郭宇萌 供图）

图 14-3-11　患冠状突异位猫无法闭嘴
（郭宇萌 供图）

3. 诊断

除体格检查外还需进行X射线影像检查，但由于该部位骨结构会发生重叠，CT检查能更好的确诊（图14-3-12）。如为外伤导致的骨折，可参考本节第一部分内容，同时检查有无伴发其他创伤。

4. 治疗

锁口综合征的治疗应针对原发病，治疗强直性痉挛使关节周围纤维化程度最小化。建议对颞下颌关节强直进行手术治疗。咀嚼肌肌炎的治疗是从逐渐张口开始，配合免疫抑制疗法。中枢神经损伤和骨肉瘤的病例短期预后较差，而骨折和咀嚼肌肌炎病例的短期预后较好。

三、颞下颌关节骨折/脱位

颞下颌关节骨折或脱位在犬科动物和猫科动物中都可见，但在猫科动物中发病率更高，通常继发于外伤。除特发性脱位外，其他骨折、脱位多伴发其他损伤。

1. 病因

颞下颌关节骨折或脱位通常为外伤导致，脱位也可能由于先天性颞下颌关节异常导致。

2. 临床症状

颞下颌关节脱位患猫通常会出现"下颌下垂"的表现，并且由于牙弓移位通常会导致无法正常闭合口腔（图14-3-13）。脱位通常是单侧的，但应评估病例是否有双侧脱位。此外，还应评估患猫是否有其他头部骨骼创伤，如下颌骨支骨折、下颌联合分离和上颌骨骨折。

3. 诊断

除体格检查外还需进行X射线检查（图14-3-14），但由于该部位骨结构会发生重叠，CT影像检查（图14-3-15至图14-3-17）能更好的确诊。如为外伤导致的骨折，参考本节第一部分所述，同时检查有无伴发其他创伤。

4. 治疗

跟其他猫颌面骨骨折一样，应在猫体况稳定的情况下再进行手术或脱位处理。

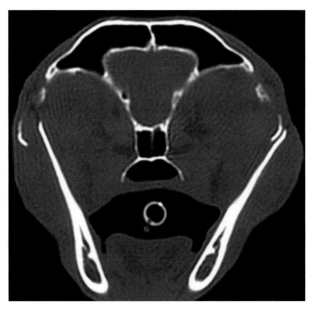

图 14-3-12　CT影像显示左侧冠状突相对颧弓腹外侧异位
（郭宇萌 供图）

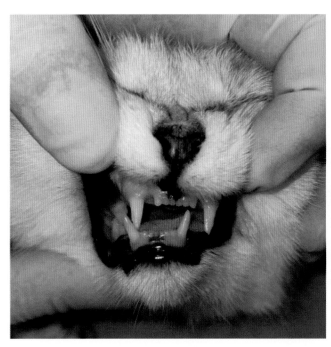

图 14-3-13　颞下颌关节脱臼猫，出现犬齿齿折、咬合不正症状
（郭宇萌 供图）

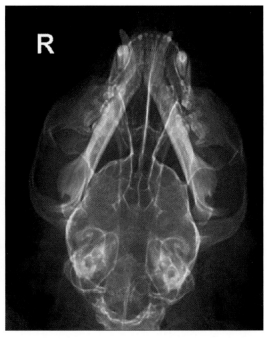

图 14-3-14　颞下颌关节脱位X射线平片
（郭宇萌 供图）

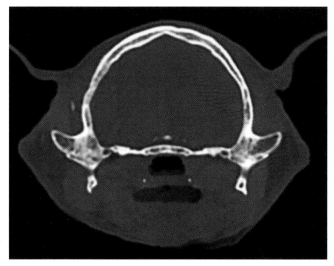

图 14-3-15　颞下颌关节脱位后陈旧性骨融合 CT 影像
（郭宇萌 供图）

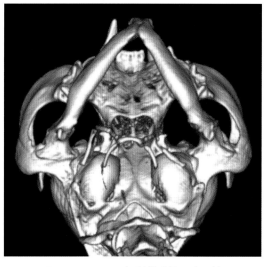

图 14-3-16　颞下颌关节脱位后陈旧性
骨融合 CT 重建影像 1（郭宇萌 供图）

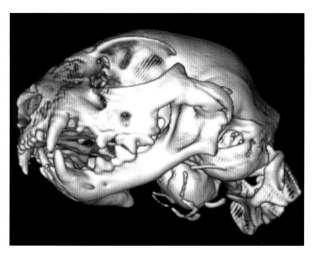

图 14-3-17　颞下颌关节脱位后陈旧性骨融合
CT 重建影像 2（郭宇萌 供图）

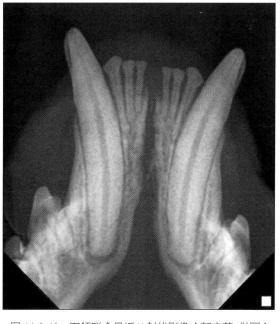

图 14-3-18　下颌联合骨折 X 射线影像（郭宇萌 供图）

四、下颌联合骨折

猫下颌联合骨折是指两侧下颌骨与吻侧相连接的联合处分离，是猫最常见的下颌骨骨折。

1. 病因

猫下颌联合骨折多由高空坠落或车祸引起，可能与猫跌落时倾向于头朝下导致其下巴吻侧受到冲击有关。下颌联合只是一个联合，它很容易发生分离。

2. 临床症状

下颌联合骨折患猫可能出现流涎、唾液带少量血、肿胀、骨折块移位、牙齿咬合不正、齿折、开口疼痛、不愿进食等症状。

3. 诊断

除体格检查外还需进行X射线检查（图14-3-18），必要时进行进一步高阶影像学检查确认有无其他颌面部骨折。如为外伤导致的骨折，参考本节第一部分所述，同时检查有无伴发其他创伤。

4. 治疗

　　下颌联合骨折通过环扎钢丝固定就能获得很好的效果。用钢丝环扎犬齿后的下颌骨（图14-3-19），骨折一般6~8周愈合，愈合后剪断钢丝取出即可。

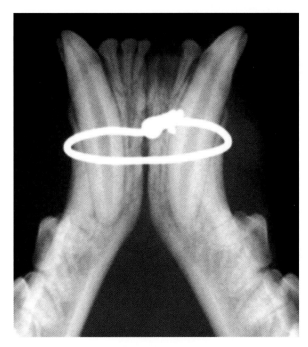

图 14-3-19　下颌联合骨折环扎钢丝内固定影像
（郭宇萌　供图）

第十五章
猫神经系统疾病

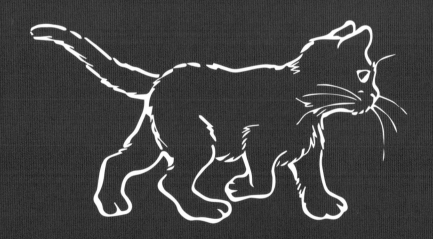

第一节　脑部疾病

一、猫感染性脑膜炎/脑膜脑炎/脑膜脑脊髓炎

中枢神经系统的感染可由受感染的神经外部位直接延伸，或由穿透性创伤或迁移的异物直接将病原引入神经组织，病原也可由黏膜定植或远端化脓灶向中枢神经系统血行性传播。神经系统功能障碍通常是由继发性炎症引起的，但也可由病原直接侵入中枢神经系统实质造成，从而表现相应的神经症状。炎症性物质和粘连可阻塞脑脊液流动，导致继发性脑积水。涉及的中枢神经系统如脑组织、脊髓组织、脑膜、血脑屏障等，外周神经系统如外周神经、神经肌肉接头和肌肉等。其他身体系统取决于感染部位、感染源和全身性炎症反应的程度，可能涉及一个或多个身体器官系统。

1. 病因

猫脑部疾病可能继发于中耳/内耳炎或眼睛、眼球后间隙、鼻窦或鼻道的感染，也可由创伤性颅骨骨折或迁移的异物直接穿透引起，还可能由椎间盘脊柱炎或椎体骨髓炎引起。血源性散播主要为血液感染，免疫受抑制的病患易发。也可能继发于细菌性心内膜炎、椎间盘脊柱炎、肺炎、泌尿系统感染、严重胃肠炎等。多数感染尚无法找到源头。

2. 临床表现

病患猫常患有感染源相关系统性疾病。神经系统部位病变所对应的神经功能出现障碍。中枢神经系统的症状可能是严重并且发展迅速的，也可能呈慢性渐进性发展。败血症病患常出现休克、低血压和弥散性血管内凝血（DIC）。

猫传染性腹膜炎相关症状为精神沉郁、食欲减退、大小便行为异常。发热，但侵袭神经系统时可能不发热。神经症状表现为后肢或四肢轻瘫或麻痹、共济失调、前庭症状。严重神经症状时可能出现呼吸困难。

猫隐球菌感染表现为神经症状的抽搐、转圈、行为异常、前庭症状，鼻部出现鼻塞、鼻腔鸣音、鼻分泌物，鼻腔可见肉芽肿组织、鼻梁肿胀、淋巴结病。

3. 诊断

病史咨询时需筛查患猫疫苗接种史、驱虫史、外伤史、旅行史、饮食史、室内/室外居住史、共养动物等。

　　神经学检查反映了神经病变的部位（如精神状态改变反映了网状激活系统的变化，面瘫提示面神经功能障碍，抽搐发作提示大脑病变，轻瘫提示相应脊髓节段的病变）。心动过缓合并系统性高血压时可能提示颅内高压。

　　全面的体格检查有助于发现可能的感染，如口腔科检查可能存在牙根脓肿感染，上呼吸道狭窄阻塞可能存在鼻腔感染；前庭症状可能提示中内耳炎（图15-1-1至图15-1-2）；皮下肿块检查，可提醒指甲是否存在炎症或者异物等。

　　血常规检查不一定存在明显的异常，但是可能会有白细胞数升高、核左移或中毒性中性粒细胞的表现。某些菌血症或者败血症病患可能出现白细胞数目降低和血小板减少。血液生化检查通常没有特异性。脓尿和菌尿检查可能会提示血源性传播病原的可能。血清学检查可能帮助鉴别细菌性和非细菌性感染，如弓形虫抗体滴度的筛查，但猫常见弓形虫滴度高而无临床症状。同时可以筛查猫有无逆转录病毒科的感染（如FeLV和FIV等），观察猫有无免疫抑制的可能。脑脊液检查对于分析是否存在感染必不可少。感染组织的细胞学检查，如皮肤、眼球、鼻分泌物、淋巴结、气管等，有助于鉴别非细菌性感染的病原，特别是真菌性疾病。血液培养有益于抗生素的治疗选择。乳胶凝集试验可以检测血液或者脑脊液中的隐球菌。淋巴结、肉芽肿组织穿刺或者活检可能发现感染源。

　　脑脊液分析是检查感染性疾病的重要检查手段，在很多感染进程中常见中性粒细胞性脑脊液细胞增多，蛋白质浓度升高或显著升高，中性粒细胞为中毒性改变，可能发现中性粒细胞内菌；但是仅凭脑脊液细胞学检查难以鉴别菌血症和细菌性脑膜炎。脑脊液培养可能呈阳性，由于培养条件相对苛刻，常出现假阴性结果。脑脊液PCR可以在脑脊液培养阴性的情况下发现病原DNA片段。

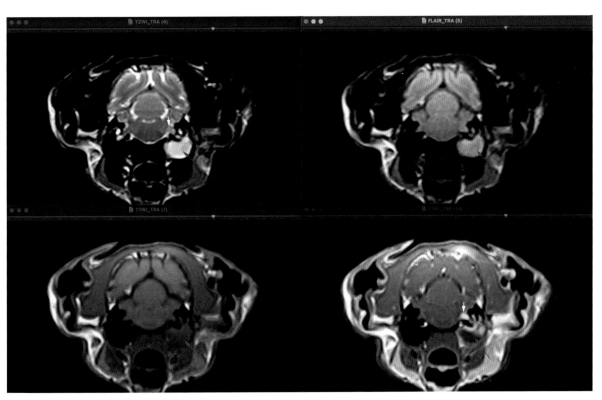

图 15-1-1　白色箭头可见多灶性的脑膜显著增强，红色箭头可见中耳炎引起的鼓泡内积液（脓液）
（高健 供图）

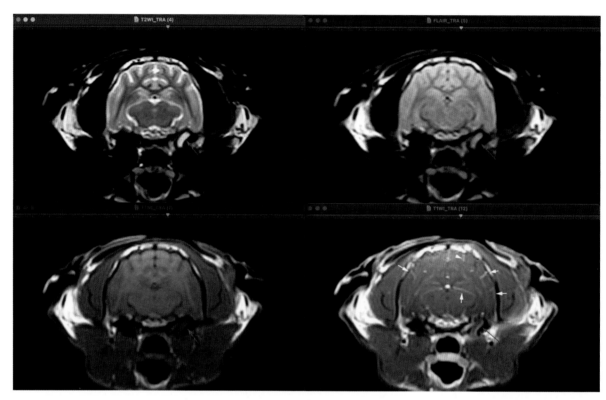

图 15-1-2　白色箭头可见单侧的第八脑神经和邻近脑干实质呈 T2WI 中高强度信号并伴有显著增强，红色箭头可见中耳炎引起的鼓泡内积液（脓液），鼓泡隔室壁显著外周性增强，伴有局部片状增强（增生或息肉）（高健 供图）

　　常规X射线片检查和腹部超声波检查有助于发现其他疾病和潜在感染的可能，如靠近中枢神经系统的椎间盘脊柱炎，胸部X射线片可能发现下呼吸道疾病。CT检查有助于发现鼻腔和鼻窦、中耳内耳、肺脏、泌尿系统和椎间盘脊柱炎等的感染。心脏超声波检查可以发现心内膜炎。MRI可检查脑部、脊髓、脑膜和脊膜以及一些可能的感染部位，如鼻腔鼻窦、中耳内耳和椎间盘脊柱病变。MRI也可发现一些肉芽肿性脑膜脑炎，提示存在真菌感染的可能。

　　单就感染性中枢神经系统炎症性疾病而言，主要的鉴别诊断有炎症性、创伤性、畸形性、代谢性、医源性、肿瘤性、变形性/退行性中枢神经系统病变。如果就感染性疾病分类而言，细菌性、病毒性、真菌性、寄生虫性、立克次氏体性、原虫性的各类感染均可能为鉴别诊断。猫常见的感染为传染性腹膜炎病毒感染（图15-1-3），各类细菌感染、弓形虫感染、隐球菌感染（图15-1-4、图15-1-5）等。根据各类感染的病因不同，脑脊液检查可能表现出各异的脑脊液细胞增多症，如淋巴细胞性、混合单核细胞性或中性粒细胞性脑脊液细胞增多症。脑脊液蛋白浓度测定、脑脊液细胞学检查、脑脊液培养、PCR检查、血清学检查、免疫抗原筛查等，都有可能提示动物不同的疾病。影像学检查如CT或MRI可能会提示某些感染可能，如多发性脑室内炎症和脑膜炎症可能提示传染性腹膜炎病毒的感染，多灶性脑部肉芽肿性病变可能提示肉芽肿性脑膜脑炎或真菌性感染。

4. 治疗

　　抗生素治疗在细菌培养结果出来之前需使用容易透过血脑屏障的经验性广谱抗生素治疗，覆盖需氧菌和厌氧菌，脂溶性较好、小分子、低蛋白结合、离子化程度低的抗生素是比较好的选择；如果怀疑有真菌性感染，需要使用容易透过血脑屏障的抗真菌药物治疗，而且常常需要增加剂量以提高脑组织中抗真菌药物的浓度来判断效果；如果怀疑寄生虫感染，则需要驱虫药的使用；如果怀疑

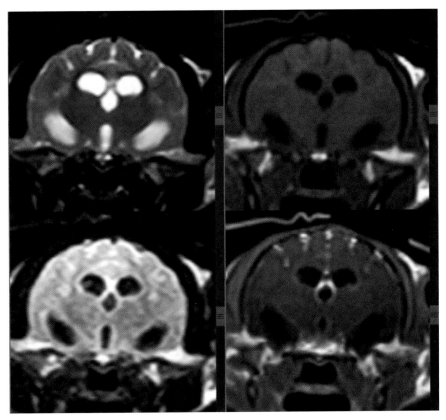

图 15-1-3　5月龄东方短毛猫经病毒及突变筛查确诊为传染性腹膜炎病毒中枢神经系统感染的脑部磁共振横断面，丘脑水平。可见明显的双侧对称性膨胀性脑室扩张，多处脑膜和脑室壁显著增强（高健 供图）

立克次氏体性或者原虫性感染，则需要使用对应敏感性的抗生素。所有抗生素的选择，最终都应该根据细菌培养和药物敏感试验来进行选择。对于可能的细菌感染而言，推荐药物包括第三代头孢菌素类（拉氧头孢、头孢曲松、头孢噻肟）、氟喹诺酮类、甲氧苄氨嘧啶磺胺类、强力霉素和甲硝唑。青霉素、氨苄西林、阿莫西林-克拉维酸和碳青霉烯类在出现中枢神经系统炎症时容易进入，与另一种抗生素（如甲氧苄啶磺胺类）联合使用效果较好，后者在炎症消退时也能继续穿过血脑屏障。氨苄西林在无炎症的情况下也可达到较高的CSF浓度。甲硝唑在脑脊液、脑实质、脓肿中含量较高，对厌氧菌的杀菌效果最好。克林霉素是脂溶性的，但不容易穿过血脑屏障，其在脑和脊髓中的浓度足以治疗弓形虫和新孢子虫的感染，但不足以治疗大多数中枢神经系统细菌感染。一般建议静脉注射抗生素3~5d，以迅速达到较高CSF浓度，然后口服药物维持治疗。氨基糖苷类抗生素和一代头孢菌素不建议使用，因为它们很难透过血脑屏障。

　　猫常见的传染性腹膜炎病毒感染可以使用3C类药物治疗。

　　猫中枢神经系统隐球菌感染可以使用抗真菌类抗生素治疗，如氟康唑、伊曲康唑、酮康唑、伏立康唑和泊沙康唑等；治疗隐球菌感染时还可以使用两性霉素B和氟胞嘧啶等。

　　手术治疗对于可能由于邻近中枢神经系统的局部病变蔓延性的感染，可以进行外科清创或者切除感染来源。手术后进行活检可以进一步确诊，明确病因并对症用药。

　　皮质类固醇在感染性中枢神经系统炎症性疾病中的使用，目前仍有争议，需慎用。

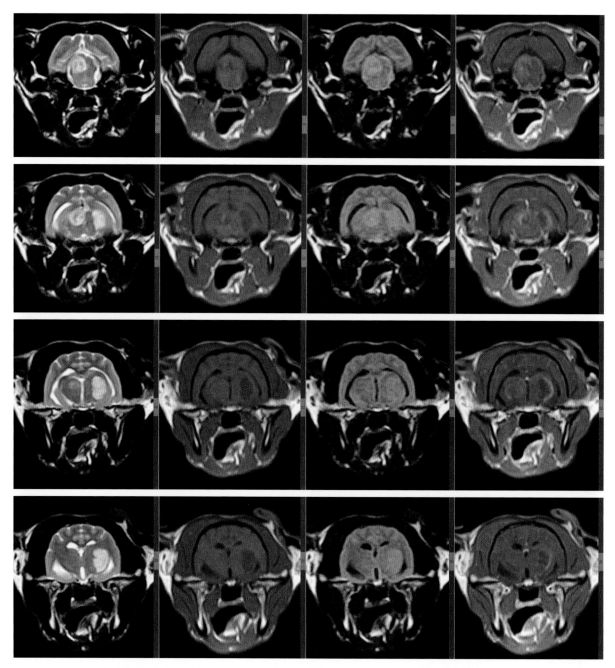

图 15-1-4　确诊为隐球菌感染的 2 岁家养短毛猫，脑部磁共振横断面，可见多个异常的轴内肿物占位，伴有轻微肿物效应，该肿物呈 T2WI 中高至高强度信号，T1WI 低至无强度信号，FLAIR 中高强度信号，伴有局部显著的外周增强（高健 供图）

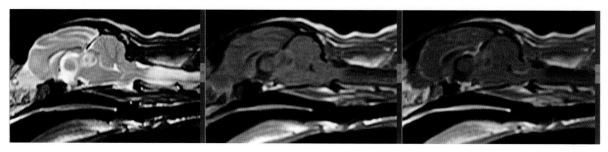

图 15-1-5　确诊为隐球菌感染的 2 岁家养短毛猫，脑部磁共振矢状面，可见中脑异常的轴内肿物占位，伴有显著肿物效应，该肿物呈 T2WI 中高至高强度信号，T1WI 低至无强度信号，FLAIR 中高强度信号，伴有局部显著的外周增强。该肿物挤压脑实质的同时造成对小脑的显著压迫，小脑显著变形，小脑后侧显著向枕骨大孔疝出，阻塞脑脊液流动，延髓轻度受压。前段颈部脊髓可见异常、无清晰边界的 T2WI 高强度信号，T1WI 低至无强度信号，但无明显增强的病变，最有可能为继发性脊髓空洞症（高健 供图）

二、猫传染性腹膜炎引起的脑病

1. 病因

猫传染性腹膜炎（FIP）是由猫冠状病毒（FCoV或FECV）引起的一种感染性疾病。

2. 临床表现

临床上可见干型FIP和湿型FIP。干型FIP患猫的体腔中无积液，可能伴有眼睛病变和中枢神经系统病变。

3. 诊断

胸腹腔内积液是湿型FIP最具诊断性的依据之一。积液颜色淡黄至混浊，黏稠。液体中的蛋白质含量很高，并且存在有提示意义的细胞成分，特别是巨噬细胞、中性粒细胞和较少量的淋巴细胞（图15-1-6）。但是仅根据这些特点并不能对FIP进行确诊。

李凡他测试是浆液黏蛋白定性实验，是常用的区别积液是漏出液还是渗出液的检查。浆液黏蛋白是多糖和蛋白质形成的复合物，在稀乙酸溶液中形成白色沉淀物（图15-1-7）。方

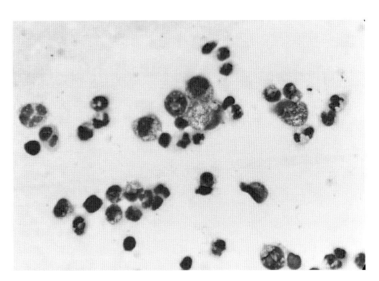

图 15-1-6 积液镜检可见大量巨噬细胞和中性粒细胞，少量淋巴细胞，提示化脓性肉芽肿（刘志江 供图）

法：在100mL的量筒中加入100mL蒸馏水，滴加2滴冰醋酸，再滴入1~2滴穿刺积液，观察是否出现白色云雾状混浊沉淀到50mL刻度附近，如果出现则为阳性。李凡他实验对FIP的诊断有较高的特异性和敏感性。

腹部超声波这种非侵入性的检查可能会发现肝脏、脾脏、肾脏的变化或腹腔内淋巴结肿大以及是否存在积液。这些发现对FIP均不是特异性的，需结合临床提高对FIP的怀疑程度。

FIP可能感染视神经和中枢神经系统，在干型FIP中更为常见。眼睛病变常见葡萄膜炎，神经系统病变表现为精神沉郁、共济失调、运动障碍、眼睛震颤、定向障碍、认知障碍，严重病例出现瘫痪、抽搐。MRI检查具有一定的协助诊断意义，影像常见提示脑室扩张；脑膜脑脊髓炎影像常见室管膜炎伴随脑脊髓液吸收减少而引起的脑室扩张。在脑室周围可见FLAIR及T1W造影后高信号（图15-1-8、图15-1-9）。然而，磁共振对于诊断FIP并非一项高敏感度的检查手段。在一项对猫MRI检查的研究中，半数确诊FIP脑膜脑炎的猫MRI成像正常。房水和脑脊液的细胞学检查和PCR检查具有诊断价值，和渗出液一样有较高的敏感性。

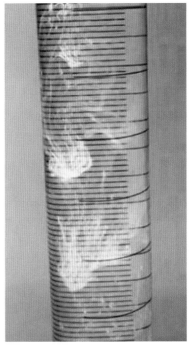

图 15-1-7 抽出积液呈淡黄色，李凡他实验阳性，量杯可见絮状沉淀物（刘志江 供图）

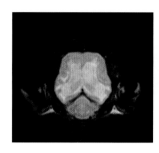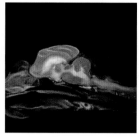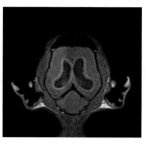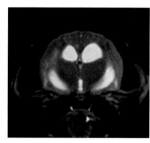

a T1+C COR   b FLAIR COR   c T2W SAG   d T2W TRA

图 15-1-8 2 岁母猫，精神沉郁，共济失调。MRI 检查图像可见脑室周围造影环形信号增强（a），FLAIR 可见脑室内脑脊液不均匀高信号，室周环形高信号（b），第三第四脑室扩张，颞叶斑驳状高信号，脑干和颈髓长条形弥漫性高信号（c、d）（林毓� 供图）

反转录聚合酶链反应（RT-PCR）是一种常用的检测手段，据统计，在 FIP 患猫中，提供体腔液样本的检查约 70% 可以检测到 FIPV。PCR 阳性提示 FIPV 的存在，但阴性结果不能用来排除该疾病。

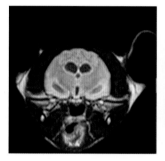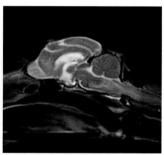

a FLAIR TRA   b T2W SAG

图 15-1-9 猫 FIP 横断面（a）（T1 加权伴增强）和矢状面（b）（T2 加权）MRI 图像，可见脑室周围"环形强化"，脑干和前颈髓 T2W 高信号（林毓晔 供图）

其他检测手段包括酸性糖蛋白（AGP）检测，FCoV 抗体滴度检测，免疫组织化学检测（IHC）。免疫组织化学检测被认为可以确诊 FIP，但由于被检组织的质量和测试中使用的试剂不同，可能存在假阴性。

4. 治疗和预防

FIP 的治疗主要包括抗炎治疗、免疫抑制、抗病毒药和免疫增强剂治疗。

三、缺血性脑梗塞

猫的脑血管疾病是由于血液供应紊乱引起的疾病，通常为缺血性或出血性表现。除外伤外，缺血性脑血管病在两种类型中更为常见。在猫体内，血液主要通过基底动脉流向头侧和尾侧，颈外动脉（通过上颌动脉）将大部分血液供应给大脑动脉环。大脑动脉环保证了终动脉的压力恒定，在动脉阻塞时会为脑实质提供侧支灌注。

1. 病因

脑缺血至脑梗死的发展进程取决于脑实质灌注减少的严重程度和时间。缺血是灌注减少所引起的组织功能障碍；梗死是灌注减少造成不可逆转的脑实质损伤，最终导致组织坏死。正常脑灌注低于 40% 的情况下，5h 后就会出现不可逆的功能损伤。

导致缺血性脑梗死的原因包括血栓栓塞、血液动力学的改变、局部脑血管痉挛等。血栓栓塞是由于起源于远处血管床梗阻性物质所导致的血管栓塞。在猫中，肥厚性心肌病、肿瘤（淋巴瘤）和肝脏疾病（包括脂肪肝）已被证实为潜在的诱发因素。其他导致高凝状态的疾病也会导致动物出现血栓栓塞，如蛋白丢失性肾病、肿瘤、败血症等。麻醉相关的血液动力学改变和蝇蛆病蝇蛆幼虫移行引起的血管痉挛也会导致缺血性脑梗死的发生。猫甲状腺功能亢进、原发性醛固酮增多症会导致动物出现继发性的高血压从而导致出现脑梗死的发生。

2. 临床表现

猫缺血性脑梗死通常为急性发病，由于缺血性梗死可能会伴随脑部水肿，所以起初可能表现为渐进性发作，但通常在24h后不会出现继续恶化。临床表现与病变部位相关，受累部位不同，其临床表现也不相同。通常可能发生在前脑或小脑，并且多为局灶性，而非弥散性或多病灶表现。可能出现偏瘫、前庭症状或小脑性共济失调（图15-1-10）等。

图 15-1-10 缺血性脑梗塞患猫，表现为小脑性共济失调（闫中山 供图）

3. 诊断

完整的理学检查，包括黏膜颜色、心杂音、血压、心率、触诊等均为诊断的基础。血液学检查，如血常规、生化、尿检、B超等检查也有助于疾病的诊断（表15-1-1）。脑部的高阶影像检查（图15-1-11），如断层扫描（CT）和核磁共振（MRI），可排除其他原因引起的神经异常，界定病变区域和范围，并区分缺血性和出血性脑血管病变。

表 15-1-1 怀疑脑血管性疾病的辅助检查

病症	检查方式
高血压	无创血压，血液生化检查，尿检，T4，腹部超声波，眼科检查
血液高凝状态	血常规，血液生化，尿检，UPC，凝血酶原Ⅲ
高脂血症	血清胆固醇，血清甘油三酯，甲状腺检查
败血症	血常规，胸部X射线检查，腹部超声液检查，细菌培养
肿瘤	触诊，X射线检查，超声液检查，细针抽吸
心肌病	听诊，X射线检查，超声液检查，心电图检查

注：UPC，尿蛋白肌酐比。

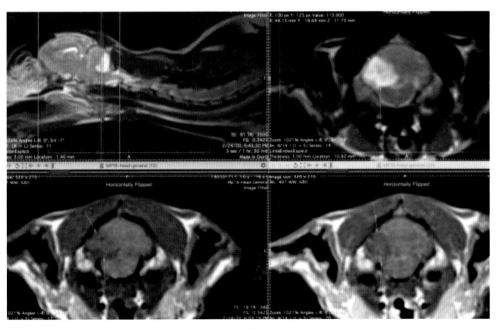

图 15-1-11 脑部的高阶影像学检查（闫中山 供图）

脑部缺血性疾病的CT影像特点包括，脑实质呈现低密度表现，脑实质灰质白质边界不清，局部肿物效应。MRI与CT相比，对于缺血性脑部疾病更为敏感。MRI影像通常表现周围脑实质T1加权成像低信号表现，T2加权成像高信号表现，发病数小时至数天内可能存在局部占位性病变，但随后数天至数周内逐渐恢复，磁共振成像液体衰减反转恢复序列（FLAIR）通常表现为高信号。梗死性脑部疾病在发病几天后表现为造影增强，所以，在急性发病后48h内可能不会表现为造影增强。扩散加权成像（Diffusion-weighted imaging，DWI）显示缺血变化比常规MRI序列更早，所以，DWI序列有助于提高急性梗死性脑出血的诊断敏感性。

4. 治疗

脑血管疾病需要控制诱发因素，同时治疗继发颅内损伤，如脑水肿等。梗死性脑病的急诊管理主要为支持治疗，重点是尽量减少继发性脑损伤和预防并发症。急诊管理要点见表15-1-2。

关于缺血性脑病的神经保护治疗对于减少继发性损伤是有效的，见表15-1-3。

表 15-1-2　猫梗死性脑病急诊管理要点

病症	处理方式
梗死性脑病	通过维持平均动脉压（MAP），维持良好的颅内压（CPP）；如果怀疑颅内压升高则建议使用高渗透压药物（如高渗生理盐水或甘露醇）
	如果出现缺氧表现，则建议提供氧气治疗
	积极控制癫痫发作
	糖皮质激素治疗缺血性脑病存在争议

表 15-1-3　猫缺血性脑血管病神经保护治疗

药物治疗	非药物治疗
自由基清除剂	低体温治疗
兴奋毒性阻滞剂	高压氧治疗
免疫调节剂	近红外激光器 干细胞治疗

第二节　小脑及平衡性疾病

一、小脑营养性发育不良

小脑营养性发育不良也称为小脑皮质营养性发育不良（Cerebellar cortical abiotrophy）或小脑萎缩（Cerebellar atrophy），猫多发。所谓营养性发育不良意即小脑最初发育时正常，但随后因神经元代谢障碍导致小脑提前退化，尤其是小脑中的浦肯野细胞受损。磁共振检查可见小脑萎缩且小脑与全脑重量占比也因萎缩而低于10%，并且出现小脑相关性症状，如动幅障碍、运动失调、双脚外侧站姿，并可能出现角弓反张或威吓反射减弱。该病目前没有治疗方案，其预后保守，部分动物最终可能因为生活品质不佳或饲主因素被安乐致死。

1. 病因

小脑皮质依细胞形态由外到内可分为三层，分别是：分子层（Molecular layer）、浦金野氏细胞层和颗粒层（Granular layer）。小脑处理讯息的能力直接与颗粒细胞（Granule cell）和浦金野氏细胞（Purkinje cell）的突触数量呈正相关。小脑营养性发育不良属于神经退化性疾病，是一种常染色体隐性遗传性疾病。其具体病理机制尚未完全清楚，可能是小脑皮质中的浦金野氏细胞因神经代谢性异常而提前凋亡。除遗传因素外，于母体内或新生儿感染猫泛白细胞减少症病毒（Feline panleukopenia virus）也可能造成小脑细胞退化。该病多数仅见于小脑的浦金野氏细胞，也可能发生在脑部其他细胞。

2. 临床症状

小脑下意识接受来自高尔基腱器官（Golgi tendo organ）、肌梭（Muscle spindle）及前庭的内耳毛细胞（Hair cells）的刺激输入，并对于身体、头、四肢的张力及运动做出调节。小脑深部核团的抑制性主要通过神经传导物GABA经浦金野氏细胞产生作用。

小脑出现问题时，可观察到猫四肢的鹅步步态、宽基站姿（图15-2-1）、摇摆、颤抖（尤其在试图做出动作或兴奋时）、视力可能异常、无威吓反射、歪头、前庭性共济失调、角弓反张、前肢僵直并后肢收缩（去小脑症状）。上述临床症状可能呈渐进式发展，也可能停止。

图 15-2-1　8月龄暹罗猫的宽基姿态及共济失调
（林毓晞 供图）

3. 诊断

临床诊断主要以神经学检查为主，确认病灶位置并进行磁共振扫描。该病仅导致小脑体积轻微变小，区别于小脑发育不全大幅度影响的小脑体积。磁共振检查可见小脑萎缩、小脑皱褶及间隙增宽，其间脑脊髓液增多（图15-2-2，图15-2-3），前脑与脑干部分未见异常。

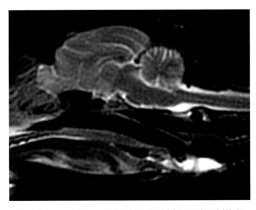

图 15-2-2　1岁龄混血猫的小脑皱褶及间隙增宽
（林毓晞 供图）

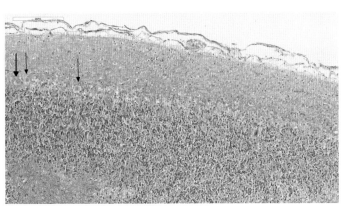

图 15-2-3　8月龄暹罗猫的小脑皱褶及间隙增宽
（林毓晞 供图）

目前，磁共振检查仅作为辅助诊断，其诊断金标准为活组织检查或病理解剖，可见浦金野氏细胞层变得稀疏、肿大呈中空状，为退化性表现（图15-2-4）。除浦金野氏细胞凋亡消失外，颗粒细胞也可能同时消失，小脑与大脑质量比值常低于正常值的10%。

猫小脑营养性发育不良是小脑完全发育后因代谢性障碍导致发育完整的小脑迅速萎缩。因此，小脑萎缩（Cerebellar atrophy）的解释并不具体。小脑发育不全指的是因内源或外源因素导致小脑初始即未完整发育，因此，小脑营养性发育不良需与小脑发育不全（Cerebellar hypoplasia）、小脑发育不良（Cerebellar dysplasia）或 Dandy-Walker 氏症候群（即小脑蚓部完全或部分消失，猫仅有极少数病例）等进行鉴别诊断。

4. 治疗

目前并无任何特效治疗方法，临床上尽可能维持生活品质，减少因共济失调可能造成的额外伤害并观察症状是否进一步发展。未来，基因治疗可作为选项之一。

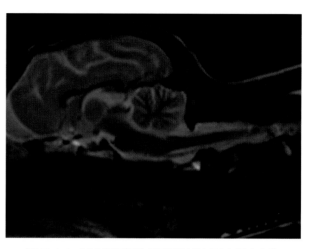

图 15-2-4　浦金野氏细胞层严重缺失且肿大呈中空状
（林毓晞 供图）

二、猫小脑发育不良

猫颅脑先天发育畸形以及发育异常大多数是由于胚胎时期神经系统发育异常所致，约40%的颅脑发育畸形是遗传因素和子宫内环境的共同影响所致。小脑是可以控制机体平衡、精细运动、协调能力的器官（图15-2-5），当小脑发育不全或损伤时常可引起机体共济失调的表现。小脑发育不良通常情况下不会引起疼痛，也无传染性。患有小脑发育不全的猫从幼年开始就是不正常的，患病猫会有较明显的平衡异常，表现出宽基步，经常靠在墙上支撑身体。患病动物静止状态下，可能看不出什么异常，一旦注意力集中在某一物品或吃食物时等，可能出现意向性震颤，且随着注意力的集中程度越来越高，意向性震颤会加重。然而，尽管

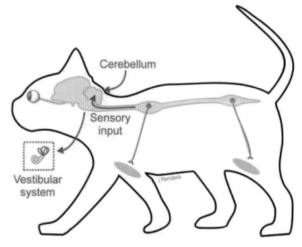

图 15-2-5　根据潜在的神经解剖学诊断，全身性共济失调有三种主要形式：小脑性共济失调、前庭性共济失调和本体感受性共济失调（引自 Journal of Feline Medicine and Surgery（2009）11, 349-359）

有明显的神经症状，但普遍情况下小脑发育异常的猫不一定会严重影响生活，能够自己喂食和使用砂盆，并且被认为具有良好的生活质量。

1. 病因

对于猫而言，小脑发育不良最常见的原因是怀孕晚期的母猫或新生儿早期被猫泛白细胞减少症病毒（猫细小病毒）感染所致，因为小脑在妊娠晚期和出生后前几周完成发育，此期间病毒会优先攻击快速分裂的细胞。此外，严重的影响不良、创伤因素、遗传发育因素、弓形虫等感染也可能会引起小脑发育障碍（图15-2-6）。

2. 临床表现

（1）症状一般为非进行性的发展。

（2）单纯小脑发育不良的猫并不虚弱，只是运动不协调。

（3）猫小脑性共济失调，运动不协调，站立宽基步，运动大跨步。

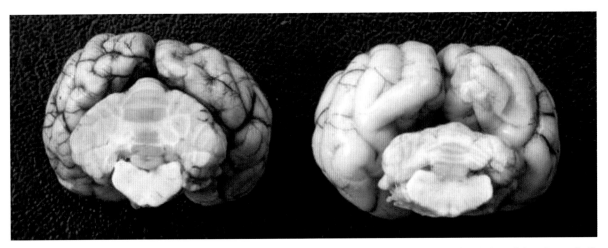

图片 15-2-6　小脑发育不全常见于幼猫。小脑（右）明显小于正常小猫（左）。临床上，这种小脑体积减小可在 MRI 扫描上识别为小脑体积减小或小脑叶间脑脊液剥离增加（引自 Journal of Feline Medicine and Surgery（2009）11, 349-359）

（4）猫轻微的头部震颤或意向性震颤。

3. 诊断

对于神经系统疾病的诊断我们首先要了解动物的基本信息和病史，然后进行神经学检查、建立最小数据库，必要时应进行 MRI/CT 检查和 CSF 检查。实验室血液检查通常无法发现小脑异常但可以了解动物综合体况且有指示方向的意义。MRI 检查为该病诊断的金标准，若动物死亡则采用病理解剖或组织切片作为诊断依据（图 15-2-7）。MRI 检查可显示小脑缺失部分、体积改变等，猫细小病毒导致的小脑病变，部分可能并发脑积水（图 15-2-8）。

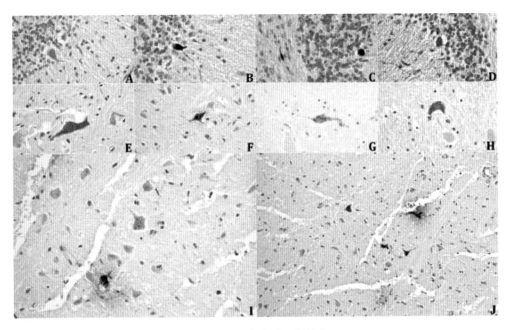

图 15-2-7　组织病理学检查

细小病毒阳性猫脑 FPV 抗原免疫组化染色。A 至 D 来自受感染小猫小脑的浦肯野细胞的强细胞质或核免疫染色作为阳性对照（原始放大倍数为 400 倍）；E 至 J 本研究中 12 周龄猫的神经元体和突起的明亮染色和（I）间脑的几个小胶质细胞（丘脑间粘连）（原始放大倍率为 400 倍；（J）原始倍率 200 倍 [引自：Garigliany et al., BMC Veterinary Research（2016）12:28]

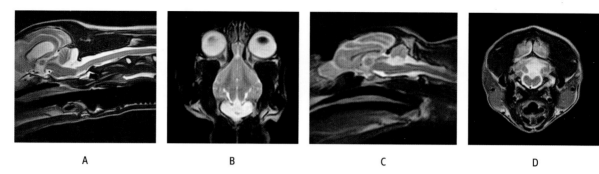

| A | B | C | D |

图 15-2-8　患猫 MRI 检查可见明显的小脑结构缺失（A/B），缺失处形成代偿性脑脊液（C/D）填充（柳智浩 供图）

4. 治疗

对于小脑发育不良的治疗与预后通常是不良的，没有特别好的方案可以解决已经出现的脑部损伤与症状，一般只能进行支持治疗并尽可能观察并维持动物的生活品质。小脑发育不良的猫，日常饲养中需要关注症状的控制，此类小猫应该只待在室内，并且应该使用食物不易溢出的碗，增加饲养环境地面的摩擦力以及减少跳跃动作，物品摆放也需注意。

5. 预防

做好疫苗的防护，进行正确的免疫流程，减少病毒的感染；对于怀孕母猫应保证充足的营养供应；此外应预防其他病原微生物的感染；对于遗传性并无良好的预防方法。

三、猫前庭综合征（Vestibular syndrome）

猫前庭系统是神经系统的主要组成部分，负责维持姿势和平衡，分为中枢前庭和外周前庭。它是一个感觉系统，传递特殊本体感觉。前庭参与感知头部的静态位置以及头部的加速、减速和旋转运动。此外，前庭通过中枢神经系统（CNS）内的前庭–眼投射和前庭–脊髓投射，使头部的运动与眼睛、躯干和四肢的运动相协调。前庭系统负责维持头部与身体姿势的平衡，所以，前庭系统异常的猫常常会出现头倾斜和眼球震颤等相关临床表现，头倾斜为头部在寰椎处的旋转，双侧耳根高度不在同一水平，头倾斜是单侧前庭疾病患猫最常见的临床表现之一。眼球震颤可包括水平眼球震颤、垂直眼球震颤、旋转眼球震颤等。

1. 病因

前庭综合征是猫神经系统中的常见疾病，可由前庭系统任何部位的功能障碍引起。在解剖学上，可分为外周前庭和中枢前庭。外周前庭系统由前庭耳蜗神经及其受体组成。内耳由耳蜗、前庭和半规管组成，这些结构形成颞骨岩部的骨迷路。前庭和半规管支配前庭功能，而耳蜗则参与听觉功能。常见外周性前庭综合征的病因包括退行性疾病/结构异常（如内耳的先天性畸形或变性）、代谢性疾病（如甲状腺功能减退、高脂血症等）、肿瘤性疾病（如神经鞘瘤）、特发性前庭疾病、炎性/感染性疾病（如中耳炎/内耳炎）、中毒性疾病（如耳毒性药物、部分洗耳剂等）、创伤性疾病等。特发性前庭综合征和中耳炎/内耳炎被广泛认为是猫外周前庭综合征的最常见原因。特发性前庭疾病可发生于任何年龄段的猫，通常无明显结构性、代谢性或炎性疾病，并且不会表现出中枢前庭疾病所特有的相关症状，呈现出急性或超急性发作。外耳炎通常是中/内耳炎的重要原因之一（对猫来说，很可能中/内耳炎并非导因于外耳炎），耳部寄生虫如耳螨、耳道真菌如小孢子菌、过敏性皮肤病、角质化异常等也是中/内耳炎的常见病因，细菌从口腔经过咽鼓管感染也可引发中/内耳炎。中枢前庭包括小脑和脑干，中枢前庭综合征可继发于颅内肿瘤、猫感染性腹膜炎（FIP）、缺血性梗死、硫胺素缺乏、颅内积脓、原发性细菌性感染及不明原因的脑膜脑炎等疾病。

2. 临床症状

一般来说，前庭功能障碍的临床表现是平衡丧失。除了罕见情况（逆理性前庭疾病），临床体征通常表现在患侧同侧。患猫可能表现出前庭性共济失调，特征是头倾斜、跌倒，严重患猫可能滚向患病侧。患猫也可能向患侧转圈，常伴发头部倾斜，双侧耳根高度不一，患侧耳朵更接近地面，但要区分于头转向（鼻子偏离身体的长轴）。患猫可能表现宽基底姿势，对侧肢体伸肌张力升高，伴有同侧患肢伸肌张力的下降。躯干可能向病变一侧弯曲。

临床表现可因单侧前庭功能障碍、双侧前庭功能障碍和逆理性前庭功能障碍而有所不同。单侧前庭功能障碍的临床表现通常包括头部倾斜、病理性眼球震颤、位置性斜视以及步态异常，如共济失调、转圈（通常为转小圈，以一前肢做轴心或近似首尾相接做转圈运动）、倾斜或跌倒。前庭神经障碍常常表现为不对称或单侧；发生双侧病变，特征表现是头部向两侧做摆动运动，同时缺乏生理性眼球震颤，且双侧性前庭病变患猫大多不会发生典型的头倾斜表现，典型表现为广泛性前庭共济失调、蹲伏姿势和向两侧跌倒，虽然前庭综合征的临床体征可以很容易地从临床和神经系统检查辨别，但这些表现对于潜在病因判定特异性不高。神经学检查可用于外周和中枢前庭综合征的区分。中枢性前庭综合征比周围性疾病的预后差。

3. 诊断

神经学检查是对前庭综合征病例进行临床诊断至关重要的评估，可在检查中发现是否有中枢神经系统受累的体征，从而确定其表现为中枢或外周前庭疾病。表15-2-1为外周前庭和中枢前庭表现在神经学检查中的异同对比。

对于怀疑外周性疾病引发的前庭综合征，可先进行麻醉下耳镜检查，全面评估外耳道到中耳的完整性，红肿、透明性下降、顺应性下降、膨出的鼓膜提示可能存在中耳病变，有时可透过鼓膜看到内部液体或脓汁，此时可进行鼓膜穿刺、样本采集后供细胞学检查和药敏培养使用。同时结合X射线、CT和MRI检查进一步评估病因，CT/MRI检查可以较为直观地展现中耳及内耳结构（图15-2-9为单侧中耳病变，图15-2-10为双侧中/内耳病变），并且这些检查需在鼓膜切开术或耳灌洗之前进行，因为灌洗会增加液体进入耳道，这可能会影响软组织结构。少数病例的中/内耳炎也可能累及中枢神经系统。中枢前庭疾病则需依赖CT/MRI检查的诊断，有时也需脑脊液穿刺和其他血检共同诊断，诊断方案建立在基础检查的基础上。

表15-2-1 外周前庭和中枢前庭表现异同对比

神经体征		外周性	中枢性
本体感受缺失		无	有且常见
意识状态的改变		无	可能出现
头倾斜		有	有
脑神经功能障碍		无	可能出现
眼球震颤	水平震颤	有	有
	旋转震颤	有	有
	垂直震颤	无	有
	体位性	无	有
	自发性	有	有
	共轭性	有	有
	非共轭性	无	有
斜视		有	有

4. 治疗

前庭功能障碍的患猫，主要治疗其原发疾病，如中/内耳炎建议进行抗生素治疗或手术治疗，猫中/内耳炎的总体预后在很大程度上取决于辨别和控制原发、诱发和持久存在因素的能力。许多情况下抗菌治疗可以等培养结果出来后进行；部分较为严重的病例，可以考虑在培养过程中经验性使用抗生素。液体样本的细胞学检查有助于指导选择合适的经验性抗生素。细菌性中/内耳炎需连续4~6周的全身抗生素治疗，尽量避免使用洗耳液，尤其在未明确鼓膜是否完整的情况下，可能加重前庭症状甚至耳聋。保守治疗方案

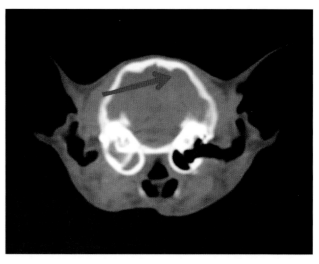

图 15-2-9　6岁美短出现呕吐，一天数次，头向右侧倾斜，右侧肢体稍无力，频繁甩头并向右侧摔倒，本体感受良好，CT检查可见右侧中耳异常影像（张兴旺 供图）

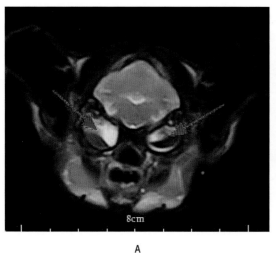

A

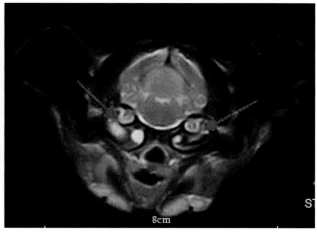

B

图 15-2-10　6月龄田园流浪猫站立不稳、频繁摔倒，头部及身体轻微震颤、共济失调、步幅异常，病程1月余，逐渐加重，食欲不佳，磁共振可见双侧中/内耳病变（红色箭头）（张兴旺 供图）

无效时，可考虑使用内视镜对外耳及中耳进行深层清洗，同时进行细菌培养与药物敏感性检查，若无改善则建议进行鼓泡切开术，进行外科冲洗及引流，同时使用药物积极治疗。特发性前庭综合征则可能不需要进行特殊性治疗，没有证据显示皮质类固醇能够有效改善临床症状。支持治疗和缓解其晕动情况通常是必要的，大多数病例在3d后会有所改善，但完全恢复则可能需要2~3周，甚至5周，部分病例恢复后长期存在轻度头倾斜，特发性前庭疾病存在复发的可能。肿瘤性疾病多以外科手术切除或化疗/放疗为主要治疗手段。中枢前庭功能障碍预后一般较外周前庭功能障碍预后差，需明确原因后进行治疗。

第三节 外伤引起的猫神经系统疾病

一、猫颅脑撞击伤

猫颅脑撞击伤大多是由于外力所引起的大脑结构损伤。撞击伤的来源可能为交通事故、跌落或坠落、冲撞、其他动物的伤害和人类有意或无意的伤害。根据文献统计，猫严重钝性撞击损伤的病例中有25%存在创伤性脑损伤，与存活率呈负相关。

1. 病因

根据病因，颅脑损伤可分为原发性和继发性损伤，均会引起颅内压升高。原发性损伤是指在受创时立即发生的颅骨骨折或颅内结构物理性破坏，这类损伤包括对实质的损伤和血管损伤，如挫伤、撕裂伤、弥散性轴突损伤、颅内出血和血管性水肿（图15-3-1）。继发性损伤是因为原发创伤造成持续出血和水肿而激活的生化通路。三磷酸腺苷（ATP）消耗使钠离子和钙离子涌入细胞，引起细胞毒性水肿和去极化，导致大量谷氨酸盐（兴奋性神经递质）释放到细胞外激活自由基物质，并进一步损伤神经元细胞。脑组织富含Fe^{2+}，实质内出血也会使Fe^{2+}水平上升，永久性氧化损伤脑组织。

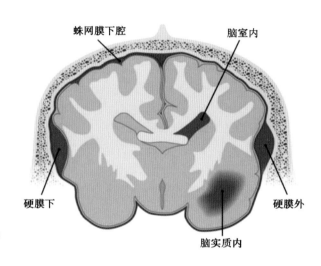

图 15-3-1 颅内出血的临床表现形式（引自：*Practical guide to canine and feline neurology* 3rd edition）

严重的头部创伤后诱发的其他继发性自溶过程包括补体、激肽、凝血/纤溶反应、一氧化氮及各类细胞因子引起的炎性反应均会继发性加重脑损伤。

2. 临床症状

临床症状的表现与颅脑损伤严重程度相关，轻度的颅脑撞击伤可能表现轻度症状并能自行恢复，随着撞击损伤程度加重，神经症状的表现逐渐严重。颅脑撞击伤常见的神经症状有步态异常、四肢肌肉强直伸展、角弓反张、脊髓反射减弱或消失、脑神经反射异常，以及意识的丧失甚至昏迷。常见并发于颅脑撞击伤的颅外出血及肺损伤可能加重低血压和低血氧情况，从而加重脑缺血，这些继发过程会促使颅内压升高。与原发性脑损伤不同，在一定程度上临床医生可以通过急救来控制继发性脑损伤。

3. 诊断

相比于其他颅内疾病，颅脑撞击伤的诊断较容易通过宠主主诉讯息及病史确定。对于严重头部撞击伤的猫需要通过体格检查、神经学检查、实验室检查以及影像学检查，迅速地急救并判断预后。预估每只患猫的预后很困难，迟钝但脑干神经功能完整的患猫，其恢复可能性高，受伤后昏迷且脑干反射消失的患猫通常不太可能恢复。有研究显示，改编自人类昏迷程度MGCS评分系统（格拉斯哥昏迷）可以通过评分预测头部受创后48h内的生存情况（表15-3-1、表15-3-2），提供严重程度的3个级别和每个级别的预后情况。

表15-3-1　改良格拉斯哥昏迷评分标准

指标	评分
肌肉活动	
步态正常，脊髓反射正常	6
偏瘫，四肢无力，无意识活动	5
伏卧，断断续续的伸肌强直	4
伏卧，不间断的伸肌强直	3
伏卧，带有角弓反张的伸肌强直	2
伏卧，肌肉张力减退，脊髓反射减退或消失	1
大脑神经反射	
正常的瞳孔对光反射和眼底反射	6
瞳孔对光反射减退，眼头反射趋于正常至减退	5
双侧瞳孔缩小无反应，眼头反射趋于正常至减退	4
瞳孔缩小到点，无眼头反射	3
单侧无反应性瞳孔缩小，无眼头反射	2
双侧无反应性瞳孔缩小，无眼头反射	1
意识等级	
偶尔对环境的警觉和反应	6
抑郁或精神错乱，能做出反应但反应可能是不合适的	5
半昏迷，对视觉刺激有反应	4
半昏迷，对听觉刺激有反应	3
半昏迷，仅对重复的有害刺激有反应	2
昏迷，对重复的有害刺激无反应	1

注：引自 Platt S R, Radaelli S T, McDonnell J J. The prognostic value of the modified Glasgow Coma Scale in head trauma in dogs. J Vet Intern Med, 2001, Nov–Dec;15(6):581–584.

表15-3-2　改良格拉斯哥昏迷评分分级和预后建议

评分类别	实际 MGCS 得分	预后建议
I	3~8	预后不良
II	9~14	预后谨慎
III	15~18	预后良好

注：引自 Platt S R, Radaelli S T, McDonnell J J. The prognostic value of the modified Glasgow Coma Scale in head trauma in dogs. J Vet Intern Med, 2001, Nov–Dec;15(6):581–584.

　　除了关注神经系统功能外，需要通过实验室检查，包括快速评估血气中钠离子、钾离子、氯离子、红细胞压积、血糖及血液尿素氮的测定、酸碱度评估是否存在异常。在头部创伤患者中，低血容量和颅内压升高与死亡率升高密切相关，需要立即纠正。

　　纠正血容量与氧合通气稳定后，需要再次评估和影像学诊断。对于头部损伤，颅骨X射线片可能无法提供太多临床有用信息，计算机断层扫描（CT）是首选的影像学检查方式，其优于磁共振

（MRI）成像的原因在于扫描快捷（在危重病例处理中的重要优势），CT检查对于急性出血和骨骼成像比MRI更好（图15-3-2、图15-3-3）。

4. 治疗

脑部损伤时，应先着手治疗系统性损伤，维持足够的循环和呼吸，系统性低血压会降低颅内灌注，因此，需要输液以维持血容量。给予合成胶体液（10%羟乙基淀粉），休克病例每千克体重静脉推注10~20mL至起效（最高至40mL），猫5mL/kg静脉推注5~10min以上，也可选择右旋糖酐-70替代。或给予高渗盐水（7.2%），在不输注大量晶体液情况下迅速恢复血容量和血压。通过面罩或者鼻氧管或经气管导管方式提供氧气。如果患猫没有意识，需要立即进行插管和通气支持。通气过

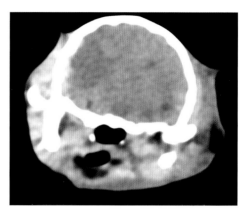

图 15-3-2　1岁猫颅脑撞击伤引起颅内急性出血，CT检查可见星号密度比正常脑实质密度降低
（李彦林 供图）

度可降低颅内压，但会引起颅内血管收缩，降低颅内血液灌注量，因此使用时要谨慎。尽可能将二氧化碳分压保持在30~35mmHg范围。一旦发生癫痫，会极大增加颅内压，将需要针对性激进的抗惊厥治疗。降低颅内压的方法包括把头抬高30°，给予渗透性利尿剂，如甘露醇（1~1.5g/kg给药15min），必要时给予镇痛剂。研究表明，脊髓损伤前6h给予高剂量甲强龙有益，严重脑损伤时给予则会造成有害损伤。

何时进行手术的关键在于是否出现颅内出血及其严重程度，传统上手术干预对猫头部创伤管理的作用相对较小，猫头部撞击伤的其他潜在手术适应证包括开放性颅骨骨折、颅骨塌陷以及取出脑实质内可能被污染的骨碎片或异物。若在激进的药物治疗后神经症状仍持续恶化，强烈建议手术干预。

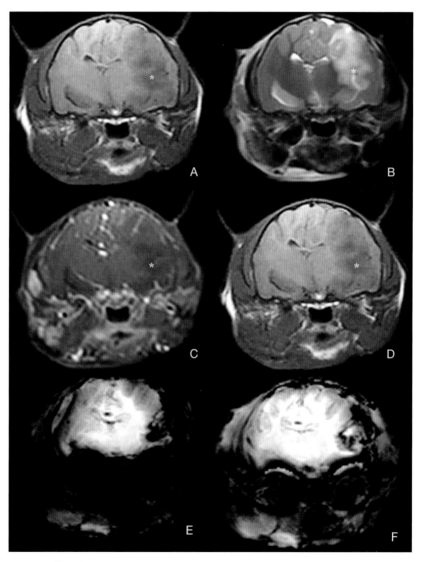

A. 横断位 T1WI 序列；B. 横断位 T2WI 序列；C. 横断位 T1WI 增强序列；
D. 横断位 FLAIR 序列；E/F. 横断位 SWI 序列。
图 15-3-3　1岁猫颅脑撞击伤引起颅内急性出血，MRI检查可见星号处为病变部位
（李彦林 供图）

二、脊椎骨折与脱位

脊椎骨折和脱位（Vertebral fractures and luxations，VFL）是小动物神经损伤的主要原因之一。这些损伤通常与严重的外部创伤有关，常引发神经功能缺损，表现为脊髓功能障碍，少数猫也可因骨骼本身异常而出现骨折（即病理性骨折）。

1. 病因

猫发生脊椎骨折与脱位通常与急性外伤相关，车祸与坠楼是猫发生脊椎骨折的常见原因。其所引发的临床表现与脊椎骨折所发生的位置相关，胸椎由于有肋骨、韧带和轴上肌的保护，故其骨折的发生相对较少。猫的椎体骨折可能单独发生，也可能与脱位同时发生。最常见的原因是外力，如交通事故、从高处坠落、咬伤和枪伤，以及医源性（如手术相关）和特发性原因。

椎体发育异常也可能导致脊椎易发生骨折或脱位。老年猫中，由于正常的力量作用于异常的骨骼也可引发病理性骨折，其原因主要包括椎间盘炎、脊椎炎、原发性或继发性肿瘤浸润和甲状旁腺功能亢进等。

2. 临床症状

脊椎骨折与脱位大多会伴有疼痛和神经功能缺损。神经功能缺损可由神经组织的压迫或挫伤引起，而疼痛可由神经压迫或直接机械损伤和组织的不稳定引起。脊髓的撞击损伤不可避免地会导致组织破坏，其严重程度各不相同。此外，持续压迫脊髓或神经根会导致脱髓鞘、进行性轴突损伤，以及神经元和轴突破坏。

不同部位的脊椎及其解剖特点意味着不同部位VFL的后果存在差异。如颈椎前段VFL常引起椎管空间的明显缩小，但这并不等于脊髓必然受到严重损伤。VFL导致的脊髓损伤具有特殊的意义，因为脊髓的这些区域包含了支配肢体、膀胱和肛门的灰质和神经。这些部位的损伤（如椎体C4~T3和L3~L5）可导致所控制区域的永久瘫痪，因为其直径相对于椎管空间比例较大，所以灰质更容易因椎体骨折而导致损伤。L5的严重损伤与膀胱功能恢复的不良预后有关。有证据表明，C2~C3处VFL特别容易与呼吸衰竭相关，VFL可导致脊髓及其相关神经（如马尾、脊神经和神经根）损伤，损伤后的预后差异很大。一般来说，脊髓损伤所导致的结果更严重，因为它的再生潜力非常有限。

3. 诊断

此类病例在诊断前应先评估是否为紧急情况，维持生命体征是重中之重，必要时应给予相应的支持治疗（如升压、扩充血容量、保证氧合等）后再进行进一步诊断。在确保不会造成二次伤害或进一步损伤的基础上，可对患者进行相应的理学检查、骨科检查和神经学检查（确认是否存在不稳定的骨折并初步定位病变部位），全面的血检、尿检和影像学检查是有必要的。脊椎X射线检查可以评估明显的脱位和骨折（图15-3-4），但是在操作过程中应十分小心，所有的脊髓病变患者均应按照存在不稳定骨折的情况进行处理。相对于X射线检查的局限性，CT（图15-3-5）和MRI等高阶影像检查对于脊椎及脊髓的损伤评估可能更精确（脊髓造影在临床上已经逐步被取代了），但是由于需要镇静或麻醉，在操作过程中会增加脊髓被人为损伤的风险，所以操作过程需小心并时刻监护其生命体征。

4. 治疗

对于脊椎骨折与脱位的患猫，需第一时间明确动物状态，保证动物生命体征，评估其气

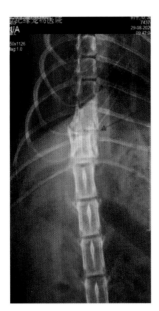
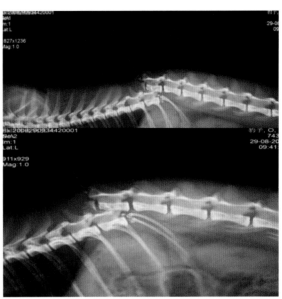

道（Airway）、呼吸（Breathing）和循环（Circulation）是否通畅和稳定，必要时可先行进行抗休克、扩充血容量、维持血压/血氧等治疗，稳定病情后再进一步诊断和特异性治疗。椎体骨折脱位的治疗包括手术治疗和保守治疗。最合适的治疗方法仍无定论，需针对具体病情进行分析。手术

图 15-3-4　2 岁雄性，英国短毛猫，高处坠落后双后肢瘫痪，有回缩反射，无疼痛反应（张兴旺 供图）

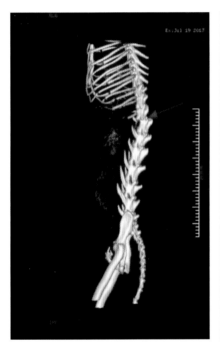
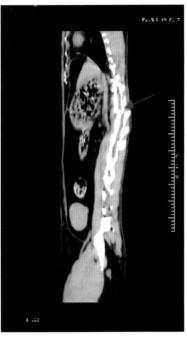
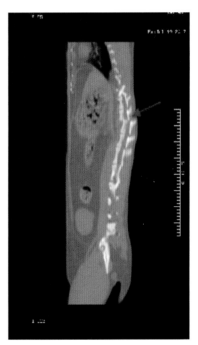

图 15-3-5　田园猫，外伤史，脊柱骨折，CT 检查（张兴旺 供图）

的适应证取决于脊椎的不稳定性、脊髓受压程度和患者的神经系统状况。根据脊椎的三柱系统，如果不止一个"柱"受损，则可认为椎体骨折脱位发生了不稳定。在涉及神经系统恶化的病例中，椎体骨折脱位也需要手术治疗。各种内、外科技术可用于小动物脊椎节段的稳定，包括椎体板、外夹板、脊椎突板、Lubra 板、螺钉和聚甲基丙烯酸甲酯（PMMA）的固定、外固定、改良节段性脊椎内固定和张力带技术等。

　　治疗的重点是保存存活的神经组织的功能，这通常需要手术减压和稳定骨骼，以防止进一步的创伤，再加上物理治疗和康复。在一些病例中，特别是那些神经功能缺损很小的病例，仅通过保守治疗就可以充分恢复功能，依靠脊椎固有的稳定性来防止对神经系统的进一步损伤。胸椎中段固有

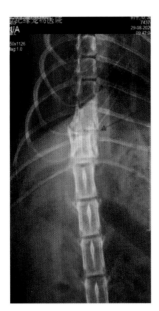

的稳定性意味着在这个区域通常不需要手术固定。与椎体肿瘤相关的骨折很少治疗（因为极端疼痛和预后不良），某些病例可以完全切除，与炎性疾病相关的病理性骨折常需要外科治疗。

第四节 先天性疾病

一、猫水脑

猫水脑是脑脊液（Cerebrospinal fluid，CSF）在大脑脑室系统或蛛网膜下腔的过度积聚，引起脑室严重扩张、脑沟消失、脑实质萎缩等，导致猫出现神经功能障碍，包括迟钝、行为异常、视力下降或失明、转圈和癫痫等。脑积水一般先采取药物保守治疗，减少CSF的生成，若临床症状在两周内无明显改善，通常需要进行手术治疗。患猫需要在永久性神经功能缺损形成之前，以及在患猫因疾病变得虚弱之前接受治疗。

1. 病因

水脑主要包括先天性和获得性两种，对于幼年猫来说，除非有明确的创伤病史，否则很难鉴别是先天性还是获得性水脑。最常见的畸形是狭窄的中脑导水管，常与影响头侧丘的中脑畸形一起出现，形成先天性水脑（如颅内蛛网膜囊肿等）。获得性水脑可以在任何年龄发生，无品种倾向性。

2. 临床症状

猫水脑的主要临床表现是神经功能障碍，主要有迟钝、行为异常、视力下降或失明、共济失调、转圈和癫痫等（图15-4-1）。

3. 诊断

水脑的诊断主要是通过磁共振检查，脑室区域T2W序列高信号，T1W序列低信号，可见脑室严重扩张、脑沟消失、脑实质萎缩。磁共振图像中，需与脑室扩张相鉴别：脑室/脑指数大于0.6时，可诊断水脑；小于0.6，为脑室扩张（图15-4-2）。

4. 治疗

临床上常用药物来减少脑脊液的产生，碳酸酐酶抑制剂乙酰唑胺已被证实疗效。奥美拉唑是一种质子泵抑制剂，在一项研究中

图 15-4-1 猫出现头部和眼球震颤，癫痫症状（谢启运 供图）

发现可降低26%脑脊液的生成。控制糖皮质激素的使用剂量，当临床症状有所改善时应逐渐减少到仍能控制临床症状的最低剂量。

脑室-腹腔分流术是治疗先天性脑积水的一种行之有效的方法。动物麻醉后呈头肩部正位、骨盆右侧卧的姿势保定，头部需要硬腭所在平面与手术台平行。根据MRI扫描结果，在枕骨前缘、正中间，使用低速钻在颅骨上钻孔，用针尖刺破硬膜并进行剥离，使用无菌注射器带软管将脑内积液抽出；将引流管的脑室段放入侧脑室（稍微向头侧倾斜），最后用不可吸收尼龙缝线固定引流管。在肋弓后缘2~3cm做腹腔通路，将引流管腹腔段放入腹腔，并用大网膜固定引流管，闭合切口。

手术禁忌证有全身感染、腹部感染或切口部位的皮肤感染。常见并发症有：感染、阻塞、过度引流、机械故障和疼痛。堵塞可能是由于碎片堵塞导管、脉络丛堵塞、导管尖端嵌入组织内或靠在组织上、导管扭结等。无菌技术和细致的止血可最大限度减少分流感染和阻塞。大部分并发症发生在分流术后的前6个月，可通过药物或手术方法进行治疗。

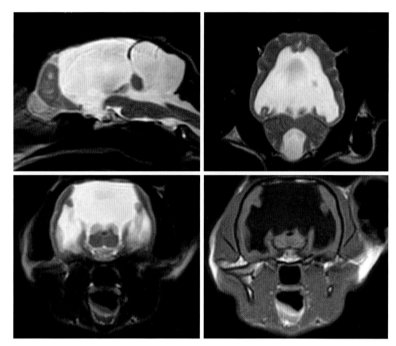

左上. T2W 矢状位；右上. T2W 冠状位；
左下. T2W 横断位；右下. T1W 横断位。
图 15-4-2　磁共振图像（谢启运 供图）

二、猫脑囊性畸形（四叠体池囊肿）

猫脑囊性畸形是指在四叠池部位的蛛网膜下腔内脑脊液的囊性积聚。该病在猫中较为罕见，兽医文献资料中仅有少量报道。

1. 病因

猫脑囊性畸形是由蛛网膜异常引起的，在胚胎发育过程中，四叠体池内蛛网膜发生重叠或分裂，导致脑脊液（CSF）在蛛网膜内聚集从而形成囊状结构（图15-4-3、图15-4-4）。

2. 临床表现

许多猫脑囊性畸形都是偶然发现，临床猫的病例较少。如果囊肿逐渐扩大导致颅内压升高、相邻神经结构受到压迫或脑脊液流出到阻塞，神经功能异常会更加明显。最常见的临床表现包括前脑（癫痫发作）或前庭小脑异常，同时会表现四肢瘫痪、无法站立（图15-4-5）、意识状态异常。

3. 诊断

神经学检查显示四肢本体感觉下降或缺失，位置反应缺失；颅神经检查显示失明，无威胁反应，瞳孔光反射完整，生理性眼球震颤消失，颈部触诊敏感。神经解剖定位与广泛或多灶性中枢神经系统（CNS）病变一致，病变累及大脑以及脊髓。需要排查常规代谢性疾病，如猫传染性腹膜炎，血液生化和血常规检查是必要的。尿检、胸部X射线检查、腹部超声检查通常正常。

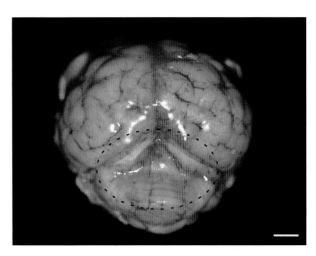

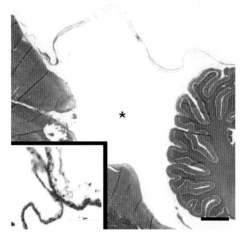

图15-4-3　一例波斯猫四叠体池囊肿的尸检图像，填充液体的囊肿腔结构，液体在尸检中流失，囊肿边缘用虚线表示（引自 Quadrigeminal arachnoid cysts in a kitten and a dog, 2009. Scott Reed, Doo Youn Cho, Dan Paulsen ,J Vet Diagn Invest，21:707–710）

图15-4-4　波斯猫尸检图像，矢状切面穿过四叠体囊肿，HE染色，星号表示囊肿腔，左下角插图为：高倍镜下囊肿内层与分裂的蛛网膜结构（引自 Quadrigeminal arachnoid cysts in a kitten and a dog, 2009. Scott Reed, Doo Youn Cho, Dan Paulsen, J Vet Diagn Invest, 21:707–710）

　　诊断性检查需要高阶影像，如CT或MRI检查。通过枕骨大孔或囟门处的超声波检查可能发现异常。MRI特征性表现为位于大脑尾侧和小脑吻侧之间的一个大的、边界清晰的液体充盈结构，与脑脊液间隙呈等密度，呈现T2加权高信号，信号强度与脑脊液相同，T1加权低信号表现，无造影增强。小脑尾侧受压，小脑尾侧经枕骨大孔移位至颈椎管，存在对称性梗阻性脑积水。小脑尾侧受压迫，小脑尾侧经枕骨大孔移位至颈椎管（小脑疝），存在对称性梗阻性脑积水（图15-4-6）。

图15-4-5　患猫四肢瘫痪、无法站立（闫中山 供图）

4. 治疗

　　四叠体囊肿的治疗方案与先天性脑积水治疗类似。药物治疗可使用泼尼松龙0.5mg/kg间隔12h一次；速尿0.5mg/kg，每8h口服一次；加巴喷丁8~12mg/kg，间隔12h一次。药物治疗的初期临床表现会有所好转，但后期可能效果不佳，通常建议进行外科手术治疗，实施囊肿–腹腔分流术（图15-4-7）。

三、猫后荐椎发育不全

　　猫后荐椎发育不全主要表现为移行腰椎（Lumbosacral transitional vertebrae），该病为先天性发育异常，常表现为最后一节腰椎和第一节正常荐椎之间的椎体发育异常。这些椎骨通常具有两段椎骨的特征，在形态上可能是对称的或不对称的。

1. 病因

　　移行腰椎是一种中间类型的椎体，是由于骨盆和椎体在正常对应位点发生了头侧或尾侧的连

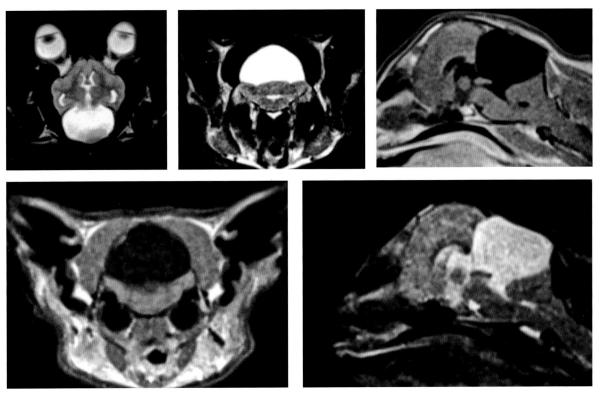

图 15-4-6　6月龄患猫出现了与四叠体池囊肿相关的颅内蛛网膜憩室，出现四肢瘫痪，去小脑僵直表现。图像分别为冠状位、矢状位与横断位 T2WI 和 T1WI 图像。矢状 T2WI 图像显示，由于四叠体的明显扩张，导致枕叶的颅侧移位和压迫，以及小脑尾侧移位和压迫（闫中山 供图）

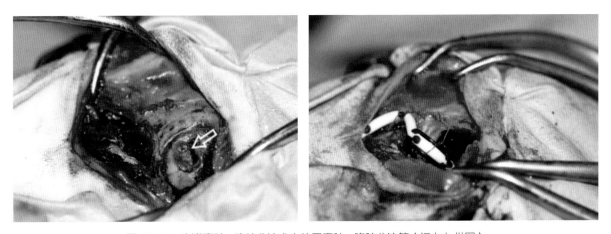

图 15-4-7　患猫囊肿 - 腹腔分流术中放置囊肿 - 腹腔分流管（闫中山 供图）

接，导致形成相互刺激从而影响横突的发育。如果这个接触是倾斜的，那么移行椎体将会表现单侧不对称。

2. 临床症状

临床症状表现各异，但腰荐部疼痛是一种早期临床症状。疼痛通常可能是急性的，或伴随外伤，且有多种表现形式，表现为不愿意起身、坐立、焦虑或腰荐部敏感等。也可能出现后肢单侧或双侧的跛行。有文献报道，移行腰椎与临床症状无关联，多由其他疾病引起。目前尚未见有文献报道该病会引起马尾神经的相关神经学异常。但发生移行腰椎的猫发生髋关节发育不良和腰荐椎疾病的概率更大。

3. 诊断

诊断移行腰椎主要基于临床症状、病史和神经学检查。腰荐部的影像学检查结果通常有助于诊断：X射线检查、硬膜外造影都能提供有效的诊断信息，CT和MRI检查可以提供最详细的马尾神经结构、椎间孔和L7神经根的信息。X射线检查通常表现最后腰椎的横突形态异常，可能双侧表现不对称。同时可能发生荐椎的偏转（图15-4-8）。

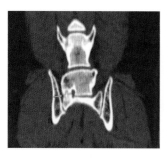 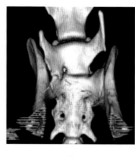 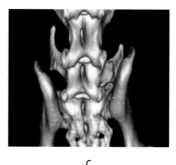 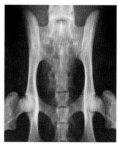

A   B   C   D

图15-4-8   A、B、C为2岁猫慢性疼痛和右后肢跛行的CT图像，可见右侧L7的腰椎横突与髂骨翼和荐椎发生融合，并导致右侧L7~S1椎间孔狭窄。D为1岁家猫L7双侧横突与髂骨翼发生融合（闫中山 供图）

4. 治疗

非手术治疗包括严格笼养数周，推荐使用非甾体类抗炎药，使用镇痛药物加巴喷丁并控制体重。

四、猫皮样窦

猫皮样窦是一种胚胎发育缺陷，患猫的神经管与皮肤之间的分离不彻底，属于基因遗传缺陷，罕见于猫。窦道可以从皮肤表面延伸至脊髓硬膜，或者以盲端的形式终止于皮下组织。理论上，这种皮肤窦道可以发生在背中线的任意位置，有时在身体皮肤的其他位置也会出现。

1. 病因

由于患猫从胚胎发育期开始神经管与皮肤之间的分离不彻底，致使皮肤与椎管之间产生窦道。窦道可能存在皮脂、毛发、角质、碎屑等杂物，因此，窦道内易出现发炎、渗出、囊变，以及继发感染。当感染蔓延到椎管内，就可能导致感染性脊髓炎、脑膜炎，引起相关的临床症状。

2. 临床症状

患猫的皮肤表面可发现窦道开口（图15-4-9），有些病例会从窦道开口伸出几簇毛发。窦道有可能出现类似于细菌性毛囊炎的相关症状，窦道处出现异味、渗出、红肿，有些病例可以从窦道开口挤出脓性分泌物。

患猫的神经相关临床症状取决于皮样窦发生的位置，以及神经损伤的程度。如果皮样窦影响到颈髓至第二胸髓前，就会出现四肢无力或僵直、颈椎疼痛、共济失调，严重病例会出现四肢瘫痪。如果皮样窦影响到第二胸髓至腰髓，则会

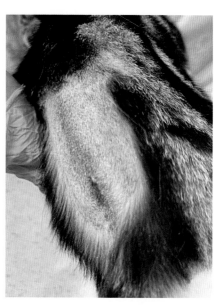

图15-4-9   10月龄美国短毛猫发生皮样窦，窦道开口于腰荐部，临床表现为大小便失禁、尾部痛觉缺失（丛培松 供图）

出现后肢无力或僵直、腰部疼痛，神经损伤严重的病例会出现后肢瘫痪。如果皮样窦影响到荐髓，则会出现后肢无力、大小便失禁、尾部感觉及运动缺失。

3.诊断

诊断皮样窦需要细心观察皮肤表面是否有窦道开口。细致的神经学检查是必须要做的，神经学检查可以初步定位神经损伤的位置以及损伤的程度。MRI检查及CT检查可以确定窦道位置以及窦道是否与椎管连接（图15-4-10），同时可以判断脊髓是否产生炎症及炎症波及的范围。

对于出现明显神经症状的患猫，需要进行脑脊液的检查。常见CSF蛋白浓度上升、中性粒细胞增多。进行细菌培养可以确定感染的菌种，有针对性地使用抗生素。

4.治疗

对于没有临床症状的皮样窦可以不予治疗，观察其发展即可。

手术完整切除窦道（图15-4-11）可根治该病。如果未能完整切除窦道，皮样窦有可能会在一个月后复发。

如果继发细菌性脊髓炎，需应用抗生素治疗，多选用第三代头孢菌素–头孢噻肟（30~50mg/kg，q12h，iv），可在中枢神经系统中达到其有效血药浓度。

患猫预后取决于神经损伤的程度，已坏死的神经难以恢复。手术切除后，仍需进行限制运动、康复训练、针灸等。

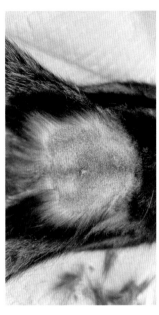

图 15-4-10　MRI 检查可发现窦道直通皮肤与椎管，邻近的脊髓节段发生脊髓炎（丛培松 供图）

图 15-4-11　手术切除的完整皮样窦道（丛培松 供图）

第五节　代谢性疾病

一、猫肝性脑病

猫肝功能障碍和肝门静脉短路将导致毒素代谢减少，这些毒素的全身积累将导致猫大脑神经传递的改变和临床综合征的表现，即肝性脑病（Hepatic encephalopathy，HE）。

肝门静脉短路，又被称为肝门静脉系统分流（Portosystemic Shunts，PSS），指门静脉与后腔静脉之间存在迂回肝脏的血管，使部分血液没有通过门静脉流入肝脏而直接流向后腔静脉的一种疾病。依发生原因可分为先天性和后天性。在猫疾病中，肝门静脉短路属于较严重的肝胆疾病，主要引发肝性脑病症状、肝脏萎缩、菌血症，如不及时治疗，可能危及动物生命。任何品种猫均可患有PSS，纯种猫发生率高于混种猫，无病例显示品种与分流形态具相关性，无性别相关性。通常在青年期发病，2岁以前，也有老年猫被诊断为先天性PSS的报道。

1. 病因

患肝门脉系统分流的猫大部分为先天性，通常为一条或最多两条血管分流，可分为肝内及肝外，肝外PSS为肝门静脉或其分支（左胃静脉、脾静脉、前肠系膜静脉、后肠系膜静脉或胃十二指肠静脉）与后腔静脉或奇静脉之间出现不正常通道；肝内门脉系统分流依位置可分为左侧、中间或右侧，左侧被认为是先天性永久静脉导管在出生时未闭合所致，中间或右侧则被认为是其他异常发育的血管。此病确切的发生原因并不清楚，一般认为与遗传或子宫内存在一些问题使胎儿的肝脏血管系统发育异常有关。后天性PSS通常为多条血管分流且极少发生在猫，此病通常继发于严重的肝纤维化/肝硬化而引起的门脉高压，这两种疾病在猫并不常见。

2. 临床表现

引发HE的病猫会出现持续性反复发作与缓解的神经症状，而非急性地发作，典型症状包括流涎、行为改变、行动迟缓、绕圈、视力受损等。过度流涎常见于猫，急性发作的患猫，可能会出现昏迷或癫痫。HE发作也与喂食、谷氨酸代谢及肠细胞释放氨有关。胃肠道症状主要表现为间歇性呕吐和/或下痢。泌尿系统症状为膀胱炎伴随尿酸盐结石及多渴多尿。先天性PSS患猫可能会出现与同窝其他猫只相比生长较迟缓的现象，亦有报告指出患猫发生铜色虹膜的概率增高。因先天性肝门脉系统分流特征为门脉低压，腹腔积液并非其症状，而后天性肝门脉系统分流则因门脉高压会导致腹腔积液，因此，有无腹腔积液有助于进行鉴别诊断。

3. 诊断

根据病史反复出现神经症状及较高的胆汁酸浓度和氨浓度，可初步怀疑该病。若空腹时胆酸浓度过高，不一定要检测饭后胆酸浓度，可检查排除胆汁淤积（也会造成胆酸浓度过高）及肝脏脂肪代谢障碍（会造成肝细胞衰竭及肝性脑病并造成胆酸及氨浓度过高）时，病猫有极高的概率患有先天性肝门脉系统分流，除上述原因外，其他会引起肝性脑病及高胆酸浓度的病因在猫罕见。其他典型的临床病理学特征包括血中尿素氮浓度减少、肝脏相关酶素（AST、ALT、ALP等）轻微增加及小红细胞增多症，不过并非所有病猫皆会发现。猫较少出现低蛋白血症、低血糖、贫血及尿比重过低等异常。50%的病猫腹腔X射线检查可见肝脏小于正常尺寸。

脑部MRI（图15-5-1）检查在诊断评估HE时有效，确诊先天性肝门脉系统分流需确实发现分流血管的存在，可借由超声波或CT进行检查。影像诊断工具的选择取决于设备及临床医生的经验。超声波检查因其快速且非侵犯性特点通常为首选，也可协助排除其他异常。CT血管造影（图15-5-2）可提供门静脉、全身性血管和分流位置等详细评估，是诊断肝门脉分流的金标准。

4. 治疗

手术为主要治疗方式，使用丙烯醛缝线材料、玻璃纸或渐缩环将分流血管部分或完全结扎。大多数猫在手术后有良好的预后，但长期预后并不明确。术中并发症罕见，术后并发症主要为神经症状，包括轻度震颤或共济失调、中枢性失明、抑郁、虚弱、感觉过敏、癫痫发作和癫痫持续等状态。癫痫发作是一种特别严重的并发症，通常发生在手术后72h内，建议在此期间密切监测。

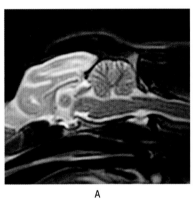 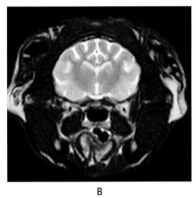 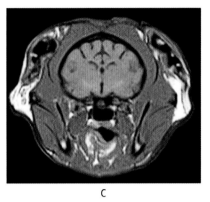

A. 慢性病例中，可见大脑皮层萎缩，因大脑体积相对缩小，小脑因此扩散，有时可见小脑叶间隙扩张，该表现注意不可与小脑萎缩混淆；B. 可见大脑皮层萎缩，导致脑沟明显扩张；C. 可能在基底核处（尤其苍白球及黑质）可见 T1W 对称性高信号，该高信号因锰在该处堆积而成。

图 15-5-1　患有肝门脉分流的 1 岁龄猫的磁共振影像（林毓晞 供图）

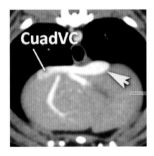 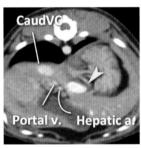 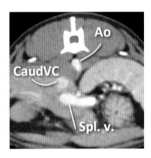 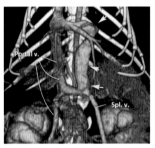

图 15-5-2　3 岁已去势波斯猫，体形较小，就诊两周前开始精神下降，胆汁酸及血氨水平上升。CT 血管造影后可见一长而扭曲的静脉导管（箭头所指）自中段脾静脉循左胃静脉延伸而出朝头侧方向，扩大、扭曲，血管内径约 1.02cm，沿着胃底部的内侧缘并与尾膈静脉和颅腹静脉的总干相连接后进入后静脉（林毓晞 供图）

多数 PSS 患猫在诊断时表现出相对严重的临床症状。建议在尝试手术治疗前至少进行两周的医疗管理（饮食调整和药物治疗），该疗法旨在降低氨（和其他毒素）水平，这通常会显著改善肝性脑病的临床症状，减少术后并发症，增加存活率。饮食调整是非常重要的，建议将高可用性碳水化合物作为热量的主要来源配合含有高生物价值的蛋白质，以及生理水平的维生素和矿物质，并注意食物的适口性。乳果糖通过转化可以降低结肠 pH 值，通过渗透增加粪便水分的流失，同时还能减少肠道通过时间，从而减少了氨的吸收量。与抗生素联合使用，可以产生协同作用。抗生素用于减少肠道菌群，这些菌群在食物消化过程中产生许多与 HE 有关的毒素。氨苄青霉素、阿莫西林、阿莫西林/克拉维酸盐、新霉素和甲硝唑都曾用于治疗猫的 HE。对于昏迷或癫痫发作的猫，不能口服给药，可以使用肠胃外抗生素以及乳果糖灌肠。对于患有对 HE 药物治疗无效，或患有未控制的癫痫发作或癫痫持续状态的患猫，可以使用抗癫痫药物（如苯巴比妥）。苯巴比妥通过肝脏代谢，因此，应使用尽可能低的剂量，并且仔细监测长期治疗的患猫。左乙拉西坦是苯巴比妥的替代疗法，具有起效更快的特点。

二、猫维生素 A 过多症

维生素 A 是一种脂溶性维生素，大量存在于动物肝脏和鱼肝油中。同时在牛奶、鸡蛋、动物其他内脏中含量丰富。当长时间（超过 2 个月）大量摄入此类食品时，有可能导致维生素 A 在体内蓄积，进而导致维生素A中毒，并引起临床症状。一般患猫年龄在2~6岁。

1. 病因

猫维生素A缺乏时会引起繁殖障碍、上皮细胞损害、夜盲症等。此外，维生素A是骨骼正常发育，特别是保持破骨细胞活性的必需维生素。

过多的维生素A会导致生长板的软骨细胞增殖受到抑制，骨膜的骨芽细胞活性受到抑制，但是破骨细胞的活性化会得到增强。因此会导致骨质疏松症，并且在椎骨、棘突、关节等部位产生骨疣，导致椎骨变形，特别是颈椎部位更容易发生这种变化。有些病例的病理变化还会延伸至腰椎以及四肢的长骨。

2. 临床症状

患猫临床表现为脊柱强直，神经根与脊髓压迫导致的颈椎痛，前肢的不全麻痹，步态共济失调，头无法抬起，呈现袋鼠样坐姿等。除此之外，还会出现前后肢关节的肿大、被毛粗乱（图15-5-3）、食欲减退、体重减轻、牙齿松脱、牙龈炎等非特异性临床症状。

3. 诊断

根据患猫长时间大量摄入富含维生素A食物的病史、临床症状，结合X射线检查可做出诊断。X射线检查表现为颈椎、胸椎处多发性的骨骼变形，异常的骨疣，在关节中心附近可出现严重的骨质增生。同时骨骼的密度表现为不均匀，可能伴随多处骨溶解吸收（图15-5-4）。必要时可进行CT以及MRI

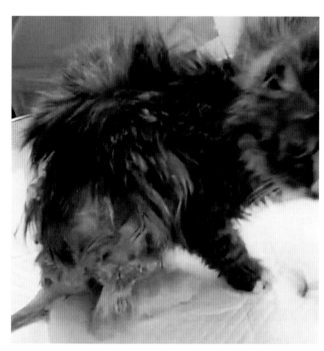

图 15-5-3　患猫被毛粗乱，弓背（楼凌森 供图）

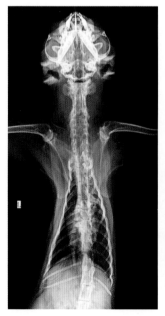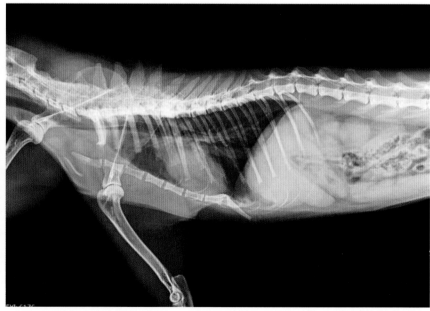

图15-5-4　5岁橘猫的侧位X射线影像，主诉幼龄时即以鸡肝为主要食物，可见棘突异常的增大、多处骨变形增生、骨密度不均匀、肝脏变形肿大（楼凌森 供图）

检查，来判断患猫脊髓受到压迫的程度及位置。在患猫的血浆中可以测到超量的维生素A。在肝脏的活检中可以发现肝细胞的脂肪浸润，以及肝脏维生素A的含量超标。

4. 治疗

首先需要对猫的饮食结构进行彻底调整，避免继续摄入过多的维生素A。对于骨质疏松、关节及颈椎疼痛等临床症状，可以对症使用钙制剂、非甾体类抗炎药来改善。骨骼的大部分变化，如变形、骨疣、增生、溶解等往往是不可逆转的。可以考虑定期拍摄X射线来监测骨骼变化。其次，需要持续监测患猫的血浆维生素A浓度来确认治疗效果，多数患猫的血浆维生素A浓度会在2~4周恢复正常水平，临床症状也会随之得到改善。不过肝脏的维生素A水平有可能会持续处于高水平长达数年。

由于患猫往往颈部处于僵直状态，所以需要将食碗、水碗适当抬高以方便患猫进食及饮水。同样，因为这个原因患猫通常无法顺利理毛，这也是造成患猫被毛粗乱的原因之一。主人需要耐心替患猫梳理毛发。

物理疗法如激光、红外线、热敷等有利于改善临床症状，减轻疼痛，提高患猫的生活质量。

三、猫硫胺素缺乏症

1. 病因

硫胺素（维生素B$_1$）是一种水溶性维生素，也是猫必需的膳食营养物质。硫胺素是代谢过程中的重要组成部分，其缺乏会导致动物的进行性脑病。由于猫不能产生硫胺素，因此，必须通过食物供给。硫胺素缺乏症常见于饮食中含有大量硫胺素水解酶的鱼肉、患厌食症的猫，也可能发生在猫食用处理不当而导致缺乏硫胺素的食物后。目前硫胺素缺乏症在临床已不常见。

2. 临床症状

猫硫胺素缺乏初期的临床症状往往比较模糊且具有非特异性，使得早期诊断较为困难。疾病初期可能仅仅表现为食欲下降、嗜睡或体重减轻。偶尔会出现呕吐及流涎的症状。如果不加以治疗，进一步的消耗会导致进行性脑病，并伴有各种神经系统症状，如头颈部屈曲、失明、散瞳、共济失调、前庭症状、精神状态改变、癫痫发作、昏迷甚至死亡。通常，神经症状在硫胺素缺乏2~4周出现。出现抽搐症状时，通常持续时间较短，发作间期不规则，多为几分钟。视力和听力可能出现下降。眼科检查可看到视网膜静脉扩张，有时还会出现视网膜出血。如果不及时治疗，则会迅速发展到半昏迷、持续惨叫、角弓反张、伸肌张力持续增强的不可逆晚期。据报道，疾病末期患猫也会出现伴有心电图变化的心律失常综合征。

3. 诊断

饮食史调查：缺乏硫胺素饮食的病史。日粮中有大量的未烹饪鱼类，是硫胺素缺乏的典型病史，因为生鱼肉中富含硫胺素酶；或采食过度烹饪的肉类，是否有流浪史及厌食症等。

磁共振检查通常可见神经核出现双侧对称性细胞毒性水肿/出血/神经软化灶，表现T2W及FLAIR高信号，T1W等信号至低信号。造影剂增强则取决于血脑屏障是否损伤（图15-5-5、图15-5-6）。血液学检查硫胺素浓度，以及使用硫胺素注射液后出现明显改善。

4. 治疗及预后

改变日粮：采用平衡日粮进行饲喂；疾病早期可使用硫胺素治疗：12.5~25mg，q24h，po/im/sc，可快速改善临床症状，但可能出现后遗症（如视力减弱，颈部大幅度摆动）。在改变日粮同时，至少口服硫胺素1周以上。该病发展迅速，不治疗则可能出现死亡。

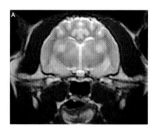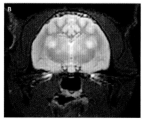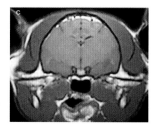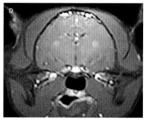

图15-5-5　2岁流浪公猫，就诊时昏迷、四肢划水、无意识惨叫、消瘦。外侧膝状核的T2加权（A）和FLAIR（B）图像上均存在双侧对称性高信号病变，T1加权（C）呈等信号，T1+C（D）轻到中度增强（史超颖 供图）

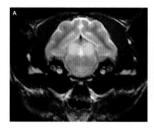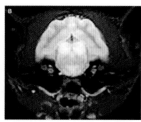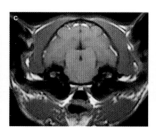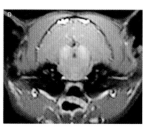

图15-5-6　2岁流浪公猫，就诊时昏迷、四肢划水、无意识惨叫、消瘦。后丘T2加权（A）和FLAIR（B）图像上均存在双侧对称性高信号病变，T1加权（C）呈等信号，T1+C（D）轻到中度增强（史超颖 供图）

第六节　癫痫

　　癫痫（Epilepsy）是猫临床最常见的神经系统异常之一，发作不可预测，严重影响患猫的生活品质，发作时和发作前后会给宠主造成惶恐情绪和生活困扰。癫痫的发作有时比较明显，容易发现和鉴别，有时表现比较隐匿，或发作表现难以与其他疾病相区别，所以，癫痫的精确诊断和潜在病因的确定至关重要，决定了药物管理及其预后效果是否理想。

1. 病因

　　癫痫发作被定义为大脑皮层的超同步神经元电活动，表现为意识、运动功能、自主功能、感觉或认知的突发性和短暂性异常。癫痫表现具有多样性，病因同样多种多样。

　　癫痫可分为特发性癫痫和结构性癫痫。特发性癫痫与离子通道的异常或某些遗传因素有关，没有脑部的结构性异常且排除颅外可能的因素；结构性癫痫则包含了血管性、炎症/感染性、创伤性、异常发育、肿瘤和退行性病变引起的发病。而颅外间接引起的代谢性异常所造成的癫痫发作，则称为反应性发作，而非反应性癫痫。

2. 临床症状

　　癫痫的发作可分为前驱期、前兆期、发作期和发作后期，前驱期和前兆期有时因时间较短或症状不明显，可能会被忽略，前驱期的患猫表现出焦虑、寻求关注、哀叫或藏匿行为；前兆期患猫会表现出感觉异常和刻板行为，可能会来回踱步、不停地舔舐身体、自主神经症状（如流涎、排尿等）以及精神状态异常；发作期患猫常可见非自主性的肌肉张力和运动，异常的感觉和行为，通常持续数秒到数分钟，如持续发作5min以上或发生2次及以上的癫痫且中间意识未恢复，则为癫

图 15-6-1　癫痫发作引起的自主神经症状，流涎（张兴旺 供图）

痫的持续状态。癫痫发作分为全身性发作、局灶性发作和局灶性发作继发全身性发作。全身性发作包括强直性阵挛性发作、阵挛性发作、肌阵挛性发作、失张力性发作、失神性发作、反射性发作；局灶性发作包括单纯运动性（如面部肌肉抽搐）、精神运动性、自动性等，猫可表现为异常行为、运动异常、流涎、虹膜震颤、奔走等症状（图15-6-1）。

3.诊断

　　首先需要确认猫的表现是否为癫痫症状，询问宠主患猫的完整病史、发病状态等有助于评估，发作时拍摄的视频是十分重要的信息来源，需与昏厥、行为异常、重症肌无力、前庭疾病等做区分。完整的体格检查、神经学检查有助于发现系统性疾病，可能提示癫痫发生的潜在原因并掌握神经功能的缺失情况，对患猫作初步病变定位。实验室检查可以帮助诊断代谢性疾病、中毒性疾病、内分泌疾病等引发的癫痫；CT、MRI检查和脑脊液分析等有助于检查脑部实质性病变；脑电图也是诊断癫痫的手段之一，但对于猫而言，可操作性相对较小。特发性癫痫（图15-6-2）一般是基于排除原发性器质性病变后做出的诊断。猫的特发性癫痫少见，与犬相比，猫癫痫更有可能是症状性而非自发性的（图15-6-3）。大多数患有特发性癫痫的猫在1~5岁第一次癫痫发作。癫痫发作后MRI检查存在疑似异常时，不排除发作后引发的异常影像（图15-6-4），因此，应在癫痫不再发作的16周后对患猫再次进行MRI检查确认。

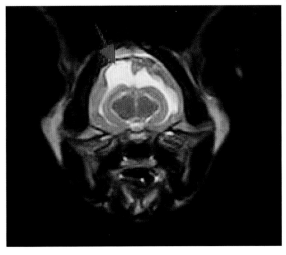

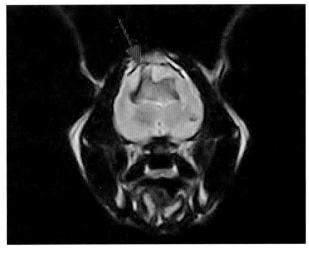

图 15-6-2　8月龄患猫，1周内多次发生抽搐，血检检查未见异常，超声波检查未见异常，MRI检查未见器质性病变，
诊断为特发性癫痫（张兴旺 供图）

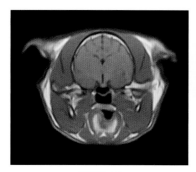 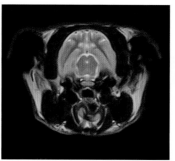 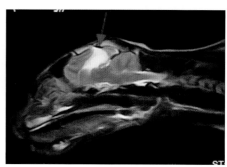

T2W Axial   T2W Axial Flair   T2W Sagital

图 15-6-3　10 岁田园猫，雌性，癫痫发作导致失明，MRI 检查可见脑积水、脑穿通（张兴旺 供图）

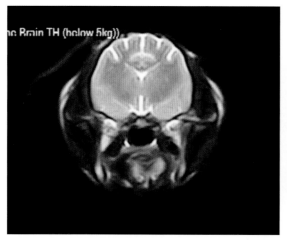 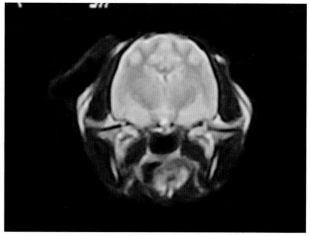

T2W Axial   T2W Axial Flair

图 15-6-4　猫绝育后发生癫痫，围发作期 MRI 检查可见箭头处 T2 信号轻度升高（张兴旺 供图）

4. 治疗

对癫痫进行治疗的目的是控制癫痫的发作频率，减少癫痫对患猫产生的损害，降低癫痫发作的严重程度，提高患宠的生活品质，减少对主人的困扰。单次发生、反应性癫痫或是长久偶发的独立性癫痫，可不予特殊干预。当发生癫痫持续性状态、反复多次发作或存在症状性癫痫时，均需进行及时干预和治疗。苯巴比妥是猫的首选维持治疗药物；溴化物因治疗效果不佳且易引发致命性的呼吸系统异常，多被禁止使用。猫癫痫临床常用维持治疗药物见表15-6-1。

表 15-6-1　猫癫痫常用药物

药物	起始剂量	达到血药浓度时间	副作用
苯巴比妥	1.5~2.5mg/kg，q12h	16d	镇静，共济失调，体重增加，血液恶病质，面部瘙痒
加巴喷丁	5~10mg/kg，q8~12h	–	镇静，共济失调
唑尼沙胺	5mg/kg，q12~24h	7d	镇静，共济失调，厌食，呕吐，腹泻
左乙拉西坦	20mg/kg，q8h	1d	镇静，多涎，无食欲
普瑞巴林	1~2mg/kg，q12h	–	镇静，共济失调

第七节　肿瘤

一、猫脑膜瘤

脑膜瘤是猫脑部最常见的肿瘤，是脊髓第二常见的肿瘤（最常见的是淋巴瘤）。起源于蛛网膜帽细胞的原发肿瘤，位于硬膜内-髓外位置，通常为孤立坚实肿物，偶见有多个。可能以斑块样（或板层状）团块的形式出现在颅骨底部、鼻旁或眼球后间隙。由于压迫邻近组织而导致神经功能缺陷。渐进性缓慢发展，引起血管源性水肿，偶见阻塞性脑积水或脑梗死。多数为良性。通过引起原发效应（如浸润和压迫邻近结构）和继发效应（如水肿、颅内压增高、脑疝），影响大脑、脑干、小脑、脊髓与视神经等。

据报道，10万只猫中有3.5只罹患脑肿瘤，脑膜瘤约占所有猫类脑肿瘤的59%，17%患有颅内脑膜瘤的猫有不止1种相同类型的肿瘤，脊膜瘤占猫脑膜瘤的4%。家养短毛猫的患病比例较高，患猫大多数大于9岁，平均12岁，范围在1~24岁，雄性猫相对略多见。

1. 病因

肿瘤的发生与基因突变相关，病因未知。

2. 临床表现

根据肿瘤位置不同而有差异。典型的慢性发病，在数周至数月间逐渐恶化。如果血管侵犯导致局灶性缺血或水肿将引起病情迅速发展，可急性发作。常见单侧性神经功能缺失，颅内压升高、脑水肿或脑疝可能导致多灶性神经功能缺失，根据临床症状有时很难定位局灶性肿块/病变。

颅内病灶异常行为和精神状态变化是最常见的症状。非特异性症状包括嗜睡、食欲不振和厌食。脊柱内病灶主要为颈部或背部疼痛、渐进性不协调和无力，可能会随着运动而恶化。

3. 诊断

通常需要全面的身体检查，排除其他可能的鉴别诊断，以及进行麻醉前的筛查。检查项目包含血常规、生化（包括血氨）、甲状腺功能筛查、尿分析、胸部和腹部影像学检查、脑部或脊柱MRI、脑部或脊柱CT、脊髓造影、脑电图、肌电图、脑脊液分析、活检等。

血常规/生化/尿分析，通常正常。

MRI检查是颅内和脊柱疾病的首选成像方式，常表现为大脑或脊髓的T2加权像（T2WI）高强度信号，T1加权像（T1WI）等强度信号（图15-7-1至图15-7-3），并均匀增强；宽基部，具有轴外附着。"硬脑膜尾征"是一个典型特征。当其存在时有助于区分脑室脑膜瘤和脉络膜丛瘤。脊髓肿胀可能使硬膜内/髓外和髓内的鉴别变得困难。

CT检查：通常边界清楚的肿物，伴有均匀增强。头颅X射线片和CT检查可显示脑膜瘤附近颅骨骨质增生。肿物的矿化导致肿物衰减度增加。

脊柱X射线片：椎管内脊膜瘤也多正常，但有助于排除骨性病变。

脊髓造影：通常显示硬膜内-髓外肿物，肿瘤附近正常的造影剂流动中断。神经鞘瘤和脑膜瘤均可出现"高尔夫球座"外观。鉴别肿瘤类型需要进行活检。

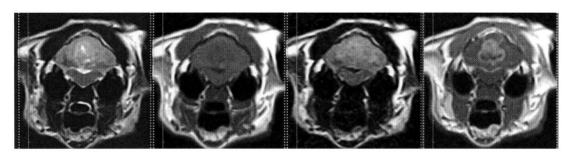

图 15-7-1 14 岁美国短毛猫四肢共济失调，从左至右的序列依次为 T2WI、T1WI、FLAIR 和增强后 T1WI 图像。可见小脑实质内的云朵状肿物，增强后可见清晰的边缘，肿物呈 T2WI 不均匀中高至高强度信号，T1WI 中等至轻微中低强度信号，FLAIR 呈不均匀中高至高强度信号，肿物显著外周增强，中央局部无增强。组织病理学确诊为脑膜瘤（高健 供图）

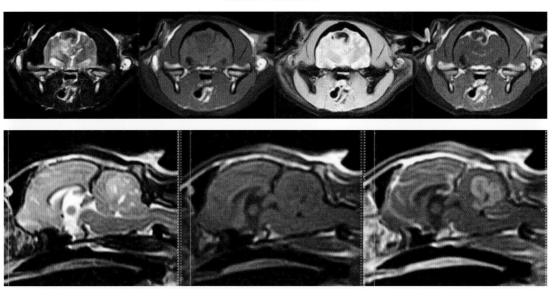

图 15-7-2 14 岁美国短毛猫四肢共济失调，从左至右的序列依次为 T2WI、T1WI 和增强后 T1WI 图像。可见小脑实质内的云朵状肿物，增强后可见清晰的边缘，肿物呈 T2WI 不均匀中高至高强度信号，T1WI 中等至轻微中低强度信号，肿物显著外周增强，中央局部无增强；小脑显著变形，小脑后侧向枕骨大孔疝出并向下压迫脑干；还可见继发性第三脑室扩张；组织病理学确诊为脑膜瘤（高健 供图）

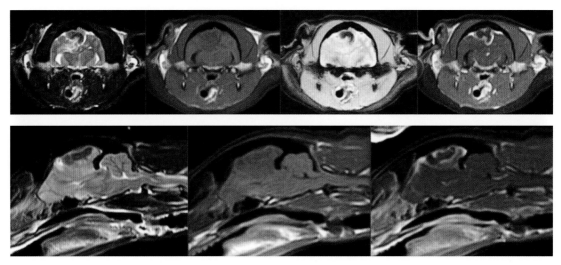

图 15-7-3 5 岁的雌性已绝育美国短毛猫，突发精神不振和四肢无法站立。从左至右的序列依次为 T2WI、T1WI、T2* 和增强后 T1WI 图像。可见大脑背侧正中云朵状肿物，增强后可见清晰的边缘和硬膜尾征，肿物呈 T2WI 不均匀中低至低强度信号，T1WI 不均匀中等至中低强度信号，T2* 低至无强度信号，肿物显著外周增强，中央局部无增强；肿物占位效应明显，大脑显著变形和异常信号，提示继发局部脑水肿；另外还可见颅骨显著增厚，组织病理学确诊为砂砾型脑膜瘤（高健 供图）

脑脊液分析不常进行，因为诊断性影像学意义显著。如果进行，可出现蛋白浓度正常至升高，可能伴有中性或混合性多细胞增多。结合CT或MRI检查，否则单独进行脑脊液分析无诊断意义。伴有颅内压增高时，脑脊液的收集会增加脑疝风险，随之而来的是神经功能失代偿的风险。

活检是确诊所必需的方法。术中实施或者活检针穿刺；对于颅内肿瘤，可使用CT引导的立体定向系统。

4. 治疗

如果出现脱水、厌食、平衡丧失和/或频繁或危及生命的抽搐发作，建议住院。

手术切除肿瘤是最终选择。如果肿瘤可切除，通常会成功。某些肿瘤可能不能完全切除，比如猫的椎管内脑膜瘤和脊髓腹侧肿瘤。

抗抽搐药物和皮质类固醇是姑息性药物，对原发病病因和过程无影响。放疗和化疗都不能直接帮助控制水肿或抽搐等神经症状。液体疗法需避免过度输液，可能会加重脑水肿和神经功能缺失。在静脉穿刺或手术体位时，避免颈静脉压迫，以避免颅内压升高。

猫脑肿瘤临床常用药物治疗如表15-7-1所示。

表15-7-1 猫脑膜瘤常用药物

病症		药物	
水肿治疗	皮质类固醇	地塞米松	0.05~0.1mg/kg，q24h 静脉滴注。一旦病患病情稳定，地塞米松 0.05~0.1mg/kg，q24h 或每日分剂量 po
		泼尼松	0.25~0.5mg/kg，po，q12h，然后逐渐减量到最低维持有效剂量
	20% 甘露醇溶液		0.5~1g/kg 静脉滴注，持续时间超过 15~20min
	速尿		2mg/kg，IV 与甘露醇具有协同作用，如有需要可添加
	高渗盐水		3~5mL/kg 可作为甘露醇的替代或补充
抽搐治疗	维持治疗	苯巴比妥（首选）	2~3mg/kg，IV 或 po，q12h
		唑尼沙胺	5~10mg/kg，q12h，po
		左乙拉西坦	20~30mg/kg，q8h，静脉或 po
	丛集/持续性发作	地西泮	0.25~5mg/（kg·h）CRI
		苯巴比妥	4mg/kg，IV，2~6h 至总负荷剂量 12~16mg/kg
		咪达唑仑	0.2~0.4mg/（kg·h）CRI
		左乙拉西坦	60mg/kg，IV
化学疗法	不完全切除、放疗后或单独化疗后可以延长生存率和生存时间。羟基脲可以抑制 DNA 合成，导致细胞停留在 S 细胞周期的一个阶段。羟基脲对人类颅内脑膜瘤有疗效，在兽医学中也常用，但缺乏对照研究		
	羟基脲		每周 75mg/kg

二、猫淋巴瘤

淋巴瘤是影响脊髓常见的肿瘤，也是猫颅内肿瘤中第二常见的肿瘤。猫中枢神经系统淋巴瘤通常是多中心病变的一部分，经常涉及肾脏或骨髓。

猫神经系统淋巴瘤根据发病位置可分为颅内淋巴瘤、脊髓淋巴瘤、神经淋巴瘤、淋巴瘤副肿瘤综合征、猫白血病病毒和猫免疫缺陷病毒继发的淋巴瘤。

1. 病因

肿瘤的发生与基因突变相关，除猫白血病病毒与免疫缺陷病病毒外，其余病因未知。

2. 临床症状

猫淋巴瘤临床症状根据肿瘤位置不同而有差异。

颅内淋巴瘤常见症状有共济失调、嗜睡、意识改变、攻击性、转圈、抽搐发作、本体感觉异常、威胁反应缺陷、孔大小不一和海绵窦综合征，临床症状渐进性发展，比脑膜瘤病患更快，第三脑室淋巴瘤可出现继发性脑积水相关的神经症状，可能会出现缓慢渐进性非对称性的脑神经症状。

脊髓淋巴瘤非特异性症状通常先于神经系统症状出现，如厌食、嗜睡、体重下降。神经学检查可见椎旁肌触诊不适感、不对称神经功能缺损、后肢或四肢轻瘫和麻痹、膀胱功能障碍、前庭神经疾病、深度疼痛知觉丧失。脊髓淋巴瘤可能很难与其他脊髓疾病鉴别，脊髓疾病症状的患猫更多见患有传染性腹膜炎而非淋巴瘤。脊髓淋巴瘤在传统上被认为是一种幼猫年龄段的肿瘤，有报道称，其为小于2岁的猫最常见的脊髓疾病之一，中位年龄为4.5岁，平均年龄为6.3岁。荐椎段脊髓通常受淋巴瘤影响，脊髓淋巴瘤常见在硬膜外，影响脊椎邻近骨性及软组织，随后影响脊髓本身（图15-7-4）。

神经淋巴瘤病常见表现为单肢体感觉异常/跛行/疼痛、单个脑神经异常、大小便异常、四肢无力。

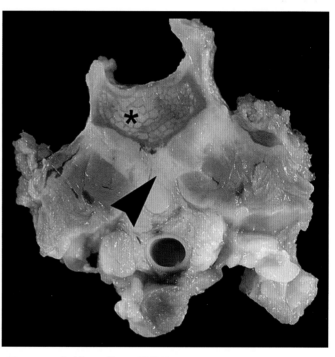

图 15-7-4 解剖可见第一腰椎椎体局部已被淋巴组织取代（＊号）
（引自：Mandara M T, Domini A Giglia G. Feline lymphoma of the nervous system. Immunophenotype and anatomical patterns in 24 cases. Front. Vet. Sci, 2022, 9:959466.）

3. 诊断

通常需要全面的身体检查，排除其他可能的鉴别诊断，以及进行麻醉前的筛查。检查项目包含血常规、生化（包括血氨）、FeLV/FIV筛查、甲状腺功能筛查、尿分析、胸部和腹部影像学检查、脑部或脊柱MRI、脑部或脊柱CT、脊髓造影、脑电图、肌电图、脑脊液分析、活检等。

血常规/生化/尿分析通常正常或存在一些非特异性的指标异常，如贫血、白细胞升高等。FeLV/FIV检查结果阳性时，高度提示其存在相关性。

脊柱X射线片检查可显示椎体附近的软组织肿块，有时可见椎体溶解性病变或腹部肿块。脊髓造影检查显示典型的髓外肿块，造影柱偏移或中断。然而，脊髓造影对淋巴瘤和其他脊髓肿物的鉴别并不敏感。

MRI检查是颅内和脊柱疾病的首选成像方式。检测颅内淋巴瘤的灵敏度约为67%。在MRI检查中，实质内淋巴瘤可能是圆形的、卵圆形的或非均质的；T2WI通常是高强度和不均匀信号；T1WI通常是中等到低强度和均匀信号；FLAIR通常是高强度信号；PDWI通常是高强度且不均匀信号。病变边缘通常不清晰，可观察到中度至明显的瘤周水肿。大多数缺乏脑膜增强，可能看到"硬脑膜尾征"。猫淋巴瘤中普遍可见明显的不均匀增强和轻微的肿块效应。邻近颅骨的增厚可能与实质外淋巴瘤有关。当淋巴瘤以淋巴细胞性脑膜炎形式发生时，软脑膜可见弥漫性增强病变，继发阻塞性脑积水时，症状类似于干性传染性腹膜炎。脊髓淋巴瘤病变边缘通常不清晰，脑膜/脊膜增强表现多变，该变化也可在病理解剖上观察到（图15-7-5）。肿瘤具有均匀增强，通常表现为轻度至中度的肿块效应。MRI检查可显示良好的软组织轮廓，但神经淋巴瘤无法与外周神经的其他肿瘤疾病区分。猫外周

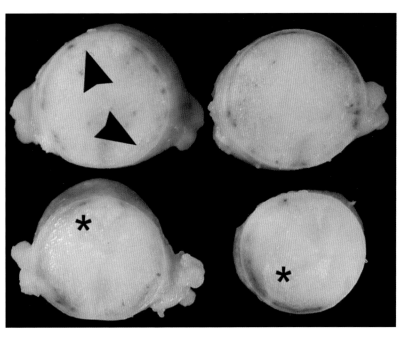

图 15-7-5 病理解剖可见不规则的脑膜边缘（箭头）以及软膜内实质的软化（＊）
（引自：Mandara M T, Domini A, Giglia G. Feline lymphoma of the nervous system. Immunophenotype and anatomical patterns in 24 cases. Front. Vet. Sci, 2022, 9:959466）

神经淋巴瘤在T1加权图像上表现均匀，相对于骨骼肌稍高信号，在T2加权图像上相对于骨骼肌明显高信号。脊神经淋巴瘤向脊髓蔓延，主要表现为椎间孔扩张。

CT头颅平扫可显示明显的淋巴结相关肿块。头颅增强后影像可以观察到明显的肿物，脑部斑片状强化和/或脑实质显著的强化。脊柱一般可见增强的硬膜外肿块，提示硬膜外肿瘤；或脊髓肿大，提示髓内肿瘤。

脑脊液分析不常进行，但脑脊液检查仍是颅内/髓内淋巴瘤的诊断选择。未成熟淋巴细胞（淋巴母细胞）的存在，高度提示中枢神经系统淋巴瘤。成熟恶性淋巴样细胞可能难以与炎性淋巴细胞性脑脊液细胞增多相鉴别。结合CT或MRI检查进行脑脊液分析才有诊断意义。

术中实施或者用活检针穿刺活检。颅内/脊髓内肿瘤，可使用CT引导的立体定向系统。通过神经丛或邻近活检标本，可以对神经淋巴瘤早期明确的死前组织学进行诊断，神经淋巴瘤可表现为弥漫性神经增厚。

4. 治疗

联合或单独使用的治疗包括手术切除、局灶照射和全身化疗。手术可提供准确的组织学诊断和适当的减压。对于那些对化疗没有迅速反应的猫来说，手术治疗是必要的。如果出现脱水、厌食、平衡丧失和/或频繁或危及生命的抽搐发作，建议住院治疗。

大多数手术无法完全切除干净，某些髓外肿瘤可以尝试手术切除缓解。多数肿瘤可能不能完全切除，尝试保守治疗。

抗抽搐药物和皮质类固醇是姑息性药物（表15-7-2），对原发病病因和过程无影响。放疗和化疗（表15-7-3）都不能直接帮助控制水肿或抽搐等神经症状。液体疗法：避免过度输液，因为这可能会加重脑水肿和神经功能缺失。在静脉穿刺或手术体位时，避免颈静脉压迫，以避免颅内压升高。

表 15-7-2　猫淋巴瘤临床常用药物治疗

病症		药物	
水肿治疗	皮质类固醇	地塞米松	0.05~0.1mg/kg，q24h 静脉滴注。一旦病患病情稳定，地塞米松 0.05~0.1mg/kg，q24h 或每日分剂量 po
		泼尼松	0.25~0.5mg/kg，po，q12h，然后逐渐减量到最低维持有效剂量。
	20% 甘露醇溶液		0.5~1g/kg 静脉滴注，持续时间超过 15~20min
	速尿		2mg/kg IV 与甘露醇具有协同作用，如有需要可添加
	高渗盐水		3~5mL /kg 可作为甘露醇的替代或补充。
抽搐治疗	维持治疗	苯巴比妥（首选）	2~3mg/kg，IV 或 po，q12h
		唑尼沙胺	5~10mg/kg，q12h，po
		左乙拉西坦	20~30mg/kg，q8h，静脉或 po
	丛集/持续性发作	地西泮	0.25~5mg/（kg·h）CRI
		苯巴比妥	4mg/kg，IV，2~6h 至总负荷剂量 12~16mg/kg
		咪达唑仑	0.2~0.4mg/（kg·h）CRI
		左乙拉西坦	60mg/kg，IV
化学疗法	· 低度淋巴瘤用泼尼松 (Prednisone) 和苯丁酸氮芥 (chlorambucil) 治疗 · 高级别淋巴瘤的治疗使用多种注射化疗方案 · 猫比人类更能忍受化疗，很少掉毛或生病 · 最常见的副作用包括呕吐、腹泻和食欲下降，只在大约 10% 的病患看到		

表 15-7-3　猫淋巴瘤常用化疗方案

治疗规章	适应证	治疗流程
CHOP：包括长春新碱、环磷酰胺、多柔比星、泼尼松龙、+/– L– 天冬酰胺酶	大细胞淋巴瘤 (+/– 手术)，鼻腔淋巴瘤（+/– 放疗）	每周/两周交替使用 3 种化疗药物（2 种注射，1 种口服），共 29 周；口服化疗可以在家里进行
CCNU	大细胞淋巴瘤（+/– 手术）	每 3 周口服化疗一次；有些猫需要更多的治疗间隔时间
口服苯丁酸氮芥和泼尼松	大细胞淋巴瘤（+/– 手术）	在家每隔一天进行一次口服化疗

第八节　退化性疾病

一、猫腰荐椎管狭窄

腰荐椎管狭窄是在中老年猫中常见的一种退化性神经疾病，后肢跛行、无力，腰荐部按压疼痛、僵直为常见的临床症状。

1. 病因

病因既有先天因素也有后天因素。先天因素常见于先天的腰荐椎管发育不良，腰荐部椎骨、骨盆骨骼畸形、先天性脊柱裂等。后天因素包括骨质增生或变形、椎间盘脊柱炎、腰荐椎亚脱臼、脊髓肿瘤、黄韧带肥厚等。这些因素常导致椎管的变形、狭窄，进而导致神经根及马尾神经受到不同程度的压迫，表现出临床症状。

2.临床症状

患猫的临床症状会根据腰荐部位的神经根及马尾神经压迫程度的不同呈现各种各样的临床症状。常见的症状包括腰荐部位触诊敏感、后肢无力、步态跛行。若会阴神经受到影响，则可能出现大小便失禁。一些慢性病例中可见肌肉萎缩。

3.诊断

首先需要对患猫进行基础神经学检查来判断病变位置、病变的严重程度，以及与其他神经系统疾病鉴别诊断。

X射线检查可见患猫腰荐部椎管相比于前段的腰椎椎管狭窄，周围骨骼产生骨质增生，椎体终板骨化等退行性改变（图15-8-1）。

CT检查：在三维图像中可见椎体、椎间孔、关节突等部位的各种变形及对脊髓的压迫。

MRI检查：可见脊髓被压迫的程度及有无脊髓炎、脊髓空洞、肿瘤等疾病发生。

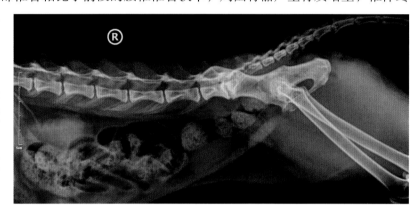

图 15-8-1　14岁橘猫的侧位X射线片，可以发现第七腰椎至荐椎处椎管狭窄，下方伴有椎间盘脊柱炎（丛培松 供图）

4.治疗

多数情况下采用保守治疗，选择非甾体类抗炎药（如普维康）进行疼痛管理（图15-8-2）。针灸治疗对于减轻疼痛，促进神经功能恢复有积极作用。

对于严重的病例可以采用外科疗法，通常可以选择背侧椎弓切除术、关节固定术来减少机械性压迫对神经的影响。

二、椎间盘突出

相对于犬，临床上猫的椎间盘疾病并不常见，虽近年发生率有向上趋势，但仍与高阶影像设备普及有着正相关性。尽管较多椎间盘疾病被诊断出，但其发生率在0.12%~0.24%，在猫脊髓疾病中仍属少数。在猫脊髓疾病中，较常见的仍属炎症性/感染性，其次为肿瘤性及创伤性疾病。

1.病因

猫的椎间盘突出造成的原因与犬类似，主要还是由于椎间盘退化造成，而其退化可能是

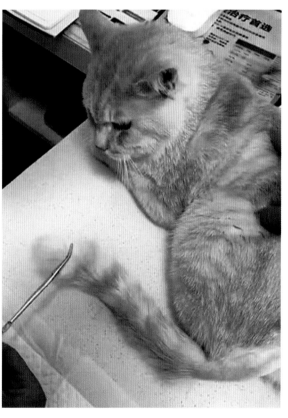

图 15-8-2　对患猫进行尾部痛觉检查，患猫出现尾部疼痛感觉减弱（丛培松 供图）

因为椎间盘先天发育问题，也可能是随年纪增大而退化。相较于犬，因猫的发生率相对少，所以通常只简单地区分椎间盘脱出（Intervertebral disc extrusions，IVDE）/Hansen 1型与椎间盘突出（Intervertebral disc protrusions, IVDP）/Hansen 2型。

Hansen 1型，指的是髓核（Nucleus Pulposus）品质的降低，无论是糖胺聚糖（Glycosaminoglycan）的减少，或其影响造成的髓核内水分减少，同时造成胶原（Collagen）的增加，导致椎间盘软骨化而降低了吸收冲击的能力，使椎间盘物质撕裂，纤维环脱出。而Hansen 2型是一种随着年龄增加出现的纤维性退化，造成纤维环部分撕裂而椎间盘陷在纤维环中造成突出。Hansen的两种形态是基于组织病理学上的分类，近年来随着高阶影像设备的普及，此分类在犬已不再适用，但猫因为该疾病发生率低，多数文献仍沿用此分类法。

有部分研究指出，猫的椎间盘疾病可能与犬相似，一部分与基因相关，尤其是波斯猫与英国短毛猫这类品种相对容易出现椎间盘疾病，且发病年龄也相对年轻。相对于上述两类纯种猫，多数猫出现椎间盘疾病的年龄多在8岁以上。

2. 临床症状

猫椎间盘突出的临床症状取决于受压迫的脊髓位置，以及椎间盘突出的类型。当椎间盘脱出时，因钙化与碎片的髓核急性脱出压迫脊髓，造成对脊髓的冲击与压迫而产生水肿、出血或血液供应不良，因此，造成动物相对应的脊髓损伤症状；相反，椎间盘突出则因相对长时间椎间盘缓慢地对脊髓造成压迫，缺少椎间盘脱出对于脊髓额外产生的冲击，因此；临床症状病程通常缓慢渐进。

除病程上的差异外，常见的症状，如轻瘫、瘫痪、脊椎处疼痛敏感、跳跃行为的减少、拱背、尾巴下垂、肢体步态共济失调、排便异常、排尿异常等（图15-8-3）。

除病程与上述常见临床症状外，椎间盘疾病发生的位置需要通过神经学检查和神经解剖学定位来确认。

3. 诊断

可区分为上运动神经元Upper Motor Neuron（C1~C5，T3~L3）及下运动神经元Lower Motor Neuron（C6~T2，L4~S3），并依照影响的患肢分

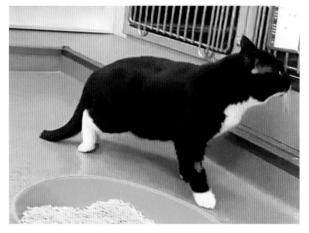

图 15-8-3　一只猫的本体反应异常与共济失调（李晓坤 供图）

为后肢瘫痪、四肢瘫痪、单侧瘫痪或单肢瘫痪。另外依照瘫痪的严重程度分为五个等级：Ⅰ级，动物步态无明显异常，但有背痛情形；Ⅱ级，动物步态明显异常，但仍能摇晃行走；Ⅲ级，动物无法行走，但肢体仍有自主运动能力；Ⅳ级，动物肢体无自主运动能力，但仍有深层痛觉；Ⅴ级，无深层痛觉。

尤其在Hansen 2型椎间盘突出早期，症状可能不明显，在问诊时需注意关注宠主在家可能发现而未意识到的可能症状及神经学检查的正确性，并与其他疾病做好鉴别诊断。

除理学检查与血检外，临床诊断主要以神经学检查为主，确认病灶位置范围后进行X射线、磁共振或CT扫描检查（图15-8-4）。尽管X射线仅能提供线索、无法准确判定椎间盘突出位置，但仍是必要的检查，可协助排除骨组织与骨头之间相互关系的异常。磁共振检查仍为椎间盘疾病的诊断金标准，除可确认位置外，也可对脊髓本身的受损形态、程度，并针对椎间盘退化程度做出判断（图15-8-5至图15-8-7）。

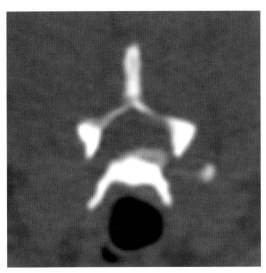

图 15-8-4 猫椎间盘突出的 CT 横断面影像
（李晓坤 供图）

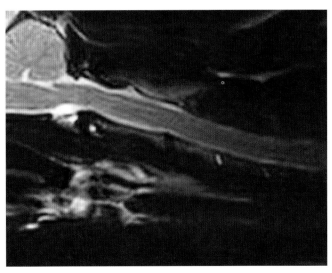

图 15-8-5 一猫的颈椎矢状位 T2W 影像，可见 C3-C4 髓核信号衰减，
但对脊髓无明显压迫（李晓坤 供图）

临床上需与脊髓脊膜炎、脊椎间盘炎、椎体脱位/骨折、纤维软骨栓子性脊髓病变、肿瘤、退化性脊髓病、猫创伤性缺血性脊髓病、脊髓蛛网膜憩室、脊髓空洞、类固醇反应性脑膜动脉炎等进行鉴别诊断。

4. 治疗

分为保守治疗与手术治疗。保守治疗主要是药物治疗，比如神经性止痛药物、肌肉松弛剂、神经营养性药物等。激素的使用目前仍有争议，需要注意的是，在未确认病因之前，不建议盲目使用激素，除可能导致后续诊断的困难也可能造成病情的恶化。除药物治疗外，严格限制活动、静养是极重要的手段，同时配合康复训练或中药、针灸调理。不建议使用非甾体类（NSAID）药物，尤其是急性椎间盘突出的动物。

手术治疗依据脊髓损伤位置不同而采用不同的方法，常见有半侧椎板切除术、背侧椎板切除术、腹侧开槽术、椎弓根切除术等。是否单独或配合开窗术，目前仍

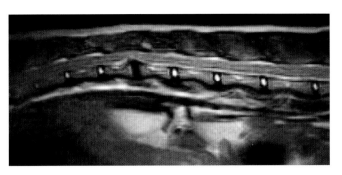

图 15-8-6 一猫的颈椎矢状位 T2W 影像，可见颈椎多处髓核信号衰减，于 C3-C4 处明显脊髓压迫，中央管轻微上抬，脊髓组织位见明显信号异常（李晓坤 供图）

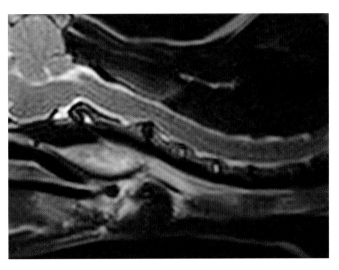

图 15-8-7 一猫的胸腰椎矢状位 T2W 影像，可见 T13-L1 髓核信号衰减，腹侧明显压迫（李晓坤 供图）

有争议。一般而言，Hansen 1 型的手术预后通常会比 Hansen 2 型好，由于 Hansen 2 型的脊髓通常经历长时间的压迫与血流供应不足造成了进一步的萎缩，较常见永久性的神经功能性异常。

无论是保守治疗还是手术治疗，在患猫尚未恢复至三级瘫痪或更佳状态之前，都需特别注意卧床管理、营养管理、褥疮管理、排尿功能评估与管理、呼吸系统护理等。

第九节　特发性面神经麻痹

猫特发性面神经麻痹是指猫存在面神经麻痹的临床症状，但无神经学及生理性异常，且无其他潜在病因。临床上以半侧或两侧面神经所支配的区域发生神经功能障碍，导致猫出现面部容貌不对称、耳朵下垂、眼睑无法闭合、眼角下垂、鼻梁塌陷、嘴角下垂、面部肌肉感觉缺失等表现。临床上自发性面神经麻痹约占猫各类面神经麻痹的25%。

1. 病因

引起猫特发性面神经麻痹的病因目前尚不明确。部分患猫在风吹着凉后发病，原因可能是局部供给面神经营养的血管受到寒冷刺激后发生痉挛、收缩，从而导致对应区域的面神经缺血、水肿、受压，进而导致神经功能障碍。部分患猫可能因面神经局部感染发炎，导致轴突或髓鞘不同程度的变性，进而引起面神经所对应区域的神经功能障碍。一般常见的引起猫面神经炎症的原因有免疫介导性炎症、疱疹病毒感染、杯状病毒感染等。人类的面神经麻痹多表现为急性的非化脓性炎症，解剖可见面神经管内存在炎性浸润。发病初期出现炎性反应，之后产生神经的浮肿，接下来会产生神经的压迫与变性，表现神经症状。在犬猫临床上，已确认会发生同样的病理变化。

2. 临床症状

猫的特发性面神经麻痹有双侧和单侧发病之分，临床中单侧面神经麻痹情况更常见。单侧发生特发性面神经麻痹，左侧与右侧发生的概率相当。面神经麻痹的主要临床症状包括眼睑无法闭合，耳朵、眼角、嘴角下垂，鼻梁塌陷，面部感觉缺失等（图15-9-1）。因此，单侧面神经麻痹的患猫通过观察可以发现明显的面部不对称。患猫无法自主眨眼（图15-9-2），对视觉性和触觉性的眼睑刺激无法做出眨眼动作。同时，由于缺乏面神经刺激泪腺分泌泪液，患猫经常会出现干眼症。由于面部肌肉的僵直，患猫往往会保持同一面容无法改变，叫声也会发生变化。进食时由于咀嚼肌无法正常运动，会导致食物无法咀嚼完全，食物残渣在麻痹的一侧堆积。有时会伴随舌体无法运动、味觉障碍、唾液分泌障碍等症状。长期的面神经麻痹会导致面部肌肉

图 15-9-1　2岁的英国短毛猫出现左侧特发性面神经麻痹，表现为左眼睑无法闭合，左侧面部感觉缺失（丛培松 供图）

的萎缩。

3. 诊断

特发性面神经麻痹的诊断需要排除其他潜在病因。患猫需要进行全面的基础神经学检查，评估是否存在其他神经学缺陷。如果存在多对脑神经缺陷及中枢神经功能障碍，则需要高阶影像检查（MRI，CT）来做进一步诊断。即使只有面神经麻痹的相关症状，未发现其他异常，也建议做进一步诊断，来排除潜在病因是否只累及了面神经。常见的中枢性原因包括脑出血、肿瘤、脑梗死，外周性原因包括面神经炎、肿瘤、脑干梗死、出血等。一些代谢性疾病也会产生类似的临床症状，如甲状腺功能减退，需要做血清学检查来排除。蜱虫叮咬导致的麻痹、肌炎、重症肌无力等肌肉疾病如果发生在猫面部肌肉的话，也会产生类似临床症状，需要做鉴别诊断。对所有的面神经麻痹的患猫都应该仔细检查是否存在中耳及内耳疾病。

图 15-9-2　面神经麻痹的患猫右侧面部感觉缺失，止血钳触诊无反应（丛培松 供图）

4. 治疗

特发性面神经麻痹的治疗原则为改善局部血液循环，促进局部可能存在的炎症及水肿的恢复，避免神经的进一步损伤，并给予神经营养支持，对面部肌肉进行康复训练。

药物治疗可以选择口服激素，如泼尼松（0.5mg/kg，po，bid），至少使用1周。神经营养药物可以选择口服或注射维生素B_1和甲钴胺。

针灸治疗是有效的治疗手段（图15-9-3）。其他辅助治疗方案包括按摩面部肌肉、热敷、红外线照射等。上述方法有利于加快血液循环、消除水肿、避免肌肉发生萎缩。

患猫无法自主眨眼时，需要主人准备玻璃酸钠等滴眼液来预防干性角膜炎的发生。同时主人需要关注患侧口腔的情况，在患猫进食后及时清理患侧口腔内的食物残渣，避免过多的食物残渣堆积导致的口腔问题。

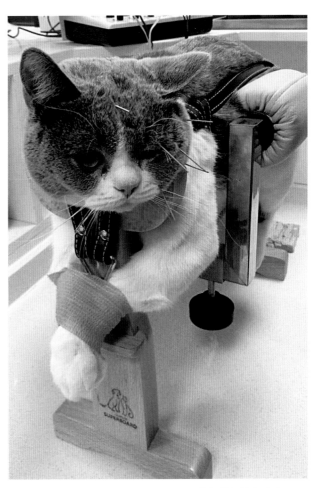

图 15-9-3　特发性面神经麻痹的患猫在进行针灸治疗（丛培松 供图）

该病预后良好，通过积极治疗一般可以在3~6周恢复。个别病例会出现持续的麻痹状态，这时主人的日常护理就尤为重要。

第十节　周边神经系统疾病

一、猫低钾血症

猫低钾血症是由于钾元素摄入减少、丢失、转移、排出增加或医源性原因，前期多表现亚临床症状，严重时表现为全身衰弱、共济失调和颈腹侧弯曲。

1. 病因

目前，猫低钾血症的原因主要有钾元素摄入减少；胃肠道丢失，如呕吐腹泻；肾脏排出增加，如原发性肾病和继发性多尿的疾病（如甲亢、高醛固酮血症、阻塞后利尿）；转移，如DKA时胰岛素使用和碱中毒时氢离子交换增加；医源性原因，包括利尿剂的使用、低钾或无钾溶液的补充等。

2. 临床症状

猫患有轻度低钾血症时食欲下降、体重逐渐减轻、贫血、被毛粗乱、活动减少；严重的低钾血症常急性出现，临床常表现颈部腹侧弯曲（图15-10-1）、全身肌肉衰弱，约25%的患猫可表现为僵硬或肌肉疼痛。

3. 诊断

可通过临床症状初步判断，血气和生化检查可量化血钾浓度，但血小板增多症或溶血可掩盖低钾血症；老年猫需要与甲状腺功能亢进、肾衰等进行鉴别。

图 15-10-1　低钾血症患猫表现颈部腹侧弯曲（谢启运 供图）

4. 治疗

低钾血症的主要疗法是口服葡萄糖酸钾，口服钾疗法要比非胃肠道途径更为有效；葡萄糖酸钾有粉剂、凝胶、片剂等，应避免口服氯化钾。对于病情严重者，需要静脉补钾和口服补钾同时进行。除了补钾以外，需要治疗潜在或并发疾病，对所有引起该病或并发疾病进行治疗。治疗过程需要注意胰岛素、葡萄糖或碳酸氢盐引起的细胞内钾的偏移，需要频繁监测血钾浓度的变化。

二、猫重症肌无力

猫重症肌无力是一种神经肌肉传导障碍疾病，由于神经肌肉连接处的乙酰胆碱受体缺乏或功能障碍导致神经到肌肉的动作电位传递障碍，通常可分为先天性或获得性。

1. 病因

先天性重症肌无力是由于肌肉终板的乙酰胆碱受体减少导致的一种运动性功能障碍疾病。获得性重症肌无力是一种自体免疫性疾病，多数病例出现IgG对烟碱乙酰胆碱受体的拮抗，导致突触后肌纤维膜受体的减少（图15-10-2）。

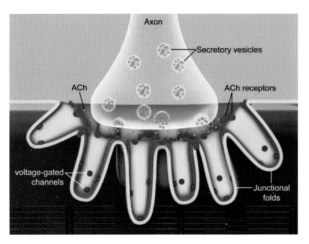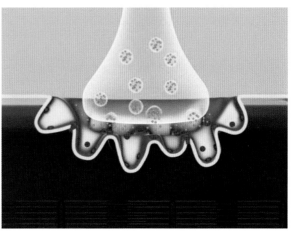

图 15-10-2　正常猫神经肌肉接头（a）和重症肌无力猫神经肌肉接头（b）。轴突末端囊泡内包含ACh分子并被释放到突触间隙中。在重症肌无力病例中，ACh受体浓度可能降低，并且可能存在肌肉终板的异常折叠（引自：《犬猫神经病学实用指南，3版》）

2. 临床症状

　　先天性重症肌无力通常会表现周期性和渐进性的肌肉疲劳，运动无力或无法行走，这种临床表现可能在猫6~9周龄时出现，同窝幼猫可能均会表现相关症状。获得性重症肌无力患猫主要在2~3岁或9~10岁高发，猫较少发生获得性重症肌无力，而纯种猫比混种猫更容易发病。

　　获得性重症肌无力通常会表现出3种不同的临床形式：局部性重症肌无力、全身性重症肌无力和急性暴发性重症肌无力。局部性重症肌无力可能会观察到反流、巨食道和吞咽困难；全身性重症肌无力会引起严重的运动不耐受和巨食道表现；急性暴发性重症肌无力通常会迅速导致麻痹和巨食道。获得性重症肌无力可能与其他疾病相关，如胸腺瘤、甲状腺功能减退等，大约26%的重症肌无力患猫是由于胸腺瘤而表现全身无力，大约15%患有局部性重症肌无力的猫只出现巨食道和吞咽困难，并未表现出全身无力的症状。重症肌无力患猫通常表现为趴卧、瘫软或不愿行走。某些病例在出现运动障碍之前进行神经学检查的结果应该是正常的，但出现全身肌肉无力的猫较容易出现眼睑反射减弱表现，肌腱反射通常是正常的。猫在出现全身性重症肌无力时更多地会表现颈部向腹部屈曲；某些病例中，猫比较喜欢趴着，同时用胸部支撑着头部（图15-10-3）。猫常见的重症肌无力临床症状可见表15-10-1。

图 15-10-3　重症肌无力患猫，喜卧，以胸部着地支撑头部（闫中山 供图）

3. 诊断

　　任何一个出现临床症状且怀疑重症肌无力的患病动物就诊时都需要进行CBC、生化和尿检，排除其他疾病造成的全身性或局灶性虚弱。由于先天性重症肌无力缺乏ACh受体，可以通过临床症状、病史和对抗胆碱酯酶药物的反应来进行诊断。对一个肋间外肌的新鲜冷冻活检样品的亚显微结构观察显示，运动终版的ACh受体减少有助于确认突触后异常。血清抗乙酰胆碱受体抗体浓度的测量可以提供明确的诊断。鉴于一部分获得性肌无力猫存在前纵隔肿块，所以胸部X射线检查是非常必要的。对胸腔的评估也可以发现食道扩张的存在和吸入性肺炎，这可能与预后判断有关。

进一步论证可进行氯化滕喜龙测试。如果患猫在肌内注射氯化滕喜龙后出现阳性反应，则可证实诊断的假设。肌肉虚弱的患猫，可静脉注射氯化滕喜龙0.25~0.5mg/只，随后观察猫肌肉活动增加的程度。阳性反应指的是肌肉张力的明显增加，但这种增加只会维持几分钟。可使用新斯的明代替，新斯的明作用时间较长。

表15-10-1　猫获得性重症肌无力的临床症状

临床症状	发病率（%）
全身无力	70
眼睑反射下降	60
威胁反应下降	50
巨食道	40
吸入性肺炎	20
前纵隔肿物	15
肌肉震颤	15
屈肌反射下降	10
多肌炎	5
心脏肥大	5
肌肉萎缩	5

4.治疗

治疗围绕三个原则：消除免疫反应潜在原因、抗胆碱酯酶治疗和免疫抑制。

使用抗胆碱酯酶药物，同时使用免疫调节疗法来尝试解决潜在的疾病，处理任何致病过程。抗胆碱酯酶药物通过抑制胆碱酯酶从而延长ACh结合ACh受体的时间。使用溴化吡啶新斯的明，剂量为0.25mg/kg/q8~12h。猫比犬对抗胆碱酯酶药物更敏感，因此起始剂量更低。改变猫的用药剂量时需要密切监护。剂量应从推荐范围的最低剂量开始，逐渐升高剂量直到达到最佳临床反应，同时避免出现胆碱能副作用。胆碱能副作用包括过度流涎、呕吐、腹泻和肌肉震颤。如果出现这些症状，应当降低药物剂量。

除抗胆碱酯酶治疗外，通过皮质类固醇药物治疗的免疫抑制经常被报道。皮质类固醇已经被证明对人类和犬获得性肌无力患者有益。此外，免疫抑制可能比抗胆碱酯酶治疗更有利于获得性肌无力患猫。

三、猫霍纳氏综合征

猫霍纳氏综合征（Horner's syndrome）是由于支配眼睛及附属器官的交感神经机能丧失所导致的一种疾病。交感神经通路任何部位发生损伤均可导致霍纳氏综合征。节前神经节损伤可起自下丘脑和中脑，这一途径的损伤向下传递到脑干和脊髓，一直到前数个胸椎，沿着T1~T3神经根，向上到达迷走交感神经干，到达颈前神经节终末。节后神经损伤可沿着颈前神经节发生，延伸到中耳，终止于眼睛（图15-10-4）。

1.病因

目前认为神经通路的损伤可能是最常见的原因，包括颈部的咬伤、肿瘤、手术创伤（全耳道切除、鼓泡切开术）及臂神经丛撕裂等，其他的原因还包括中耳炎（含清洁中耳引起的医源性损伤）、鼻咽息肉和胸前部肿瘤等。

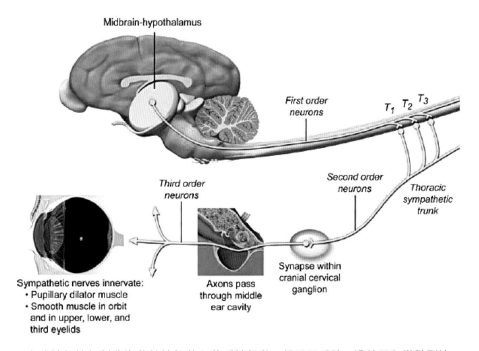

图 15-10-4　交感神经按解剖分为节前神经节和节后神经节，起于下丘脑，沿脑干和脊髓到达 T1-T3，从其神经根到达迷走交感神经干，向前达颈前神经节，延伸到中耳，终止于眼睛（来源于：Practical Guide to Canine and Feline Neurology 3rd Ed）

2. 临床症状

临床症状包括瞳孔缩小、眼球内陷、第三眼睑脱垂及上眼睑下垂（图 15-10-5）。有些病例可能不表现所有症状，但总能发现瞳孔缩小。

3. 诊断

通过临床症状如瞳孔缩小、眼球内陷、第三眼睑脱垂及上眼睑下垂等症状的一种或数种，结合病史调查，如最近是否发生损伤、手术、耳道疾病等进行诊断。辅助诊断可借助影像检查，如X射线或CT检查可鉴别胸前部肿块、中耳软组织等；

图 15-10-5　患猫右眼瞳孔缩小、第三眼睑脱垂和上眼睑下垂（谢启运 供图）

或借助药理学实验，辨别节前和节后神经损伤，如羟基苯丙胺、托吡卡胺和苯肾上腺素。

4. 治疗

临床中主要治疗潜在疾病，依照病因和神经损伤的不同进行治疗，霍纳氏综合征常可治愈。使用10%的苯肾上腺素局部用药可辅助治疗，缓解临床症状。本方法只能辅助治疗，不能治愈先天性霍纳氏综合征或其他潜在疾病。对于先天性、创伤性和手术导致的霍纳氏综合征常可在4~6个月自行康复；对于其他潜在疾病，多取决于病因和治疗的反应。

第十六章

猫牙科疾病

第一节　牙龈炎

猫牙龈炎是指猫牙龈的炎症，其临床表现为牙龈组织变红、水肿，最初会表现在牙龈边缘，进而会发展为可见的溃疡并伴随自发性出血。牙龈炎的炎症局限于牙龈，无牙周附着丧失。牙龈炎病程可逆，不及时治疗会演变成牙周炎。

1. 病因

引起猫牙龈炎的主要发病原因是聚集在牙齿表面的牙菌斑，牙结石是次要病因。牙菌斑是由细菌及其副产物、唾液成分、口腔杂质和少部分的上皮细胞和炎性细胞聚集而生成的生物膜。仅需几分钟，牙菌斑就开始在干净的牙齿表面沉积。牙菌斑最开始沉积于牙龈边缘，会造成牙龈的炎症，不经治疗的牙菌斑就会蔓延到齿龈沟并侵害龈下区域，引起牙周袋加深进而导致牙周炎。

2. 临床症状

猫健康的牙龈边缘锐利，颜色像珊瑚般粉红（图16-1-1）或带有色素（图16-1-2）的颜色，可从边缘看见血管且触感坚实。当发生牙龈炎时，在临床上表现为牙龈边缘肿胀、发红和出血，也可能伴有口臭。

3. 诊断

临床诊断需要视诊和探查相结合。结合牙龈发红与肿胀程度，以及温和探查猫齿龈沟是否出血

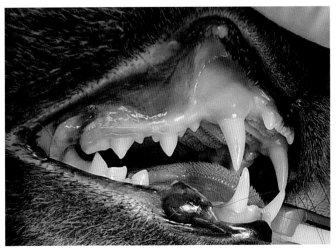

图 16-1-1　雄性 1 岁已去势英国短毛猫粉红色健康牙龈
（郑栋强 供图）

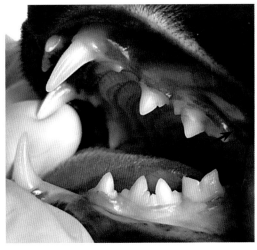

图 16-1-2　雄性 2 岁未去势家养短毛猫，健康牙龈，
上颌部分牙龈带有色素（黑色箭头）（郑栋强 供图）

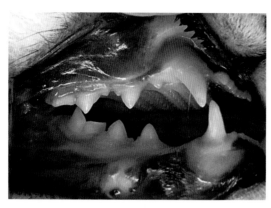

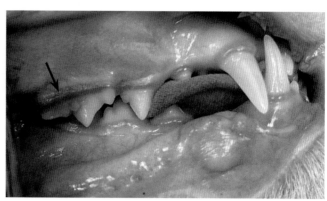

图 16-1-3　雌性 7 月龄未绝育英国短毛猫，齿龈正常，无炎症，无颜色变化，无出血，为 0 级牙龈炎（郑栋强 供图）

图 16-1-4　雄性 1 岁未去势布偶猫，齿龈轻度炎症（黑色箭头），无出血，为 1 级牙龈炎（郑栋强 供图）

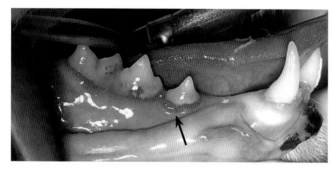

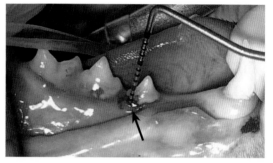

图 16-1-5　雄性 4.5 岁已去势家养短毛猫，齿龈红肿，牙龈中度炎症，探查或压迫时出血（黑色箭头），为 2 级牙龈炎（郑栋强 供图）

来诊断牙龈炎并评估其严重程度。使用探针探查时，猫的正常牙周袋深度为 0.5~1mm。

牙龈炎分为 4 个级别，0 级：齿龈正常，无炎症，无颜色变化，无出血（图 16-1-3）。1 级：轻度炎症，轻微变色，齿龈表面轻度变化，无出血（图 16-1-4）。2 级：中度炎症，齿龈红肿，探查或压迫时出血（图 16-1-5）。3 级：牙龈重度炎症，严重红肿，自发性出血倾向，或伴有溃疡（图 16-1-6）。

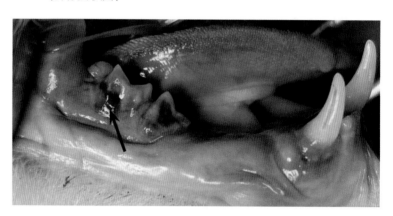

图 16-1-6　雄性 11 岁家养长毛猫，牙龈重度炎症，严重红肿，自发性出血倾向并伴有溃疡（黑色箭头），为 3 级牙龈炎（郑栋强 供图）

牙菌斑导致的炎症也可能诱发牙龈增生，如青年性增生性牙龈炎一般发生在 6~12 个月的年轻猫，有不同程度的炎症和增生，在非常严重的病例中增生的牙龈可能覆盖大部分的牙冠（图 16-1-7）；也可能出现先天性或遗传性的牙龈增生或由某些药物诱导产生病变，如乙内酰脲、环孢素等。牙龈的过度生长会造成牙周探诊深度增加。

4. 治疗

牙龈炎的主要治疗方法是控制牙菌斑，主动或被动的口腔清洁都可以，如刷牙、使用口腔凝胶、漱口水、洁牙粉等。需要强调的是，在没有机械性（刷牙）去除牙菌斑的情况下，任何一种消毒剂都不能用于单独预防牙龈炎。

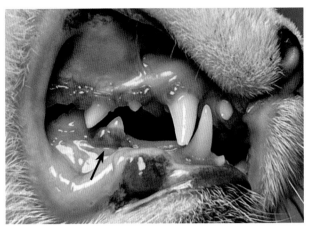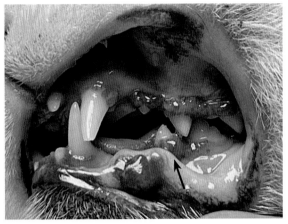

图 16-1-7　雄性 7 月龄未去势英国短毛猫患青年性增生性牙龈炎，其中双侧下颌第三前臼齿牙冠已被增生的牙龈覆盖大半（黑色箭头）（郑栋强 供图）

刷牙是控制牙菌斑的金标准，建议每天刷牙一次。牙龈炎的病程可逆，需要牙菌斑控制良好。

第二节　牙周炎

牙周炎是小动物临床常见病之一，70%的猫患有某种形式的牙周炎。虽然有研究显示有接近90%的发病率，但针对牙周炎的诊断相对不足，主要原因是牙周炎缺乏外在的临床表现形式，所以确诊该病常处于疾病晚期。缺乏相应诊断和及时治疗可能导致更严重的牙周疾病，并引发局部或全身症状。

1. 病因

牙周炎是由微生物引起牙周组织（牙周韧带、牙骨质、齿槽骨）的炎性疾病。炎症导致牙周组织破坏，进而引起附着丧失。临床上可观察到牙龈萎缩、牙周袋加深或两者同时出现，严重时可导致牙齿松动或脱落。

牙周炎是由口腔细菌引起的，细菌附着且黏附在牙齿上，逐渐形成牙菌斑（图16-2-1），菌斑是口腔中唾液糖蛋白和细胞外多糖组成的基质与口腔细菌混合形成的生物膜。每克菌斑和牙结石可能存在多达10^{12}个细菌。有研究表明口腔中健康部位的菌斑几乎都是需氧菌，

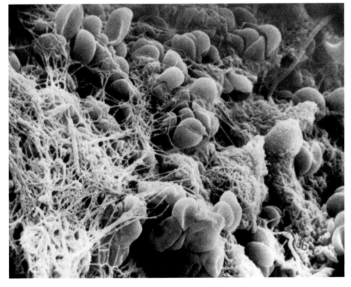

图 16-2-1　牙菌斑的电镜图片

而牙周炎患猫则是厌氧菌占多数。牙齿表面的牙菌斑被称为龈上菌斑，当牙菌斑延伸到牙龈沟就变成龈下牙菌斑。龈下菌斑中的细菌排泄毒素和代谢产物，引起牙龈和牙周组织的炎症。炎症会损害牙齿的软组织附着，并导致牙齿周围的骨组织溶解。牙周附着丧失由牙齿顶端方向向根尖发展，逐渐导致牙齿松动。牙周炎的终末期是牙齿脱落。

牙结石是菌斑与唾液相互作用而形成的，结石本身为非致病性，但是会刺激组织并让菌斑更容易附着。

2. 临床症状

猫牙龈炎的临床症状是牙龈红肿（图16-2-2）、口臭，在探查、刷牙或咀嚼时可能会出现牙龈出血。随着牙龈炎进展成为牙周炎，口腔炎症变化加剧，口腔内渗出物增加，性质逐渐转为脓性渗出物（图16-2-3），牙齿上逐渐覆盖结石（图16-2-4），牙龈红肿，有附着组织丧失。附着组织丧失一般分为两种常见表现：牙龈萎缩和牙周袋加深。牙龈萎缩会造成齿根暴露（图16-2-5），可在临床视诊中看到或口腔清洗后观察到。牙周袋加深则需要全身麻醉后使用牙周探针识别（图16-2-6）。这两种表现都可能在同一个猫或同一颗牙上发生。如果牙周炎继续发展会导致牙齿松动，继而牙齿

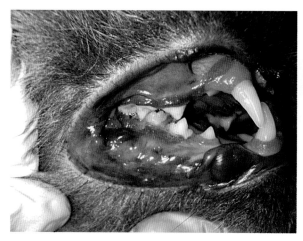

图 16-2-2　3岁英国短毛猫患牙龈炎，可见牙龈红肿，靠近牙龈处牙齿有少量菌斑及结石（赵龙 供图）

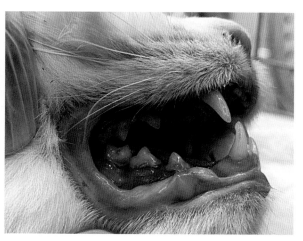

图 16-2-3　患猫可见口腔内牙齿大量脓性分泌物，牙龈水肿（赵龙 供图）

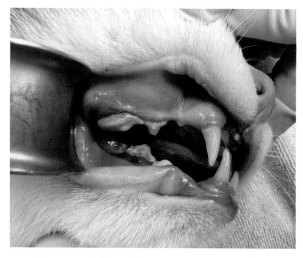

图 16-2-4　患猫口腔内前臼齿被大量牙结石覆盖，局部牙龈红肿（郑栋强 供图）

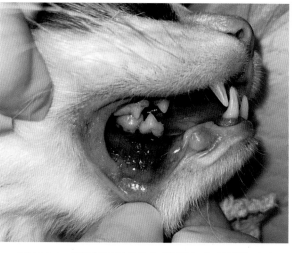

图 16-2-5　患猫下颌前臼齿齿根暴露，可从图片看到齿根分叉暴露（郑栋强 供图）

脱落，之后该区域通畅会恢复为未感染的状态，但是齿槽骨溶解是不可逆的（图16-2-7）。

牙周炎最常见的并发症是口鼻瘘（ONF），ONF是上颌牙齿的牙周组织缺损进而导致上腭组织缺损，最终变成口腔与鼻腔相通，产生慢性鼻炎（图16-2-8）。常见的临床症状有打喷嚏、脓性鼻涕、偶尔出现厌食。

3.诊断

牙周炎的临床诊断包括麻醉前的视诊、麻醉后的牙科探针探查和X射线片检查（麻醉后的探查和X射线检查是必须的）。早期的症状包括了牙龈红肿、牙龈出血。麻醉后的探针探查可确定是否存在牙周带加深、齿根分叉暴露（图16-2-9），也可轻微拨动牙齿，观察其活动程度，X射线检查可确定是否存在附着骨丧失或其他问题（图16-2-10）。

图 16-2-6　猫患上颌牙周炎，可见大量牙结石覆盖表面，牙科探针探查显示牙周袋加深，探查后牙龈渗血（郑栋强 供图）

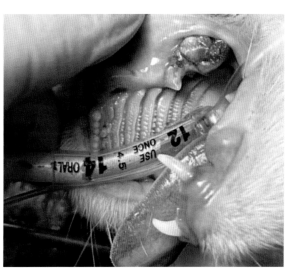

图 16-2-7　上颌犬齿已脱落，臼齿被大量牙结石覆盖并存在牙龈萎缩（郑栋强 供图）

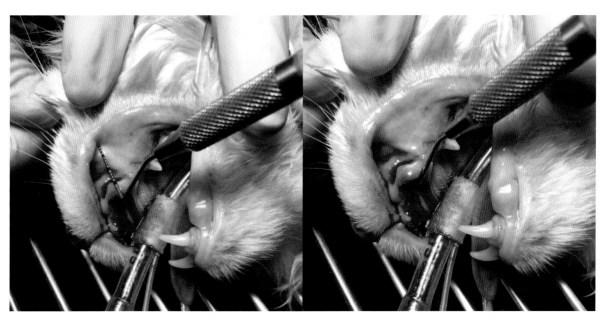

图 16-2-8　猫上颌犬齿拔除后使用探针探查，发现与鼻腔相通，形成口鼻瘘（赵龙 供图）

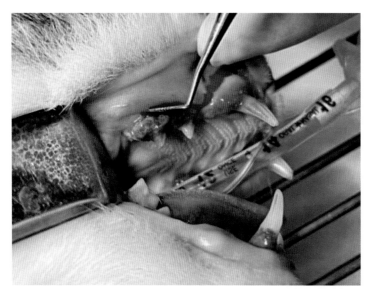

图 16-2-9　猫上颌探针探查臼齿齿根分叉，可见探针可垂直插入龈下齿根分叉内（郑栋强 供图）

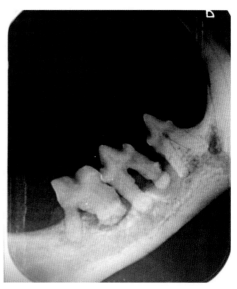

图 16-2-10　X 射线显示大量齿槽骨丢失（赵龙 供图）

牙周炎分期（PD）与诊断见表16-2-1。

表 16-2-1　牙周炎的分期与诊断

分期	病程	牙槽骨病变	诊断方法	临床表现
一期（PD1）	仅有牙龈炎	无附着组织丧失	–	牙槽边缘的高度和结构正常
二期（PD2）	早期牙周炎	牙槽骨在根部的附着损失不到 25%	牙科探针探查或放射学方法（由齿槽骨边缘与牙釉质连接处相对于牙根部长度的距离确定）	最多存在第一阶段的齿根分叉暴露
三期（PD3）	中期牙周炎	牙槽骨在根部的附着损失在 25%~50%		最多存在第二阶段的齿根分叉暴露
四期（PD4）	晚期牙周炎	牙槽骨在根部的附着损失超过 50%		存在第三阶段的齿根分叉暴露并且涉及多颗牙齿。某些牙齿同时受到大量牙结石覆盖和牙龈缺损的影响

4. 治疗

包括清洁牙齿表面和清洁并去除牙周袋内的刺激物和碎屑，最大限度地减少牙周袋深度或附着组织丧失，保留2mm的附着牙龈。

根据临床检查评估和影像学结果，以及客户期望、可承担费用和提供术后护理的能力，治疗可分为以下几种方式：清洁牙齿及牙周袋、牙龈修补和拔除牙齿（表16-2-2）。

表 16-2-2　不同分期牙周炎的推荐治疗方式

分期	推荐治疗方式	缝合
一期（PD1）	超声洁牙，龈下刮治，抛光，冲洗牙冠及牙龈沟，建立持续性的口腔家庭护理	
二期（PD2）	按照 1 期治疗方法并增加牙根面平整术和牙龈刮除术	
三期（PD3）	按照 2 期的治疗方式，如果客户可以保证良好的术后护理，可在牙周袋缺损的位置填充抗生素，之后考虑牙龈修补手术和持续的口腔家庭护理。如无法进行需要考虑拔牙治疗	采用 4-0 或 5-0 的单丝可吸收缝线进行缝合
四期（PD4）	建议拔除牙齿	

第三节 齿折

在猫牙齿的解剖中，可见牙髓腔延伸到仅距牙冠顶端约数毫米的距离（图16-3-1），发生齿折后很容易引起牙髓腔暴露，并进一步引发牙髓炎等疾病。猫最易发生齿折的牙齿为上、下颌犬齿，其次为切齿。

1. 病因

齿折发生的原因很多，包括车祸、打斗、高空坠落、咀嚼硬物等。

2. 临床症状

釉质骨折（图16-3-2）：牙冠部分牙釉质的丢失。

简单牙冠骨折：牙冠骨折，但未暴露牙髓。

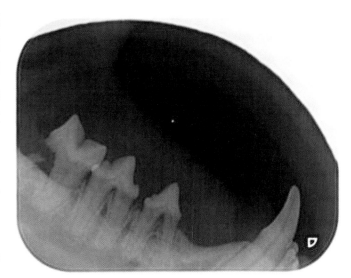

图 16-3-1　X 射线片显示，犬齿牙髓腔距离牙冠顶端仅仅数毫米（周斌 供图）

复杂牙冠骨折（图16-3-3）：牙冠骨折，牙髓暴露。

简单冠根折：牙冠和牙根骨折，但不暴露牙髓。

复杂冠根折（图16-3-4）：牙冠和牙根骨折，出现牙髓暴露。

牙根骨折（图16-3-5至图16-3-7）：涉及牙根的骨折。

猫发生齿折后暴露牙髓会引起牙髓炎、牙髓坏死、牙周炎、齿根胀肿等并发症。猫可能出现的临床症状包括：单侧口腔咀嚼、进食过程中食物容易从空中掉落、过度流涎、抓挠面部、黏膜肿胀、面部肿胀、淋巴结肿大、拒绝进食硬质食物。

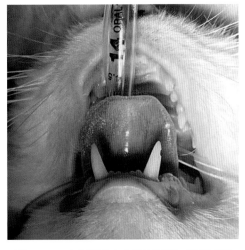

图 16-3-2　3 岁雄性未去势布偶猫，左侧下颌犬齿出现牙釉质齿折 (周斌 供图)

图 16-3-3　猫右侧上颌犬齿及左侧上颌犬齿发生复杂牙冠齿折 (周斌 供图)

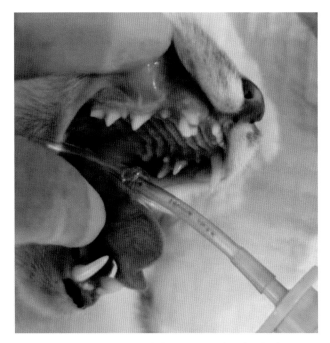

图 16-3-4　猫右侧上颌犬齿（104）发生复杂冠根齿折
（周斌 供图）

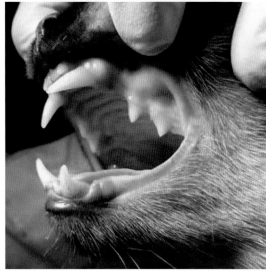

图 16-3-5　2岁雄性未去势暹罗猫，左侧上颌犬齿（204）
出现牙根齿折正面观与侧面观，视诊可见受累犬齿的咬
合位置存在异常（周斌 供图）

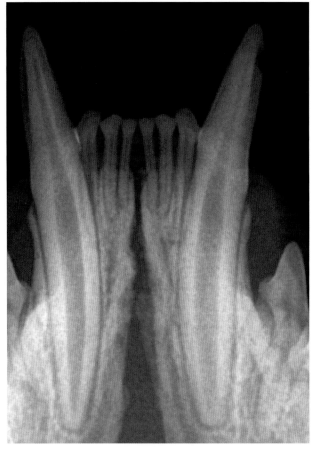

图 16-3-6　与图 16-3-2 为同一只猫，X 射线片显示缺损部位只累
及牙釉质（周斌 供图）

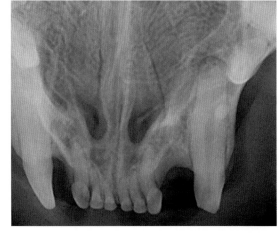

图 16-3-7　X 射线显示左侧上颌犬齿（104）发生复杂牙
冠齿折，牙髓暴露后，牙髓感染（牙髓腔增宽）
（周斌 供图）

3. 诊断

该病主要靠直接视诊结合牙科X射线检查（图16-3-6至图16-3-8）来进行确诊。通过视诊可以简单评估齿折的新鲜程度和牙髓暴露与否。通过X射线检查，可评估动物牙髓腔的宽度及牙髓的活性以及根尖区和牙槽骨等的健康情况。

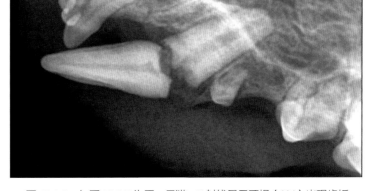

图16-3-8　与图16-3-5为同一只猫，X射线显示牙根（204）出现齿折
（周斌 供图）

4. 治疗

大部分发生齿折的患猫都需要进行治疗，未经治疗的猫会存在牙齿敏感、疼痛等症状。治疗方式依据齿折的分类和程度不同而异，包括根管治疗、活髓治疗和拔牙治疗等。

幼龄猫（通常小于18月龄）发生的新鲜齿折，可通过活髓治疗方式，保持牙髓活性和牙齿完整性。对于活髓治疗的动物，可能后续也需要接受根管治疗。

存在牙髓炎、牙髓坏死，但X射线表明牙槽骨健康及牙根完整时，可以采用根管治疗，通过拔除牙髓并进行根管填充的方式进行治疗。

无法接受活髓治疗或根管治疗的牙齿，或为遵循动物主人意愿等原因，可以考虑将折断的牙齿拔除。

第四节　牙吸收

猫破牙质细胞吸收性病变，简称猫牙吸收，是猫口腔常见疾病之一，各年龄阶段的成年猫均可发病，其中6岁以上的猫发病率为60%，并且其发病率随着年龄增长而增加。临床上患猫常表现出疼痛、不适、食欲下降、流涎等。猫牙吸收通常需要通过影像学手段进行确诊。

1. 病因与发病特点

迄今为止，FORL的具体病因尚无定论。记录最广泛的病因是年龄因素；其次还有咬合问题导致牙骨质表面轻微裂纹，促使牙骨质或牙周韧带发炎并引起破牙质细胞出现FORL。局部牙龈炎、血清钙、镁等营养物质缺乏、牙齿发育缺陷、品种和病毒性因素等都被认为是导致FORL的基础，但是这些因素都没有被证明是导致FORL的直接因素。

当牙根表面的硬组织，被一种称作破牙质细胞的多核细胞活化破坏时，可发生牙根外吸收，进而导致FORL，牙根表面被牙骨质样或骨样组织所取代。该吸收过程始于牙骨质，随着疾病的发展，逐渐影响到牙本质，并沿着牙本质小管蔓延，最终影响到牙冠和牙根牙本质。

牙根吸收主要分为牙根内吸收和牙根外吸收两大类。牙根内吸收开始于牙髓表面，成牙本质细胞层完整性遭到破坏，并向牙齿外部延伸；牙根外吸收是从牙根外表面开始并向牙齿内蔓延，当牙周保护韧带和成牙骨质细胞层受到损伤时，会发生牙根外吸收。根据FORL的影像学表现，可将牙根外吸收分为三种表现型，即炎性吸收、替代性吸收和兼性吸收（一颗牙齿同时发生炎性吸收和替代性吸收）。发生替代性吸收和兼性吸收时，牙周韧带间隙变窄或消失，牙根与牙槽骨边界不清，甚至融为一体，形成牙骨粘连，加大了手术治疗的难度。

2. 临床症状

患猫表现为疼痛、流涎、口臭、食欲下降、精神沉郁、牙齿缺失（图16-4-1）、牙釉质骨质界处出现空洞（图16-4-2）、牙冠齿折、牙龈炎等症状。

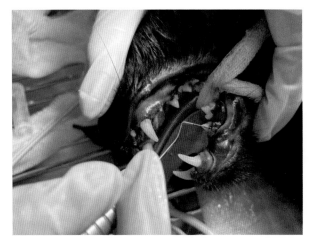

图16-4-1　患猫口腔左侧观：患猫已进行全口超声洁治术，左侧下颌第一臼齿缺失（张欣珂 供图）

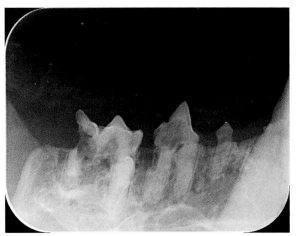

图16-4-2　患猫左侧上颌X射线片：患猫左侧上颌第三前臼齿和第四前臼齿发生3级牙吸收，其中第四前臼齿远中根出现牙骨粘连（张欣珂 供图）

3. 诊断

牙吸收的诊断需要将视诊、牙科探针触诊和X射线片检查相结合。视诊和牙科探针触诊只能对病变严重的患齿进行诊断，即病变已延伸至牙冠，并导致牙冠出现明显空洞。X射线片可确诊牙槽骨内牙根部的病变。由于此类病变无法通过常规的检查手段进行确诊，只有在X射线片的帮助下诊断吸收程度（图16-4-3至图16-4-7）。因此，最佳的治疗方案取决于X射线片的检查结果。

4. 治疗

针对牙吸收的治疗，都是为了减轻猫疼痛，并且防止病情进一步加重。但是迄今为止，还没有治疗方法可以阻止自发性牙吸收的发展和恶化。目前，治疗牙吸收的方法主要分为三种：保守治疗、拔牙和牙冠截除。

（1）保守治疗主要针对于临床检查中症状不明显，仅能在X射线片上观察到病变（TR1级），猫未出现不适或者疼痛的症状，此时可以考虑采用此方法。但是，由于大多数FORL病例通常是在病变很严重时才得到确诊，所以，临床上很少采用保守治疗。

（2）拔牙。随着牙根吸收并被骨样组织替代，患有牙吸收的牙齿质地脆弱，通常难以完全拔除。术前需要使用X射线片检查病变，术后还需要拍摄X射线片确保整颗牙齿被完全拔除（图16-4-8至图16-4-10）。

（3）牙冠截除术。随着FORL不断恶化，牙根吸收并被骨样组织替代，发展为牙骨粘连，此时患齿质地脆弱且发生替代性吸收，通常难以完全拔除，可保留牙根仅进行牙冠截除术。术后需要定

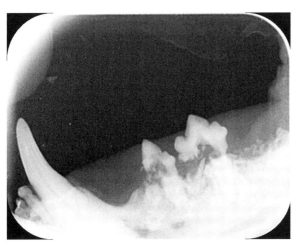

图 16-4-3　患猫左侧下颌 X 射线片：患猫左侧下颌第三前臼齿和第四前臼齿发生 4 级牙吸收，其中第三前臼齿近中根和远中根出现牙骨粘连（张欣珂 供图）

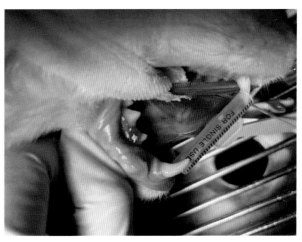

图 16-4-4　患猫口腔右侧观：患猫已进行全口超声洁治术。右侧下颌第三前臼齿在牙釉质骨质界处出现较大的空腔，被破坏的牙本质和牙釉质被结缔组织所取代（张欣珂 供图）

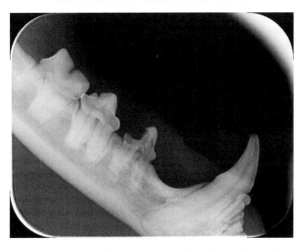

图 16-4-5　上述病例的 X 射线片：右侧下颌第三前臼齿发生 3 级牙吸收，部分位置出现牙骨粘连（张欣珂 供图）

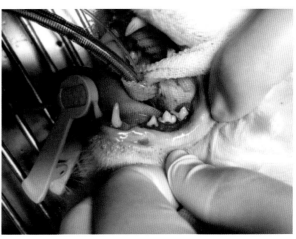

图 16-4-6　患猫口腔左侧观：患猫已进行全口超声洁治术。左侧下颌第三前臼齿根分叉暴露，第一臼齿远中根断裂（张欣珂 供图）

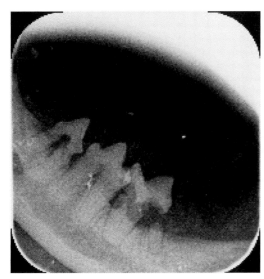

图 16-4-7　上述病例的 X 射线片：左侧下颌第三前臼齿发生 2 级牙吸收并伴有牙骨粘连，左侧下颌第一臼齿发生 4 级牙吸收并伴有远中根断裂（张欣珂 供图）

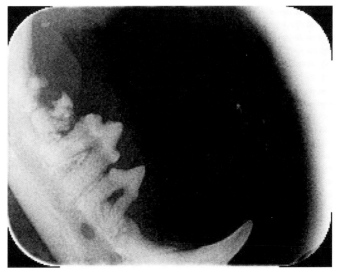

图 16-4-8　拔牙前右侧下颌 X 射线片（张欣珂 供图）

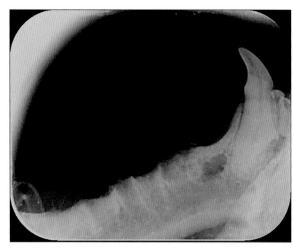

图 16-4-9　拔牙后右侧下颌 X 射线片,拔除了右侧下颌第三、第四前臼齿和第一臼齿残余齿根 (张欣珂 供图)

图 16-4-10　患猫术后 3d 口腔右侧观 (张欣珂 供图)

期复诊,拍摄 X 射线片,确保牙根部位正在被吸收,并且愈合良好。

第五节　腭裂

猫先天性口鼻瘘(腭裂)(Congenital oronasal fistula)是指口腔与鼻腔之间出现了异常贯通的总称。涉及的解剖结构为软腭、硬腭、切齿骨、唇部。包括唇裂(Cleft lip)、兔唇(Harelip)、原腭裂(Primary cleft)等。继发腭(Secondary palate)包括的结构为硬腭与软腭,此解剖位置出现的结构性不完全闭合称为继发性腭裂(Secondary cleft)或腭裂(Cleft palate)。

1. 病因

先天性腭裂与胚胎发育阶段中两侧腭突融合失败有关,导致上腭缺损。引起腭裂的因素包括:遗传性(隐性或不规则显性,多基因性状)、营养性(叶酸补充不足)、激素(类固醇)的影响、机械性(子宫损伤)、毒性以及病毒性。

2. 临床症状

先天性腭裂在猫出生的时候就已经存在(图16-5-1),但往往不能被及时发现。患病动物会出现哺乳困难,鼻腔反流以及在非进食时间段出现鼻腔分泌物,患病动物体形相比正常动物会表现出生长缓慢。通常在进食后出现了鼻腔反流与吸入性肺炎时被发现。

创伤性腭裂往往与猫坠楼后摔伤相关,患猫会表现出张口困难、进食困难,鼻腔分泌物/鼻腔出血,此时创伤部位出现在硬腭与软腭,部分创伤可能导致上颌骨(腭板)骨折,与鼻腔贯通。发生创伤的同时口腔内还可能存在牙齿对软组织造成的切割伤(图16-5-2)与齿折。

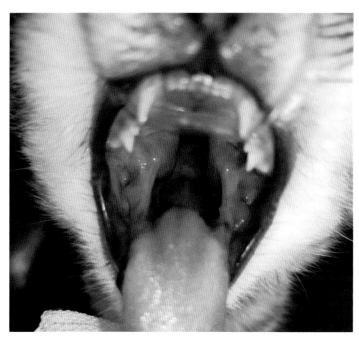

图16-5-1　3月龄英国短毛猫的先天性口鼻瘘（腭裂）
（郭宇萌 供图）

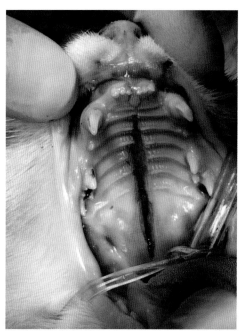

图16-5-2　中华田园猫，2岁，创伤性腭裂
（郭宇萌 供图）

3. 诊断

针对口鼻瘘（腭裂）的诊断方式有体格检查、影像学检查与实验室检查。体格检查的时候可以通过稳定患病动物后缓慢打开口腔视诊，检查硬腭与软腭的连续性与完整性。胸腔影像学检查可以判断吸入性肺炎的情况，典型特征为肺腹侧的间质型至肺泡浸润。上腭缺损患猫需要检查鼓泡。实验室检查除吸入性肺炎导致的病理变化外一般无其他异常。

4. 治疗

（1）药物治疗。口鼻瘘（腭裂）的药物治疗可以通过使用抗生素、氧气、支气管扩张药物等治疗吸入性肺炎。

也可以通过气管灌洗、细菌培养等方式针对性治疗。推荐药物为：氯霉素、头孢唑啉、恩诺沙星、氨苄西林、阿米卡星、克林霉素等。

（2）手术治疗。先天性口鼻瘘（腭裂）动物生长至8~12周龄时可以通过手术治疗的方式纠正口腔与鼻腔的贯通。

在此之前，因为动物年龄与体形较小导致的手术失败率较高，可以通过放置饲管的方式维持猫的进食与饮水。手术通过减少缺损部位张力的方式缝合修补，也可采用人工材料填充。创伤性口鼻瘘（腭裂）动物在稳定体况后通过影像学检查（X射线/CT）判断是否存在头面部其他部位骨折、腭板、冠状突、下颌联合、颞下颌关节损伤，任何一种同时出现的损伤都可能增加硬腭与软腭修复的失败率，需要及时纠正。针对硬腭与软腭的缝合方式有很多，创口对合需要达到创缘无张力下缝合。建议选择单股缝合线。

第十七章

猫急诊

急诊（Emergency）指紧急情况下的治疗，是临床中非常重要的一个领域。与其他科别不同，急诊患者病情通常较一般患者更为严重、病情变化更快甚至常常生死攸关。因此，临床兽医师是否能完整了解病因、快速判断病情、正确处置，将是挽救生命的关键。

第一节　检伤分类

检伤分类是指依据危重程度，对急诊患者进行"分类"。分类目的有两个：一是对于危重程度较高的患者优先处理；二是针对危重状态患者，须打破门诊处理思维，不再逐步检查，而是优先处理最危重的临床症状，以避免状态继续恶化甚至危及性命。

如果可行，检伤分类最好在电话咨询或刚进医院时进行。即要训练一线接待人员（前台或医疗助理），能进行初步检伤分类，大体了解动物的状况，决定是否需要立即请兽医师评估或紧急处置。

一、检伤分类的评估

检伤分类的内容着重在生命体征上。呼吸系统、心血管系统以及神经系统是临床急诊最常涉及的三个系统，这三个系统的众多生理指标与生命息息相关。

在兽医领域，有数种检伤分类的系统：动物创伤检伤分类、格拉斯哥昏迷指数、存活预测指标、急诊患者生理评估和实验室评估指标等。每种检伤分类适用的情况与侧重点有所不同。

二、动物创伤检伤分类

本节主要介绍动物创伤检伤分类。动物创伤检伤分类在临床上简单、实用，除了能有效评估创伤，也适用于各种其他疾病的检伤分类。

动物创伤检伤分类系统对六个类别，即灌流、心脏、呼吸、眼睛/肌肉/皮肤、骨骼以及神经根据严重程度进行评分（表17-1-1）。评分为0~3分，其中0分代表正常，分数越高越严重，最严重为3分。各类别分数的总和表示动物病情的严重程度。分数越高，病情越严重、死亡率也越高。

表 17-1-1　创伤检伤分类

分数	灌流	心脏	呼吸	神经	眼/肌肉/皮肤	骨骼
0	黏膜：粉红、潮湿 CRT~2s 直肠温度>37.8℃ 股动脉脉搏：强	心跳 犬：60~140 次/min 猫：120~200 次/min 窦性心律	呼吸速率正常 无喘鸣音 无腹式呼吸	中枢： 　有意识、警觉 　对环境有反应 周边： 　正常脊椎反射 　自主运动 　本体反射正常	擦伤、撕裂伤； 　非全厚度 眼 　无角膜溃疡	3 肢或 4 肢可负重 无触及骨折或关节松弛
1	黏膜：潮红/苍白；黏 CRT 0~2s 直肠温度>37.8℃ 股动脉脉搏：一般	心跳 犬：141~180 次/min 猫：201~260 次/min 窦性心律 or VPCs <20 次/min	呼吸速率轻度增加 轻度费力呼吸 +/− 腹式呼吸 轻度上呼吸道声音	中枢： 　有意识但呆滞 　对环境有反应 周边： 　正常脊椎反射 　自主运动 　本体反射正常	擦伤、撕裂伤； 　全厚度 但无深层组织暴露 眼 　角膜溃疡 　无穿孔	封闭式周边、肋骨或下颌骨骨折 单处关节松弛或脱位 单侧骨盆骨折 腕部、踝部以下的骨折
2	黏膜：更苍白、黏 CRT 2~3s 直肠温度<37.8℃ 股动脉脉搏：微弱	心跳 犬：>180 次/min 猫：>260 次/min 持续性心律不齐	中度费力呼吸 腹式呼吸 手肘弯曲 中度上呼吸道声音	中枢： 　无意识 　但对强烈刺激有反应 周边： 　失去自主运动 　2 处以上肢体有本体反射	擦伤、撕裂伤； 　全厚度 深层组织暴露 无伤及血管、神经、肌肉 眼 　角膜溃疡 　穿孔或眼球突出	多处骨折 腕部、踝部以上的单处开放式骨折 下颌骨以外的颜面骨折
3	黏膜：灰、白 CRT >3s 直肠温度<37.8℃ 股动脉脉搏：无	心跳 犬：<60 次/min 猫：<120 次/min 不规律的心律不齐	显著费力呼吸 濒死呼吸 不规则呼吸 不呼吸	中枢： 　无意识，对强烈刺激无反应 　顽固性癫痫 周边： 　2 处以上肢体失去本体反射	穿透胸壁/腹壁 擦伤、撕裂伤； 　全厚度 深层组织暴露 伤及血管、神经、肌肉	脊椎体骨折、脱位 腕部、踝部以上的多处开放式骨折 失去皮质骨的开放式骨折

　　值得注意的是，死亡率的评估结果不受眼睛/肌肉/皮肤和骨骼两类的分数的影响，可不纳入计算公式。因为这些系统虽会造成不可逆的伤害，但尚不会直接累及生命。

　　另外，这些分数也可以反复评估，用来追踪疾病的变化。分数逐渐升高代表恶化，分数逐渐降低代表改善。

1. 心脏评估

　　心脏主要评估心率与心律。正常猫的心率在120~200次/min。当有轻微到中度灌流不良时，心率代偿性增加，以维持灌流。因此，代偿期可见心跳变快（>200次/min）。而当严重灌流不良，身体丧失代偿能力时，则表现出心率迟缓（<120次/min）。

2. 呼吸评估

　　呼吸主要评估呼吸频率和呼吸模式。呼吸窘迫时，呼吸频率会逐渐增加、呼吸模式则表现出使力（用力呼吸/腹式呼吸）呼吸模式。在末期可能呈现濒死呼吸、不规则呼吸或不呼吸。

3. 神经评估

　　神经的评估可分为中枢神经系统评估和外周神经系统评估。中枢神经系统评估主要评估意识状态、对周边环境的反应以及有无癫痫发作。而外周神经评估主要评估自主运动、神经反射、本体反射等。

4. 眼 / 肌肉 / 皮肤评估

肌肉 / 皮肤的评估主要评估伤害的严重程度，是否有全厚度伤口、有无伤及血管、神经、肌肉。眼睛的评估主要检查有无角膜溃疡、穿孔、眼球突出等。

5. 骨骼评估

骨骼评估包括四肢负重情况、有无骨折（封闭式或开放式骨折）或关节脱位等。

三、后续处理

检伤分类后，就知道哪个系统受累最为严重，可以优先、针对性地进行处置。各个系统的处置方法将在后面的章节进行介绍。

第二节　呼吸系统急诊——呼吸窘迫

呼吸窘迫是猫科急诊中很常见的问题。与普通门诊不同的是，猫因呼吸窘迫就诊时，病情已非常危重。而呼吸系统会直接累及生命，若处置不当，可致动物死亡。因此，需要非常谨慎地处置。

一、病因

呼吸窘迫的病因可根据解剖位置区分为：上呼吸道呼吸窘迫和下呼吸道（肺脏、支气管、胸膜腔）呼吸窘迫。

上呼吸道的病因包括：气道阻塞（如异物）和鼻咽息肉等。

下呼吸道的病因包括：肺脏疾病和支气管疾病（如心因性肺水肿、非心因性肺水肿、肺炎、哮喘等）。

胸膜腔问题如胸膜腔积液 / 积气、横膈疝等。

根据笔者经验，心因性肺水肿、肺炎、胸膜腔积液是最常见导致猫呼吸窘迫的原因。而若有创伤病史，则会侧重考虑肺挫伤、胸膜腔积血 / 积气、横膈疝等问题。

二、临床症状

呼吸窘迫可见的临床症状会包括呼吸急促（图 17-2-1）、用力呼吸 / 腹式呼吸（图 17-2-2、图 17-2-3）、张口呼吸（图 17-2-4）、黏膜发绀等。

图 17-2-1　猫呼吸频率快
（范志嘉 供图）

图 17-2-2　猫用力呼吸 / 腹式呼吸：猫身体半蹲、呼吸时
腹部用力（范志嘉 供图）

图 17-2-3　猫呼吸急促伴随腹式呼吸（范志嘉 供图）

图 17-2-4　猫张口呼吸（冯小兰 供图）

三、诊断

病灶定位

对于呼吸窘迫病因的诊断，首先是病灶定位，以区分主要问题来自上呼吸道还是下呼吸道。

若为上呼吸道原因造成的呼吸窘迫，则可见吸气困难、裸耳（不借助听诊器）可听见沉重的呼吸杂音；若为下呼吸道原因导致的呼吸窘迫，则可见呼气困难/混合性呼吸模式、裸耳无法听见呼吸杂音。

（1）上呼吸道检查。若定位为上呼吸道问题，重点或着重检查鼻、口腔、咽喉、胸腔外气管。

检查内容包括：鼻腔、口腔、口咽的检查，注意有无息肉、狭窄、团块等；头部、颈部的 X 射线片检查；更严重者，可能需要 CT、鼻腔镜检查，以进一步评估。

（2）下呼吸道检查。对于下呼吸道的病因诊断，胸腔 X 射线片检查不可或缺。

①心因性肺水肿。可见心脏变大（呈爱心形）、肺脏弥漫性或后肺叶变白（肺泡征或非结构性间质征）并可能伴随少量胸腔积液（图17-2-5）。

②肺炎。则可见局限性肺脏变白，且常见于前肺叶或中肺叶（图17-2-6）。

③胸膜腔积液。则可见胸膜腔不透明度增加（变白）、肺叶萎缩和胸膜裂隙（图17-2-7）。

值得注意的是，如果患猫表现出严重呼吸窘迫，拍摄 X 射线片时需谨慎。拍摄过程中的操作可导致猫应激，严重的可致死亡。因此，应先期进行检伤分类，评估猫的状况。若即时状态不适合拍摄 X 射线片，需先行对症治疗，以稳定猫状况；或可选择 B 超作为急诊首选检查手段，以减少猫压力。

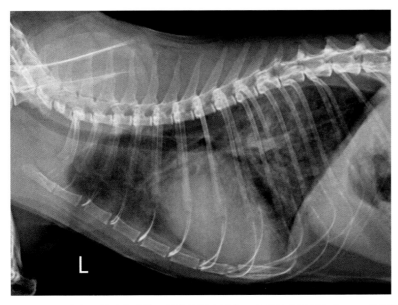 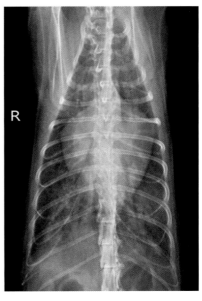

图 17-2-5　猫心因性肺水肿的 X 射线片检查影像。心脏轮廓显著变大，VD 位呈爱心形。肺脏弥漫性变白（肺泡征）。伴随的少量胸膜腔积液，导致胸膜腔不透明度增加以及肺叶略微退缩（范志嘉 供图）

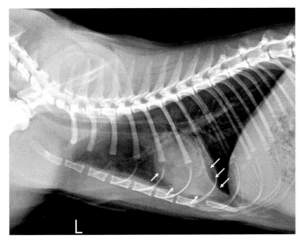 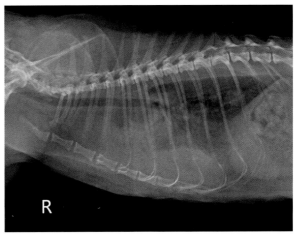

图 17-2-6　典型的肺炎影像。右肺中叶（箭头处）局部变白（肺实变）（范志嘉 供图）

图 17-2-7　胸膜腔积液影像。胸膜腔不透明度增加、心脏轮廓不清、伴随肺叶退缩（范志嘉 供图）

四、治疗

治疗呼吸窘迫，可以分成对症治疗和对因治疗。理想状态下，最好先诊断再施治。但急诊状态下，动物面临生命危险，来不及诊断，须先行对症治疗。

1. 对症治疗

对症治疗首先应提供氧气。对于所有呼吸窘迫的患者，无论病因，氧疗都是首选对症治疗方式。提供氧气的方式包括：流经法、氧气头套、氧箱、鼻氧管等。严重病例甚至需要气管插管或气管切开，以维持氧合状态。

针对紧张、激动的患猫，可给予适当的镇静药物。应选择对呼吸、心血管影响较小的药物，如布托芬诺（0.1~0.2mg/kg，静脉注射或肌内注射）。

2. 治疗原发问题

如果怀疑/诊断为心因性肺水肿，可给予利尿剂（如呋塞米 2~4mg/kg，静脉注射或肌内注射，可每隔1~2h重复给予）。治疗过程中需监测呼吸状况，若呼吸状况逐渐稳定，则减少/停止利尿剂。

如果怀疑/诊断是肺炎，则给予抗生素治疗。抗生素应根据气管灌洗采样、细菌培养及药敏试验的结果来做选择。首选/经验性的呼吸道抗生素为多西环素、阿莫西林克拉维酸钾。

如果是胸腔积液或气胸问题，则在B超引导下胸腔进行穿刺，抽出液体或气体。

第三节　心血管系统急诊——休克

心血管急诊通常与"休克"相关。休克是指组织灌流不足时的临床表现，通俗讲，就是与"低血压"相关的变化/状态。猫血压降低，其身体状况不稳定，且通常表现出一些严重的临床症状。

休克早期，机体通过代偿（如增加心率等）以维持血压，此时血压尚能维持稳定。一旦出现低血压，代表病情已达一定严重程度。因此，临床兽医应及早辨别休克并积极介入，不能耽搁！

一、病因

休克的原因包括：低容积性、分布性、心因性以及阻塞性。

低容积性是指血液容积不足，无法维持组织灌流。潜在原因包括失血或严重脱水。

分布性休克是指在败血症或全身性炎症时，血管因炎症因子而扩张。而血管的扩张会造成相对性的血液容积不足，导致灌流不足。

心因性休克是指心脏收缩功能衰竭时，无法输出足够血液以维持血压和组织灌流。

阻塞性休克是指静脉回流受阻，血液无法充分回流到心脏，最终导致心脏没有足够的血液输出。常见于心包积液和胃扭转。

二、临床症状

休克可造成虚弱、失能、意识改变，严重者可能意识不清或呼吸急促。

三、休克参数评估

重要的休克参数包括：心跳、血压、脉搏、黏膜颜色、毛细血管再充盈时间（CRT）和体温。血压是休克的关键指标。

轻度到中度休克，可见心率增加、血管收缩、黏膜颜色开始变白、CRT延长。如果是败血性休克，休克前期可见黏膜颜色潮红。随着休克加重，心率增加并开始出现低血压、脉搏细弱、体温降低。病情恶化或严重休克，可见低心率、低血压、低体温。动物濒临死亡，须立即抢救。

休克的分级请参阅表17-3-1。

表 17-3-1 休克时的生理参数变化

临床参数	心跳	黏膜颜色	CRT 微血管回复时间	脉搏	血压	体温
轻度	120~200 次/min	粉红/潮湿	＜1s	强	维持	＞37.8℃
中度	200~260 次/min ↑	潮红/苍白	1~2s	一般	维持 —	＞37.8℃
严重	＞260 次/min ↑↑	更苍白、黏	2~3s	微弱	低 ↓	＜37.8℃
失代偿期	＜120 次/min ↓	灰、白	＞3s	无	更低 ↓↓	＜37.8℃

四、治疗

休克并发低血压、低体温，应稳定血压、心率以及体温，可采取保温、输液，并使用血管升压素和/或强心药。

1. 低容积性休克的治疗

出血导致的低容积性休克是创伤最常见的并发症。需先进行输液疗法，要求快速给予猫5~10mg/kg、犬10~20mg/kg的输液量，然后评估输液的效果，再决定是否需要重复给予。评估包括：心律、血压、脉搏、黏膜颜色、CRT等。胶体液在临床上常常没有显著效果，并存在致凝血功能异常、急性肾衰竭的风险，也常见容积超负荷、肺水肿等副作用。败血症、严重肝病、肾病患者不建议使用。血管升压素可维持血压，可采用多巴胺[（5~20μg/(kg·min)]以及去钾肾上腺素[0.05~4μg/(kg·min)]，初始给予低剂量，如果测量血压未见升高，再逐渐调升。

2. 分布性休克

可能有不同程度的脱水，应先给予1~2剂等张晶体液，再使用血管加压剂。

3. 心因性休克

补液应谨慎，不能太多；甚至不补液。可使用强心药物，多巴酚丁胺[5~20μg/(kg·min)]或匹莫苯丹（0.15mg/kg，IV，0.2mg/kg，po）。

4. 阻塞性休克

如果是心包积液、心包填塞导致的阻塞性休克，应先输液增加血容量，以维持血压。心包积液病禁忌使用利尿剂。因为心包积液使得心包囊内压力增大，进而压迫右心，使得血液回流受阻。此时给予利尿剂，将会导致血液容积更低，回流至心脏的血液更少。心包填塞的合理处置方式是心包穿刺，可以解决根本问题。

第四节 神经系统急诊——脑创伤

猫头部受到创伤时，脑部组织也可能受到创伤，导致出血、水肿等问题。由于颅内为固定空间腔室，当脑部出血、水肿时，脑部的压力可显著增加，导致高脑压的状况。脑灌流压＝平均动脉压-颅内压。当颅内压上升时，造成脑灌流压下降，进而导致脑部缺血。

一、临床症状

当患猫脑压上升时，会出现脑部相关临床症状，如意识不清、沉郁、昏厥甚至癫痫。

二、诊断

临床上无法直接检测脑部压力，因此，高脑压主要通过临床表现来判断。

1. 库兴氏反射

当颅内压升高导致脑灌流压下降时，身体为了维持颅内压，会代偿性地收缩血管，以升高血压。而当血压升高时，会因压力感受器反射而致心动过缓。这种在脑创伤患者中高血压、低心律的表现称为库兴氏反射。库兴氏反射表示患者颅内高压，需要立即处置。

2. 改良格拉斯哥量表

改良格拉斯哥量表用于评估患猫昏迷程度（表17-4-1）。评估的内容分成三个部分：意识状态、肢体运动以及瞳孔反射。每个部分分成1~6分，1分最严重、6分最轻微，总分为3~18分。总分越低，代表脑部创伤越严重，预后越差。

3. 高级影像评估

当脑创伤患者有中度到严重的神经损伤且对治疗无反应时，会考虑高级影像检测（如CT或MRI）做进一步评估。

表 17-4-1　改良格拉斯哥量表

项目	评判标准	分数
意识状态	对环境有正常反应	6
	沉郁或精神错乱，对环境有反应，但不恰当	5
	半昏迷，对视觉刺激有反应	4
	半昏迷，对声音有反应	3
	半昏迷，仅对反复强烈刺激有反应	2
	昏迷，对反复强烈刺激无反应	1
肢体运动	正常步态，正常脊髓反射	6
	半瘫痪、四肢瘫痪、去大脑反应	5
	躺卧、间歇性伸直僵硬	4
	躺卧、持续性伸直僵硬	3
	躺卧、持续性伸直僵硬，伴随角弓反张	2
	躺卧、肌肉低张力、脊髓反射减少/消失	1
瞳孔反射	正常瞳孔对光反射及眼头反射	6
	瞳孔对光反射减慢及眼头反射正常/下降	5
	双侧无反应的缩瞳及眼头反射正常/下降	4
	针孔般的缩瞳及眼头反射下降/消失	3
	单侧、无反应的散瞳及眼头反射下降/消失	2
	双侧、无反应的散瞳及眼头反射下降/消失	1
总分		

三、治疗

脑创伤患者的治疗，最主要的目的在于维持脑部灌流和氧合。脑创伤患者的治疗可分成颅外的稳定以及颅内的稳定。

1. 颅外稳定

由于脑创伤的患者通常伴随有低血容（低血压）、低血氧等问题，而这些问题本身也会影响脑部灌流、氧合，因此，颅外的稳定既必要又重要，是治疗脑创伤的第一步。另外，在高脑压的患猫中，应防止脑部静脉淤血，以避免脑压进一步升高。因此，要避免颈静脉抽血（操作过程中会压迫颈静脉）。另外，亦可以将头部抬高约30°，以减少淤血、增加静脉回流。

2. 颅内稳定

采用高渗透压药物治疗，甘露醇或高渗生理盐水等高渗透压的药物可协助将脑部的水分从脑组织中吸收到血管内，以缓解脑水肿、缓解脑压。甘露醇的剂量为0.25~1g/kg，静脉缓慢注射10~20min；高渗生理盐水的剂量为7.5%氯化钠2~4mL/kg。这些高渗透压药物使用的禁忌证为低血容量，因此，在使用时需要先确定身体血容量的状态或先行补液。

当脑创伤并发癫痫时，会进一步加重脑部缺氧、水肿的状况。因此，需要控制癫痫发作。

第五节　创伤

创伤是指因外力导致的组织损伤。导致外伤的原因包括：车祸、坠楼、咬伤、受虐等。根据创伤的类型可分成：钝挫伤、穿刺伤、撕裂伤、脱套伤等。

一、处理流程

1. 生命体征评估

创伤的伤势可轻至单纯皮外伤、重则危及生命。在处置流程上首先仍应依照检伤分类进行。在评估上，应避免被显著的外伤（如开放性骨折）分散注意力（图17-5-1）。应先评估心血管系统（心律、脉搏、微血管充盈时间等）、呼吸系统（有无呼吸窘迫）以及神经系统（意识状态、脑神经反射等）。如果上述任一系统不稳定，需优先进行针对性处置。

当有休克证据时，应进行输液复苏以及查找潜在原因，如有无出血（腹腔出血、胸腔出血、外伤出血等）、心包积液、全身性炎症反应综合征（SIRS）等。腹腔

图17-5-1　车祸导致后肢皮肤撕裂的猫。值得注意的是，即使有明显的伤口，仍需首先关注生命体征，再处理伤口（范志嘉 供图）

和心脏超声能很好地对腹腔/胸腔和心包膜腔内游离液体进行评估。

当发生呼吸窘迫时，应供给氧气，必要时进行气管插管，并积极查找潜在原因，如气胸、血胸、横膈疝等。如果身体状况允许，应拍摄胸腔X射线片进行评估；如果不允许，则可采用胸腔超声快速扫查，以进行初步评估。需注意的是，休克病患因组织灌注不良，也可能会有气喘的表现。另外，疼痛也会导致呼吸急促。当患猫意识不清/癫痫发作时，需考虑颅内出血、颅内高压的问题，

猫病图鉴

此时应先进行氧疗、输液复苏以及控制可能的癫痫发作。如果症状仍无改善，可考虑给予甘露醇。

须注意的是，脑部灌流不良（休克）和颅内压增加均会导致猫意识状态和感知下降。如果是休克导致的意识状态不佳，应在输液、灌注稳定后得到改善。

2. 全身评估

在确认心血管系统、呼吸系统、神经系统稳定后，应进行全身评估，包括头部、眼、口腔、胸腔、腹腔、软组织、皮肤、四肢骨骼、外周神经。大部分（30%~60%）的创伤累及到多系统/多部位。

3. 头部创伤评估

当头部可见创伤证据时（如口、鼻、眼出血），应特别注意有无颅内出血、颅内高压的证据。同时，应对口腔进行病理学检查和/或X射线检查，评估有无上颚裂（图17-5-2）、下颚骨折、下颌关节脱臼等。

4. 胸腔创伤评估

当胸腔有创伤证据时（如胸腔处咬伤、瘀青、呼吸窘迫），应排查肺挫伤（图17-5-3）、气胸、血胸、肋骨骨折、横膈疝气、肺大泡、心包积液等。此时应进行胸腔X射线评估。

图 17-5-2 坠楼的猫。头部可见多处出血，另外可见上颚裂和上颚骨折（范志嘉 供图）

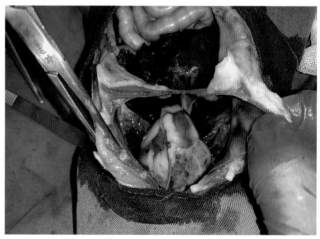

图 17-5-3 与图 17-5-2 同一病例。双侧肺脏弥漫性出血，为坠楼导致的肺挫伤（范志嘉 供图）

5. 腹部创伤评估

当腹部有创伤证据（如瘀伤、腹部咬伤）时，需排查有无腹腔出血（常见继发于肝、脾出血）、疝气、尿腹（膀胱、尿道或输尿管破裂）、胆汁腹（胆囊破裂）或气腹（继发于肠胃道穿孔）等。腹腔内出现大量气体，通常因上消化道穿孔导致（图17-5-4、图17-5-5）。

腹部超声对于腹腔内液体的评估有很高的敏感性和特异性。若见到腹腔内液体，应尽可能将这些液体抽出进行分析（图17-5-6）。

6. 软组织、皮肤、四肢、尾巴、脊椎、神经评估

对于全身软组织、皮肤、四肢、尾巴、脊椎、神经均进行评估。如果动物肢体不能负重、无法站立、神经反射缺失/减弱时，需特别留意肌肉、骨关节或神经的损伤。此时应对患处进行进一步的检查（如X射线）。

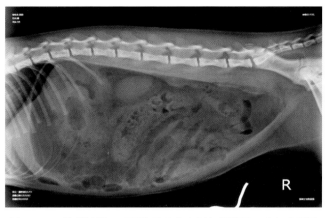

图 17-5-4　坠楼的猫。可见腹腔内有大量气体蓄积。应考虑肠胃道穿孔，导致肠胃道气体漏出至腹膜腔内 (范志嘉 供图)

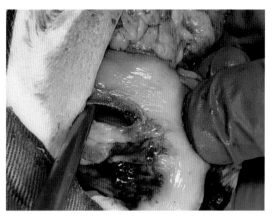

图 17-5-5　与图 17-5-2 为同一病例，胃幽门处穿孔 (范志嘉 供图)

二、后续追踪

创伤导致的伤害有可能是迟发性的，短时间内不一定有明显的临床表现甚至排查异常。因此，对于创伤患者，24~48h内应留院观察或医嘱猫主人密切观察。事实上，有少数患猫在数天后才出现症状。

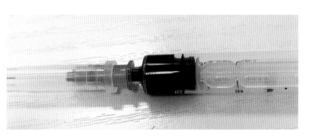

图 17-5-6　腹腔穿刺采集的液体（血液）(范志嘉 供图)

第六节　心肺复苏

在兽医临床的文献报道中，心肺复苏的有效性尚未得到证实。但在临床实践中，我们看到一些猫科动物的心肺复苏病例，能够恢复自主循环的可占42%~71%，但存活至出院的概率小于10%。

心肺复苏流程的开始。以往以观察动物是否还存在呼吸，是否还有心跳来判断是否需要进行心肺复苏流程，但常常错过抢救的最佳时间。因此，抢救应从发现动物丧失意识开始，进行积极的心肺复苏流程。

心肺复苏流程一般分为两个部分：一是基础生命支持，二是高阶生命支持。基础生命支持包括2min一次的循环，可进行胸腔按压、正压通气及监护管理。具体表现为：首先保持动物侧位，以100~120次/min的速度对猫胸部进行按压。胸部按压深度在1/3~1/2处，允许充分的胸壁后坐力（回弹）。胸腔按压应在2min内不间断进行，以最大限度增加冠状动脉的灌注。1个周期后换人，最大限度地减少操作者的疲劳从而保证急救质量。对于大型犬和小型犬（猫）有不同的推荐按压方式（图17-6-1、图17-6-2），具体可根据操作者的手法以及自身力度的把控和动物的胸腔种类进行适当调整。

按压的同时可进行正压通气。如果在户外或者条件所限无法进行气管插管时，可按图17-6-3进行。这种通气方式需要在按压30次之后快速堵住口腔，用力并且迅速经鼻腔吹气2次，之后再进行心肺复苏。急救时，无气管插管通气方式因为通气效率有限且可能浪费宝贵的胸腔按压操作通常不被推荐。因此，在保证胸腔按压的同时可进行插管正压通气（图17-6-4）。气管插管可保证10次/min的频率不变，气道压力保持在10~15mmHg并与胸腔按压同时进行，既保证有充足的通气也不会妨碍胸腔按压者的正常操作，临床上优先选择。

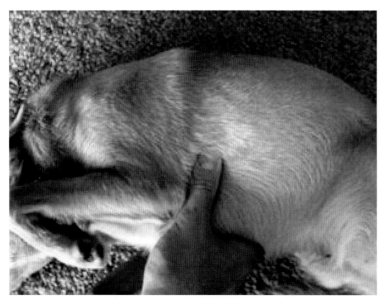

图 17-6-1　小型犬或猫可采取"手握"按压方式 (齐景溪 供图)

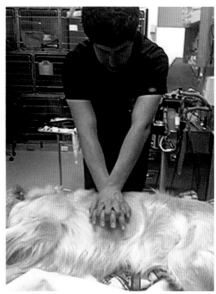

图 17-6-2　大型犬常用按压方式 (齐景溪 供图)

图 17-6-3　无气管插管进行通气 (齐景溪 供图)

图 17-6-4　进行气管插管的患猫 (齐景溪 供图)

　　基础生命支持的最后一部分是监护。急救过程中可以忽略很多参数，但呼气末二氧化碳分压和心电图必不可少（图17-6-5），二者会在之后的操作中对疾病预后以及操作是否得当起关键作用。

　　基础生命支持进展中需要穿插高阶生命支持，而高阶生命支持主要是对监护进行判读，并对用药和患猫目前的体征进行评估。

　　常用药物：肾上腺素。每千克体重0.01mg（低剂量）每一个循环给予一次。在给予3~4个循环后，如猫还是没有恢复自主循环会给予一次每千克体重0.1mg（高剂量）后停止给药。目前尚未见有关于阿托品或者碳酸氢钠等药物的使用报道，但在一些极特殊的情况，如刺激迷走神经导致的心肺骤停可以给予阿托品，因此，一般不会加到正常急救流程中，需要根据当时的情况来进行判断。

出现心脏室颤需要进行除颤。目前国内应用不多，期待有更多相关方面的研究。

急救中每个参与者都需要知道自己的角色和任务，日常培训和演练必不可少。心肺复苏流程中有一个最关键的角色就是指挥者，以保证急救在慌乱中井然有序地进行，并根据指标提示进行命令的更改。一个完善的急救流程需要4~6名甚至更多人员的参与，且多人之间能够在最短时间内集结并协调合作。

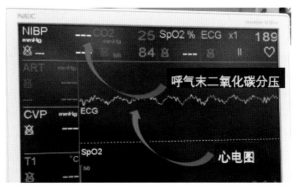

图 17-6-5　多功能监护仪在急救中出现的指标与图形
（齐景溪 供图）

第七节　常见中毒与中毒处置

一、常见中毒

1. 扑热息痛

扑热息痛又称对乙酰氨基酚，是一种广泛使用的非处方止痛及退烧药，常会加在"感冒药"里。由于其使用广泛且容易获得，临床常会遇到动物主人自行给犬、猫服药。猫扑热息痛的中毒剂量非常低，很容易中毒。

扑热息痛主要在肝脏代谢，其中90%经葡萄糖苷酸化及硫酸化代谢，产物无毒；经P450氧化代谢出来的产物N–乙酰–对–苯醌亚胺（NAPQI）有毒，会造成细胞氧化损伤。正常情况下，NAPQI会在肝脏与谷胱甘肽结合以去除毒性。然而，猫的葡萄糖苷酸化能力差且谷胱甘肽含量较少，因此非常容易中毒。猫只要摄入每千克体重10~50mg的扑热息痛就会中毒。而一般成人感冒药的扑热息痛剂量为250~500mg，因此，猫摄入1/10以上就有中毒危险。

NAPQI会造成肝脏伤害，引起肝衰竭，导致血红素变性和组织缺氧。临床常表现虚弱、呕吐、黄疸、黏膜颜色为棕色、四肢水肿以及呼吸窘迫等症状。怀疑扑热息痛中毒时需要特别观察血液的颜色。血液颜色呈现棕褐色，即为高铁血红素的颜色。血液抹片中可见海因茨小体。动物肝脏受损，可见ALT、AST以及总胆红素上升。严重肝衰竭时可见低血糖和凝血指标（PT/APTT）延长。

可采用催吐、洗胃或给予活性炭的方式去除毒性。解药为乙酰半胱胺酸，每千克体重140mg，口服或静脉注射，每4~6h一次。口服效果可能更好或可采用鼻胃管喂饲。给予口服药物时，须与活性炭间隔30~60min，否则会影响吸收。支持治疗可进行输液疗法、吸氧或输血。肝损伤时，可给予 S-腺苷甲硫氨酸，剂量为每只猫 180mg，一天 2 次。

2. 除虫聚酯

除虫聚酯常用作表皮驱虫药或环境杀虫药。临床上常因误将犬用驱虫药用于猫而导致中毒。也可因猫帮狗理毛时摄入或误食导致中毒。

大部分哺乳动物对除虫聚酯耐受性好，不易中毒。但猫的葡萄糖苷酸化能力很差，所以容易中毒。在接触除虫聚酯数分钟到数小时内可能出现过度流涎、肌肉抽动（包括颜面神经抽动、耳朵抖动）、高体温/低体温、沉郁、共济失调、呕吐。临床上仅见严重肌肉抽动的病猫发生横纹肌溶解症。

常因皮肤接触导致，可先给猫洗澡去除毒物。水温应接近体温，温度太低可能增加药物效果，温度太高可能增加药物吸收。临床只能进行输液支持治疗，控制癫痫、控制肌肉震颤。

①肌肉震颤可使用肌肉松弛剂美索巴莫控制，剂量为每千克体重 50~200mg，静脉注射。

②动物流涎时给予阿托品不会有帮助。但可区分有机磷中毒。

③也可尝试给予静脉脂肪乳，能减少住院时间及改善预后。静脉脂肪乳剂量为：20% 脂肪乳，每千克体重 1.5mL，缓慢注射 30min。然后每 6~8h 可重复给予每千克体重 0.25mL。

如及时治疗，大部分猫会在 24~72h 逐渐恢复。但如果并发横纹肌溶解症，导致肾衰竭，则预后较差。

3. 百合花

百合花是日常生活中常见的室内植物。但其树叶、根茎、花、花粉以及精油等萃取物都可能导致猫肾小管坏死，一两片植物就可能导致猫的死亡。因此，对猫而言，百合花有剧毒。猫食入百合花会导致呕吐、腹泻、无食欲、虚弱以及寡尿或无尿。尿毒物质的堆积可能会导致神经症状，如癫痫。肾指数（BUN, Crea）的上升；进入无尿/少尿期时，钾离子、磷离子也会上升。尿检可见尿糖、蛋白尿以及肾小管上皮管型。

早期接触百合时，先以催吐、给予活性炭的方式移除毒物。尚无特效解毒剂，只能借由支持治疗、积极输液来预防急性肾衰竭。如进入急性肾衰竭期，需进行血液透析或腹膜透析治疗。

二、猫中毒处置

中毒是急诊常遇到的状况。毒物种类不同，症状可轻可重，严重者甚至可能致命。因此，临床医师需掌握各种毒物所表现出来的临床症状以及了解该如何处置。对中毒病例而言，病史非常重要。因为在临床上往往不容易从症状、检查上明确判断中毒的物质来源。但如果能在病史中得到信息，会简单很多。

中毒的处置大致可分为三部分：去污染化、对应的解毒药物以及支持治疗。

1. 去污染化

去污染是指移除毒物，避免毒物继续被身体吸收。根据摄入毒物的途径不同，可分成肠胃道和皮肤的去污染化。

（1）肠胃道的去污染化。食入毒物是临床上最常见的中毒方式，可通过催吐、洗胃、泄剂或使用活性炭吸附毒物的方式进行。去污染越早越好，以减少毒物被身体吸收。2~3h 以内为佳，时间过长，毒物已被吸收，去污染的意义降低。

①催吐。这是最常用于移除胃内毒物的方式。建议使用右美托咪定或塞拉嗪（右美托咪定的剂量为5~10μg/kg，塞拉嗪的剂量为0.44~1mg/kg，肌内注射）。右美托咪定在猫催吐的成功率较高，可达80%；塞拉嗪催吐的成功率约40%。这两种均有相应的解药：阿替美唑是右美托咪定的解剂，剂量为每千克体重0.1~0.3mg肌内注射；育亨宾是塞拉嗪的解剂，剂量为0.1mg/kg，肌内注射。

传统上，使用灌食双氧水催吐较多。但会造成肠胃刺激，严重时甚至有可能引起肠胃穿孔。因此，已不建议在猫体使用。

催吐的禁忌：

a. 食入腐蚀性物质。此时催吐会让腐蚀性物质再度经过食道，造成二次损伤。

b. 动物有神经症状、癫痫、怀疑颅内压升高以及昏迷或极度虚弱时。这时动物的吞咽反射变差，贸然催吐可能导致窒息或吸入性肺炎。

c. 动物已经呕吐多次，没有太大效果。

d. 有心血管疾病的动物。催吐可能会刺激迷走神经，导致心搏徐缓甚至心脏停止。需特别小心。

②洗胃。如果动物不适合催吐，且毒物摄入在数小时之内，洗胃可能清除毒物。洗胃时，先将动物全身麻醉，并置入气管插管。然后把一根粗的管子，经食道插入胃（大约是在最后一根肋骨的位置）。接着注入每千克体重5~10mL的温生理盐水，使胃内液体流出。重复10~20次，将胃内毒物尽量排除干净。此外，也可以在此时借由胃管将大量活性炭直接投入胃中。

③泄剂。可减少毒物在肠道内滞留的时间，减少吸收。常用泄剂为乳果糖，剂量为0.25~0.5 mL/kg。

④活性炭。活性炭的微颗粒上有许多孔洞，可以帮助吸附有机物的毒物（如对乙酰氨基酚、阿司匹林等）。但对无机物如乙二醇和重金属效果不佳。活性炭的剂量为1~4g/kg，一天4~6次，连续服用3d。

（2）皮肤的去污染。如果是因皮肤接触的毒物（如外用驱虫药——有机磷、除虫菊），可先用洗澡的方式将猫身上的毒物移除（图17-7-1）。洗澡时，水温应接近体温，避免体温过低或过高。

2. 对应的解药

有些毒物有相对应的解药、拮抗剂、螯合剂等可以使用。这是毒物治疗中很重要的一部分。而使用对应解药的前提则是需要先知道是什么中毒，才能针对性地给药。

3. 支持治疗

遗憾的是，目前仍有许多毒物尚无特定解

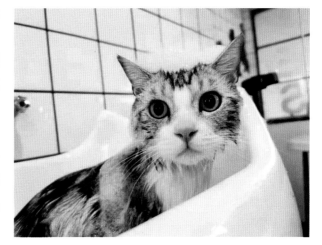

图 17-7-1 误接触除虫菊的猫，通过洗澡可将皮肤上的毒物移除（范志嘉 供图）

药。此时仅能采用支持治疗的方式，尽可能稳定动物状况，等待毒物代谢、排出。

输液治疗是中毒时常规使用的治疗模式，目的是增加肾脏移除毒物的速率。这对肾毒性的毒物尤其重要。除此之外，也能维持水合、校正离子、调节酸碱。对于有肝毒性的药物，可以给予保肝药物，如S-腺苷甲硫氨酸（SAMe）、水飞蓟素等。其他则根据动物症状给予对应性治疗，如治疗癫痫、控制肠胃道症状。

第八节 超声在急诊中的应用

急诊超声是指在急诊状态下的超声应用。与一般门诊不同，急诊超声并不会追求详细、完整的B超扫查，而是以最快的速度、针对与急诊主述直接相关、危及生命体征的问题进行排查。

急诊超声最初用于排查体腔内有无液体（腹腔积液、胸腔积液、心包积液），进而用来排查严重的心脏病、气胸、肺脏异常，以及评估血管容积状态。

扫查前准备

理想情况下，超声须剃毛后扫查才能获得清楚的影像。然而，在紧急状态下，可以在未剃毛的状态下，喷上酒精，直接进行初步评估。

扫查时动物的姿势无局限性，仰躺、侧躺或站姿扫查均可。腹部超声一般以仰躺、侧躺为主；胸腔超声以俯卧、站姿为主，方便扫查两侧胸腔，也能减少呼吸窘迫状态下侧躺所造成的压迫。具体的扫查体位根据猫即时的状态决定。

探头一般选择凸阵探头，适用性最广，亦可用来作基本的心脏评估。不过，临床中可根据实际状况、操作习惯等进行调整。笔者对于猫胸腔、腹腔的扫查仍习惯以线阵探头扫查、心脏超声则选择心超探头，这样做可获得较为清晰的影像。

1. 腹部急诊超声

腹部急诊超声最主要用以评估腹腔内有无液体存在。适用于创伤、休克、虚弱的患猫，评估有无出血、尿腹、胆汁腹等问题。另外，可通过后腔静脉的扫查，评估当下的血液容积状态。

（1）腹腔液体评估。腹腔急诊超声主要扫查几个重点位置，分别是横膈肝脏区域、左肾脾脏区域、膀胱直肠区域、右肾区域以及 +/- 肚脐周边区域，评估这几个部位是否存在游离液体（图17-8-1、图17-8-2）。

（2）后腔静脉扫查。后腔静脉的扫查可用以评估腔静脉的压力（图17-8-3）。当腔静脉压力大

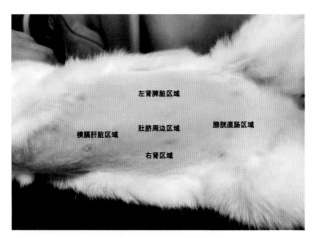

图 17-8-1　腹部急诊超声扫查的几个重点区域
（范志嘉 供图）

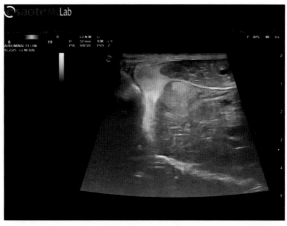

图 17-8-2　横膈肝脏区域可见回声影像，提示进行性的出血（范志嘉 供图）

时，后腔静脉增粗、塌陷（Collasibility）比例小，表示可能的血液容积过载、淤血性心脏病或心包积液；反之，当腔静脉压力小时，后腔静脉缩小、塌陷比例增大，表示处于低血液容积状态。

2. 胸腔急诊超声

胸腔急诊超声主要适用于呼吸窘迫的病患。相较于腹腔X射线的摆位可能造成猫的压迫，增加死亡风险，胸腔急诊超声对动物造成的压力较小，检查的风险也较小。

类似于肺脏听诊，胸腔超声扫查后肺叶、肺门处、中肺叶、前肺叶；双侧肺部均要扫查（图17-8-4）。

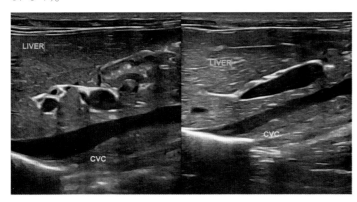

图 17-8-3　图为正常血液容积状态的动物，
呼吸时后腔静脉的大小变化
（范志嘉 供图）

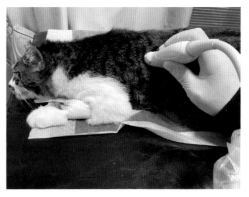

图 17-8-4　扫查时类似胸腔听诊，须扫查双侧胸
腔、后肺叶、肺门处、中肺叶、前肺叶
（范志嘉 供图）

（1）正常胸腔B超影像。正常的肺脏内充满气体。虽说气体在超声下会产生混响伪影，遮挡远端的影像。然而，相对地，此混响伪影可作为正常肺脏影像的判断，此又称为A线（图17-8-5）。另外，正常的肺脏会随着呼吸在胸壁间进行滑动，称为滑动征（图17-8-5）。因此，扫查可见正常的肺脏随着呼吸移动的A线和滑动征。

（2）异常肺脏影像。当肺脏内有液体淤积时（如肺水肿、肺炎），在X射线下会呈现肺泡征或非结构性间质征，在超声下可见到肺脏由上往下延伸的线条，此称为B线或称火箭征（图17-8-6）。需注意的是，正常动物亦可见少量（＜3条）B线。

（3）肺脏失去滑动征。如之前所述肺脏的滑动征源自肺脏和胸壁间滑动的影像。在仍有呼吸的

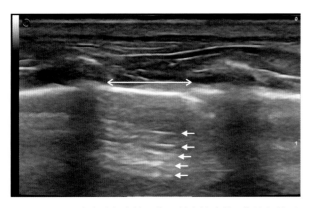

图 17-8-5　正常胸腔超声的影像。单向箭头处所指为气体后
方出现的混响伪影，在胸腔超声又称为A线。双向箭头所指
处为胸膜肺脏交界处，正常的肺脏随着呼吸在胸壁间进行
滑动，称为滑动征（范志嘉 供图）

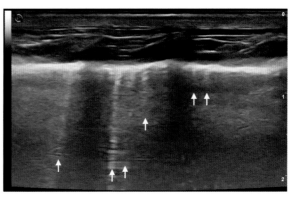

图 17-8-6　B线 / 火箭征。箭头所指处可见由上往下延伸的
线条，此在胸腔超声称为B线 / 火箭征
（范志嘉 供图）

动物却发现肺脏失去滑动征时，表示肺脏远离胸壁，提示气胸。

（4）胸腔积液。相较于X射线，超声对于液体有更高的敏感性和特异性。因此，胸膜腔积液能很容易在超声扫查时被直接诊断出来（图17-8-7）。

3. 急诊心脏超声

对于呼吸窘迫或是休克的患猫，通常要评估是否存在潜在心因性的问题。此时，可借助急诊心脏超声扫查进行初步诊断。

急诊心脏超声无须进行完整心脏扫查，仅需要快速评估左心房大小以及有无心包积液即可。

一般心脏超声扫查要求动物侧躺体位。而急诊状况下（尤其呼吸窘迫），动物不一定能配合侧躺，因此，站立或俯卧体位亦可进行扫查（图17-8-8）。

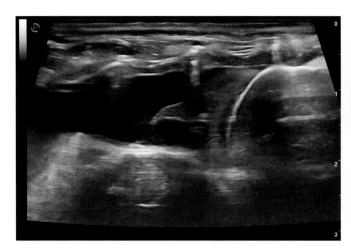

图 17-8-7　胸腔超声可见胸腔内有中量无 / 低回音性影像（范志嘉 供图）

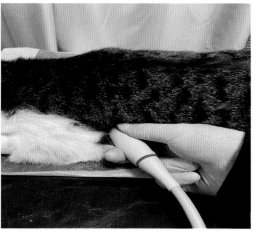

图 17-8-8　猫在急诊状况下以俯卧方式做心脏超声扫查（范志嘉 供图）

（1）左心房大小评估。左心房的大小可用于评估血液容积，尤其是判断低血容量状态和心因性肺水肿。左心房变小时，代表机体血液容积不足（图17-8-9）；而左心房变大时，代表左心房压力增加，如果动物伴随喘气及肺脏的影像变化，则高度怀疑心因性肺水肿（图17-8-10）。

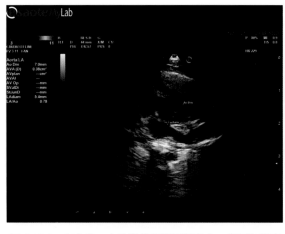

图 17-8-9　左心房 ÷ 主动脉的比值显著变小，提示为低容积状态（范志嘉 供图）

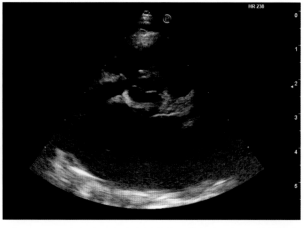

图 17-8-10　左心房 ÷ 主动脉的比值显著变小，提示为容积过负荷。如果动物伴随喘气及肺脏的影像变化，则高度怀疑心因性肺水肿（范志嘉 供图）

左心房大小评估常用的切面为短轴左心房切面。当左心房÷主动脉的比值＞1.6时，判断为左心房变大。

（2）心包积液评估。相较于X射线影像，超声对于心包积液有非常高的敏感性和特异性，能够快速、精准地诊断心包积液（图17-8-11）。

4. 超声引导穿刺

若超声扫查发现游离液体，可在超声引导下通过穿刺（图17-8-12）采样作进一步分析。

对于胸膜腔积液/气患猫，超声引导下穿刺也可作为治疗性手段，能够快速缓解呼吸窘迫。

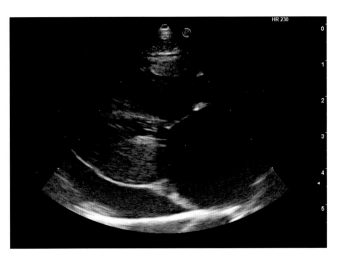

图17-8-11　图中可见心包内有低回音性影像（诊断为心包积液）（范志嘉 供图）

图17-8-12　超声引导胸腔穿刺示意（范志嘉 供图）

第十八章

猫麻醉、疼痛管理

及常见并发症处理

麻醉是一门实用性很强的学科，目前已逐渐成立了专门的科室。临床兽医麻醉学的基本要求是对动物的人道治疗和为操作提供充分的条件。对动物的人道治疗指的是通过合理的麻醉和镇痛操作，避免动物感受疼痛、减少动物在保定和操作过程中产生的应激和焦虑；为操作提供充分的条件指的是通过麻醉提供充足的制动和肌肉松弛，确保在整个过程中不发生动物或工作人员受伤。国内小动物临床兽医麻醉学经过近20年的发展，由之前"打一针"的麻醉方式，逐渐过渡到呼吸麻醉，到目前普遍应用的平衡麻醉，实现了麻醉技术质的飞跃。

第一节 麻醉前的准备

麻醉前准备包括：麻醉设备、药品以及动物的准备，其中动物的准备主要为体况的评估与纠正，本节不做详细讲解，主要介绍麻醉设备以及常见的麻醉药品。

一、麻醉设备

1. 麻醉机

麻醉机由四个不同的系统组成，包括：供气系统（压缩气体从氧气源到达挥发罐）、麻醉挥发罐（气化吸入麻醉剂，并将其与氧气混合）、呼吸回路（含或不含吸入麻醉剂的气体通过呼吸回路到达动物，并排出 CO_2）和清除系统（处理含有吸入麻醉剂的废气）。

（1）氧气瓶（图18-1-1）

（2）麻醉机（图18-1-2至图18-1-6）

2. 呼吸机（图18-1-7）

当动物出现严重通气不良、严重换气障碍、神经肌肉麻痹、呼吸停止或将要停止、颅内压升高、窒息或心肺骤停、接受开胸术或术后需要呼吸支持时，通常会进行辅助正压通气，包括人工正压通气和使用呼吸机机械通气，后者是长期辅助正压通气的常用方法。

3. 监护设备（图18-1-8至图18-1-10）

麻醉监护由麻醉医生使用监护设备完成。监护设备具有客观性、完整性、连续性及自动报警的优点，可定量评估呼吸和心血管功能，监测动物对药物和/或治疗的反应，指导麻醉医生使用和调整麻醉机和呼吸机。以下为常见的基础监护设备。

a   b   c

d   e

a. 氧气室内标记在使用（"用"）和备用的氧气瓶（"满"）；b. 使用气瓶固定架固定氧气瓶，防止倾倒；c. 氧气压力阀（示数为 9MPa）和减压阀（示数为 0.4MPa）；d. 中央供氧系统，可将麻醉机与手术室内的氧气出气口（e）连接使用。

图 18-1-1 氧气瓶 + 压力阀（叶楠、苏丽雪和展宇飞 供图）

4. 气管插管及相关耗材（图 18-1-11 至图 18-1-14）

使用气管插管可使动物在全身麻醉时保持气道开放、减少机械死腔、允许精确给予吸入麻醉剂和氧气、防止胃内容物及其他物质误吸入肺，便于麻醉医生对呼吸系统的紧急情况快速做出反应、精确监测和控制动物的呼吸状态，故绝大多数麻醉动物都应进行气管内插管。根据动物的体形、不同的手术操作，可选用的气管插管包括：无套囊的墨菲孔管、加强型墨菲孔管、低压高容量小套囊式的墨菲孔管等。

声门上气道装置（SAD）也是保持麻醉动物气道开放的一种耗材。它与声门开口相连，而不进入气管腔，可降低喉痉挛的可能性、降低呼吸阻力、减少插管过程中气道损伤的风险、无术后咳嗽等与气管刺激相关的其他反应，但价格昂贵、机械通气受限制，且易受动物体位变化影响。

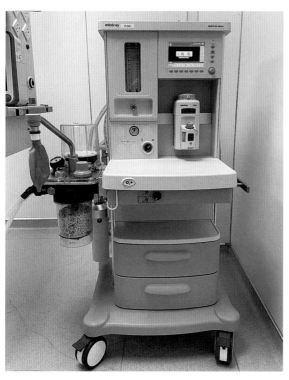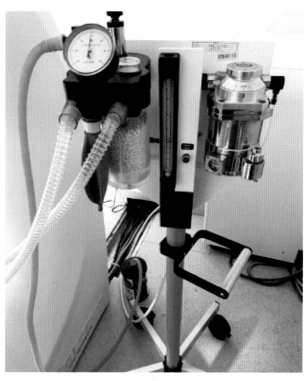

a   b

a. 麻醉工作站；**b.** 简易式呼吸麻醉机。

图 18-1-2　麻醉机：含氧流量计、快速充氧阀、挥发罐、碱石灰罐、气囊、回路、呼吸活瓣、气道压力表、安全阀、截止阀、废气吸收罐（叶楠、苏丽雪和展宇飞 供图）

图 18-1-3　一次性废气吸收罐，使用前称重，并记录重量，当重量增加至规定值时更换
（叶楠、苏丽雪和展宇飞 供图）

5. 其他

此外，还应根据动物状态及手术需要准备恒温箱、输液泵、注射泵、三通阀、延长管、恒温毯等设备和耗材（图18-1-15至图18-1-19）。

图 18-1-4　呼吸气囊，其中 0.5L、1L、2L 气囊因暴露在紫外线灯下发生老化（叶楠、苏丽雪和展宇飞 供图）

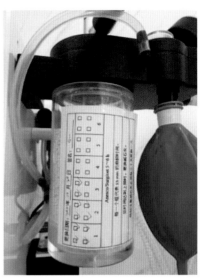

图 18-1-5　碱石灰罐，含使用时长记录（叶楠、苏丽雪和展宇飞 供图）

a

b

c

d

a. 安全阀上带有截止阀（按压白色按钮即为关闭安全阀）；b. 单独的安全阀，在安全阀后额外放置截止阀，便于正压通气；c 和 d. 可通过旋转至相应刻度调整 APL 压力，其中 c 还可通过按压蓝色按钮实现安全阀关闭。

图 18-1-6　安全阀（APL）+ 截止阀（叶楠、苏丽雪和展宇飞 供图）

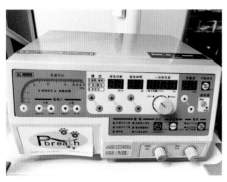

a. CMV-3a 动物用呼吸机；b.MTVA10 动物用呼吸机（含多种通气模式）；c. 在使用麻醉工作站提供呼吸机通气时，扳动转换键即可由气囊转换为呼吸机通气。

图 18-1-7　图 a 和图 b 为单独的呼吸机，需与麻醉机连接使用，使用时断开气囊，连接呼吸机（叶楠、苏丽雪和展宇飞 供图）

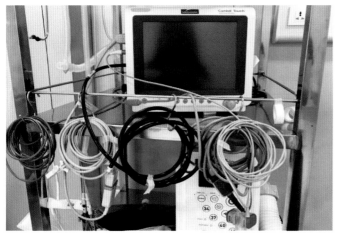
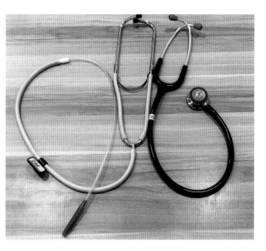

图 18-1-8　多功能监护仪：图中可见呼气末 CO_2、外周血氧探头、ECG、NIBP(叶楠、苏丽雪和展宇飞 供图)

图 18-1-9　食道听诊器（图左）和常规听诊器（图右）（叶楠、苏丽雪和展宇飞 供图）

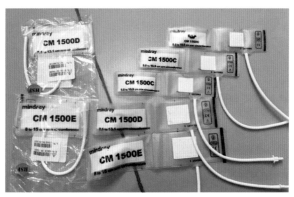

图 18-1-10　多普勒血压监测仪、高精度示波法血压监测仪、血压袖带（叶楠、苏丽雪和展宇飞 供图）

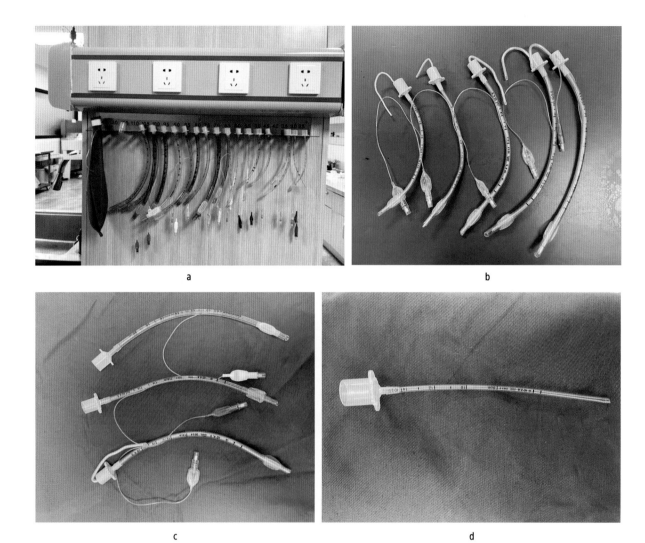

a

b

c

d

a. 气管插管放支架（新洁尔灭消毒、清洗后晾干备用）；b. 不同型号的加强型气管插管（柔韧性强，不易弯折，内含导丝）；c. 从上到下分别为：低压高容量小套囊式的墨菲孔管、低压高容量大套囊式的墨菲孔管、加强型气管插管；d. 无套囊的墨菲孔管。

图 18-1-11　气管插管（叶楠、苏丽雪和展宇飞 供图）

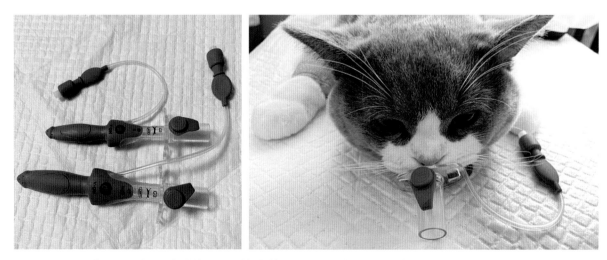

图 18-1-12　猫用 V-gel 声门上气道装置，可减轻气管刺激，适用于短时间镇静与麻醉（叶楠、苏丽雪和展宇飞 供图）

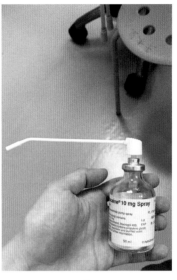

a
b

a. 动物用喉镜（光源位于右侧）；b. 2% 利多卡因配象鼻头雾化器，喷 / 滴在猫杓状软骨顶部，用于喉部浸润脱敏。

图 18-1-13　喉镜以及局部麻醉剂（2% 利多卡因）（叶楠、苏丽雪和展宇飞 供图）

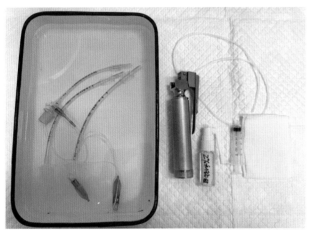

图 18-1-14　气管插管前准备：3 个型号 E.T.、喉镜、2% 利多卡因喷、5mL 空注射器、开口绳（延长管）、纱布块（叶楠、苏丽雪和展宇飞 供图）

图 18-1-15　恒温箱（加热液体）（叶楠、苏丽雪和展宇飞 供图）

图 18-1-16　恒温毯，围手术期保温或升温（叶楠、苏丽雪和展宇飞 供图）

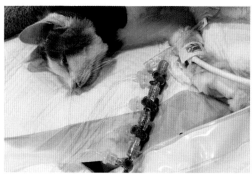

图 18-1-17　注射泵、输液泵、三通阀、延长管等，用于给予常规液体、升压药品和镇痛药物等
（叶楠、苏丽雪和展宇飞 供图）

宠物姓名		品种		性别		体重	
宠主姓名		手术名称		手术预约时间			
主治医师		麻醉师		既往史			
部件		**检查内容**				**check（√）**	
氧源		总压力≥3.4 Mpa					
		减压约 0.34Mpa					
		备用气瓶					
氧流量计		灵敏，示数稳定					
		归零，勿过旋					
快速充氧阀		正常工作					
挥发罐		液面不低于 1/3					
		刻度盘正常					
		下班前加药，记录					
废气吸收系统		若有，开启真空泵，检查负压					
		吸收罐称重/更换，每周					
单向活瓣		清洁、干燥					
		正常开闭					
APL 阀		正常工作					
		开放/循环半紧闭					
气道压力计		示数正常					
气囊		规格/L：0.5、1、2、3、5 齐全					
		用后排空、避光收纳、老化淘汰					
碱石灰罐		使用记录					
		时长超过 6~8h、更换超 1 月、三分之二变色、FiCO₂ > 5mmHg 更换					
呼吸回路		每周清洗消毒、半年更换					
		儿童型：3~7 kg					
		成人型：>7 kg					
		非复吸回路：<3 kg					
		F 型进出口对应麻醉机					
正压气密性检查		更换任何部件后					
		检查 APL 位置					
负压气密性检查		如果更换过机器低压系统配件/低压系统泄漏					
检查人签名							

图 18-1-18　麻醉机检查清单（叶楠、苏丽雪和展宇飞 供图）

宠物姓名		品种		性别		体重	
宠主姓名		手术名称			手术预约时间		
主治医师		麻醉师		既往史			

项目	内容	check（√）
耗材	皮肤消毒剂	
	注射器	
	留置针	
	胶带	
	多尺寸气管插管	
	绑带	
	润滑剂	
	眼膏	
药品	镇静剂	
	诱导麻醉剂	
	急救药	
设备	电推子	
	输液泵及液体	
	套囊压力计	
	喉镜	
	检查过的麻醉机及呼吸回路	
	光源	
	监护仪	
氧气	总压力 > 500psi	
	减压后 50~55psi	
其他	麻醉记录表	
	笔	
检查人签名		

图 18-1-19　麻醉前物品清单（叶楠、苏丽雪和展宇飞 供图）

二、麻醉药物

常见麻醉及相关药品包括：镇静剂、镇痛剂、诱导麻醉剂、吸入麻醉剂、拮抗剂、急救药品及肌松剂等（图18-1-20至图18-1-25）。须根据动物体况及手术操作选择并配制相应的药品。

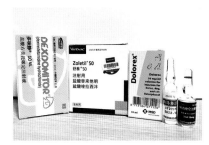

图 18-1-20　常见麻醉前用药：右美托咪定、舒泰 50、布托菲诺、曲马多、咪达唑仑（叶楠、苏丽雪和展宇飞 供图）

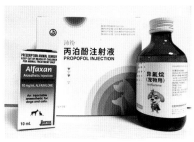

图 18-1-21　常见诱导麻醉剂和吸入麻醉剂：阿法沙龙、丙泊酚、异氟烷（叶楠、苏丽雪和展宇飞 供图）

图 18-1-22 常见急救药：肾上腺素、阿托品、多巴胺、多巴酚丁胺、去甲肾上腺素、多沙普仑等（叶楠、苏丽雪和展宇飞 供图）

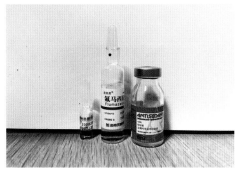

图 18-1-23 常见拮抗剂：纳洛酮（拮抗阿片类药物）、氟马西尼（拮抗苯二氮卓类药物）、阿替美唑（拮抗右美托咪定）（叶楠、苏丽雪和展宇飞 供图）

图 18-1-24 药物标签贴：手术室所有含药品的注射器都应注明药物名称和规格（叶楠、苏丽雪和展宇飞 供图）

图 18-1-25 高浓度药物稀释后备用，左 1 为灭菌的小棕瓶，用于稀释药物（叶楠、苏丽雪和展宇飞 供图）

三、动物准备（图 18-1-26）

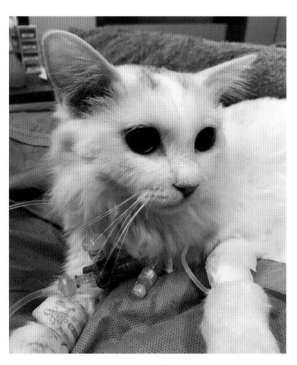

图 18-1-26 建立静脉通路，麻醉前补液、评估并纠正体况（叶楠、苏丽雪和展宇飞 供图）

第二节　麻醉的过程

以吸入麻醉为例，麻醉流程包括诱导麻醉、术部准备、人员准备、维持麻醉、手术过程以及苏醒期监护，其中麻醉监护应贯穿在各个环节。

一、诱导麻醉（图 18-2-1 至图 18-2-13）

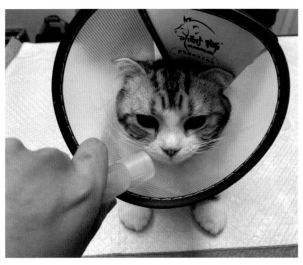

图 18-2-1　直流式预吸氧
（叶楠、苏丽雪和展宇飞 供图）

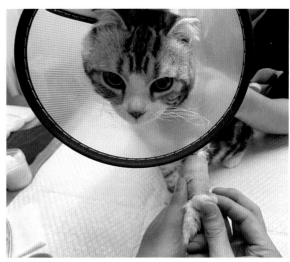

图 18-2-2　静脉留置针（肝素帽）消毒
（叶楠、苏丽雪和展宇飞 供图）

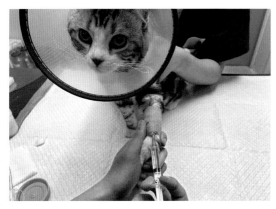

图 18-2-3　注射生理盐水确认静脉通路良好后，依次
给予麻醉前用药和诱导麻醉剂
（叶楠、苏丽雪和展宇飞 供图）

图 18-2-4　俯卧位保定，双前肢向前伸展、开口绳置于上颌犬齿
后提拉至头颈向前伸展。注意，在做猫的气管插管时，避免过度
提拉颈背部皮肤
（叶楠、苏丽雪和展宇飞 供图）

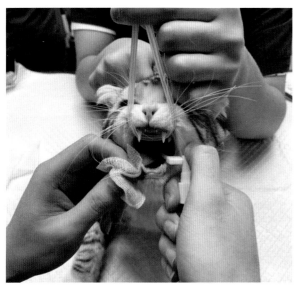

图 18-2-5　手持纱布块外拉舌头，
喉部给予 2% 利多卡因脱敏（叶楠、苏丽雪和展宇飞 供图）

图 18-2-6　借助喉镜或光源观察会厌部和声门裂
（叶楠、苏丽雪和展宇飞 供图）

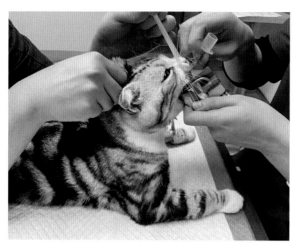

图 18-2-7　在声门裂中间插入不损伤气道的最大型号的气管插管（叶楠、苏丽雪和展宇飞 供图）

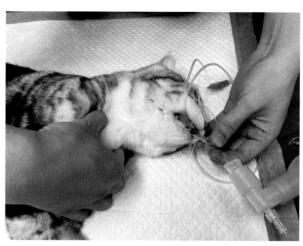

图 18-2-8　侧卧，连接氧气，触诊胸腔入口处气管，确认气管插管位置（叶楠、苏丽雪和展宇飞 供图）

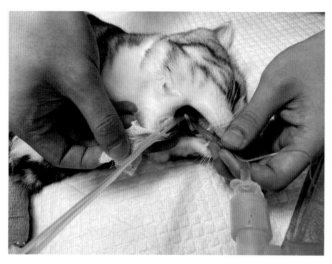

图 18-2-9　使用开口绳固定气管插管，把结推向软腭处（叶楠、苏丽雪和展宇飞 供图）

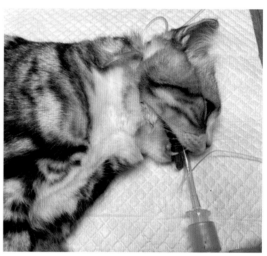

图 18-2-10　在耳后打结完成气管插管的固定，剪掉暴露在切齿外 2cm 后多余的气管插管（叶楠、苏丽雪和展宇飞 供图）

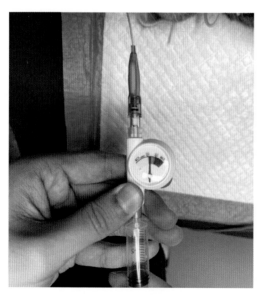

图 18-2-11　使用注射器和套囊压力计充盈套囊，其合理的压力为 18~20cmH$_2$O，不能大于 30cmH$_2$O（叶楠、苏丽雪和展宇飞 供图）

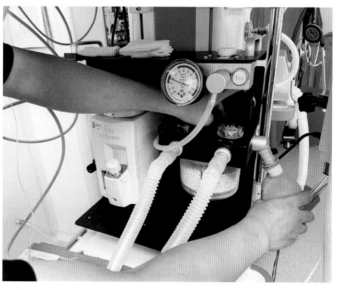

图 18-2-12　做一次正压通气，检验套囊充盈后的气密性，若气密性良好，视情况打开挥发罐（叶楠、苏丽雪和展宇飞 供图）

二、麻醉监护

1. 麻醉深度

麻醉深度的监护主要由麻醉医生完成，识别动物所处的麻醉分期和平台期。麻醉深度的监护包括监护各种生理反射（喉反射、吞咽发射、踏板反射、眼睑反射、角膜反射和瞳孔对光反射等）以及其他指标（自主运动、肌张力、眼球位置、瞳孔大小、对手术刺激的反应等），这些都是有助于判断麻醉深度是否合适的指标。此外，重要的生命体征（心率、血压、呼吸）、呼气末吸入麻醉剂浓度以及脑电图等都可辅助监测麻醉深度（图18-2-14至图18-2-19）。

动物理想的麻醉深度为：无运动、无意识和疼痛、对手术操作无记忆；对呼吸和心血管的抑制不能对患猫生命造成威胁。

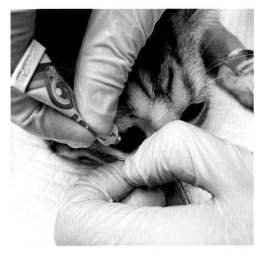

图 18-2-13 结膜囊内上眼药膏，避免麻醉过程中泪液分泌不足造成角膜损伤（叶楠、苏丽雪和展宇飞 供图）

外科麻醉期

心率加快、血压升高、呼吸加快

平台	眼球位置	眼睑反射	瞳孔大小	瞳孔对光反应	角膜湿度	眼睑肌肉张力	上下颌张力	痛觉反应	痛觉的生理反应	适合的操作
PLANE1 浅	中央	+	中-大	+	湿	强	强	可能	有	皮肤外伤修复
PLANE2 浅-中	腹侧	0	小-中	+	湿	一些	一些	无	可能	去势术、体表肿瘤
PLANE3 中-深	腹侧	0	中-大	0	适中	低	低	无	无	一般骨科、绝育术、去爪术
PLANE4 深	中央	0	大	0	干	没有	没有	无	无	整形外科：截骨术、耳道切除

图 18-2-14 外科麻醉期的不同平台期（叶楠、苏丽雪和展宇飞 供图）

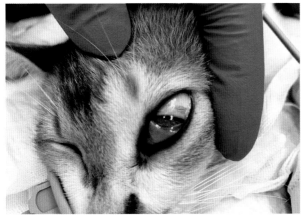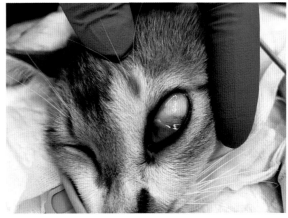

图 18-2-15 眼球逐渐转向腹侧，第三眼睑遮盖（叶楠、苏丽雪和展宇飞 供图）

图 18-2-16　浅麻醉时瞳孔缩小（左图）；随着麻醉深度加深瞳孔变大（右图）（叶楠、苏丽雪和展宇飞 供图）

图 18-2-17　检查眼睑内眦（左）和外眦（右），确定是否存在眼睑反射（叶楠、苏丽雪和展宇飞 供图）

图 18-2-18　监测上下颌张力，一只手固定上颌与气管插管，另一只手上下活动下颌，感受张力（叶楠、苏丽雪和展宇飞 供图）　　图 18-2-19　使用棉签触碰角膜，观察有无角膜反射（叶楠、苏丽雪和展宇飞 供图）

2. 循环系统监护

建议在麻醉期间持续监护心率和节律，同时总体评估外周灌注（脉搏质量、黏膜颜色和CRT），以上是强制性要求。同时为了动物麻醉安全，还应监测动脉血压和ECG（图18-2-20至图18-2-22）。

3. 呼吸系统监护

建议对通气进行定性评估，确保动物的通气得到充分支持。除观察胸壁运动、气囊收缩/舒张、听诊呼吸音外，建议使用二氧化碳监测仪（可以提供动物的通气、心输出量、肺部血流灌注以及全身代谢情况的相关信息），必要时进行动脉血气分析（图18-2-23至图18-2-25）。

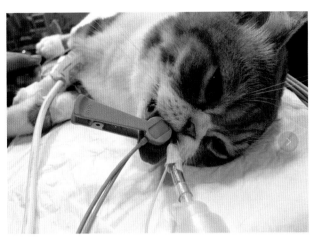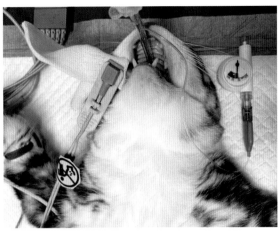

图 18-2-20　连接血氧探头，监测外周血氧饱和度和 PR（脉率）
（叶楠、苏丽雪和展宇飞 供图）

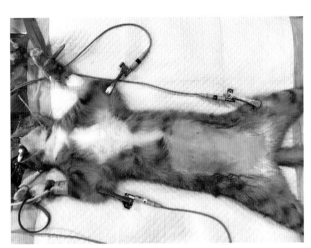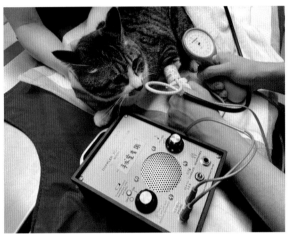

图 18-2-21　ECG、NIBP、多普勒血压监测
（叶楠、苏丽雪和展宇飞 供图）

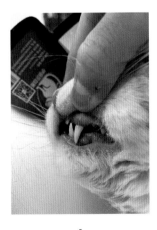

| a | b | c | d |

a. 黏膜颜色粉；b. 舌色和黏膜发绀；c. 黏膜黄染；d. 血栓导致左后肢爪垫发绀。
图 18-2-22　黏膜颜色（叶楠、苏丽雪和展宇飞 供图）

图 18-2-23　便携式呼气末 CO_2 探头
（叶楠、苏丽雪和展宇飞 供图）

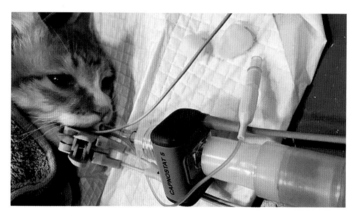

图 18-2-24　直流式呼气末 CO_2 探头
（叶楠、苏丽雪和展宇飞 供图）

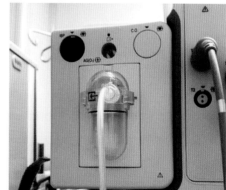

图 18-2-25　旁流式呼气末 CO_2 探头：采样管（左图）、气体分析装置（右图）
（叶楠、苏丽雪和展宇飞 供图）

4. 麻醉记录表（图 18-2-26）

麻醉记录表

日期:	手术:		病历号/主人姓名:
麻前诊断:		主治:	物种/品种/动物名称:
术者:	麻醉师:	麻醉主管:	年龄/性别/LOC
开始时间:	结束时间:	总时长:	

体重	MMC	CRT	T	RR	HR/P	节律	PCV	BUN/CREA	TP	凝血	ET size
kg											mm

麻前用药					**诱导用药**				
药物	剂量 mg/kg	mL	给药途径	时间	药物	剂量 mg/kg	mL	给药途径	时间

时间:		00	:	30	:	00	:	30	:	00	:	30	:	00	:	30	:		
液体类型: mL/h																			
体况分级：	7%																		7%
Ⅰ□ Ⅱ□ Ⅲ □ Ⅳ □ Ⅴ □	6%																		6%
维持麻醉剂:	5%																		5%
异氟烷 □ 七氟烷 □	4%																		4%
呼吸回路:	3%																		3%
Universal F P □ A □ JACKSON RESS □	2%																		2%
气囊:	1%																		1%
1/4L□1/2L□1L□ 2L□ 3L□ 5L□	0%																		0%
体位： V-D□ D-V□ L-R□ R-L□	200																		200
关键点： 血压 △ 多普勒	180																		180
∨ 收缩压 – 平均压	160																		160
∧ 舒张压	140																		140
· 心率 × 呼吸	120																		120
各操作时间：	100																		100
步骤 1:	80																		80
步骤 2:	60																		60
步骤 3:	50																		50
结束操作:	40																		40
恢复时间:	30																		30
拔管时间:	20																		20
站立时间:	10																		10
苏醒质量：	8																		8
极好□	6																		6
好□	4																		4
一般□	2																		2
差□	0																		0
SpO2 %																			
EtCO2 mmHg																			
BT ℃																			
呼吸机	呼吸频率 RR（bpm）																		
	吸呼比																		
	气道压力 AP（cmH20）																		

补充:

并发症：插管困难□ 心肺骤停□ 呼吸抑制/停止□ 出血过多□ 休克□ 低血氧□ 心律失常□ 安乐死□ 拔管延长（>30 min）□低体温（<36.6℃）□ 低血压□ 高血压□ 通气不足□ 通气过度□ 无□ 其他□

术后镇痛：药物= 剂量= 给药途径=

图 18-2-26 麻醉记录表（叶楠、苏丽雪和展宇飞 供图）

第三节 疼痛管理

围手术期常见的疼痛管理方式包括：局部/区域麻醉、皮下/肌内/静脉注射/CRI镇痛剂、使用非甾体类抗炎药（NSAIDs）、理疗或针灸等。对动物进行麻醉操作，不仅仅要让它们在无意识、无疼痛的状态下接受手术，还要让它们从麻醉、手术、疼痛中尽快恢复。这包括精神状态、食欲、运动能力等的恢复。

一、局部/区域麻醉技术

局部/区域麻醉技术可为动物提供围手术期镇痛和肌松效果、减少其他麻醉药品用量。它是一种重要的实现完全镇痛的技术，建议所有手术操作都应尽可能应用局部/区域麻醉技术。在这里我们将局部/区域麻醉技术分为浸润麻醉、头部麻醉、四肢局部麻醉以及躯干局部麻醉，其中浸润麻醉和头部麻醉应用非常广泛，且不需要借助其他仪器设备，通常只需注射器和局部麻醉剂即可；四肢局部麻醉通常借助神经刺激器和超声引导成功率更高。

1. 浸润麻醉（图18-3-1至图18-3-6）

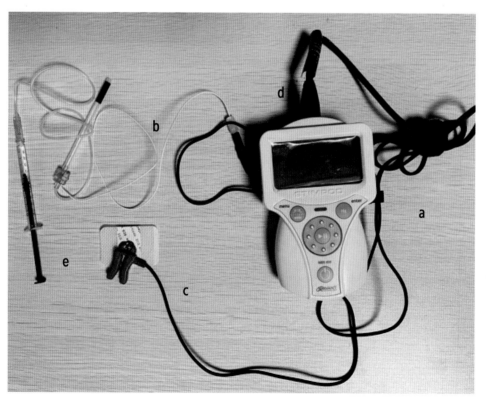

a. 神经刺激器主机；b. 绝缘针；c. 正极电极片；d. 负极电极片；e. 注射器给药。
图18-3-1 神经刺激器（叶楠、苏丽雪和展宇飞 供图）

图18-3-2 脊髓穿刺针，用于硬膜外麻醉（叶楠、苏丽雪和展宇飞 供图）

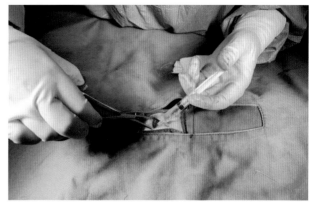

图 18-3-3　术中无菌传递局部麻醉剂（左图），局部麻醉剂腹腔浸润（右图）（叶楠、苏丽雪和展宇飞 供图）

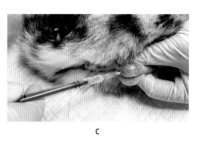

a　　　　　　　　　　　　　　　b　　　　　　　　　　　　　　　c

a. 对患猫的睾丸消毒后，操作人员抓持固定睾丸；**b.** 注射器沿睾丸长轴自睾丸后极入针，针尖刺到睾丸中央（1/2 或头侧 1/3）；**c.** 回抽注射器没有血后，注射局部麻醉剂（如利多卡因 **1~2mg/kg**），并感到睾丸压力（肿胀）。

图 18-3-4　睾丸内阻滞（叶楠、苏丽雪和展宇飞 供图）

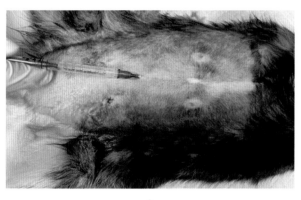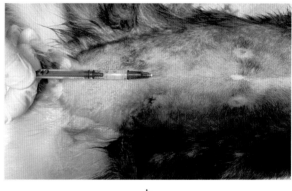

a　　　　　　　　　　　　　　　　　　　　　　　　　b

a. 确定预切口位置，皮肤消毒，入针，回抽没有血；**b.** 给予局部麻醉剂至出现可见小液泡，退针继续给药，至完成阻滞。

图 18-3-5　切口线性阻滞（叶楠、苏丽雪和展宇飞 供图）

图 18-3-6　母猫绝育中，使用利多卡因行悬韧带浸润（叶楠、苏丽雪和展宇飞 供图）

2. 头部麻醉（图 18-3-7 至图 18-3-11）

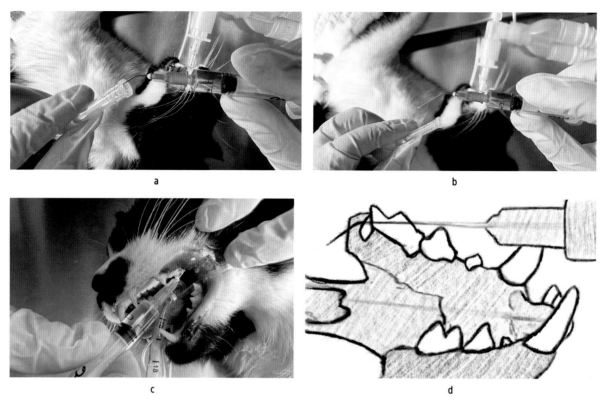

图 18-3-7　上颌神经阻滞（上颌结节通路）。注射器针尖折弯 5mm，45度角，注意无菌（a.b）；上颌神经的定位为最后臼齿后腭与颊之间的翼腭窝，用洗必泰冲洗口腔，在翼腭窝背侧推进 5mm，未损伤眼球且未进入球后间隙，回抽无血后给予局部麻醉剂（c.d.）（叶楠、苏丽雪和展宇飞 供图）

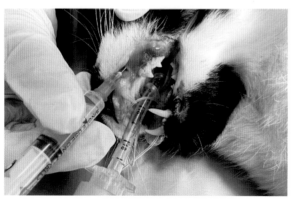

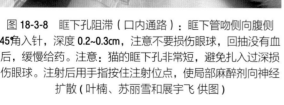

图 18-3-8　眶下孔阻滞（口内通路）：眶下管吻侧向腹侧 45角入针，深度 0.2~0.3cm，注意不要损伤眼球，回抽没有血后，缓慢给药。注意：猫的眶下孔非常短，避免扎入过深损伤眼球。注射后用手指按住注射位点，使局部麻醉剂向神经扩散（叶楠、苏丽雪和展宇飞 供图）

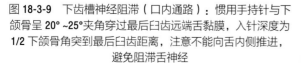

图 18-3-9　下齿槽神经阻滞（口内通路）：惯用手持针与下颌骨呈 20°~25°夹角穿过最后臼齿远端舌黏膜，入针深度为 1/2 下颌骨角突到最后臼齿距离，注意不能向舌内侧推进，避免阻滞舌神经
（叶楠、苏丽雪和展宇飞 供图）

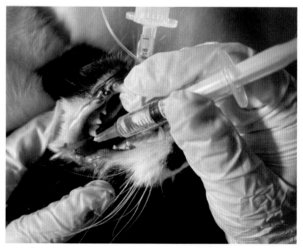

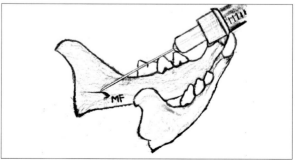

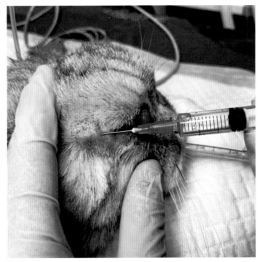

图 18-3-10　球后神经阻滞（下颌通路）：在上颌尾侧、颧弓腹侧、与下颌骨垂直支构成的凹陷处，垂直头部长轴入针刺入皮下组织，经颧弓内走向眼眶肌锥，确认眼球呈现腹背侧运动，回抽没有血后注射局部麻醉剂。注意：球后神经阻滞的操作可能损伤眼球，引发眼心反射，对眼球需要保留的病例，避免使用球后神经阻滞。仅用于眼球摘除术后义眼手术 (叶楠、苏丽雪和展宇飞 供图)

图 18-3-11　耳睑神经阻滞：针尖从外眦向颧弓扎入皮下约 1cm，扇形注射局部麻醉剂
(叶楠、苏丽雪和展宇飞 供图)

3. 躯干麻醉（图 18-3-12）

猫荐尾椎硬膜外麻醉适用于断尾术、会阴尿道造口术、肛门囊切除术、导尿（缓解尿道阻塞）、分娩时会阴放松和其他阴茎或会阴部手术。注意：除非局部麻醉剂剂量过大，否则不会影响后肢的运动神经，药物体积控制在 0.2mL/kg 以下。

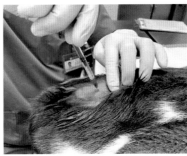

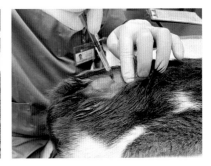

图 18-3-12　俯卧保定、预操作区域备皮消毒，上下活动尾部触诊荐尾椎或第一、第二尾椎之间的椎间隙，在椎体中线上呈 30º45º入针，注射器穿透皮肤和韧带，行至间隙中回抽无血后注射局部麻醉剂，注射药物时应无阻力
(叶楠、苏丽雪和展宇飞 供图)

4. 前肢麻醉

前肢局部麻醉包括臂丛神经阻滞、RUMM（桡神经、尺神经、正中神经、肌皮神经阻滞）以及爪部阻滞等。可用于前肢手术的麻醉与镇痛（图 18-3-13）。

5. 后肢麻醉

后肢局部麻醉包括坐骨神经阻滞、股神经阻滞、关节内阻滞等，后肢骨折常用坐骨神经阻滞联合股神经阻滞（图 18-3-14）。

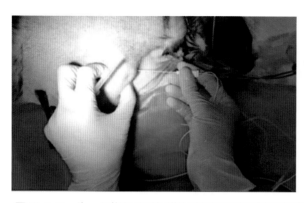
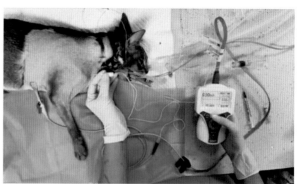

图 18-3-13　为一只桡尺骨骨折猫麻醉后进行神经刺激器引导的臂丛神经阻滞，入针位置为肩峰头侧、肩胛下肌内侧，在矢状面下平行于颈静脉行进，臂丛神经位于颈静脉与第一肋相交处的头侧（叶楠、苏丽雪和展宇飞 供图）

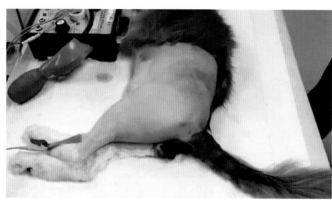
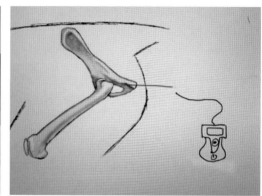

图 18-3-14　准备进行坐骨神经阻滞（侧方通路），图中红色圆圈和红色箭头为入针位置，定位股骨粗隆和坐骨结节，在距离股骨粗隆 1/3 处入针（叶楠、苏丽雪和展宇飞 供图）

二、CRI 镇痛技术

与传统的镇痛方式和途径相比，CRI（恒速输注）技术通过稳定药物在血浆或组织中的浓度，能够较好地控制猫的疼痛。因此，药物的选择和剂量的确定非常具有指导作用。

临床中，严重疼痛的患猫常采用 CRI 镇痛药物（图 18-3-15），并根据患猫的反应调整输液的速度以产生良好的预期效果。以布托啡诺为例，进行 CRI 配药（图 18-3-16）。

因为 CRI 给药途径不能通过静脉注射、肌内注射或皮下注射的方式，而是埋留置针进行静脉输液，所以需要兽医助理全程监护或使用注射泵准确给药。

药物	负荷剂量	输注速度
布托啡诺	0.1~0.4mg/kg	0.1~0.4mg/（kg·h）
曲马多	2~10mg/kg	1.3~2.6mg/（kg·h）
利多卡因（犬）	1~2mg/kg	30~150μg/（kg·min）
右美托咪定（犬）	25~500μg/m²	1~3μg/（kg·h）
右美托咪定（猫）	2~10μg/kg	0.1~0.5μg/（kg·h）

图 18-3-15　镇痛药物的使用（叶楠、苏丽雪和展宇飞 供图）

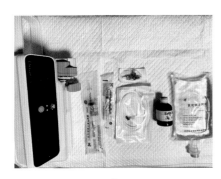
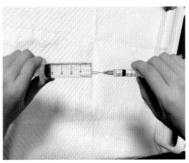

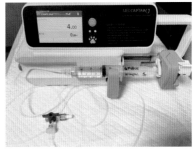

a. 物品准备 - 注射泵、注射器、延长管、三通阀、药品、生理盐水；b. 根据计算量稀释药品；c. 连接延长管和三通阀，并排出空气；d. 使用无菌生理盐水冲掉三通阀内药品；e. 在注射器上注明药物名称、浓度、配制人，放置在注射泵上，注射泵归零，调节给药速度，备用。

图 18-3-16　配制 CRI 镇痛药物，以布托啡诺为例（叶楠、苏丽雪和展宇飞 供图）

三、其他镇痛技术

利用我国优秀的传统中医药和中兽医药的资源和优势，宠物临床人员不断摸索，研发出猫的电针技术，用于动物术后急性和慢性疼痛的管理（图 18-3-17），有一定的效果。

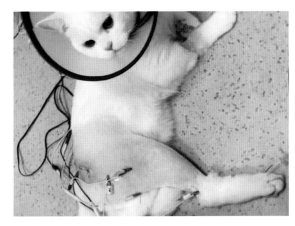

图 18-3-17　术后电针镇痛理疗
（叶楠、苏丽雪和展宇飞 供图）

第四节　常见并发症处理

一、插管困难（气管切开）

插管困难的处理包括：吸氧以确保氧合，增加麻醉深度，使用局部麻醉剂（喉部脱敏），更换经验丰富的插管人员；患猫喉部结构异常时可考虑借助喉镜、导丝等辅助插管，必要时行气管切开插管（图 18-4-1、图 18-4-2）。

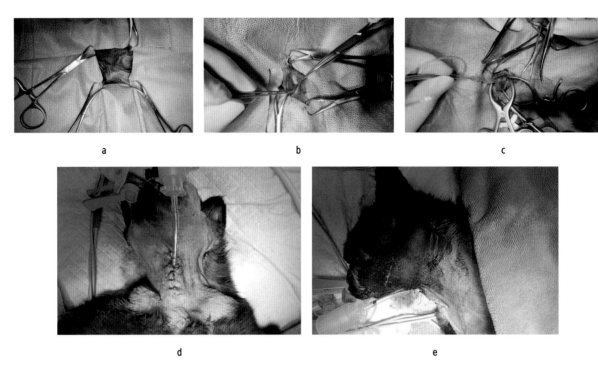

a   b   c

d   e

图 18-4-1 　行颞下颌关节成形术的猫经气管切开插管建立气道，
进行吸入麻醉（使用的是普通低压高容量小套囊气管插管）（叶楠、苏丽雪和展宇飞 供图）

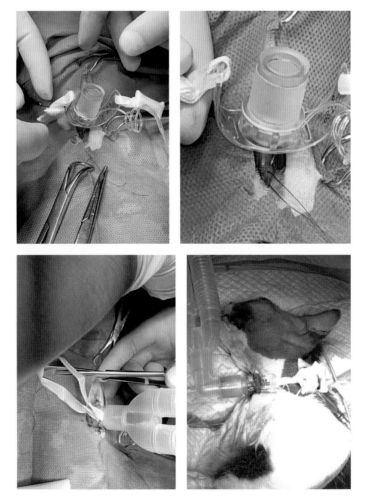

图 18-4-2 　无法打开口腔的猫接受气管切开插管（商品化气管内套管）（叶楠、苏丽雪和展宇飞 供图）

二、呼吸抑制／停止

麻醉动物常见的呼吸抑制／停止的原因包括：快速静脉注射诱导麻醉剂、麻醉剂相对／绝对过量、反射性呼吸暂停、脑干损伤、心肺骤停、设备故障（APL 阀、呼吸机）等。解决方法包括：立即进行气管内插管，并正压通气（PPV）给予氧气；同时评估其他体征（排除或发现心肺骤停）；排查设备故障并纠正其他并发症；评估是否麻醉过深；给予多沙普仑等呼吸兴奋剂刺激呼吸（图 18-4-3）。

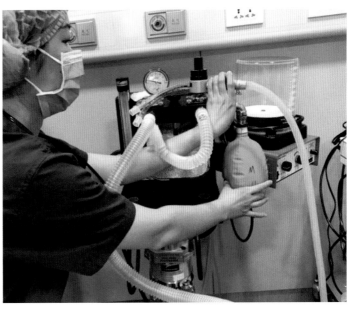

图 18-4-3　人工正压通气，注意气道压力，避免造成气道和肺损伤（叶楠、苏丽雪和展宇飞 供图）

三、出血过多 (含输血)

若动物因为出血等原因术前贫血（PCV ＜ 20%），非紧急手术应尽可能在术前输血，避免术中输血增加不良反应风险（除非血红蛋白很低）。

对于出血风险高的动物，术前做好配血，并准备好血源备用。术中对于＜ 10% 血容量的丢失，需补充 3~4 倍体积晶体液维持容量；出血过多则需要给予胶体液（羟乙基淀粉）和输血治疗；可给予苯海拉明 1~4mg/kg sc、地塞米松（0.1mg/kg，IV）以及低剂量肾上腺素（0.01mg/kg，IV）纠正输血不良反应（图 18-4-4）。

图 18-4-4　淋巴瘤患猫术前输血 (叶楠、苏丽雪和展宇飞 供图)

四、低血氧（含胸腔穿刺、胸导管留置）

多种原因可导致动物出现低血氧，不干涉可能会导致组织缺氧（图 18-4-5 至图 18-4-7）。低血氧直接和麻醉死亡相关。需立即处理！

五、心律失常

麻醉期间猫的正常节律为窦性节律整齐，异常的节律包括缓慢型节律失常和快速型节律失常。心律失常会导致心输出量不足，需在监测后决定是否干预纠正（图 18-4-8 至图 18-4-12 ）。

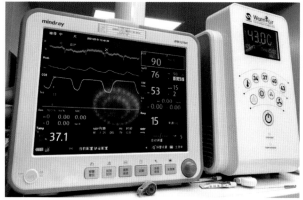

图 18-4-5　吸入性肺炎病史，可见患猫舌色发绀，连接血氧探头见 SPO$_2$ 76%，以 100% 的 FiO$_2$ 行正压通气后，舌色转粉，SPO$_2$ 90%（仍为低血氧）（叶楠、苏丽雪和展宇飞 供图）

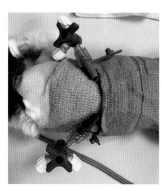
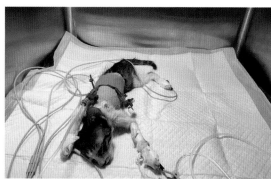

图 18-4-6　2 月龄膈疝患猫术后留置胸导管管理气胸和胸腔积液（叶楠、苏丽雪和展宇飞 供图）

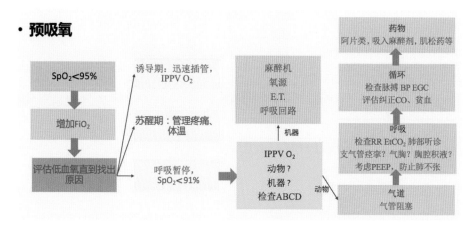

图 18-4-7　低血氧处理流程（叶楠、苏丽雪和展宇飞 供图）

六、低体温

低体温是全身麻醉非常常见的并发症。低体温会影响药物代谢、延长患猫麻醉苏醒时间、使患猫免疫和心血管功能受到抑制。在全身麻醉前 3h 内体温下降速度很快，故应在麻醉时做好保温，使用循环温水毯或气毯是最有效的保温/升温方式（图 18-4-13）。

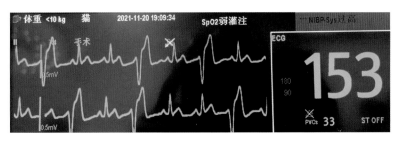

图 18-4-8　室性早搏患猫，因血压及灌注指标良好，未给予纠正，术中监测节律变化，预防 VT 出现
（叶楠、苏丽雪和展宇飞 供图）

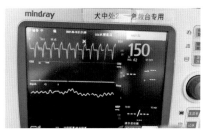

图 18-4-9　室性心动过速（VT）患猫。可考虑静脉给予 0.25~0.5mg/kg 利多卡因纠正，CRI 10~20μg/（kg·min）
（叶楠、苏丽雪和展宇飞 供图）

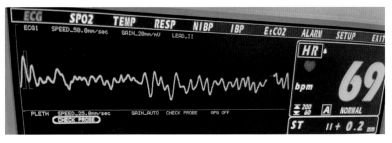

图 18-4-10　室颤患猫，需要立刻心肺复苏并除颤
（叶楠、苏丽雪和展宇飞 供图）

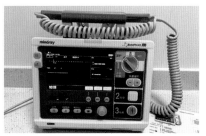

图 18-4-11　除颤仪
（叶楠、苏丽雪和展宇飞 供图）

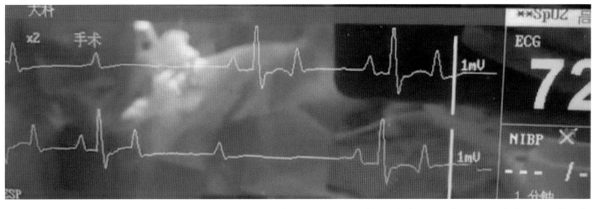

图 18-4-12　接受骨科手术的 8 月龄患猫，使用右美托咪定 CRI，出现心动过缓，伴随Ⅱ级（莫氏Ⅱ型）房室传导阻滞。监测动脉血压正常，故持续监测心律及血压，若状态恶化，予以及时纠正（如给予阿托品提高心率或给予阿替美唑拮抗）
（叶楠、苏丽雪和展宇飞 供图）

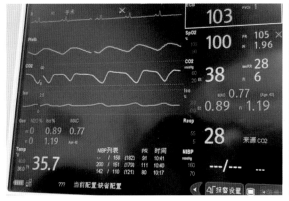

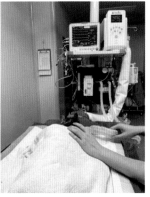

图 18-4-13　接受开腹探查的患猫，左图为麻醉 60min 后，监测到食道内温度（核心温度）降至 35.7℃；右图为苏醒期，患猫在接受输氧，并用干燥毛毯和循环气毯复温
（叶楠、苏丽雪和展宇飞 供图）

七、低血压

血压降低是麻醉动物不稳定的第一个迹象，尽早发现并积极纠正，可避免病情进一步恶化。若已知动物低血压的原因，则根据动物情况做相应的处理；否则可参考以下处理流程（图18-4-14、图18-4-15）。

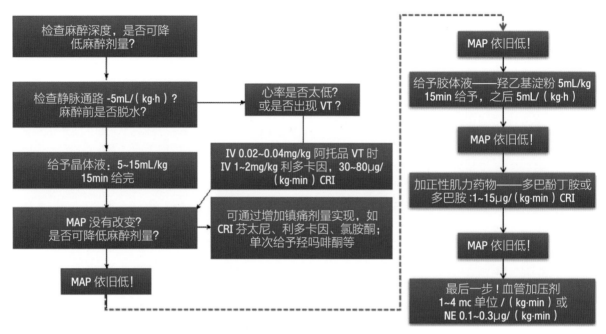

图 18-4-14　低血压的处理

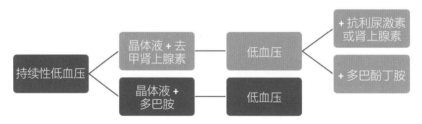

图 18-4-15　持续低血压的处理（叶楠、苏丽雪和展宇飞 供图）

八、高血压

麻醉期间高血压的发生率通常比较低，除药物影响外（如右美托咪定），常见为交感神经刺激的结果，包括疼痛、苏醒、应激、轻中度低血氧/高碳酸血症以及某些既存病（如心脏病、甲亢、库欣综合征或肾病）等（图18-4-16）。

应先识别并纠正可能的原因；适当调整麻醉深度，配合多模式镇痛；若为疾病进程导致，则采用相应的麻醉方案针对性解决（如嗜铬细胞瘤）。

九、通气不足

当动物 CO_2 的产生大于通气，则为通气不足，即高碳酸血症。监测 $EtCO_2/PaCO_2$ 大于45mmHg。

常见的原因包括吸入氧浓度不足、通气–灌注异常、肺实质病变、心输出量过低、代谢旺盛以及动脉氧含量变低。

处理：非插管动物经鼻、面罩吸氧；呼吸暂停/严重通气不足的病例予以气管插管和正压通气；肥胖或腹压升高的动物手术时采取头低尾高的保定姿势，辅助正压通气；改善灌注（降低麻醉深度、液体支持、拟交感神经药物支持）；因胸部创伤、腹部疾病疼痛导致通气不足的动物，予以镇痛；苏醒期使用拮抗剂解除中枢神经系统抑制；治疗原发病。

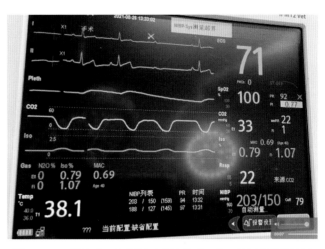

图 18-4-16　猫在使用右美托咪定镇静后，由于外周血管收缩导致动脉血压升高 [示数：收缩压 / 舒张压（平均压）203/150（159）mmHg](叶楠、苏丽雪和展宇飞 供图)

十、通气过度

当动物 CO_2 的产生小于通气，则为通气过度，即低碳酸血症。监测 $EtCO_2/PaCO_2$ 小于 35mmHg。常见的原因包括过度通气；创伤、疼痛、有害刺激；低血氧代偿性刺激化学感受器；插管异常、机器异常、探头异常；严重心血管抑制；严重低体温；酸碱失衡；肺栓塞。在麻醉状态下，由于各种麻醉药物对呼吸的抑制作用，相比于高碳酸血症，低碳酸血症会更少见（除非动物处于浅麻醉平台期时呼吸急促）。

处理：若为医源性过度通气则调整通气；排查纠正低血氧；纠正酸碱失衡；排查设备、气管插管或呼吸回路异常；提高麻醉深度，管理疼痛；管理体温。

第十九章

住院动物管理

随着宠主对猫的重视程度不断增加，将患病猫留在动物医院进行住院治疗以便接受更专业、更精心的护理成为一种趋势。在此前提下，猫友好医院发挥着重要的作用，利用猫友好医院的环境、人员、专业的技术和设备，将住院猫的管理工作做得更加精细和完善，极大地提高了猫主人的满意度，成为猫专科医院或猫友好医院的特色。本章主要介绍猫友好住院环境、出入院的基本流程、猫住院部的消毒和卫生，以及猫住院友好操作和护理。

第一节　猫友好住院环境

一家"猫友好医院"的首要条件就是在医院内必须能实现"猫犬分离"。犬猫等待区可以明显分为两个隔开的区域（图19-1-1）；犬猫住院部实现完全分开和隔离，尽量让犬吠声远离猫。

猫犬的住院处要分开，并且猫之间在住院时不会互相对视，避免产生不安全感。笼位摆放上尽可能选择单向摆放（图19-1-2），如受场地限制，可用遮光帘或毛巾对笼门进行遮挡，避免猫与猫之间的视线碰触（图19-1-3）。

住院部温度控制在猫舒适的范围内，"病房"布置尽量友好和适用（图19-1-4至图19-1-14）。

图 19-1-1　友好医院等待区。选择空间宽敞的独立笼位，并确保笼位的稳固性，能够让猫隐藏，做到住院动物间互不干扰；并且保证猫砂盆、食物、水能够分开摆放
（张润和马梦田 供图）

图 19-1-2　单向的猫住院笼位
（张润和马梦田 供图）

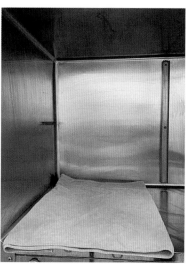

图 19-1-3　受场地限制的猫住院部，可用遮光帘或毛巾对笼门进行遮挡
（张润和马梦田 供图）

图 19-1-4　每个"病房"铺设柔软的
床上物品（张润和马梦田 供图）

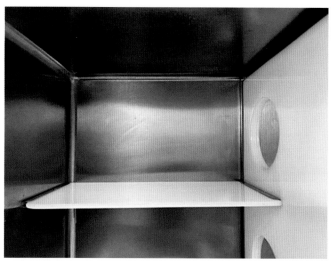

图 19-1-5　为猫提供一个较高的平台和隐藏的地方
（张润和马梦田 供图）

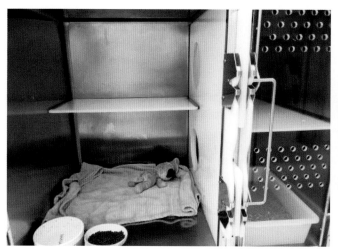
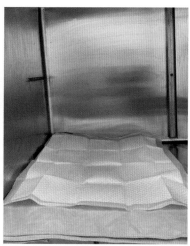

图 19-1-6　在已铺好的垫料上方铺设可吸水的一次性护理垫
（张润和马梦田 供图）

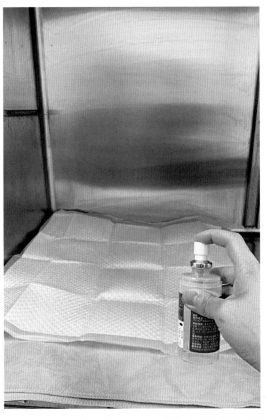

图 19-1-7　在动物入院前 15min 向笼位内喷洒费利威喷剂 (张润和马梦田 供图)

图 19-1-8　在毛毯上喷洒费利威喷剂，用于包裹或保定猫 (张润和马梦田 供图)

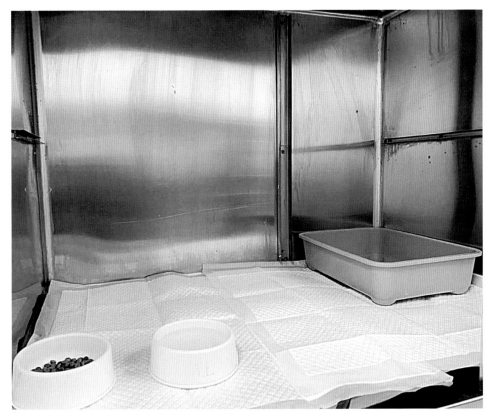

图 19-1-9　笼内摆放猫的日常物品，并将各个物品分区摆放；在笼内铺设干净柔软的垫料 (张润和马梦田 供图)

图 19-1-10 为猫提供可以躲藏的纸箱或储物箱，并用毛巾覆盖在其周围，确保猫的舒适度和安全感（张润和马梦田 供图）

图 19-1-11 充分利用可用资源，如自制纸箱为猫提供休息和躲藏的空间；对于猫的必需资源，如食盆、砂盆等，应放置在易于拿取的地方（张润和马梦田 供图）

图 19-1-12 合理使用猫信息素，降低猫的紧张焦虑情绪（张润和马梦田 供图）

图 19-1-13 在动物入院前 15min 在笼位中喷洒费利威喷剂（张润和马梦田 供图）

图 19-1-14 准备多种多样的逗猫棒，增加与猫的互动（张润和马梦田 供图）

第二节 出入院流程

一、入院流程

（1）主治医生和猫的主人签写住院协议及住、出院须知（图 19-2-1、图 19-2-2）。

（2）猫的主人到前台缴纳住院押金，并建立猫的住院护理微信群（图 19-2-3、图 19-2-4）。

（3）主治医生在医疗系统上登记入院信息（图 19-2-5）。

（4）跟诊助理和宠物主人交接猫的住院物品、生活习惯及注意事项（图 19-2-6）。

（5）跟诊助理和住院部同事交接住院猫、住院相关协议、自带物品及各种注意事项（图 19-2-7）。

（6）住院部助理接收猫的住院物品，标记及收纳猫的自带物品（图 19-2-8）。

（7）住院部助理准备猫的住院笼位（图 19-2-9）。

（8）住院部助理登记住院猫的信息，书写住院猫的门牌卡（图 19-2-10）。

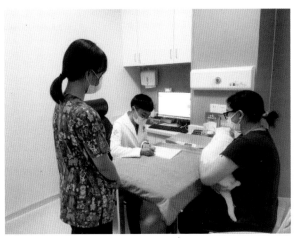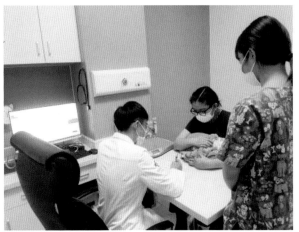

图 19-2-1　与猫的主人充分沟通（杨晓毅 供图）

图 19-2-2　与猫的主人签订各项协议和须知（杨晓毅 供图）

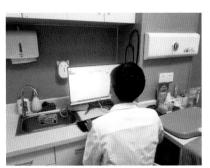

图 19-2-3　缴纳相关费用　　　　图 19-2-4　建立微信联系群　　　　图 19-2-5　在系统中登记入院信息
　　　　（杨晓毅 供图）　　　　　　　　（杨晓毅 供图）　　　　　　　　（杨晓毅 供图）

图 19-2-6　猫主人与跟诊助理交接猫的物品及相关事项　　　图 19-2-7　跟诊助理与住院部同事交接
　　　　　　　（杨晓毅 供图）　　　　　　　　　　　　　　　　（杨晓毅 供图）

图 19-2-8　住院部助理对入院猫进行标记和物品整理 (杨晓毅 供图)

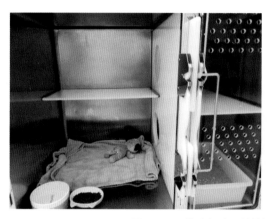

图 19-2-9　住院部助理做笼位准备 (杨晓毅 供图)

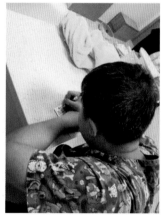

图 19-2-10　住院部助理登记信息 (杨晓毅 供图)

二、出院流程

（1）主治医生确认住院猫达到出院标准，通知猫的主人可以出院，确认猫的具体出院时间。

（2）住院医生通知猫住院部助理提前整理猫的物品（图 19-2-11 ）。

（3）出院前，检查并整理猫的毛发（图 19-2-12 ）。

（4）住院医生将猫、猫的住院物品、出院医嘱转交猫的主人并转告出院注意事项（图 19-2-13 ）。

（5）带领猫的主人到前台结算。

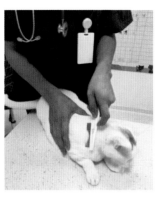

图 19-2-11　出院前整理物品
（杨晓毅 供图）

图 19-2-12　出院前猫的梳毛
（杨晓毅 供图）

图 19-2-13　与猫的主人进行全面交接
（杨晓毅 供图）

第三节　猫住院部卫生与消毒

1. 住院部卫生要求

（1）打扫住院部，地面清扫消毒（湿式消毒）（图19-3-1）。

（2）桌面及药箱收纳箱用消毒布巾擦拭干净、无尘无污渍（图19-3-2、图19-3-3）。

（3）湿式消毒笼位，布巾擦拭整体，无尘无污渍（图19-3-4）。

（4）住院笼具整洁无污染，及时清理动物的食物残渣、呕吐物与排泄物。

（5）需保证住院部的通风换气，无异味无臭味（可选用新风换气系统）（图19-3-5）。

图 19-3-1　住院部地面清洁（彭淑沛 供图）

图 19-3-2　住院部桌面清洁（彭淑沛 供图）

图 19-3-3　住院部药箱清洁
（彭淑沛 供图）

图 19-3-4　住院笼位消毒
（彭淑沛 供图）

图 19-3-5　住院部常用物品整理
（彭淑沛 供图）

2. 常用环境消毒与器械消毒

环境消毒大致可分为湿式灭菌消毒与紫外线灭菌消毒。

（1）湿式消毒可选用含氯消毒剂（粉）或含过硫酸盐类的消毒剂（粉），消毒剂的配比根据产品说明（图19-3-6、图19-3-7）。

（2）紫外线灭菌消毒顾名思义，就是使用紫外线对微生物（细菌、病毒等病原体）的辐射损伤使微生物致死，从而达到消毒的目的（图19-3-8）。

（3）器械消毒的选择。新洁尔灭1∶1000浸泡消毒，但金属器械的浸泡消毒需要再额外加入0.5%亚硝酸钠防锈（新洁尔灭不可与普通肥皂进行配伍）（图19-3-9）。

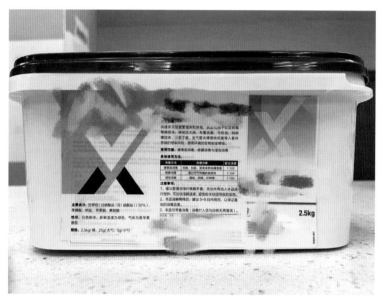

图 19-3-6　含过硫酸盐类消毒剂［维特（深圳）动物医院冯翔宇 供图］

图 19-3-7　含氯消毒剂［维特（深圳）动物医院冯翔宇 供图］

图 19-3-8　住院部的紫外线消毒（彭淑沛 供图）

图 19-3-9　器械消毒（彭淑沛 供图）

3. 猫出院后笼位和物品消毒（图19-3-10）

4. 传染病猫出院后的院内消毒

传染病隔离室的卫生用具应单独存放，不能与常规住院部的卫生用具混淆使用，以免住院猫出现交叉感染。患传染病的猫出院后，应立即进行隔离室的整体消毒，整个房间、笼位、笼具及物品应该先进行湿式消毒浸泡，后选择紫外线灭菌消毒（图19-3-11）。

图 19-3-10 出院后笼位消毒
猫出院后，曾使用过的笼位及物品应及时进行湿式消毒，必要时可选择紫外线灭菌（彭淑沛 供图）

图 19-3-11 传染病猫出院后的全面消毒
（彭淑沛 供图）

第四节 猫住院友好操作与护理

一、猫的应激反应

应激反应是各种紧张性刺激物引起的个体非特异性反应。简单说就是因为外界的一些刺激，导致动物的机体出现一系列变化，如心率上升、呼吸加快、血压上升、血糖上升等。猫天生特别胆小，对外界刺激会更加敏感，因此，更容易起应激反应。

猫应激的主要原因有接触新动物、接触陌生人和陌生环境、天气变化、惊吓过度，应激后常常表现出身体蜷缩，耳朵向后，躲在暗区（图19-4-1）；或者表现出颤抖、尾巴贴紧皮肤、蹲坐在四肢上（图19-4-2）。

应激猫会因为恐惧表现出典型的行为特点，需要我们及时识别并采取措施，如耳朵压平、瞳孔散大、嘴巴张开、发出嘶叫声和咆哮声等（图19-4-3、图19-4-4）。

如果我们没有及时识别和采取措施，而一意孤行继续操作或者进一步靠近，猫可能会表现身体退缩、侧身站立、背部弓起、尾巴竖立或缩在身下，并有可能在极度应激的情况下表现出击打、前后爪抓挠、咬人等攻击性行为。

图 19-4-1 猫的应激反应：躲在暗区
（黄智敏 供图）

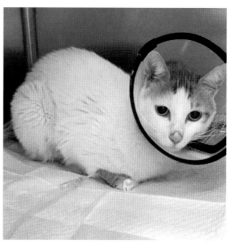

图 19-4-2 猫蹲坐在四肢上，甚至会表现出耳
朵向后 / 飞机耳、眼睛睁大、瞳孔扩大
（黄智敏 供图）

图 19-4-3 猫胡须向下（黄智敏 供图）

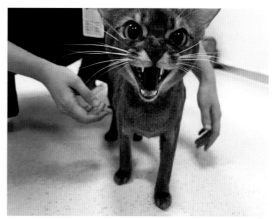

图 19-4-4 猫嘶叫或咆哮（黄智敏 供图）

二、应激的住院猫在护理时需要注意的事项

（1）使用贴身物品陪伴，如猫熟悉味道的猫窝 / 毛巾、喜欢的玩具等（图19-4-5）。动物有熟悉气味的猫包、玩具陪伴能减少其对新环境的应激。

（2）借用遮笼布营造黑暗、相对狭小和密闭的有安全感的环境（图19-4-6）。

（3）提供安静的环境，尽量减少频繁的操作（不要有人 / 噪声打扰）。

（4）轻声安抚猫（通过"抬高音调，放缓声音，降低音量"的方式，尝试缓解猫的紧张）。

（5）轻柔安慰猫。使用轻柔的动作，试着挠猫的下巴和抚摸其头顶（图19-4-7）。

（6）食物诱惑。给予猫爱吃的零食缓解猫的紧张和应激情绪（图19-4-8）。

对于应激较重又需要处置或做多项检查（特别是 X 射线 /B 超等影像学检查）的猫，根据情况使用合适的镇静药物，以减少应激带来的风险和不良影响是必要和我们所提倡的。

图 19-4-5 住院时携带猫的随身物品
（黄智敏 供图）

图 19-4-6 营造相对安全的环境
（黄智敏 供图）

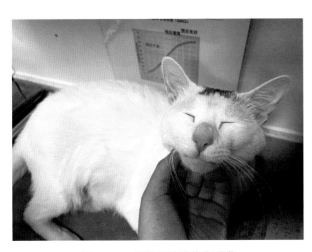

图 19-4-7 用轻柔的动作安慰猫
（黄智敏 供图）

图 19-4-8 给予猫食物安抚
（黄智敏 供图）

参考文献

胥辉豪，金艺鹏，张迪，等，2019. 改良角膜结膜移植术治疗猫坏死性角膜炎病例. 中国兽医杂志，55（8）：68 - 70，136.

夏兆飞，陈艳云，王姜维，等，2019. 小动物内科学. 5 版. 北京：中国农业大学出版社，190 - 195.

张志红，等，2020. 犬猫心脏病学手册. 5 版. 沈阳：辽宁科学技术出版社，159 - 160

A. M. HARVEY, I. A. BATTERSBY, M. FAENA., et al., 2005. Arrhythmogenic right ventricular cardiomyopathy in two cats. Journal of Small Animal Practice（46）：151–156

ACIERNO M. J., BROWN S., COLEMAN A. E., et al., 2018. ACVIM consensus statement：Guidelines for the identification, evaluation, and management of systemic hypertension in dogs and cats. J Vet Intern Med, 32（6）：1803–1822.

AGUIRRE G.D., 1978. Retinal degeneration associated with the feeding of dog foods to cats. J Am Vet Med Assoc, 172（7）：791–796.

ALBERT, R. A., GARRETT, P. D., Whitley, D. R., 1982. Surgical correction of everted third eyelid in 2 cats. Journal of the American Veterinary Medical Association（180）：763 766.

ALDEN, C.L., MOHAN, R., 1974. Ocular blastomycosis in a cat. Journal of the American Veterinary Medical Association（164）：527–528.

ALLGOEWER I., PFEFFERKORN B., 2001. Persistent hyperplastic tunica vasculosa lentis and persistent hyperplastic primary vitreous（PHTVL/PHPV）in two cats. Veterinary Ophthalmology（4）：161–164.

ANDERSON D. H., Stern W. H., Fisher S. K., et al., 1983. Retinal detachment in the cat：the pigment epithelial–photoreceptor interface. Invest Ophthalmol Vis Sci，24（7）：906–926.

ANDERSON P. A., BAKER D. H., CORBIN J. E., et al., 1979. Biochemical lesions associated with taurine deficiency in the cat. Journal of Animal Science（49）：1227–1234.

ANTHONY J. M. G., SANDMEYER L. S., 2010. Nasolacrimal obstruction caused by root abscess of the upper canine in a cat. Vet Opht（13）：106–109.

BARCLAY S.M., & Riis R.C., 1979. Retinal detachment and reattachment associated with ethylene glycol intoxication in a cat. Journal of the American Animal Hospital Association（15）：719–724.

BELHORN R. W., BARNETT K. C., HENKIND P., 1971. Ocular colobomas in domestic cats. J Am Vet Med Assoc, 159（8）：1015–1021.

BESCHE B., BLONDEL T., GUILLOT E., et al., 2020. Efficacy of oral torasemide in dogs with degenerative mitral valve disease and new onset congestive heart failure：The CARPODIEM study. Journal of Veterinary Internal Medicine, 34（5）:97-99.

BLOCKER T., VAN DER WOERDT A., 2001. The feline glaucomas：82 cases（1995–1999）Veterinary Ophthalmology, 4（2）：81–85.

BLOGG J. R., Stanley R. G., DUTTON A. G., 1989. Use of conjunctival pedicle graft in the management of feline keratitis nigrum. Journal of Small Animal Practice（30）：678–684.

BLOUIN P. CELLO R.M., 1980. Experimental ocular cryptococcosis：preliminary studies in cats and mice. Investigative Ophthalmology & Visual Science（19）：21–30.

BOLTON G. R., LIU S. K., 1977. Congenital heart diseases of the cat. Vet Clin North Am（7）：341e353.

BOUHANNA L., Zara J., 2001. Feline corneal sequestration：study of etiology on 39 cases. Pratique Medicale Et Chirurgicale De L Animal De Compagnie（36）：473–479.

BROMBERG N. M., 1980. The nictitating membrane. Compendium on the Continuing Education for the Practicing Veterinarian, 2（8）：627–629.

BURNEY D.P., CHAVKIn M.J., DOW S.W., et al., 1998. Polymerase chain reaction for the detection of Toxoplasma gondii within aqueous humor of experimentally–inoculated cats. Veterinary Parasitology（79）：181–186.

BUSSIERES M., KROHNE S. G., STILES J., et al., 2004. The use of porcine small intestinal submucosa for the repair of full–thickness corneal defects in dogs, cats and horses. Veterinary Ophthalmology, 2004（7）：352–359.

CHAHORY S., CRASTA M., TRIO S., et al., 2004. Three cases of prolapse of the nictitans gland in cats. Veterinary Ophthalmology（7）：417–419.

CHAVKIN M. J., LAPPIN M. R., POWELL C. C., et al., 1992. Seroepidemiologic and clinical observations of 93 cases of uveitis in cats. Progress in Veterinary and Comparative Ophthalmology（2）：29–36.

CHETBOUL V., POUCHELON J. L., MENARD J., et al., 2017. Short–Term Efficacy and Safety of Torasemide and Furosemide in 366 Dogs with Degenerative Mitral Valve Disease：The TEST Study. Journal of Veterinary Internal Medicine（31）：6.

CHETBOUL V., CHARLES V., NICOLLE A., et al., 2006. Retrospective study of 156 atrial septal defects in dogs and cats（2001–2005）. J Vet Med A, Physiol, Pathol, Clin Med（53）：179–184.

CHETBOUL V., TRAN D, CARLOS C., et al., 2004. Les malformations congenitales de la valve tricuspide chez les carnivores domestiques：Etude retrospective de 50 cas. Schweizer Archiv fur Tierheilkunde（146）：265–275.

CHOW D. W., WESTERMEYER H. D., 2016. Retrospective evaluation of corneal reconstruction using ACell Vet（TM）alone in dogs and cats：82 cases. Veterinary Ophthalmology, 19（5）：357–366.

CLAUDIA S., KLAUS D. B., EBERHARD L, et al., 2009. Brachycephalic Feline Noses：CT and Anatomical Study of the Relationship between Head Conformation and the Nasolacrimal Drainage System. Journal of Feline Medicine and Surgery, 11（11）：891–900

COBO L. M., OHSAWA E., CHANDLER D., et al., 1984. Pathogenesis of capsular opacification after extracapsular cataract extraction. Ophthalmology（91）：857–863.

CRANDELL R. A., 1971. Virologic and immunologic aspects of feline viral rhinotracheitis virus. Journal of the American Veterinary Medical Association（158）：922–926.

CRISPIN S., 1991. Treating the everted membrana nictitans. Canine Practice.（1）：33–36.

CULLEN C. L, NJAA B. L., GRAHN B. H., 1999. Ulcerative keratitis associated with qualitative tear film abnormalities in cats. Veterinary Ophthalmology（2）：197–204.

CURTIS R., 1990. Lens luxation in the dog and cat. The Veterinary Clinics of North America：Small Animal Practice，20（3）：755–773.

CZEDERPILTZ J. M., LA CROIX N. C., VAN DER WOERDT A，et al., 2005. Putative aqueous humor misdirection syndrome as a cause of glaucoma in cats：32 cases（1997–2003）Journal of the American Veterinary Medical Association，227（9）：1434–1441.

DEAN R，HARLEY R，HELPS C，et al., 2005. Use of quantitative real–time PCR to monitor response of Chlamydophila felis infection to doxycycline treatment. Journal of Clinical Microbiology（43）：1858–1864.

DUBIELZIG R. R., KETRING K. L., MCLELLAN G. J., et al., 2010. Veterinary Ocular Pathology A Comparative Review. Oxford：Saunders Elsevier；The Glaucomas.

ELLIS T. M., 1981. Feline respiratory virus carriers in clinically healthy cats. Australian Veterinary Journal（57）：115–118.

ESSON D. A., 2001. modification of the Mustardé technique for the surgical repair of a large feline eyelid coloboma. Vet Ophthalmol.（2）：159–60.

FEATHERSTONE H. J，FRANKLIN V. J，SANSOM J., 2004. Feline corneal sequestrum：laboratory analysis of ocular samples from 12 cats. Vet Ophthalmol（7）：229–238.

FEATHERSTONE H. J，SANSOM J，HEINRICH C. L., 2011. The use of porcine small intestinal submucosa in ten cases of feline corneal disease. Veterinary Ophthalmology（4）：147–153.

FOX P. R., MARON B. J., BASSO C., et al., 2000. Spontaneously occurring arrhythmogenic right ventricular cardiomyopathy in the domestic cat：a new animal model similar to the human disease. Circulation（102）：1863–1870

GELATT K. N., VAN DER WOERDT A., KETRING K. L，et al., 2001. Enrofloxacin–associated retinal degeneration in cats. Vet Ophthalmol.（2）：99–106.

GEMENSKY A., LORIMER D., BLANCHARD G. 1996. Feline uveitis：a retrospective study of 45 cases. Transactions of the 27th Scienti c Program American College of Veterinary Ophthalmologists（27）：19.

GILGER B. C，HAMILTON H. L，WILKIE D. A，et al., 1995. Traumatic ocular proptoses in dogs and cats：84 cases（1980–1993）. J Am Vet Med Assoc，206（8）：1186–90.

GIULIANO E. A., 2005. Feline ocular emergencies. Clin Tech Small Anim Pract, 20（2）：135–41.

GLOVER T. L，NASISSE M. P., Davidson M. G., 1994. Acute bullous keratopathy in the cat. Veterinary & Comparative Ophthalmology（4）：66–70.

GUY J. R., MANCUSO A. A. & Quisling R., 1994. The role of magnetic resonance imaging in optic neuritis. Ophthalmology Clinics of North America (7): 449–458.

HANSEN P. A, GUANDALINI A., 1999. A retrospective study of 30 cases of frozen lamellar corneal graft in dogs and cats. Veterinary Ophthalmology (2): 233–241.

HELPS C., REEVES N., TASKER S., et al., 2001. Use of real–time quantitative PCR to detect Chlamydophila felis infection. Journal of Clinical Microbiology (39): 2675–2676.

JAMES, RACHEL, GUILLOT, et al., 2018. The SEISICAT study: a pilot study assessing efficacy and safety of spironolactone in cats with congestive heart failure secondary to cardiomyopathy. Journal of veterinary cardiology, 20 (1): 1–12.

JOHN E. R., 1998. Therapy of Feline Hypertrophic Cardiomyopathy. Veterinary Clinics of North America: Small Animal Practice, 28 (6): 12-17.

KARI M. D, NANCY M. D, NISHI D B, et al., 2000. Retrospective Study of Streptokinase Administration in 46 Cats with Arterial Thromboembolism. Journal of Veterinary Emergency and Critical Care, 10 (4): 26-27.

KNOPF K., STURMAN J. A, ARMSTRONG M., et al., 1978. Taurine: an essential nutrient for the cat. The Journal of Nutrition (108): 773–778.

LABRUYERE J. J, HARTLEY C., HOLLOWAY A., 2011. Contrast–enhanced ultrasonography in the differentiation of retinal detachment and vitreous membrane in dogs and cats. J Small Anim Pract, 52 (10): 522–530.

LACKNER P. A., 2001. Techniques for surgical correction of adnexal disease. Clin Tech Small Anim Pract, 16 (1): 40–50.

MALLAT Z, TEDGUI A, FONTALIRAN F, et al., 1996. Evidence of apoptosis in arrhythmogenic right ventricular dysplasia. N Engl J Med. (335): 1190 –1196.

NELL B., 2008. Optic neuritis in dogs and cats. Veterinary Clinics of North America: Small Animal Practice (38): 403–415.

OLIVERO D. K, RIIS R. C, DUTTON A. G, et al., 1991. Feline lens displacement: A retrospective analysis of 345 cases. Progress in Veterinary & Comparative Ophthalmology (1): 239–244.

PAYNE J. R, BRODBELT D. C, FUENTES V. L., 2015. Cardiomyopathy prevalence in 780 apparently healthy cats in rehoming centres (the CatScan study). Journal of Veterinary Cardiology, 17 (1): S24–57

PEIFFER R. L, WILCOCK B. P., 1991. Histopathological study of uveitis in cats: 139 cases (1978–1988). Journal of the American Veterinary Medical Association (198): 135–138.

PEIFFER R.L., NASISSE M.P., Cook C.S., et al., 1987. Surgery of the canine and feline orbit, adnexa and globe. The conjunctiva and nictitating membrane. Companion Animal Practice, 1 (6): 15–28.

PETERSON E. N, MOISE N. S, BROWN C. A, et al., 1993. Heterogeneity of hypertrophy in feline hypertrophic heart disease. Journal of veterinary internal medicine, 7 (3): 26-27.

501

PRASSE K. W., WINSTON S. M., 1996. Cytology and histopathology of feline eosinophilic keratitis. Veterinary & Comparative Ophthalmology（6）: 74–81.

READ R. A, BROUN H. C., 2007. Entropion correction in dogs and cats using a combination Hotz–Celsus and lateral eyelid wedge resection: results in 311 eyes. Vet Ophthalmol, 10（1）: 6–11.

RIESEN S. C, KOVACEVIC A, LOMBARD C. W, et al., 2007. Prevalence of heart disease in symptomatic cats: an overview from 1998 to 2005. Schweiz Arch Tierheilkd（149）: 65–71.

SCHLEGEL T., BREHM H., AMSELGRUBER W. M., 2001. The cartilage of the third eyelid: A comparative macroscopical and histological study in domestic animals. Annals of Anatomy（183）: 165–169.

SMITH S. A, TOBIAS A. H, JACOB K. A, et al., 2003. Arterial thromboembolism in cats: acute crisis in 127 cases（1992–2001）and long–term management with low–dose aspirin in 24 cases. J Vet Intern Med, 17（1）: 73–83.

SPIESS A. K, SAPIENZA J. S, Mayordomo A., 2009. Treatment of proliferative feline eosinophilic keratitis with topical 1.5% cyclosporine: 35 cases. Veterinary Ophthalmology（12）: 132–137.

STILES J., COSTER M., 2016. Use of an ophthalmic formulation of megestrol acetate for the treatment of eosinophilic keratitis in cats. Veterinary Ophthalmology, 19（Suppl. 1）: 86–90.

STILES J, MCDERMOTT M., BIGSBY D., et al., 1997b. Use of nested polymerase chain reaction to identify feline herpesvirus in ocular tissue from clinically normal cats and cats with corneal sequestra or conjunctivitis. American Journal of Veterinary Research（58）: 338–342.

STILES J., MCDERMOTT M., WILLIS M., et al., 1997a. Comparison of nested polymerase chain reaction, virus isolation and fluorescent antibody testing for identifying feline herpesvirus in cats with conjunctivitis. American Journal of Veterinary Research（58）: 804–807.

STILES J., 2016. Veterinary Ophthalmology – Feline Special Issue. Vet Ophthalmol（19）: 3.

THOMASY S. M., LIM C. C, REILLY C. M., et al., 2011. Evaluation of orally administered famciclovir in cats experimentally infected with feline herpesvirus type–1. American Journal of Veterinary Research, 72（1）: 85–95.

TIDHOLM A., LJUNGVALL I., MICHAEL J., et al., 2015. Congenital heart defects in cats: A retrospective study of 162 cats（1996–2013）. Journal of Veterinary Cardiology, 17（Suppl 1）: S215–S219.

VAN DER WOERDT A., 2004. Adnexal surgery in dogs and cats. Vet Ophthalmology（7）: 284–289.

WARDLEY R. C, ROUSE B. T., BABIUK L. A., 1976. Observations on recovery mechanisms from feline viral rhinotracheitis. Canadian Journal of Comparative Medicine（40）: 257–264.

WHITTAKER C. J., WILKIE D. A., SIMPSON D. J., et al., 2010. Lip commissure to eyelid transposition for repair of feline eyelid agenesis. Vet Ophthalmol, 13（3）: 173–178.

WILKIE L. J., SMITH K., LUIS FUENTES V., 2015. Cardiac pathology findings in 252 cats presented for necropsy; a comparison of cats with unexpected death versus other deaths. J Vet Cardiol, 17（Suppl

1）：S329–S340.

WILLIAMS D. L., KIM J. Y., 2009. Feline entropion：a case series of 50 affected animals（2003–2008）. Vet Ophthalmol, 12（4）：221–226.

WILLIAMS D., MIDDLETON S., CALDWELL A., 2012. Everted third eyelid cartilage in a cat：A case report and literature review. Veterinary Ophthalmology（15）：123–127.

WILLS J. M., GRUFFYDD–JONES, T. J., RICHMOND S. J., 1984. Isolation of Chlamydia psittaci from cases of conjunctivitis in a colony of cats. Veterinary Record（114）：344–346.

索 引

猫病图鉴